注册环保工程师
专业考试复习教材

(第四版)

水污染防治工程技术与实践

(下册)

全国勘察设计注册工程师环保专业管理委员会
中国环境保护产业协会 编

中国环境出版集团·北京

图书在版编目（CIP）数据

注册环保工程师专业考试复习教材. 水污染防治工程技术与实践/全国勘察设计注册工程师环保专业管理委员会，中国环境保护产业协会编. —北京：中国环境出版集团，2017.3（2019.11 重印）
ISBN 978-7-5111-2896-6

Ⅰ. ①注… Ⅱ. ①全… ②中… Ⅲ. ①水污染防治－资格考试－自学参考资料 Ⅳ. ①X

中国版本图书馆CIP数据核字（2016）第190476号

出 版 人	武德凯
策划编辑	沈 建　葛 莉
责任编辑	葛 莉　董蓓蓓　宾银平
责任校对	尹 芳
封面设计	彭 杉

出版发行　中国环境出版集团
　　　　　（100062　北京市东城区广渠门内大街 16 号）
　　　　　网　　址　http://www.cesp.com.cn
　　　　　电子邮箱　bjgl@cesp.com.cn
　　　　　联系电话　010-67112765（编辑管理部）
　　　　　　　　　　010-67113412（第二分社）
　　　　　发行热线　010-67125803，010-67113405（传真）
印　　刷　北京中科印刷有限公司
经　　销　各地新华书店
版　　次　2017 年 3 月第 1 版
印　　次　2019 年 11 月第 2 次印刷
开　　本　787×1092　1/16
印　　张　37.25
字　　数　900 千字
定　　价　380 元（全三册）

【版权所有。未经许可请勿翻印、转载，侵权必究】
如有缺页、破损、倒装等印装质量问题，请寄回本社更换

中国环境出版集团郑重承诺：
中国环境出版集团合作的印刷单位、材料单位均具有中国环境标志产品认证；
中国环境出版集团所有图书"禁塑"。

注册环保工程师专业考试复习教材
编委会

主　　任	樊元生
副 主 任	易　斌
常务编委	郝吉明　左剑恶　朱天乐　蒋建国　李国鼎　李志远
	余占清　姜　亢　邹　军　燕中凯　刘　媛
编　　委	（按姓氏笔画排列）
	马　金　井　鹏　方庆川　王玉珏　王敬民　司传海
	田贺忠　任重培　刘　君　刘海威　孙　也　何金良
	吴　静　张　纯　李　伟　李　彭　李兴华　李国文
	纳宏波　邱　勇　邹　军　陈　超　陈德喜　周　律
	孟宝峰　尚光旭　罗钦平　姜　亢　胡小吐　席劲瑛
	郭祥信　彭　溶　彭孝容　翟力新　樊　星

《水污染防治工程技术与实践》分册编写组

主　编：左剑恶

编　写：（按姓氏笔画排列）

马　金　井　鹏　吴　静　李　彭　邱　勇

陈　超　周　律　席劲瑛

前 言

环境工程作为一门以环境科学为基础、以工程技术为主导的解决复杂环境问题的工程学科，具有起步晚、发展较快、多学科相互渗透、技术工艺复杂等特点，主要包括水污染防治、大气污染防治、固体废物处理处置、物理污染控制、污染修复等工程技术领域。环保工程师的主要职责就是要在从事环境工程设计、咨询等活动中，通过环境工程措施来削减污染物排放，使其稳定达到国家或地方环境法规、标准规定的污染物排放限值，其从业范围包括环境工程设计、技术咨询、设备招标和采购咨询、项目管理、施工指导及污染治理设施运行管理等各类环境工程服务活动。环保工程师作为环境工程设计、工程咨询服务的主要力量，应具有一定的理论知识、扎实的专业技能、丰富的实际工程经验和良好的职业道德，并能准确理解、正确应用各类环境法规、标准和政策，综合解决各类复杂环境问题。

为加强对环境工程设计相关专业技术人员的管理，提高环境工程设计技术人员综合素质和业务水平，保证环境工程质量，维护社会公共利益和人民生命财产安全，2005年9月1日起国家实施了注册环保工程师执业资格制度，并开始实行注册环保工程师资格考试。注册环保工程师资格考试实行全国统一大纲、统一考试制度，分为基础考试和专业考试，2007年至今，已成功组织了9次考试。

根据新修订的《勘察设计注册环保工程师执业资格专业考试大纲》（2014年版）要求，全国勘察设计注册工程师环保专业管理委员会秘书处和中国环境保护产业协会组织环境工程领域的资深专家重新编写了"注册环保工程师专业考试复习教材"系列丛书，供环境工程专业技术人员参加注册环保工程师资格专业考试复习使用。同时，也供从事环境工程设计、咨询、项目管理等方面的环境工程专业技术人员，以及高等院校环境工程专业的师生在实际工作、教学、学习中参考使用。

本复习教材以《勘察设计注册环保工程师执业资格专业考试大纲》（2014年版）为依据，内容力求体现专业考试大纲对以下三个层次知识和技能的要求：

（1）了解：是指注册环保工程师应知的与环境工程设计密切相关的知识和技能。

（2）熟悉：是指注册环保工程师开展执业活动必须熟悉的知识和技能。

（3）掌握：是指注册环保工程师必须掌握，并能够熟练地运用于工程实践的知识和必备技能。

根据注册环保工程师执业资格专业考试和环境工程专业的特点，本复习教材内容以注册环保工程师应熟悉和掌握的具有共性的专业理论知识、环境工程实际技能为重点，既不同于普通教科书，也不同于一般理论专著，力求达到科学性、系统性与实用性的统一。为保证知识的系统性，本复习教材部分章节的编排并非与大纲一一对应，但其基本涵盖了大纲要求的全部内容。

本复习教材丛书共分五个分册：《水污染防治工程技术与实践》《大气污染防治工程技术与实践》《固体废物处理处置工程技术与实践》《物理污染控制工程技术与实践》《综合类法规和标准》。

参加本复习教材编写的单位近20个。其中，《水污染防治工程技术与实践》分册由清华大学环境学院编写；《大气污染防治工程技术与实践》分册由北京航空航天大学环境科学与工程系、福建龙净环保股份有限公司、中国恩菲工程技术有限公司、北京纬纶华业环保科技股份有限公司、广东佳德环保科技有限公司、北京国能中电节能环保技术股份有限公司、北京师范大学、北京科技大学、北京工业大学编写；《固体废物处理处置工程技术与实践》分册由清华大学环境学院、中国城市建设研究院、中国恩菲工程技术有限公司编写；《物理污染控制工程技术与实践》分册由合肥工业大学机械与汽车工程学院、清华大学电机工程与应用电子技术系、首都经济贸易大学安全与环境工程学院、深圳中雅机电实业有限公司、广东启源建筑工程设计院有限公司编写。

本复习教材的编写在全国勘察设计注册工程师环保专业管理委员会专家组的指导下完成，编写过程中得到了编写人员所在单位的大力支持，并参考了我国现行的环境工程高等教育的推荐教材和环境工程手册、专著等，在此表示诚挚的谢意。

本复习教材编写历时两年，不少内容几易其稿，凝聚了全体编写人员的心血。但由于环境工程技术涉及面广，本复习教材又是新考试大纲颁布实施后的重新编写，难免有差错之处，敬请广大读者批评指正，以期在本教材再版时补充和修正。

编　者

2016年8月

目 录

第1章 污水处理工程总体设计 1
  1.1 污水收集与提升 1
  1.2 污水处理厂总体设计 37

第2章 污水预处理工程 45
  2.1 污水预处理工艺及构筑物设计 45
  2.2 污水一级处理（沉淀）工艺及构筑物设计 52

第3章 污水生物处理工程基础 60
  3.1 活性污泥法 60
  3.2 生物膜法 104
  3.3 污水生物脱氮除磷 129
  3.4 膜生物反应器 137
  3.5 厌氧生物处理 144
  3.6 污水二级处理工艺设计 155
  3.7 生物处理单元构筑物设计 158

第4章 污水物理与化学处理工程基础 178
  4.1 混凝 178
  4.2 沉淀、澄清及浓缩 186
  4.3 沉砂 202
  4.4 隔油 204
  4.5 气浮 207
  4.6 过滤 213
  4.7 吸附 219
  4.8 离子交换 225
  4.9 膜分离 232
  4.10 中和 244
  4.11 化学沉淀 246
  4.12 氧化还原 247
  4.13 萃取、吹脱和汽提 252
  4.14 消毒 255

第5章 污水再生利用工程 260
- 5.1 污水再生利用的意义与基本原则 260
- 5.2 污水再生利用的途径与水质要求 261
- 5.3 再生水水源及水质特征 269
- 5.4 污水深度处理单元技术 270
- 5.5 城镇污水深度处理组合工艺 289

第6章 工业废水处理工程 294
- 6.1 我国工业废水分类、来源及特征 294
- 6.2 工业废水处理设计的基本方法 298
- 6.3 纺织染整工业废水处理工艺 301
- 6.4 制浆造纸工业废水处理工艺 308
- 6.5 屠宰与肉类加工工业废水处理工艺 317
- 6.6 酿造工业废水处理工艺 321
- 6.7 制糖废水处理工艺 330
- 6.8 食品工业废水处理工艺 334
- 6.9 制药废水处理工艺 343
- 6.10 石油化工工业废水处理工艺 355
- 6.11 电子工业废水处理工艺 361
- 6.12 化学工业废水处理工艺 362
- 6.13 钢铁工业废水处理工艺 368
- 6.14 有色金属冶炼工业废水处理工艺 372
- 6.15 机械加工工业废水处理工艺 384
- 6.16 生活垃圾填埋场渗滤液处理工艺 397
- 6.17 工业园区废水处理工艺 402

第7章 污泥处理工程 405
- 7.1 污泥的分类及特性 405
- 7.2 污泥处理技术和方法 407
- 7.3 污泥的最终处置与利用方法 410
- 7.4 污泥的浓缩原理及应用 411
- 7.5 污泥厌氧消化原理及应用 413
- 7.6 污泥脱水原理及应用 417
- 7.7 污泥干化原理及应用 420

第8章 污水污泥处理过程的常用设备、药剂及仪表 424
- 8.1 污水污泥处理过程的常用设备 424
- 8.2 污水污泥处理过程的常用药剂 451
- 8.3 污水污泥处理过程的常用仪表 457

8.4　污水污泥处理过程的控制系统...464

第9章　污水自然净化工程...472
9.1　人工湿地污水处理技术...472
9.2　污水土地处理技术...479
9.3　污水稳定塘处理技术...490

第10章　流域水污染防治工程...499
10.1　水体污染物的来源、特性及其危害...499
10.2　流域水污染防治的原则和主要方法...503
10.3　污染水体水质净化与生态修复主要方法...514

附　件

一、环境质量标准
GB 3097—1997　海水水质标准...523
GB 3838—2002　地表水环境质量标准...530
GB 5084—2005　农田灌溉水质标准...539
GB 11607—89　渔业水质标准...544
GB/T 14848—93　地下水质量标准...549

二、污染物排放（控制）标准
GB 3544—2008　制浆造纸工业水污染物排放标准...554
GB 4287—2012　纺织染整工业水污染物排放标准...561
GB 8978—1996　污水综合排放标准...570
GB 13456—2012　钢铁工业水污染物排放标准...590
GB 13457—92　肉类加工工业水污染物排放标准...598
GB 13458—2013　合成氨工业水污染物排放标准...604
GB 14374—93　GB/T 14375～14378—93
　　航天推进剂水污染物排放与分析方法标准...611
GB 14470.1—2002　兵器工业水污染物排放标准　火炸药...614
GB 14470.2—2002　兵器工业水污染物排放标准　火工药剂...620
GB 14470.3—2011　弹药装药行业水污染物排放标准...626
GB 15580—2011　磷肥工业水污染物排放标准...633
GB 15581—95　烧碱、聚氯乙烯工业水污染物排放标准...639
GB 18466—2005　医疗机构水污染物排放标准...647
GB 18486—2001　污水海洋处置工程污染控制标准...676
GB 18918—2002　城镇污水处理厂污染物排放标准...680
GB 19430—2013　柠檬酸工业水污染物排放标准...690

GB 20425—2006	皂素工业水污染物排放标准	696
GB 20426—2006	煤炭工业污染物排放标准	700
GB 20922—2007	城市污水再生利用　农田灌溉用水水质	707
GB 21523—2008	杂环类农药工业水污染物排放标准	712
GB 21901—2008	羽绒工业水污染物排放标准	747
GB 21903—2008	发酵类制药工业水污染物排放标准	752
GB 21904—2008	化学合成类制药工业水污染物排放标准	759
GB 21905—2008	提取类制药工业水污染物排放标准	767
GB 21906—2008	中药类制药工业水污染物排放标准	773
GB 21907—2008	生物工程类制药工业水污染物排放标准	779
GB 21908—2008	混装制剂类制药工业水污染物排放标准	789
GB 21909—2008	制糖工业水污染物排放标准	794
GB 24188—2009	城镇污水处理厂污泥泥质	799
GB 25461—2010	淀粉工业水污染物排放标准	803
GB 25462—2010	酵母工业水污染物排放标准	809
GB 25463—2010	油墨工业水污染物排放标准	815
GB 26877—2011	汽车维修业水污染物排放标准	823
GB 27631—2011	发酵酒精和白酒工业水污染物排放标准	829
GB 28936—2012	缫丝工业水污染物排放标准	835
GB 28937—2012	毛纺工业水污染物排放标准	840
GB 28938—2012	麻纺工业水污染物排放标准	845
GB 30486—2013	制革及毛皮加工工业水污染物排放标准	850
GB/T 18919—2002	城市污水再生利用　分类	856
GB/T 18920—2002	城市污水再生利用　城市杂用水水质	859
GB/T 18921—2002	城市污水再生利用　景观环境用水水质	863
GB/T 19923—2005	城市污水再生利用　工业用水水质	871
GB/T 23484—2009	城镇污水处理厂污泥处置　分类	876
GB/T 23485—2009	城镇污水处理厂污泥处置　混合填埋用泥质	878
GB/T 23486—2009	城镇污水处理厂污泥处置　园林绿化用泥质	882
GB/T 24600—2009	城镇污水处理厂污泥处置　土地改良用泥质	888
GB/T 24602—2009	城镇污水处理厂污泥处置　单独焚烧用泥质	893
GB/T 25031—2010	城镇污水处理厂污泥处置　制砖用泥质	899
CJ 343—2010	污水排入城镇下水道水质标准	904

三、环境工程相关技术（设计）规范

GB 50014—2006	室外排水设计规范（2014年版）	913
GB 50335—2002	污水再生利用工程设计规范	973
GB 50428—2015	油田采出水处理设计规范	982
GB 50788—2012	城镇给水排水技术规范	1009

标准号	名称	页码
GB 50810—2012	煤炭工业给水排水设计规范	1021
GB 50963—2014	硫酸、磷肥生产污水处理设计规范	1037
GB 50102—2014	工业循环水冷却设计规范	1049
GB/T 50109—2014	工业用水软化除盐设计规范	1083
GB/T 51146—2015	硝化甘油生产废水处理设施技术规范	1102
GB/T 51147—2015	硝胺类废水处理设施技术规范	1112
HJ 471—2009	纺织染整工业废水治理工程技术规范	1122
HJ 493—2009	水质采样 样品的保存和管理技术规范	1139
HJ 574—2010	农村生活污染控制技术规范	1153
HJ 575—2010	酿造工业废水治理工程技术规范	1163
HJ 576—2010	厌氧-缺氧-好氧活性污泥法污水处理工程技术规范	1185
HJ 577—2010	序批式活性污泥法污水处理工程技术规范	1208
HJ 578—2010	氧化沟活性污泥法污水处理工程技术规范	1234
HJ 579—2010	膜分离法污水处理工程技术规范	1261
HJ 580—2010	含油污水处理工程技术规范	1274
HJ 2002—2010	电镀废水治理工程技术规范	1284
HJ 2003—2010	制革及毛皮加工废水治理工程技术规范	1311
HJ 2004—2010	屠宰与肉类加工废水治理工程技术规范	1334
HJ 2005—2010	人工湿地污水处理工程技术规范	1349
HJ 2006—2010	污水混凝与絮凝处理工程技术规范	1361
HJ 2007—2010	污水气浮处理工程技术规范	1377
HJ 2008—2010	污水过滤处理工程技术规范	1395
HJ 2011—2012	制浆造纸废水治理工程技术规范	1416
HJ 2013—2012	升流式厌氧污泥床反应器污水处理工程技术规范	1438
HJ 2014—2012	生物滤池法污水处理工程技术规范	1457
HJ 2015—2012	水污染治理工程技术导则	1481
HJ 2018—2012	制糖废水治理工程技术规范	1519
HJ 2019—2012	钢铁工业废水治理及回用工程技术规范	1535
HJ 2021—2012	内循环好氧生物流化床污水处理工程技术规范	1550
HJ 2022—2012	焦化废水治理工程技术规范	1574
HJ 2023—2012	厌氧颗粒污泥膨胀床反应器废水处理工程技术规范	1623
HJ 2024—2012	完全混合式厌氧反应池废水处理工程技术规范	1638
HJ 2029—2013	医院污水处理工程技术规范	1654
HJ 2030—2013	味精工业废水治理工程技术规范	1670
HJ 2036—2013	染料工业废水治理工程技术规范	1688
HJ 2038—2014	城镇污水处理厂运行监督管理技术规范	1707
HJ 2041—2014	采油废水治理工程技术规范	1721
HJ 2045—2014	石油炼制工业废水治理工程技术规范	1734
HJ 2047—2014	水解酸化反应器污水处理工程技术规范	1755

HJ 2048—2014　饮料制造废水治理工程技术规范 1766
HJ 2051—2014　烧碱、聚氯乙烯工业废水处理工程技术规范 1784
CJJ 60—2011　城镇污水处理厂运行、维护及安全技术规程 1808
CJJ 131—2009　城镇污水处理厂污泥处理技术规程 1839

四、法律法规

中华人民共和国水污染防治法（中华人民共和国主席令　第八十七号） 1854

五、技术政策

草浆造纸工业废水污染防治技术政策（环发[1999]273 号） 1867
城市污水处理及污染防治技术政策（城建[2000]124 号） 1869
印染行业废水污染防治技术政策（环发[2001]118 号） 1873
湖库富营养化防治技术政策（环发[2004]59 号） 1876
城市污水再生利用技术政策（建科[2006]第 100 号） 1883
城镇污水处理厂污泥处理处置及污染防治技术政策（试行）
　　（建城[2009]23 号） 1888

中华人民共和国国家环境保护标准

制革及毛皮加工废水治理工程技术规范

Technical specifications for tannery industry wastewater treatment

HJ 2003—2010

前 言

为贯彻《中华人民共和国环境保护法》和《中华人民共和国水污染防治法》，规范制革及毛皮加工废水治理工程的建设与运行管理，防治环境污染，保护环境和人体健康，制定本标准。

本标准规定了制革及毛皮加工废水治理工程设计、施工、验收和运行管理的技术要求。

本标准为首次发布。

本标准的附录 A、附录 B、附录 C 为资料性附录。

本标准由环境保护部科技标准司组织制订。

本标准主要起草单位：山东省环境保护科学研究设计院、山东省皮革研究所、山东省皮革协会。

本标准环境保护部 2010 年 12 月 17 日批准。

本标准自 2011 年 3 月 1 日起实施。

本标准由环境保护部解释。

1 适用范围

本标准规定了制革及毛皮加工废水治理工程的总体要求、工艺设计、检测控制、施工验收、运行维护等的技术要求。

本标准适用于以生皮为原料，采用铬鞣工艺的制革及毛皮加工废水治理工程，可作为环境影响评价、可行性研究、设计、施工、安装、调试、验收、运行和监督管理的技术依据，采用其他原料和鞣制工艺的制革及毛皮加工企业和集中加工区的废水治理工程可参照执行。

2 规范性引用文件

本标准内容引用了下列文件中的条款。凡是不注日期的引用文件，其有效版本适用于本标准。

GB 4284　农用污泥中污染物控制标准

GB 5085.3　危险废物鉴别标准　浸出毒性鉴别

GB 7251　低压成套开关设备和控制设备
GB 12348　工业企业厂界环境噪声排放标准
GB 12801　生产过程安全卫生要求总则
GB 14554　恶臭污染物排放标准
GB 15562.1　环境保护图形标志　排放口（源）
GB 18484　危险废物焚烧污染控制标准
GB 18597　危险废物贮存污染控制标准
GB 18598　危险废物安全填埋污染控制标准
GB 18599　一般工业固体废物贮存、处置场污染控制标准
GB 50014　室外排水设计规范
GB 50015　建筑给水排水设计规范
GB 50016　建筑设计防火规范
GB 50019　采暖通风与空气调节设计规范
GB 50033　建筑采光设计标准
GB 50034　建筑照明设计标准
GB 50037　建筑地面设计规范
GB 50046　工业建筑防腐蚀设计规范
GB 50052　供配电系统设计规范
GB 50053　10 kV 及以下变电所设计规范
GB 50054　低压配电设计规范
GB 50055　通用用电设备配电设计规范
GB 50057　建筑物防雷设计规范
GB 50069　给水排水工程构筑物结构设计规范
GB 50093　自动化仪表工程施工及验收规范
GB 50108　地下工程防水技术规范
GB 50116　火灾自动报警系统设计规范
GB 50168　电气装置安装工程电缆线路施工及验收规范
GB 50169　电气装置安装工程接地装置施工及验收规范
GB 50187　工业企业总平面设计规范
GB 50204　混凝土结构工程施工质量验收规范
GB 50208　地下防水工程质量验收规范
GB 50222　建筑内部装修设计防火规范
GB 50231　机械设备安装工程施工及验收通用规范
GB 50236　现场设备、工业管道焊接工程施工及验收规范
GB 50243　通风与空调工程质量验收规范
GB 50254　电气装置安装工程低压电器施工及验收规范
GB 50255　电气装置安装工程电力变流设备施工及验收规范
GB 50256　电气装置安装工程起重机电气装置施工及验收规范
GB 50257　电气装置安装工程爆炸和火灾危险环境电气装置施工及验收规范

标准号	标准名称
GB 50268	给水排水管道工程施工及验收规范
GB 50275	压缩机、风机、泵安装工程施工及验收规范
GB 50334	城市污水处理厂工程质量验收规范
GB 50336	建筑中水设计规范
GB 50395	视频安防监控系统工程设计规范
GB/T 16483	化学品安全技术说明书 内容和项目顺序
GB/T 18920	城市污水再生利用 城市杂用水水质
GB/T 19837	城市给排水紫外线消毒设备
GB/T 19923	城市污水再生利用 工业用水水质
GB/T 50335	污水再生利用工程设计规范
GBJ 115	工业电视系统工程设计规范
GBJ 125	给水排水设计基本术语标准
GBJ 141	给水排水构筑物施工及验收规范
GBZ 1	工业企业设计卫生标准
GBZ 2.1	工作场所有害因素职业接触限值 第1部分：化学有害因素
GBZ 2.2	工作场所有害因素职业接触限值 第2部分：物理有害因素
HJ/T 91	地表水和污水监测技术规范
HJ/T 92	水污染物排放总量监测技术规范
HJ/T 96	环境保护产品技术要求 pH水质自动分析仪技术要求
HJ/T 101	环境保护产品技术要求 氨氮水质自动分析仪技术要求
HJ/T 242	环境保护产品技术要求 污泥脱水用带式压榨过滤机
HJ/T 247	环境保护产品技术要求 竖轴式机械表面曝气装置
HJ/T 250	环境保护产品技术要求 旋转式细格栅
HJ/T 251	环境保护产品技术要求 罗茨鼓风机
HJ/T 252	环境保护产品技术要求 中、微孔曝气器
HJ/T 259	环境保护产品技术要求 转刷曝气装置
HJ/T 261	环境保护产品技术要求 压力溶气气浮装置
HJ/T 262	环境保护产品技术要求 格栅除污机
HJ/T 265	环境保护产品技术要求 刮泥机
HJ/T 266	环境保护产品技术要求 吸泥机
HJ/T 272	环境保护产品技术要求 化学法二氧化氯消毒剂发生器
HJ/T 277	环境保护产品技术要求 旋转式滗水器
HJ/T 278	环境保护产品技术要求 单级高速曝气离心鼓风机
HJ/T 279	环境保护产品技术要求 推流式潜水搅拌机
HJ/T 280	环境保护产品技术要求 转盘曝气装置
HJ/T 282	环境保护产品技术要求 浅池气浮装置
HJ/T 283	环境保护产品技术要求 厢式压滤机和板框压滤机
HJ/T 336	环境保护产品技术要求 潜水排污泵
HJ/T 354	水污染源在线监测系统验收技术规范

HJ/T 369　环境保护产品技术要求　水处理用加药装置
HJ/T 377　环境保护产品技术要求　化学需氧量（COD_{Cr}）水质在线自动监测仪
CECS 111　寒冷地区污水活性污泥法处理设计规程
CECS 112　氧化沟设计规程
CJJ 60　城市污水处理厂运行、维护及其安全技术规程
LD 35　制革安全卫生规程
NY/T 1220.2　沼气工程技术规范　第 2 部分：供气设计
NY/T 1222　规模化畜禽养殖场沼气工程设计规范
QB/T 1261　毛皮工业术语
QB/T 2262　皮革工业术语
《建设项目（工程）竣工验收办法》（计建设[1990]1215 号）
《建设项目竣工环境保护验收管理办法》（国家环境保护总局令　第 13 号）
《排污口规范化整治技术要求》（试行）（环监[1996]470 号）
《污染源自动监测管理办法》（国家环境保护总局令　第 28 号）

3　术语和定义

QB/T 2262、QB/T 1261、GBJ 125 中的术语及下列术语和定义适用于本标准。

3.1　制革及毛皮集中加工区　leather and fur central processing zone
指由制革及毛皮加工工业为主的企业组成的，企业分布相对集中、区内功能齐全且相对独立的区域。

3.2　含硫废水　sulfur-containing wastewater
指制革工艺中采用灰碱法脱毛时产生的浸灰废液及相应的水洗工序废水。

3.3　脱脂废水　degreasing wastewater
指在制革及毛皮加工脱脂工序中，采用表面活性剂对生皮油脂进行处理所形成的废液及相应的水洗工序废水。

3.4　含铬废水　chromium-containing wastewater
指在铬鞣及铬复鞣工序中产生的废铬液及相应的水洗工序废水。

3.5　综合废水　integrated wastewater
指制革及毛皮加工企业或集中加工区产生的与生产直接或间接相关的排往综合废水处理工程内的各种废水的统称（如生产工艺废水、厂区生活污水等）。

3.6　制革及毛皮加工污泥　sludge
指在制革及毛皮加工废水治理过程中产生的污泥。

3.7　含铬污泥　chrome sludge
指含铬废水预处理过程中产生的污泥。

3.8　预处理　pretreatment
指为减轻综合废水处理负荷，回收有价值物质，对制革及毛皮加工生产过程中产生的污染物含量高且回收价值大或污染严重的废水进行初步净化的过程，也称为分类处理。

3.9　一级处理　primary treatment
指综合废水处理工程内以固液分离为主体的初级净化过程。

3.10 二级处理　secondary treatment

指综合废水处理工程内经一级处理后以生化处理为主体的净化过程。

3.11 深度处理　advanced treatment

指综合废水处理工程内进一步去除二级处理不能完全去除的污染物的净化过程。

4 废水水量和水质

4.1 废水水量

4.1.1 制革及毛皮加工废水水量可按下式计算：

$$Q_Y = Q_i + Q_j \tag{1}$$

$$Q_i = \sum q_i (1-\alpha) = \beta Q \tag{2}$$

式中：Q_Y——综合废水量（以生皮计），m^3/t；

Q_i——生产废水量（以生皮计），m^3/t；

Q_j——其他废水量（以生皮计），m^3/t，包括地面冲洗水和生活污水等，应参照 GB 50015、GB 50336 等标准确定；

q_i——各生产工序废水量（以生皮计），m^3/t，可参照附录 A 确定；

Q——生产用水量（以生皮计），m^3/t，可根据生产用水定额确定；

α——废水回用率，%，即回用废水量与废水产生量的比值，应根据废水实际回用情况或水平衡图确定；

β——按给水量计算排水量的折减系数，应根据企业生产工艺及给排水设施水平等因素确定，一般取 80%～90%。

4.1.2 典型制革废水量可参照表1，典型毛皮加工废水量可参照表2。

表1　典型制革企业单位生皮综合废水量[1]

皮革种类	牛皮	猪皮	山羊皮	绵羊皮
废水量（以生皮计）/（m^3/t）	40～75	45～100	45～75	40～75

注：(1) 按生皮质量核算：黄牛皮 20 kg/张，猪皮（盐）5 kg/张，羊皮（盐）3 kg/张。

表2　典型毛皮加工企业单位生皮综合废水量

毛皮种类	羊剪绒（盐湿皮）	水貂（干板）	狐狸（干板）	貉子（盐湿皮）	兔皮（盐湿皮）
废水量（以生皮计）/（m^3/t）	70～140	50～90	110～160	80～100	80～110

4.1.3 生产废水量变化系数是指最大日最大时废水量与最大日平均时（生产设计规模）废水量的比值，其值应结合企业实际生产情况确定，当无相关资料时，可参照表3。

表3　废水量变化系数

废水来源	皮革集中加工区	制革企业	毛皮加工企业
变化系数	1.5～2.0	1.6～3.0	2.0～4.0

4.2 废水水质

4.2.1 废水水质可按下式计算：

$$C_i = \frac{W_i}{q_i} \times 1\,000 \tag{3}$$

$$C_Y = \frac{\sum W_i(1-\eta_i) + W_j}{Q_Y} \times 1\,000 \tag{4}$$

式中：C_i——各生产工序废水污染物质量浓度，mg/L；
　　　C_Y——综合废水污染物质量浓度，mg/L；
　　　W_i——各生产工序废水污染物产生量（以生皮计），kg/t，可参照附录B确定；
　　　W_j——其他废水污染物产生量（以生皮计），kg/t，应参照GB 50014、GB 50336 等标准确定；
　　　η_i——各生产工序废水预处理污染物去除率，%，可参照附录C.1。

4.2.2 典型制革废水水质可参照表4，典型毛皮加工废水水质可参照表5。

表4　典型制革废水水质范围[1]

废水种类	pH	COD_{Cr}/(mg/L)	BOD_5/(mg/L)	SS/(mg/L)	S^{2-}/(mg/L)	总铬/(mg/L)	氨氮/(mg/L)	总氮/(mg/L)	动植物油/(mg/L)
含硫废水	12～14	5 000～40 000	2 500～10 000	3 000～20 000	800～5 000	—	50～100	80～150	150～800
脱脂废水	11～13	10 000～30 000	3 000～8 000	3 000～5 000	—	—	—	—	4 000～10 000
含铬废水	3.5～5	3 000～6 500	600～1 200	600～2 000	—	600～2 500	150～400	200～500	400～800
综合废水	8～10	3 000～4 000	1 200～1 800	2 000～4 000	40～100	30～80[2]	200～600	250～800	250～2 000

注：（1）表中综合废水水质为未进行预处理的水质。
　　（2）含铬废水经预处理后，综合废水总铬质量浓度为 0.1～1.5 mg/L。

表5　典型毛皮加工废水水质范围[1]

废水种类	pH	COD_{Cr}/(mg/L)	BOD_5/(mg/L)	SS/(mg/L)	总铬/(mg/L)	氨氮/(mg/L)	总氮/(mg/L)	动植物油/(mg/L)
含铬废水	3.5～5	2 000～4 000	400～1 000	400～1 500	300～700	40～100	80～250	300～600
综合废水	8～10	1 500～3 500	600～1 200	1 000～2 500	10～20[2]	60～120	150～250	300～1 500

注：（1）表中综合废水水质为未进行预处理的水质。
　　（2）含铬废水经预处理后，综合废水总铬质量浓度为 0.1～1.0 mg/L。

5　总体要求

5.1　一般规定

5.1.1 应从废水的产生、处理和排放全过程进行控制,采用清洁生产技术,提高资源、能源利用率,降低污染物的产生量和排放量,预防污染环境。

5.1.2 制革及毛皮加工废水宜采用清污分流、雨污分流。

5.1.3 应以企业生产情况及发展规划为依据,贯彻国家产业政策和行业污染防治技术政策,统筹集中与分散、现有与新(扩、改)建的关系。

5.1.4 经处理后排放的废水应符合环境影响评价批复文件和相关排放标准的要求。

5.1.5 应配套建设二次污染的预防措施,保证污泥、恶臭、噪声等污染物排放满足 GB 14554 和 GB 12348 等相关环保标准的要求。

5.1.6 应按照《排污口规范化整治技术要求(试行)》建设废水排放口,设置符合 GB/T 15562.1 要求的废水排放口标志,并按照《污染源自动监控管理办法》安装污染物排放连续监测设备。

5.2 建设规模

5.2.1 建设规模应根据废水治理工程服务范围内的现有水量、水质和预期变化情况综合确定;现有企业应以实测数据为依据,新(扩、改)建企业应采用类比或物料衡算的方法确定。

5.2.2 预处理工程建设规模应与其相关生产单元的建设规模相匹配,按最大日流量计算。

5.2.3 综合废水处理工程的建设规模应符合下列要求:

a) 格栅、预沉池等调节池前废水处理构筑物按最大日最大时流量计算;

b) 调节池及其后废水处理构筑物按最大日平均时流量计算;

c) 回用水处理系统根据可利用源水的水质、水量和回用环节,经水量平衡和技术经济分析后确定;

d) 污泥处理与处置系统按最大日平均时污泥量计算。

5.3 项目构成

5.3.1 制革及毛皮加工废水治理工程由主体工程、配套工程和生产管理设施构成。

5.3.2 主体工程主要包括含硫废水预处理、脱脂废水预处理、含铬废水预处理和综合废水处理工程,其中的综合废水处理工程包括废水处理系统、回用水系统、污泥处理与处置系统和臭气处理系统:

a) 废水处理系统包括一级处理、二级处理和深度处理单元;

b) 回用水系统包括回用水贮存、输配和监控单元;

c) 污泥处理与处置系统包括污泥均质、浓缩、脱水和最终处置单元;

d) 臭气处理系统包括臭气收集和处理单元。

5.3.3 配套工程包括电气自动化、供排水和消防、采暖通风与空调、建筑结构、检测与过程控制等。

5.3.4 生产管理设施包括办公用房、值班室等。

5.4 厂址选择和总体布置

5.4.1 厂址选择和总体布置应纳入制革及毛皮加工企业或集中加工区总体规划,并满足环境影响评价、审批文件的要求。

5.4.2 总体布置应根据区内各建筑物和构筑物的功能和流程要求,结合厂址地形、气候和地质条件,经技术经济比较确定,并符合下列要求:

a) 总平面布置合理、紧凑，满足施工、维护和管理等要求，并留有发展及设备更换的余地；

b) 竖向布置应充分利用原有地形，尽可能做到土方平衡，降低运行电耗；

c) 合理布置超越管线和维修放空设施，并确保不合格的放空水或污泥得到妥善处理和处置；

d) 材料、药剂、污泥、废渣等不得露天堆放，存放场所应进行防渗及防水处理。

5.4.3 厂址选择、平面和竖向设计、总图运输、管线综合及绿化布置应根据项目组成情况确定，符合 GB 50187、GB 50014 和行业标准的规定。

6 工艺设计

6.1 一般规定

6.1.1 应优先采用处理效率高、节约能源、投资省的处理工艺，确保废水治理工程稳定、可靠、安全运行。

6.1.2 宜将综合废水处理工程，特别是生化处理单元设计成平行的两条线，其工艺设计应符合 GB 50014 中的相关规定。

6.1.3 厌氧技术的选用应充分考虑制革废水中硫化物、硫酸盐、铬、中性盐、低碳氮比（COD_{Cr}/TN）等对厌氧菌的抑制作用，加强清洁生产措施，尽量降低废水中毒性污染因子浓度。

6.2 处理工艺

6.2.1 提倡分类处理和集中处理相结合。含铬废水应先经预处理达标后再与其他废水混合处理，含硫废水和脱脂废水宜进行预处理，其工艺流程如图1所示：

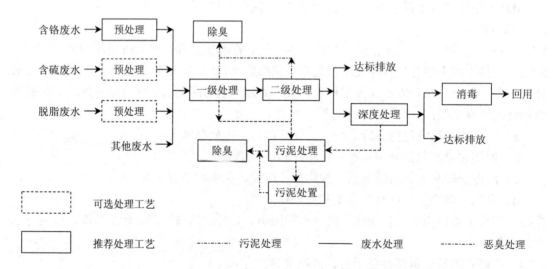

图1 制革及毛皮加工废水治理工程工艺流程

6.2.2 处理效率应通过试验或同类企业类比资料确定。当无资料时，预处理工程处理效率可参照附录C.1，综合废水处理工程处理效率可参照附录C.2。

6.2.3 应根据现行的国家和地方排放标准、污染物的来源及性质、排水去向确定制革及毛皮加工废水处理程度，选择相应的处理级别和处理工艺。

6.2.4 排入集中加工区废水处理厂（站）的企业宜根据集中加工区要求选用预处理或预处理+一级处理工艺；排入城镇污水处理厂的企业宜根据污水处理厂接管要求选择预处理+一级或预处理+一级处理+二级处理工艺；直接排入自然水体的企业应根据排放标准要求选择预处理+一级处理+二级处理或预处理+一级处理+二级处理+深度处理工艺。

6.3 技术要求

6.3.1 含铬废水预处理

6.3.1.1 应结合生产工艺采用循环或碱沉淀技术处理含铬废水，处理后废水的铬含量达标后方可排入综合废水处理工程。

6.3.1.2 碱沉淀处理技术的工艺要求：

a）碱沉淀处理技术包括格栅、贮存、反应、压滤、水洗、酸化和陈化等工序。

b）碱沉淀常用的沉淀剂包括 MgO、NaOH、$Ca(OH)_2$、Na_2CO_3 和 $NaAlO_2$ 等，宜选用 MgO 和 NaOH，投料量宜根据化学平衡计算确定，控制铬液 pH 值在 8.5～10.0 的范围内。

c）贮液池的贮液时间宜大于 2 d，碱沉淀工艺的反应时间宜为 1～2 h，沉降时间应大于 3 h。

d）沉淀分离出的铬泥宜采用板框压滤机压滤，压滤周期 4～6 h，处理能力约 1.5 kg/(m^2·次）。

e）酸化反应采用机械搅拌或空气搅拌的方式，反应 pH 宜为 2.0～2.3，反应时间应大于 1 h，沉降时间宜为 3～4 h。

f）硫酸用量应根据回收液中铬的含量进行确定，按下式计算：

$$M = \frac{AV}{B} \times 1.93 \quad (5)$$

式中：M——硫酸用量，g；

A——废铬液中 Cr_2O_3 的含量，g/L；

V——废铬液量，L；

B——工业硫酸的质量分数，%。

g）回收铬液宜经陈化后使用，陈化时间宜为 5～7 d，陈化后的 pH 值应达到 2.5～2.8。

6.3.1.3 循环处理技术包括直接循环利用和浸酸/鞣制循环利用处理技术，循环处理技术一般包括格栅、贮存、净化、补铬、调节、回用等工序，控制参数应结合生产工艺、产品种类经试验确定后选用。

6.3.2 含硫废水预处理

6.3.2.1 含硫废水预处理包括催化氧化、化学混凝和酸化回收硫化氢等工艺，处理前应采用专用管道收集，格栅拦截。

6.3.2.2 催化氧化处理技术的工艺要求：

a）催化氧化处理技术宜采用锰盐催化氧化技术，使用的催化剂有硫酸锰、氯化锰和高锰酸钾等，常用硫酸锰，其投加量宜为硫化物含量的 5%；

b）催化氧化反应过程中，宜控制 pH 值在 10.5～13.0 范围内，反应温度 15～40℃，催化氧化反应时间大于 6 h；

  c）反应池曝气应采用鼓风（大孔或中孔）曝气或机械曝气形式，采用鼓风曝气时，供氧量（氧/S^{2-}）应大于 1.1 kg/kg，采用机械曝气时曝气功率（S^{2-}）宜大于 0.6 kW/kg，并应满足搅拌的要求。

6.3.2.3 化学混凝处理技术的工艺要求：

  a）化学混凝处理技术包括混凝和沉淀（或气浮）2 个单元；

  b）化学混凝处理技术处理含硫废水常用铁盐、铝盐等混凝剂，为了提高混凝效果也可采用复配混凝剂或与有机高分子混凝剂联用，使用前应根据废水水质特性，通过试验确定适宜的配方；

  c）采用硫酸亚铁作混凝剂，反应前可用酸将含硫废水 pH 值调至 8～9，反应终点宜控制 pH 值至 7 左右；

  d）混凝时间宜为 10～15 min；

  e）沉淀时间宜为 3.0～5.0 h，表面负荷宜为 0.8～1.5 m³/（m²·h）；

  f）采用气浮工艺时，其设计参数宜通过试验确定，当无相关资料时，表面负荷宜取 1.5～2.5 m³/（m²·h）。

6.3.2.4 酸化回收硫化氢的工艺要求：

  a）酸化回收硫化氢包括酸化反应、固液分离和碱吸收 3 个单元；

  b）应用酸将酸化反应器中废液 pH 值调至 4.0～4.5，酸化反应时间宜大于 6 h；

  c）宜由真空泵连续抽出酸化反应器中的 H_2S 至吸收塔，整个反应过程中，吸收系统应保持在负压状态；

  d）应采用 NaOH 配置吸收液；

  e）酸化后的废液应通过固液分离的方式分离出其中的蛋白质；

  f）分离后的废液可根据废液性质和生产工艺情况经再生后循环利用，可使用 CaO 作再生剂，再生废液应将 pH 值调整到 12 左右。

6.3.3 脱脂废水预处理

6.3.3.1 脱脂废水预处理包括酸提取和气浮等工艺，处理前应采用专用管道收集，格栅拦截和隔油措施。

6.3.3.2 酸提取处理脱脂废水包括破乳、皂化、酸化和水洗工序，各工序的控制参数可参照表 6：

表 6 酸提取工艺主要设计参数

工序	pH 值	温度/℃	操作时间/h	备注
破乳	4	60	2.5～3	pH 为反应终点控制值
皂化	11～12	沸腾	1	pH 为反应终点控制值
酸化	4	—	2～3	pH 为反应终点控制值
水洗	6～7	40～60	—	洗 3 次

6.3.3.3 气浮处理工艺设计见 6.3.2.3 条第 f）款。

6.3.4 综合废水处理

6.3.4.1 综合废水处理工程前应设置粗格栅和细格栅，其工艺要求如下：

  a）采用机械清除时，粗格栅间隙宜为 10～20 mm，采用人工清除时宜为 15～25 mm，格栅设置在水泵前应满足水泵要求；

b）细格栅宜选用具有自清能力的旋转机械格栅，格栅间隙宜为 2～5 mm；

c）格栅上部应设置工作平台，其高度应高出格栅前最高设计水位 0.5 m，工作平台上应有安全和冲洗设施；

d）栅渣宜通过机械输送，脱水后外运。

6.3.4.2 综合废水进入调节池前应经过沉砂或预沉处理，其工艺要求如下：

a）宜选用平流沉砂池或曝气沉砂池，池面应设浮渣或油脂刮除设施；

b）预沉池停留时间宜为 40～120 min，有效水深宜为 2.0～3.0 m，池面应设有浮渣或油脂刮除设施，也可设置油脂回收设施；

c）沉砂池及预沉池宜采用机械排除泥砂方式，池底应考虑防淤措施，采用重力排除泥砂时，排砂管和排泥管应考虑防堵或清通措施。

6.3.4.3 综合废水处理工程应设置调节池，其工艺要求如下：

a）调节池容积应根据废水在生产周期内的变化曲线采用图解法计算确定，单独制革及毛皮加工企业的调节时间宜大于 20 h，集中加工区的调节时间宜大于 16 h。当二级处理采用 SBR 处理工艺时，可根据工程规模和工艺流程适当减少调节池的容积；

b）当调节池兼作综合废水事故池时，其容积计算应考虑事故排放的容量，可按照 2 h 的废水最大时排放量确定；

c）当初期雨水需要处理时，调节池应考虑初期雨水的储存容量，储存雨水量的确定应符合 GB 50014 的规定，初期雨水的时间应根据雨水收集系统的设置状况、路面材料、污染物性质和降雨等情况确定，当缺乏相关资料时，可取 10～15 min；

d）调节池内应设置混合设施，当设置潜水推进器时，混合功率为 2～8 W/m^3，当采用曝气（中孔或大孔）设备时，曝气量不宜小于 3 m^3/（m^2·h），当调节池兼有预生化或（催化）氧化等功能时，其曝气量还应满足工艺需氧量的要求，曝气设备应考虑防堵塞措施；

e）调节池底部应设有集水坑，池底应有不小于 0.01 的坡度，坡向集水坑，池壁应设置爬梯；

f）调节池应设置液位控制和报警装置。

6.3.4.4 综合废水处理工程应设置沉淀池，沉淀分为初次沉淀池、混凝沉淀池和二次沉淀池，沉淀池的形式应根据处理规模、工艺特点和场地地质条件等因素确定，可选用平流式、辐流式和竖流式等池型，其工艺要求如下：

a）沉淀池主要设计参数参照表 7；

b）初次沉淀池宜采用机械排泥，并应有浮渣刮除设施；

c）应适当增大初次沉淀池深度，增加污泥区容积；

d）当采用斜板（管）沉淀池时，其表面负荷可按比普通沉淀池的表面负荷提高 1～2 倍考虑。

6.3.4.5 可在技术经济论证的基础上，采用水解酸化或厌氧处理工艺对综合废水进行处理，其工艺要求如下：

a）采用水解酸化处理工艺时，水解酸化时间宜取 6～12 h；

表7 沉淀池主要设计参数

沉淀池类型		沉淀时间/h	表面负荷/$[m^3/(m^2·h)]$	污泥含水率/%	固体负荷/$[kg/(m^2·d)]$
初次沉淀池		1.5~3.0	1.0~2.0	97~98.5	—
混凝沉淀池	二次沉淀池前	2.0~3.0	1.0~1.6	96~98	—
	二次沉淀池后	2.5~4.0	0.8~1.2	98~99.5	—
二次沉淀池	生物膜后	2.0~4.0	0.8~1.5	96~98	≤150
	活性污泥后	3.5~5.0	0.5~0.8	99.0~99.4	≤150

b) 宜采用常温或中温发酵工艺，反应器中的混合液温度宜控制在25~35℃的范围内；

c) 制革废水厌氧单元宜采用二步厌氧或与其他废水混合处理的工艺，毛皮加工废水可采用一步厌氧工艺；

d) 二步厌氧酸化段可采用厌氧填充床或厌氧接触反应器，甲烷化段和一步厌氧可采用 UASB 反应器；

e) 酸化反应器中混合液的 pH 应控制在 7.5 以下，硫化物容积负荷(S^{2-})宜为 1.5~3 kg/m^3，COD_{Cr} 容积负荷（COD_{Cr}）宜为 25~45 $kg/(m^3·d)$，污泥产率 2%~4%；

f) 厌氧接触反应器后的沉淀池表面负荷宜为 1.0~1.4 $m^3/(m^2·d)$，沉淀时间宜为 3.0~5.0 h，污泥回流比宜为 30%~50%；

g) 甲烷化段的 UASB 反应器容积负荷（COD_{Cr}）宜为 5~15 $kg/(m^3·d)$，水力停留时间宜大于 12 h；

h) 甲烷化段产生的混合生物气体宜净化后收集在沼气储柜中并作为燃料加以利用，生物气的净化、贮存技术可参照 NY/T 1222 和 NY/T 1220.2 的规定。

6.3.4.6 废水好氧生化处理宜选用有机负荷低、抗冲击负荷能力强、具有脱氮功能的工艺，如 A/O、氧化沟、SBR 和接触氧化等，其工艺设计应符合 CECS 112、CECS 111 等标准的规定，并满足以下要求：

a) 生物反应池的容积宜采用硝化、反硝化动力学公式计算确定，并应充分考虑冬季低水温对去除碳源污染物和脱氮的影响，必要时可采取降低负荷、保温或增温等措施；

b) 好氧生化处理单元的主要设计参数参照表8；

表8 好氧生化处理单元主要设计参数

好氧单元类型	污泥质量浓度/(g/L)	污泥负荷(COD_{Cr}/MLSS)/(kg/kg)	容积负荷(COD_{Cr})/$[kg/(m^3·d)]$	水力停留时间/h	污泥回流比/%	运行周期/h	充水比/%
氧化沟	3.0~5.0	0.12~0.20	0.4~1.0	30~54(1)	60~100	—	—
A/O	3.0~5.0	0.15~0.20	0.5~1.4	30~50(1)	60~100	—	—
SBR	3.0~5.0	0.16~0.32	0.5~1.6	30~60	—	8~12	15~30
接触氧化	—	—	0.8~1.8	16~36(1)	—	—	—

注：(1) 水力停留时间为废水在好氧区和缺氧区内的总停留时间。

c) 为强化氨氮的去除效果，可采用两段好氧生化处理工艺，当采用两段好氧工艺时，前段生化反应池以去除COD_{Cr}为主，后段反应池以去除氨氮为主；

d) 好氧区（池）pH 值宜为 7～8，剩余碱度宜大于 70 mg/L（以 $CaCO_3$ 计）；

e) 宜通过投加碱提高废水的剩余碱度，当采用 A/O 工艺时，可通过增加缺氧池容积，提高回收碱度量，投加碱量（以 $CaCO_3$ 计）可按下式计算：

$$W=7.14×\Delta N_1-3×\Delta N_2-0.15×\Delta C-W_1+W_2 \tag{6}$$

式中：W——加碱量，kg/d；

ΔN_1——硝化氮量，kg/d；

ΔN_2——反硝化脱氮量，kg/d；

ΔC——COD_{Cr} 去除量，kg/d；

W_1——进水碱度量，kg/d；

W_2——出水碱度量，kg/d。

f) 生物反应池中好氧区的废水需氧量（O_2/COD_{Cr}）应根据去除的含碳有机物、氨氮的硝化反硝化程度等确定，也可采用 0.7～1.4 kg/kg 进行估算；

g) 曝气设备应能根据废水水质、水量调节供氧量，较大规模的综合废水处理工程宜能自动调节供氧量；

h) 曝气池应考虑设置泡沫消除设施，可采用添加消泡剂、喷水消泡和机械消泡等措施。

6.3.4.7 废水深度处理可采用混凝、沉淀（或澄清、气浮）、过滤、曝气生物滤池和硫酸亚铁-双氧水催化氧化（也称 Fenton 氧化）工艺，其工艺设计应符合 GB/T 50335 的规定，并满足以下要求：

a) 采用混凝、沉淀（或澄清、气浮）工艺时，混合段速度梯度 G 值 300～600 s^{-1}，混合时间 30～120 s，反应段速度梯度 G 值 30～60 s^{-1}，反应时间 5～20 min，澄清池上升流速 0.4～0.6 mm/s，停留时间 1.5～2.0 h，气浮池气水接触时间 30～100 s，表面负荷 6～9 $m^3/(m^2·h)$，水力停留时间 20～40 min，沉淀池相关参数见 6.3.4.4 条中规定；

b) 采用过滤工艺时，进水悬浮物宜小于 50 mg/L，过滤池工艺设计应符合 GB 50335 的规定，并参照同类企业运行数据，过滤器的选用和工艺设计应根据设备供应商提供的资料和同类企业运行数据确定；

c) 采用曝气生物滤池工艺时，COD_{Cr} 容积负荷宜为 0.3～1.5 $kg/(m^3·d)$，氨氮（NH_3-N）容积负荷宜为 0.3～0.8 $kg/(m^3·d)$，有效停留时间宜大于 3 h，宜选用球形轻质多孔陶粒滤料或塑料球形滤料，也可采用颗粒活性炭滤料，宜采用气水联合反冲洗，通过长柄滤头实现，反冲洗强度应根据采用的滤料确定，过滤前可采用臭氧氧化等措施改变原始化合物的结构，提高废水的可生化性；

d) 采用 Fenton 氧化工艺时，试剂投加量应通过实验确定，氧化反应时间宜为 30～60 min，反应 pH 值宜为 3～5，氧化反应后的废水应加碱中和，中和反应时间宜大于 10 min，中和反应后的废水应通过沉淀（气浮）分离出废水中的含铁悬浮物，可投加 PAM 强化混凝效果，混凝沉淀（气浮）的技术要求参见 6.3.4.7 条第 a) 款；

e) 当有脱盐要求时，可增加离子交换、超滤、纳滤、反渗透等技术中的一种或几种组合；

  f) 当有回用要求时，深度处理后的废水应进行消毒处理，宜采用二氧化氯、紫外线等消毒技术，采用氯化消毒时，加氯量宜为有效氯 5~10 mg/L，消毒接触时间应大于 30 min；采用紫外线消毒时，紫外线剂量可按 20~30 mW·s/cm^2 确定。

6.3.5 废水回用

6.3.5.1 废水回用应以本厂回用为主、厂外回用为辅。

6.3.5.2 在满足生产工艺要求的前提下，制革及毛皮加工企业应提高水的循环利用率，尽量回收有用原料，控制排入综合废水处理工程内的废水及污染物量。

6.3.5.3 处理后的综合废水可作为准备工段和废水处理工程某些工序的生产用水、厂区环境保洁及其他用水，其回用水质应根据用水环节参照 GB/T 18920 和 GB/T 19923 等国家标准。

6.3.5.4 综合废水回用水贮存、输配和监测应符合 GB/T 50335 的规定。

6.3.6 污泥处理与处置

6.3.6.1 制革及毛皮加工废水产生的污泥包括预处理污泥、综合废水处理物化污泥和剩余污泥；其中预处理污泥和综合废水处理物化污泥量应根据处理工艺按照化学反应物料平衡计算确定，综合废水处理剩余污泥量可参照 GB 50014 的规定。

6.3.6.2 以生皮为原料进行估算，经脱水后的含铬废水处理污泥产生量（DS/生皮）为 20~30 kg/t，综合废水处理生化处理前物化污泥产生量（DS/生皮）为 100~220 kg/t，生化处理剩余污泥量（DS/生皮）为 20~40 kg/t，生化处理后物化污泥产生量（DS/生皮）为 15~25 kg/t；以盐湿皮为原料进行估算，其污泥产量约为生皮产量的 15%~30%。

6.3.6.3 含铬废水处理产生的含铬污泥，可根据皮革生产需求制成铬鞣剂，回用于鞣制过程，不能利用的应按危险废物处置。

6.3.6.4 综合废水处理过程中产生的污泥经鉴别为危险废物的按危险废物处置，经鉴别为一般固体废物的按一般固体废物处置；鉴别方法应按照 GB 5085.3 等相关标准执行。

6.3.6.5 污泥处理工艺应根据污泥的最终处置方式确定，并符合下列要求：

  a) 污泥浓缩可采用重力浓缩、机械浓缩和气浮浓缩工艺，当采用重力浓缩时，污泥固体负荷宜为 20~40 kg/(m^2·d)，浓缩时间不宜小于 16 h，当采用机械浓缩时，应根据设备供应商提供的资料和同类企业运行数据确定，经试验和技术经济分析后，也可采用气浮浓缩工艺；

  b) 应设置污泥均质池，均质池内应设置潜水搅拌器等设备，均质池内的停留时间应根据排泥方案确定，一般为 6~10 h；

  c) 污泥应进行脱水，污泥脱水机械的类型应按污泥的性质、产生量和脱水要求，经技术经济比较后确定，宜选用离心脱水机，当污泥量较少时，可选用厢式、板框压滤机；

  d) 污泥在脱水前，应加药调理，污泥加药后，应立即混合反应，进入脱水机，药剂种类和投加量应通过试验确定，污泥脱水前的含水率宜小于 98%，污泥脱水后的含水率应小于 80%。

6.3.6.6 污泥的最终处置主要包括综合利用、焚烧和填埋等途径，应优先考虑综合利用，并符合以下要求：

  a) 污泥综合利用应因地制宜，考虑农用应慎重，按 GB 4284 等相关标准执行，土地利用应严格控制污泥和土壤中积累的重金属及其他有毒物质含量，生产建材应满足相关产品质量的要求；

b）污泥填埋应符合 GB 18597、GB 18598 和 GB 18599 等标准的规定；

c）污泥的干化焚烧宜集中进行，实施中应参照 GB 50014、GB 18484 等标准的规定。

6.3.7 臭气处理

6.3.7.1 应有效控制恶臭污染源，并符合下列技术要求：

a）优化工艺单元设计，减少废水收集及治理系统臭气的产生和散发；

b）定期清理格栅、沉砂池、预沉池、调节池、水解池、污泥池等工艺单元中的浮渣，及时处置工艺过程中产生的栅渣、污泥等污染物；

c）实时投加或喷洒化学除臭剂。

6.3.7.2 宜对臭气进行收集、处理和排放，并符合下列技术要求：

a）采取密闭、局部隔离及负压抽吸等措施，集中收集工艺过程（格栅、沉砂池、预沉池、调节池、水解池、污泥池、污泥脱水机等）中产生的臭气；

b）污水泵房、污泥脱水间、加药间等应设置通风或臭气收集设施，并确保排放废气符合现行国家标准的要求。

6.3.7.3 宜采用物理、生物、化学除臭等工艺处理集中收集的臭气，并符合下列技术要求：

a）采用离子除臭工艺前应对臭气进行过滤净化，宜控制进气湿度小于 85%，温度小于 65℃，放电电压小于 3 kV，离子产生量大于 $1.0×10^6$ 个/cm^3，臭氧质量浓度小于 0.2 mg/m^3，臭气停留时间 1.0~2.0 s。

b）采用生物滤池工艺时，填料孔隙率 40%~80%，填料有机质含量 25%~55%，填料厚度 1.0~1.5 m，反应温度 15~35℃，湿度 50%~65%，液体投配率 0.7~1.4 m^3/(m^3·d)，臭气停留时间 30~90 s。

c）采用化学洗涤工艺时，填料高度 1.8~3.0 m，液气比 1.5~2.5，臭气停留时间 1.5~3 s，宜采用次氯酸钠、高锰酸钾、双氧水、氢氧化钠等洗涤液。

7 主要工艺设备和材料

7.1 配置要求

7.1.1 常用设备包括泵、曝气设备、格栅、刮吸泥机、滗水器、脱水机、加药和消毒设备等。

7.1.2 格栅除污机、潜水推进器、表面曝气机、滗水器等宜按双系列或多系列分别配置。

7.1.3 加药设备应按加入药液的种类和处理系列分别配置。

7.1.4 水泵、污泥泵、加药泵、鼓风机等应设置备用设备。

7.1.5 泵类、曝气装置、加药装置等宜储备核心部件和易损部件。

7.2 设备选型与防腐

7.2.1 设备和材料应从工程设计、招标采购、施工安装、运行维护、调试验收等环节进行控制，选用满足工艺、符合下列标准要求的产品：

a）旋转式细格栅应符合 HJ/T 250 的规定，格栅除污机应符合 HJ/T 262 的规定；

b）潜水排污泵应符合 HJ/T 336 的规定；

c）单机高速曝气离心鼓风机应符合 HJ/T 278 的规定，罗茨风机应符合 HJ/T 251 的规定；

d) 竖轴式机械表面曝气机应符合 HJ/T 247 的规定，横轴式转刷曝气装置应符合 HJ/T 259 的规定，转盘曝气装置应符合 HJ/T 280 的规定；

e) 鼓风式中、微孔曝气器应符合 HJ/T 252 的规定；

f) 潜水推流搅拌机应符合 HJ/T 279 的规定；

g) 旋转式滗水器应符合 HJ/T 277 的规定；

h) 刮泥机应符合 HJ/T 265 的规定，吸泥机应符合 HJ/T 266 的规定；

i) 气浮装置应符合 HJ/T 261 和 HJ/T 282 的规定；

j) 污泥脱水用厢式压滤机和板框压滤机应符合 HJ/T 283 的规定，带式压滤机应符合 HJ/T 242 的规定；

k) 加药设备应符合 HJ/T 369 的规定；

l) 化学法二氧化氯消毒剂发生器应符合 HJ/T 272 的规定，紫外线消毒设备应符合 GB/T 19837 的规定。

7.2.2 应对易腐蚀的设备、管渠及材料采取相应的防腐蚀措施，根据腐蚀性质，结合当地情况，因地制宜地选用经济合理、技术可靠的防腐蚀措施，并应达到国家现行有关标准的规定，有条件的企业宜采用耐腐蚀材料。

8 检测与过程控制

8.1 检测

8.1.1 应根据处理工艺和管理要求设置水量计量、水位观察、水质观测、取样监测化验、药品计量的仪器、仪表，对废水治理工程主要参数进行定期检测和监测，对重点控制指标实现在线检测和监测。

8.1.2 用于为废水治理工程实现闭环控制和性能考核提供数据的在线检测装置，其检测点分别设在受控单元内或进、出口处，采样频次和检测项目应根据工艺控制要求确定。

8.1.3 用于环保部门监测验证污染排放指标的在线监测装置，其采样点、采样频次和监测项目应符合排放标准、HJ/T 91 和 HJ/T 92 等国家相关标准的规定，并与监控中心联网。

8.1.4 检测项目及位置应符合以下要求：

a) 预处理应检测进、出口流量、温度、pH、SS、特征污染物（如硫化物、总铬、氨氮）及投药量、产泥量等指标；

b) 一级处理宜检测进、出口流量、pH、SS、COD_{Cr}、特征污染物（如硫化物、总铬、氨氮）及投药量、产泥量等指标；

c) 水解酸化池宜检测进、出口的 pH、H_2S、ORP、COD_{Cr} 和 BOD_5 和反应池内的污泥浓度等指标；

d) 厌氧处理单元应检测进、出口的 pH、H_2S、COD_{Cr}、BOD_5 和沼气产生量，以及反应池内的挥发酸和污泥浓度等指标；

e) 好氧生化单元应检测废水进、出口的 pH、碱度、COD_{Cr}、BOD_5、硫化物、氨氮、SS 以及反应池内的 DO、碱度、污泥沉降比和污泥浓度等指标；

f) 深度处理单元宜检测进、出口 pH、COD_{Cr}、BOD_5、SS、氨氮、总铬和六价铬等指标。

8.1.5 现场检测仪表宜具备防腐、防爆、抗渗漏、防结垢、自清洗等功能。

8.1.6 宜采用符合 HJ/T 96、HJ/T 101、HJ/T 377 等规定的监测仪器。

8.2 过程控制

8.2.1 应根据工程规模、工艺流程和运行管理要求选择适合的控制方式，确定参数控制要求。

8.2.2 小型综合废水处理工程的主要生产工艺单元可采用自动控制，较大规模的综合废水处理工程宜采用集中管理和监视、分散控制的计算机控制系统。

8.2.3 综合废水处理工程的过程控制应参照 GB 50014 的规定。

9 主要辅助工程

9.1 电气自动化

9.1.1 废水治理工程电气专业的技术要求应与生产过程中相应专业的技术要求一致，工作电源的引接和操作室设置应与生产过程统筹考虑，高、低电压等级和用电中性接地方式应与生产设备一致。

9.1.2 电气系统设计应符合 GB 50052、GB 50053、GB 50054、GB 50055、GB 7251 和 GB 50057 等现行国家和行业标准的规定，照明设计应符合 GB 50034 的规定。

9.1.3 控制系统应在满足系统出水水质、节能、经济、安全和适用的前提下，运行可靠，便于维护和管理，自动化控制水平应根据废水处理规模、水质处理要求、企业经济条件等因素合理确定。

9.1.4 自动化控制系统设计应符合国际标准化组织或国家颁布的相关标准及要求，工业电视系统应符合 GBJ 115 和 GB 50395 的规定。

9.2 供排水和消防

9.2.1 废水治理工程供排水和消防系统应与生产系统统筹考虑，生活用水、生产用水及消防设施应符合 GB 50015、GB 50016 和 GB 50222 等国家现行标准的规定。

9.2.2 废水治理工程区内给水管网宜采用生产、生活和消防联合供水系统。

9.2.3 回用水输配系统应独立设置，其供水管道宜采用塑料给水管、塑料和金属复合管或其他给水管材，并应根据使用要求安装计量装置。

9.2.4 废水治理工程的火灾危险类别属于丁（戊）类（厌氧单元除外），耐火等级的判定应与其相关的生产装置统筹考虑，变、配电间、控制室、化验室应按不低于二级耐火等级设计，其他建（构）筑物的耐火等级应不低于三级；当含有厌氧处理单元时，厌氧单元生产的火灾危险性为甲类，防火等级应按一级耐火等级设计。

9.3 采暖通风与空调

9.3.1 建筑物内应有采暖通风与空气调节系统，并应符合 GB 50019 等国家现行标准的规定。

9.3.2 废水治理工程采暖系统设计应与生产车间统一规划，热源宜由厂区或集中加工区采暖系统提供；当建筑物机械通风不能满足工艺对室内温度、湿度要求时应设空调装置。

9.3.3 各类建、构筑的通风设计应符合下列原则：

  a）加盖构筑物应设通风设施；

  b）有可能放散有毒和有害气体的建筑物，应根据满足室内最高允许浓度所需换气次数确定通风量，室内空气严禁再循环，有条件宜设有毒有害气体的检测和报警装置；

c) 有防爆要求的车间应设事故通风，事故风机应为防爆型，事故风机可兼作夏季通风用。

9.4 建筑结构

9.4.1 建筑的造型应简洁、新颖，建筑风格宜与整个废水治理工程相协调。

9.4.2 厂房建筑、防腐、采光和结构应符合 GB 50037、GB 50046、GB 50033 等现行国家标准的规定。

9.4.3 应根据不同地区气候条件的差异采用不同的结构形式，严寒地区的建筑结构应采取防冻措施。

9.4.4 构筑物应符合 GB 50069 和 GB 50108 等现行国家标准的规定。

10 劳动安全与职业卫生

10.1 劳动安全

10.1.1 劳动安全管理应符合 GB 12801 和 LD35 的规定。

10.1.2 应对工作人员进行必要的培训，并且提供工作人员所需的防护用品。

10.1.3 应建立并严格执行经常性的和定期的安全检查制度，及时消除事故隐患，防止事故发生。

10.1.4 应按照 GB/T 16483 等标准的要求管理和使用工艺过程中的化学药剂。

10.1.5 应有必要的安全防护和报警装置，并在厂区各明显位置配有禁烟、防火和限速等标志。

10.1.6 应制定火警、易燃、爆炸、自然灾害等意外事件的应急预警预案。

10.2 职业卫生

10.2.1 职业卫生应符合 GBZ 1、GBZ 2.1 和 GBZ 2.2 的规定。

10.2.2 职业病防护设备、防护用品应确保处于正常工作状态，不得擅自拆除或停止使用。

10.2.3 具有有害气体、易燃气体、异味、粉尘和环境潮湿的场所，应有良好的通风设施。

11 施工与验收

11.1 工程施工

11.1.1 工程施工应符合国家和行业施工程序及管理文件的要求。

11.1.2 工程设计、施工单位应具有与该工程相应的资质等级。

11.1.3 建筑、安装工程应符合施工设计文件、设备技术文件的要求，对工程的变更应取得设计单位的设计变更文件后再进行施工。

11.1.4 工程施工中使用的设备、材料、器件等应符合相关的国家标准，并应取得产品合格证后方可使用。

11.1.5 施工单位应遵守相关的工程施工技术规范等国家标准的要求。

11.2 工程验收

11.2.1 与生产工程同步建设的废水治理工程应与生产工程同时验收，升级改造的废水治理工程应单独进行验收。

11.2.2 废水治理工程分两个阶段进行验收，第一阶段为建设项目竣工验收，第二阶段为建设项目竣工环境保护验收。
11.2.3 应按《建设项目（工程）竣工验收办法》、《建设项目竣工环境保护验收管理办法》及相关专业现行验收规范组织验收。
11.2.4 配套建设的废水在线监测系统应与废水治理工程同时进行建设项目竣工环境保护验收，验收的程序和内容应符合 HJ/T 354 的规定。
11.2.5 应依据主管部门的批准（核准）文件、设计文件、设计变更文件、工程合同、设备供货合同、项目环评审批文件、各类污染物环境监测报告、试运行期间废水在线监测报告、完整的启动试运行记录等进行废水治理工程的验收。
11.2.6 相关专业验收的程序和内容应符合 GB 50093、GB 50168、GB 50169、GB 50204、GB 50208、GB 50231、GB 50236、GB 50243、GB 50254、GB 50257、GB 50268、GB 50275、GB 50334 和 GBJ 141 等标准的规定。

12 运行和维护

12.1 一般规定

12.1.1 运行和维护应符合国家现行法律法规及标准的规定。
12.1.2 应配备环境保护专职技术人员和水质监测仪器。
12.1.3 应确保稳定运行达标率 100%，设备综合完好率大于 90%。

12.2 运行

12.2.1 岗位工作人员应通过培训考核后上岗，使其熟悉设备运行和维护的具体要求，具有熟练的操作技能。
12.2.2 岗位工作人员应定期进行培训，对其掌握废水治理工艺、设备的操作、维护和管理技能进行评估，采取有效措施持续提高其专业技能。
12.2.3 应制定水处理工程的操作规程、工作制度、定期巡检制度和维护管理制度等；运行人员应按制度履行职责，确保系统经济稳定运行。
12.2.4 综合废水治理工程的运行管理宜参照 CJJ 60 的规定。

12.3 维护保养

12.3.1 废水治理工程应在满足设计工况的条件下运行，并根据工艺要求，定期对各类工艺、电气、自控设备仪表及建（构）筑物进行检查和维护。
12.3.2 废水治理设施的维护保养应纳入全厂的维护保养计划中，使废水治理设施的计划检修时间与相关工艺设施同步。

12.4 记录

12.4.1 应建立废水治理工程运行、设施维护和生产活动等的记录制度，主要记录内容包括：

a) 启动、停止时间；
b) 运行工艺控制参数；
c) 废水监测数据、废水排放、污泥处理情况；
d) 药剂进厂质量分析数据，进厂数量，进厂时间；
e) 污泥鉴别情况；

f）污泥、栅渣的出厂数量、时间、处置地点、处置情况；
g）主要设备的运行和维修情况；
h）生产事故及处置情况；
i）定期检测及评估情况等。

12.4.2　应制定统一的记录格式，并按格式填写，确保填写内容准确、及时、完整，不得随意涂改。

12.4.3　所有记录应制定清单，以备查询，对于需长期保存的记录应交档案室存档保管。

12.5　应急措施

12.5.1　应根据生产及周围环境情况，制定各种可能的突发性事故的应急预案，配备人力、设备、通信等资源，使治理工程具备应急处置的条件。

12.5.2　废水治理工程发生异常情况或重大事故，应及时分析，启动应急预案，并按规定向有关部门报告。

12.5.3　应建设含铬废水的事故贮池，制定相应的事故防控措施，杜绝事故排放。

12.5.4　应设置危险气体（甲烷、硫化氢）和危险化学品的控制与防护设施。

附录 A（资料性附录）

制革及毛皮加工工序废水量

A.1 制革工序废水量

典型制革工序废水量如表 A.1 所示。

表 A.1 典型制革工序废水量（以生皮计）　　　　　　　单位：m³/t

生皮种类	浸水	脱脂	浸灰/脱毛	脱灰/软化	浸酸鞣铬	复鞣加脂	整饰	其他[1]	合计
牛皮	6～14	0～4	6～11	8～13	3～6	12～19	4～6	1～2	40～75
猪皮	8～18	4～6	7～16	8～20	4～8	10～24	3～6	1～2	45～100
羊皮	7～15	2～6	6～10	9～14	3～6	10～16	2～6	1～2	40～75

注：（1）其他废水包括车间冲洗、配套工程排水和生活污水等。

A.2 毛皮加工工序废水量

典型毛皮加工工序废水量如表 A.2 所示。

表 A.2 典型毛皮加工工序废水量（以生皮计）　　　　　　单位：m³/t

生皮种类	前处理	浸酸、鞣制	整饰等	合计
羊剪绒（盐湿皮）	38～76	9～18	23～46	70～140
水貂（干板）	12～22	12～22	26～46	50～90
狐狸（干板）	40～58	26～38	44～64	110～160
猾子（盐湿皮）	19～24	14～18	47～58	80～100
兔皮（盐湿皮）	29～38	22～29	29～38	80～105

附录 B（资料性附录）

制革及毛皮加工废水污染物产生量及工序产污率

B.1 制革及毛皮加工废水污染物产生量

典型制革及毛皮加工废水单位生皮污染物产生量如表 B.1 所示。

表 B.1 典型制革及毛皮加工废水污染物产生量（以生皮计） 单位：kg/t

污染指标	COD_{Cr}	SS	BOD_5	氨氮	总氮	总铬	硫化物	硫酸盐	动植物油
制革废水	150～250	100～150	70～110	15～30	20～40	2～5	3～10	30～70	20～100
毛皮加工废水	70～150	50～80	35～60	2～5	7～12	1～4	—	15～20	15～65

B.2 制革废水工序产污率

典型制革废水工序产污率如表 B.2 所示。

表 B.2 典型制革废水工序产污率 单位：%

生产单元	污染指标						
	COD_{Cr}	SS	氨氮	总氮	总铬	硫化物	硫酸盐
浸水	12～18	12～20	—	3～8	—	—	—
浸灰	50～55	50～60	5～15	35～40	—	92～97	—
脱灰/软化	10～15	8～10	65～75	40～45	—	3～8	15～25
浸酸鞣铬	5～10	4～6	5～10	8～12	70～80	—	55～60
复鞣加脂染色	10～15	10～15	1～3	3～8	20～25	—	15～20

B.3 毛皮加工废水工序产污率

典型毛皮加工废水工序产污率如表 B.3 所示。

表 B.3 典型毛皮加工废水工序产污率 单位：%

生产单元	污染指标					
	COD_{Cr}	SS	氨氮	总氮	总铬	硫酸盐
前处理	65～75	70～80	65～75	65～75	—	—
浸酸鞣铬	15～20	10～15	15～20	15～20	80～85	80～85
整饰等	10～15	10～15	10～15	10～15	15～20	15～20

附录 C（资料性附录）

制革及毛皮加工废水治理工程典型工艺处理效率

C.1 制革及毛皮加工废水典型预处理工艺处理效率

制革及毛皮加工废水典型预处理工艺处理效率如表 C.1 所示。

表 C.1 制革及毛皮加工废水典型预处理工艺处理效率

废水种类	处理技术	主要工艺环节	处理效率/%				
			SS	COD_{Cr}	动植物油	S^{2-}	总铬
含硫废水	酸化回收	格栅（筛网）、酸化、固液分离	55～80	55～75	—	>90	—
	催化氧化	格栅（筛网）、催化氧化	—	10～20	—	>90	—
	化学混凝	格栅（筛网）、混凝沉淀（气浮）	60～80	55～75	—	>95	—
脱脂废水	酸提取	格栅、隔油、酸提取	75～85	>90	>95	—	—
	气浮	格栅、隔油、气浮	80～90	>90	>95	—	—
含铬废水	碱沉淀	格栅、碱沉淀、压滤、水洗、陈化	70～90	60～80	—	—	>99

C.2 制革及毛皮加工综合废水典型处理工艺处理效率

制革及毛皮加工综合废水典型处理工艺处理效率如表 C.2 所示。

表 C.2 制革及毛皮加工综合废水典型处理工艺处理效率

处理程度	处理技术	主要工艺环节	处理效率/%			
			SS	COD_{Cr}	BOD	NH_3-N
一级	自然沉淀	格栅、沉砂、调节、沉淀	45～65	40～50	30～45	—
	混凝沉淀	格栅、预沉、调节、混凝沉淀	70～90	50～70	45～65	—
	混凝气浮	格栅、预沉、调节、混凝气浮	80～90	60～70	55～65	—
二级	活性污泥	活性污泥生物反应池、二次沉淀池	75～90	80～90	90～98	50～95
	生物膜	生物膜反应池、二次沉淀池	80～90	80～90	90～98	65～95
	厌氧好氧	水解（厌氧）、好氧	85～90	85～90	95～98	70～95
深度	混凝沉淀	混凝沉淀（澄清、气浮）、（过滤）	50～75	15～30	15～25	—
	曝气生物滤池	混凝沉淀+过滤	30～50	15～40	50～80	70～90
	Fenton 氧化	Fenton 氧化+混凝沉淀	50～70	>60	>50	—

中华人民共和国国家环境保护标准

屠宰与肉类加工废水治理工程技术规范

Technical specifications for slaughterhouse and meat processing wastewater treatment projects

HJ 2004—2010

前 言

为贯彻《中华人民共和国环境保护法》、《中华人民共和国水污染防治法》、《建设项目环境保护管理条例》及其他相关法律法规，规范屠宰与肉类加工废水治理工程的建设与运行管理，防治环境污染，保护环境与人体健康，制定本标准。

本标准规定了屠宰与肉类加工废水治理工程设计、施工、验收和运行管理等方面的相关技术要求。

本标准为首次发布。

本标准由环境保护部科技标准司组织制订。

本标准起草单位：环境保护部华南环境科学研究所。

本标准由环境保护部 2010 年 12 月 17 日批准。

本标准自 2011 年 3 月 1 日起实施。

本标准由环境保护部解释。

1 适用范围

本规范规定了屠宰与肉类加工废水治理工程设计、施工、验收和运行管理的技术要求。

本规范适用于配套新建、改建、扩建屠宰场与肉类加工厂的废水治理工程，可作为此类项目环境影响评价、可行性研究、工程设计、施工管理、竣工验收、环境保护验收及运行管理等工作的技术依据。

2 规范性引用文件

本规范内容引用了下列文件中的条款。凡是不注明日期的引用文件，其有效版本适用于本标准。

　　GB 8978　　污水综合排放标准
　　GB 12694　　肉类加工厂卫生规范
　　GB 13457　　肉类加工工业水污染物排放标准
　　GB 18078　　肉类联合加工厂卫生防护距离标准

GB 50014	室外排水设计规范
GB 50015	建筑给水排水设计规范
GB 18596	畜禽养殖业污染物排放标准
GB 4284	农用污泥中污染物控制标准
GB 5084	农田灌溉水质标准
GB 14554	恶臭污染物排放标准
GB 50009	建筑结构荷载规范
GB 50016	建筑设计防火规范
GB 50052	供配电系统设计规范
GB 50054	低压配电设计规范
GB 50069	给水排水工程构筑物结构设计规范
GB 50187	工业企业总平面设计规范
GB 50194	建设工程施工现场供用电安全规范
GB 50303	建筑电气工程施工质量验收规范
GB 50317	猪屠宰与分割车间设计规范
GBJ 22	厂矿道路设计规范
GB 3096	声环境质量标准
GB 12348	工业企业厂界环境噪声排放标准
GBJ 87	工业企业噪声控制设计规范
GB/T 18883	室内空气质量标准
GB/T 18920	城市污水再生利用　城市杂用水水质
GB/T 4754	国民经济行业分类
HJ/T 15	环境保护产品技术要求　超声波明渠污水流量计
HJ/T 96	pH 水质自动分析仪技术要求
HJ/T 101	氨氮水质自动分析仪技术要求
HJ/T 103	总磷水质自动分析仪技术要求
HJ/T 212	污染源在线自动监控（监测）系统数据传输标准
HJ/T 242	环境保护产品技术要求　带式压榨过滤机
HJ/T 245	环境保护产品技术要求　悬挂式填料
HJ/T 246	环境保护产品技术要求　悬浮填料
HJ/T 250	环境保护产品技术要求　旋转式细格栅
HJ/T 251	环境保护产品技术要求　罗茨鼓风机
HJ/T 252	环境保护产品技术要求　中、微孔曝气器
HJ/T 262	环境保护产品技术要求　格栅除污机
HJ/T 263	环境保护产品技术要求　射流曝气器
HJ/T 281	环境保护产品技术要求　散流式曝气器
HJ/T 283	环境保护产品技术要求　厢式压滤机和板框压滤机
HJ/T 335	环境保护产品技术要求　污泥浓缩带式脱水一体机
HJ/T 336	环境保护产品技术要求　潜水排污泵

HJ/T 337　环境保护产品技术要求　生物接触氧化成套装置
HJ/T 353　水污染源在线监测系统安装技术规范（试行）
HJ/T 354　水污染源在线监测系统验收技术规范
HJ/T 355　水污染源在线监测系统运行与考核技术规范
HJ/T 369　环境保护产品技术要求　水处理用加药装置
CJ 3082　污水排入城市下水道水质标准
CECS 97　鼓风曝气系统设计规程
《建设项目（工程）竣工验收办法》（计建设[1990] 1215 号）
《建设项目环境保护竣工验收管理办法》（国家环境保护总局令　第 13 号）
《污染源自动监控管理办法》（国家环境保护总局令　第 28 号）

3　术语和定义

下列术语和定义适用于本标准。

3.1　屠宰场　slaughterhouse

指宰杀禽畜及进行初级加工的场所。

3.2　肉类加工厂　meat processing factory

指用于动物肉类食品生产、加工的场所。

3.3　屠宰过程　slaughtering process

指屠宰时进行的圈栏冲洗、宰前淋洗、宰后烫毛或剥皮、开腔、劈半、解体、内脏洗涤及车间冲洗等过程。

3.4　屠宰废水　slaughterhouse wastewater

指屠宰过程中产生的废水，主要含有血污、油脂、碎肉、畜毛、未消化的食物及粪便、尿液等。

3.5　肉类加工过程　meat processing

指肉类加工时进行的洗肉、加工、冷冻等过程。

3.6　肉类加工废水　meat processing wastewater

指肉类加工过程中产生的废水，主要含有碎肉、脂肪、血液、蛋白质、油脂等。

3.7　废水再用　wastewater reuse

指废水经过深度处理后实现废水资源化利用。

3.8　恶臭污染物　odor pollutants

指一切刺激嗅觉器官引起人们不愉快及损害生活环境的气体物质。（GB 14554—1993）

4　污染物与污染负荷

4.1　污染物

屠宰与肉类加工废水中含有的主要污染物包括 COD_{Cr}、BOD_5、SS、氨氮及动植物油等。

4.2　废水量

4.2.1　屠宰废水量

屠宰废水量可根据如下公式进行计算：

$$Q = q \times S \qquad (1)$$

式中：Q——每日产生的屠宰废水量，m^3/d；

q——单位屠宰动物废水产生量，m^3/头或 m^3/百只；

S——每日屠宰动物总数量，头/d 或百只/d。

单位屠宰动物废水产生量可根据表1、表2数据进行取值。

表 1 单位屠宰动物废水产生量（畜类） 单位：m^3/头

屠宰动物类型	牛	猪	羊
屠宰单位动物废水产生量	1.0～1.5	0.5～0.7	0.2～0.5

表 2 单位屠宰动物废水产生量（禽类） 单位：m^3/100只

屠宰动物类型	鸡	鸭	鹅
屠宰单位动物废水产生量	1.0～1.5	2.0～3.0	2.0～3.0

4.2.2 肉类加工的废水量与加工规模、种类及工艺有关。单独的肉类加工厂废水量应根据实际情况具体确定，一般不应超过 5.8 m^3/t（原料肉），有分割肉、化制等工序的企业每加工 1 t 原料肉可增加排水量 2 m^3；肉类加工厂与屠宰场合建时，其废水量可按同规模的屠宰场及肉类加工厂分别取值计算。

4.2.3 按全厂用水量估算总废水排放量时，废水量宜取全厂用水量的 80%～90%。

4.3 废水水质

废水水质的确定应以实际监测数据为准。

无监测数据时，屠宰废水水质取值可参照表3，肉类加工废水水质取值可参照表4。

表 3 屠宰废水水质设计取值 单位：mg/L（pH 值除外）

污染物指标	COD_{Cr}	BOD_5	SS	氨氮	动植物油	pH
废水浓度范围	1 500～2 000	750～1 000	750～1 000	50～150	50～200	6.5～7.5

表 4 肉类加工废水水质设计取值 单位：mg/L（pH 值除外）

污染物指标	COD_{Cr}	BOD_5	SS	氨氮	动植物油	pH
废水浓度范围	800～2 000	500～1 000	500～1 000	25～70	30～100	6.5～7.5

5 总体要求

5.1 一般规定

5.1.1 屠宰与肉类加工废水治理工程的建设应符合当地有关规划，合理确定近期与远期、处理与利用的关系。

5.1.2 屠宰与肉类加工行业应积极采用节能减排及清洁生产技术，不断改进生产工艺，降低污染物产生量和排放量，防止环境污染。

5.1.3 出水直接向周边水域排放时，应按国家和地方有关规定设置规范化排污口。排放水质应满足国家、行业、地方有关排放标准规定及项目环境影响评价审批文件有关要求。

5.1.4 应根据屠宰场和肉类加工厂的类型、建设规模、当地自然地理环境条件、排水去向及排放标准等因素确定废水处理工艺路线及处理目标，力求经济合理、技术先进可靠、运行稳定。

5.1.5 主要废水处理设施应按不少于两格或两组并联设计，主要设备应考虑备用。

5.1.6 废水处理构筑物应设检修排空设施，排空废水应经处理达标后外排。

5.1.7 屠宰与肉类加工废水处理工艺应包含消毒及除臭单元。

5.1.8 建议有条件的地方可进行屠宰与肉类加工废水深度处理，实现废水资源化利用。

5.1.9 废水处理厂（站）应按照《污染源自动监控管理办法》和地方环保部门有关规定安装废水在线监测设备。

5.2 设计规模

5.2.1 设计规模应根据生产工艺类型、产量及最大生产能力条件下的排水量综合考虑后确定。

5.2.2 废水水量、水质应以实测数据为准，缺少实测数据时可参考表1、表2、表3和表4。

5.3 项目构成

5.3.1 本废水治理工程主要包括处理构筑物、工艺设备、配套设施以及运行管理设施。

5.3.2 处理工艺主要包括预处理、生化处理、深度处理、恶臭污染处理及污泥处理等。

5.3.3 工艺设备包括机械格栅、污水泵、三相分离器、曝气风机、曝气器、污泥脱水机等。

5.3.4 配套设施包括供配电、给排水、消防、通信、暖通、检测与控制、绿化等。

5.3.5 运行管理设施包括办公用房、分析化验室、库房、维修车间等。

5.4 总平面布置

5.4.1 总平面布置应满足 GB 50187 的相关规定。

5.4.2 应根据处理工艺流程和各构筑物的功能要求，综合考虑地形、地质条件、周围环境、建构筑物及各设施相互间平面空间关系等因素，在满足国家现行相关技术规范基础上，确定废水治理工程总体布置。按远期总处理规模预留场地并注意近远期之间的衔接。

5.4.3 废水治理工程应独立布置在厂区主导风向的下风向，各处理单元平面布置尽量紧凑（中小规模的废水处理构筑物可采用一体式构建），力求土建施工方便，设备安装、各类管线连接简捷且便于维护管理。

5.4.4 工艺流程、处理单元的竖向设计应充分利用场地地形，以符合排水通畅、降低能耗、平衡土方等方面要求。

5.4.5 应设置管理及辅助建筑物，其面积应结合处理工程规模及处理工艺等实际情况确定。

5.4.6 应根据需要设置存放材料、药剂、污泥、废渣等场所，不得露天堆放。

6 工艺设计

6.1 工艺选择原则

6.1.1 工艺选择应以连续稳定达标排放为前提，选择成熟、可靠的废水处理工艺。

6.1.2 应根据废水的水量、水质特征、排放标准、地域特点及管理水平等因素确定工艺流程及处理目标。

6.1.3 在达标排放的前提下,优先选择低运行成本、技术先进的处理工艺。处理工艺过程应尽可能做到自动控制。

6.1.4 屠宰与肉类加工废水处理应采用生化处理为主、物化处理为辅的组合处理工艺,并按照国家相关政策要求,因地制宜考虑废水深度处理及再用。

6.2 屠宰与肉类加工废水处理工艺

屠宰与肉类加工废水治理工程典型工艺流程如图1所示。

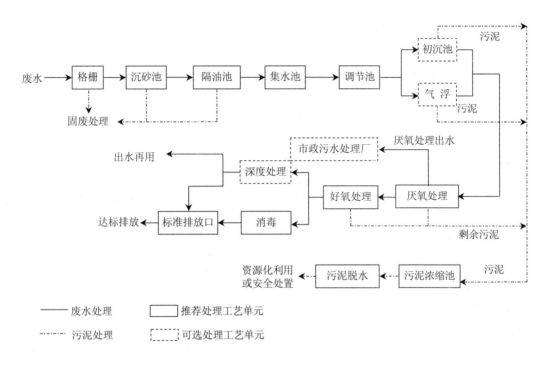

图1 屠宰与肉类加工废水治理工程典型工艺流程

6.3 废水处理主体单元

6.3.1 预处理

屠宰与肉类加工废水工程的预处理部分主要包括:粗(细)格栅、沉砂池、隔油池、集水池、调节池和初沉池等。

6.3.1.1 格栅

a) 调节池前应设置粗格栅和细格栅,并按最大时废水量设计。

b) 处理废水量较大、漂浮杂物较多时,宜采用具有自动清洗功能的机械格栅。

c) 应特别注意禽类与畜类屠宰加工废水处理的细格栅设备选型差异,废水中含有较多羽毛等漂浮物时必须设置专用的细格栅、水力筛或筛网等。

6.3.1.2 沉砂池

a) 沉砂池设在格栅之后,隔油池之前,可与隔油池合建。

b) 采用平流式沉砂池时,最大流速应为0.3 m/s,最小流速为0.15 m/s,水力停留时间宜为30~60 s。

c) 采用旋流式沉砂池时,旋流速度应为0.6~0.9 m/s,表面负荷约为200 m³/(m²·h),

水力停留时间宜为 20～30 s。

6.3.1.3 隔油池

a) 隔油池设置在调节池之前，沉砂池之后，对于大中型规模的废水治理工程，隔油池应设有撇油刮渣设施。

b) 平流式隔油池停留时间一般为 1.5～2.0 h，斜板隔油池停留时间一般不大于 0.5 h。

c) 含油脂较低的肉类加工厂废水可根据实际情况不单独设置隔油池。

6.3.1.4 集水池

a) 当车间排水口管道埋深较大时，为减少调节池的埋深，便于施工，应设置集水池。

b) 集水池有效容积应不小于该池最大工作水泵 5 min 的出水量，废水提升水泵宜按最大时水量选型（无水量变化曲线资料时可按 3～4 倍平均流量），每小时启动次数不超过 6 次。

c) 集水池的其他技术要求按 GB 50014 的有关规定执行。

6.3.1.5 调节池

a) 调节池有效容积宜按照生产排水规律确定，没有相关资料时有效容积宜按水力停留时间 10～24 h 设计，并适当考虑事故应急需要。

b) 调节池内应设置搅拌装置，一般可采用液下（潜水）搅拌或空气搅拌。采用液下搅拌时，具体搅拌功率应结合池体大小进行确定，一般可按 5～10 W/m^3；采用空气搅拌时，所需空气量（标态）为 0.6～0.9 m^3/(h·m^3)。

c) 为减少臭气影响，调节池宜加盖，并设置通风、排风及除臭设施；调节池应设有安全栏杆和检修扶梯。

d) 调节池应设置排空集水坑，池底应设计流向集水坑的坡度，坡度设计应不小于 2%。

6.3.1.6 初沉池

a) 调节池后宜设置初沉池，可采用竖流式沉淀池。对于规模大于 3 000 t/d 的项目可采用辐流式沉淀池。

b) 采用竖流式沉淀池时宽（直径）深比一般不大于 3，池体直径（或正方形一边）不宜大于 8 m。不设置反射板时的中心流速不应大于 30 mm/s，设置反射板时的中心流速可取 100 mm/s。

c) 沉淀池的水力停留时间应大于 1 h，但不宜大于 3 h；其他设计参见 GB 50014 的有关规定。

6.3.1.7 气浮

a) 气浮可作为调节池后用于去除残留于废水中粒径较小的分散油、乳化油、绒毛、细小悬浮颗粒等杂物的一种备选技术。对于含有较多油脂和绒毛肉类加工厂废水，宜采用气浮工艺，以保证后续厌氧等处理单元的稳定运行及处理效果。

b) 气浮的设计可参见相关废水气浮处理技术规范进行。

6.3.2 生化处理

生化处理是屠宰与肉类加工废水治理工程的核心，主要去除废水中可降解有机污染物及氨氮等营养型污染物。生化处理部分主要包括厌氧处理和好氧处理。

6.3.2.1 厌氧处理

屠宰与肉类加工废水一般宜采用的厌氧工艺为：升流式厌氧污泥床（UASB）或水解

酸化技术。

(1) UASB

a) UASB 尤其适用于中高有机负荷、水量水质较稳定、悬浮物浓度较低时的废水处理。

b) UASB 应按容积负荷设计，并按水力停留时间校核，水力停留时间宜取 16～24 h。宜采用常温或中温厌氧；当水温较低时，宜设置加热装置和隔热保温层。不同温度下的容积负荷率可参考表 5。

表 5 不同温度条件下的 UASB 容积负荷率（COD_{Cr}） 单位：kg/(m^3·d)

指标	常温（15～30℃）	中温（30～35℃）
容积负荷率	2～5	5～10

UASB 有效容积的计算可参考以下公式：

$$V_R = \frac{QS_0}{N_V} \tag{2}$$

或

$$V_R = Q \times HRT \tag{3}$$

式中：V_R——厌氧反应器的有效容积，m^3；

Q——设计流量，m^3/d；

S_0——进水有机物（COD_{Cr}）质量浓度，kg/m^3；

N_V——容积负荷（COD_{Cr}），$kg/(m^3·d)$；

HRT——水力停留时间，d。

c) UASB 的设计应符合下列规定：

①UASB 的高度不宜超过 8 m，推荐反应器污泥床有效高度为 3.0～3.5 m。

②当废水处理量较大时，宜采用多个 UASB 反应器并联运行。

③应保证 UASB 内 pH 值维持在 6.8～7.6 之间；必要时应加入 $Ca(OH)_2$、$NaHCO_3$、Na_2CO_3 等调节控制碱度，使 pH 值保持在 6.8 以上。

④三相分离器中沉淀区的斜壁角度应不小于 45°，沉淀区表面负荷应在 0.75 m^3/(m^2·h) 以下（无斜管时），或 1.0～1.5 m^3/(m^2·h)（有斜管时），三相分离器缝隙流速不大于 2 m/h。

⑤UASB 宜设置污泥界面测定点、采样点、温度监测点等。

⑥UASB 应考虑配套沼气能源回收利用或安全燃烧高空排放处理装置。

⑦UASB、沼气能源回收利用或安全处理装置应符合 GB 50016 中的有关消防安全设计规定。

(2) 水解酸化技术

a) 水解酸化技术适用于较高容积负荷、水质水量波动变化较大时的废水处理。

b) 宜采用常温水解酸化。通常按水力停留时间设计，有机容积负荷校核，水力停留时间一般为 4～10 h，容积负荷（COD_{Cr}）为 4.8～12.0 kg/(m^3·d)。

c) 水解酸化池一般采用上向流式，最大上升流速应小于 2.0 m/h。

d）设计水解酸化池温度应控制在15℃以上，以20～30℃为宜。

e）水解酸化池可根据实际需要悬挂一定生物填料，填料高度一般应为水解酸化池的有效池深的1/2～2/3为宜。

6.3.2.2 好氧处理

好氧处理宜采用具有脱氮除磷功能的序批式活性污泥技术（SBR）或生物接触氧化技术，有条件时亦可采用膜生物反应器（MBR）工艺。

（1）SBR工艺

a）SBR工艺尤其适合废水间歇排放、流量变化大的废水处理。

b）本规范中所指的SBR工艺包括传统SBR、改良型SBR、改良式序列间歇反应器MSBR、循环式活性污泥系统CASS及循环式活性污泥技术（CAST）等工艺。

c）SBR反应池应设置两个或两个以上并联交替运行。

d）采用SBR工艺处理屠宰场与肉类加工厂废水时，污泥负荷（BOD_5/MLVSS）宜取 0.1～0.4 kg/（kg·d）；总运行周期为：6～12 h，其中五个过程的水力停留时间可分别设计为：进水期1～2 h，反应期4～8 h，沉淀期1～2 h，排水期0.5～1.5 h，闲置期1～2 h。各工序具体取值按实际工程废水水质条件确定。

e）屠宰场与肉类加工厂废水的氨氮和水温是设计计算中考虑的重点因素。通常需按最低废水水温（结合氨氮出水标准）计算硝化反应速率、校核反应器容积。

f）SBR工艺其他设计细节可参照 GB 50014 及有关设计手册等有关规定进行。

（2）接触氧化工艺

a）接触氧化工艺广泛适用于不同规模的屠宰场与肉类加工厂废水治理工程，尤其适用于场地面积小、水量小、有机负荷波动大的情况。

b）接触氧化工艺所使用的填料应采用轻质、高强度、防腐蚀、化学和生物稳定性好的材料，并应保证其易于挂膜、水力阻力小、比表面积大或孔隙率高。

c）生物接触氧化工艺的水力停留时间一般取 8～12 h，填料容积负荷率（BOD_5）应为 1.0～1.5 kg/（m³·d）。

d）屠宰场和肉类加工厂废水处理工程常采用竖流式沉淀池作为二沉池。可根据有关的设计手册及实际工程经验选取表面负荷、沉淀时间等设计参数。竖流式沉淀池表面负荷一般取值为：0.6～0.8 m³/（m²·h），斜管沉淀池表面负荷一般取值为：1.0～1.5 m³/（m²·h），沉淀池的水力停留时间应大于 1 h，但不宜大于 3 h。

e）对于规模大于 3 000 t/d 的项目，可采用辐流式沉淀池。有关设计参考初沉池，按照 GB 50014 的有关规定执行。

f）其他设计细节可参照 HJ/T 337、GB 50014 有关规定进行。

（3）MBR工艺

a）MBR工艺适用于占地面积小且出水水质要求高的废水处理。

b）膜生物反应器分为内置式和外置式两种，宜选用内置式中空纤维膜组件（HF）或平板膜（PF）MBR工艺。

c）膜通量等参数以实验数据或膜组件供应商数据为准。中空纤维膜组件的膜通量一般可设计为 8～15 L/（m²·h），平板膜的膜通量一般可设计为 14～20 L/（m²·h）。

d）MBR反应器主要工艺参数：水力停留时间一般为 8～16 h，MBR 其他主要设运行参数见表 6。

e）应考虑膜污染的控制、膜清洗技术及维修措施。

表 6 膜生物反应器（MBR）的工艺参数

项目	内置式 MBR	外置式 MBR
污泥浓度/（mg/L）	8 000～12 000	10 000～15 000
污泥负荷（COD_{Cr}/MLVSS）/[kg/（kg·d）]	0.10～0.30	0.30～0.60
剩余污泥产泥系数（MLVSS/COD_{Cr}）/（kg/kg）	0.10～0.30	0.10～0.30

6.3.2.3 消毒

（1）屠宰场与肉类加工厂废水必须进行消毒处理。

（2）一般采用二氧化氯或次氯酸钠进行消毒，消毒接触时间不应小于 30 min，有效质量浓度不应小于 50 mg/L。

（3）可兼顾考虑废水脱色处理与消毒。

6.4 深度处理

6.4.1 地方环保部门对废水处理及排放有严格要求时应进行深度处理。

6.4.2 达标排放废水的深度处理宜采用生物处理和物化处理相结合的工艺，如曝气生物滤池（BAF）、生物活性炭、混凝沉淀、过滤等。具体选用何种组合方式及相关工艺参数应通过试验确定。再用水应以项目场内为主，厂外区域为辅。

6.4.3 其他设计细节可参照 GB 50335 相应规定执行。

6.4.4 再用水用作厂区冲洗地面、冲厕、冲洗车辆、绿化、建筑施工等用途时，其水质应符合 GB/T 18920。

6.5 恶臭污染物控制

6.5.1 屠宰场与肉类加工厂的恶臭治理对象主要包括屠宰临时圈养区、屠宰场区及废水处理厂（站）的臭气源。

6.5.2 有恶臭源的废水处理单元（调节池、进水泵站、厌氧、污泥储存、污泥脱水等）宜设计为密闭式，并配备恶臭集中处理设施，将各工艺过程中产生的臭气集中收集处理，减少恶臭对周围环境的污染。

6.5.3 常规恶臭控制工艺包括物理脱臭、化学脱臭及生物脱臭等，本类废水治理工程宜选用生物填料塔型过滤技术、生物洗涤技术、活性炭吸附等脱臭工艺。

6.5.4 屠宰场与肉类加工厂恶臭污染物的排放浓度应符合 GB 14554 的规定。

6.6 污泥处理单元

6.6.1 污泥包括物化沉淀污泥和生化剩余污泥，其中以生化剩余污泥为主。

6.6.2 生化剩余污泥量根据有机物浓度、污泥产率系数进行计算；物化污泥量根据悬浮物浓度、加药量等进行计算。不同处理工艺产生的剩余污泥量（DS/BOD_5）不同，一般可按 0.3～0.5 kg/kg 设计，污泥含水率 99.3%～99.4%。

6.6.3 宜设置污泥浓缩贮存池。一般可采用重力式污泥浓缩池，污泥浓缩时间宜按 16～24 h 设计，浓缩后污泥含水率应不大于 98%。

6.6.4 污泥脱水前应进行污泥加药调理。药剂种类应根据污泥性质和干污泥的处理方式选用，投加量通过试验或参照同类型污泥脱水的数据确定。

6.6.5 污泥脱水机类型应根据污泥性质、污泥产量、脱水要求等进行选择，脱水污泥含水率应小于80%。

6.6.6 屠宰与肉类加工废水处理中产生的剩余污泥可作农用或与城市污水厂污泥一并处理，作农用时应符合GB 4284的规定。当采用卫生填埋处置或单独处置时，污泥含水率应小于60%。

6.6.7 脱水污泥严禁露天堆放，并应及时外运处理。污泥堆场的大小按污泥产量、运输条件等确定。污泥堆场地面应有防渗、防漏、防雨水等措施。

7 主要工艺设备和材料

7.1 曝气设备

7.1.1 应选用氧利用效率高、混合效果好、质量可靠、阻力损失小、容易安装维修及不易产生堵塞的产品。适宜于本类废水的主要曝气方式有鼓风曝气、射流曝气等。

7.1.2 应选用符合国家或行业标准规定的产品，具体要求如下：

a）中、微孔曝气器应符合HJ/T 252的规定；

b）射流曝气器应符合HJ/T 263的规定；

c）散流式曝气器应符合HJ/T 281的规定；

d）其他新型曝气器宜以实验数据或产品认证材料为准。

7.2 风机

7.2.1 风机应选用高效、节能、使用方便、运行安全，噪声低、易维护管理的机型。由于屠宰与肉类加工废水治理工程常属中小规模，宜选用罗茨鼓风机，并设置降噪措施。

7.2.2 风机选型具体计算应考虑如下因素确定：

a）按废水水质影响系数α取0.8～0.85，β系数取0.9～0.97修正供氧量；

b）当废水水温较高或较低时应进行温度系数修正；

c）空气密度和含氧量应根据当地大气压进行修正；

d）采用罗茨风机时，出口风量应根据进口风量及风量影响系数进行修正；

e）风压应根据风机特性、空气管网损失、曝气器的阻力、曝气器安装水深等计算确定；

f）风机的设置台数，应根据总供风量、所需风压、选用风机单机性能曲线、气温污水负荷变化情况等综合确定。

7.2.3 选用风机时，应符合国家或行业标准规定的产品，罗茨鼓风机应符合HJ/T 251的规定。

7.2.4 应至少设置1台备用风机。

7.2.5 其他设计细节可参照CECS 97相应规定执行。

7.3 格栅

7.3.1 旋转式细格栅应符合HJ/T 250的规定。

7.3.2 格栅除污机应符合HJ/T 262的规定。

7.4 脱水机

7.4.1 污泥脱水用厢式压滤机和板框压滤机应符合HJ/T 283的规定。

7.4.2 带式压榨过滤机应符合HJ/T 242的规定。

7.4.3 污泥浓缩带式脱水一体机应符合HJ/T 335的规定。

7.5 加药设备

加药设备应符合 HJ/T 369 的规定。

7.6 泵

潜水排污泵应符合 HJ/T 336 的规定。其他类型的泵应符合国家节能等方面的要求。

7.7 填料

悬挂式填料应符合 HJ/T 245 的规定，悬浮填料应符合 HJ/T 246 的规定。

7.8 监测系统

监测系统及安装应符合 HJ/T 353 的规定，采用符合 HJ/T 15、HJ/T 96、HJ/T 101、HJ/T 103、HJ/T 377 等规定的监测仪器。

7.9 其他设备、材料

其他机械、设备、材料应符合国家或行业标准的规定。

8 检测与过程控制

8.1 为保证废水处理设施运行的连续性和可靠性，提高自动化控制水平，废水处理厂（站）宜采用 PLC 集散型控制。

8.2 废水处理厂（站）宜根据工艺控制要求设置 pH 计、流量计、液位控制器、溶氧仪等装置。

8.3 废水处理厂（站）宜按国家和地方环保部门有关规定安装废水在线监测系统，并与相关环境管理监控中心联网。

8.4 废水在线监测系统的数据传输应符合 HJ/T 212 的规定。

9 主要辅助工程

9.1 电气

9.1.1 独立处理厂（站）供电宜按二级负荷设计，厂内处理厂（站）供电等级，应与生产车间相等。

9.1.2 低压配电设计应符合 GB 50054 设计规范的规定。

9.1.3 供配电应符合 GB 50052 设计规范的规定。

9.1.4 工艺装置的中央控制室的仪表电源应配备在线式不间断供电电源设备（UPS）。

9.1.5 建设工程施工现场供用电安全应符合 GB 50194 规范的规定。

9.2 空调与暖通

9.2.1 地下构筑物应有通风设施。

9.2.2 在北方寒冷地区，处理构筑物应有防冻措施。当采暖时，处理构筑物室内温度可按 5℃ 设计；加药间、检验室和值班室等的室内温度按不低于 15℃ 设计。

9.3 给排水与消防

9.3.1 废水治理工程的给排水与消防应同生产企业车间等一并规划、设计、配置设施，废水治理工程区内应实行雨污分流。

9.3.2 处理厂（站）排水一般宜采用重力流排放；当遇到潮汛、暴雨，排水口标高低于地表水水位时，应设闸门和排水泵站。

9.3.3 处理厂（站）消防设计应符合 GB 50016 的有关规定，易燃易爆的车间或场所应按消防部门要求设置消防器材。

9.4 道路与绿化

9.4.1 处理厂（站）内道路应符合 GBJ 22 的有关规定。

9.4.2 屠宰与肉类加工废水治理工程的绿化应与总厂统一设计布置，绿化布置方案要满足有关技术规范等对绿化率的要求。

9.4.3 屠宰与肉类加工废水治理工程内应尽可能种植能吸收臭气、有净化空气作用的植物作为绿化隔离带，以减少臭气和噪声对环境的影响；但厂区内不宜种植高大的树种，以防树叶落入水池引起设备堵塞。

10 劳动安全与职业卫生

10.1 废水治理工程在设计、施工和运行过程中，必须高度重视安全卫生问题，严格执行国家及地方的有关规定，采取有效的应对措施和预防手段。

10.2 废水处理厂（站）应建立明确的岗位责任制，各工种、岗位应按工艺特征和要求制定相应的安全操作规程、注意事项等。

10.3 废水处理厂（站）内应有必要的安全、报警等装置，应制定意外事件的应急预案；生产作业区应配备消防器材；厂区各明显位置应配有禁烟、防火、限速和用电警告等标志。

10.4 废水处理厂（站）应具备设备日常维护、保养与检修、突发性故障时的应急处理能力。

10.5 应为职工配备必要的劳动安全卫生设施和劳动防护用品，各种设施及防护用品应由专人维护保养，保证其完好、有效；各岗位操作人员上岗时必须穿戴相应的劳保用品。

10.6 各种机械设备裸露的传动部分或运动部分应设置防护罩或防护栏杆，周围应保持一定的操作活动空间，以免发生机械伤害事故。

10.7 各构筑物应设有便于行走的操作平台、走道板、安全护栏和扶手，栏杆高度和强度应符合国家有关安全生产规定。

10.8 设备安装和检修时应有相应的警示、保护设施，必须多人同时作业。

10.9 具有有害气体、易燃气体、异味、粉尘和环境潮湿的场所，应有良好的通风设施。

10.10 高架处理构筑物应设置适用的栏杆、防滑梯和避雷针等安全设施，构筑物的避雷、防暴装置的维修应符合气象和消防部门的规定。

10.11 所有正常不带电的电气设备其金属外壳均应采取接地或接零保护，钢结构、排气管、排风管和铁栏杆等金属物应采用等电位联接后宜作保护接地。

10.12 明装金属构件应采取良好防腐蚀措施，且应固定牢靠。

11 施工与验收

11.1 工程施工

11.1.1 屠宰与肉类加工废水治理工程的设计、施工单位应具备国家相应工程设计资质、施工资质。

11.1.2 废水治理工程的设计、施工应符合国家建设项目管理要求。

11.1.3 废水处理厂（站）建设、运行过程中产生的噪声及其他污染物排放应严格执行国家环境保护法规和标准的有关规定。

11.1.4 废水治理工程施工中所使用的设备、材料、器件等应符合相关的国家标准，并具备产品质量合格证。

11.1.5 按照环境管理要求需要安装在线监测系统的,应执行 HJ/T 353、HJ/T 354、HJ/T 355。

11.1.6 废水治理工程施工单位除应遵守相关的技术规范外,还应遵守国家有关部门颁布的劳动安全及卫生、消防等国家强制性标准。

11.2 工程调试及竣工验收

11.2.1 废水治理工程验收应按《建设项目（工程）竣工验收办法》、相应专业验收规范和本标准的有关规定进行组织。工程竣工验收前,不得投入生产性使用。

11.2.2 建筑电气工程施工质量验收应符合 GB 50303 规范的规定。

11.2.3 各设备、构筑物、建筑物单体按国家或行业的有关标准（规范）验收后,废水处理设施应进行清水联通启动、整体调试和验收。

11.2.4 应在通过整体调试、各环节运转正常、技术指标达到设计和合同要求后进入生产试运行。

11.2.5 试运行期间应进行水质检测,检测指标应至少包括:
　　a）各处理单元中 pH 值、温度、水量；
　　b）各单元进、出水主要污染物浓度,如悬浮物、化学需氧量、生化需氧量、氨氮、总氮、总磷、动植物油及色度。

11.3 环境保护验收

11.3.1 废水治理工程环境保护验收除应满足《建设项目竣工环境保护验收管理办法》规定的条件外,在生产试运行期还应对废水治理工程进行调试和性能试验,试验报告应作为环境保护验收的重要内容。

11.3.2 废水治理工程环境保护验收应严格按照工程环境影响评价报告的批复执行。经环境保护竣工验收合格后,废水治理工程方可正式投入使用。

11.3.3 屠宰与肉类加工废水治理工程环境保护验收的主要技术文件应包括:
　　—— 项目环境影响报告审批文件；
　　—— 批准的设计文件和设计变更文件；
　　—— 废水处理工程调试报告；
　　—— 具有资质的环境监测部门出具的废水处理验收监测报告；
　　—— 试运行期连续监测报告（一般不少于 1 个月）；
　　—— 完整的启动试运行、生产试运行记录等；
　　—— 废水处理设施运行管理制度、岗位操作规程等。

12 运行与维护

12.1 一般规定

12.1.1 废水治理工程应由各类具有执业资质、持上岗证书的技术人员、管理人员进行操作和管理。

12.1.2 未经当地环境保护行政主管部门批准,废水处理设施不得停止运行。由于紧急事故造成设施停止运行时,应立即报告当地环境保护行政主管部门。

12.1.3 废水处理由第三方运营时,运营方必须具有相应等级环境污染治理设施运营资质。

12.1.4 废水治理工程应健全规章制度、岗位操作规程和质量管理等文件。

12.2 人员与运行管理

12.2.1 实施质量控制，保证废水治理工程的正常运行及运行质量。

12.2.2 运行人员应定期进行岗位培训，持证上岗。运行管理人员上岗前均应进行相关法律法规和专业技术、安全防护、紧急处理等理论知识和操作技能的培训。

12.2.3 各岗位人员应严格按照操作规程作业，如实填写运行记录，并妥善保存。

12.2.4 严禁非本岗位人员擅自启、闭岗位设备，管理人员不得违章指挥。

12.2.5 废水处理厂（站）的运行应达到以下技术指标：运行率 100%（以实际天数计），达标率大于 95%（以运行天数和主要水质指标计），设备的综合完好率大于 90%。

12.2.6 废水处理厂（站）设备的日常维护、保养应纳入正常的设备维护管理工作，根据工艺要求，定期对构筑物、设备、电气及自控仪表进行检查维护，确保处理设施稳定运行。

12.2.7 宜每日监测厌氧反应器内液体的 pH 值、温度及内部沼气压力、产气量等指标，并根据监测数据及时调整厌氧反应器运行工况或采取相应措施。各项目的检测方法应符合国家有关规定。

12.2.8 臭气收集、除臭装置应保持良好的工作状态，室内臭气浓度应符合 GB/T 18883 的规定，适合操作人员长期在岗工作。

12.2.9 格栅、沉砂池等其他设施的运行管理可参照 CJJ 60 及 CJJ/T 30 的有关规定执行。

12.2.10 发现异常情况时，应采取相应解决措施并及时上报有关主管部门。

12.3 环境管理

12.3.1 废水处理厂（站）的噪声应符合 GB 3096 和 GB 12348 的规定，建筑物内部设施噪声源控制应符合 GBJ 87 中的有关规定。

12.3.2 废水处理厂（站）区内各类地点的噪声控制宜采取以隔音为主，辅以消声、隔振、吸音等综合治理措施。宜采用低噪声设备及作减振方式安装。

12.3.3 应保持废水处理厂（站）内环境整洁，并采取灭蝇灭蚊灭鼠措施。

12.4 水质管理

12.4.1 废水处理厂（站）运行过程应定期采样分析，常规指标包括：化学需氧量、生化需氧量、悬浮物、污泥浓度（MLSS）、SVI 指数、氨氮、总氮、总磷、pH、色度等。

12.4.2 已安装在线监测设备的，也应定期进行取样，进行人工监测，比对在线监测数据。

12.4.3 生产周期内每间隔 4 h 采样一次，每日采样次数不少于三次，可分别分析或混合分析，其中化学需氧量、悬浮物、pH、镜检、色度等每天至少分析一次，生化需氧量至少每周分析一次。

12.4.4 水质取样应在废水处理排放口或根据处理工艺控制点取样。

12.5 应急措施

12.5.1 企业应编制事故应急预案（包括环保应急预案）。应急预案包括：应急预警、应急响应、应急指挥、应急处理等方面的内容，制定相应的应急处理措施，并配套相应的人力、设备、通信等应急处理的必备条件。

12.5.2 废水治理设施发生异常情况或重大事故时，应及时分析解决，并按应急预案中的规定向有关主管部门汇报。

中华人民共和国国家环境保护标准

人工湿地污水处理工程技术规范

Technical specification of constructed wetlands for wastewater treatment engineering

HJ 2005—2010

前 言

为贯彻《中华人民共和国环境保护法》和《中华人民共和国水污染防治法》，规范我国人工湿地污水处理工程的建设、运行、维护和管理，制定本标准。

本标准规定了人工湿地污水处理工程有关设计、施工和运行维护的技术要求。

本标准为首次发布。

本标准由环境保护部科技标准司组织制订。

本标准起草单位：沈阳环境科学研究院。

本标准由环境保护部 2010 年 12 月 17 日批准。

本标准自 2011 年 3 月 1 日起实施。

本标准由环境保护部解释。

1 适用范围

本标准规定了人工湿地污水处理工程的总体要求、工艺设计、施工与验收、运行与维护等技术要求。

本标准适用于城镇生活污水、城镇污水处理厂出水及与生活污水性质相近的其他污水处理工程，可作为人工湿地污水处理工程设计、施工、建设项目竣工环境保护验收及建成后运行与维护的技术依据。

2 规范性引用文件

本标准内容引用了下列文件中的条款。凡是不注日期的引用文件，其有效版本适用于本标准。

GB 12348 工业企业厂界环境噪声排放标准
GB/T 12801 生产过程安全卫生要求总则
GB 14554 恶臭污染物排放标准
GB 18918 城镇污水处理厂污染物排放标准
GB 50003 砌体结构设计规范
GB 50011 建筑抗震设计规范

GB 50013　室外给水设计规范
GB 50014　室外排水设计规范
GB 50015　建筑给水排水设计规范
GB 50016　建筑设计防火规范
GB 50019　采暖通风与空气调节设计规范
GB 50034　工业企业照明设计规范
GB 50040　动力机器基础设计规范
GB 50052　供配电系统设计规范
GB 50053　10 kV 及以下变电所设计规范
GB 50054　低压配电设计规范
GB 50069　给水排水工程构筑物结构设计规范
GB 50070　混凝土结构设计规范
GB 50140　建筑灭火器配置设计规范
GB 50204　混凝土结构工程施工质量验收规范
GB 50231　机械设备安装工程施工及验收通用规范
GB 50268　给水排水管道工程施工及验收规范
GB 50335　污水再生利用工程设计规范
GBJ 87　工业企业厂界噪声控制设计规范
GBJ 141　给水排水构筑物施工及验收规范
GB/T 13663　给水用聚乙烯（PE）管材
HJ/T 15　环境保护产品技术要求　超声波明渠污水流量计
HJ/T 96　pH 水质自动分析仪技术要求
HJ/T 101　氨氮水质自动分析仪技术要求
HJ/T 103　总磷水质自动分析仪技术要求
HJ/T 353　水污染源在线监测系统安装技术规范
HJ/T 354　水污染源在线监测系统验收技术规范
HJ/T 355　水污染源在线监测系统运行与考核技术规范
HJ/T 377　环境保护产品技术要求　化学需氧量（COD_{Cr}）水质在线自动监测仪
CJJ 17　城市生活垃圾卫生填埋技术规范
CJJ 60　城市污水处理厂运行、维护及其安全技术规程
建设项目竣工环境保护验收管理办法（国家环境保护总局令　第 13 号）

3　术语和定义

下列术语和定义适用于本标准。

3.1　人工湿地　constructed wetland

指用人工筑成水池或沟槽，底面铺设防渗漏隔水层，充填一定深度的基质层，种植水生植物，利用基质、植物、微生物的物理、化学、生物三重协同作用使污水得到净化。按照污水流动方式，分为表面流人工湿地、水平潜流人工湿地和垂直潜流人工湿地。

3.2　表面流人工湿地　surface flow constructed wetland

指污水在基质层表面以上，从池体进水端水平流向出水端的人工湿地。
3.3 水平潜流人工湿地 horizontal subsurface flow constructed wetland
指污水在基质层表面以下，从池体进水端水平流向出水端的人工湿地。
3.4 垂直潜流人工湿地 vertical subsurface flow constructed wetland
指污水垂直通过池体中基质层的人工湿地。
3.5 预处理 pretreatment
指为满足工程总体要求、人工湿地进水水质要求及减轻湿地污染负荷，在人工湿地前设置的处理工艺，如格栅、沉砂、初沉、均质、水解酸化、稳定塘、厌氧、好氧等。
3.6 后处理 aftertreatment
指为满足出水达标排放或回用要求，在人工湿地后设置的处理工艺，如活性炭吸附、混凝沉淀、过滤、消毒、稳定塘等。
3.7 基质 bed filler
指提供人工湿地植物与微生物生长并对污染物起过滤、吸收作用的填充材料，包括土壤、砂、砾石、沸石、石灰石、页岩、塑料、陶瓷等。
3.8 水力停留时间 hydraulic retention time
指污水在人工湿地内的平均驻留时间。潜流人工湿地的水力停留时间按式（1）计算：

$$t = \frac{V \times \varepsilon}{Q} \quad (1)$$

式中：t——水力停留时间，d；
V——人工湿地基质在自然状态下的体积，包括基质实体及其开口、闭口孔隙，m^3；
ε——孔隙率，%；
Q——人工湿地设计水量，m^3/d。

3.9 表面有机负荷 organic surface loading
指每平方米人工湿地在单位时间去除的五日生化需氧量。按式（2）计算：

$$q_{os} = \frac{Q \times (C_0 - C_1) \times 10^{-3}}{A} \quad (2)$$

式中：q_{os}——表面有机负荷，kg/（$m^2 \cdot d$）；
Q——人工湿地设计水量，m^3/d；
C_0——人工湿地进水 BOD_5 质量浓度，mg/L；
C_1——人工湿地出水 BOD_5 质量浓度，mg/L；
A——人工湿地面积，m^2。

3.10 表面水力负荷 hydraulic surface loading
指每平方米人工湿地在单位时间所能接纳的污水量。按式（3）计算：

$$q_{hs} = \frac{Q}{A} \quad (3)$$

式中：q_{hs}——表面水力负荷，m^3/（$m^2 \cdot d$）；
Q——人工湿地设计水量，m^3/d；
A——人工湿地面积，m^2。

3.11 水力坡度 hydraulic slope

指污水在人工湿地内沿水流方向单位渗流路程长度上的水位下降值。按式（4）计算：

$$i = \frac{\Delta H}{L} \times 100\% \tag{4}$$

式中：i——水力坡度，%；

ΔH——污水在人工湿地内渗流路程长度上的水位下降值，m；

L——污水在人工湿地内渗流路程的水平距离，m。

4 设计水量和设计水质

4.1 设计水量

设计水量的确定应符合 GB 50014 中的有关规定。

4.2 设计水质

4.2.1 当工程接纳城镇生活污水时，其设计水质可参照 GB 50014 中的有关规定；接纳与生活污水性质相近的其他污水时，其设计水质可通过调查确定。

4.2.2 当工程接纳城镇污水处理厂出水时，其设计水质应按 GB 18918 中的规定取值。

4.2.3 人工湿地系统进水水质应满足表 1 的规定。

表 1 人工湿地系统进水水质要求   单位：mg/L

人工湿地类型	BOD_5	COD_{Cr}	SS	NH_3-N	TP
表面流人工湿地	≤50	≤125	≤100	≤10	≤3
水平潜流人工湿地	≤80	≤200	≤60	≤25	≤5
垂直潜流人工湿地	≤80	≤200	≤80	≤25	≤5

4.3 人工湿地系统污染物去除效率

人工湿地系统污染物去除效率可参照表 2 中数据取值。

表 2 人工湿地系统污染物去除效率   单位：%

人工湿地类型	BOD_5	COD_{Cr}	SS	NH_3-N	TP
表面流人工湿地	40～70	50～60	50～60	20～50	35～70
水平潜流人工湿地	45～85	55～75	50～80	40～70	70～80
垂直潜流人工湿地	50～90	60～80	50～80	50～75	60～80

5 总体要求

5.1 建设规模

5.1.1 应综合考虑服务区域范围内的污水产生量、分布情况、发展规划以及变化趋势等因素，并以近期为主，远期可扩建规模为辅的原则确定。

5.1.2 建设规模按以下规则分类：

a）小型人工湿地污水处理工程的日处理能力＜3 000 m³/d；

b）中型人工湿地污水处理工程的日处理能力 3 000～10 000 m³/d；

c）大型人工湿地污水处理工程的日处理能力≥10 000 m³/d。

注：下限值含该值，上限值不含该值。

5.2 工程项目构成

5.2.1 工程项目主要包括：污水处理构（建）筑物与设备、辅助工程和配套设施等。

5.2.2 污水处理构（建）筑物与设备包括：预处理、人工湿地、后处理、污泥处理、恶臭处理等系统。

5.2.3 辅助工程包括：厂区道路、围墙、绿化、电气系统、给排水、消防、暖通与空调、建筑与结构等工程。

5.2.4 配套设施包括：办公室、休息室、浴室、食堂、卫生间等生活设施。

5.2.5 人工湿地系统可由一个或多个人工湿地单元组成，人工湿地单元包括配水装置、集水装置、基质、防渗层、水生植物及通气装置等。

5.3 场址选择

5.3.1 应符合当地总体发展规划和环保规划的要求，以及综合考虑交通、土地权属、土地利用现状、发展扩建、再生水回用等因素。

5.3.2 应考虑自然背景条件，包括土地面积、地形、气象、水文以及动植物生态因素等，并进行工程地质、水文地质等方面的勘察。

5.3.3 应不受洪水、潮水或内涝的威胁，且不影响行洪安全。

5.3.4 宜选择自然坡度为 0～3% 的洼地或塘，以及未利用土地。

5.4 总平面布置

5.4.1 应充分利用自然环境的有利条件，按建（构）筑物使用功能和流程要求，结合地形、气候、地质条件，便于施工、维护和管理等因素，合理安排，紧凑布置。

5.4.2 厂区的高程布置应充分利用原有地形，符合排水通畅、降低能耗、平衡土方的要求；多单元湿地系统高程设计应尽量结合自然坡度，采用重力流形式，需提升时，宜一次提升。

5.4.3 应综合考虑人工湿地系统的轮廓、不同类型人工湿地单元的搭配、水生植物的配置、景观小品设施营建等因素，使工程达到相应的景观效果。

6 工艺设计

6.1 一般规定

6.1.1 工艺设计应综合考虑处理水量、原水水质、占地面积、建设投资、运行成本、排放标准、稳定性，以及不同地区的气候条件、植被类型和地理条件等因素，并应通过技术经济比较确定适宜的方案。

6.1.2 预处理、后处理、污泥处理、恶臭处理等系统设计应符合 GB 50014 及相关行业规范中的有关规定。

6.1.3 人工湿地系统由多个同类型或不同类型的人工湿地单元构成时，可分为并联式、串联式、混合式等组合方式。

6.2 工艺流程

按工程接纳的污水类型，基本工艺流程如下：

a) 当工程接纳城镇生活污水及与生活污水性质相近的其他污水时，基本工艺流程为：

图 1 工程接纳城镇生活污水或与生活污水性质相近的其他污水的工艺流程图

b）当工程接纳城镇污水处理厂出水时，基本工艺流程为：

图 2 工程接纳城镇污水处理厂出水的工艺流程图

6.3 预处理

6.3.1 预处理的程度和方式应综合考虑污水水质、人工湿地类型及出水水质要求等因素，可选择格栅、沉砂、初沉、均质等一级处理工艺，物化强化法、AB 法前段、水解酸化、浮动生物床等一级强化处理工艺，以及 SBR、氧化沟、A/O、生物接触氧化等二级处理工艺。

6.3.2 污水的 BOD_5/COD_{Cr} 小于 0.3 时，宜采用水解酸化处理工艺。

6.3.3 污水的 SS 含量大于 100 mg/L 时，宜设沉淀池。

6.3.4 污水中含油量大于 50 mg/L，宜设除油设备。

6.3.5 污水的 DO 小于 1.0 mg/L 时，宜设曝气装置。

6.4 人工湿地

6.4.1 设计参数

6.4.1.1 人工湿地面积应按五日生化需氧量表面有机负荷确定，同时应满足水力负荷的要求。

6.4.1.2 人工湿地的主要设计参数，宜根据试验资料确定；无试验资料时，可采用经验数据或按表 3 的数据取值。

表 3 人工湿地的主要设计参数

人工湿地类型	BOD_5 负荷/[kg/(hm²·d)]	水力负荷/[m³/(m²·d)]	水力停留时间/d
表面流人工湿地	15～50	<0.1	4～8
水平潜流人工湿地	80～120	<0.5	1～3
垂直潜流人工湿地	80～120	<1.0（建议值：北方：0.2～0.5；南方：0.4～0.8）	1～3

6.4.2 几何尺寸

6.4.2.1 潜流人工湿地几何尺寸设计，应符合下列要求：

a）水平潜流人工湿地单元的面积宜小于 800 m²，垂直潜流人工湿地单元的面积宜小于 1 500 m²；

b）潜流人工湿地单元的长宽比宜控制在 3：1 以下；

c）规则的潜流人工湿地单元的长度宜为 20～50 m。对于不规则潜流人工湿地单元，

应考虑均匀布水和集水的问题;

d) 潜流人工湿地水深宜为 0.4~1.6 m;

e) 潜流人工湿地的水力坡度宜为 0.5%~1%。

6.4.2.2 表面流人工湿地几何尺寸设计,应符合下列要求:

a) 表面流人工湿地单元的长宽比宜控制在 3:1~5:1,当区域受限,长宽比>10:1 时,需要计算死水曲线;

b) 表面流人工湿地的水深宜为 0.3~0.5 m;

c) 表面流人工湿地的水力坡度宜小于 0.5%。

6.4.3 集、配水及出水

6.4.3.1 人工湿地单元宜采用穿孔管、配(集)水管、配(集)水堰等装置来实现集配水的均匀。

6.4.3.2 穿孔管的长度应与人工湿地单元的宽度大致相等。管孔密度应均匀,管孔的尺寸和间距取决于污水流量和进出水的水力条件,管孔间距不宜大于人工湿地单元宽度的 10%。

6.4.3.3 穿孔管周围宜选用粒径较大的基质,其粒径应大于管穿孔孔径。

6.4.3.4 在寒冷地区,集、配水及进、出水管的设置应考虑防冻措施。

6.4.3.5 人工湿地出水可采用沟排、管排、井排等方式,并设溢流堰、可调管道及闸门等具有水位调节功能的设施。

6.4.3.6 人工湿地出水量较大且跌落较高时,应设置消能设施。

6.4.3.7 人工湿地出水应设置排空设施。

6.4.4 清淤及通气

6.4.4.1 潜流人工湿地底部应设置清淤装置。

6.4.4.2 垂直潜流人工湿地内可设置通气管,同人工湿地底部的排水管相连接,并且与排水管道管径相同。

6.4.5 基质

6.4.5.1 基质的选择应根据基质的机械强度、比表面积、稳定性、孔隙率及表面粗糙度等因素确定。

6.4.5.2 基质选择应本着就近取材的原则,并且所选基质应达到设计要求的粒径范围。

6.4.5.3 对出水的氮、磷浓度有较高要求时,提倡使用功能性基质,提高氮、磷处理效率。

6.4.5.4 潜流人工湿地基质层的初始孔隙率宜控制在 35%~40%。

6.4.5.5 潜流人工湿地基质层的厚度应大于植物根系所能达到的最深处。

6.4.6 湿地植物选择与种植

6.4.6.1 人工湿地宜选用耐污能力强、根系发达、去污效果好、具有抗冻及抗病虫害能力、有一定经济价值、容易管理的本土植物。人工湿地出水直接排入河流、湖泊时,应谨慎选择"凤眼莲"等外来入侵物种。

6.4.6.2 人工湿地可选择一种或多种植物作为优势种搭配栽种,增加植物的多样性并具有景观效果。

6.4.6.3 潜流人工湿地可选芦苇、蒲草、荸荠、莲、水芹、水葱、茭白、香蒲、千屈菜、菖蒲、水麦冬、风车草、灯芯草等挺水植物。表流人工湿地可选菖蒲、灯芯草等挺水植物；凤眼莲、浮萍、睡莲等浮水植物；伊乐藻、茨藻、金鱼藻、黑藻等沉水植物。

6.4.6.4 人工湿地植物的栽种移植包括根幼苗移植、种子繁殖、收割植物的移植以及盆栽移植等。

6.4.6.5 人工湿地植物种植的时间宜为春季。

6.4.6.6 植物种植密度可根据植物种类与工程的要求调整，挺水植物的种植密度宜为 9～25 株/m^2，浮水植物和沉水植物的种植密度均宜为 3～9 株/m^2。

6.4.6.7 垂直潜流人工湿地的植物宜种植在渗透系数较高的基质上。水平潜流人工湿地的植物应种植在土壤上。

6.4.6.8 应优先采用当地的表层种植土，如当地原土不适宜人工湿地植物生长时，则需进行置换。

6.4.6.9 种植土壤的质地宜为松软黏土——壤土，土壤厚度宜为 20～40 cm，渗透系数宜为 0.025～0.35 cm/h。

6.4.7 防渗层

6.4.7.1 人工湿地应在底部和侧面进行防渗处理，防渗层的渗透系数应不大于 10^{-8} m/s。

6.4.7.2 防渗层可采用黏土层、聚乙烯薄膜及其他建筑工程防水材料，可参照 CJJ 17 执行。

6.4.8 管材及闸阀

6.4.8.1 管材选用 PVC 或 PE 管时，应按 GB/T 13663 规定执行。

6.4.8.2 阀门选用应满足耐腐蚀性强、密封性好、操作灵活等要求。

6.4.8.3 水位控制闸板、可调堰等装置采用非标设计时，应考虑材质、控制方式、防腐及耐用等因素。

6.5 后处理

6.5.1 应根据污水排放标准的要求，选择是否设置消毒设施。当出水对病菌指标要求较高时，消毒应符合 GB 50014 中的有关规定。

6.5.2 人工湿地出水作为再生水利用时，应符合 GB 50335 中的有关规定。

6.6 二次污染控制措施

6.6.1 污泥处理与处置

6.6.1.1 预处理系统产生的污泥处理与处置应符合 GB 50014 中的有关规定。

6.6.1.2 人工湿地系统应定期清淤排泥。

6.6.2 恶臭处理

6.6.2.1 应设置除臭装置处理预处理设施产生的恶臭气体。

6.6.2.2 恶臭气体排放浓度应符合 GB 14554 中的有关规定。

6.6.3 噪声和振动防治

6.6.3.1 应采取隔声、消声、绿化等降低噪声的措施，厂界噪声应达到 GB 12348 中的有关规定。

6.6.3.2 设备间、鼓风机房等机械设备的噪声和振动控制的设计应符合 GB 50040 和 GBJ 87 中的有关规定。

6.7 突发事故应急措施

6.7.1 人工湿地系统应设置雨水溢流口、排洪沟渠等排洪设施。

6.7.2 人工湿地系统应设置超越管、溢流井等分流设施。

7 检测与过程控制

7.1 一般规定

7.1.1 应按国家现行的排放标准及环境保护部门的要求,设置相应的检测仪表和控制系统。

7.1.2 参与控制和管理的机电设备应设置工作和事故状态的检测装置。

7.1.3 安装在线监测系统的,应符合 HJ/T 353、HJ/T 354、HJ/T 355 中的有关规定。

7.1.4 所用监测仪器应符合 HJ/T 15、HJ/T 96、HJ/T 101、HJ/T 103、HJ/T 377 中的有关规定。

7.2 检测与控制

7.2.1 对工程各系统的进出水进行检测,主要包括流量、水位、水温、DO、pH 值、SS、BOD_5、COD_{Cr}、NH_3-N、硝酸盐、总磷等,其应按国家相关标准和规定执行。人工湿地系统的检测还应包括降雨量、湿地水位、植被株密度等,检测频率宜为降雨量、湿地水位每天 1 次,植被株密度每年 1 次。

7.2.2 大、中型人工湿地污水处理工程的主要处理工艺单元,应采用自动控制系统。小型人工湿地污水处理工程的主要处理工艺单元,可根据实际需要,采用自动控制系统。采用成套设备时,设备本身控制宜与系统控制结合。

7.2.3 自动控制系统可采用可编程序逻辑控制器(PLC)控制,实时监控运转情况,具备连锁、保护、报警等功能,可设集中和现场两种操作方式。

7.2.4 关键工艺控制参数,如预处理系统的流量、DO、SS、COD_{Cr} 等检测数据宜参与后续工艺控制。

8 主要辅助工程

8.1 电气系统

8.1.1 供电方式应根据用电要求,与当地电力部门协商确定。

8.1.2 供配电系统应符合 GB 50052 和 GB 50053 中的有关规定。

8.1.3 低压配电设计应符合 GB 50054 中的有关规定。

8.1.4 照明设计应符合 GB 50034 中的有关规定。

8.2 给水、排水及消防

8.2.1 应有可靠的供水水源和完善的供水设施。给水设计应符合 GB 50015 和 GB 50013 的有关规定。

8.2.2 排水设计应符合 GB 50014 中的有关规定。

8.2.3 管理区消防应符合 GB 50016 和 GB 50140 的有关规定。

8.3 采暖、通风与空调

8.3.1 建筑物的采暖与空调的设计应符合 GB 50019 的有关规定。

8.3.2 当建筑物的机械通风不能满足工艺对室内温度、湿度要求时,应设置空调装置。

8.4 建筑与结构

8.4.1 建筑的造型应简洁、新颖,并与周围环境相协调。建筑物的平面布置和空间布局应满足工艺设备布置要求,同时应考虑今后生产发展和技术改造的可能性。

8.4.2 建（构）筑物结构设计应符合 GB 50069 的有关规定。

8.4.3 人工湿地结构设计应符合 GB 50003 和 GB 50070 的有关规定。

8.4.4 建筑物抗震等设计应符合 GB 50011 的有关规定。

9 劳动安全与职业卫生

9.1 在设计、施工和生产过程中，劳动安全和卫生可参照 GB/T 12801 的有关规定。

9.2 工程建成运行的同时，应保证安全和卫生设施同时投入使用。

9.3 建立并严格执行定期和经常的安全检查制度，及时消除事故隐患，特别是秋季人工湿地收割植物应妥善处置，以免引起火灾。

10 施工与验收

10.1 一般规定

10.1.1 施工单位应具有国家相应的施工资质，除遵守相关的施工技术规范之外，还应遵守国家有关部门颁布的劳动安全及卫生、消防等国家强制性标准。

10.1.2 施工中使用的设备、材料、器件等应符合相关的国家标准，并应取得供货商的产品合格证后方可使用。

10.1.3 构筑物的施工和验收应符合 GBJ 141 的有关规定；混凝土结构工程的施工和验收应符合 GB 50204 的有关规定；设备安装和验收应符合 GB 50231 的有关规定；管道工程的施工和验收应符合 GB 50268 的有关规定。

10.2 施工

10.2.1 施工前期准备的主要任务是清除和平整场地。清除工程应包括运走场地内的垃圾、树木以及其他障碍物等。

10.2.2 潜流人工湿地周边护坡宜采用夯实的土壤构建，坡度宜为 4∶1～2∶1。在夯实过程中，应考虑土壤的湿度，不得在阴雨天施工。围堰建成后，应进行表面防护，如种植护坝植被。

10.2.3 基质铺设过程中应从选料、洗料、堆放、撒料四个方面加以控制。

10.2.4 基质应进行级配、清洁，保证填筑材料的含泥（砂）量和填料粉末含量小于设计要求值。

10.2.5 人工湿地植物宜从专门的水生植物基地采购，种植时应有专业人员指导。

10.2.6 人工湿地防渗材料采用聚乙烯膜时，应由专业人员用专业设备进行焊接，焊接结束后，需进行渗透试验。

10.3 环境保护验收

10.3.1 工程的环境保护验收应按《建设项目竣工环境保护验收管理办法》的规定进行。

10.3.2 在生产试运行期间应对其进行性能试验，性能试验报告应作为环境保护验收的重要内容。

10.3.3 工程的性能试验包括：功能试验、技术性能试验、设备和材料试验。其中，技术性能试验至少应包括以下项目：

　　a）处理污水量；

　　b）污水污染物的去除率；

c) 污泥的处理情况;
  d) 电能消耗。
10.3.4 污水处理工程环境保护验收的主要技术依据包括：
  a) 项目环境影响报告书（表）审批文件;
  b) 各类污染物环境监测报告;
  c) 批准的设计文件和设计变更文件;
  d) 主要材料和设备的合格证或试验记录;
  e) 试运行期间污染物连续监测报告;
  f) 完整的启动试运行、生产试运行记录。
10.3.5 经竣工环境保护验收合格后，工程方可正式投入使用运行。

11 运行与维护

11.1 一般规定

11.1.1 工程的运行应符合 CJJ 60 中的有关规定，同时还应符合国家有关标准的规定。

11.1.2 运行人员、技术人员及管理人员应进行相关法律法规、专业技术、安全防护、应急处理等理论知识和操作技能的培训，运行人员应具备国家有关环境污染治理设施运营岗位合格证书。

11.1.3 工程在运行前应制定设备台账、运行记录、定期巡视、交接班、安全检查、应急预案等管理制度。

11.1.4 工艺设施和主要设备应编入台账，定期对各类设备、电气、自控仪表及建（构）筑物进行检修维护，确保设施稳定可靠运行。

11.1.5 工艺流程图、操作和维护规程等应示于明显部位，运行人员应按规程进行系统操作，并定期检查构筑物、设备、电器和仪表的运行情况。

11.1.6 各岗位人员在运行、巡视、交接班、检修等生产活动中，应做好相关记录。

11.1.7 应定期检测进出水水质，并定期对检测仪器、仪表进行校验。

11.1.8 应制定相应的事故应急预案，并报请环境行政管理部门批准备案。

11.2 人工湿地的管理与维护

11.2.1 人工湿地运行中应适时进行水位调节：
  a) 根据暴雨、洪水、干旱、结冰期等各种极限情况，可进行水位调节，不得出现进水端壅水现象和出水端淹没现象;
  b) 当人工湿地出现短流现象，可进行水位调节。

11.2.2 人工湿地植物管理维护可采用以下措施：
  a) 人工湿地栽种植物后即须充水，为促进植物根系发育，初期应进行水位调节;
  b) 植物系统建立后，应保证连续提供污水，保证水生植物的密度及良性生长;
  c) 应根据植物的生长情况，进行缺苗补种、杂草清除、适时收割以及控制病虫害等管理，不宜使用除草剂、杀虫剂等;
  d) 对大型人工湿地污水处理工程应考虑配置植物生物能利用的装置。

11.2.3 人工湿地在低温环境运行时，可采用以下措施：
  a) 做好人工湿地的保温措施，保证水温不低于 4℃;

b）定期做人工湿地的冻土深度测试，掌握人工湿地系统的运行状况；

c）强化预处理，减轻人工湿地系统的污染负荷。

11.2.4 潜流人工湿地运行防堵塞可采用以下措施：

a）控制污水进入人工湿地系统的悬浮物浓度；

b）定期启动清淤；

c）适当地采用间歇运行方式；

d）局部更换人工湿地系统的基质。

中华人民共和国国家环境保护标准

污水混凝与絮凝处理工程技术规范

Technical specifications for coagulation and flocculation process in wastewater treatment

HJ 2006—2010

前言

为贯彻《中华人民共和国环境保护法》和《中华人民共和国水污染防治法》，规范污水混凝与絮凝处理工程建设，使其连续稳定运行、达标排放，防治水污染，改善环境质量，制定本标准。

本标准规定了污水处理工程中所采用的混凝与絮凝工艺的总体要求、工艺设计、设备选型、检测和控制、运行管理的技术要求。

本标准为首次发布。

本标准由环境保护部科技标准司组织制订。

本标准主要起草单位：江苏省环境科学研究院、东南大学、江苏鹏鹞环境工程设计院、扬州澄露环境工程有限公司。

本标准环境保护部 2010 年 12 月 17 日批准。

本标准自 2011 年 3 月 1 日起实施。

本标准由环境保护部负责解释。

1 适用范围

本标准规定了污水处理工程中所采用的混凝与絮凝工艺的总体要求、工艺设计、设备选型、检测和控制、运行管理的技术要求。

本标准适用于城镇污水或工业废水处理工程采用混凝与絮凝工艺的设计、施工、验收、运行管理，可作为可行性研究、环境影响评价、工艺设计、施工验收、运行管理的技术依据。

2 规范性引用文件

下列文件中的条款通过本标准的引用而成为本标准的条款。凡不注明日期的引用文件，其最新版本适用于本标准。

GB 4482　水处理剂　氯化铁

GB/T 22627—2008　水处理剂　聚氯化铝

GB/T 17514　水处理剂　聚丙烯酰胺

GB 50141　给水排水构筑物工程施工及验收规范
GB 50334　城市污水处理厂工程质量验收规范
GB 50204　混凝土结构工程施工质量验收规范
GB 50205　钢结构工程施工质量验收规范
HJ/T 355　水污染源在线监测系统运行与考核技术规范（试行）
CJJ 60　城市污水处理厂运行、维护及其安全技术规程
CJ/T51　城市污水水质检验方法标准
HG 2227　水处理剂　硫酸铝

3　术语和定义

下列术语和定义适用于本标准。

3.1　混凝　coagulation

指投加混凝剂，在一定水力条件下完成水解、缩聚反应，使胶体分散体系脱稳和凝聚的过程。

3.2　混合　mixing

指使投入的药剂迅速均匀地扩散于处理水中以创造良好的水解反应条件。

3.3　絮凝　flocculation

指完成凝聚的胶体在一定水力条件下相互碰撞、聚集或投加少量絮凝剂助凝，以形成较大絮状颗粒的过程。

3.4　混凝剂　coagulant

指为使胶体失去稳定性和脱稳胶体相互聚集所投加的药剂统称。

3.5　助凝剂　coagulant aids

指在水的沉淀、澄清过程中，为改善絮凝效果，另投加的辅助药剂。

3.6　穿孔旋流反应池　perforating rotational flow reactor

指水流通过设置的孔道在反应室之间形成旋流流态而完成絮凝过程的水池。

3.7　机械反应池　mechanical reactor

指采用机械搅拌的絮凝反应池。

3.8　折板反应池　folded plate reactor

指利用在水池中设置折板扰流单元以达到絮凝所要求的紊流状态的反应池。

3.9　网格（栅条）反应池　grid reactor

指在沿流程一定距离的过水断面中设置栅条或网格，促使水流流态变化完成絮凝过程的反应池。

3.10　药剂固定储备量　standby reserve

指为考虑非正常原因而在药剂仓库内存放的在一般情况下不准动用的储备量，简称药剂固定储备量。

3.11　药剂周转储备量　current reserve

指考虑药剂消耗量与供应量的差异所需的储备量，简称药剂周转储备量。

3.12　混凝沉淀法　coagulating sedimentation

指利用药剂完成混凝反应，使水中污染物凝聚成絮体，通过沉淀方法去除的组合方法。

4 污染物与污染负荷

4.1 混凝工艺可用于各种水量的城镇污水处理和工业废水处理。

4.2 混凝工艺对原水悬浮颗粒、胶体颗粒及相关有机物、色度物质、油类物质的浓度均无限制，处理效率则有所不同。

4.3 混凝工艺对悬浮颗粒、胶体颗粒、疏水性污染物具有良好的去除效果；对亲水性、溶解性污染物也有一定的絮凝效果。此外：

1）混凝工艺可用于不溶性大分子有机物的吸附凝聚处理。
2）混凝工艺可用于色度物质、腐殖酸、富里酸、表面活性剂等物质的脱稳凝聚处理。
3）混凝工艺可用于乳化液破乳、凝聚处理。

5 总体要求

5.1 混凝与絮凝处理工艺建设规模由处理水量确定，设计水量由工程最大水量确定。

5.2 混凝与絮凝处理工艺宜设置调节、隔油等预处理装置，后续工艺应设置沉淀池或气浮池等。当采用接触过滤时，混凝应直接连接滤池。

5.3 完成混凝反应的pH值根据投药品种与投药量有较大差别，最佳pH值应为7～8.5。

5.4 混凝与絮凝处理工艺构筑物与沉淀或气浮配合时，高程布置时应设计水流自流进入后续设备。

5.5 投药设备及药剂混合设备应尽可能接近混凝工艺设施。

5.6 所有混凝设备、连接管道及投配、搅拌机械均应当有必要的防腐措施。

5.7 混凝工艺的泥水分离由后续沉淀或气浮设备完成，应根据国家相关管理要求统一考虑污泥处理处置。

5.8 原水中含有挥发性有害气体时应进行预处理。

6 工艺设计

6.1 一般规定

6.1.1 当处理污水量不大时（如$Q<100\ m^3/h$），混凝工艺宜与沉淀池或气浮池合建。

6.1.2 投加药剂的种类及数量应根据原水水质（pH、碱度、SS等）、污染物性质（如相对分子质量、分子结构、密度、浓度、疏水性等）试验确定。

6.1.3 混凝工艺应合理控制pH，有条件时应设置pH自动控制仪，并与加药计量泵耦合。

6.1.4 药剂混合设备的选择应根据污水量、污水性质、pH值、水温等条件综合分析后决定，常用的混合设备有管式混合器、机械混合器、水泵混合装置等。

6.1.5 反应池类型的选择应根据污水水质、设计生产能力、处理后水质要求，并考虑污水水温变化、进水水质水量均匀程度以及是否连续运转等因素，结合当地条件通过技术经济比较确定。

6.1.6 当污水SS较高或投药量较大时，应在反应设备中设排泥装置。

6.2 混凝剂与助凝剂的选择

6.2.1 混凝剂

6.2.1.1 常用的混凝剂宜按照表1采用。

表 1 常用的混凝剂及使用条件

	混凝剂	水解产物	适用条件
铝盐	硫酸铝 $Al_2(SO_4)_3 \cdot 18H_2O$	Al^{3+}、$[Al(OH)_2]^+$ $[Al_2(OH)_n]^{(6-n)+}$	适用于 pH 高、碱度大的原水。破乳及去除水中有机物时，pH 宜在 4～7 之间。去除水中悬浮物 pH 值宜控制在 6.5～8。适用水温 20～40℃
	明矾 $KAl(SO_4)_2 \cdot 12H_2O$	Al^{3+}、$[Al(OH)_2]^+$ $[Al_2(OH)_n]^{(6-n)+}$	
铁盐	三氯化铁 $FeCl_3 \cdot 6H_2O$	$Fe(H_2O)_6^{3+}$ $[Fe_2(OH)_n]^{(6-n)+}$	对金属、混凝土、塑料均有腐蚀性。亚铁离子须先经氧化成三价铁，当 pH 较低时须曝气充氧或投加助凝剂氯氧化。pH 值的适用范围宜在 7～8.5 之间。絮体形成较快，较稳定，沉淀时间短
	硫酸亚铁 $FeSO_4 \cdot 7H_2O$	$Fe(H_2O)_6^{3+}$ $[Fe_2(OH)_n]^{(6-n)+}$	
聚合盐类	聚合氯化铝 $[Al_2(OH)_nCl_{6-n}]_m$ PAC	$[Al_2(OH)_n]^{(6-n)+}$	受 pH 和温度影响较小，吸附效果稳定。pH 为 6～9 适应范围宽，一般不必投加碱剂。混凝效果好，耗药量少，出水浊度低、色度小，原水高浊度时尤为显著。设备简单，操作方便，劳动条件好
	聚合硫酸铁 $[Fe_2(OH)_n(SO_4)_{6-n}]_m$ PFS	$[Fe_2(OH)_n]^{(6-n)+}$	

6.2.1.2 混凝剂品种的选择及其用量，应根据污水混凝沉淀试验结果或参照相似水质条件下的运行经验等，经综合比较确定。

6.2.1.3 铝盐混凝剂的选择

1）硫酸铝的质量应符合 HG 2227 要求，其中 Al_2O_3 的有效成分是主要指标，使用前应加以验证。

2）硫酸铝适用于原水 pH 高或碱度大的水质条件。

3）聚合氯化铝应选用碱化度 B 较高的产品。

4）聚合氯化铝的质量应符合 GB 15892 要求，其中最重要的是碱化度 B，要求 B 值应在 50%～80%。碱化度 B 按式（1）计算：

$$B = \frac{m(OH)}{3[m(Al)]} \times 100\% \tag{1}$$

式中：B——聚合氯化铝的碱化度；

$m(OH)$——聚合氯化铝的[OH]物质的量；

$m(Al)$——聚合氯化铝的[Al]物质的量。

5）聚合氯化铝在混凝过程中消耗碱度少，适应的 pH 范围宽。

6.2.1.4 铁盐混凝剂的选择

1）污水中含重金属离子时应优先选用铁盐混凝剂。

2）铁盐混凝剂使用不能过量，并应控制 pH 等反应条件。

3）三氯化铁腐蚀性强，防腐方法参见 6.3.2.3。

4）三氯化铁的质量应符合 GB 4482 要求，使用前应验证铁含量（以 Fe_2O_3 计），且不得带入其他污染物。

5）硫酸亚铁作混凝剂应保证原水具有足够的碱度和溶解氧。必要时应曝气充氧或投加氧化剂，通常控制 pH 大于 8～8.5。

氯气可作为硫酸亚铁混凝的氧化剂，加氯量可按式（2）计算：通常为 $FeSO_4 \cdot 7H_2O$

的 1/8，

$$c = \frac{\alpha}{8} + \beta \tag{2}$$

式中：c——Cl_2 投量，mg/L；
　　　α——硫酸亚铁投量，mg/L，以 $FeSO_4 \cdot 7H_2O$ 计；
　　　β——Cl_2 过投量，1.5～2 mg/L。

6）使用铁盐混凝剂时应控制药剂中重金属离子及其他污染物，超过指标时不得使用。

6.2.2 絮凝剂与助凝剂的选择

6.2.2.1 常用絮凝剂有聚丙烯酰胺（PAM）、活化硅酸、骨胶等，其中最常用的是 PAM。活化硅酸用于低温低浊水时有效，在混凝反应完成后投加，要有适宜的酸化度和活化时间，配制较复杂。骨胶一般和三氯化铁混合使用。

6.2.2.2 PAM 的使用条件

1）PAM 应用于铝盐、铁盐混凝反应完成后的絮凝；其用量通常应小于 0.3～0.5 mg/L，投加点在反应池末端。

2）PAM 应设专用的溶解（水解）装置，溶解时间应控制在 45～60 min，药剂配置浓度应小于 2%，水解时间 12～24 h，水解度 30%～40%。

3）PAM 溶解配置完成后超过 48 h 不能继续使用。

4）PAM 常温下保存、贮存应考虑防冻措施。

6.2.2.3 助凝剂可选择氯（Cl_2）、石灰（CaO）、氢氧化钠（NaOH）等。

1）氯的使用条件：
- 当需处理高色度水、破坏水中残存有机物结构及去除臭味时，可在投混凝剂前先投氯，以减少混凝剂用量；
- 用硫酸亚铁作混凝剂时，可加氯促进二价铁氧化成三价铁。

2）石灰的使用条件：
- 需补充污水碱度时；
- 需去除水中的 CO_2，调整 pH 值时；
- 需增大絮凝体密度，加速絮体沉淀时；
- 需增强泥渣脱水性能时。

3）氢氧化钠的使用条件：
- 需调整水的 pH 值时。

6.3 混凝药剂的投配系统

6.3.1 一般规定

1）混凝剂和助凝剂品种的选择及其用量，应根据污水特性进行试验确定。

2）混凝剂投配系统的设备、管道应根据混凝剂性质采取相应的防腐措施。

3）混凝剂的投配方法宜采用液体投加方式。

4）混凝剂投加方式宜选择计量泵投加，也可采用泵前投加、水射器投加。

5）混凝剂的投加系统通常包括：药剂的储存、调制、提升、储液、计量和投加。

6.3.2 药剂的调制

6.3.2.1 药剂的调制方法

1）混凝剂的溶解和稀释方式应按投加量的大小、混凝剂性质确定，宜采用机械搅拌方式，也可采用水力或压缩空气等方式。

2）水力调制的供水水压应大于 0.2 MPa。

3）压缩空气调制可用于较大水量的污水处理厂（站）的药剂调制。控制曝气强度在 3～5 L/(m²·s)；石灰乳液的调制不宜采用压缩空气方法。

6.3.2.2　溶解池与溶液池的容积分别按式（3）、式（4）计算：

$$W_1 = (0.2 \sim 0.3)W_2 \tag{3}$$

$$W_2 = \frac{24 \times 100aQ}{1\,000 \times 1\,000cn} = \frac{aQ}{417cn} \tag{4}$$

式中：W_1——溶解池容积，m³；

W_2——溶液池容积，m³；

a——混凝剂最大投加量，按无水产品计，mg/L，石灰最大用量按 CaO 计；

Q——处理的水量，m³/h；

c——溶液浓度，%，一般采用 5～20（按混凝剂固体重量计算），或采用 5～7.5（扣除结晶水计），石灰乳采用 2～5（按纯 CaO 计）；

n——每日调制次数，应根据混凝剂投加量和配制条件等因素确定，一般不宜超过 3 次。

6.3.2.3　调制设备

1）溶解池及溶液池底坡度应不小于 0.02，池底应有排渣管，池壁应设超高，以防止溶液溢出。

2）溶解池及溶液池内壁需进行防腐处理。一般内壁涂衬环氧玻璃钢、辉绿岩、耐酸胶泥贴瓷砖或聚氯乙烯板等，当所用药剂腐蚀性不太强时，亦可采用耐酸水泥砂浆。

3）投药量较小时，亦可在溶液池上部设置淋溶斗以代替溶药池。

4）溶液池可高架式设置，以便能重力投加药剂。池周围应有工作台，在池内最高工作水位处宜设溢流装置。

5）投药量较小的溶液池可与溶药池合并。溶液池应设备用池。

6）药剂溶液池通常应设搅拌装置，搅拌转速一般为 10～15 r/min。

7）搅拌叶轮应根据需要安装转速调整装置。

6.3.3　药液的投加

6.3.3.1　药液提升应设药液提升设备，常用的有离心泵和水射器。

6.3.3.2　投加设备宜采用计量泵，并应设自动控制装置，自动调整加药量。

6.3.4　加药间及药库

6.3.4.1　一般规定

1）加药间宜与药库合并布置，室外储液池、加药间及药库位置应尽量靠近投药点，并设置在通风良好的地段。

2）药剂仓库和加药间应根据具体情况设置机械搬运设备。

6.3.4.2　加药间布置

1）加药间室内应设有冲洗设施，地坪应有排水沟。

2）药液输送管材一般可采用硬聚氯乙烯等塑料管。

3）溶液池边应设工作台，宽度以 1.5 m 为宜。

6.3.4.3 药库布置

1）药剂的固定储备量可按最大投药量的 7～15 d 用量计。

2）混凝剂堆放高度一般采用 1.5～2.0 m，当采用石灰时可为 1.5 m，当采用机械搬运设备时可适当增加。

3）必要时药库可设置电动葫芦或电动悬挂起重机等起重搬运设备。

4）应有良好的通风条件，并应防止药剂受潮。

6.4 混合设备的选择与设计

6.4.1 混合设备的选型

1）混合方式可采用管式混合器混合、水泵混合和机械混合。

2）混合设备的选型应根据污水水质情况和相似条件下的运行经验或通过试验确定。

3）管式混合器混合适用于原水水量稳定、不含纤维类物质，水泵有富余水头可利用的情况。

4）水泵混合适用于原水泥沙含量少、悬浮物浓度低，水泵离反应设备近的情况。

5）机械混合适用于原水成分复杂、水质水量多变的情况，混合池可与絮凝反应池合建。

6.4.2 一般规定

1）混合设备应采用快速混合方式。

2）高分子絮凝剂等增大凝絮作用的助凝剂不得在混合设备投加。

3）混合时间一般为 10～30 s。搅拌速度梯度 G 一般为 600～1 000 s^{-1}。

4）混合设施与后续处理构筑物尽可能采用直接连接方式。

5）混合设施与后续处理构筑物连接管道的流速宜采用 0.8～1.0 m/s。

6.4.3 水泵混合

1）应在每一水泵的吸水管上安装药剂投加管，并设置装有浮球阀的水封箱。

2）腐蚀性药剂不宜采用水泵混合方式。

3）水泵与处理构筑物的距离一般应小于 60 m。

6.4.4 管式混合器

1）分节数一般为 2～3 段，管中流速取 1.0～1.5 m/s。

2）重力投加时，管式混合器投加点应设在文丘里管或孔板的负压点。

3）投药点后的管内水头损失不小于 0.3～0.4 m。

4）投药点至管道末端絮凝池的距离应小于 60 m。

6.4.5 机械混合

6.4.5.1 机械混合的搅拌装置宜选用桨板式，也可选用螺旋桨式和透平式。

6.4.5.2 搅拌池有效容积 V 按式（5）计算：

$$V = Qt \tag{5}$$

式中：V——有效容积，m^3；

Q——混合搅拌池流量，m^3/s；

t——混合时间，一般可采用 10～30 s。

6.4.5.3 搅拌池当量直径 D 按式（6）计算：

当搅拌池为矩形时，其当量直径为：

$$D = \sqrt{\frac{4LB}{\pi}} \tag{6}$$

式中：D——搅拌池当量直径，m；
$\quad\quad L$——搅拌池长度，m；
$\quad\quad B$——搅拌池宽度，m。

6.4.5.4 混合有效功率 N_Q 按式（7）进行计算：

$$N_Q = \frac{\mu Q t G^2}{1\,000} \tag{7}$$

式中：N_Q——混合搅拌的有效功率，kW；
$\quad\quad \mu$——水的动力黏度，Pa·s；
$\quad\quad Q$——混合搅拌池流量，m³/s；
$\quad\quad t$——混合时间，s；
$\quad\quad G$——速度梯度，s⁻¹。

6.4.5.5 搅拌器直径 d 按式（8）计算：

$$d = \left(\frac{1}{3} \sim \frac{2}{3}\right)D \tag{8}$$

式中：d——搅拌器直径，m；
$\quad\quad D$——搅拌池当量直径，m。

6.4.5.6 搅拌器外缘线速度 $v = 2\sim 3$ m/s。

6.4.5.7 搅拌器功率 N 按式（9）计算：

$$N = nC_S \frac{\rho \omega^3 l R^4 \sin\theta}{8g}$$

$$\omega = \frac{2v}{d} \tag{9}$$

式中：N——搅拌器功率，kW；
$\quad\quad C_S$——阻力系数，$C_S \approx 0.2\sim 0.5$；
$\quad\quad \rho$——水的密度，kg/m³；
$\quad\quad \omega$——搅拌器旋转角速度，rad/s；
$\quad\quad n$——搅拌器桨叶数，片；
$\quad\quad l$——搅拌器桨叶长度，m；
$\quad\quad R$——搅拌器半径，m；
$\quad\quad g$——重力加速度，9.8 m/s²；
$\quad\quad \theta$——桨板折角，(°)。

6.4.5.8 电动机功率 N_A 按式（10）计算：

$$N_A = \frac{KN}{\eta} \tag{10}$$

式中：N_A——电动机功率，kW；

K——电动机工况系数，连续运行时，取 1.2；

η——机械传动总效率，%，η=0.5～0.7。

6.5 絮凝反应设备的选择与设计

6.5.1 絮凝反应设备的选型

1）反应池型式的选择应根据污水水质情况和相似条件下的运行经验或通过试验确定。

2）污水处理中常用竖流折板反应池、网格（栅条）反应池、机械反应池。

3）竖流折板反应池应用较广泛，适用于水量变化不大的大中型污水处理厂（站）。

4）网格（栅条）反应池适用于中小水量污水絮凝处理，可与沉淀池或气浮池合建，含纤维类、油类物质较多的污水不宜采用本反应池。

5）机械反应池适用于中小水量污水与各类工业废水混凝处理，可与沉淀池或气浮池合建；易于根据水质水量的变化调整水力条件；可根据反应效果调整药剂投加点，改善絮凝效果。

6）旋流反应池和涡流反应池宜用于水质水量较稳定的情况。

6.5.2 一般规定

1）根据污水特性及反应池型式的不同，反应时间 T 一般宜控制在 15～30 min。

2）反应池的平均速度梯度 G 一般取 70～20 s^{-1}，GT 值应为 10^4～10^5，速度梯度 G 及反应流速应逐渐由大到小。

3）反应池应尽量与沉淀池或者气浮池合并建造。如确需用管道连接时，其流速应小于 0.15 m/s。

4）反应池出水穿孔墙的过孔流速宜小于 0.10 m/s。

5）反应池宜优先采用机械搅拌方式。

6.5.3 竖流折板反应池

6.5.3.1 主要设计参数

1）竖流折板反应池一般分为三段。三段中的折板布置可分别采用异波折板、同波折板及平行直板。

2）各段的 G 值、T 值及 v 值可参考下列数据：

第一段（异波折板）：G=80 s^{-1}，$T \geqslant 240$ s，v=0.25～0.35 m/s；

第二段（同波折板）：G=50 s^{-1}，$T \geqslant 240$ s，v=0.15～0.25 m/s；

第三段（平行直板）：G=25 s^{-1}，$T \geqslant 240$ s，v=0.10～0.15 m/s。

3）折板夹角：可采用 90°～120°，折板长度：可采用 0.8～1.5 m。

6.5.3.2 单格池容 W 按下列公式计算：

$$W = \frac{QT}{60n} \tag{11}$$

式中：W——单格池容，m^3；

Q——设计水量，m^3/h；

T——反应时间，取 15～30 min；

n——池数，个。

6.5.3.3 折板反应池水头损失计算：

1）异波折板水头损失 H_1 按式（12）计算：

$$H_1 = n_1(h_1 + h_2) + h_3 \tag{12}$$

式中：H_1——总水头损失，m；
n_1——缩放组合的个数；
h_1——渐放段水头损失，m，见式（13）；
h_2——渐缩段水头损失，m，见式（14）；
h_3——转弯或孔洞的水头损失，m，见式（15）。

$$h_1 = \xi_1 \frac{v_1^2 - v_2^2}{2g} \tag{13}$$

式中：h_1——渐放段水头损失，m；
ξ_1——渐放段阻力系数 $\xi_1 = 0.5$；
v_1——峰速 0.25～0.35 m/s；
v_2——谷速 0.1～0.15 m/s；
g——重力加速度，9.8 m/s²。

$$h_2 = \left[1 + \xi_2 - \left(\frac{F_1}{F_2}\right)^2\right] \frac{v_1^2}{2g} \tag{14}$$

式中：h_2——渐缩段水头损失，m；
ξ_2——渐缩段阻力系数，$\xi_2 = 0.1$；
F_1——相对峰的断面积，m²；
F_2——相对谷的断面积，m²；
v_1——同式（12）；
g——重力加速度，9.8 m/s²。

$$h_3 = n_2 \xi_3 \frac{v_0^2}{2g} \tag{15}$$

式中：h_3——转弯或孔洞的水头损失，m；
n_2——转弯个数；
ξ_3——转弯或孔洞处的阻力系数，上转弯 $\xi_3 = 1.8$，下转弯或孔洞 $\xi_3 = 3.0$；
v_0——转弯或孔洞处流速，m/s；
g——重力加速度，9.8 m/s²。

2）同波折板水头损失 H_2 按式（16）计算：

$$H_2 = n'h + h_3 \tag{16}$$

式中：H_2——总水头损失，m；
n'——90°转弯的个数；
h——板间水头损失，m；见式（17）；
h_3——上下转弯损失，m；见式（18）。

$$h = \xi \frac{v^2}{2g} \tag{17}$$

式中：h——板间水头损失，m；

ξ——每一 90°弯道的阻力系数 $\xi=0.5$；

v——板间流速=0.15～0.25 m/s；

g——重力加速度，9.8 m/s²。

$$h_3 = n_2 \xi_3 \frac{v_0^2}{2g} \tag{18}$$

式中：h_3——转弯或孔洞的水头损失，m；

n_2——转弯个数；

ξ_3——转弯或孔洞处的阻力系数，上转弯 $\xi_3=1.8$，下转弯或孔洞 $\xi_3=3.0$；

v_0——转弯或孔洞处流速，m/s；

g——重力加速度，9.8 m/s²。

3) 平行直板水头损失 H_3 按式（19）计算：

$$H_3 = n''h \tag{19}$$

式中：H_3——总水头损失，m；

n''——180°转弯个数；

h——板间水头损失，m；见式（20）。

$$h = \xi \frac{v^2}{2g} \tag{20}$$

式中：h——板间水头损失，m；

v——平均流速，0.1～0.15 m/s；

ξ——转弯处阻力系数，$\xi=3.0$；

g——重力加速度，9.8 m/s²。

4) 折板反应池总水头损失 H 按式（21）计算：

$$H = H_1 + H_2 + H_3 \tag{21}$$

式中：H——反应池的总水头损失，m；

H_1——第一段（异波折板）总水头损失，m；

H_2——第二段（同波折板）总水头损失，m；

H_3——第三段（平行直板）总水头损失，m。

6.5.3.4 竖流波形折板反应池

1) 反应池宜设计成三级连续反应室，三级的容积设计应逐级成倍递增：$V_1 : V_2 : V_3 = 1 : 2 : 4$；平均流速成倍递减：$v_1 : v_2 : v_3 = 4 : 2 : 1$。

2) 竖流波形折板反应器每格流速由 0.25 m/s 逐步递减至 0.05 m/s。反应室单位沿程水头损失相应由 300 Pa/m 递减至 50 Pa/m。

3) 反应室的总水头损失约为 30～35 cm。

6.5.4 网格（栅条）反应池

6.5.4.1 主要设计参数

1) 反应池分格数分成 6~12 格；可大致按分格数均分成 3 段。

2) 网格或栅条数前段、中段、末段可分别为 16 层、10 层、4 层。上下两层间距为 60~70 cm，每格的竖向流速前段至末段由 0.20~0.10 m/s 逐步递减。

3) 三级反应池的网孔或栅孔流速分别为 0.25~0.30 m/s、0.22~0.25 m/s、0.10~0.22 m/s。

4) 格栅反应池宜设排泥管，一般采用 DN100~150 mm 的穿孔管，并安装快开排泥阀。

6.5.4.2 网格反应池的计算

1) 池体积 V 按式（22）计算：

$$V = \frac{QT}{60} \tag{22}$$

式中：V——池体积，m³；
Q——流量，m³/h；
T——反应时间，min，15~20 min。

2) 池面积 A 按式（23）计算：

$$A = \frac{V}{H'} \tag{23}$$

式中：A——池面积，m²；
V——同式（22）；
H'——有效水深，m，2~3 m。

3) 分格面积 f 按式（24）计算：

$$f = \frac{Q}{v_0} \tag{24}$$

式中：f——分格面积，m²；
Q——流量，m³/h；
v_0——竖井流速，m/s。

4) 总水头损失 H 按式（25）计算：

$$H = \sum \xi_1 \frac{v_1^2}{2g} + \sum \xi_2 \frac{v_2^2}{2g} \tag{25}$$

式中：H——总水头损失，m；
ξ_1——网格阻力系数，前、中、后段分别取 1.0、0.9、0.6；
v_1——各段过网流速，m/s；
ξ_2——孔洞阻力系数，取 3.0；
v_2——各段孔洞流速，m/s；
g——重力加速度，9.8 m/s²。

6.5.5 机械反应池

6.5.5.1 主要设计参数

1) 反应池一般应设三格以上。各格设相应档数的搅拌器，搅拌器多用垂直轴。

2) 桨叶可为平板型、叶轮式，桨叶中心线速度应为 0.5~0.2 m/s，各格线速度应逐渐减小。

3）垂直轴式的上浆板顶端应设于池子水面下 0.3 m 处，下浆板底端设于距池底 0.3～0.5 m 处，浆板外缘与池侧壁间距不大于 0.25 m。

4）每根搅拌轴上浆板总面积宜为水流截面积的 10%～20%，不宜超过 25%，浆板的宽长比为 1/15～1/10。

5）垂直轴式机械反应池应在池壁设置固定挡板。

6）反应池单格宜建成方型，单边尺寸宜＞800 mm，池深一般为 2.5～4 m，池边应设检修平台。

6.5.5.2 机械反应池计算

1）每池容积 W 按式（26）计算：

$$W = \frac{QT}{60n} \tag{26}$$

式中：W——每池容积，m³；
Q——设计水量，m³/h；
T——反应时间，一般为 15～30 min；
n——池数，个。

2）单格池边长 L 按式（27）计算：

$$L = \sqrt{\frac{W}{H}} \tag{27}$$

式中：L——单格池边长，m；
W——每池容积，m³；
H——平均水深，m。

3）搅拌器转数 n_0 按式（28）计算：

$$n_0 = \frac{60v}{\pi D_0} \tag{28}$$

式中：n_0——搅拌器转数，r/min；
v——叶轮浆板中心点线速度，m/s；
D_0——叶轮浆板中心点旋转直径。

4）搅拌器消耗的功率 N_0 按式（29）计算：

$$N_0 = \sum_1^n \frac{\rho k l \omega^3}{8}(r_2^4 - r_1^4) \tag{29}$$

式中：N_0——搅拌器消耗的功率，kW；
y——每个叶轮上的浆板数目，个；
l——浆板长度，m；
r_2——叶轮外缘半径，m；
r_1——叶轮内缘半径，m；
ω——叶轮旋转的角速度，rad/s；
k——系数，当 $l/(r_2-r_1)>1$ 时，$k=1.1$；
ρ——污水的密度，kg/m³。

5）每个叶轮所需电动机功率 N 按式（30）计算：

$$N = \frac{N_0}{\eta_1 \eta_2} \tag{30}$$

式中：N——每个叶轮所需电动机功率，kW；

N_0——搅拌器消耗的功率，kW；

η_1——搅拌器机械总效率，采用 0.75；

η_2——传动效率采用 0.6～0.95。

7 主要工艺设备和材料

7.1 机械混合与机械反应搅拌机的功率与转速应根据 6.4.4 及 6.6.4 设计要求选用，宜采用无级变速搅拌机。

7.2 管式混合器应安装文丘里管或孔板装置。

7.3 机械混合反应池采用钢板制作或混凝土浇筑时，都应考虑防腐，方法见 6.3.2.3。

7.4 计量泵选择与控制

1）计量泵一般采用隔膜泵，投加压力较高的场合宜采用柱塞泵。

2）计量泵应有备用，并尽量采用相同的型号和规格。

3）混凝剂或助凝剂的投加宜选用自动控制计量泵。

4）溶液投配管配备必要的溶液过滤器，防止计量仪表堵塞。

5）投加特殊药剂（加碱、酸、三氯化铁等）的加注系统应注意计量泵及系统配件材质的耐腐蚀要求。

8 检测与过程控制

8.1 采用混凝与絮凝工艺的污水处理厂（站）正常运行检测的项目和周期应符合 CJJ 60 的规定，化验检测方法应符合 CJ/T 51 的规定。

8.2 操作人员应经培训后持证上岗，并定期进行考核和抽检。操作人员应熟悉本标准规定的技术要求、单元混凝与絮凝工艺的技术指标及混凝与絮凝设施设备的运行要求，并按照混凝与絮凝工艺的操作和维护规程做好值班记录。

8.3 检测人员应经培训后持证上岗，应定期进行考核和抽检。检测人员应定期检测进出水水质，对检测仪器、仪表进行校验。

8.4 工业废水的混凝反应池宜设置 pH 在线监测系统。

8.5 混凝与絮凝工艺主要检测项目：进出水 COD、SS、pH 等，必要时增加色度、表面活性剂、油、原水 ζ 电位的测试。

8.6 混凝与絮凝工艺的水质检测应由污水处理厂（站）化验室统一负责。

9 主要辅助工程

9.1 供电系统需保证足够的供电可靠性，并设置相应的继电保护装置。

9.2 设备选型应考虑污水处理工艺的环境条件，应选择抗腐蚀，性能稳定，安全可靠的产品。

9.3 构筑物宜按照二类防雷保护设计。

9.4 控制系统宜采用 IPC 和 PLC 组成的集散型监控系统，一般由中控室和 PLC 控制站组成。

10 劳动安全与职业卫生

10.1 生产过程应采取相应的措施，避免水环境、大气、噪声以及固体废弃物的二次污染。

10.2 供电系统应设置相应的保护措施。

10.3 污水处理厂（站）应建立健全的安全生产规章制度，专人专职具体监督防范，以确保正常生产和工人的人身安全。

10.4 敞开式水池应设计安全栏杆及防滑扶梯，并配备救生衣及救生圈。

10.5 按消防的有关规定配备必要的消防装置，严格执行建筑防火规范，留有足够的防火距离。

10.6 电力设施的选型与保护按国家有关规定进行，露天电气设备的安全防护按国家现行的有关规定执行。

11 施工与验收

11.1 混凝与絮凝工艺的施工与验收应符合 GB 50141、GB 50204 和 GB 50205 规定。

11.2 根据设计的进水水质、出水水质要求，检验相应的水质指标，如 COD、pH、色度、油、SS、浊度等，并应提交相关检测报告。

12 运行与维护

12.1 运行控制

12.1.1 进水水质调试

1）当进水的 pH 过高（或过低）时，宜加入酸（或碱）调节进水 pH。

2）当进水的温度过低，应适当增加混凝剂或助凝剂的投加量。

3）当进水碱度不足，应投加石灰、氢氧化钠或苏打增加碱度。

4）乳化液废水混凝破乳反应、印染废水脱色反应宜选择无机盐混凝剂，如硫酸铝或三氯化铁。

5）造纸白水的纸浆回收、化工废水中的大分子有机物以及涂装废水中涂料的凝聚等宜采用聚合氯化铝。

12.1.2 工艺调试

1）观察溶解池和溶液池有无沉淀，如产生结晶沉淀，应调整溶解池配药浓度，必要时进行排污。

2）测试计量泵的读数与投加量的标准曲线，核对计量泵的投加量，必要时做机械调整。

3）调整搅拌机转速、浆板（叶轮）半径等参数以保证混凝效果。

4）根据混凝效果或水的 ζ 电位，调整合理的药剂投加点。

5）尽可能少加 PAM 等高分子助凝剂。

6）根据形成矾花的大小、形态，合理调整混凝剂及助凝剂的投加量，调整搅拌机相关运行参数。

7）根据污水的特性（成分、浓度等）定时做烧杯试验，调整混凝剂种类、剂量、pH

值或搅拌机转速、桨板（叶轮）的大小及中心距等参数。

8）工业废水应根据进出水效果，调节混凝、助凝药剂投量。

12.2 维护保养

1）操作人员应严格执行设备操作规程，定时巡视设备运转是否正常，包括温升、响声、振动、电压、电流等，发现问题及时检查排除，并做好设备维修保养记录。

2）应注意观测搅拌机运转是否正常，搅拌轴及叶轮有否锈蚀或损坏。

3）应注意观测计量泵运转是否正常，计量仪表显示是否正确。

4）应注意检查检测与控制设备是否运行正常。

5）应保持设备各运转部位的润滑状态，及时添加润滑油、除锈；发现漏油、渗油情况应及时解决。

6）检查反应池内是否有积泥现象，必要时调整隔板的间距或排泥。

中华人民共和国国家环境保护标准

污水气浮处理工程技术规范

Technical specifications for floatation process in wastewater treatment

HJ 2007—2010

前 言

为贯彻《中华人民共和国环境保护法》和《中华人民共和国水污染防治法》，规范污水气浮处理工程建设，使其连续稳定运行、达标排放，防治水污染，改善环境质量，制定本标准。

本标准规定了污水处理工程中所采用气浮工艺的总体要求、工艺设计、设备选型、检测和控制、运行管理的技术要求。

本标准为首次发布。

本标准的附录 A 为规范性附录。

本标准由环境保护部科技标准司组织制订。

本标准主要起草单位：江苏省环境科学研究院、东南大学、江苏鹏鹞环境工程设计院、扬州澄露环境工程有限公司。

本标准环境保护部 2010 年 12 月 17 日批准。

本标准自 2011 年 3 月 1 日起实施。

本标准由环境保护部负责解释。

1 适用范围

本标准规定了污水处理工程中所采用气浮工艺的总体要求、工艺设计、设备选型、检测和控制、运行管理的技术要求。

本标准适用于城镇污水或工业废水处理工程采用气浮工艺的设计、施工、验收、运行管理，可作为可行性研究、环境影响评价、工艺设计、施工验收、运行管理的技术依据。

2 规范性引用文件

本标准内容引用了下列文件中的条款。凡是不注日期的引用文件，其有效版本适用于本标准。

GB 50141　给水排水构筑物工程施工及验收规范

GB 50204　混凝土结构工程施工质量验收规范

GB 50205　钢结构工程施工质量验收规范

HJ/T 355 水污染源在线监测系统运行与考核技术规范（试行）
CJJ 60 城市污水处理厂运行、维护及安全及安全技术规程
CJ/T 51 城市污水水质检验方法标准

3 术语和定义

下列术语和定义适用于本标准。

3.1 气浮 floatation
指通过某种方法产生大量微气泡，黏附水中悬浮和脱稳胶体颗粒，在水中上浮完成固液分离的一种过程。

3.2 电凝聚（电解）气浮法 electrolytic flotation
指废水在外电压作用下，利用可溶性阳极，产生大量金属离子及其缩聚物，对废水中的悬浮和脱稳胶体颗粒进行凝聚，而阴极则产生氢气，与絮体发生黏附，从而上浮分离。

3.3 惰性电极 inert electrode
指在电解气浮中，电极本身不参与反应的惰性材料电极。

3.4 静电压 static voltage
指电解气浮产生电解效应的临界电压（也称超电压）。

3.5 可溶性电极 soluble electrode
指在电解气浮中参与反应的电极，如铁板、铝板电极。

3.6 电流密度 current density
指电解气浮中通过单位面积极板上的电流量。

3.7 比电流 ratio current
指单位水流量通过的电流。

3.8 散气气浮 falloff floatation
指用机械方法破碎空气产生大量微气泡完成气浮的工艺。包括扩散板曝气气浮法和叶轮曝气气浮法两种。

3.9 真空气浮法 vacuum floatation
指在常压下对水进行充分曝气，使水中溶气趋于饱和后，将其连续送入真空气浮室中，溶气水中空气在真空下释放，黏附水中絮体上浮分离，处理水通过压力调节室连续排出的工艺方法。

3.10 加压溶气气浮 pressurized dissolved-air floatation
指使空气在一定压力作用下溶解于水中，达到饱和状态后再急速减压释放，空气以微气泡逸出，与水中杂质接触使其上浮的处理方法。

3.11 浅层气浮 shallow air flotation
指旋转布水与溶气释放同步进行的一种回转式浅层压力溶气气浮。

3.12 溶气饱和度 dissolved-air saturation
指在一定压力和温度条件下空气溶解于水中达到饱和的溶解度。

3.13 回流溶气 reflux dissolved-air
指将气浮池出水进行部分回流加压溶气并减压释放，与入流污水接触完成气浮的工艺。

3.14 全溶气 whole dissolved-air

指将全部入流污水进行加压溶气,再经过减压释放进入气浮池进行固液分离的一种工艺。

3.15 部分溶气 part dissolved-air

指将部分入流污水进行加压溶气,再经过减压释放进入气浮池进行固液分离的一种工艺。

3.16 释放器 releaser

指将溶气水突然减压,使水中饱和气体以微气泡形式释放出来的装置。

3.17 喷淋密度 spray density

指溶气罐中单位时间单位面积的喷淋水流量。

3.18 水力负荷 hydraulic loading

指单位时间内溶气罐单位过水面积通过的溶气水量。

3.19 表面负荷 surface loading

指单位时间内气浮池分离区单位表面积净化的水量。

4 污染物与污染负荷

4.1 气浮工艺的处理水量要求

气浮工艺适用于处理中小水量的工业废水或城镇综合污水。

4.2 气浮工艺的处理水质要求

1）气浮工艺处理对象为疏水性悬浮物（SS）及脱稳胶体颗粒,原水 SS 质量浓度可以高达 5 000～10 000 mg/L。

2）气浮池出水 SS 一般可小于 20～30 mg/L,出水直接排放时,应符合国家或地方排放标准的要求；排入下一级处理系统时,应满足下一级处理系统的进水水质要求。

3）水质、水量变化大的气浮工艺污水处理厂（站）,应设置调节设施。

4.3 气浮工艺适合处理的污染物

1）气浮工艺适用于水中悬浮物分离及物料回收,对密度小的纤维类、油类、微生物、表面活性剂的分离尤具优势。

2）气浮工艺的主要类型有电解气浮法、叶轮气浮法、加压溶气气浮法、浅层气浮法等。

3）电解气浮可用于电镀含铬（Ⅵ）废水、含氰废水及其他有毒有害污染物的处理。

4）压力溶气气浮可用于含油废水、印染废水、含藻废水,经化学处理的化工废水等的处理,用于造纸废水的纸浆回收,生物处理活性污泥的分离。

5）叶轮气浮可用于含较高浓度悬浮物及表面活性物质的工业废水的处理。

6）浅层气浮可用于较大规模的污水处理,如生物处理活性污泥的分离,也可用于工业废水固相物质的回收。

5 总体要求

5.1 气浮池建设规模由处理水量确定,设计水量由工程最大水量确定。

5.2 气浮工艺处理工程根据需要在进水系统前应设格栅、筛网、沉砂池及混凝（破乳）反应预处理设施。某些特殊水质的工业废水应进行化学沉淀,化学氧化,泡沫分离,预沉淀等预处理；后续工艺有过滤、吸附、膜技术等深度处理方法。

5.3 压力容器气浮应设溶气罐、溶气泵、空压机、释放器等辅助设备。

5.4 电解气浮应设整流设备、直流电源，并考虑电容量需满足最大电功消耗要求。

5.5 叶轮气浮应设吸气管、高速叶轮装置。

5.6 所有气浮均应考虑释气水与原水的接触设施，刮泥、排泥设施，液位调整设施。

5.7 气浮池池深较浅，高程设计应考虑与后续设备的配置。

5.8 气浮浮渣应由刮泥设备收集后进行浓缩脱水处理；当原水含有挥发性有害气体时，应有相应的预处理装置。

6 工艺设计

6.1 气浮处理主要工艺类型及其适用条件

污水处理常用的气浮工艺类型见表1，可供气浮工艺选择时参考。

表1 污水处理常见气浮工艺特点及适用条件

型式	特点	适用条件
1. 电解气浮法	对工业废水具有氧化还原、混凝气浮等多种功能，对水质的适应性好，过程容易调整。装置设备化，结构紧凑，占地少，不产生噪声。耗电量较大	适用于小水量工业废水（$Q<10\sim15\ m^3/h$）处理，对含盐量大、电导率高、含有毒有害污染物的污水处理具有独特的优点
2. 叶轮气浮法	结构简单，分离速度快，对高浓度悬浮物分离效果较好。供气量易于调整，对废水的适应性较好。装置设备化，结构紧凑，占地少。对混凝预处理要求较高	适用于处理水量中等（通常$Q<30\sim40\ m^3/h$），对较高浓度悬浮物及表面活性物质的工业废水的处理具有较好的优势
3. 加压溶气气浮法	工艺成熟，工程经验丰富。负荷率高，处理效果好，处理能力大。可以做到全自动连续运行。泥渣含水率低，出水水质好。对不同悬浮物浓度的废水可分别采用全溶气、部分回流溶气等方式，适应性好。工艺稍复杂，管理要求较高	适用于不同水量，较高浓度悬浮性污染物，油类、微生物、纸浆、纤维的处理
4. 浅层气浮法	表面负荷高，分离速度快，效率高。污水处理高程易于布置。占地小，池深浅。钢设备可多块组合或架空布置	适用于大中小各种水量、悬浮类、纤维类、活性污泥类、油类物质的分离

6.2 气浮装置设计的一般规定

6.2.1 气浮池应设溶气水接触室完成溶气水与原水的接触反应。

6.2.2 气浮池应设水位控制室，并有调节阀门（或水位控制器）调节水位，防止出水带泥或浮渣层太厚。

6.2.3 穿孔集水管一般布置在分离室离池底 20~40 cm 处，管内流速为 0.5~0.7 m/s。孔眼以向下与垂线成 45°交错排列，孔距为 20~30 cm，孔眼直径为 10~20 mm。

6.2.4 排渣周期视浮渣量而定，周期不宜过短，一般为 0.5~2 h。浮渣含水率在 95%~97%，渣厚控制在 10 cm 左右。

6.2.5 浮渣宜采用机械方法刮除。刮渣机的行车速度宜控制在 5 m/min 以内。刮渣方向应与水流流向相反,使可能下落的浮渣落在接触室。

6.2.6 气浮工艺设计时应考虑水温的影响。

6.3 电解气浮工艺设计

6.3.1 电解气浮工艺设计要点

1) 电解气浮采用正负相间的多组电极,通以稳定或脉冲电流,通电方式可为串联或并联。

2) 电解气浮可用惰性电极或可溶性电极,产生的效应与产物有所不同。

3) 电解气浮采用惰性电极如钛板、钛镀钌板、石墨板等电极,产生氢、氧或氯等细微气泡;当采用可溶性铁板、铝板作为电极时,也称为电絮凝气浮,其产物是 Fe^{3+}、Al^{3+} 及氢气泡等,此时产泥量较大。

4) 电解气浮装置形式分竖流式及平流式,竖流式主要应用于较小水量的处理。

5) 电解气浮池的结构包括整流栅、电极组、分离室、刮渣机、集水孔、水位调节器等。

6) 电解气浮主要用于小水量工业废水处理,对含盐量大、电导率高、含有毒有害污染物废水的处理具有优势。

7) 铁阳极电絮凝气浮用于含 Cr(Ⅵ)废水处理时,Cr(Ⅵ)质量浓度不宜大于 100 mg/L。

8) 电解气浮用于含氰废水的处理时宜采用石墨惰性电极。

6.3.2 电解气浮设计参数

1) 极板厚度 6~10 mm(可溶性阳极根据需要可加厚),极板净间距 15~20 mm;

2) 电流密度一般应小于 150~200 A/m²;

3) 澄清区高度 1~1.2 m,分离区停留时间 20~30 min;

4) 渣层厚度 10~20 cm;

5) 单池宽度不应大于 3 m。

6.3.3 电极作用表面积,按式(1)计算:

$$S = \frac{EQ}{i} \quad (1)$$

式中:S——电极作用表面积,m²;

E——比电流,A·h/m³;

Q——污水设计流量,m³/h;

i——电极电流密度,A/m²。

通常,E、i 应通过试验确定,也可按表 2 取值。

表 2 不同废水的 E、i 值

废水种类	E/(A·h/m³)	i/(A/m²)
皮革、毛皮废水	300~600	50~100
化工废水	100~400	150~200
肉类加工废水	100~270	100~200
人造革废水	15~20	40~80
印染废水	15~20	100~150

废水种类	E/（A·h/m³）	i/（A/m²）
含铬（Ⅵ）废水	200～250	50～100
含酚废水	300～500	150～300

6.3.4 电极板块数 n，按式（2）计算：

$$n = \frac{B - 2l + 1}{\delta + e} \tag{2}$$

式中：B——电解池的宽度，当处理水量 Q=50～100 m³/h，B 取 1.5～2 m；
　　　l——极板面与池壁的净距，取 50～100 mm；
　　　δ——极板厚度，取 6～10 mm；
　　　e——极板净距，取 15～20 mm。

6.3.5 单块极板面积，按式（3）计算：

$$A = \frac{S}{n-1} \tag{3}$$

式中：A——单块极板面积，m²。

6.3.6 极板长度，按式（4）计算：

$$L_1 = \frac{A}{h_1} \tag{4}$$

式中：L_1——极板长度，m；
　　　h_1——极板高度，取 0.4～1.5 m。

6.3.7 电极室长度，按式（5）计算：

$$L = L_1 + 2l \tag{5}$$

式中：L——电极室长度，m。

6.3.8 电极室总高度，按式（6）计算：

$$H = h_1 + h_2 + h_3 \tag{6}$$

式中：H——电极室总高度，m；
　　　h_1——极板高度，取 1.0～1.5 m；
　　　h_2——浮渣层高度，取 0.1～0.2 m；
　　　h_3——保护高度，取 0.3～0.5 m。

6.3.9 电极室容积，按式（7）计算：

$$V_1 = BHL \tag{7}$$

式中：V_1——电极室容积，m³。

6.3.10 分离室容积，按式（8）计算：

$$V_2 = Qt \tag{8}$$

式中：V_2——分离室容积，m³；
　　　t——气浮分离时间，取 0.3～0.75 h。

6.3.11 电解气浮池容积，按式（9）计算：

$$V = V_1 + V_2 \tag{9}$$

式中：V——电解气浮池容积，m^3。

6.4 叶轮气浮工艺设计

6.4.1 叶轮气浮工艺设计要点

1）叶轮气浮池的结构包括叶轮、吸气管、分离室、刮渣机等。叶轮气浮中叶轮直径、转速，及吸气管安装位置是设计的关键。

2）叶轮吸入气量应控制在合理的水平。

3）叶轮与导向叶片的间距设计应当准确。

4）叶轮气浮适用于处理中等水量，对高浓度悬浮物的废水分离效率较高。

6.4.2 叶轮气浮设计参数

1）叶轮直径 $D=200\sim400$ mm，最大不应超过 600 mm；

2）叶轮转速 $\omega=900\sim1\ 500$ r/min，圆周线速度 $u=10\sim15$ m/s；

3）叶轮与导向叶片的间距应调整在小于 $7\sim8$ mm；

4）气浮池水深一般为 $H=2\sim2.5$ m，不宜超过 3 m；

5）气浮池应为方形，单边尺寸不大于叶轮直径 D 的 6 倍。

6.4.3 气浮池总容积 W，按式（10）计算：

$$W = \alpha Q t \tag{10}$$

式中：W——气浮池总容积，m^3；

α——系数，一般为 $1.1\sim1.2$；

Q——处理废水量，m^3/min；

t——气浮分离时间，一般为 $20\sim25$ min。

6.4.4 气浮池总面积 F，按式（11）、式（12）、式（13）计算：

$$F = \frac{W}{h} \tag{11}$$

式中：F——气浮池总面积，m^2；

h——气浮池的工作水深，m，可用式（12）计算：

$$h = \frac{H}{\rho} \tag{12}$$

式中：ρ——气水混合体的密度，一般为 0.7 kg/L；

H——气浮池中的静水压力，可用式（13）计算：

$$H = \varphi \frac{u^2}{2g} \tag{13}$$

式中：φ——压力系数，其值等于 $0.2\sim0.3$；

u——叶轮的圆周线速度，m/s。

6.4.5 气浮池数（或叶轮数）n，按式（14）计算：

$$n = \frac{F}{f} \tag{14}$$

式中：f——单台气浮池面积，m^2。

6.4.6 叶轮气浮池边长 l，按式（15）计算：

$$l = \sqrt{f} = 6D \tag{15}$$

式中：l——叶轮气浮池边长，m；

D——叶轮直径，m。

6.4.7 叶轮吸入的气水混合量 q，按式（16）计算：

$$q = \frac{Q \times 1\,000}{60n(1-\beta)} \tag{16}$$

式中：q——叶轮吸入的气水混合量，L/s；

β——曝气系数，根据试验确定，一般可取 0.3；

n——叶轮数。

6.4.8 叶轮转速 ω，按式（17）计算：

$$\omega = \frac{60u}{\pi D} \tag{17}$$

式中：ω——叶轮转速，r/min。

6.4.9 叶轮所需功率 N，按式（18）计算：

$$N = \frac{\rho H q}{102\eta} \tag{18}$$

式中：N——叶轮所需功率，kW；

η——叶轮效率，等于 0.2～0.3。

6.5 加压溶气气浮工艺设计

6.5.1 加压溶气气浮工艺设计要点

1）加压溶气气浮基本工艺流程主要有全溶气流程、部分溶气流程和回流加压溶气流程等。

2）回流加压溶气气浮适用于原污水悬浮性污染物浓度高，水量较大，有混凝、破乳预处理的污水。全溶气及部分溶气气浮适用于原污水分离悬浮物浓度较低，且不含纤维类物质的污水。

3）工艺流程由空气溶解设备（溶气罐、溶气水泵、空压机或射流器等）、溶气释放器和气浮池（接触室、分离室、水位控制室、刮渣机、集水管等）等组成。

4）接触室、分离室应分别保证气水接触时间或泥水分离时间。

5）水位控制室应设计安全可靠，便于调整的水位调节器。

6）刮渣机设计应考虑行程、速度可调和往复运转的功能。

7）溶气罐应保证气水接触的水力条件，工作压力通常为 0.4～0.5 MPa，溶气罐的自控设计要保证工况与空压机、溶气水泵的协调。

8）各释放器应设独立的快开阀及快速拆卸接口。

6.5.2 加压溶气气浮设计参数

1）气浮池的有效水深，一般取 2.0～2.5 m，平流式长宽比一般为 2∶1～3∶1，竖流式应为 1∶1。一般单格宽度不宜超过 6 m，长度不宜超过 15 m。

2）接触区水流上升速度，下端取 20 mm/s 左右，上端 5～10 mm/s，水力停留时间大于 1 min；接触区隔板垂直角度一般为 70°。

3）分离区表面负荷（包括溶气水量）宜为 4～6 m³/(m²·h)，水力停留时间一般为 10～20 min。

4）回流溶气水的回流比（或溶气水比）应计算确定，一般为 15%～30%。

5）压力溶气罐应设压力表、水位计、安全阀并设水位、压力控制器自动控制。溶气罐必要时可装填料，一般采用阶梯环填料，填料层高度应为罐高的 1/2，并不少于 0.8 m，液位控制高为罐高的 1/4～1/2（从罐底计）；溶气罐设计工作压力一般为 0.4～0.5MPa；溶气罐水力停留时间应大于 2～3 min（有填料时取低值），并应计算确定；溶气罐一般为立式，设计高径比应大于 2.5～4，有条件时取高值。在某些情况下满足水力条件时可设计成卧式。

6.5.3 主要工艺指标

1）气浮池所需空气量 Q_g

当有试验资料时，可按式（19）计算：

$$Q_g = \frac{\gamma Q R a_e \psi}{1\,000} \tag{19}$$

式中：Q_g——气浮池所需空气量，kg/h；

γ——空气容重，g/L，见表 3；

Q——气浮池处理水量，m³/h；

R——试验条件下回流比或溶气水回流比，%；

a_e——试验条件下释气量，L/m³；

ψ——水温校正系数，1.1～1.3。

当无试验资料时，可按式（20）计算：

$$Q_g = \frac{\gamma C_s (fP-1)RQ}{1\,000} \tag{20}$$

式中：C_s——在一定温度下，一个大气压时的空气溶解度，ml/L·atm，见表 3；

P——溶气压力，绝对压力，atm；

f——加压溶气系统的溶气效率，$f=0.8\sim0.9$。

表 3 空气在水中的溶解度

温度/℃	空气容重 γ/(g/L)	空气溶解度 C_s/(mL/L·atm)
0	1.252	29.2
10	1.206	22.8
20	1.164	18.7
30	1.127	15.7
40	1.092	14.2

2）气浮某种物质的气固比 α

气固比 α 与悬浮颗粒的疏水性有关，α 为 0.005～0.006，通常由试验确定。当无资料时，可按式（21）计算：

$$\alpha = \frac{Q_g}{QS_a} = \frac{\gamma C_s(fP-1)R}{1\,000 S_a} \tag{21}$$

式中：S_a——污水中悬浮物质量浓度，kg/m³。

3）回流比 R，可按式（22）计算：

$$R = \frac{Q_r}{Q} = \frac{1\,000\alpha S_a}{\gamma C_s(fP-1)} \tag{22}$$

式中：Q_r——溶气水量，m³/h。

4）所需空压机额定气量 Q_g'，可按式（23）计算：

$$Q_g' = \frac{\psi' Q_g}{60\gamma} \tag{23}$$

式中：Q_g'——所需空压机额定气量，m³/min；
ψ'——安全系数，1.2~1.5。

5）溶气水量 Q_r，可按式（24）计算：

$$Q_r = \frac{Q_g}{736 fPK_T} \tag{24}$$

式中：f——溶气效率，对装阶梯环填料的溶气罐可取 0.9；
P——选定的溶气压力，atm；
K_T——溶解度系数，可根据水温查表 4 而得。

表 4　不同温度下的 K_T 值

温度/℃	0	10	20	30	40	50
K_T 值	0.038	0.029	0.024	0.021	0.018	0.016

6.5.4　气浮池本体
6.5.4.1　气浮池接触室

1）接触室表面积 A_c，可按式（25）计算：

$$A_c = \frac{Q + Q_r}{3\,600 v_c} \tag{25}$$

式中：A_c——接触室表面积，m²；
v_c——水流平均速度，通常取 10~20 mm/s。

2）接触室长度 L，可按式（26）计算：

$$L = \frac{A_c}{B_c} \tag{26}$$

式中：L——接触室长度，m；
B_c——接触室宽度，m。

3）接触室堰上水深 H_2，可按式（27）计算：

$$H_2 = B_c \tag{27}$$

式中：H_2——接触室堰上水深，m。

4）接触室气水接触时间 t_c，可按式（28）计算：

$$t_c = \frac{H_1 - H_2}{v_c} \tag{28}$$

式中：t_c——接触室气水接触时间，要求 $t_c > 60$ s;

H_1——气浮池分离室水深，通常为 1.8～2.2 m。

6.5.4.2 气浮分离室

1) 分离室表面积 A_s，可按式（29）计算：

$$A_s = \frac{Q + Q_r}{3600 v_s} \tag{29}$$

式中：A_s——分离室表面积，m²;

v_s——分离室水流向下平均速度，通常为 1～1.5 mm/s。

2) 分离室长度 L_s，可按式（30）计算：

$$L_s = \frac{A_s}{B_s} \tag{30}$$

式中：L_s——分离室长度，m;

B_s——分离室宽度，m。

对矩形池，分离室的长宽比一般取 2:1～3:1。

3) 气浮池水深 H，可按式（31）计算：

$$H = v_s t \tag{31}$$

式中：H——气浮池水深，m;

t——气浮池分离室停留时间，一般取 10～20 min。

4) 气浮池容积 W，可按式（32）计算：

$$W = (A_c + A_s)H \tag{32}$$

式中：W——气浮池容积，m³。

5) 总停留时间 T 校核，可按式（33）计算：

$$T = \frac{60 \times W}{Q + Q_r} \tag{33}$$

式中：T——总停留时间，min。

6.5.4.3 水位控制室

水位控制室宽度 B 不小于 900 mm，以便安装水位调节器，并利于检修。水位控制室可设于分离室一端，其长度等于分离室宽度。水位控制室深度一般与气浮分离室同深。

6.5.5 溶气设备

溶气罐应设安全阀，顶部最高点应装排气阀。溶气水泵进入溶气罐的入口管道应设除污过滤器。溶气罐底部应装快速排污阀。

溶气罐应设水位、压力仪表及自控装置。

1) 压力溶气罐直径 D_d，可按式（34）计算：

$$D_d = \sqrt{\frac{4 \times Q_r}{\pi I}} \tag{34}$$

式中：D_d——压力溶气罐直径，m;

I——单位罐截面积的水力负荷，一般为 80～150 m³/(m²·h)，填料罐选用 100～200 m³/(m²·h)。

2) 溶气罐高度 Z，可按式（35）计算：

$$Z = 2Z_1 + Z_2 + Z_3 + Z_4 \tag{35}$$

式中：Z——溶气罐高度，m；

Z_1——罐顶、底封头高度，m（根据罐直径而定）；

Z_2——布水区高度，一般取 0.2～0.3 m；

Z_3——贮水区高度，一般取 1.0 m；

Z_4——填料层高度，当采用阶梯环时，可取 1.0～1.3 m。

3）溶气罐体积 V_d 复核，可按式（36）、式（37）计算：

$$V_d = \frac{\pi D_d^2}{4} \times Z \tag{36}$$

$$V_d = Q_r \times t_d \tag{37}$$

式中：V_d——溶气罐体积，m³；

t_d——溶气水在溶气罐内停留时间，min。

当无填料时 t_d=3～3.5 min；当有填料时 t_d=2 min。

溶气罐 D_d、Z 应同时满足式（34）、式（35）、式（36）、式（37）的要求。

4）溶气罐高径比 Z/D_d

Z/D_d 宜为 2.5～4。

6.5.6 气浮池集水管、集渣槽

1）气浮池集水管

采用穿孔管，按分配流量及流速 0.4～0.5 m/s 确定管径。并令孔眼水头损失 h=0.3 m，按式（38）计算出孔口流速 v_0、孔眼尺寸和个数。

$$v_0 = \mu \sqrt{2gh} \tag{38}$$

式中：v_0——孔眼流速，m/s；

μ——孔眼流速系数。

2）集渣槽

集渣槽断面设计可按单位时间的排泥量（包括抬高水位所带出的水量）进行选择。一般不小于 200 mm，当浮渣浓度较高时，集渣槽需有足够的坡度倾向排泥口，一般应大于 0.03～0.05。当集渣槽长度超过 5 m 时，应由两端向中间排泥。必要时可辅以冲洗水管。

6.5.7 溶气释放器

- 溶气释放器可选择 TJ 型或 TV 型。
- 溶气释放器个数 n，可按式（39）计算：

$$n = \frac{Q_r}{q} \tag{39}$$

式中：q——选定溶气压力下单个释放器的出流量，m³/h。

- 溶气水由溶气罐至释放器的管道上应设快开阀。
- 释放器应考虑快速拆卸装置。

6.5.8 刮渣机

对于矩形气浮池应采用桥式刮渣机刮渣，跨度宜在 10 m 以下，集渣槽的位置可在池的一端或两端；

圆形气浮池宜采用行星式刮渣机，其适用范围在直径 2~10 m，集渣槽位置可在圆池径向的任何部位。

6.6 浅层气浮的工艺设计

6.6.1 浅层气浮工艺设计要点

1）浅层气浮能有效发挥溶气释放的高密度微气泡与进水布水高浓度污染物密切接触作用，并充分利用回转过程中微气泡的延时黏附功能，从而提高气浮分离效率。

2）工艺设备由空气溶解设备、溶气释放器及气浮池组成。

3）进水配水管与溶气释放器安装在一个回转装置上，释放的微气泡与污水同步接触。表面负荷高，分离速度快、效率高。

4）池深较浅，作为末端处理时污水处理工艺的高程易于布置。

5）浅层气浮适用于大中型污水处理，主要用于活性污泥类物质的分离。可用于工业废水固相物质的回收。

6.6.2 浅层气浮的工艺特点

1）布水管与释气管同位布置。

2）表面负荷大，处理效率高。

3）占地小，池深浅。钢设备可多格组合或架空布置。

6.6.3 浅层气浮的主要设计参数

1）气浮池有效水深 0.5~0.6 m，圆形。

2）接触室上升流速下端取 20 mm/s，上端取 5~10 mm/s。水力接触时间 1~1.5 min。

3）分离区表面负荷 3~5 $m^3/(m^2·h)$，水力停留时间 12~16 min。

4）布水机构的出水处应设整流器，原水与溶气水的配水量按分离区单位面积布水量均匀的原则设计计算。

5）布水机构的旋转速度应满足微气泡浮升时间的要求，通常按 8~12 min 旋转一周计算。

6）溶气水回流比应计算确定，一般应大于 30%。溶气罐通常可设计成立式（参见 6.5.4）。溶气水水力停留时间应计算确定，一般应大于 3 min。设计工作压力 0.4~0.5 MPa。

7）浅层气浮的其他设计方法基本同压力溶气气浮法，可参见 6.5。

7 主要工艺设备与材料

7.1 溶气泵应选用压力较高的多级泵，其工作压力为 0.4~0.6 MPa。

7.2 溶气罐为压力溶气设备，其设计方法详见 6.5.5，设计工作压力一般为 0.6 MPa，溶气罐顶部应设安全阀。溶气罐底部应设排污阀，溶气罐进水管应设除污器，溶气罐应具压力容器试验合格证方可使用。

7.3 溶气罐供气采用空压机，其工作压力为 0.6~0.7 MPa，供气量应满足溶气罐最大溶气量的要求。

7.4 溶气罐的压力与水位均应自动控制，并与溶气水泵联动。

7.5 释放器应满足水流量的要求，其与溶气罐连接管道应安装快开阀，释放管支管应安装快速拆卸管件，以利清洗。

7.6 气浮池应设刮渣机，并设可调节行程开关及调速仪表自动控制。

8 检测与过程控制

8.1 采用气浮工艺的污水处理厂（站）正常运行检测的项目和周期应符合 CJJ 60 的规定，化验检测方法应符合 CJ/T 51 的规定。

8.2 操作人员应经培训后持证上岗，并定期进行考核和抽检。操作人员应熟悉本标准规定的技术要求、单元气浮工艺的技术指标及气浮设施设备的运行要求，并按照气浮工艺的操作和维护规程做好值班记录。

8.3 检测人员应经培训后持证上岗，应定期进行考核和抽检。检测人员应定期检测进出水水质，对检测仪器、仪表进行校验。

8.4 气浮装置的溶气罐水位、水压，空压机压力，溶气水泵的启动与停止，溶气水的储水池、水位，刮渣机的行程与运行速度、周期等运行参数均应自动控制。

8.5 气浮工艺主要检测项目：进出水 SS、COD、浊度、出水水位等，必要时进行表面活性剂和泥渣含水率的监测，同时应监测溶气罐水位、压力，溶气泵的流量及其他工况，空压机的工作压力、供气量等。

8.6 气浮工艺的水质检测应由污水处理厂（站）化验室统一负责。

9 主要辅助工程

9.1 供电系统需保证足够的供电可靠性，并设置相应的继电保护装置。

9.2 设备选型应考虑污水处理工艺的环境条件，应选择抗腐蚀，性能稳定，安全可靠的产品。

9.3 构筑物宜按照二类防雷保护设计。

9.4 控制系统宜采用 IPC 和 PLC 组成的集散型监控系统，一般由中控室和 PLC 控制站组成。

10 劳动安全与职业卫生

10.1 生产过程应采取相应的措施，避免水环境、大气、噪声以及固体废弃物的二次污染。

10.2 供电系统应设置相应的保护措施，以降低由于断电、设备故障造成的影响。

10.3 污水处理厂（站）应建立健全的安全生产规章制度，专人专职具体监督防范，以确保正常生产和工人的人身安全。

10.4 气浮池应设置安全栏杆及防滑扶梯，并配备救生衣及救生圈。

10.5 电解气浮应设通风装置。

10.6 含铬（Ⅵ）废水及含氰废水处理的泥渣为危险固废，应交由有资质的单位专门处理处置。

10.7 压力溶气罐应按要求定期到国家压力容器管理部门检测试验压力。

10.8 应按有关规定配备消防设施，严格执行建筑防火规范，留有足够的防火距离。

10.9 电力设施的选型与保护按国家有关规定进行，露天电气设备的安全防护按国家现行的有关规定执行。

11 施工与验收

11.1 气浮工艺的施工与验收应符合 GB 50141、GB 50204 和 GB 50205 规定。

11.2 根据设计的进水水质、出水水质要求，检验相应的水质指标，如COD、SS、铬（Ⅵ）、铬（Ⅲ）、铁（Ⅲ）、氰（CN-）、油、表面活性剂等，并应提交相关检测报告。

12 运行与维护

12.1 一般规定

1）气浮工艺污水处理厂（站）设施的运行、维护及安全管理应按照CJJ 60执行。

2）操作人员应严格执行设备操作规程，定时巡视设备运转是否正常，包括温升、响声、振动、电压、电流等，发现问题及时检查排除。

3）应保持设备各运转部位的润滑状态，及时添加润滑油、除锈；发现漏油、渗油情况应及时解决。

4）气浮前处理如为铁盐混凝，应定时排除沉泥及浮渣，以免结块。

5）有填料的溶气罐进水管设置的除污器应定时清洗，损坏时进行更换。溶气罐的填料也需定时排污、清洗。出水阀的开启度应与流量一致，发现不一致时应加以调整。溶气罐的安全阀应定期校正。

6）应做好设备维修保养记录。

12.2 电解气浮的运行控制

1）电解气浮处理含铬（Ⅵ）废水时，投加一定量食盐可防止阳极钝化，铁板需定时更换，原水铬（Ⅵ）质量浓度不宜大于100 mg/L，pH值为4～6.5。

2）当原水电导较低时，可适当投加Na_2SO_4、NaCl提高原水导电性，降低电解电压。

12.3 叶轮气浮的运行控制

1）定时检查叶轮转动转速，观察吸气管位置，及时调整水深和吸气量。

2）定时调整叶轮与导向叶片的间距。

12.4 加压溶气气浮的运行控制

1）根据反应池的絮凝情况及气浮池出水水质，注意调节混凝剂的投加量。特别要防止加药管堵塞。

2）观察气浮池池面情况，如发现接触区局部冒出大气泡，应检查释放器堵塞情况。

3）掌握浮渣积累规律，确定刮渣周期。

4）观察并控制溶气罐合理水位，保证溶气效果。

5）调整空压机的供气量，保证溶气罐稳定的工作压力。

6）调整气浮池出水水位控制器，保证稳定的处理水量。

7）在冬季水温过低时期，可相应增加回流水量或溶气压力，保证出水水质。

8）做好日常的运行记录，包括处理水量、投药量、溶气水量、溶气罐压力、水温、耗电量、进出水水质、刮渣周期、泥渣含水率等。

12.5 浅层气浮的运行控制

1）主要调节方式同加压溶气气浮。

2）检查配水管的旋转速度，检查原水与溶气水的配水均匀性。

3）量筒试验观察微气泡的升流速度与气浮效果，必要时调整溶气水量。

4）检查浮渣的形成状况及含水率，调整刮渣机的刮泥厚度与回转速度。

5）气浮池间歇运行时应将浮渣及沉泥排清。

附录 A（规范性附录）

符 号

A.1 电解气浮工艺设计

A——单块极板面积；
B——电解池宽度；
E——比电流；
e——极板净距；
H——电极室总高度；
h_1——极板高度；
h_2——浮渣层高度；
h_3——保护高度；
i——电极电流密度；
L——电极室长度；
L_1——极板长度；
l——极板面与池壁的净距；
n——电极板块数；
Q——气浮池处理水量；
S——电极作用表面积；
t——气浮分离时间；
V——电解气浮池容积；
V_1——电极室容积；
V_2——分离室容积；
δ——极板厚度。

A.2 叶轮气浮工艺设计

D——叶轮直径；
F——气浮池总面积；
f——单台气浮池面积；
H——气浮池静水压力；
h——气浮池工作水深；
l——气浮池边长；
N——叶轮所需功率；
n——气浮池数（或叶轮数）；
Q——气浮池处理水量；

q——叶轮吸入的水汽混合量；

t——气浮分离时间；

u——叶轮圆周线速度；

W——气浮池总容积；

β——曝气系数；

φ——压力系数；

η——叶轮效率；

ρ——气水混合体密度；

ω——叶轮转速。

A.3 加压溶气气浮工艺设计

A_c——接触室表面积；

A_s——分离室表面积；

a_e——试验条件下释气量；

B_c——接触室宽度；

B_s——分离室宽度；

C_s——空气溶解度；

D_d——压力溶气罐直径；

f——溶气效率；

H——气浮池水深；

H_1——气浮池分离室水深；

H_2——接触室堰上水深；

h——孔眼水头损失；

I——单位罐截面积的水力负荷；

K_T——溶解度系数；

L——接触室长度；

L_s——分离室长度；

n——溶气释放器个数；

P——溶气压力；

Q——气浮池处理水量；

Q_g——气浮池所需空气量；

Q'_g——所需空压机额定气量；

Q_r——溶气水量；

q——选定溶气压力下单个释放器的出流量；

R——回流比；

S_a——污水中悬浮物浓度；

T——总停留时间；

t——气浮池分离室停留时间；

t_c——接触室气水接触时间；

t_d ——溶气水在溶气罐内停留时间；
V_d ——溶气罐体积；
v_c ——水流平均速度；
v_0 ——孔眼流速；
v_s ——分离室水流向下平均速度；
W ——气浮池总容积；
Z ——溶气罐高度；
Z_1 ——罐顶、底封头高度；
Z_2 ——布水区高度；
Z_3 ——贮水区高度；
Z_4 ——填料层高度；
α ——气固比；
γ ——空气容重；
μ ——孔眼流速系数；
ψ ——水温校正系数；
ψ' ——安全系数。

中华人民共和国国家环境保护标准

污水过滤处理工程技术规范

Technical specifications for filtration process in wastewater treatment

HJ 2008—2010

前言

为贯彻《中华人民共和国环境保护法》和《中华人民共和国水污染防治法》,规范污水过滤处理工程建设,使其连续稳定运行、达标排放,防治水污染,改善环境质量,制定本标准。

本标准规定了污水处理工程中所采用的过滤工艺的总体设计、工艺设计、设备选型、检测和控制、运行管理的技术要求。

本标准为首次发布。

本标准由环境保护部科技标准司组织制订。

本标准主要起草单位:江苏省环境科学研究院、东南大学、扬州澄露环境工程有限公司、江苏鹏鹞环境工程设计院。

本标准环境保护部 2010 年 12 月 17 日批准。

本标准自 2011 年 3 月 1 日起实施。

本标准由环境保护部负责解释。

1 适用范围

本标准规定了污水处理工程中所采用的过滤工艺的总体要求、工艺设计、设备选型、检测与控制、施工验收、运行管理的技术要求。

本标准适用于城镇污水或工业废水处理工程过滤单元工艺的设计、施工验收、运行管理,可作为可行性研究、环境影响评价、工艺设计、工程验收、运行管理的技术依据。

2 规范性引用文件

本标准内容引用了下列文件中的条款。凡是不注日期的引用文件,其有效版本适用于本标准。

  GB 50141 给水排水构筑物工程施工及验收规范
  GB 50204 混凝土结构工程施工质量验收规范
  GB 50205 钢结构工程施工质量验收规范
  HJ/T 355 水污染源在线监测系统运行与考核技术规范(试行)

CJJ 60　城市污水处理厂运行、维护及安全及安全技术规程
CJ/T 51　城市污水水质检验方法标准

3　术语和定义

下列术语和定义适用于本标准。

3.1　过滤　filtration
指借助粒状材料或多孔介质截除水中杂质的过程。

3.2　滤料　filtering media
指过滤时用以去除水中杂物的粒状材料或多孔介质。

3.3　初滤水　initial filtered water
指在滤池反冲洗后，重新过滤的初始阶段滤后出水。

3.4　滤料有效粒径（d_{10}）　effective size of filtering media
指滤料经筛分后，小于总重量10%的滤料颗粒粒径。

3.5　滤料有效粒径（d_{80}）　effective size of filtering media
指滤料经筛分后，小于总重量80%的滤料颗粒粒径。

3.6　滤料不均匀系数（K_{80}）　uniformity coefficient of filtering media
指滤料经筛分后，小于总重量80%的滤料颗粒粒径与有效粒径之比。

3.7　均匀级配滤料　uniformly graded filtering media
指粒径比较均匀，不均匀系数（K_{80}）一般为1.3～1.4的滤料。

3.8　滤速　filtering rate
指在单位时间内单位过滤面积滤过的水量。

3.9　强制滤速　compulsory filtration rate
指部分滤格因进行检修或翻砂而停运时，在总滤水量不变的情况下其他运行滤格的滤速。

3.10　冲洗强度　wash rate
指单位时间内单位滤料面积的冲洗水量。

3.11　膨胀率　percentage of bed-expansion
指滤料层在反冲洗时的膨胀程度，以滤料层厚度的百分比表示。

3.12　冲洗周期（过滤周期、滤池工作周期）　filter runs
指滤池完成冲洗后开始运行到再次进行冲洗的整个间隔时间。

3.13　承托层　graded gravel layer
指为防止滤料漏入配水系统，在配水系统与滤料层之间铺垫的粒状材料。

3.14　表面冲洗　surface washing
指采用固定式或旋转式的水射流系统，对滤料表层进行冲洗的冲洗方式。

3.15　表面扫洗　surface sweep washing
指V型滤池反冲洗时，待滤水通过V型进水槽配水孔在水面横向将冲洗含泥水扫向中央排水槽的一种辅助冲洗方式。

3.16　普通快滤池　rapid filter
指传统的快滤池布置形式，滤料一般为单层细砂级配滤料或煤、砂双层滤料，冲洗采

用单水冲洗，冲洗水由水塔（箱）或水泵供给。

3.17 虹吸滤池 siphon filter

指一种以虹吸管代替进水和排水阀门的快滤池形式。滤池各格出水互相连通，反冲洗水由未进行冲洗的其余滤格的滤后水供给。过滤方式为等滤速、变水位运行。

3.18 无阀滤池 valveless filter

指一种不设阀门的快滤池形式。在运行过程中，出水水位保持恒定，进水水位则随滤层的水头损失增加而不断在虹吸管内上升，当水位上升到虹吸管管顶，并形成虹吸时，即自动开始滤层反冲洗，冲洗排泥水沿虹吸管排出池外。

3.19 V型滤池 V filter

指采用粒径较粗且较均匀滤料，在各滤格两侧设有V型进水槽的滤池布置形式。冲洗采用气水微膨胀兼有表面扫洗的冲洗方式，冲洗排泥水通过设在滤格中央的排水槽排出池外。

4 污染物与污染负荷

4.1 过滤工艺可用于各种水量、较低浓度悬浮物的分离。

4.2 过滤工艺主要用于水中细小悬浮物、脱稳胶体等物质的分离去除。适用于污水二级生物处理出水、工业废水化学沉淀、气浮出水，悬浮物（SS）＜20 mg/L 的过滤处理。

4.3 过滤工艺可用于污水深度处理，如活性炭吸附、膜技术、离子交换等的预处理时，要求滤池进水 SS＜10 mg/L。

4.4 过滤工艺可用于直接过滤（微絮凝接触过滤），进水 SS 可适当放宽，如 SS＜60 mg/L，而滤料粒径应相应增大。

5 总体要求

5.1 滤池建设规模由处理水量确定，设计水量由工程最大水量确定。

5.2 过滤工艺通常在前处理混凝沉淀、气浮等之后，高程布置需保证过滤水头的需要。需设置反冲洗储水池、冲洗水泵或水塔等。

5.3 滤池通常为对称布置（成双数），接近前处理设备（沉淀、气浮等）及后处理设备（消毒、清水池等）。

5.4 滤池除池深外，有一定水头损失，高程设置应考虑后续设备的配合。

5.5 过滤工艺无污泥产生，反冲洗出水应回流到集水井进行二次处理。

6 工艺设计

6.1 过滤的型式及其工艺特点和适用条件

污水处理中常用的过滤型式有：普通快滤池及其衍变形式（双阀滤池、翻板滤池和双层滤料滤池）、V型滤池、重力式无阀滤池、压力滤池、转盘滤池等。其工艺特点及适用条件见表1，可供滤池工艺选择时参考。

6.2 过滤工艺的一般规定

6.2.1 过滤工艺宜用于工业废水和城镇污水处理工程的深度处理单元。

6.2.2 滤池形式的选择应根据污水处理水量、进出水水质、运行管理水平、处理构筑物高程布置等因素，通过技术经济比较确定。快滤池（含普通快滤池、双阀滤池、翻板滤池、V型滤池等）适用于大、中型污水处理厂（站），无阀滤池、压力滤池适用于小型污水处理厂（站），转盘滤池可用于不同规模的城镇污水及工业废水处理厂（站）。

表1 污水处理常见滤池工艺特点及适用条件

型式	特点	适用条件
1. 普通快滤池	有成熟的运行经验。采用砂滤料，材料便宜易得。采用大阻力配水系统，单池面积较大，池深较浅，可采用减速过滤，水质较好。但阀门较多，且必须设有全套冲洗装备	适用于各种水量的污水处理。产水率较高。单池面积不宜超过 50 m^2，可与沉淀池组合使用。水冲洗效果较差，有条件时宜采用表面冲洗或空气助洗设备
2. 双阀滤池	减少了阀门，相应降低了造价和检修工作量。但须设置全套冲洗设备，增加了形成虹吸的设备。其他特点同普通快滤池	与普通快滤池相同
3. 翻板滤池	滤料、滤层选择多样。滤料流失率低，滤料反冲洗后洁净度高，水头损失小。反冲洗系统布水、布气均匀。过滤周期长、截污量大，出水水质好。设备较多，一次性投资较大，而且运行电耗较高	适用于污水悬浮物含量较大的大、中水量污水处理。根据污水性质可选择不同滤料及级配
4. 双层滤料滤池	滤层含污能力大，可采用较高的滤速。减速过滤水质较好。可利用现有普通快滤池改建。滤料选择要求高，滤料易流失。冲洗困难，易积泥球	适用于大、中水量污水处理，允许进水悬浮物浓度高。单池面积一般不宜太大。宜采用大阻力配水系统和辅助冲洗设备
5. V型滤池	运行稳定可靠。采用砂滤料，滤床含污量大、周期长、滤速高、水质好、材料易得。滤料均匀级配，可适应不同悬浮物浓度的水质，自动化程度高。单池面积大，产水率高。具有气水反冲洗和水表面扫洗，冲洗效果好。但配套设备多，土建较复杂，池深较普通快滤池深	适用于大、中水量污水处理。要求进水SS<15 mg/L。要求配置自控系统
6. 重力式无阀滤池	不需设置阀门，自动冲洗，管理方便。可成套定型制作。但运行过程看不到滤层情况，清砂不便。单池面积较小。冲洗效果差，反洗时浪费一部分水量。变水位等速过滤，水质不如减速过滤	适用于小水量的污水处理。需要有可利用的高程，常与斜管沉淀池、加速澄清池配合使用
7. 压力滤池	钢制设备，可成套定型制作，采用大阻力配水系统，反冲洗均匀。可直接利用余压出水变水头等速过滤，水质不如减速过滤。单池面积小，只能用于小水量	适用于无高程利用的小水量污水处理，出水可直接回用或排放。单池面积应小于 10 m^2
8. 转盘滤池	耐冲击负荷，过滤效率高。错流过滤，水头损失小，滤速快。全自动连续运行，反冲洗水量少，运行费用低。单位池容过滤总面积大，占地省。滤布具有疏油特性，表面杂质不易黏附，滤布易清洗，系统功能恢复快，自动化程度高，可整机设备化	适用于各种水量污水处理。可适应不同悬浮物浓度的水质

6.2.3 滤料应有足够的机械强度和抗腐蚀性能，宜采用石英砂、无烟煤、陶粒和瓷砂等。在污水过滤过程中如无溶解性有害物质产生，也可选用聚丙烯塑料珠、纤维球等合成材料作为滤料。

6.2.4 滤池的分格数，应根据滤池型式、处理水量、操作运行和维护检修等通过技术经济比较确定，除无阀滤池、压力滤池和转盘滤池外原则上不宜少于4格。

6.2.5 滤池的单格面积应根据滤池型式、处理水质水量、操作运行水平、滤后水收集及冲洗水分配的均匀性,通过技术经济比较确定。

6.2.6 滤料层厚度（L）与有效粒径（d_{10}）之比：细砂及双层滤料过滤应大于1 000；粗砂及三层滤料应大于1 250。

6.2.7 滤池宜设有初滤水排放设施,初滤水应回流到水厂集水井,进行二次处理。

6.2.8 滤池冲洗方式优先采用气水联合冲洗方式。

6.2.9 滤池运行时应尽可能设置自动检测、控制系统,实现运行管理自动化。

6.3 滤速与滤料组成

6.3.1 滤池应按正常情况下的滤速设计,并以检修情况下的强制滤速校核。

6.3.2 滤池滤速及滤料组成宜按表2取用。污水过滤的滤速应高于给水过滤的滤速,滤料的粒径亦应相应加大,工程上应根据进水水质、滤后水水质要求、滤池构造等因素,通过试验或参照相似条件下已有滤池的运行经验确定。

表2 滤池滤速及滤料组成

滤料种类	滤料组成			正常滤速/ (m/h)	强制滤速/ (m/h)
	粒径/mm	不均匀系数 K_{80}	厚度/mm		
单层粗砂滤料	石英砂 $d_{10}=0.8$	<2.0	700	8～10	10～12
双层滤料	无烟煤 $d_{10}=1.0$	<2.0	300～400	9～12	12～16
	石英砂 $d_{10}=0.8$	<2.0	400		
均匀级配粗砂滤料	石英砂 $d_{10}=1.0～1.3$	<1.4	1 200～1 500	8～10	10～12

6.3.3 当滤池采用大阻力配水系统时,其承托层宜按表3采用。

表3 大阻力配水系统承托层材料、粒径与厚度　　　　　　　　单位：mm

层次（自上而下）	材料	粒径	厚度
1	砾石	2～4	100
2	砾石	4～8	100
3	砾石	8～16	100
4	砾石	16～32	本层顶面应高出配水系统孔眼100

6.4 配水、配气系统

6.4.1 设计要点

1）滤池配水、配气系统,应根据滤池形式、冲洗方式、单格面积、配水配气的均匀性等因素考虑选用。采用单水冲洗时,可采用穿孔管、滤头等配水系统；气水冲洗时,可选用长柄滤头、穿孔管等配水、配气系统。

2）干管（渠）顶上宜设排气管,排出口设在滤池水面以上。

3）长柄滤头配水、配气系统应按冲洗水量、冲洗气量,并根据下列数据通过计算确定：

- 配气干管进口处的流速为 10～15 m/s；
- 配水（气）渠配气孔出口流速为 10 m/s 左右；
- 配水干管进口端流速为 1.5 m/s；
- 配水（气）渠配水孔出口流速为 1～1.5 m/s。

4）配水（气）渠顶上宜设排气管，排出口设在滤池水面以上。

5）配水系统要求能均匀地收集滤后水和分配反冲洗水，并要求安装维修方便，不易堵塞，经久耐用。

6.4.2 滤池各类管（渠）流速的确定

进水管　0.8～1.2 m/s；　　　出水管　1.0～1.5 m/s；
冲洗水　2.0～2.5 m/s；　　　排水　　1.0～1.5 m/s；
初滤水排放　3.0～4.5 m/s；　输气管　10～15 m/s。

6.4.3 配水系统的水头损失计算

6.4.3.1 大阻力配水系统

1）大阻力配水系统应按冲洗流量，并根据下列数据通过计算确定：
- 大阻力穿孔管配水系统孔眼总面积与滤池面积之比（开孔比）宜为 0.20%～0.25%；
- 配水干管（渠）进口处的流速为 1.0～1.5 m/s；
- 配水支管进口处的流速为 1.5～2.0 m/s；
- 配水支管孔眼出口流速为 5～6 m/s。

2）配水系统水头损失，当按孔口的平均水头损失计算时，可采用式（1）：

$$h_2 = \frac{1}{2g}\left(\frac{q}{10\alpha\beta}\right)^2 \quad (1)$$

式中：h_2——孔口平均水头损失，m；
q——冲洗强度，L/（m²·s）；
α——流量系数，宜取 0.65；
β——孔眼总面积与滤池面积之比，采用 0.20%～0.25%。

3）承托层水头损失 h_3，可按式（2）计算：

$$h_3 = 0.022 H_1 q \quad (2)$$

式中：H_1——承托层厚度，m。

4）滤料层水头损失 h_4，可按式（3）计算：

$$h_4 = \left(\frac{\gamma_1}{\gamma} - 1\right)(1 - m_0) H_2 \quad (3)$$

式中：γ_1——滤料的相对密度；
γ——水的相对密度；
m_0——滤料膨胀前的孔隙率（石英砂为 0.41）；
H_2——滤层膨胀前厚度，m。

5）冲洗系统

水泵冲洗：采用水泵冲洗时，需考虑有备用措施。冲洗水泵的流量及扬程由式（4）、式（5）计算：

$$Q = qf \tag{4}$$

$$H = H_0 + h_1 + h_2 + h_3 + h_4 + h_5 \tag{5}$$

式中：Q——水泵出水量，L/s；

f——单个滤池面积，m²；

H——水泵所需扬程，m；

H_0——洗砂排水槽顶与吸水池最低水位高差，m；

h_1——吸水池与滤池间冲洗管的沿程水头损失与局部水头损失之和，m；

h_5——富余水头，h_5=1 m 左右。

水箱（水塔、水柜）冲洗：水箱中水深不宜超过 3 m，水箱应在滤池冲洗间歇时间内充满，并应有防止空气进入滤池的措施。水箱的容积可采用一次冲洗水量 1.5 倍，水箱底部高于洗砂排水槽顶的高度，可按式（6）计算：

$$H_0 = h_1 + h_2 + h_3 + h_4 + h_5 \tag{6}$$

式中：h_1——冲洗水箱至滤池大阻力配水系统间的水头损失，m。

6.4.3.2 小阻力配水系统

1）小阻力滤头配水系统缝隙总面积与滤池面积之比宜为 1.0%～1.5%，在有条件时应取下限。

2）配水系统水头损失

水通过配水系统的孔眼时，呈紊流状态，其单水冲洗时的水头损失按式（7）计算：

$$h = \frac{1}{2g}(u_B / \alpha\beta)^2 \times 10^6 \tag{7}$$

式中：h——水流通过配水系统的水头损失，m；

u_B——冲洗强度，L/（m²·s）。

流量系数 α 应试验确定，无试验数据时，宜参考表 4 选用。

表4 流量系数 α 值

型 式	α	型 式	α
滤 头	0.8	钢筋混凝土栅条	0.6
缝式圆形栅条	0.85	孔 板	0.75
木栅条	0.6	滤 球	0.78

3）配水系统开孔比

开孔比 β 值可用式（8）表示：

$$\frac{\Delta v}{v} = (M\alpha\beta / 2H)^2 \tag{8}$$

式中：Δv——孔口平均出流速度差，m/s；

v——孔口平均出流速度，m/s；

M——滤池长度，m；

H——配水室高度，m。

一般情况下，小阻力配水系统的开孔比宜保持在1%～1.5%。

6.5 反冲洗方式

6.5.1 滤池冲洗方式的选择，应根据滤料层组成、配水配气系统型式，通过试验或参照相似条件下已有滤池的经验确定，宜按表5选用。

表5 冲洗方式和程序

滤料组成	冲洗方式、程序
单层粗砂级配滤料	水冲或气冲—水冲
单层粗砂均匀级配滤料	气冲—气水同时冲—水冲
双层煤、砂级配滤料	水冲或气冲—水冲

6.5.2 单水冲洗滤池的反冲洗强度及冲洗时间宜按表6采用。

表6 水冲洗强度及冲洗时间（水温20℃时）

滤料组成	冲洗强度/[L/(m²·s)]	膨胀率/%	冲洗时间/min
单层粗砂级配滤料	12～15	45	5～7
双层煤、砂级配滤料	13～16	50	6～8

注1：当采用表面冲洗设备时，冲洗强度可取低值。
注2：应考虑由于全年水温、水质变化因素，适当调整冲洗强度的可能。

1）单独用水反冲洗的计算

单独用水反冲洗必须设冲洗水泵或冲洗水塔（箱），其设备布置和设计计算见6.6.1普通快滤池。

2）固定式表面冲洗的水反冲洗的计算
- 冲洗水头应通过计算确定，一般为0.2 MPa；
- 穿孔管孔眼流速可按需要决定。亦可参考式（9）计算确定：

$$v_2 = \frac{q \times 10^3}{\varphi} \tag{9}$$

式中：q——表面冲洗强度，L/(m²·s)，一般为2～3 L/(m²·s)；
φ——穿孔管孔眼总面积与滤池面积之比，%，宜采用0.20%～0.25%；
v_2——穿孔管孔眼流速，m/s，一般为6～8 m/s。

当q采用低值时，φ应采用低值；当q采用高值时，φ也应采用高值。

6.5.3 气水冲洗滤池的冲洗

6.5.3.1 气水冲洗滤池的冲洗强度及冲洗时间，宜按表7采用。

6.5.3.2 气水反冲洗空气供应方式

冲洗空气的供应，宜采用鼓风机直接供气，中小型滤池亦可采用空气压缩机—贮气罐组合供气方式。

表7 气水冲洗强度及冲洗时间

滤料种类	先气冲洗		气水同时冲洗			后水冲洗		表面扫洗	
	气强度/[L/(m²·s)]	时间/min	气强度/[L/(m²·s)]	水强度/[L/(m²·s)]	时间/min	水强度/[L/(m²·s)]	时间/min	水强度/[L/(m²·s)]	时间/min
单层细砂级配滤料	15~20	2~3	—	—	—	8~10	4~5	—	—
双层煤、砂级配滤料	15~20	2~3	—	—	—	6.5~10	4~5	—	—
单层粗砂均匀级配滤料*	13~17	1~2	13~17	3~4	4~3	4~8	2~3	—	—
	13~17	1~2	13~17	2.5~3	5~4	4~6	2~3	1.4~2.3	全程

注：* 粗砂均匀级配滤料采用气水冲洗时冲洗周期宜采用 24~36 h。

1）鼓风机直接供气

先气后水冲洗时，鼓风机出口处的静压力应为输配气系统的压力损失和富余压力之和，按式（10）计算：

$$H_A = h_1 + h_2 + 9\,810Kh_3 + h_4 \tag{10}$$

式中：H_A——鼓风机出口处的静压，Pa；

h_1——输气管道的压力总损失，Pa；

h_2——配气系统的压力损失，Pa；

K——漏损系数（1.05~1.10）；

h_3——配气系统出口至空气溢出面的水深，m；

h_4——富余压力，取 4 900 Pa。

采用长柄滤头气水同时冲洗时，按式（11）计算：

$$H_A = h_1 + h_2 + h_4 + h_5 \tag{11}$$

式中：h_5——气水室中的冲洗水水压，Pa；

其余同式（10）。

2）空压机串联贮气罐供气

空压机容量可按式（12）计算：

$$W = (0.06qFt - VP)K/t \tag{12}$$

式中：W——空压机容量，m³/min；

q——空气冲洗强度，L/（m²·s）；

F——单个滤池面积，m²；

t——单个滤池设计气冲时间，min；

V——中间贮气罐容积，m³；

P——贮气罐可调节的压力倍数；

K——漏损系数（1.05~1.10）。

6.5.3.3　V型滤池的冲洗计算详见6.6.3。

6.6　各类滤池的设计方法

6.6.1 普通快滤池

设计要点：

1) 滤速与滤料的设计参见 6.3。
- 滤料粒径可根据需要做出调整，粗粒滤料可达 1.2~2.0 mm。冲洗强度亦应作相应调整。有条件时可改造为气水联合冲洗；
- 根据污水性质必要时应选择耐腐蚀滤料，如多孔陶粒、瓷砂等；
- 处理含金属离子或ζ电位较高的粒子的废水，宜设金属屑滤料滤层；
- 反冲洗水力分级大，砂粒不均匀系数（K_{80}）应尽可能小，以免滤池水头损失增大。

2) 配水系统宜采用大阻力配水系统。

3) 滤层表面以上的水深，宜采用 1.5~2.0 m。

4) 设计过滤周期宜为 12~24 h。

5) 滤池底部宜设有排空管，其入口处设栅罩，池底坡度约 0.005，坡向排空管。

6) 配水系统干管末端应装排气管，管径一般为 20~40 mm。排气管伸出滤池顶处应加截止阀。

7) 间歇运行时间较长时，应预留初滤水排放管，按规定时间排水。

8) DN300 及以上的阀门及冲洗阀门一般采用电动、液动或气动阀。

9) 每格滤池应设水头损失计及取样管。

10) 密封渠道应设检修人孔。

6.6.2 设计数据与计算公式

6.6.2.1 滤池总面积、个数及单池尺寸

1) 滤池总面积 F 按式（13）计算：

$$F = \frac{Q}{v(T_0 - t_0)} \tag{13}$$

式中：F——滤池总过滤面积，m²；
Q——设计水量，m³/d；
v——设计滤速，m/h；
T_0——滤池每日工作时间，h；
t_0——滤池每日冲洗过程的操作时间，h。

2) 滤池个数：应根据技术经济比较确定，但不得少于两个。一般条件下选择原则：滤池个数多，单池面积小，配水均匀，冲洗效果好，可参见表8采用。

表8　滤池个数

滤池总面积/m²	滤池个数	滤池总面积/m²	滤池个数
小于 30	2	150	4~6
30~50	3	200	5~6
100	3 或 4	300	6~8

3) 单池尺寸：单个滤池面积按式（14）计算：

$$f = \frac{F}{N} \tag{14}$$

式中：F——滤池总面积，m^2；

N——滤池个数。

滤池可为正方形或矩形，长宽比为（1～1.5）∶1。

4）快滤池应采用大阻力配水系统。

6.6.2.2 滤池布置

1）当滤池个数大于 6 个时，宜用双行排列。

2）单个滤池面积大于 50 m^2 时，可考虑设置中央集水渠。

6.6.2.3 水头损失计算详见 6.5。

6.6.2.4 管（槽）流速，见 7.3.2。

6.6.3 快滤池的演变形式

6.6.3.1 双阀滤池

1）双阀滤池宜采用鸭舌阀式双阀滤池或虹吸管式双阀滤池。其计算参见 6.6.2 普通快滤池。

2）鸭舌阀式双阀滤池应适当提高冲洗强度、增加冲洗水量，适宜于水泵冲洗。

3）虹吸管式双阀滤池应设冲洗、清水两阀门和相应的冲洗设备（水泵或水箱）等，并采用真空系统控制虹吸进水管和虹吸排水管。

6.6.3.2 翻板滤池

翻板滤池宜采用无烟煤、石英砂双层滤料，其主要设计参数取用如下：

1）滤层厚度应不小于 1.5 m，承托层宜采用粗—细—粗的粒径分布。

2）翻板滤池宜采用小阻力配水系统，开孔率 β 宜取 1.2%～1.4%。

3）反冲洗方式宜采用气冲—气水冲—水冲的联合冲洗方式，相关系数见表 7。

4）反冲洗时滤层膨胀率宜为 15%～25%。

6.6.3.3 双层滤料滤池

双层滤料滤池的设计要点及数据如下：

1）一般的双层滤料及滤速选择见表 2。含短纤维及黏性污染物的废水，不宜用双层滤料滤池。

2）最大粒径的选择：根据反冲洗后两层滤料交界面控制混杂程度的要求，最大无烟煤粒径与最小石英砂的粒径比，按式（15）计算：

$$\frac{d'_{max}}{d_1} = K\frac{\gamma_1 - 1}{\gamma_2 - 1} \quad (15)$$

式中：d'_{max}——最大无烟煤粒径，mm；

d_1——最小石英砂粒径，mm；

γ_1——石英砂的相对密度，无资料时可取 2.65；

γ_2——无烟煤的相对密度，无资料时可取 1.82；

K——不均匀系数，一般采用 1.25～1.5。

3）冲洗排水槽顶距滤层表面高度 H，可按式（16）计算：

$$H = e_1 H_1 + e_2 H_2 + 2.5x + \delta + 0.075 \quad (16)$$

式中：H_1——石英砂层厚度，m；

H_2——无烟煤厚度，m；

e_1——石英砂层膨胀率,40%~50%;

e_2——无烟煤膨胀率,50%~60%;

x——槽宽的一半,m;

δ——槽底厚度,m。

6.6.4 V型滤池

6.6.4.1 设计要点

1)滤层表面以上水深应不小于 1.2 m。

2)V 型滤池两侧进水槽的槽底配水孔口至中央排水槽边缘的水平距离宜在 3.5 m 以内,最大不得超过 5 m。表面扫洗配水孔的预埋管纵向轴线应保持水平。

3)V 型滤池水槽断面应按非均匀流满足配水均匀性要求计算确定,其斜面与池壁的倾斜度宜采用 45°~50°。

4)V 型滤池的进水系统应设置进水总渠,每格滤池进水应设可调整高度的堰板。

5)反冲洗空气总管的管底应高于滤池的最高水位。

6)V 型滤池长柄滤头配气配水系统的设计,应采取有效措施,控制同格滤池所有滤头、滤帽或滤柄顶表面在同一水平,其误差不得大于±5 mm。

7)V 型滤池的冲洗排水槽顶面宜高出滤料层表面 500 mm。

8)多格 V 型滤池的布置可采用单排及双排布置;当滤池的格数少于 3 个时,宜采用单排布置,超过 4 格宜采用双排布置。

6.6.4.2 设计数据

1)滤速与滤料的选择参见 6.3。

2)过滤周期,宜采用 24~48 h。

3)滤池个数及单池尺寸。

- 滤池个数:滤池个数的确定应作技术经济比较。无资料时,可参考表 9 选用。

表9 滤池个数

滤池总过滤面积/m²	滤池个数	滤池总过滤面积/m²	滤池个数
小于 80	2	250~350	4~5
80~150	2~3	350~500	5~6
150~250	4	500~800	5~8

- 单池尺寸:单格滤池的宽度一般在 3.5 m 以内,最大不超过 5 m。无资料时,可参考表 10。

表10 滤池尺寸及面积

宽度/m	长度/m	单格面积/m²	双格面积/m²
3.50	8.60~14.30	30.0~50.0	60.0~100.0
4.00	12.50~16.30	50.0~55.0	100.0~130.0
4.50	12.20~17.80	55.0~80.0	110.0~160.0
5.00	14.00~20.00	70.0~100.0	140.0~200.0

4）进水及布水系统
- 进水总渠设置溢流堰，堰顶高度根据设计允许的超负荷要求确定。
- 进水孔应有两个，即主进水孔及扫洗进水孔。主进水孔一般设气动或电动闸板阀，表面扫洗孔也可设手动闸板。
- 进水堰的堰板宜设计为可调式，以便调节单池进水量，使各池进水量相同。
- 进水槽的底面应与V型槽底平，不得高出。
- V型槽在滤池过滤时处于淹没状态。槽内设计始端流速不大于0.6 m/s。V型槽底部的水平布水孔内径一般为 ϕ20～30，过孔流速 2.0 m/s 左右，孔中心一般低于用水单独冲洗时池内水面 50～150 mm。

5）冲洗水排水系统设计
- 排水槽底板以≥0.02的坡度坡向出口；底板底面最低处应高出滤板底约0.1 m，最高处高出0.4～0.5 m；排水槽内的最高水面宜低于排水槽顶面50～100 mm。排水槽底层为配气配水渠，两者的宽度宜一致。
- 滤池冲洗时，排水槽顶的水深（堰顶水深）按式（17）计算：

$$h_1 = \left[\frac{(q_1+q_3)B}{0.42\sqrt{2g}}\right]^{\frac{2}{3}} \tag{17}$$

式中：h_1——排水槽顶的水深，m；
　　　q_1——表面扫洗水强度，L/（m²·s）；
　　　q_3——水冲洗强度，L/（m²·s）；
　　　B——单边滤床宽度，m；
　　　g——重力加速度 9.81 m/s²。

- 排水渠设在与管廊相对的一侧，槽出口设置电动或气动闸阀。

6）配水配气系统设计
- 配水配气系统设计一般原则

进气干管管顶宜与配水渠顶持平，冲洗水干管管底宜与配水渠底持平。
配气配水渠断面尺寸的确定应满足以下条件：
进口处冲洗水流速一般不大于1.5 m/s；
进口处冲洗空气流速一般不大于5 m/s；
断面尺寸应和排水槽及气水室相配合，并能满足施工要求。

- 气水室

配气孔顶宜与滤板板底相平，有困难时，可低于板底，但高差不宜超过30 mm。过孔流速为 15 m/s 左右，通常预埋 UPVC（聚氯乙烯）管，配气孔平面配置时应注意避开滤板梁。

配水孔底应平池底，孔口流速为 1.0～1.5 m/s。

支承滤板的滤板梁应垂直于配气配水渠，且梁顶应留空气平衡缝，缝高 20～50 mm，长为 1/2 滤板长，在每块滤板长度的中间部位。

气水室宜设检查孔，检查孔可设在管廊侧池壁上。

- 滤头

配水配气系统应采用长柄滤头。

滤头个数的确定：开孔比（β值）应在 1.2%～2.4%之间。一般每平方米滤池面积布置 30～50 个。

滤头水头损失计算：

冲洗水通过长柄滤头的水头损失，按产品的实测资料确定。

冲洗空气通过长柄滤头的压力损失，按产品的实测资料确定。

冲洗水和空气同时通过长柄滤头时的水头损失，按产品实测资料确定，无资料时可按式（18）计算其水头损失增量：

$$\Delta h = 9810n(0.01 - 0.01v_1 + 0.12v_1^2) \tag{18}$$

式中：Δh——气水同时通过长柄滤头比单一水通过长柄滤头时的水头损失增量，Pa；

N——气水比；

v_1——滤头中的水流速度，m/s。

V 型滤池冲洗水的供应，宜用水泵。水泵的能力应按单格滤池冲洗水量设计，并设计备用机组。

V 型滤池冲洗气源的供应，宜用鼓风机，并设置备用机组。

7）管（渠）流速

管（渠）设计流速可按 6.4.2 选用。

6.6.4.3 计算方法

1）过滤面积计算见式（13）、式（14）。

2）滤头个数，可按式（19）、式（20）计算：

$$n = \beta \frac{f}{f_1} \tag{19}$$

$$n_1 = \frac{n}{f} = \frac{\beta}{f_1} \tag{20}$$

式中：f——单池过滤面积，m²；

n——单池滤头个数，个；

f_1——每个滤头缝隙面积，m²，宜取 0.000 25～0.000 65 m²；

n_1——每平方米滤板滤头个数，个，按滤头产品资料确定，一般为 30～55 个/m²；

β——开孔比，宜取 1.2%～2.4%。

3）滤池高度，可按式（21）计算：

$$H = H_1 + H_2 + H_3 + H_4 + H_5 + H_6 + H_7 \tag{21}$$

式中：H——滤池高度，m；

H_1——气水室高度，m，宜取 0.7～0.9 m；

H_2——滤板厚度，m，宜取 0.1 m；

H_3——承托层厚度，m，宜取 0.01～0.10 m；

H_4——滤料层厚度，m，宜取 1.1～1.2 m；

H_5——滤层上面水深，m，宜取 1.2～1.5 m；

H_6——进水系统跌差，m（包括进水槽、孔洞水头损失及过水堰跌差），宜取 0.3～

0.5 m;

　　　H_7——进水总渠超高，m，宜取 0.3 m。

4）冲洗水泵扬程，可按式（22）计算：

$$H_P = 9810H_0 + (h_1 + h_2 + h_3 + h_4 + h_5) \quad (22)$$

式中：H_P——所需水泵扬程，Pa；

　　　H_0——洗砂排水槽顶与吸水池最低水位高差，m；

　　　h_1——水泵吸水口至滤池输水管道的总水头损失，Pa；

　　　h_2——配水系统水头损失，Pa，主要是滤头的水头损失；

　　　h_3——承托层水头损失，Pa，宜取 200 Pa；

　　　h_4——滤层水头损失，Pa，宜取 14 700 Pa；

　　　h_5——富余水头，宜取 9 810～18 620 Pa。

5）冲洗用鼓风机出口压力：

- 采用大阻力或长柄滤头先气后水冲洗时，可按式（23）计算：

$$P = P_1 + P_2 + KP_3 + P_4 \quad (23)$$

式中：P——鼓风机出口压力，Pa；

　　　P_1——抽气管道的压力损失，Pa；

　　　P_2——配气系统的压力损失，Pa；

　　　P_3——配气系统出口至空气溢出面水深，m；

　　　K——系数，取 10 300～10 800；

　　　P_4——富余压力，取 4 900 Pa。

- 采用长柄滤头气水同时冲洗时，可按式（24）计算：

$$P = P_1 + P_2 + P_4 + P_5 \quad (24)$$

式中：P_5——气水室中的冲洗水水压，Pa。

6.6.5　重力式无阀滤池

6.6.5.1　设计要点

1）无阀滤池平面为矩形，单格面积宜小于 25 m²。通常两格合建，共用冲洗水箱。

2）无阀滤池的分格数，宜采用 2～3 格。

3）满足高程布置的条件时，无阀滤池的配水系统宜采用大阻力系统；采用小阻力配水系统时，开孔比应取低值，以保证反冲洗的效果及配水的均匀性。

4）每格无阀滤池应设单独的进水系统，并设置防止空气进入滤池的装置。

5）无阀滤池冲洗前的水头损失可采用 1.5 m。

6）过滤室内滤料表面以上的直壁高度，应等于冲洗时滤料的最大膨胀高度再加保护高度。

7）无阀滤池的反冲洗应设有辅助虹吸设施，并设调节冲洗强度和强制冲洗的装置。

6.6.5.2　设计数据

1）进水系统

- 当滤池采用双格组合时，进水箱可兼作配水用。两堰口的标高、厚度及粗糙度宜相同。堰口设置标高较为重要，可按下述关系式确定：
- 堰口标高=虹吸辅助管管口标高+进水管及虹吸上升管内各项水头损失+保证堰上自

由出流的高度（100～150 mm）。
- 每格分配箱大小一般为（0.6 m×0.6 m）～（0.8 m×0.8 m）。
- 进水分配箱内应保持一定水深，一般考虑箱底与滤池冲洗水箱平。
- 进水管内流速一般采用 0.5～0.7 m/s。
- 进水管 U 形存水弯的底部中心标高可放在排水井井底标高处。
- 进水挡板直径应比虹吸上升管管径大 100～200 mm，距离管口 200 mm。

2）滤水系统
- 顶盖上下不能漏水，顶盖面与水平面间夹角为 10°～15°。
- 浑水区高度（不包括顶盖锥体部分高度）可按反冲洗时滤料层的最大膨胀高度，再适当增加 100 mm 安全高度确定。

3）配水系统
- 配水系统一般采用小阻力配水系统，有条件时可采用大阻力配水系统。
- 配水形式可选用滤帽或砾石承托层。
- 集水区要具有一定高度，一般可采用 300～500 mm（面积大时，采用较大值）。
- 出水管管径一般与进水管相同。

4）冲洗系统
- 冲洗水箱容积按一个滤池冲洗一次所需的水量确定。如采用双格滤池组合共用一个冲洗水箱，则水箱高度可降低一半。
- 虹吸管管径应根据冲洗水箱平均水位与排水井水封水位的高差及冲洗过程中平均冲洗强度下各项水头损失值的总和计算确定。虹吸下降管管径可比上升管管径小一个等级。
- 虹吸破坏管管径宜采用 15～20 mm，在破坏管底部应加装虹吸小斗。
- 无阀滤池应设有强制冲洗器。

6.6.5.3 计算公式

1）滤池面积，可按式（25）计算：

$$F = 1.04 \times \frac{Q}{v} \tag{25}$$

式中：F——滤池净面积，m^2；
Q——设计水量（考虑冲洗水量 4%），m^3/h；
v——滤速，m/h。

2）冲洗水箱高度及净面积（双格组合时），可按式（26）、式（27）计算：

$$H_{冲} = \frac{60Fqt}{2 \times 1\,000 F'} \tag{26}$$

$$F' = F + f_2 \tag{27}$$

式中：$H_{冲}$——冲洗水箱高度，m；
q——冲洗强度，$L/(m^2·s)$；
t——冲洗历时，min；
F'——冲洗水箱净面积，m^2；
f_2——连通渠及斜边壁厚面积，m^2。

6.6.6 压力滤池

1）压力滤池宜采用钢结构，其内部结构与普通快滤池类似。
2）滤层厚度一般为 1.0～1.2 m。滤料应采用粗粒均匀级配滤料。
3）应采用大阻力配水系统。
4）周期运行末期水头损失允许值为 5～6 m。
5）应设置排空阀、压力表等。
6）压力滤池宜采用立式结构，其直径不宜大于 3 m。
7）压力滤池如需用于除乳化油，应设计成气水联合冲洗的压力滤器。将上层石英砂滤料更换为核桃壳滤料，即可成为除油过滤器。

6.6.7 转盘滤池

6.6.7.1 设计要点

1）进水水质 SS 宜小于 30 mg/L，瞬时 SS 不大于 80 mg/L，出水 SS 小于 5 mg/L。
2）滤布的平均滤速宜选用 7～10 m/h，短期可达 12 m/h。
3）峰值流量系数 1.1～1.4。
4）水流通过滤布水头损失 0.25～0.3 m。
5）反冲洗强度 300～350 L/（m²·s），反冲洗时间一般为 1～2 min。

6.6.7.2 反冲洗

1）滤布过滤器反冲洗依靠控制滤布阻力，亦即池内水位，定时启动冲洗泵完成。
2）反冲洗压力根据管道阻力及滤布阻力等累加计算，一般为 5～6 kPa。
3）反冲洗过程为单组（单片或数片）逐组清洗，冲洗水量应满足单组转盘过滤面积和冲洗强度的乘积。

7 主要工艺设备和材料

7.1 滤料及承托层

1）滤料材料应根据处理污水的特性及要求决定，常用的有石英砂、无烟煤、陶粒和瓷砂等。
2）滤料粒径及不均匀系数、滤料厚度等可根据需要按 6.2.3 表 2 选择。
3）当滤池采用大阻力配水系统时，应增加承托层，其材料、粒径与厚度可按 6.3.3 表 3 采用。

7.2 风机、空压机、真空泵等

1）滤池反冲洗采用单一气冲及气水联合冲时所需空气的供应，宜采用鼓风机直接供气，中小型滤池亦可采用空压机—贮气罐组合方式供气。
2）鼓风机一般采用罗茨风机，其风量按 6.5.3.1 表 7 气冲洗滤池的供气强度及冲洗滤池面积计算；风压可按 6.5.3.1 式（10）、式（11）计算。
3）采用空压机供气应设贮气罐以稳定气压。空压机容量按 6.5.3.1 表 7 气冲洗滤池的供气强度及冲洗滤池面积计算或按 6.5.3.1 式（12）计算。空压机压力一般为 0.6 MPa。
4）虹吸管式双阀滤池的冲洗设备应采用真空系统，以控制虹吸进水管和虹吸排水管的运行，其吸气量按相关吸气管道容积计算。

7.3 冲洗水泵及水池

1）滤池反冲洗方式的单一水冲洗及气水联合冲洗的水供应设冲洗水泵。

2）冲洗水泵的流量按 6.5.2 表 6（单水冲洗滤池的反冲洗强度）及表 7（气水冲洗滤池的冲洗强度）及冲洗滤池面积计算。当同时有单水冲洗及气水联合冲洗时，水泵可合用，流量取上述计算值的较大值。

3）鸭舌阀式双阀滤池应适当提高冲洗强度、增大冲洗水量。

4）转盘过滤器反冲洗依靠控制滤布阻力，定时启动冲洗泵完成。冲洗泵流量由反冲洗强度[300～350 L/（m²·s)]与转盘滤布面积计算；压力为滤布阻力与管道阻力之和（一般为 5～6 kPa）。

5）冲洗系统应根据冲洗水量设置冲洗水储水池，其容积可采用最大一次冲洗水量的 1.5 倍计算。

6）冲洗水箱（水塔、水柜）中水深不宜超过 3 m，并应在滤池冲洗间歇时间内充满，冲洗系统应有防止空气进入滤池的设施。冲洗水箱的容积宜为一次冲洗水量的 1.3～1.5 倍，水箱高度可按式（6）计算。

7.4 冲洗自控系统

1）鼓风机、空压机、真空泵系统均应安装超压泄气阀、稳压器、压力自控仪等仪表。

2）水泵冲洗系统均应安装有液位、水力损失仪、水质监控等仪表。

3）冲洗自控系统应设信息处理、时间程序控制微机控制系统。

7.5 滤池设置及管道

1）处理水量较大的滤池宜用钢筋混凝土结构，较小的滤池宜用钢结构。

2）单格滤池不宜过大。当滤池个数大于 6 个时，宜用双行排列，中间设置管廊及控制室。

3）为满足自控要求，阀门多采用电动蝶阀，小型的可采用电磁阀。

4）滤池连接管道工作压力不大，管道一般可采用低压焊接钢管。

8 检测与过程控制

8.1 采用过滤工艺的污水处理厂（站）正常运行检测的项目和周期应符合 CJJ 60 的规定，化验检测方法应符合 CJ/T 51 的规定。

8.2 过滤进出水 SS 及水头宜设置水质在线监测系统。

8.3 过滤工艺主要检测项目：进出水 SS、浊度、进出水水头，必要时进行氨氮、硝氮监测。

8.4 操作人员应经培训后持证上岗，并定期进行考核和抽检。操作人员应熟悉本标准规定的技术要求、单元过滤工艺的技术指标及过滤设施设备的运行要求，并按照过滤工艺的操作和维护规程做好值班记录。

8.5 检测人员应经培训后持证上岗，应定期进行考核和抽检。检测人员应定期检测进出水水质，对检测仪器、仪表进行校验。

8.6 过滤工艺的水质检测应由污水处理厂（站）化验室统一负责。

9 主要辅助工程

9.1 供电系统需保证足够的供电可靠性，并设置相应的继电保护装置。

9.2 设备选型应考虑污水处理工艺的环境条件，应选择抗腐蚀，性能稳定，安全可靠的产品。

9.3 构筑物宜按照二类防雷保护设计。

9.4 控制系统宜采用 IPC 和 PLC 组成的集散型监控系统,一般由中控室和 PLC 控制站组成。

10 劳动安全与职业卫生

10.1 生产过程应采取相应的措施,避免水环境、大气、噪声以及固体废弃物的二次污染。

10.2 供电系统应设置相应的保护措施,以降低由于断电、设备故障造成的影响。

10.3 污水处理厂(站)应建立健全的安全生产规章制度,专人专职具体监督防范,以确保正常生产和工人的人身安全。

10.4 敞开式水池应设计安全栏杆及防滑扶梯,并配备救生衣及救生圈。

10.5 按消防的有关规定配备必要的消防装置,严格执行建筑防火规范,留有足够的防火距离。

10.6 电力设施的选型与保护按国家有关规定进行,露天电气设备的安全防护按国家现行的有关规定执行。

11 施工与验收

11.1 过滤工艺的施工与验收应符合 GB 50141、GB 50204 和 GB 50205 规定。

11.2 根据设计的进水水质、出水水质要求,检验相应的水质指标,如 COD、色度、油、SS、浊度等,并应提交相关检测报告。

12 运行与维护

12.1 一般规定

1)污水处理厂(站)的过滤单元设施的运行、维护及安全管理参照 CJJ 60 执行。

2)水质在线监测系统的运行维护应符合 HJ/T 355 的技术要求。

3)滤料需定期检查及更换不合格的零部件和易损件,定期翻罐清洗和补充,并及时检修滤头是否有损坏。翻洗周期在正常滤速下,一般为半年到一年。如发现过滤出水水质变差,则应提前进行翻洗。

4)应做好设备维修保养记录。

12.2 普通快滤池

1)多格滤池应并联使用,采用多格等速过滤、单格减速过滤的运行方式。

2)快滤池进水 SS 高于设计标准时,应及时调整进水流量。

3)初滤水应排空或返回至进水池。如初滤水较长时间不能达到出水水质要求,则应检修滤池或更换滤料。

4)运行时,当水头损失达到规定值时,应及时冲洗。

5)滤料应定期补充,补充的滤料应选用 d_{50} 粒径,或 $d_{10} \sim d_{80}$ 的平均值。

6)水力冲洗强度及冲洗历时均应根据实际运行情况加以调整。

7)滤层表面滤料应粒度均匀,当出现粗滤料"泛出"现象时应及时检修配水系统。

8)快滤池阀门冬季应注意防冻,滤池不用时应将滤池水放空。

12.3 双阀滤池及翻板滤池

1）滤料及其级配可根据污水水质、悬浮物浓度做出适当的调整。

2）反冲洗应严格按照气水联合反冲洗的程序进行，并根据实际情况做出适当调整。

3）冲洗过程应排除附着在滤料上的小气泡才能进入过滤周期。

12.4 双层滤料滤池

1）当双层滤料滤池用于接触过滤时，应根据进出水水质的变化调节混凝剂投加量。

2）当原水碱度影响接触凝聚时，应考虑投加石灰等碱类，以调整碱度。

3）运行中应避免间歇运行和突然放大出水阀门。

12.5 V型滤池

1）V型滤池控制过程宜采用虹吸和闸阀自动控制，操作方式宜采用恒水位等速过滤，并通过调节出水系统阻力完成。

2）滤池虹吸管出水流量宜通过自动调节空气进入量控制虹吸管真空度，保持滤池水位恒定。

3）过滤时检测出水 SS 质量浓度，并以此调整滤速。

4）反冲洗时，观察横向水流能否带出水中悬浮物，对扫洗强度做适当调整。

5）根据实际进出水水质情况调整滤池气水反冲洗的强度及历时。

6）阀门控制系统可采用电动蝶阀控制和气动蝶阀控制。

7）出水阀的控制应由与滤池水位深度相关的信号系统控制。

8）滤池控制元件宜全部设置在控制柜内，并安装在管廊上部控制室。

12.6 重力式压力滤池

1）过滤时，观察排水井有无气泡逸出现象，相应调整配水渠进水速度或重新安装调整 U 型进水管。

2）出水 SS 质量浓度如较长时间达不到要求值，应反冲洗使之重新形成级配或更换滤料。

3）过滤阻力达到限值需要反冲洗时（将要形成虹吸时），虹吸下降管跑水又较长时间不能形成虹吸，此时应采用强制虹吸冲洗，并检修虹吸管。

4）应检查并调整排水井安装深度，避免影响冲洗强度。

5）应检查排水井水封深度，以保证形成良好的虹吸。

6）调整滤池上部虹吸破坏小斗的高度，以满足冲洗水量、冲洗历时的要求。

7）定期（半年到一年）翻洗滤料，并及时检修滤头。如发现过滤出水水质变差，应提前进行翻洗。

12.7 压力滤池

1）调整进水阀达到设计出水流量，如出水水质较差，应适当调小进水阀门。

2）开始过滤进水时，应首先打开滤池顶部排气阀排气。

3）初滤水应放空。

4）根据进出水管压力差确定反冲洗周期。

5）反冲洗时调整反冲洗管进水阀门以达到合适的冲洗强度。

6）压力滤池用于含油废水处理时，反冲洗时应先排水，使水面降到滤层表面上 20~30 cm；打开气冲装置，达到规定时间后关气；再进行水冲。

7）滤料应定期翻罐清洗，并作适当补充。补充的滤料粒径相当于原滤料的 d_{50}。

8）安全阀应定期检修调整，其额定压力应比过滤器的工作压力大 0.05 MPa。

12.8 转盘过滤器

1）调整滤池水位到设计低水位。

2）调整出水泵阀门到设计出水流量，如出水水质较差，应适当调小出水阀门。

3）水泵启动初期适当排气，初期滤后出水回流至转盘滤池。

4）滤池水位达到高值，水泵反冲控制系统自动启动，调整反冲洗泵阀门达到设计强度要求，并按设计要求设置冲洗时间及冲洗周期。

5）定期检查滤布的损坏情况，如发现出水水质突然变差，首先要检查滤布有无破损。

6）定期检查水位控制系统与水泵耦合系统的配合性和灵敏度。

中华人民共和国国家环境保护标准

制浆造纸废水治理工程技术规范

Technical specifications for pulp and paper industry wastewater treatment

HJ 2011—2012

前 言

为贯彻《中华人民共和国环境保护法》和《中华人民共和国水污染防治法》，规范制浆造纸废水治理工程的建设与运行管理，防治环境污染，保护环境和人体健康，制定本标准。

本标准规定了制浆造纸工业废水治理工程设计、施工、验收、运行与维护的技术要求。

本标准为首次发布。

本标准由环境保护部科技标准司组织制订。

本标准起草单位：山东省环境保护科学研究设计院、山东省轻工业设计院、河南省新乡市环境保护科学研究设计院。

本标准环境保护部 2012 年 3 月 19 日批准。

本标准自 2012 年 6 月 1 日起实施。

本标准由环境保护部解释。

1 适用范围

本标准规定了制浆造纸工业废水治理工程设计、施工、验收、运行与维护的技术要求。

本标准适用于采用化学制浆、化学机械制浆、机械制浆及废纸制浆工艺的制浆和造纸企业的废水治理工程，可作为环境影响评价、可行性研究、设计、施工、安装、调试、验收、运行与监督管理的技术依据。

2 规范性引用文件

本标准内容引用了下列文件中的条款。凡是未注明日期的引用文件，其有效版本适用于本标准。

GB 3544　制浆造纸工业水污染物排放标准

GB 4284　农用污泥中污染物控制标准

GB 7251　低压成套开关设备和控制设备

GB 12348　工业企业厂界环境噪声排放标准

GB 12801　生产过程安全卫生要求总则

GB 14554　恶臭污染物排放标准

GB 18599	一般工业固体废物贮存、处置场污染控制标准
GB 50009	建筑结构荷载规范
GB 50014	室外排水设计规范
GB 50015	建筑给水排水设计规范
GB 50016	建筑设计防火规范
GB 50019	采暖通风与空气调节设计规范
GB 50033	建筑采光设计标准
GB 50034	建筑照明设计标准
GB 50046	工业建筑防腐蚀设计规范
GB 50052	供配电系统设计规范
GB 50053	10 kV 及以下变电所设计规范
GB 50054	低压配电设计规范
GB 50055	通用用电设备配电设计规范
GB 50057	建筑物防雷设计规范
GB 50069	给水排水工程构筑物结构设计规范
GB 50093	自动化仪表工程施工及验收规范
GB 50108	地下工程防水技术规范
GB 50116	火灾自动报警系统设计规范
GB 50168	电气装置安装工程电缆线路施工及验收规范
GB 50169	电气装置安装工程接地装置施工及验收规范
GB 50187	工业企业总平面设计规范
GB 50204	混凝土结构工程施工质量验收规范
GB 50208	地下防水工程质量验收规范
GB 50231	机械设备安装工程施工及验收通用规范
GB 50236	现场设备、工业管道焊接工程施工及验收规范
GB 50243	通风与空调工程质量验收规范
GB 50254	电气装置安装工程低压电器施工及验收规范
GB 50257	电气装置安装工程爆炸和火灾危险环境电气装置施工及验收规范
GB 50268	给水排水管道工程施工及验收规范
GB 50275	压缩机、风机、泵安装工程施工及验收规范
GB 50334	城市污水处理厂工程质量验收规范
GB 50336	建筑中水设计规范
GBJ 22	厂矿道路设计规范
GBJ 125	给水排水设计基本术语标准
GBJ 141	给水排水构筑物施工及验收规范
GB/T 15562.1	环境保护图形标志　排放口（源）
GB/T 18920	城市污水再生利用　城市杂用水水质
GB/T 19923	城市污水再生利用　工业用水水质
GB/T 28001	职业健康安全管理体系规范

GB/T 50335　污水再生利用工程设计规范
CECS 97　鼓风曝气系统设计规程
CECS 111　寒冷地区污水活性污泥法处理设计规程
CECS 162　给水排水仪表自动化控制工程施工及验收规程
CJJ 60　城市污水处理厂运行、维护及其安全技术规程
HJ 576　厌氧-缺氧-好氧活性污泥法污水处理工程技术规范
HJ 577　序批式活性污泥法污水处理工程技术规范
HJ 578　氧化沟活性污泥法污水处理工程技术规范
HJ 2006　污水混凝与絮凝处理工程技术规范
HJ 2007　污水气浮处理工程技术规范
HJ 2008　污水过滤处理工程技术规范
HJ/T 15　环境保护产品技术要求　超声波明渠污水流量计
HJ/T 92　水污染物排放总量监测技术规范
HJ/T 96　pH水质自动分析仪技术要求
HJ/T 101　氨氮水质自动分析仪技术要求
HJ/T 242　环境保护产品技术要求　污泥脱水用带式压榨过滤机
HJ/T 247　环境保护产品技术要求　竖轴式机械表面曝气装置
HJ/T 251　环境保护产品技术要求　罗茨鼓风机
HJ/T 252　环境保护产品技术要求　中、微孔曝气器
HJ/T 262　环境保护产品技术要求　格栅除污机
HJ/T 265　环境保护产品技术要求　刮泥机
HJ/T 278　环境保护产品技术要求　单级高速曝气离心鼓风机
HJ/T 279　环境保护产品技术要求　推流式潜水搅拌机
HJ/T 336　环境保护产品技术要求　潜水排污泵
HJ/T 377　环境保护产品技术要求　化学需氧量（COD_{Cr}）水质在线自动监测仪
HJ/T 354　水污染源在线监测系统验收技术规范
HJ/T 369　环境保护产品技术要求　水处理用加药装置
HJ/T 408　建设项目竣工环境保护验收技术规范造纸工业
NY/T 1220.2　沼气工程技术规范　第2部分：供气设计
NY/T 1222　规模化畜禽养殖场沼气工程设计规范
QB 1533　制浆造纸企业职业安全卫生设计规范
《建设项目（工程）竣工验收办法》（计建设[1990]1215号）
《建设项目竣工环境保护验收管理办法》（2001年国家环境保护总局令　第13号）
《污染源自动监控管理办法》（2005年国家环境保护总局令　第28号）
《危险化学品安全管理条例》（2011年国务院令　第591号）
《排污口规范化整治技术要求》（试行）（环监[1996]470号）

3　术语和定义

GBJ 125和GB 3544中的术语及下列术语和定义适用于本标准。

3.1 制浆造纸废水 pulp and paper industry wastewater

指以植物或废纸等为原料生产纸浆及以纸浆为原料生产纸张、纸板等产品过程中产生的各种废水的统称。其中以植物或废纸等为原料生产纸浆过程中产生的废水称为制浆废水,以纸浆为原料生产纸张、纸板等产品过程中产生的废水称为造纸废水。

3.2 备料废水 raw material preparation wastewater

指制浆前对木材和非木纤维原料进行预处理过程中产生的废水。

3.3 蒸煮废液 cooking waste liquor

指备料后的植物原料经化学蒸煮后,在粗浆洗涤时与纤维分离提取产生的高浓度液体。碱法蒸煮后废液呈黑褐色称为黑液;酸法制浆后废液呈红棕色,称为红液。

3.4 洗选漂废水 washing screening and bleaching wastewater

指在浆料筛选、洗涤和漂白过程中排出的废水。

3.5 纸机白水 white water from paper machine

指造纸过程中从纸机各部位脱出水的总称。

3.6 综合废水 integrated wastewater

指制浆造纸企业产生的与生产直接或间接相关的排入综合废水处理工程内的各种废水的统称,主要有备料废水、洗选漂废水、纸机剩余白水、污冷凝水和厂区生活污水等。

3.7 污泥 sludge

指在制浆造纸废水处理过程中产生的固体与水的混合物或胶体物。

3.8 预处理 classification treatment

指为减轻综合废水处理负荷,回收水资源或有用物质,对制浆造纸生产过程中产生的污染物含量高、回收价值大的废水进行初步净化的过程。

3.9 一级处理 primary treatment

指综合废水处理工程中以沉淀、气浮等固液分离措施为主体的初级净化过程。

3.10 二级处理 secondary treatment

指综合废水处理工程中经一级处理后以生化处理为主体的净化过程。

3.11 三级处理 tertiary treatment

指综合废水处理工程中采用混凝沉淀、氧化等措施进一步去除二级处理不能完全去除的污染物的净化过程。

4 污染物与污染负荷

4.1 废水水量

4.1.1 废水水量可按下式计算:

$$Q = Q_i + Q_j \tag{1}$$

$$Q_i = \Sigma q_i m_i \tag{2}$$

式中:Q——综合废水量,m^3/d;

Q_i——生产废水量,m^3/d;

Q_j——其他废水量,m^3/d,包括地面冲洗水和生活污水等,应参照 GB 50015、GB 50336 等标准确定;

q_i——单位产品生产废水量，m³/t，可参照附录 A.1 确定；

m_i——各类制浆造纸产品生产量，t/d，应根据企业生产规模和产品方案确定。

4.1.2 最大日最大时废水量等于最大日平均时（生产设计负荷）废水量与变化系数的乘积，变化系数应根据企业生产和废水排放情况确定，无相关资料时，可取 1.1～1.4。

4.2 废水水质

4.2.1 废水水质可按下式计算：

$$C = \frac{W_i + W_j}{Q} \times 1\,000 \tag{3}$$

$$W_i = \sum w_i m_i \tag{4}$$

式中：C——制浆造纸废水污染物质量浓度，mg/L；

W_i——生产废水污染物负荷，kg/d；

W_j——其他废水污染物负荷，kg/d，应参照 GB 50014、GB 50336 等标准确定；

w_i——单位产品生产废水污染物负荷，kg/t，可参照附录 A.2 和附录 A.3 确定。

4.2.2 典型制浆造纸废水水质可参照表 1。

表 1 典型制浆造纸废水水质范围

废水种类	水质指标							
	pH 值	SS/(mg/L)	COD_{Cr}/(mg/L)	BOD_5/(mg/L)	AOX/(mg/L)	总氮[3]/(mg/L)	氨氮[3]/(mg/L)	总磷/(mg/L)
化学浆[1, 4]	5～10	250～1 500	1 200～2 500	350～800	2～26	4～20	2～5	0.5～2
化学机械浆[1, 5]	6～9	1 800～3 800	6 000～16 000	1 800～4 000	0～3	5～10	3～5	1～3
机械浆[1]	6～9	850～2 000	3 200～8 000	1 200～2 800	0～1	4～8	2～5	0.5～1.5
废纸浆[2]	6～9	800～1 800	1 500～5 000	550～1 500	0～1	5～20	4～15	0.5～1
脱墨废纸浆[2]	6～9	450～3 000	1 200～6 500	350～2 000	0～1	3～10	2～6	0.5～1.5
造纸废水[2]	6～9	250～1 300	500～1 800	180～800	0～1	2～4	1～3	0.5～1

说明：（1）除 pH，木浆取中低值，非木浆取高值；（2）除 pH，国产小型纸机取中低值，进口纸机取高值；（3）氨法化学浆废水氨氮和总氮指标分别为 55～150 mg/L 和 60～160 mg/L；（4）化学浆水质指标为制浆浆液经化学品或资源回收后的指标；（5）化学机械浆水质指标为高浓度制浆废水未进行蒸发燃烧处理的指标。

4.2.3 当处理后的废水回用于生产时，废水污染物浓度应考虑回用水中污染物的累积效应。

5 总体要求

5.1 一般规定

5.1.1 制浆造纸企业应根据生产原料和产品种类，采用清洁生产技术，尽量回收能量、化学品、纤维原料和其他副产物，提高废水循环利用率，降低废水污染负荷。

5.1.2 制浆造纸废水治理工程应以企业生产情况及发展规划为依据，贯彻国家产业政策和行业污染防治技术政策，统筹废水预处理与集中处理、现有与新（扩、改）建的关系。

5.1.3 厂区排水系统应采用雨污分流制，位于水体保护要求高或环境敏感地区的企业，宜对地面污染较大区域的初期雨水进行截流、调蓄和处理。

5.1.4 经处理后排放的废水应符合环境影响评价批复文件、GB 3544 和所在地地方标准的要求。

5.1.5 制浆造纸废水治理工程应配套建设二次污染的预防设施，保证恶臭、噪声等满足 GB 14554 和 GB 12348 等相关环保标准的要求。

5.1.6 应按照《排污口规范化整治技术要求》（试行）建设废水排放口，设置符合 GB/T 15562.1 要求的废水排放口标志，并按照《污染源自动监控管理办法》安装污染物排放连续监测设备。

5.2 建设规模

5.2.1 建设规模应根据废水现有水量、水质和预期变化情况综合确定，现有企业的废水治理工程应以实测数据为依据，新（扩、改）建企业的废水治理工程应根据原料种类、产品类别、生产工艺、回用废水的治理程度和回用量，采用类比或物料衡算的方法确定。

5.2.2 制浆造纸废水治理工程建设规模应符合下列要求：

a) 格栅渠、集水井、纤维回收间等调节池前的废水治理构筑物按最大日最大时流量计算；

b) 调节池及其后的生化池、二沉池等废水治理构筑物按最大日平均时（生产设计负荷）流量计算；

c) 回用水工程应根据可利用水的水质、水量和回用环节，经水量平衡和技术经济分析确定；

d) 污泥处理与处置工程应按最大日平均时（生产设计负荷）污泥量计算。

5.3 项目构成

5.3.1 制浆造纸废水治理工程由主体工程、辅助工程和生产管理设施构成。

5.3.2 主体工程主要包括废水预处理工程、综合废水处理工程、回用水工程、污泥处理与处置工程、沼气利用工程和恶臭处理工程：

a) 废水预处理工程包括备料废水预处理工程、机械浆和化学机浆废水预处理工程等；

b) 综合废水处理工程包括废水一级、二级和三级处理系统；

c) 回用水工程包括回用水贮存和输配系统；

d) 污泥处理与处置工程包括污泥减量处理和最终处置系统；

e) 沼气利用工程包括沼气净化、贮存和利用系统；

f) 恶臭处理工程包括臭气收集和处理系统。

5.3.3 辅助工程包括电气、供排水和消防、采暖通风与空调、建筑结构等系统。

5.3.4 生产管理设施包括办公用房、值班室等。

5.4 厂址选择和总体布置

5.4.1 厂址选择和总体布置应符合 GB 50014、GB 50187 和 GBJ 22 等标准的相关规定，并满足环境影响评价及其批复文件的要求。

5.4.2 厂址选择应与企业总体布局统筹规划，设置在企业排水系统下游区域，并满足下列要求：

a) 厂区应不受洪涝灾害影响，便于废水汇集和排放；

b）厂区应布置在附近居民生活集中区夏季主导风向的下风侧；
c）厂区应有良好的工程地质条件；
d）厂区应方便交通运输，便于水电等能源介质的接入。

5.4.3 总体布置应根据区内各建筑物和构筑物的功能和流程要求，结合厂址地形、气候和地质条件，经技术经济比较确定，并满足下列要求：

a）总平面布置应合理、紧凑，满足施工、维护和管理等要求，并留有发展及设备更换的余地；
b）竖向布置应充分利用原有地形，尽可能做到土方平衡，减少提升次数，降低运行电耗；
c）加药间、污泥处理间等运输量较大的建筑物应靠近道路，并远离人员经常出入的区域；
d）沼气利用工程等需要防火防爆的设施应设置在相对独立的区域，并考虑足够的防护距离；
e）应合理布置超越管线和维修放空设施，并确保不合格的放空水或污泥得到妥善处理和处置；
f）厂区道路的设置应满足交通运输、消防、绿化及各种管线的敷设要求。

6 工艺设计

6.1 一般规定

6.1.1 在工艺设计前，应对废水的水质、水量及变化规律进行全面调查，并进行必要的分析和试验。

6.1.2 应选用技术成熟、处理效率高、节约能源、投资省的处理工艺，确保废水治理工程稳定、可靠、安全运行。

6.1.3 宜将生化处理单元设计成平行的两条线。

6.2 废水减量化技术要求

6.2.1 化学制浆生产系统应采用能源和化学品回收、循环工艺用水等措施降低废水和污染物排放量。

6.2.1.1 碱法化学浆黑液应采用燃烧法碱回收技术回收碱，其工艺设计应符合国家及行业相关标准的规定，并满足以下要求：

a）应设置各种浓缩液体和高温液体的存储调节设施，有效控制制浆废液的偶然排放和事故排放，确保碱回收系统稳定运行；
b）碱回收系统产生的清洁冷凝水应回用于制浆或造纸生产，降低废水排放量；
c）碱回收系统所产生白泥应妥善处理和处置，草浆碱回收白泥宜进行综合利用，可用于生产精制碳酸钙或企业内部锅炉的烟气湿法脱硫等，木浆碱回收系统所产生的白泥应采用石灰再生工艺生产石灰或用于生产精制碳酸钙。

6.2.1.2 亚硫酸铵法化学制浆废液宜采用蒸发浓缩、干燥等技术提取木质素磺酸盐，生产减水剂、黏合剂等综合利用产品，并设置浓缩液体和高温液体的存储调节设施，降低废水污染物的排放。

6.2.1.3 应选用多段逆流洗涤、筛选净化和漂白工艺及先进的配套设备，对洗选漂废水进行分级逆流回用，降低制浆工段排水量。

6.2.2 机械制浆和化学机械制浆生产系统应采用高效洗涤、水循环等措施降低废水排放量，提高废水污染物浓度；其中高浓度化学机械制浆废水可采用蒸发燃烧技术进行处理，降低废水污染负荷。

6.2.3 废纸制浆生产系统应采用清污分流、水循环、纤维回收等措施降低废水排放量。

6.2.4 造纸生产系统应采用白水回收、纸机白水封闭循环等措施降低废水排放量。

6.3 处理工艺选择

6.3.1 制浆造纸综合废水处理工艺流程如图1所示：

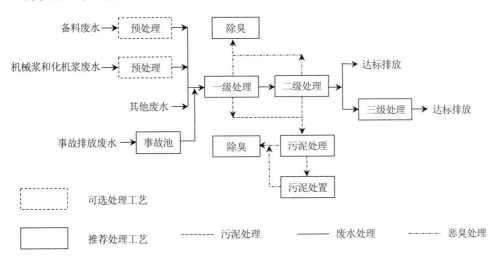

图1 制浆造纸综合废水处理工程工艺流程

6.3.2 宜根据企业排水情况选用预处理技术降低综合废水处理工程的处理负荷：

a) 宜将备料工段排出的废水预处理后回用于备料，剩余部分排入综合废水处理工程与其他废水混合处理；

b) 当综合废水处理工程未设厌氧处理单元时，宜将机械浆和化机浆废水预处理后再与其他废水混合进行好氧和三级处理；当综合废水处理工程设置厌氧处理单元时，可将机械浆和化机浆废水直接与其他废水混合处理。

6.3.3 应根据现行的国家和地方排放标准、污染物的来源、性质及排水去向确定综合废水处理工程的处理深度，选择相应的处理工艺。

a) 执行 GB 3544 表1和表2标准的制浆和制浆造纸企业可选择一级+二级或一级+二级+三级处理工艺；

b) 执行 GB 3544 表3标准的制浆和制浆造纸企业应选择一级+二级+三级处理工艺；

c) 执行 GB 3544 标准的造纸企业宜选择一级+二级处理工艺。

6.3.4 废水处理效率应通过试验或类比数据获取，当无相关资料时，可参照附录B。

6.4 废水处理工艺设计

6.4.1 备料废水预处理

6.4.1.1 备料工段排出的废水应先进行格栅和筛网过滤，去除废水中大颗粒杂质，再采用沉淀或混凝沉淀技术进行处理，以蔗渣为制浆原料的备料废水也可采用厌氧处理技术进行处理。

6.4.1.2 采用沉淀工艺时，表面负荷应为 0.8~1.2 m³/(m²·h)，水力停留时间应为 2~4 h。

6.4.1.3 采用混凝沉淀工艺时，混合区宜采用 G 值 300~600 s^{-1}，混合时间 30~60 s；反应区宜采用 G 值 30~60 s^{-1}，反应时间 5~10 min；沉淀区应采用表面负荷 1.0~1.5 m³/(m²·h)，水力停留时间 2~3 h。

6.4.1.4 厌氧单元的工艺要求参见 6.4.4.2 条和 6.4.4.4 条。

6.4.2 机械浆和化学机械浆废水预处理

6.4.2.1 机械浆和化学机械浆预处理应采用厌氧为主体的处理工艺，主要工艺流程包括格栅、提升泵房、纤维回收、初沉池、调节池、水温调节和厌氧处理单元。

6.4.2.2 格栅、提升泵房、纤维回收、初沉池、调节池的工艺要求见 6.4.3 条。

6.4.2.3 水温调节的工艺要求见 6.4.4.3 条。

6.4.2.4 厌氧单元的工艺要求见 6.4.4.2 条和 6.4.4.4 条。

6.4.3 综合废水一级处理

6.4.3.1 一级处理主要包括格栅渠、提升泵房、纤维回收间、初沉池（混凝沉淀池或气浮池）和调节池等。

6.4.3.2 应设置粗格栅渠，当不设置纤维回收间或为提高回收纤维质量时，应设置细格栅渠，格栅渠的设计应符合 GB 50014 的规定，并满足以下要求：

a) 粗格栅宜采用机械清污格栅，格栅间隙应为 10~20 mm，过栅流速宜为 0.6~1.0 m/s；
b) 细格栅宜选用具有自清能力的机械格栅，格栅间隙应为 2~5 mm；
c) 格栅渠上部应设置工作平台，其高度应高出格栅前最高设计水位 0.5 m，工作平台上应有安全和冲洗设施。

6.4.3.3 当来水高程无法满足自流进入后续处理构筑物时，应设置废水提升泵站，泵站包括水泵间、集水池和出水设施，其工艺设计应符合 GB 50014 的规定，并满足以下要求：

a) 集水池的容积应根据设计流量、水泵能力和水泵工作情况等因素确定，水力停留时间宜采用 10~30 min；
b) 集水池池底应设集水坑，倾向坑的坡度不宜小于 0.01，池壁应设置爬梯；
c) 集水池宜设置事故溢出口，将事故排水排入事故池；
d) 集水池应设冲洗装置，宜设清泥装置；
e) 集水池应设置液位控制和报警装置；
f) 自然通风条件差的水泵间应设机械送排风系统。

6.4.3.4 当废水中纤维含量较高时，应设置纤维回收间，安装滤筛装置，分离并回收纤维，其工艺要求如下：

a) 采用无动力弧形细格栅时，栅缝应为 0.2~0.25 mm；
b) 采用重力自流式过滤筛网时，筛网间隙应为 60~100 目，过水能力宜为 10~15 m³/(m²·h)；
c) 采用旋转过滤机、反切单向流旋转过滤机、机械转鼓细格栅等设备时，栅缝应为 0.2 mm 左右。

6.4.3.5 宜设置初沉池，也可根据进水水质情况设置混凝沉淀池或气浮池，其工艺要求如下：

a) 可根据综合废水竖向布置将初沉池（混凝沉淀池或气浮池）设置在调节池前或调

节池后；

b）初沉池表面负荷应为 0.8～1.2 m³/（m²·h），水力停留时间应为 2.5～4.0 h，可将二沉池剩余污泥回流至初沉池，提高初沉池的污染物去除率；

c）混凝沉淀池宜采用混合区 G 值 300～600 s^{-1}，混合时间 30～120 s，反应区宜采用 G 值 30～60 s^{-1}，反应时间 5～20 min，分离区应采用表面负荷 1.0～1.5 m³/（m²·h），水力停留时间 2.0～3.5 h；

d）采用普通气浮池时，气水接触时间应为 30～100 s，表面负荷应为 5～8 m³/（m²·h），水力停留时间应为 20～35 min。

6.4.3.6 调节池容积应根据废水的变化曲线采用图解法计算确定，并满足以下要求：

a）调节池的有效容积应容纳大于 4 h 最大日平均时废水量；

b）调节池内应设置混合设施，当设置潜水推进器时，混合功率密度宜采用 4～8 W/m³，当采用曝气设备（曝气管或曝气器）时，曝气量不宜小于 4 m³/（m²·h）；

c）宜在废水进入调节池前设置营养盐投加和 pH 调整设施。

6.4.4 综合废水二级处理

6.4.4.1 当一级处理后废水 COD$_{Cr}$ 质量浓度大于 2 000 mg/L 时，宜采用厌氧＋好氧处理工艺；当一级处理后废水 COD$_{Cr}$ 质量浓度小于 1 200 mg/L 时，宜采用好氧处理工艺。

6.4.4.2 应投加氮（N）磷（P）营养盐，使进入厌氧系统的废水中 BOD$_5$：N：P 达到 200：5：1，进入好氧系统的废水中 BOD$_5$：N：P 达到 100：5：1。

6.4.4.3 当进入生化系统前的废水温度不利于生化反应时，宜设置温度调节设施（如冷却塔等），控制厌氧生化反应器内的水温在 25～38℃ 范围内，好氧生化反应池内的水温在 10～35℃ 范围内。

6.4.4.4 厌氧单元可采用升流式厌氧污泥床（UASB）、内循环升流式厌氧反应器和完全混合式厌氧反应器（CSTR）等工艺，其技术要求如下：

a）进入升流式厌氧污泥床（UASB）和内循环升流式厌氧反应器的进水悬浮物质量浓度宜控制在 500 mg/L 以下；

b）宜控制进入厌氧反应器废水的硫酸根和 COD$_{Cr}$ 质量浓度的比值在 10% 以下，硫酸根质量浓度在 450 mg/L 以下，当质量浓度较高时，宜设置预酸化池等措施降低厌氧反应内废水中的 H$_2$S 质量浓度；

c）预酸化池的 pH 值应为 6.5 左右，水力停留时间宜为 2 h 左右，预酸化产生的 H$_2$S 气体宜收集后回收利用或净化后排放；

d）厌氧处理系统的主要工艺参数应根据试验和类比资料确定，缺乏相关资料时可参考表 2；

表 2 厌氧生化处理单元主要设计参数

好氧单元类型	反应温度/℃	污泥质量浓度/(g/L)	容积负荷/[kgCOD$_{Cr}$/(m³·d)]	水力停留时间/h	污泥回流比/%	表面负荷/(m/h)	沼气产率/(m³/kgCOD$_{Cr}$)
升流式厌氧污泥床	32～35	10～20	5～8	12～20	—	0.5～1.5	0.4～0.5
内循环升流式厌氧反应器	32～35	20～40	10～25	6～12	—	3～8	0.4～0.6
完全混合式厌氧反应器	30～38	5～8	3～6	18～28	100～150	—	0.4～0.5

e) 升流式厌氧污泥床（UASB）和内循环升流式厌氧反应器应设置均匀布水装置和三相分离器，反应器分离区出水采用溢流堰出水方式，堰前宜设浮渣挡板；

f) 可采用外循环方式提高升流式厌氧污泥床（UASB）和内循环升流式厌氧反应器内的上升流速，循环量宜根据设定的反应器表面负荷及沼气产量自动调整；

g) 升流式厌氧污泥床（UASB）的有效高度一般为 5～7 m，不宜超过 10 m，单座体积不宜超过 2 000 m³，内循环升流式厌氧反应器高度不宜超过 25 m，单座体积不宜超过 1 500 m³；

h) 完全混合式厌氧反应器（CSTR）后应设置沉淀池，沉淀池表面负荷宜为 0.6～0.8 m³/(m²·d)，沉淀时间宜为 4.0～6.0 h，采用斜板沉淀池时，其表面负荷可适当提高。

6.4.4.5 好氧单元宜选用有机负荷低、抗冲击能力强的延时曝气活性污泥处理工艺，如氧化沟、带选择区的完全混合曝气、序批式活性污泥（SBR）和两段好氧生化处理工艺等，当处理亚硫酸铵制浆废水时，应采用具有脱氮功能的缺氧/好氧法（A/O）等工艺，其技术要求如下：

a) 好氧单元的主要工艺参数应根据试验和类比资料确定，缺乏相关资料时可参考表 3；

表 3 好氧生化单元主要工艺参数[1]

好氧单元处理工艺	污泥质量浓度/(gMLSS/L)	污泥负荷/(kgCOD$_{Cr}$/kgMLSS)	容积负荷/[kgCOD$_{Cr}$/(m³·d)]	水力停留时间/h	污泥回流比/%	污泥沉降比/%	泥龄/d
氧化沟	3.0～6.0	0.1～0.3	0.4～1.2	18～32	60～120	50～80	18～25
完全混合曝气[2]	2.5～6.0	0.15～0.4	0.5～1.5	15～30	100～150	30～80	12～20
A/O	2.5～6.0	0.15～0.3	0.5～1.2	15～32	80～150	30～80	15～25

注：(1) 当处理以商品浆和废纸浆为主的制浆造纸废水时，容积负荷取中高值，处理以化学浆和化学机械浆为主的制浆造纸废水或经厌氧处理后的废水时，容积负荷取低值；(2) 带选择区的完全混合曝气和两段生化处理的后段，其容积负荷按完全混合曝气池工艺选取。

b) 当处理亚硫酸铵制浆废水时，生物反应池缺氧区和好氧区的容积宜采用 GB 50014 中的硝化、反硝化动力学公式计算校核；

c) 采用氧化沟时，应保持池内泥、水的充分混合，控制沟内平均流速大于 0.3 m/s，采用机械混合方式时，混合功率密度 4～8 W/m³，同时应满足需氧量的要求；

d) 采用带选择区的完全混合曝气池时，选择区水力停留时间应为 30～50 min，区内应设混合设施，采用机械混合方式时，混合功率密度宜大于 6 W/m³，采用曝气混合方式时，曝气量应大于 3 m³/(m²·h)；

e) 采用两段好氧生化处理工艺时，前段水力停留时间 1～2.5 h，COD$_{Cr}$污泥负荷宜大于 5 kg/(kgMLSS·d)；污泥质量浓度应为 5 000～8 000 mg/L，污泥回流 50%～100%，必要时，池内可设置部分填料；

f) 采用 SBR 工艺时，反应池个数宜为 2 个以上，其运行周期宜为 6～12 h，充水比宜为 0.15～0.3，满水位时池内污泥质量浓度应为 3 000～6 000 mg/L，其他参数参照表 3 中的完全混合曝气处理工艺；

g）生物反应池中好氧区的废水需氧量应根据去除的含碳有机物确定（处理亚硫酸铵制浆废水时，还应考虑去除氨氮的需氧量），计算方法应参照 GB 50014 的规定，也可采用 0.6～1.2 kg O_2/kg COD_{Cr} 进行估算；

h）曝气设施的选用应充分考虑制浆造纸废水易结垢的特点，宜选用表面曝气机、转刷、转碟和射流曝气器等防堵塞、易维修的曝气方式；

i）曝气设备应能根据废水水质、水量调节供氧量，20 000 m^3/d 以上规模的处理工程宜能自动调节供氧量；

j）曝气池应考虑设置泡沫阻隔和消除设施，可采用加大曝气池超高、添加消泡剂、喷水消泡和机械消泡等措施。

6.4.4.6 好氧生化反应池（SBR 反应池除外）后应设置二沉池，宜选用辐流式沉淀池，当生化池采用活性污泥工艺时，二沉池表面负荷应为 0.5～0.7 m^3/(m^2·h)，固体负荷宜为 60～150 kg SS/(m^2·d)；当生化池采用接触氧化工艺时，二沉池表面负荷应为 0.8～1.2 m^3/(m^2·h)。

6.4.4.7 好氧生化处理各种工艺设计还应符合 CECS 97、CECS 111 和 HJ 578 等标准的相关规定。

6.4.5 综合废水三级处理

6.4.5.1 三级处理宜采用混凝沉淀（气浮）处理技术，其工艺设计应参照 GB/T 50335 的规定，并满足以下要求：

a）混凝剂和助凝剂的种类和投加量应通过实验确定，常用的混凝剂有铁盐、石灰、铝盐及其高分子混凝剂，常用的助凝剂是 PAM；

b）应充分考虑混凝反应过程中 pH 值对药剂投加量和处理效果的影响；

c）混凝工艺的混合区宜采用 G 值 300～600 s^{-1}，混合时间 30～120 s，反应区宜采用 G 值 30～60 s^{-1}，反应时间 5～20 min；

d）沉淀区表面负荷宜为 0.8～1.5 m^3/(m^2·h)，水力停留时间宜为 2.5～4 h，采用斜板（管）沉淀池时，其表面负荷可按比普通沉淀池的设计表面负荷提高 1～2 倍考虑；

e）采用普通气浮工艺时，宜采用气水接触时间 30～100 s，表面负荷 6～9 m^3/(m^2·h)，水力停留时间 20～30 min；采用浅层气浮时，宜采用有效水深 500～700 mm，池内水力停留 3～5 min；

f）宜采用废水预氧化、混凝剂复配和改性等措施提高混凝沉淀（气浮）的净水效果。

6.4.5.2 当 SS 指标要求较严时，混凝沉淀或气浮后的废水宜进行过滤处理，其工艺要求如下：

a）过滤的进水悬浮物宜小于 30 mg/L；

b）过滤系统可采用各种过滤池和机械过滤器；

c）可采用无烟煤、石英砂、陶粒滤料、聚苯烯泡沫滤珠、金刚砂、纤维球、纤维束等滤料；

d）过滤池设计应参照 HJ 2008 的规定和同类企业运行数据确定，过滤器的选用和工艺设计应根据设备供应商提供的资料和同类企业运行数据确定。

6.4.5.3 混凝沉淀或气浮处理出水达不到水质目标时，可采用高级氧化处理，其工艺要求如下：

a）可采用硫酸亚铁-双氧水催化氧化（也称 Fenton 氧化）法处理经生化处理后的废水，

Fenton 氧化包括反应、中和、混凝沉淀（气浮）单元，各单元所采用的设备和材料应具有耐酸碱和抗氧化腐蚀能力；

b）Fenton 氧化法试剂投加量应通过实验确定，氧化反应时间宜为 30～40 min，反应 pH 值应为 3～4；

c）氧化反应后的废水应加碱中和，可采用 NaOH 或 Ca(OH)$_2$ 作为中和剂，中和反应时间宜大于 10 min，综合后的 pH 值应控制在 6～7；

d）反应后的废水应通过沉淀分离出废水中的含铁悬浮物，宜投加 PAM 强化混凝效果，混凝沉淀的技术要求参见 6.4.5.1 条；

e）可采用 Fenton 流化床或回流混凝沉淀污泥的方式降低硫酸亚铁的投加量；

f）为降低铁离子和 SS 的含量，可在 Fenton 氧化法后串联过滤等处理单元技术。

6.4.5.4 经试验验证和技术经济分析，也可采用其他三级处理单元技术中的一种或几种组合，其他单元技术有活性炭吸附、臭氧-活性炭生物滤池、离子交换、超滤、纳滤、反渗透等。

6.4.6 事故池

6.4.6.1 事故池有效容积应能接纳最大一次事故排放的废水总量。

6.4.6.2 事故池内应设置提升泵，宜将事故排放废水均匀排入综合废水处理工程的初沉池或调节池中。

6.4.6.3 事故池底部应设有集水坑，倾向坑的坡度不宜小于 0.01，池壁宜设置爬梯。

6.4.6.4 事故池宜设置混合装置。

6.4.6.5 事故池宜设置液位控制和报警装置。

6.5 废水回用

6.5.1 应根据制浆造纸企业的原料、产品、生产工艺和废水回用环节确定回用水的水质要求，当废水同时作多种用途时，其水质应按最高水质标准确定。

6.5.2 处理后的综合废水可作为制浆工段和废水治理系统部分工序的生产用水、厂区环境保洁及其他用水，其水质标准应根据回用环节参照 GB/T 18920 和 GB/T 19923 等国家标准执行。

6.5.3 回用水贮存、输配和监测系统应符合 GB/T 50335 的规定。

6.6 污泥处理与处置工艺设计

6.6.1 当以去除单位污染物量进行计算时，废水治理工程污泥量及其含水率见表 4。

表 4 制浆造纸废水治理工程污泥产量

污泥类别		污泥产量	污泥含水率/%
初沉污泥/（kgDS/kgSS）	沉淀	1.0	97～98
	混凝沉淀	1.0～1.2	96～97
厌氧剩余污泥/（kgDS/kgCOD$_{Cr}$）		0.05～0.2	90～99[1]
好氧剩余污泥/（kgDS/kgCOD$_{Cr}$）		0.3～0.4	99.2～98.5
三级处理物化污泥/（kgDS/kgCOD$_{Cr}$）		1.5～3.5	98～99

注：（1）内循环升流式厌氧反应器和 UASB 产生的厌氧剩余污泥含水率取低值，CSTR 产生的厌氧剩余污泥含水率取中高值。

6.6.2 备料废水预处理工程中格栅或筛网筛出的废渣可送至厂内锅炉或焚烧炉燃烧,沉淀产生的污泥应采用还田等措施合理处置或输送至综合废水处理工程污泥系统处理。

6.6.3 机械浆和化学机械浆废水预处理和综合废水处理工程中格栅产生的栅渣宜通过机械输送,脱水后合理处置。

6.6.4 污泥处理工艺应根据污泥的最终处置方式确定,其处理工艺包括污泥浓缩、污泥均质、污泥脱水和污泥暂存单元,各单元应符合以下要求:

a) 好氧剩余污泥应进行浓缩,可采用重力浓缩、机械浓缩和气浮浓缩工艺,当采用重力浓缩时,污泥固体负荷宜采用 20～40 kg/（m²·d）,浓缩时间不宜小于 16 h,当采用机械浓缩时,应根据设备供应商提供的资料和同类企业运行数据确定;

b) 污泥均质池容积应根据各类污泥产量及排泥方案确定,可按 2～4 h 的污泥排放量估算;

c) 污泥脱水机械的类型应按污泥的性质、产生量和脱水要求,经技术经济比较后确定,宜选用带式脱水机和离心脱水机,带式脱水机的处理负荷宜采用 100～200 kgDS/（m·h）,离心式脱水分离因素宜小于 3 000;

d) 当要求处理后污泥含水率较低时,可选用厢式、板框压滤机,宜采用变压进料方式,其操作压力宜控制在 0.5～10 MPa 范围内;

e) 污泥在脱水前宜加药调理,药剂种类和投加量应通过试验确定;

f) 污泥脱水前的含水率宜小于 98%,污泥脱水后的含水率应小于 80%。

6.6.5 脱水后的污泥应贮存在污泥临时堆场或污泥料仓内,堆场面积及料仓容积应根据污泥清运条件确定,并设置防雨水设施。

6.6.6 污泥处置可采用综合利用、焚烧和填埋等方式,应优先考虑综合利用;农用时应符合 GB 4284 等标准的规定,填埋时应符合 GB 18599 等标准的规定,干化焚烧时应符合国家相关标准的规定。

6.7 沼气利用

6.7.1 应根据厌氧反应器进水水质和沼气产率确定沼气利用系统的建设规模。

6.7.2 宜根据沼气利用途径,对沼气进行脱硫和脱水的净化处理和贮存,其净化、贮存和利用技术应符合 NY/T 1222 和 NY/T 1220.2 中的相关规定。

6.7.3 应结合制浆造纸企业生产及废水治理工程的实际情况进行沼气利用,宜将沼气作为锅炉燃料。

6.8 恶臭处理

6.8.1 应有效控制恶臭污染源,并符合下列技术要求:

a) 应优化工艺单元设计,减少废水收集及治理系统臭气的产生和扩散;

b) 应定期清理格栅、调节池、污泥浓缩池等工艺单元中的浮渣,及时处置工艺过程中产生的栅渣、污泥等污染物;

c) 宜实时投加或喷洒化学除臭剂。

6.8.2 宜对臭气进行收集和处理,并符合下列技术要求:

a) 宜采取密闭、局部隔离及负压抽吸等措施,集中收集工艺过程（格栅渠、调节池、污泥池、污泥脱水机等）中产生的臭气;

b) 污水泵房、污泥脱水间、加药间等应设置通风或臭气收集设施,并确保排放废气符合现行国家标准的要求；

　　c) 当采用全面通风收集废气时，废气量应按密闭空间的换气次数确定，当采用局部通风收集废气时，废气量宜按断面控制风速确定。

6.8.3　宜采用物理、生物、化学除臭等工艺处理集中收集的臭气，常用的除臭工艺包括吸附、离子氧化、生物过滤等。

7　主要工艺设备和材料

7.1　一般规定

7.1.1　制浆造纸废水治理工程常用的设备包括泵、曝气设备、格栅、刮吸泥机、滗水器、三相分离器、脱水机和加药设备等。

7.1.2　关键设备和材料均应从工程设计、招标采购、施工安装、运行维护、调试验收等环节进行严格控制，选择满足工艺要求、符合相应标准的产品。

7.1.3　应对易腐蚀的设备、管渠及材料采取相应的防腐蚀措施，根据腐蚀的性质，结合当地情况，因地制宜地选用经济合理、技术可靠的防腐蚀材料和方法，并达到国家现行有关标准的规定。

7.2　配置要求

7.2.1　格栅除污机、潜水推进器、表面曝气机、滗水器等宜按双系列或多系列生产线配置。

7.2.2　加药设备应按加入药液的种类和处理系列分别配置，并考虑防腐蚀措施。

7.2.3　厌氧单元应采用防爆型电机设备。

7.2.4　提升泵、鼓风机、转刷、射流曝气器、表面曝气机等大功率设备应配备变频装置。

7.2.5　水泵、污泥泵、鼓风机等连续工作的设备应配置备用设备。

7.2.6　曝气装置、加药装置等宜储备核心部件和易损部件。

7.3　性能要求

7.3.1　格栅除污机应符合 HJ/T 262 的规定。

7.3.2　潜水排污泵应符合 HJ/T 336 的规定，潜水推流搅拌机应符合 HJ/T 279 的规定。

7.3.3　单机高速曝气离心鼓风机应符合 HJ/T 278 的规定，罗茨风机应符合 HJ/T 251 的规定。

7.3.4　竖轴式机械表面曝气机应符合 HJ/T 247 的规定，鼓风式中、微孔曝气器应符合 HJ/T 252 的规定。

7.3.5　刮泥机应符合 HJ/T 265 的规定，吸泥机应符合 HJ/T 266 的规定。

7.3.6　带式压滤机应符合 HJ/T 242 的规定。

7.3.7　加药设备应符合 HJ/T 369 的规定。

8　检测与过程控制

8.1　检测

8.1.1　制浆造纸废水治理工程应设置化验室，按照检测项目配置相应的检测仪器和设备。

8.1.2　应设置在线检测装置为实现过程控制和性能考核提供数据，其检测点分别设在受控单元内或进、出口处，采样频次和检测项目应根据工艺控制要求确定。

8.1.3　应根据水处理单元工艺需要，检测相关的水质参数：

a) 应检测废水治理工程进、出口处的流量、pH、COD_{Cr}、氨氮、SS 和色度等指标；

b) 厌氧处理单元宜检测反应池内的 pH、水温、挥发性脂肪酸（VFA）、碱度，以及沼气产量、成分等指标；

c) 好氧生化单元宜检测反应池内 pH、水温、溶解氧（DO）和污泥浓度等指标；

d) 三级处理单元宜根据采用的处理工艺检测反应池内的 pH、水头损失、氧化还原电位（ORP）等指标；

e) 应检测格栅渠、集水池、调节池、回用水池、储药池、污泥均质池等的液位指标，检测加药管、污泥管等处的流量指标。

8.1.4 大功率机电设备应检测电流、电压、功率、温度等工作状态指标。

8.1.5 现场检测仪表宜具备防腐、防爆、抗渗漏、防结垢、自清洗等功能。

8.1.6 仪表设计的其他要求可参考 CECS 162 等标准的规定。

8.2 过程控制

8.2.1 控制系统设计应符合国际标准化组织和国家颁布的相关标准。

8.2.2 控制系统应在满足工艺要求的前提下，运行可靠、经济、节能、安全，便于日常维护和管理。

8.2.3 过程控制参数、技术要求和自动化控制水平应根据废水处理规模、水质处理要求、企业经济条件等因素合理确定，并符合以下要求：

a) 小型废水治理工程主要处理工艺单元可采用局部自动控制系统，大型废水治理工程应采用集中管理、分散控制的集散控制系统；

b) 现场设备应装设现场操作箱，操作箱应设置运行与故障状态指示、手动/自动转换开关；

c) 采用成套设备且设备配套控制系统时，设备配套的控制系统应预留必要的通信接口，以实现与全厂控制系统的通信和数据交换。

9 主要辅助工程

9.1 电气

9.1.1 废水治理工程的配电宜按二级负荷考虑，其电源可独立设置，也可由企业变配电室接入。

9.1.2 供配电及工艺设备应可靠接地，宜根据现场分布情况与企业原接地网相连。

9.1.3 配电系统应根据运行功率因数设置无功补偿装置。

9.1.4 电气系统设计的其他要求应符合 GB 50052、GB 50053、GB 50054、GB 50055、GB 7251、GB 50057 等国家标准的规定，照明设计应符合 GB 50034 国家标准的规定。

9.2 供排水和消防

9.2.1 供排水和消防系统应与生产过程统筹考虑，生活用水、生产用水及消防设施应符合 GB 50015 和 GB 50016 等国家标准的规定。

9.2.2 厂区给水管网宜采用生产、消防联合供水系统，生活供水系统宜单独设置。

9.2.3 回用水输配系统应独立设置，其供水管道宜采用塑料给水管、塑料和金属复合管或其他给水管材，并应根据使用要求安装计量装置。

9.2.4 制浆造纸废水治理工程的火灾危险类别属于丁（戊）类（厌氧单元除外），耐火等级的判定应与其相关的生产系统统筹考虑，变、配电间、控制室、化验室应按不低于二级耐火等级设计，其他建（构）筑物的耐火等级应不低于三级；当含有厌氧处理单元时，厌氧单元的火灾危险性为甲类，防火等级应按一级耐火等级设计。

9.3 采暖通风与空调

9.3.1 废水治理工程建筑物内应有采暖通风与空气调节系统，并应符合 GB 50019、GB 50243 等国家标准的规定。

9.3.2 废水治理工程采暖系统设计应与生产系统统一规划，热源宜由厂区供热系统提供。

9.3.3 各类建、构筑物的通风设计应符合下列原则：

  a）加盖构筑物应设通风设施；

  b）有可能释放有毒和有害气体的建筑物（如加药间、污泥脱水间和化验室等），应根据满足室内最高允许浓度所需换气次数确定通风量，室内空气严禁再循环，有条件宜设有毒有害气体的净化、检测和报警装置；

  c）有防爆要求的车间（如沼气控制间等）应设事故通风，事故风机应为防爆型，事故风机可兼作夏季通风用；

  d）当机械通风不能满足工艺对室内温度、湿度要求时应设空调装置。

9.4 建筑结构

9.4.1 构筑物设计、施工及验收应符合 GB 50069、GB 50108、GBJ 141 和 GB 50208 等国家标准的规定。

9.4.2 建筑的造型应简洁、新颖，建筑风格宜与周围环境相协调，建、构筑物平面布置和空间布局应满足工艺流程要求，同时应考虑今后生产发展和技术改造的可能性。

9.4.3 厂房建筑的防腐、采光和结构应符合 GB 50046、GB 50033 和 GB 50009 等国家标准的规定。

10 劳动安全与职业卫生

10.1 劳动安全

10.1.1 劳动安全管理应符合 GB 12801 和 QB 1533 的规定。

10.1.2 应按照《危险化学品安全管理条例》的要求管理和使用工艺过程中的化学药剂。

10.1.3 应建立并严格执行安全检查制度，及时消除事故隐患，防止事故发生。

10.1.4 应有必要的安全防护措施和报警装置：

  a）应在沼气利用区域设置禁烟、防火标志；

  b）应在水处理构筑物设置安全护栏、防滑梯和救生圈；

  c）应在各种机械设备裸露的传动部分设置防护罩或防护栏杆；

  d）宜在加药间的相应区域设置紧急淋浴冲洗装置；

  e）人员进入密闭的水处理构筑物检修时，应先进行强制通风，经过仪器检测，确定符合安全条件时，人员方可进入。

10.1.5 应制定易燃、爆炸、自然灾害等意外事件的应急预警预案。

10.2 职业卫生

10.2.1 应保持操作室空气清新，适合操作人员长期在岗工作。

10.2.2 应加强作业场所的职业卫生防护，做好隔声、减震和防暑、防毒等预防工作。

10.2.3 应向操作人员提供必要的劳动保护用品，以及浴室、更衣室等卫生设施。
10.2.4 职工在加药间、污泥脱水间、风机房等高粉尘、有异味、高噪声的环境下应佩戴必要的劳动保护用具。

11 施工与验收

11.1 工程施工

11.1.1 工程施工应符合国家和行业施工程序及管理文件的要求。
11.1.2 工程设计、施工单位应具有与该工程相应的资质等级。
11.1.3 工程施工应符合施工设计文件、设备技术文件的要求，工程变更应取得设计变更文件后再进行。
11.1.4 工程施工中使用的设备、材料、器件等应符合相关的国家标准，并应取得产品合格证后方可使用，关键设备还应具有产品出厂检验报告等技术文件。
11.1.5 施工单位应遵守相关工程施工技术规范等国家标准的要求。

11.2 工程验收

11.2.1 与生产工程同步建设的废水治理设施应与生产工程同时验收，升级改造的废水治理设施应单独进行验收。
11.2.2 废水治理工程分二阶段进行验收，第一阶段为建设项目竣工验收，第二阶段为建设项目竣工环境保护验收。
11.2.3 废水治理工程应按《建设项目（工程）竣工验收办法》和《建设项目竣工环境保护验收管理办法》进行组织验收。
11.2.4 配套建设的废水在线监测系统应与废水治理工程同时进行建设项目竣工环境保护验收，验收的程序和内容应符合 HJ/T 354 的规定。
11.2.5 废水治理工程相关专业验收的程序和内容应符合 GB 50093、GB 50168、GB 50169、GB 50204、GB 50231、GB 50236、GB 50254、GB 50257、GB 50268、GB 50275、GB 50334、GBJ 141 和 HJ/T 408 等标准的相关规定。
11.2.6 废水治理工程验收应依据主管部门的批准（核准）文件、设计和设计变更文件、工程合同、设备供货合同及合同附件、项目环境影响评价及其审批文件、废水治理工程的性能评估报告、试运行期连续检测数据（一般不少于 1 个月）、完整的启动试运行操作记录、设施运行管理制度和岗位操作规程等技术文件。

12 运行与维护

12.1 一般规定

12.1.1 运行与维护应符合国家现行有关法律、法规，并宜参照 CJJ 60 等相关标准的规定。
12.1.2 未经当地环境保护行政主管部门批准，废水处理设施不得停止运行。发现异常或由于特殊原因造成设施停止运行时，应立即报告当地环境保护行政主管部门。
12.1.3 应配备环境保护专职技术人员和水质监测仪器。
12.1.4 应确保工程设备完好，运行稳定达标。

12.2 人员管理

12.2.1 岗位工作人员应通过培训考核后上岗，使其熟悉设备运行和维护的具体要求，具有熟练的操作技能。

12.2.2 岗位工作人员应定期进行培训，对其掌握废水治理工艺、设备的操作、维护和管理技能进行评估，采取有效措施持续提高其专业技能。

12.2.3 应制定水处理设施的操作规程、工作制度、定期巡检制度和维护管理制度等。

12.2.4 运行人员应按制度履行职责，确保系统经济稳定运行。

12.3 监测

12.3.1 应按 GB 3544 和 HJ/T 92 等标准的规定进行监测。

12.3.2 应对 COD_{Cr}、BOD_5、SS、NH_3、总磷、总氮、AOX 等主要水质指标定期监测，对 COD_{Cr}、NH_3 等重点控制指标实现在线监测，并与监控中心联网；已安装在线监测系统的，也应定期取样，进行人工监测。

12.3.3 宜采用符合 HJ/T 15、HJ/T 96、HJ/T 101、HJ/T 377 等标准规定的监测仪器。

12.4 工艺操作

12.4.1 废水治理工程厌氧生化单元的工艺操作应符合以下要求：

  a）应根据进水水质特点及剩余污泥排放情况调整营养盐的投加量，使混合液中营养物含量满足工艺要求；

  b）宜通过温度调节设施将反应器内的温度控制在 35℃±2℃；

  c）应采取调整系统负荷、投加酸碱等措施控制好反应器内的 VFA、碱度，宜将反应器内混合液 pH 值控制在 6.8~7.6 之间；

  d）应提高布水效果，在有效控制反应器出水 SS 质量浓度（宜小于 200 mg/L）的前提下，尽量提高反应器内的污泥浓度。

12.4.2 废水治理工程好氧生化单元的工艺操作应参照 HJ 576、HJ 577 和 HJ 578 等相关标准的规定，并符合以下要求：

  a）应根据进水水质变化及时调整曝气量，宜控制缺氧区液面下 0.5 m 处 DO＜0.3 mg/L，液面下 1.0 m 处 DO＜0.2 mg/L；好氧区出水端 DO≥2.0 mg/L；

  b）应加强对活性污泥应镜检和观察，控制污泥指数在设计范围内，防止污泥膨胀，当污泥出现不正常现象应及时采取调整措施；

  c）应根据混合液浓度调整剩余污泥排放量；

  d）应根据总氮去除效果，调整混合液的回流比。

12.4.3 废水治理工程三级处理系统的工艺操作应参照 HJ 2006、HJ 2007 和 HJ 2008 等相关标准的规定，并符合以下要求：

  a）应通过小试及时调整药剂投加量，优化混凝效果，宜将反应 pH 值控制在 6.0~7.5 范围内；

  b）宜及时调整酸碱、双氧水和亚铁盐投加量，控制 Fenton 反应池内的 pH 和氧化还原电位（ORP）在设计范围内；

  c）应及时排出沉淀池（气浮池）内的泥渣，确保泥水分离效果。

12.5 维护保养

12.5.1 废水治理工程应在满足设计工况的条件下运行，并根据工艺要求，定期对各类工艺、电气、自控设备仪表及建、构筑物进行检查和维护。

12.5.2 废水治理工程的维护保养应纳入全厂的维护保养计划中，使各治理装置的计划检修时间与相关工艺设施同步。

12.6 记录

12.6.1 应建立废水治理系统运行状况、设施维护和生产活动等的记录制度，主要记录内容包括：

　　a）系统启动、停止时间；

　　b）系统运行工艺控制参数；

　　c）废水监测数据、废水排放、污泥处理、处置情况；

　　d）药剂进厂质量分析数据，进厂数量，进厂时间；

　　e）污泥、栅渣的出厂数量、时间，处置地点、情况；

　　f）主要设备的运行和维修情况；

　　g）生产事故及处置情况；

　　h）定期检测、评价及评估情况等。

12.6.2 应制订统一的记录格式，并按格式填写，确保填写内容准确、及时、完整，不得随意涂改。

12.6.3 所有记录应制定清单，以备查询，对于需长期保存的记录应交档案室存档保管。

12.7 应急措施

12.7.1 应根据生产及周围环境情况，制定各种可能的突发性事故的应急预案，配备人力、设备、通信等资源，使系统具备应急处置的条件。

12.7.2 废水治理工程发生异常情况或重大事故，应及时分析，启动应急预案。

12.7.3 应设置危险气体（甲烷、硫化氢）和危险化学品的应急控制与防护设施。

附录 A（资料性附录）

制浆造纸废水污染负荷

A.1 制浆造纸废水量

单位产品制浆造纸生产废水量如表 A.1 所示。

表 A.1　典型制浆造纸企业单位产品生产废水量[1, 2]　　　　单位：m^3/t 产品

制浆方法类别	制浆			造纸
	木浆	非木浆	废纸	
化学浆	20～60	50～160	—	—
化学机械浆	10～30	15～40	—	—
机械浆	5～20	10～30	—	—
其他	—	—	5～30	8～40

注：(1) 纸浆量以绝干量计；(2) 单位产品废水量制浆企业以自产浆为依据，造纸企业以外购商品浆为依据，制浆造纸联合企业以自产浆和外购商品浆的和为依据。

A.2 制浆废水污染物产生量

单位产品制浆生产废水污染物产生量如表 A.2 所示。

表 A.2　典型制浆废水单位产品污染物产生量[1]　　　　单位：kg/t 浆

制浆方法类别		污染物产生量			
		COD_{Cr}	BOD	SS	AOX
化学浆[2]		45～210	15～75	9～120	0.3～7.5
化学机械浆[3]		65～160	15～35	30～50	0～0.2
机械浆		20～100	12～35	15～40	—
其他	非脱墨	15～30	5～12	8～15	—
	脱墨	25～65	8～20	10～25	0～0.2

注：(1) 污染物产生量指标木浆取中低值，非木浆取高值；(2) 化学浆指标为经化学品或资源回收后的污染物产生量指标；(3) 化学机械浆指标为高浓度制浆废水未进行蒸发燃烧处理的污染物产生量指标。

A.3 造纸废水污染物产生量

单位产品造纸生产废水污染物产生量如表 A.3 所示。

表 A.3　典型造纸废水单位产品污染物产生量　　　　单位：kg/t 纸

抄纸种类	污染物产生量			
	COD_{Cr}	BOD	SS	AOX
未涂布印刷/书写纸	7～15	4～8	12～25	0～0.1
涂布印刷/书写纸	12～30	5～9	15～30	0～0.1
纸板	5～15	3～7	2～8	0～0.1
新闻纸	8～20	5～10	10～25	0～0.1

附录 B（资料性附录）

制浆造纸废水典型治理工艺处理效率

废水治理工艺单元处理效率如表 B 所示。

表 B　典型废水治理工艺单元处理效率　　　　　　　　单位：%

处理级别	处理工艺	主要工艺	处理效率 COD_{Cr}	BOD_5	SS	AOX
一级	沉淀	格栅、滤筛、初沉池	15～50	5～30	40～75	0～5
	混凝沉淀（气浮）	格栅、滤筛、混凝沉淀（气浮）	50～75	25～40	80～90	25～70
二级[1]	好氧生化	好氧生物反应池、二沉池	60～80	80～95	70～90	35～60
	厌氧-好氧生化	厌氧池、（中沉池）、好氧生物池、二沉池	65～85	85～95	75～90	40～60
三级	混凝沉淀（气浮）[2,3]	混凝沉淀（气浮）、（过滤）	50～80	40～55	70～90	20～50
	Fenton 氧化	高级氧化、混凝沉淀	80～90	80～90	70～90	80～90

注：(1) 制浆废水二级处理效率取中低值，造纸废水二级处理效率取高值；(2) 一级处理采用混凝工艺时，三级处理混凝处理效率取低值，一级处理采用沉淀工艺时，三级处理混凝处理效率取中高值；(3) 采用常规混凝沉淀时混凝处理效率取中低值，采用强化混凝沉淀时，混凝处理效率取高值。

中华人民共和国国家环境保护标准

升流式厌氧污泥床反应器污水处理工程技术规范

Technical specifications of up-flow anaerobic sludge blanket (UASB) reactor for wastewater treatment

HJ 2013—2012

前 言

为贯彻《中华人民共和国环境保护法》和《中华人民共和国水污染防治法》,规范升流式厌氧污泥床(UASB)反应器污水厌氧生物处理工程的建设与运行管理,防治环境污染,保护环境和人体健康,制定本标准。

本标准规定了升流式厌氧污泥床(UASB)反应器的工艺设计、检测和控制、劳动安全与职业卫生、施工与验收、运行与维护等技术要求。

本标准为首次发布。

本标准由环境保护部科技标准司组织制订。

本标准主要起草单位:中国环境保护产业协会、清华大学、北京市环境保护科学研究院、山东十方环保能源股份有限公司。

本标准环境保护部 2012 年 3 月 19 日批准。

本标准自 2012 年 6 月 1 日起实施。

本标准由环境保护部解释。

1 适用范围

本标准规定了升流式厌氧污泥床(UASB)反应器污水厌氧生物处理工程的工艺设计、检测和控制、辅助工程、施工与验收、运行与维护的技术要求。

本标准适用于采用升流式厌氧污泥床(UASB)反应器处理中、高浓度有机废水处理工程的设计、建设与运行管理,可作为环境影响评价、设计、施工、验收及建成后运行与管理的技术依据。

2 规范性引用文件

本标准内容引用了下列文件中的条款。凡是未注明日期的引用文件,其有效版本适用于本标准。

GB 3836　爆炸性气体环境用电气设备

GB 12348　工业企业厂界环境噪声排放标准

GB 12801	生产过程安全卫生要求总则
GB 12999	水质采样样品的保存和管理技术规定
GB 18918	城镇污水处理厂污染物排放标准
GB 50011	建筑抗震设计规范
GB 50014	室外排水设计规范
GB 50015	建筑给水排水设计规范
GB 50016	建筑设计防火规范
GB 50037	建筑地面设计规范
GB 50040	动力机器基础设计规范
GB 50046	工业建筑防腐蚀设计规范
GB 50052	供配电系统设计规范
GB 50053	10 kV 及以下变电所设计规范
GB 50054	低压配电设计规范
GB 50057	建筑物防雷设计规范
GB 50069	给水排水工程构筑物结构设计规范
GB 50108	地下工程防水技术规范
GB 50187	工业企业总平面设计规范
GB 50202	建筑地基基础工程施工质量验收规范
GB 50203	砌体工程施工质量验收规范
GB 50204	混凝土结构工程施工质量验收规范
GB 50205	钢结构工程施工质量验收规范
GB 50209	建筑地面工程施工质量验收规范
GB 50222	建筑内部装修设计防火规范
GB 50231	机械设备安装工程施工及验收通用规范
GB 50268	给水排水管道工程施工及验收规范
GB 50275	压缩机、风机、泵安装工程施工及验收规范
GB/T 18883	室内空气质量标准
GBJ 19	工业企业采暖通风及空气调节设计规范
GBJ 22	厂矿道路设计规范
GBJ 87	工业企业噪声控制设计规范
GBJ 141	给水排水构筑物施工及验收规范
GBZ 1	工业企业设计卫生标准
GBZ 2	工作场所有害因素职业接触限值
CJ/T 51	城市污水水质检验方法标准
CJJ 60	城市污水处理厂运行、维护及其安全技术规程
HGJ 212	金属焊接结构湿式气柜施工及验收规范
HJ/T 91	地表水和污水监测技术规范
HJ/T 250	环境保护产品技术要求　旋转式细格栅
HJ/T 262	环境保护产品技术要求　格栅除污机

HJ/T 353　水污染源在线监测系统安装技术规范
HJ/T 354　水污染源在线监测系统验收技术规范
HJ/T 355　水污染源在线监测系统运行与考核技术规范
JGJ 37　民用建筑设计通则
NY/T 1220.1　沼气工程技术规范　第1部分：工艺设计
NY/T 1220.2　沼气工程技术规范　第2部分：供气设计
NY/T 1220.3　沼气工程技术规范　第3部分：施工及验收
《建设项目（工程）竣工验收办法》（计建设[1990]1215号）
《建设项目竣工环境保护验收管理办法》（2001年国家环境保护总局令　第13号）

3　术语和定义

下列术语和定义适用于本标准。

3.1　升流式厌氧污泥床反应器　upflow anaerobic sludge blanket reactor

指废水通过布水装置依次进入底部的污泥层和中上部污泥悬浮区，与其中的厌氧微生物进行反应生成沼气，气、液、固混合液通过上部三相分离器进行分离，污泥回落到污泥悬浮区，分离后废水排出系统，同时回收产生沼气的厌氧反应器（简称UASB反应器）。

3.2　三相分离器　three-phase separator

指安装于厌氧污泥床中上部，收集反应区产生的沼气，并使悬浮物沉淀、出水排放，实现气体、固体、液体分离的装置。

3.3　絮状污泥　flocculent sludge

也称厌氧活性污泥，是指由兼性菌和专性厌氧菌与废水中的有机和无机固形物混合在一起所形成的黑褐色絮状物。

3.4　颗粒污泥　granular sludge

指通过生物自固定过程形成的细胞团聚体；厌氧颗粒污泥有一定形状、结构和表面积，粒径相对较大（$d>0.5$ mm），并在沉速、强度、密度、空隙率等方面具有相对稳定的物理性质，其包含了降解废水有机污染物所必需的各种酶和菌群，并具有较高的产甲烷活性。

3.5　容积负荷　volumetric loading rate

指反应器单位容积每日接受废水中有机污染物的质量，一般以$kgCOD_{Cr}/(m^3·d)$表示。

3.6　反应器启动　reactor start-up

指向厌氧反应器中投入接种物，通过控制进水条件驯化和培养接种物，使反应器中厌氧活性污泥的数量和活性逐步增加，并适应进水条件，直至反应器的运行效能稳定达到设计要求的全过程。

4　设计水量和设计水质

4.1　设计水量

4.1.1　设计水量应根据工厂或工业园区总排放口实际测定的废水流量设计。测试方法应符合HJ/T 91的规定。

4.1.2　废水流量变化应根据工艺特点进行实测，确定流量变化系数。

4.1.3　无法取得实际测定数据时，可参照国家现行工业用水量的有关规定折算确定，或根据同行业同规模同工艺现有工厂排水数据类比确定。

4.1.4 工厂内或工业园区内的生活污水宜直接进入后续的好氧处理单元。生活污水量、沐浴污水量的确定，应符合 GB 50015 的有关规定。

4.1.5 提升泵房、格栅井、沉砂池宜按最高日最高时废水量计算。

4.1.6 UASB 反应器设计流量应按最高日平均时废水量设计，如厂区内设置调节池且停留时间大于 8 h，UASB 反应器设计流量可按平均日平均时设计。

4.1.7 UASB 反应器前、后的水泵、管道等输水设施应按最高日最高时废水量设计。

4.2 设计水质

4.2.1 设计水质应根据进入污水处理厂（站）的工业废水的实际测定数据确定，其测定方法和数据处理方法应符合 HJ/T 91 的规定。无实际测定数据时，可参照类似工厂的排放资料类比确定。

4.2.2 UASB 反应器应符合下列进水条件：
   a）pH 值宜为 6.0～8.0；
   b）常温厌氧温度宜为 20～25℃，中温厌氧温度宜为 35～40℃，高温厌氧温度宜为 50～55℃；
   c）营养组合比（COD_{Cr}：氨氮：磷）宜为（100～500）：5：1；
   d）BOD_5/COD_{Cr} 的比值宜大于 0.3；
   e）进水中悬浮物含量宜小于 1 500 mg/L；
   f）进水中氨氮质量浓度宜小于 2 000 mg/L；
   g）进水中硫酸盐质量浓度宜小于 1 000 mg/L；
   h）进水中 COD_{Cr} 质量浓度宜大于 1 500 mg/L；
   i）严格控制重金属、氰化物、酚类等物质进入厌氧反应器的浓度。

4.2.3 如果不能满足进水要求，宜采用相应的预处理措施。

4.2.4 设计出水直接排放时，应符合国家或地方排放标准要求；排入下一级处理单元时，应符合下一级处理单元的进水要求。

4.3 污染物去除率

UASB 反应器对污染物的去除效果可参照表 1。

表 1 UASB 反应器对污染物的去除率

化学耗氧量（COD_{Cr}）	五日生化需氧量（BOD_5）	悬浮物（SS）
80%～90%	70%～80%	30%～50%

5 总体要求

5.1 一般规定

5.1.1 UASB 反应器设计除应执行本标准外，还应符合国家现行的有关标准和技术规范的规定。

5.1.2 污水处理厂（站）建设、运行过程中产生的废气、废水、废渣及其他污染物的治理与排放，应执行国家环境保护法规和有关标准的规定，不得产生二次污染。

5.1.3 污水处理厂（站）的设计、建设应采取有效的隔声、消声、绿化等降低噪声的措施，噪声和振动控制的设计应符合 GBJ 87 和 GB 50040 的规定，厂界环境噪声排放应符合 GB 12348 的规定，污水处理厂（站）周围应建设绿化带，并设有一定的防护距离，防护距离由环境影响评价确定。

5.1.4　污水处理厂（站）应按照国家或当地的环境保护管理要求安装在线监测系统，在线监测系统的安装、验收和运行应符合 HJ/T 353、HJ/T 354 和 HJ/T 355 的规定。

5.2　项目构成

5.2.1　UASB污水处理厂（站）主要由预处理、UASB反应器、后续处理、剩余污泥、沼气净化及利用系统组成。后续处理一般指好氧处理，此部分不在本规范范围内。

5.2.2　UASB反应器主要由布水装置、三相分离器、出水收集装置、排泥装置及加热和保温装置组成。

5.2.3　UASB污水处理厂（站）辅助工程包括：总图、建筑、结构、供配电、给排水、消防、暖通、检测与控制等。

5.2.4　污水处理厂（站）应按照国家和地方的有关规定设置规范化排污口。

5.3　厂（站）选址和总平面布置

5.3.1　污水处理厂（站）址和总体布置应符合GB 50014的相关规定。总图设计应符合GB 50187的规定。

5.3.2　污水处理厂（站）的防洪标准不应低于城镇防洪标准。

5.3.3　处理单元的竖向设计应充分利用原有地形，尽可能做到土方平衡和减少污水提升的次数。

5.3.4　污水处理厂（站）分期建设时，应按远期处理规模进行总体布置和预留场地。管网和地下构筑物宜一次建成。

5.3.5　污水处理厂（站）的各种管线应统筹安排，避免相互干扰，便于清通和维护，合理布置超越和放空管线。

6　工艺设计

6.1　工艺流程

工艺流程见图1。

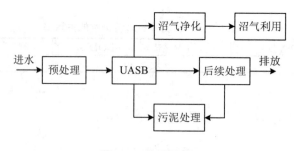

图1　工艺流程图

6.2　预处理

6.2.1　预处理包括格栅、沉砂池、沉淀池、调节池、酸化池及加热保温等。

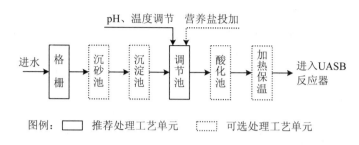

图 2 预处理工艺流程

6.2.2 应根据需要设粗、细格栅或设细格筛。格栅和细格筛的设计应符合 GB 50014 和 HJ/T 250、HJ/T 262 的规定。

6.2.3 处理畜禽粪便、屠宰和酒糟等含砂较多废水时，应设置沉砂池。沉砂池的设计应符合 GB 50014 的规定。

6.2.4 处理造纸、淀粉等含大量悬浮物的废水时，应设置沉淀池。沉淀池的设计应符合 GB 50014 的规定。

6.2.5 应设置调节池。调节池的设计应满足以下要求：

a）调节池容量应根据废水流量变化曲线确定；没有流量变化曲线时，调节池的容量应满足生产排水周期中水质水量均化的要求，停留时间宜为 6~12 h；如为间歇运行，调节池容量宜按 1~2 个周期设置；

b）宜在调节池内投加酸、碱、营养源（氮、磷等）等药品，可兼用作中和池；

c）调节池内宜设置搅拌设施，搅拌机动力宜为 4~8 W/m³ 池容；

d）调节池出水端应设置去除浮渣装置，池底宜设除砂和排泥装置。

6.2.6 pH 值调节及加药装置宜设在加药间内，其设计应符合下列要求：

a）通过投加碱性或酸性物质来调节和控制 UASB 反应器内的 pH 值，碱性物质主要有 Na_2CO_3、$NaHCO_3$、$NaOH$ 等；酸性物质主要有盐酸、硫酸等；

b）药剂应有一定的存储量，酸性物质贮存时间宜为 7 d 以上，碱性物质贮存时间宜为 15 d 以上；

c）溶药宜采用专用的溶药罐和搅拌设备，投加宜采用计量泵自动定量投加；

d）pH 值粗调宜在中和池或调节池中投加酸性物质或碱性物质进行，pH 值微调宜采用管道混合器和定量加酸加碱泵进行；

e）在加药间宜同时设置营养盐（氮、磷等）等药品溶解和加药装置。

6.2.7 当进水可生化性较差时，宜设置酸化池。酸化池设计应满足以下要求：

a）宜采用底部布水上向流方式；

b）宜根据地区气候条件不同，增加浮渣、沉渣、保温等处理设施；

c）有效水深宜为 4.0~6.0 m；

d）酸化池容积宜采用容积负荷计算法，按式（1）计算。

$$V_s = \frac{Q \times S_a}{1\ 000 \times N_s} \tag{1}$$

式中：V_s——酸化池容积，m³；

Q——设计流量，m^3/d；

N_s——酸化负荷，$kgCOD_{Cr}/(m^3 \cdot d)$，宜取 $10\sim20\ kgCOD_{Cr}/(m^3 \cdot d)$；

S_a——酸化池进水有机物质量浓度，$mgCOD_{Cr}/L$。

6.2.8 反应器宜采用保温措施，使反应器内的温度保持在适宜范围内。如不能满足温度要求，应设置加热装置，具体要求如下：

　　a）加热方式可采用池外加热和池内加热，池外加热有加热池和循环加热两种方式，池内加热宜采用热水循环加热方式；

　　b）热交换器选型应根据废水特性、介质温度和热交换器出口介质温度确定。热交换器换热面积应根据热平衡计算，计算结果应留有 10%～20%的余量；

　　c）加热装置的需热量按式（2）计算。

$$Q_t = Q_h + Q_d \tag{2}$$

式中：Q_t——总需热量，kJ/h；

　　　Q_h——加热废水到设计温度需要的热量，kJ/h；

　　　Q_d——保持反应器温度需要的热量，kJ/h。

6.3 UASB 反应器

6.3.1 UASB 反应器池体

6.3.1.1 UASB 反应器容积宜采用容积负荷计算法，按式（3）计算。

$$V = \frac{Q \times S_o}{1\,000 \times N_v} \tag{3}$$

式中：V——反应器有效容积，m^3；

　　　Q——UASB 反应器设计流量，m^3/d；

　　　N_v——容积负荷，$kgCOD_{Cr}/(m^3 \cdot d)$；

　　　S_o——UASB 反应器进水有机物质量浓度，$mgCOD_{Cr}/L$。

6.3.1.2 反应器的容积负荷应通过试验或参照类似工程确定，在缺少相关资料时可参考附录 A 的有关内容确定。处理中、高浓度复杂废水的 UASB 反应器设计负荷可参考表 2。

表2　不同条件下絮状和颗粒污泥 UASB 反应器采用的容积负荷

废水 COD_{Cr} 质量浓度/（mg/L）	在35℃采用的负荷/[$kgCOD_{Cr}/(m^3 \cdot d)$]	
	颗粒污泥	絮状污泥
2 000～6 000	4～6	3～5
6 000～9 000	5～8	4～6
>9 000	6～10	5～8
注：高温厌氧情况下反应器负荷宜在本表的基础上适当提高。		

6.3.1.3 UASB 反应器工艺设计宜设置两个系列，具备可灵活调节的运行方式，且便于污泥培养和启动。反应器的最大单体体积应小于 3 000 m^3。

6.3.1.4 UASB 反应器的有效水深应在 5～8 m 之间。

6.3.1.5 UASB 反应器内废水的上升流速宜小于 0.8 m/h。

6.3.1.6 UASB 反应器的建筑材料应符合下列要求：

　　a）UASB 反应器宜采用钢筋混凝土、不锈钢、碳钢等材料；

b) UASB 反应器应进行防腐处理,混凝土结构宜在气液交界面上下 1.0 m 处采用环氧树脂防腐;碳钢结构宜采用可靠的防腐材料等;

c) 钢制 UASB 反应器的保温材料常用的有聚苯乙烯泡沫塑料、聚氨酯泡沫塑料、玻璃丝棉、泡沫混凝土、膨胀珍珠岩等。

6.3.2 UASB 反应器组成

UASB 反应器主要包括布水装置、三相分离器、出水收集装置、排泥装置及加热和保温装置。反应器结构形式见图 3。

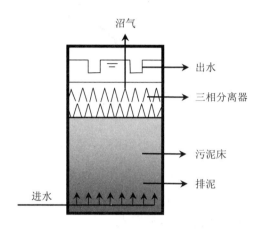

图 3 UASB 反应器结构示意图

6.3.3 布水装置

6.3.3.1 UASB 反应器宜采用多点布水装置,进水管负荷可参考表 3。

表 3 进水管负荷

典型污泥	每个进水口负责的布水面积/m²	负荷/[kgCOD$_{Cr}$/(m³·d)]
颗粒污泥	0.5~2	2~4
	>2	>4
絮状污泥	1~2	<1~2
	2~5	>2

6.3.3.2 布水装置宜采用一管多孔式布水、一管一孔式布水或枝状布水。

6.3.3.3 布水装置进水点距反应器池底宜保持 150~250 mm 的距离。

6.3.3.4 一管多孔式布水孔口流速应大于 2 m/s,穿孔管直径应大于 100 mm。

6.3.3.5 枝状布水支管出水孔向下距池底宜为 200 mm;出水管孔径应在 15~25 mm 之间;出水孔处宜设 45°斜向下布导流板,出水孔应正对池底。

6.3.4 三相分离器

6.3.4.1 宜采用整体式或组合式的三相分离器,单元三相分离器基本构造见图 4。

6.3.4.2 沉淀区的表面负荷宜小于 0.8 m³/(m²·h),沉淀区总水深应大于 1.0 m。

6.3.4.3 出气管的直径应保证从集气室引出沼气。

6.3.4.4 集气室的上部应设置消泡喷嘴。

6.3.4.5 三相分离器宜选用高密度聚乙烯（HDPE）、碳钢、不锈钢等材料，如采用碳钢材质应进行防腐处理。

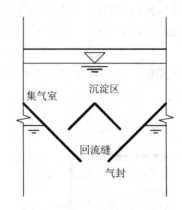

图 4　单元三相分离器基本构造图

6.3.5　出水收集装置

6.3.5.1　出水收集装置应设在 UASB 反应器顶部。

6.3.5.2　断面为矩形的反应器出水宜采用几组平行出水堰的出水方式，断面为圆形的反应器出水宜采用放射状的多槽或多边形槽出水方式。

6.3.5.3　集水槽上应加设三角堰，堰上水头大于 25 mm，水位宜在三角堰齿 1/2 处。

6.3.5.4　出水堰口负荷宜小于 1.7 L/（s·m）。

6.3.5.5　处理废水中含有蛋白质或脂肪、大量悬浮固体，宜在出水收集装置前设置挡板。

6.3.5.6　UASB 反应器进出水管道宜采用聚氯乙烯（PVC）、聚乙烯（PE）、聚丙烯（PPR）等材料。

6.3.6　排泥装置

6.3.6.1　UASB 反应器的污泥产率为 0.05～0.10 kgVSS/kgCOD$_{Cr}$，排泥频率宜根据污泥浓度分布曲线确定。应在不同高度设置取样口，根据监测污泥浓度制定污泥分布曲线。

6.3.6.2　UASB 反应器宜采用重力多点排泥方式。

6.3.6.3　排泥点宜设在污泥区中上部和底部，中上部排泥点宜设在三相分离器下 0.5～1.5 m 处。

6.3.6.4　排泥管管径应大于 150 mm；底部排泥管可兼作放空管。

6.4　剩余污泥

6.4.1　厌氧污泥宜直接排至厂区的集泥池，根据污泥性质，确定后续处理方法。颗粒污泥宜设存储装置，经过静置排水后作为接种污泥；絮状污泥宜和好氧池剩余污泥合并后一同脱水处理。

6.4.2　污泥处理和处置要求参照 GB 50014 的规定，经处理后的污泥应符合 GB 18918 的规定。

6.4.3　污泥脱水设计时宜考虑污泥最终受纳场所的要求。

6.5　沼气净化及利用

6.5.1　UASB 反应器的沼气产率为 0.45～0.50 m³/kgCOD$_{Cr}$，沼气产量按式（4）计算。

$$Q_a = \frac{Q \times (S_0 - S_e) \times \eta}{1\ 000} \tag{4}$$

式中：Q_a——沼气产量，m^3/d；

Q——设计流量，m^3/d；

η——沼气产率，$m^3/kgCOD_{Cr}$；

S_0——进水有机物质量浓度，$mgCOD_{Cr}/L$；

S_e——出水有机物质量浓度，$mgCOD_{Cr}/L$。

6.5.2 沼气净化利用主要包括脱水、脱硫及沼气贮存，系统组成见图5。

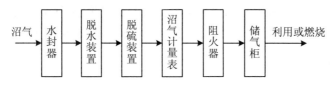

图5 沼气净化系统图

6.5.3 沼气净化利用设计应符合 NY/T 1220.1、NY/T 1220.2 和 GB 50016 的有关规定。

6.5.4 沼气利用应经过脱水和脱硫处理后方可进入后续利用装置。沼气脱水、脱硫设计应符合 NY/T 1220.2 的有关规定。

6.5.5 沼气贮存可采用低压湿式储气柜、低压干式储气柜和高压储气柜。储气柜与周围建筑物应有一定的安全防火距离。储气柜容积应根据不同用途确定：

a）沼气用于民用炊事时，储气柜的容积按日产气量的 50%～60% 计算；

b）沼气用于锅炉、发电时，应根据沼气供应平衡曲线确定储气柜的容积；无平衡曲线时，储气柜的容积应不低于日产气量的 10%。

6.5.6 沼气储气柜输出管道上宜设置安全水封或阻火器。沼气利用工程应设置燃烧器，严禁随意排放沼气，应采用内燃式燃烧器。

6.5.7 沼气日产量低于 1 300 m^3 的 UASB 反应器，宜作为炊事、采暖或厌氧换热的热源，沼气日产量高于 1 300 m^3 的 UASB 反应器宜进行发电利用或作为炊事、采暖或厌氧换热的热源。

7 检测和过程控制

7.1 检测

7.1.1 预处理宜设液位计、液位差计、液位开关及流量计，大型污水处理厂（站）宜在进口处增设 COD_{Cr} 检测仪。

7.1.2 调节池出水端宜设置温度、pH 值自动检测装置，检测值用于控制温度和药剂投加装置。

7.1.3 溶药宜采用专用的溶药罐和搅拌设备，药剂应根据检测设定值自动投加。

7.1.4 UASB 反应器应设置 pH 计、温度计、污泥界面仪等在线仪表，在线检测应符合 HJ/T 353 的有关规定。

7.1.5 剩余污泥宜设流量计计量。

7.2 过程控制

7.2.1 应结合工程规模、运行管理的要求、工程投资情况、所选用设备仪器的先进程度及维护管理水平，因地制宜选择监控指标和自动化程度。

7.2.2 中小型污水处理厂（站）宜采用集中控制，当污水处理厂（站）的规模比较大或反应器数量比较多时，宜采用分散控制的自动化控制系统。

7.2.3 UASB 反应器宜与全站其他反应器共用一套 PLC 控制器，必要时可在 UASB 反应器处设现场 I/O 模块，PLC 控制器一般不另设操作员接口设备。

7.2.4 采用成套设备时，成套设备自身的控制宜与 UASB 污水处理厂（站）设置的控制相结合。

7.2.5 关键设备附近应设置独立的控制箱，同时具有"手动/自动"的运行控制切换功能。

7.2.6 现场检测仪表应具有防腐、防爆、抗渗漏、防结垢和自清洗等功能。

8 主要辅助工程

8.1 电气工程设计应符合下列规定：
a）工艺装置的用电负荷应为二级负荷；如不能满足双路供电，应采用单路供电加柴油发电机组的供电方式。
b）高、低压用电设备的电压等级应与其供电系统的电压等级一致。
c）中央控制室主要设备应配备在线式不间断供电电源。
d）接地系统宜采用三相五线制。
e）变电所及低压配电室设计应符合国家标准 GB 50053、GB 50054 的规定。
f）供配电系统应符合 GB 50052 的规定。
g）电机应优先采用直接启动方式。当通过计算不能满足规范中规定的直接启动电压损失条件时才考虑采用降压启动方式。

8.2 防腐工程设计应符合 GB 50046 的规定。

8.3 防爆工程设计应符合 GB 50222 和 GB 3836 的规定。

8.4 抗震等设计应符合 GB 50011 的规定。

8.5 构筑物结构应符合 GB 50069 的规定。

8.6 建筑物设计应符合 GB 50037 的规定。

8.7 防火与消防工程设计应符合 GB 50016 的规定。

8.8 防雷设计应符合 GB 50057 的规定。

8.9 供水工程设计应符合 GB 50015 的规定。

8.10 排水工程设计应符合 GB 50014 的规定。

8.11 采暖通风工程设计应符合 GBJ 19 的规定。

8.12 厂区道路与绿化等工程设计应符合 GBJ 22 的规定。

9 劳动安全与职业卫生

9.1 采用 UASB 反应器的污水处理厂（站）工程的设计应采取有效防治措施保护人身安全和身体健康。

9.2 污水处理厂（站）的设计、建设、运行过程中应高度重视职业卫生和劳动安全，严格执行 GBZ 1、GBZ 2 和 GB 12801 的规定。

9.3　UASB 反应器应按照有关规定设置防护栏杆、防滑梯等安全措施。

9.4　电气设备的金属外壳均应采取接地或接零保护，钢结构、排气管、排风管和铁栏等金属物应采用等电位连接；厌氧反应器、沼气柜应加装避雷针。

9.5　UASB 反应器宜采用密闭方式，减少恶臭对周围环境的污染，臭气浓度应符合 GB/T 18883 的规定。

9.6　UASB 污水处理厂（站）宜设置恶臭集中处理设施，可采用化学除臭或生物除臭法。

9.7　UASB 反应器放空、维修时，应打开人孔与顶盖，强制通风 24 h，通过检测确认安全并佩戴防毒面具和便携式甲烷检测仪方可进入。反应器外必须有人进行安全保护。

9.8　工作人员必须按照安全规程操作，上、下沼气储气柜巡视、操作或维修时，必须配备防静电的工作服，并不得穿带铁钉的鞋或高跟鞋。

9.9　在清洗沼气净化装置时，应打开旁路阀门，检查进出口阀门是否完全关闭后方可进一步操作。

9.10　操作人员必须经常检查沼气发电机进气管路，防止漏气及冷凝水过多而影响供气。

9.11　在发电、供电等各项操作中，必须执行有关电器设备操作制度，遇有紧急情况可采用紧急停车措施。

9.12　发电机组备用或待修时，应将循环水的进、出闸阀关闭，放空主机及附属设备内的存水。

9.13　应加强作业场所的职业卫生防护，做好隔声减震和防暑、防中毒等预防工作。

10　施工与验收

10.1　一般规定

10.1.1　工程施工单位应具有国家相应的工程施工资质；工程项目宜通过招投标确定施工单位和监理单位。

10.1.2　应按工程设计图纸、技术文件、设备图纸等组织工程施工，工程变更应取得设计单位的设计变更文件后再实施。

10.1.3　施工前应进行施工组织设计或编制施工方案，明确施工质量负责人和施工安全负责人，经批准后方可实施。

10.1.4　施工过程中，应做好设备、材料、隐蔽工程和分项工程等中间环节的质量验收。

10.1.5　管道工程的施工和验收应符合 GB 50268 的规定；混凝土结构工程的施工和验收应符合 GB 50204 的规定；构筑物的施工和验收应符合 GBJ 141 和 NY/T 1220.3 的规定。

10.1.6　施工使用的设备、材料、半成品、部件应符合国家现行标准和设计要求，并取得供货商的合格证书。设备安装应符合 GB 50231 的规定。

10.1.7　工程竣工验收后，建设单位应将有关设计、施工和验收的文件存档。

10.2　施工

10.2.1　土建施工

10.2.1.1　建筑物的基础、构造柱、圈梁、模板、钢筋、混凝土等施工应符合 GB 50202 和 GB 50204 的规定。

10.2.1.2　建筑物的砖石工程施工应符合 GB 50203 的规定。

10.2.1.3　建筑物的地面工程施工应符合 GB 50209 的规定。

10.2.1.4　防渗混凝土的施工应符合 GB 50108 的规定。

10.2.1.5 钢构的制作、安装应符合 GB 50205 的规定。

10.2.1.6 处理构筑物应根据当地气温和环境条件，采取防冻措施。

10.2.1.7 污水处理厂（站）构筑物应设置必要的防护栏杆并采取适当的防滑措施，应符合 JGJ 37 的规定。

10.2.2 设备安装

10.2.2.1 设备安装应符合 NY/T 1220.3 的规定。

10.2.2.2 设备基础应按照设计要求和图纸规定浇筑。

10.2.2.3 预埋件水平度及平整度应符合 GB 50231 的规定。

10.2.2.4 地脚螺栓应按照设备出厂说明书的要求预埋，位置应准确，安装应稳固。

10.2.2.5 三相分离器安装应符合下列要求：

　　a）设备安装完毕后，进行注水试验，试验不少于 24 h，设备不得有渗漏现象。试验合格后，作防腐、保温处理；

　　b）吊装时钢丝绳应固定牢固，起吊需平稳；

　　c）设备安装前基础应找平，设备圆周部位的误差≤10 mm。

10.2.2.6 泵类的安装应符合 GB 50275 的有关规定。

10.2.2.7 脱硫罐安装应根据设备总重量、底座大小和地脚螺栓的位置安放好垫铁；罐内的构件和填料，应按技术图纸的要求进行安装；脱硫罐与各管道的连接接头不得漏气。

10.2.2.8 储气柜的施工应符合 HGJ 212 的有关规定。

10.3 工程验收

10.3.1 工程验收应按《建设项目（工程）竣工验收办法》、相应专业现行验收规范和本标准的有关规定执行。工程竣工验收前，严禁投入生产性使用。

10.3.2 布水器应按设计要求进行各项性能试验，保证布水均匀。

10.3.3 三相分离器应按设计要求进行各项性能试验，保证固、液、气的分离效果。

10.3.4 泵房和风机房等应按设计最多开启台数进行 48 h 运转试验。

10.3.5 排水管道应做闭水试验，上游充水管保持在管顶以上 2 m，外观检查应 24 h 无漏水现象。

10.3.6 验收时应对厌氧反应器进行满水试验、气密性试验、管道强度及严密性试验等。

10.3.7 仪表、化验设备应定期送计量检定部门检定。

10.3.8 变电站高压配电系统应由供电部门组织电检、验收。

10.4 环境保护验收

10.4.1 污水处理厂（站）在正式投入生产或使用之前，建设单位应向环境保护行政主管部门提出环境保护竣工验收申请。

10.4.2 污水处理厂（站）环境保护验收应按照《建设项目竣工环境保护验收管理办法》的规定和工程环境影响评价报告的批复执行。

10.4.3 污水处理厂（站）验收前应结合试运行进行性能试验，性能试验报告可作为竣工环境保护验收的技术支持文件。性能试验内容包括：

　　a）耗电量统计，分别统计各主要设备单体运行和设施系统运行的电能消耗；

　　b）满负荷运行测试，处理系统应满负荷进水，考察各工艺单元、构筑物和设备的运行工况；

c）厌氧污泥测试，观察污泥性状、活性及浓度；

d）水质检测，在工艺要求的各个重要部位，按照规定频次、指标和测试方法进行水质检测，分析污染物去除效果；

e）计算全厂技术经济指标：COD_{Cr}去除量、COD_{Cr}去除电耗（$kW·h/kgCOD_{Cr}$）、沼气产量（m^3/d）、处理成本（元/kg COD_{Cr}）等。

11 运行与维护

11.1 一般规定

11.1.1 污水处理厂（站）的运行、维护及安全管理应参照 CJJ 60 执行。

11.1.2 污水处理厂（站）的运行管理应配备专业人员和设备。

11.1.3 污水处理厂（站）在运行前应建立设备台账、运行记录、定期巡视、交接班、安全检查等管理制度，以及各岗位的工艺系统图、操作和维护规程等技术文件。

11.1.4 操作人员应熟悉本厂（站）处理工艺技术指标和设施、设备的运行要求；经过技术培训和生产实践，并考试合格后方可上岗。

11.1.5 各岗位的工艺系统图、操作和维护规程等应示于明显位置，运行人员应按规程进行操作，并定期检查构筑物、设备、电器和仪表的运行情况。

11.1.6 定期对各类设备、电气、自控仪表及建（构）筑物进行检修维护，确保设施稳定可靠运行。

11.1.7 应定期检测进出水水质，并对检测仪器、仪表进行校验。

11.1.8 运行中应严格进行经常性和定期性安全检查，及时消除事故隐患，防止事故发生。

11.2 水质检验

11.2.1 污水处理厂（站）应设水质检验室，配备检验人员和仪器。

11.2.2 水质检验室内部应建立健全的水质分析质量保证体系。

11.2.3 检验人员应经培训后持证上岗，并应定期进行考核和抽检。

11.2.4 检验方法应符合 CJ/T 51 的规定。

11.2.5 样品采集应符合 HJ/T 91 的规定。

11.2.6 样品不能立即进行检验需要进行保存时应符合 GB 12999 的规定。

11.2.7 宜每日检测 UASB 反应器进口和出口的化学需氧量（COD_{Cr}）、悬浮物（SS）及反应器内的 pH 值、温度、挥发性脂肪酸（VFA）、碱度和沼气产量，生化需氧量（BOD_5）、污泥浓度和沼气成分等性状指标宜每周检测一次。

11.3 反应器启动

11.3.1 以絮状污泥启动

11.3.1.1 反应器启动前宜进行污泥产甲烷活性的检测，检测方法可参考附录 B。

11.3.1.2 UASB 反应器的启动周期较长，一旦启动完成，停止运行后的再次启动可迅速完成。

11.3.1.3 絮状污泥接种方式的接种量宜为 20～30 kg SS/m^3。

11.3.1.4 UASB 反应器的启动负荷应小于 1 kg COD_{Cr}/（$m^3·d$），上升流速应小于 0.2 m/h，进水 COD_{Cr} 浓度大于 5 000 mg/L 或处理有毒废水时应采取出水循环或稀释进水措施。

11.3.1.5 应逐步升温（以每日升温 2℃为宜）使 UASB 反应器达到设计温度。

11.3.1.6 出水 COD_{Cr} 去除率达 80%以上，或出水挥发酸浓度低于 200 mg/L 后，可逐步提高进水容积负荷；负荷的提高幅度宜控制在设计负荷的20%～30%，直至达到设计负荷和设计去除率。

11.3.1.7　进水水力负荷过低，宜采用出水回流的方式，提高反应器内的上升流速，加快污泥颗粒化和优良菌种的选择进度。

11.3.1.8　接种污泥中宜添加少量破碎的颗粒污泥，促进颗粒化过程，缩短启动时间。

11.3.2　以颗粒污泥启动

11.3.2.1　颗粒污泥接种方式的接种量宜为10～20 kg VSS/m^3。

11.3.2.2　启动的初始负荷宜为3 kg COD_{Cr}/（m^3·d）。

11.3.2.3　处理废水与接种污泥废水性质完全不同时，宜在第一个星期保持初始污泥负荷低于最大设计负荷的50%。

11.4　运行控制

UASB反应器的运行、维护及安全管理应参照CJJ 60执行，并应符合以下规定：

a）应根据UASB反应器监测数据及时调整反应器负荷、控制进水碱度或采取其他相应措施。厌氧反应器中碱度（以$CaCO_3$计）应高于2 000 mg/L，挥发性脂肪酸（VFA）宜控制在200 mg/L以内；

b）启动和运行时，均应保证UASB反应器内pH值在6.0～8.0之间；严禁pH值降至6.0以下，必要时宜加入碳酸氢钠等碱性物质；

c）厌氧反应器反应区污泥质量浓度不宜低于30 g VSS/L；

d）厌氧反应器污泥层应维持在三相分离器下0.5～1.5 m，污泥过多时应进行排泥；

e）厌氧反应器宜维持稳定的设计温度；

f）应保证厌氧反应器溢流管畅通。

11.5　停产控制

11.5.1　反应器长期停运时，应将反应器放空，并采取相应的防冻措施。

11.5.2　反应器再启动时，应先恢复运行温度，并根据运行状态逐步提高进水负荷。

11.6　维护保养

11.6.1　废水处理设施、设备的维护保养应纳入全厂的维护保养计划中。

11.6.2　企业应根据设计单位和设备供应商提供的设备资料制定详细的维护保养计划。

11.6.3　维修人员应根据维护保养规定定期检查、更换或维修必要的部件，并做好维护保养记录。

11.6.4　应定期对UASB反应器中的pH计、温度计、流量计、液位计、污泥浓度计、污泥界面仪等仪表进行校正和维修。

11.6.5　厌氧反应器本体、各种管道及阀门应每年进行一次检查和维修。

11.6.6　厌氧反应器的各种加热设施应经常除垢、清通。

11.7　应急措施

11.7.1　过量的有毒有害物质进入UASB反应器时，应采取回流、稀释进水，同时调节反应器内营养盐等应急措施，保证反应器的正常运行。

11.7.2　沼气利用系统突发故障时，应立即启动燃烧器。

11.7.3　企业应根据自身生产情况及废水排放周期等综合因素设置事故池。

附录A（资料性附录）

国内外实际工程UASB反应器的设计负荷统计表

序号	废水类型	国外 负荷/[kg COD$_{Cr}$/(m^3·d)] 平均	最高	最低	统计厂家数	国内 负荷/[kg COD$_{Cr}$/(m^3·d)] 平均	最高	最低	统计厂家数
1	酒精生产	11.6	15.7	7.1	7	6.5	20.0	2.0	15
2	啤酒厂	9.8	18.8	5.6	80	5.3	8.0	5.0	10
3	造酒厂	13.9	18.5	9.9	36	6.4	10.0	4.0	8
4	葡萄酒厂	10.2	12.0	8.0	4				
5	乳品、奶场	9.4	15.0	4.8	9				
6	清凉饮料	6.8	12.0	1.8	8	5.0	5.0	5.0	12
7	小麦淀粉	8.6	10.7	6.6	6	6.5	7.0	6.0	2
8	淀粉	9.2	11.4	6.4	6	5.4	8.0	2.7	2
9	土豆加工等	9.5	16.8	4.0	24	6.8	10.0	6.0	5
10	酵母业	9.8	12.4	6.0	16	6.0	6.0	6.0	1
11	柠檬酸生产	8.4	14.3	1.0	3	14.8	20.0	6.5	3
12	马来酸生产	17.8	17.8	17.8	1				
13	味精					3.2	4.0	2.3	2
14	麦芽制造厂	6.5	6.5	6.5	1				
15	面包厂	8.7	9.9	6.8	3				
16	油炸薯条	10.5	10.5	10.5	1				
17	巧克力	9.2	10.0	8.4	2				
18	糖果厂	7.7	11.0	4.8	3				
19	制糖	15.2	22.5	8.2	12				
20	果品加工等	10.2	15.7	3.7	13				
21	食品加工	9.1	13.3	0.8	10	3.5	4.0	3.0	2
22	蔬菜加工	12.1	20.0	9.2	4				
23	大豆加工	11.7	15.4	9.4	4	6.7	8.0	5.0	3
24	咖啡加工	7.4	9.1	5.7	2				
25	鱼类加工	9.9	10.8	9.0	2				
26	再生纸，纸浆	12.3	20.0	7.9	15				
27	造纸	12.7	38.9	6.0	39				
28	制药厂	10.9	33.2	6.3	11	5.0	8.0	0.8	5
29	烟厂	6.7	7.4	6.0	2				
30	家畜饲料厂	10.5	10.5	10.5	1				
31	屠宰场	6.2	6.2	6.2	1	3.1	4.0	2.3	4
32	垃圾滤液	9.9	12.0	7.9	7				
33	热解污泥上清液	15.0	15.1	15.0	2				
34	城市污水	2.5	3.0	2.0	2	0.0	0.0	0.0	0
35	其他	8.8	15.2	5.6	7	6.5	6.5	6.5	1

附录 B（资料性附录）

污泥产甲烷活性测定方法

B.1 目的

这一测定的目的是为了了解厌氧污泥（以 VSS 计）的产甲烷活性，即单位重量以 VSS 计的污泥在单位时间内所能产生的甲烷量。由于废水中被去除的 COD_{Cr} 主要转化为甲烷，因此污泥产甲烷活性可反映出污泥所能具有的去除 COD_{Cr} 及产生甲烷的潜力，它是污泥品质的重要参数。

污泥的产甲烷活性与许多因素有关，试验必须在标准条件下进行。

B.2 测定所用的装置

测定污泥的产甲烷活性装置可采用血清瓶作为反应器，如图 B.1 所示。

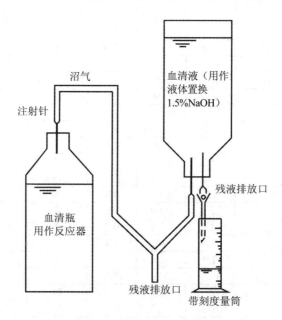

图 B.1 利用血清瓶测定甲烷活性的实验装置

B.3 测定条件

B.3.1 温度

发酵温度（35℃）作为实验温度。

B.3.2 基质和污泥的浓度

表 B.1 列出血清瓶反应器（0.5～1 L）中推荐使用的污泥和底物浓度，其中 COD_{CH_4}

指以 COD_{Cr} 表示的甲烷产量。

表 B.1 在产甲烷活性测定中使用的污泥和底物 VFA 质量浓度

测定装置	污泥质量浓度/(g VSS/L)	VFA 质量浓度/(g COD_{Cr}/L)
血清瓶	1.0~1.5	3.5~4.5

B.3.3 基质（VFA）的组成

测定污泥活性可用 VFA 作为底物，VFA 的组成也会对测定结果有影响。可配制 VFA 储备液，例如可选取乙酸、丙酸、丁酸浓度比为 73：23：4，总 COD_{Cr} 质量浓度为 20 g/L，测定时可根据需要进行稀释。根据研究的需要，也可采用其他比例，表 B.2 可作为配制其他比例的参考。

表 B.2 VFA 储备液配比

挥发性脂肪酸（VFA）	gCOD/gVFA	密度/(g/L)	体积/ml
乙酸	1.067	1.05	13.04
丙酸	1.514	0.993	3.06
丁酸	1.818	0.957	0.46

B.3.4 pH 值

一般测定前先将底物 VFA 配成浓度较大的母液，然后以 NaOH 中和至 pH 值为 7。VFA 必须被中和，否则非离子化的 VFA 会引起严重抑制作用。

B.3.5 营养物和微量元素

测定污泥活性所配制的水样中还应当添加营养物和微量元素，其标准可参照表 B.3 配制。

表 B.3 厌氧活性测定标准无机营养液组成

成分	在反应器内质量浓度/(mg/L)	成分	在反应器内质量浓度/(mg/L)
NH_4Cl	400	NH_4VO_3	0.5
$MgSO_4 \cdot 7H_2O$	400	$CaCl_2 \cdot 2H_2O$	0.5
KCl	400	$ZnCl_2$	0.5
$Na_2S \cdot 9H_2O$	300	$AlCl_3 \cdot 6H_2O$	0.5
$CaCl_2 \cdot 2H_2O$	50	$NaMoO_4 \cdot 2H_2O$	0.5
$(NH_4)_2HPO_4$	80	H_3BO_3	0.5
$FeCl_2 \cdot 4H_2O$	40	$NiCl_2 \cdot 6H_2O$	0.5
$CoCl_2 \cdot 6H_2O$	10	$NaWO_4 \cdot 2H_2O$	0.5
KI	10	Na_2SeO_3	0.5
$(NaPO_3)_6$	10	$C_9H_{11}NO_3$	10
$MnCl_2 \cdot 4H_2O$	4.5	$NaHCO_3$	6 000

同时，为简化可配制大量营养物和微量元素的母液，大量营养液每升含 NH_4Cl 170 g，NH_2PO_4 37 g，$CaCl_2 \cdot 2H_2O$ 0.8 g，$MgSO_4 \cdot 4H_2O$ 9 g。微量元素每升含 $FeCl_3 \cdot 4H_2O$ 2 000 mg，$CoCl_2 \cdot 6H_2O$ 2 000 mg，$MnCl_2 \cdot 4H_2O$ 500 mg，$CuCl_2 \cdot 2H_2O$ 30 mg，$ZnCl_2$ 50 mg，H_3BO_3 50 mg，$(NH_4)_6Mo_7O_{24} \cdot 4H_2O$ 90 mg，$Na_2SeO_3 5H_2O$ 100 mg，$NiCl_2 \cdot 6H_2O$ 50 mg，EDTA 1 000 mg，36%HCl 1 ml，刃天青 500 mg 和硫化钠母液 $Na_2S \cdot 9H_2O$ 100 g。使用时

临时配制。

配制水样时每升加入以上母液各 1 ml。此外，还要加入酵母提取物（酵母膏）0.2 g。

B.4 测定步骤

在反应器内加入适量 VFA 底物后，根据上述原则加入有大量营养物和微量元素的母液、硫化物和酵母提取物等，并补加水到预定体积。向上述混合物中通入氮气 3 min 以除去部分溶解氧，然后按图示将反应器与液体置换系统相连接。逐日记录产气量（以量筒中的碱液体积代表所产甲烷体积），直到底物 VFA 的 80%已被利用。然后开始第二次投加水样再逐日记录每日产气量直到 80%的底物已被利用。

第一次投加水样目的在于使污泥适应这种底物，因此第一次投加水样时污泥的活性总是较低。一般第二次投加水样后的结果可作为正式测定的结果。

B.5 计算

B.5.1 曲线绘制

产甲烷活性的计算应根据第二次曲线计算。在曲线中有一个最大活性区间，污泥的产甲烷活性（R）是这一区间的平均斜率，其单位为 $mlCH_4/h$。另外，最大活性区间应当至少覆盖已利用的底物 VFA 的 50%。

B.5.2 计算

根据最大活性区间的平均斜率 R 即可计算出污泥的产甲烷活性，计算如下：

$$ACT = \frac{24R}{F \cdot V \cdot VSS} \tag{1}$$

式中：ACT——污泥产甲烷活性，$g\ COD_{CH_4}/(g\ VSS \cdot d)$；

R——产甲烷速率（即曲线中最大活性区间的平均斜率），$mlCH_4/h$；

F——含饱和水蒸气的甲烷体积数与以克为单位的 COD_{Cr} 的转换系数，见表 B.4；

V——反应器中的液体体积，L；

VSS——反应器中污泥的质量浓度，$g\ VSS/L$。

表 B.4 相当于 1 g COD_{Cr} 的甲烷气的体积毫升数（1.01×10^5 Pa）

温度/℃	干燥甲烷/ml	含饱和水蒸气的甲烷/ml
10	363	367
15	369	376
20	376	385
25	382	394
30	388	405
35	395	418
40	401	433
45	408	450
50	414	471

中华人民共和国国家环境保护标准

生物滤池法污水处理工程技术规范

Technical specifications for biofilter in wastewater bio-film treatment

HJ 2014—2012

前 言

为贯彻《中华人民共和国环境保护法》和《中华人民共和国水污染防治法》，防治水污染，改善环境质量，规范生物滤池在污（废）水处理工程中的应用，制定本标准。

本标准规定了采用生物滤池法的污（废）水处理工程的工艺设计、主要工艺设备、检测与控制、施工验收、运行与维护等的技术要求。

本标准为首次发布。

本标准由环境保护部科技标准司组织制订。

本标准主要起草单位：中国环境保护产业协会、清华大学、安乐工程有限公司、安徽国祯环保节能科技股份有限公司、北京城市排水集团有限责任公司、北京市环境保护科学研究院。

本标准环境保护部 2012 年 3 月 19 日批准。

本标准自 2012 年 6 月 1 日起实施。

本标准由环境保护部解释。

1 适用范围

本标准规定了采用以好氧过程为主的生物滤池工艺污（废）水处理工程的工艺设计、主要工艺设备、检测与控制、施工验收、运行与维护等的技术要求。本标准不适用污（废）水厌氧生物滤池处理工艺。

本标准适用于采用生物滤池法的城镇污水和与城镇污水水质相类似的工业废水处理工程，可作为环境影响评价、设计、施工、环境保护验收及建成后运行管理的技术依据。

2 规范性引用文件

本标准内容引用了下列文件中的条款。凡是未注明日期的引用文件，其有效版本适用于本标准。

GB 3096 声环境质量标准

GB 8978 污水综合排放标准

GB 12348 工业企业厂界噪声标准

GB 18918　城镇污水处理厂污染物排放标准
GB/T 18920　城市污水再生利用　城市杂用水水质
GB 50009　建筑结构荷载规范
GB 50011　建筑抗震设计规范
GB 50013　室外给水设计规范
GB 50014　室外排水设计规范
GB 50016　建筑设计防火规范
GB 50052　供配电系统设计规范
GB 50053　10 kV及以下变电所设计规范
GB 50054　低压配电设计规范
GB 50069　给水排水工程构筑物结构设计规范
GB 50141　给水排水构筑物工程施工及验收规范
GB 50187　工业企业总平面设计规范
GB 50191　构筑物抗震设计规范
GB 50194　建设工程施工现场供用电安全规范
GB 50204　混凝土结构工程施工质量验收规范
GB 50205　钢结构工程施工质量验收规范
GB 50222　建筑内部装修设计防火规范
GB 50231　机械设备安装工程施工及验收通用规范
GB 50268　给水排水管道工程施工及验收规范
GB 50275　压缩机、风机、泵安装工程施工及验收规范
GB 50334　城市污水处理厂工程质量验收规范
GB 50335　污水再利用工程设计规范
GB 50352　民用建筑设计通则
GBJ 22　厂矿道路设计规范
GBJ 87　工业企业噪声控制设计规范
GBZ 1　工业企业设计卫生标准
CJ 343　污水排入城镇下水道水质标准
CJJ 31　城镇污水处理厂附属建筑和附属设备设计标准
CJJ 60　城市污水处理厂运行、维护及其安全技术规程
CJ/T 43　水处理用滤料
CJ/T 51　城市污水水质检验方法标准
CJ/T 221　城市污水处理厂污泥检验方法
CJ/T 299　水处理用人工陶粒滤料
CECS 265　曝气生物滤池工程技术规程
HJ/T 91　地表水和污水监测技术规范
HJ/T 250　环境保护产品技术要求　旋转式细格栅
HJ/T 251　环境保护产品技术要求　罗茨鼓风机
HJ/T 252　环境保护产品技术要求　中、微孔曝气器

HJ/T 278　环境保护产品技术要求　单级高速曝气离心鼓风机
HJ/T 336　环境保护产品技术要求　潜水排污泵
HJ/T 353　水污染源在线监测系统安装技术规范
HJ/T 354　水污染源在线监测系统验收技术规范
HJ/T 355　水污染源在线监测系统运行与考核技术规范
HJ/T 369　环境保护产品技术要求　水处理用加药装置

《建设项目（工程）竣工验收办法》（国家计委计建设[1990]215号）

《建设项目竣工环境保护验收管理办法》（2001年国家环境保护总局令　第13号）

3　术语和定义

下列术语和定义适用于本标准。

3.1　生物滤池法 biofilter；biological filter

依靠污（废）水处理构筑物内填装的填料的物理过滤作用，以及填料上附着生长的生物膜的好氧氧化、缺氧反硝化等生物化学作用联合去除污（废）水中污染物的人工处理技术，常见的包括低负荷生物滤池法、高负荷生物滤池法、塔式生物滤池法和曝气生物滤池法。

3.2　低负荷生物滤池 low-rate biological filter，trickling filter

滤料粒径较大、自然通风供氧、且进水 BOD 容积负荷较低[通常不大于 0.4 kg/(m^3·d)]的一种生物滤池。又称普通生物滤池或滴滤池。

3.3　高负荷生物滤池 high-rate biological filter

在低负荷生物滤池的基础上，通过限制进水 BOD 含量并采取处理出水回流等技术获得较高的滤速，将 BOD 容积负荷提高 6～8 倍，同时确保 BOD 去除率不发生显著下降的一种生物滤池。

3.4　塔式生物滤池 biotower

构筑物呈塔式，塔内分层布设轻质滤料（填料），污（废）水由上往下喷淋过程中，与滤料上生物膜及自下向上流动的空气充分接触，使污（废）水获得净化的一种生物滤池。

3.5　曝气生物滤池 biological aerated filter，BAF

由接触氧化和过滤相结合的一种生物滤池，采用人工曝气、间歇性反冲洗等措施，主要完成有机污染物和悬浮物的去除。

3.6　滤料 filtering media

生物滤池中微生物固着栖息、繁殖生长，并对污（废）水中的悬浮物具有物理截留过滤作用的载体。

3.7　滤料层 filter bed

在过滤过程中对水中污染物起到有效净化、过滤作用的材料层。

3.8　承托层 filter supporting bed

为防止滤料从配水系统中流失，在配水系统与滤料层之间设置的粒状材料层。

3.9　出水堰板 effluent weir plate

设置在滤池出水堰处防止滤料流失并且调节出水平衡的装置。

3.10　反冲洗时间 backwash time

滤料层反冲洗所经历的时间，单位 min。

3.11 空床停留时间 empty bed retention time
污（废）水在生物滤池滤料层所占容积的水力停留时间，单位 h。

3.12 反冲洗强度 backwashing rate
反冲洗水或反冲洗空气在单位时间内通过单位面积滤料层的流量，一般以 L/(m^2·s) 为单位。

3.13 气水联合反冲洗 combined water and air backwash
为提高水反冲洗的效果，同时采用空气辅助冲洗的反冲洗方式。

3.14 五日生化需氧量容积负荷 BOD_5-volumetric loading rate
每立方米有效容积单位时间内所能接受的五日生化需氧量，一般以 kg BOD_5/(m^3·d) 为单位。

3.15 硝化容积负荷 nitrification volumetric loading rate
每立方米有效容积单位时间内硝化的氨氮量，一般以 kg NH_3-N/(m^3·d) 为单位。

3.16 反硝化容积负荷 denitrification volumetric loading rate
每立方米有效容积单位时间内反硝化的硝酸盐氮量，一般以 kg NO_3-N/(m^3·d) 为单位。

3.17 水力负荷 surface loading rate，hydraulic loading rate
处理装置每平方米面积每天所能接受的污（废）水水量，一般以 m^3/(m^2·d) 为单位。

3.18 滤速 filtration rate
单位滤池过滤面积在单位时间内的滤过水量，单位 m/h。

3.19 水力停留时间 hydraulic retention time
填装滤料后，污（废）水通过生物滤池滤料层的实际平均接触停留时间，单位 h。

3.20 固定布水器 fixed distributor
生物滤池中由固定的布水管和喷嘴等组成的布水装置。

3.21 旋转布水器 rotating distributor
生物滤池中由若干条布水管组成的，利用从布水管孔口喷出的水流所产生的反作用力，推动布水管绕旋转轴旋转，达到均匀布水目的的旋转布水装置。

3.22 空气扩散器 air diffuser
曝气生物滤池中曝气供氧的空气扩散装置。

3.23 滤头 filter nozzle
安装在曝气生物滤池中下部的承托滤板上，用来正常配水、反冲洗配水、反冲洗配气的一种布水、布气装置。

3.24 滤板 supporting board
固定专用滤头并承载滤料的、具有一定承载强度和水平精度要求的托板。

3.25 回流比 recycle ratio
采用前置反硝化生物滤池脱氮时，硝化液回流量与设计进水流量的比值，一般以百分数计。

4 污染物与污染负荷

4.1 进入生物滤池的污（废）水设计水量应按照 HJ/T 91 和 GB 50014 的相关规定确定。

4.2 进入生物滤池的污（废）水应具有较好的可生化性，BOD_5/COD_{Cr}宜大于0.3，pH值宜为6.5～9.5，水温宜为12～35℃。污（废）水营养组合比（BOD_5：氮：磷）宜为100：5：1，且水中不应含对微生物有抑制和毒害作用的污染物。

4.3 当进入生物滤池的污（废）水中含有大颗粒悬浮物、油脂、沙砾、纤维物、影响生化处理的物质时，或进水水质与生活污水水质有较大差异，污（废）水可生化性较差时，应根据进水水质采取适当的预处理或前处理。

4.4 当进水水质、水量波动较大时，应设置调节设施。

4.5 污水处理有除氨氮要求时，进水总碱度（以$CaCO_3$计）/氨氮（NH_3-N）的比值宜不小于7.14，且好氧池（区）剩余碱度宜大于70 mg/L，不满足上述条件时宜补充碱度。

4.6 污水处理有脱总氮要求时，反硝化要求进水的易降解碳源BOD_5/总凯氏氮比值应大于4.0，总碱度（以$CaCO_3$计）/氨氮（NH_3-N）的比值宜不小于3.6，不满足上述条件时，应合理补充碳源或碱度。

4.7 污水处理有除磷要求时，进水BOD_5/总磷的比值不宜小于17.0。生物滤池中对于出水总磷浓度达不到设计要求时，可采用其他方式除磷，如化学除磷等。

4.8 当无试验资料时，生物滤池污水处理工艺的污染物去除率可参考表1计算。

表1 生物滤池污水处理工艺污染物一般去除率

污水类别	主体工艺	污染物去除率/%					
		悬浮物（SS）	五日生化需氧量（BOD_5）	化学需氧量（COD_{Cr}）	氨氮	总氮	总磷
市政污水	预处理+生物滤池	75～98	80～95	80～90	80～95	50～80（有缺氧单元或区域）	40～80（有厌氧单元或区域）
工业废水	前处理+生物滤池	75～98	70～90	70～85	—	—	—

注：根据进水水质、出水要求、工艺流程等，生物滤池处理单元之前可以设置不同的预处理或前处理方式。

5 总体要求

5.1 生物滤池污水处理工艺宜适用于城镇污水的二级处理。同时也适用于类似市政污水水质的工业废水的生物处理，作为工业废水处理工艺流程的组成部分。

5.2 生物滤池污水处理工艺可单独应用，也可与其他污水处理工艺组合应用。生物滤池工艺流程的选择应根据不同的进水水质及处理要求，通过技术、经济及环境影响等因素综合分析后确定。

5.3 工程设计应符合GB 50013、GB 50014、GB 50335等国家现行的有关标准和技术规范的要求。

5.4 生物滤池法的处理构筑物应根据当地气温和环境等条件，采取防冻、防臭、控制蝇虫和防腐蚀等措施，处理构筑物应符合GB 50069、GB 50009和GB 50191国家标准的有关规定。

5.5 应根据工艺运行要求设置检测与控制系统，实现运行管理自动化。

5.6 在污水处理厂（站）建设、运行过程中产生的废气、污水、废渣、噪声及其他污染物的治理与排放，应执行国家环境保护法规和标准的有关规定，防止二次污染。

5.7 污水处理厂（站）的设计、建设应采取有效的隔声、消声、绿化等降低噪声的措施，噪声和振动控制的设计应符合 GBJ 87 的要求，机房内、外的噪声应分别符合 GBZ 1 和 GB 3096 的规定，厂界噪声应符合 GB 12348 的规定。

5.8 建（构）筑物应设置必要的防护栏杆，采取适当的防滑措施，并符合 GB 50352 的规定。

5.9 污水处理厂（站）区建筑物的防火设计应符合 GB 50016 和 GB 50222 等规范的规定。

5.10 污水处理厂（站）的防洪标准不应低于城镇防洪标准，且有良好的排水条件。

5.11 污水处理厂厂址选择和总体布置应符合 GB 50014 的相关规定。总图设计应符合 GB 50187 的相关规定。

5.12 污水处理厂附属建筑和附属设备设计应符合 CJJ 31 的规定，抗震设计应符合 GB 50011 的规定。

5.13 城镇污水处理厂应按照 GB 18918 的相关规定安装在线监测系统，其他污水处理工程应按照国家或当地的环境保护管理要求安装在线监测系统。在线监测系统的安装、验收和运行应符合 HJ/T 353、HJ/T 354 和 HJ/T 355 的相关规定。

6 低负荷生物滤池工艺设计

6.1 一般规定

6.1.1 低负荷生物滤池适用于小规模的污（废）水处理，并且根据污（废）水的水质条件，滤池前宜设沉砂池、初次沉淀池或混凝沉淀池、除油池、厌氧水解池等预处理或前处理设施。

6.1.2 低负荷生物滤池进水的五日生化需氧量宜控制在 200 mg/L 以下，高于此值时，宜将处理出水回流，以稀释进水有机物浓度。

6.2 设计参数及要求

6.2.1 低负荷生物滤池的平面形状宜为圆形或矩形。

6.2.2 低负荷生物滤池的个数或分格数应不少于 2 个，并按同时工作设计。

6.2.3 低负荷生物滤池的滤料应耐腐蚀、强度高、比表面积大、空隙率高，尽可能就地取材。一般宜采用碎石、卵石、炉渣、焦炭等无机滤料。用作滤料的塑料制品应具有较好的抗氧化性能。

6.2.4 采用碎石类滤料时，应符合下列要求：

a) 滤池下层滤料粒径宜为 60～100 mm，层厚 0.2 m；上层滤料粒径宜为 30～50 mm，层厚 1.3～1.8 m；

b) 采用碎石类滤料的滤池处理城市污水或与城市污水水质相近的工业废水时，常温下，水力负荷以滤池面积计，宜为 1.0～3.0 m^3/（m^2·d）；五日生化需氧量容积负荷以滤料体积计，宜为 0.15～0.3 kg BOD$_5$/（m^3·d）。

6.2.5 低负荷生物滤池的布水可采用固定布水系统，由投配池、配水管网和喷嘴三部分组成。借助投配池的虹吸作用，使得布水过程自动间歇进行。喷洒周期一般为 5～15 min。安装在配水管上的喷嘴应该高出滤料表面 0.15～0.20 m，喷嘴口径通常为 15～20 mm。

6.2.6 低负荷生物滤池应采用自然通风方式进行供氧，滤池底部空间的高度不应小于0.6 m，沿滤池池壁四周下部应设置自然通风孔，其总面积不应小于池表面积的1%。

6.2.7 低负荷生物滤池的池底应设1%～2%坡度坡向集水沟，集水沟以0.5%～2%的坡度坡向总排水沟，总排水沟的坡度不宜小于0.5%，并有冲洗底部排水渠的措施。

6.3 设计计算

6.3.1 滤料总体积，可按下式计算：

$$V = \frac{Q \cdot S_0}{1\,000 \cdot L_V} \tag{1}$$

式中：V——滤料总体积（堆积体积），m^3；
　　　Q——滤池的设计流量，m^3/d；
　　　S_0——滤池进水五日生化需氧量，mg/L；
　　　L_V——滤池五日生化需氧量容积负荷，kg BOD_5/（m^3·d），宜为0.15～0.3 kg BOD_5/（m^3·d）。

6.3.2 滤池有效面积，可按下式计算：

$$F = \frac{V}{H} \tag{2}$$

式中：F——滤池有效面积，m^2；
　　　H——滤料层总高度，m，宜为1.5～2.0 m；
　　　V——滤料总体积（堆积体积），m^3。

6.3.3 用水力负荷校核滤池面积，可按下式计算：

$$q = \frac{Q}{F} \tag{3}$$

式中：q——滤池的水力负荷，m^3/（m^2·d），宜为1～3 m^3/（m^2·d）；
　　　Q——滤池的设计流量，m^3/d；
　　　F——滤池有效面积，m^2。

7 高负荷生物滤池工艺设计

7.1 一般规定

7.1.1 高负荷生物滤池适用于中小规模的污（废）水处理，并且根据污（废）水水质条件，滤池前宜设沉砂池、初次沉淀池或混凝沉淀池、除油池、厌氧水解池等预处理或前处理设施。

7.1.2 宜采用单级滤池系统，如原污水污染物浓度较高且对处理水质要求较高时，可采用两级滤池系统。

7.1.3 高负荷生物滤池进水的五日生化需氧量值应控制在300 mg/L以下，否则宜用生物滤池处理出水回流，回流比经计算求得。当进水污染物浓度较高或者含有一定的对微生物有毒成分的污（废）水时，也应进行回流。

7.2 设计参数及要求

7.2.1 高负荷生物滤池的平面形状宜采用圆形。

7.2.2 高负荷生物滤池宜常采用旋转布水装置。

7.2.3 滤料层和承托层的总高度宜为 2.0~4.0 m。当采用自然通风时，滤料层高度不应大于 2.0 m；当滤料层高度超过 2.0 m 时，应采取人工强制通风措施。

7.2.4 高负荷生物滤池宜采用碎石或塑料制品作滤料，当采用碎石类滤料时，应符合下列要求：

（1）滤池下层滤料粒径宜为 70~100 mm，厚 0.2 m；上层滤料粒径宜为 40~70 mm，厚度不宜大于 1.8 m；

（2）处理城市污水时，常温下，水力负荷以滤池面积计宜为 10~36 m³/（m²·d）；五日生化需氧量容积负荷以滤料体积计，不宜大于 1.8 kg BOD₅/（m³·d）。

7.3 设计计算

7.3.1 滤料总体积，可按下式计算：

$$V = \frac{Q \cdot S_0}{1\,000 \cdot L_V} \tag{4}$$

式中：V——滤料总体积（堆积体积），m³；
　　　Q——滤池的设计流量，m³/d；
　　　S_0——滤池进水五日生化需氧量，mg/L；
　　　L_V——滤池五日生化需氧量容积负荷，kg BOD₅/（m³·d），不宜大于 1.8 kg BOD₅/（m³·d）。

7.3.2 滤池有效面积，可按下式计算：

$$F = \frac{V}{H} \tag{5}$$

式中：F——滤池有效面积，m²；
　　　V——滤料总体积（堆积体积），m³；
　　　H——滤池滤料层高度，m。

7.3.3 滤池直径，可按下式计算：

$$D = 2 \times \sqrt{\frac{F}{n \cdot \pi}} \tag{6}$$

式中：D——滤池直径，m；
　　　F——滤池有效面积，m²；
　　　n——滤池个数。

7.3.4 回流比，可按下式计算：

$$R = \left(\frac{F \cdot q}{Q} - 1\right) \times 100\% \tag{7}$$

式中：R——回流比，%；
　　　F——滤池有效面积，m²；
　　　q——滤池水力负荷，m³/（m²·d），当 $q<10$ m³/（m²·d）时，应该加大回流倍数，使得 q 达到 10 m³/（m²·d）以上，q 通常在 10~36 m³/（m²·d）之间；
　　　Q——滤池的设计流量，m³/d。

8 塔式生物滤池工艺设计

8.1 一般规定

8.1.1 塔式生物滤池的处理规模不宜超过 10 000 m³/d，并且根据污（废）水的水质条件，滤池前宜设沉砂池、初次沉淀池或混凝沉淀池、除油池、厌氧水解池等预处理或前处理设施。

8.1.2 塔式生物滤池进水的五日生化需氧量应控制在 500 mg/L 以下，否则处理出水应回流。

8.2 设计参数及要求

8.2.1 塔式生物滤池的平面形状宜采用圆形，宜用砖混、钢筋混凝土或钢板制成。

8.2.2 塔式生物滤池直径宜为 1.0～3.5 m，直径与高度之比宜为 1:6～1:8；滤料层厚度宜根据试验资料确定，宜为 8～12 m。

8.2.3 塔式生物滤池水力负荷和五日生化需氧量容积负荷应根据试验资料确定。无试验资料时，水力负荷宜为 80～200 m³/(m²·d)，五日生化需氧量容积负荷宜为 1.0～3.0 kgBOD₅/(m³·d)。

8.2.4 塔式生物滤池的滤料应采用轻质材料，可采用的有聚乙烯波纹板、玻璃钢蜂窝和聚苯乙烯蜂窝等。

8.2.5 塔式生物滤池滤料应分层，每层高度不宜大于 2 m，分层处宜设栅条。滤料层与层的间距宜为 0.2～0.4 m。塔顶宜高出滤料层 0.5 m。

8.2.6 塔式生物滤池各层应设观察孔、取样孔及人孔，并设置相应的操作平台。

8.2.7 塔式生物滤池宜采用自然通风。当污水含有易挥发的有毒物质时，应采用人工通风，尾气应经处理并达到相关标准后才能排放。

8.2.8 大中型塔式生物滤池的布水装置宜采用旋转布水器，小型滤池宜采用固定多孔管或喷嘴布水。

8.2.9 塔式生物滤池底部应设置集水池，集水池最高水位与最下层滤料底面之间的高度不应小于 0.5 m。集水池水面以上应沿四周设置自然通风孔，其总面积不应小于池表面积的 7.5%～10%。

8.3 塔式生物滤池设计与计算

8.3.1 塔式生物滤池滤料总体积，可按下式计算：

$$V = \frac{Q \cdot S_0}{1\,000 \cdot L_V} \tag{8}$$

式中：V——滤料总体积（堆积体积），m³；

Q——滤池的设计流量，m³/d；

S_0——滤池进水五日生化需氧量，mg/L；

L_V——滤池五日生化需氧量容积负荷，kg BOD₅/(m³·d)，宜为 1.0～3.0 kg BOD₅/(m³·d)。

8.3.2 滤池有效面积，可按下式计算：

$$F = \frac{V}{H} \tag{9}$$

式中:F——滤池有效面积,m^2;
H——滤料层总高度,m。
V——滤料总体积(堆积体积),m^3。

8.3.3 滤池直径,可按下式计算:

$$D = 2 \times \sqrt{\frac{F}{n\pi}} \tag{10}$$

式中:D——滤池的直径,m;
F——滤池有效面积,m^2;
n——滤池的个数。

8.3.4 用水力负荷校核,可按下式计算:

$$q = \frac{Q}{F} \tag{11}$$

式中:q——滤池的水力负荷,$m^3/(m^2·d)$,宜为80~200 $m^3/(m^2·d)$。如不满足,需采用处理水回流稀释;
F——滤池有效面积,m^2;
Q——滤池的设计流量,m^3/d。

9 曝气生物滤池工艺设计

9.1 一般规定

9.1.1 根据污(废)水的水质条件,曝气生物滤池前宜设沉砂池、初次沉淀池或混凝沉淀池、除油池、厌氧水解池等预处理或前处理设施,进水的悬浮固体浓度不宜大于 60 mg/L。

9.1.2 根据处理污染物不同,曝气生物滤池可分为碳氧化、硝化、后置反硝化或前置反硝化等。碳氧化、硝化和反硝化可在单级曝气生物滤池内完成,也可分别在多级曝气生物滤池内完成。

9.1.3 曝气生物滤池应具备防止滤头堵塞和防止滤料流失的措施。

9.1.4 曝气生物滤池宜以钢筋混凝土筑造为主,并考虑防渗、防漏措施。

9.1.5 曝气生物滤池反冲洗排水应根据处理规模、单格滤池每次反冲洗水量等因素,合理设置反冲洗排水缓冲池。

9.1.6 滤池的进、出水液位差应该根据配水形式、滤速和滤料层水头损失确定,其差值不宜小于 1.8 m。

9.1.7 当曝气生物滤池出水悬浮固体满足后续处理或排放标准要求时,可不设沉淀或过滤设施。

9.2 工艺流程及选择

9.2.1 主要去除污水中含碳有机物时,宜采用单级碳氧化曝气生物滤池(以下简称碳氧化滤池)工艺,工艺流程见图 1。

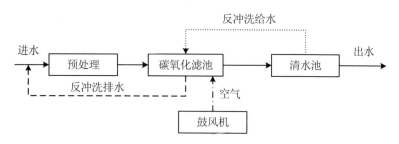

图 1　碳氧化滤池工艺流程

9.2.2　要求去除污水中含碳有机物并完成氨氮的硝化时可采用碳氧化滤池工艺流程，并适当降低负荷；也可采用碳氧化滤池和硝化曝气生物滤池（以下简称硝化滤池）两级串联工艺，工艺流程见图2。

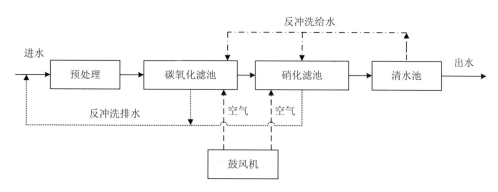

图 2　碳氧化滤池+硝化滤池两级组合工艺流程

9.2.3　当进水碳源充足且出水水质对总氮去除要求较高时，宜采用前置反硝化滤池+硝化滤池组合工艺，见图3。

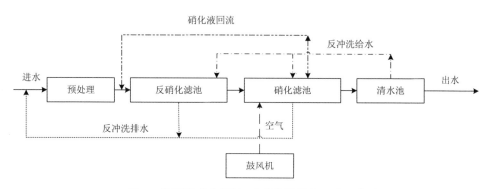

图 3　前置反硝化滤池+硝化滤池两级组合工艺流程

9.2.4　当进水总氮含量高、碳源不足而出水对总氮要求较严时可采用后置反硝化工艺，同时外加碳源，见图 4；或者采用前置反硝化滤池，同时外加碳源，见图 5。前置反硝化的生物滤池工艺中硝化液回流率可具体根据设计 NO_3-N 去除率以及进水碳氮比等确定。外加碳源的投加量需经过计算确定。

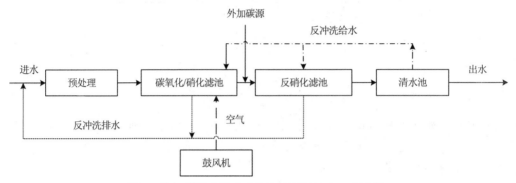

图 4　外加碳源后置反硝化滤池两级组合工艺流程

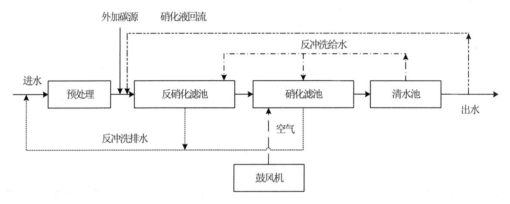

图 5　外加碳源前置反硝化滤池两级组合工艺流程

9.3　池体设计与计算

9.3.1　一般规定

9.3.1.1　曝气生物滤池宜采用上向流进水。

9.3.1.2　曝气生物滤池的平面形状可采用正方形、矩形或圆形。

9.3.1.3　曝气生物滤池在滤池截面积过大时应分格，分格数不应少于 2 格。单格滤池的截面积宜为 50～100 m²。

9.3.1.4　曝气生物滤池下部宜选用机械强度高和化学稳定性好的卵石作承托层，并按一定级配布置。

9.3.1.5　出水系统可采用周边出水或单侧堰出水，反冲洗排水和出水槽（渠）宜分开布置。应设置出水堰板等装置，防止反冲洗时滤料流失并且调节出水平衡。

9.3.2　设计参数

9.3.2.1　曝气生物滤池的容积负荷和水力负荷宜根据试验资料确定，无试验资料时，可采用经验数据或按表 2 的参数取值。

表 2 曝气生物滤池工艺主要设计参数

种类	容积负荷	水力负荷（滤速）	空床水力停留时间
碳氧化滤池	3.0～6.0 kg BOD_5/（m^3·d）	2.0～10.0 m^3/（m^2·h）	40～60 min
硝化滤池	0.6～1.0 kg NH_3-N/（m^3·d）	3.0～12.0 m^3/（m^2·h）	30～45 min
碳氧化/硝化滤池	1.0～3.0 kg BOD_5/（m^3·d） 0.4～0.6 kg NH_3-N/（m^3·d）	1.5～3.5 m^3/（m^2·h）	80～100 min
前置反硝化滤池	0.8～1.2 kg NO_3-N/（m^3·d）	8.0～10.0 m^3/（m^2·h）（含回流）	20～30 min
后置反硝化滤池	1.5～3.0 kg NO_3-N/（m^3·d）	8.0～12.0 m^3/（m^2·h）	20～30 min

注：1. 设计水温较低、进水浓度较低或出水水质要求较高时，有机负荷、硝化负荷、反硝化负荷应取下限值；
 2. 反硝化滤池的水力负荷、空床停留时间均按含硝化液回流水量确定，反硝化回流比应根据总氮去除率确定。

9.3.2.2 碳氧化滤池和硝化滤池出水中的溶解氧宜控制为 3.0～4.0 mg/L。

9.3.3 池体计算

9.3.3.1 曝气生物滤池池体体积宜按照容积负荷法计算，按水力负荷校核。

9.3.3.2 滤料体积，可按下式计算：

$$V = \frac{Q(X_0 - X_e)}{1\,000 L_{VX}} \tag{12}$$

式中：V——滤料体积（堆积体积），m^3；
 Q——设计进水流量，m^3/d；
 X_0——曝气生物滤池进水 X 污染物质量浓度，mg/L；
 X_e——曝气生物滤池出水 X 污染物质量浓度，mg/L；
 L_{VX}——X 污染物的容积负荷，碳氧化、硝化、反硝化时 X 分别代表五日生化需氧量、氨氮和硝态氮，取值见表 2，kg$X$/（m^3·d）。

注：该公式适用于碳氧化、硝化滤池、反硝化滤池及碳氧化/硝化滤池等类型生物滤池。

9.3.3.3 滤池总截面积，可按下式计算：

$$A_n = \frac{V}{H_1} \tag{13}$$

式中：A_n——滤池总截面积，m^2；
 V——滤料体积（堆积体积），m^3；
 H_1——滤料层高度，m。

9.3.3.4 单格滤池截面积，可按下式计算：

$$A_0 = \frac{A_n}{n} \tag{14}$$

式中：A_0——单格滤池截面积，m^2，取值应符合 9.3.1.3 的规定；
 n——滤池格数，个；

A_n——滤池总截面积，m^2。

9.3.3.5 水力负荷，可按下式计算：

$$q = \frac{Q}{A_n} \tag{15}$$

式中：q——水力负荷，$m^3/(m^2·h)$；

A_n——滤池总截面积，m^2；

Q——设计进水流量，m^3/d。

9.3.3.6 滤池总高度为滤料层高度、承托层高度、滤板厚度、配水区高度、清水区高度和滤池超高相加之和。可按下式计算：

$$H = H_1 + H_2 + H_3 + H_4 + H_5 + H_6 \tag{16}$$

式中：H——滤池总高度，m；

H_1——滤料层高度，m，取值宜为 2.5～4.5 m；

H_2——承托层高度，m，取值宜为 0.3～0.4 m；

H_3——滤板厚度，m；

H_4——配水区高度，m，取值宜为 1.2～1.5 m；

H_5——清水区高度，m，取值宜为 0.8～1.0 m；

H_6——滤池超高，m，取值宜为 0.5 m。

9.4 滤料

9.4.1 一般规定

9.4.1.1 曝气生物滤池所用滤料应满足如下要求：

a）形状规则，近似球形；

b）具有较好的强度；不易磨损；

c）比表面积大；

d）亲水性能好；

e）不得使处理后的水产生有毒有害成分。

9.4.1.2 曝气生物滤池滤料粒径宜取 2～10 mm。当采用多个滤池串联时，对于一级滤池或者反硝化滤池，宜选用粒径为 4～10 mm 的滤料，对于二级及后续滤池可选用粒径为 2～6 mm 的滤料。

9.4.1.3 曝气生物滤池滤料堆积密度宜为 750～900 kg/m^3。

9.4.1.4 曝气生物滤池滤料比表面积宜大于 1 m^2/g。

9.4.1.5 应根据工程实际情况以及用户要求确定曝气生物滤池滤料的有效粒径（d_{10}）、不均匀系数（K_{80}）或均匀系数（K_{60}）。

9.4.1.6 小于设计确定的最小粒径、大于设计确定的最大粒径的滤料的量均不应超过 5%（以质量计）。

9.4.2 性能参数

滤料相关技术性能参数要求及测定方法可参照 CJ/T 43、CJ/T 299 的相关规定。

9.5 布水布气

9.5.1 一般规定

9.5.1.1 曝气生物滤池宜采用小阻力布水系统并宜用专用滤头，在滤料承托层下部设置缓冲配水室。

9.5.1.2 曝气生物滤池专用滤头安装于滤板上,其布置密度应根据工艺特点和滤头性能参数确定,通常不宜小于 36 个/m²。

9.5.1.3 曝气生物滤池宜分别设置曝气充氧系统和反冲洗供气系统,曝气量应由计算得到。

9.5.1.4 曝气生物滤池曝气类型宜为鼓风曝气,鼓风曝气系统由曝气风机、布气装置和一系列连通的管道及阀门组成。

9.5.1.5 曝气生物滤池多格并联运行时,供氧风机宜采取一对一布置形式,并设置一定数量的备用风机。风机房装置的设计应符合有关规范规定振动和噪声应符合有关部门规定,机房宜靠近滤池。

9.5.1.6 布气装置可采用单孔膜空气扩散器或穿孔管曝气器,设在承托层或滤料层中,宜采用支架固定或压件固定。

9.5.1.7 布气系统应采取防止水倒流措施。

9.5.1.8 空气扩散器布置密度应根据需氧量要求通过计算后确定。

9.5.1.9 滤池通过配气干管与支管供氧,配气管应根据滤池结构形式合理布置。

9.5.2 曝气量计算

9.5.2.1 单位需氧率,可按下式计算:

$$q_{Rc} = \frac{a \cdot \Delta S(\mathrm{BOD}_5) + b \cdot X_0}{T(\mathrm{BOD}_5)} \tag{17}$$

式中:q_{Rc}——单位质量的 BOD_5 所需的氧量,kg O_2/kg BOD_5;

$\Delta S(\mathrm{BOD}_5)$——曝气生物滤池进水、出水 BOD_5 浓度差值,mg/L;

$T(\mathrm{BOD}_5)$——曝气生物滤池进水 BOD_5 浓度值,mg/L;

a、b——需氧量系数,kg O_2/kg BOD_5。一般,a 取 0.82,b 取 0.28;

X_0——曝气生物滤池进水悬浮物浓度值,mg/L。

9.5.2.2 实际需氧量,可按下列公式计算:

碳氧化滤池实际需氧量: $R_S = R_C$ (18)

硝化滤池实际需氧量: $R_S = R_N$ (19)

同步碳氧化/硝化滤池实际需氧量: $R_S = R_C + R_N$ (20)

前置反硝化工艺的后置碳氧化滤池实际需氧量: $R_S = R_C + R_N - R_{DN}$ (21)

其中:

$$R_C = \frac{Q \cdot q_{Rc} \cdot T(\mathrm{BOD}_5)}{1\,000} \tag{22}$$

$$R_N = \frac{4.57 \cdot Q \cdot \Delta S(\mathrm{TKN})}{1\,000} \tag{23}$$

$$R_{DN} = \frac{2.86 \cdot Q \cdot \Delta S(\mathrm{TN})}{1\,000} \tag{24}$$

式中:R_S——单位时间曝气生物滤池的实际需氧量,kg O_2/d;

R_C——单位时间内曝气生物滤池去除 BOD_5 的需氧量,kg O_2/d;

R_N——单位时间内曝气生物滤池氨氮硝化的需氧量,kg O_2/d;

R_{DN}——单位时间内生物滤池反硝化抵消的需氧量,kg O_2/d;

Q——设计污水流量，m^3/d；

q_{Rc}——单位质量的 BOD_5 所需的氧量，$kg\ O_2/kg\ BOD_5$；

$T(BOD_5)$——曝气生物滤池进水 BOD_5 浓度值，mg/L；

$\Delta S(TKN)$——硝化滤池进水、出水凯氏氮浓度差值，mg/L；

$\Delta S(TN)$——反硝化滤池进水、出水总氮浓度差值，mg/L；

4.57——每硝化 1 g 氨氮需消耗 4.57 g 氧；

2.86——每还原 1 g NO_3-N 可节约 2.86 g 氧。

9.5.2.3 水温为 t、压力为 p 时的需氧量，可按下列公式计算：

$$R_0 = \frac{R_S C_{sm(t)}}{\alpha \times 1.024^{t-20}(\beta \rho C_{S(t)} - C_1)} \tag{25}$$

$$C_{sm(t)} = C_{S(t)}\left(\frac{Q_t}{42} + \frac{p_b}{2.026 \times 10^5}\right) \tag{26}$$

$$Q_t = \frac{21 \times (1 - E_A)}{79 + 21 \times (1 - E_A)} \tag{27}$$

$$p_b = p + 9.8 \times 10^3 \times H \tag{28}$$

式中：R_0——标准状态下，单位时间曝气生物滤池的需氧量，$kg\ O_2/d$；

R_S——水温为 t（℃）时，单位时间曝气生物滤池的实际需氧量，$kg\ O_2/d$；

α——氧的传质转移系数，对于生活污水 α 值为 0.8；

β——饱和溶解氧修正系数，对于生活污水 β 值为 0.9~0.95；

ρ——修正系数，对于生活污水 ρ 值为 1；

$C_{sm(t)}$——水温为 t 时布气装置在水下深度处至池液面的平均溶解氧值，mg/L；

$C_{S(t)}$——水温为 t 时清水中的饱和溶解氧浓度，mg/L；

C_1——滤池出水中的剩余溶解氧浓度，宜为 3~4 mg/L；

t——水温，℃；

Q_t——当滤池氧的利用率为 E_A 时，从滤池中逸出气体中含氧量的百分数，%；

p_b——当滤池水面压力为 p 时，布气装置安装在滤池液面下 H 深度时的绝对压力，Pa；

E_A——滤池的氧的利用率，%；

p——滤池水面压力，Pa；

H——布气装置安装在滤池液面下的深度，m。

9.5.2.4 供气量，可按下式计算：

$$G_S = \frac{R_0}{0.28 E_A} \tag{29}$$

式中：G_S——鼓风曝气时，标准状态下的供气量，m^3/d；

R_0——标准状态下，单位时间曝气生物滤池的需氧量，$kg\ O_2/d$；

E_A——滤池的氧的利用率，5%~15%；

0.28——标准状态下（0.1 MPa、20℃）的每立方米空气中含氧量，$kg\ O_2/m^3$。

9.6 反冲洗

9.6.1 曝气生物滤池的反冲洗宜采用气水联合反冲洗，依次按单独气洗、气-水联合冲洗、单独水洗三个过程进行，通过专用滤头布水布气。

9.6.2 反冲洗水宜采用处理后的出水，反洗用水蓄水池应按照滤池单池反洗水量和反洗周期等综合确定。反冲洗周期与滤池负荷、过滤时间及滤池水头损失等相关，通常为24～72 h。

9.6.3 气水联合反冲洗的冲洗强度及冲洗时间与滤池负荷、过滤时间等有关，可参考表3选用。

9.6.4 曝气生物滤池反冲洗排水应根据处理规模、单格滤池每次反冲洗水量等因素，合理设置反冲洗排水缓冲池，缓冲池有效容积不宜小于1.5倍的单格滤池反冲洗总水量。

表3 气水联合反冲洗的冲洗强度及冲洗时间

项目	单独气洗	气水联合冲洗	单独水洗
强度/[L/（m²·s）]	12～25	气：10～15 水：4～6	8～16
时间/min	3～10	3～5	3～10

9.7 产泥量

9.7.1 曝气生物滤池产泥量可按照去除有机物后的污泥增加量和去除悬浮物两项之和计算，依据负荷不同而不同，每去除1 kg BOD_5可参考产生污泥量0.18～0.75 kg计算。

9.7.2 曝气生物滤池产生的泥水可排入缓冲池，沉淀后可排入滤池之前的沉淀池，整个处理工艺的污泥应合并处理。

10 主要工艺设备和材料

10.1 生物滤池法的关键设备和材料主要包括：水泵、污泥泵、鼓风机、曝气机械和布气装置、固定布水器、旋转布水器、滤料、滤头、滤板、各类阀门、管道等。

10.2 所有关键设备和材料均应从工程设计、采购、施工安装、调试验收、运行维护等环节给予严格控制，选择满足工艺要求、符合相应标准的产品。

10.3 水泵、污泥泵应选用节能型，机械密封应无渗漏；鼓风机应优先选用低噪声、低能耗、高效率的产品。

10.4 单级高速离心鼓风机、罗茨鼓风机应分别符合HJ/T 278和HJ/T 251的规定；曝气器应符合HJ/T 252的规定；潜水排污泵应符合HJ/T 336的规定；细格栅应符合HJ/T 250的规定；加药装置应符合HJ/T 369的规定。

10.5 曝气生物滤池的专用滤头应具有防堵可拆洗功能，滤头缝隙应保证滤料不从缝隙中流失。

10.6 曝气生物滤池的配气管应由耐腐蚀、耐高温且韧性强度较好的材料制造。

10.7 曝气生物滤池的滤板宜采用钢筋混凝土或钢制结构，滤板上滤头滤帽缝隙总面积与滤池过滤面积之比宜在1.2%～2.4%之间。

10.8 曝气生物滤池的滤板采用钢筋混凝土结构时宜选用分体式拼装滤板，并应具有合适的承载强度、水平精度和抗腐蚀性，滤板接缝应采用密封性能好的填充材料密封；在采取足够的措施，满足安装和维护条件下可采取整体现浇结构。

11 检测与过程控制

11.1 一般要求

11.1.1 污水处理生物滤池运行应进行检测和控制,并配置相关的检测仪表和控制装置。

11.1.2 生物滤池的设计应根据工程规模、工艺组合流程、运行管理要求确定检测和控制的内容。

11.1.3 检测仪表和自动化控制系统应保证生物滤池的运行安全可靠、便于运行、改善劳动条件和提高科学管理水平。

11.1.4 计算机控制管理系统宜兼顾现有、新建和规划要求。

11.1.5 参与控制和管理的机电设备应设置工作与事故状态的检测装置。

11.2 过程检测

11.2.1 预处理单元宜设 pH 计、液位计、悬浮物在线测定仪和流量计等。

11.2.2 曝气生物滤池宜设置氨氮、溶解氧、悬浮物及 pH 值在线测定仪。

11.2.3 曝气生物滤池中宜设置感压装置,以测量滤料层上下之间的压差及滤池下部配水室内的压力。

11.3 过程控制

11.3.1 采用生物滤池污(废)水处理工艺的宜采用集中监视、分散控制的自动控制系统,工艺设备的控制一般设置现场、PLC 及中控室控制。

11.3.2 曝气生物滤池宜配备反冲洗及相关控制程序。对于前置反硝化工艺,应能根据进水负荷自动调节回流比和曝气量;当需要外加碳源时或化学除磷时,应能自动计量外加碳源投加量或混凝剂/助凝剂的投加量。

11.3.3 生物滤池控制系统应具备机电设备事故状态下的安全控制功能。

11.4 计算机控制管理系统

11.4.1 计算机控制管理系统应具有数据采集、处理、控制、管理和安全保护功能。

11.4.2 计算机控制系统的设计应符合下列要求:

a) 宜对控制系统的监测层、控制层和管理层做出合理配置;
b) 应根据工程具体情况,经技术经济比较后选择网络结构和通信速率;
c) 对操作系统和开发工具要从运行稳定、易于开发、操作界面方便等多方面综合考虑;
d) 根据企业需求和相关基础设施,宜对企业信息化系统做出功能设计;
e) 厂(站)级中控室应就近设置电源箱,供电电源应为双回路,直流电源设备应安全可靠;
f) 厂(站)级控制室面积应视其使用功能设定,并应考虑今后的发展;
g) 防雷和接地保护应符合国家现行标准的要求。

12 主要辅助工程

12.1 供配电系统

12.1.1 供配电系统设计应符合 GB 50052 的规定。

12.1.2 工艺装置的用电负荷应为二级负荷。

12.1.3 应将工艺装置按处理系列分设为双变电系统。

12.1.4 工艺装置的高、低压用电电压等级应与供电电网一致。

12.1.5 工艺装置的中央控制室的仪表电源应配备在线式不间断供电电源设备（UPS）。

12.1.6 工艺装置的接地系统宜采用三相五线制（TN-S）系统。

12.2 配电设备

12.2.1 变电所低压配电室的配电设备布置，应符合 GB 50053 和 GB 50054 的规定。

12.2.2 工艺装置的变、配电室宜设在负荷较集中的鼓风机房附近。

12.2.3 工艺装置的污泥泵等现场控制设备应采用户外防腐、防雨型控制箱，安装在操作平台上便于手动控制。

12.2.4 反应池进气管上的阀门等控制设备宜选用防腐、防潮型电气设备。

12.3 二次线

12.3.1 工艺线上的电气设备宜在中央控制室控制，并纳入工控机系统。

12.3.2 电气系统的控制水平应与工艺水平相一致，宜纳入计算机控制系统，也可采用强电控制。

12.4 给水、排水和消防

12.4.1 当排水条件允许时生物滤池系统宜采用重力流排放。

12.4.2 生物滤池系统所在范围的雨水排除应符合 GB 50014 的有关规定。

12.4.3 生物滤池系统相关设施中消防设计应符合 GB 50013、GB 50016、GB 50222 的有关规定，根据规定配置消防器材。

12.5 采暖通风

12.5.1 地下构筑物应有通风设施。

12.5.2 在寒冷地区，处理构筑物应有防冻措施。当采暖时，处理构筑物室内温度可按 5℃ 设计；加药间、化验室和操作室等的室内温度可按 15℃ 设计。

12.6 建筑与结构

12.6.1 建筑物应符合 GB 50352、GB 50011 和 CJJ 31 的有关规定。

12.6.2 处理水池等构筑物应设排空设施，排出的水应流入进水井或调节池重新处理。

13 施工与验收

13.1 一般规定

13.1.1 工程设计、施工单位应具有国家或行业规定的相应的工程设计、施工资质。

13.1.2 应按工程设计图纸、技术文件、设备图纸等组织工程施工，工程的变更应取得设计单位的设计变更文件后再实施。

13.1.3 施工前，应进行施工组织设计或编制施工方案，明确施工质量负责人和施工安全负责人，经批准后方可实施。

13.1.4 施工过程中，应做好材料设备、隐蔽工程和分部分项工程等中间环节的质量验收；隐蔽工程应经过单项验收合格后，方可进行下一道工序施工。

13.1.5 工程整体质量验收应符合 GB 50334 的规定；管道工程的施工和验收应符合 GB 50268 的规定；混凝土结构工程的施工和验收应符合 GB 50204 的规定；构筑物的施工和验收应符合 GB 50141 的规定；钢结构工程施工和验收应符合 GB 50205 的规定；设备安

装等施工和验收应符合 GB 50275、GB 50231 的规定。

13.1.6　施工使用的材料、半成品、部件应符合国家现行标准和设计要求，并取得供货商的合格证书或检测报告。

13.1.7　工程施工现场供用电安全应符合 GB 50194 的规定。

13.1.8　工程项目验收应按照《建设项目（工程）竣工验收办法》和《建设项目环境保护竣工验收管理办法》的要求进行。

13.1.9　工程竣工验收后，建设单位应将有关设计、施工和验收的文件立卷归档。

13.2　土建施工

13.2.1　大中型滤池宜采用钢筋混凝土结构，土建施工应重点控制池体的结构强度、抗浮处理、地基处理、池体抗渗处理，满足设备安装对土建施工的要求。

13.2.2　在进行结构设计时应充分考虑池体的抗浮，施工过程中应计算池体的抗浮稳定性及各施工阶段的池体自重与水的浮力之比，检查池体能否满足抗浮要求。

13.2.3　需要在软弱地基上施工、且构筑物荷载不大时，应采取适当的措施对地基进行处理，必要时可采用桩基。

13.2.4　施工过程中应加强建筑材料和施工工艺的控制，杜绝出现裂缝和渗漏。出现渗漏处，应会同设计等有关方面确定处理方案，彻底解决问题。

13.2.5　土建施工前应认真阅读设计图纸和设备安装对土建的要求，了解预留孔、预埋件的准确位置和做法，对有高程和平面位置要求的设备基础要严格控制在设备要求的误差范围内。

13.2.6　模板、钢筋、钢筋混凝土分项工程应严格执行 GB 50204 的规定，并符合以下要求：

　　a）模板架设应有足够强度、刚度和稳定性，表面平整无缝隙，尺寸正确；

　　b）钢筋规格、数量准确，绑扎牢固应满足连接要求，无锈蚀；

　　c）钢筋混凝土配合比、抗渗性能、预防碱集料反应、施工缝设置、伸缩缝设置、设备基础预留孔及预埋螺栓位置均应符合规范和设计要求，冬季施工应有保温防冻等相应措施。

13.2.7　现浇钢筋混凝土水池施工允许偏差应符合表 4 有关规定：

表 4　现浇钢筋混凝土水池施工允许偏差

编号	项目		允许偏差/mm
（1）	轴线位置	底板	15
		池壁、柱、梁	8
（2）	高程	垫层、底板、池壁、柱、梁	±10
（3）	平面尺寸（混凝土底板和池体长、宽或直径）	$L \leq 20$ m	±20
		20 m$< L \leq$50 m	±L/1 000
		50 m$< L \leq$250 m	±50
（4）	截面尺寸	池壁、柱、梁、顶板	+10 / −5
		洞、槽、沟净空	±10
（5）	垂直度	$H \leq 5$ m	8
		5 m$< H \leq$20 m	1.5H/1 000
（6）	表面平整度（用 2 m 直尺检查）		10
（7）	中心位置	预埋件、预埋管	5
		预留洞	10

注：1.　表中 L 为底板和池体的长、宽或直径；H 为池壁、柱的高度。
　　2.　若设备对钢筋混凝土水池施工允许偏差有特殊要求，以设备要求为准。

13.2.8 处理构筑物应根据当地气温和环境条件，采取防冻措施。

13.3 曝气生物滤池滤板施工

曝气生物滤池滤板施工应符合 CECS 265 的相关规定。

13.4 曝气生物滤池的滤头施工

13.4.1 滤头安装前应检查滤板预埋套管内有无杂物堵塞，如有应清理干净，但不得损坏套管内螺纹。

13.4.2 滤头安装完成后，应进行布水、布气均匀性及接口气密性检查。

13.5 曝气生物滤池的曝气系统和反冲洗配气管施工

13.5.1 曝气系统安装前，应检查和清扫曝气管路及空气扩散器。

13.5.2 空气扩散器膜孔安装方向应竖直对向滤板，曝气支管与主管的连接应牢固、密封。

13.5.3 安装曝气系统时应避免损坏滤头，曝气系统安装完成后应进行曝气均匀性试验，合格后方可进行卵石和滤料填装。

13.5.4 应在滤梁浇注完成后安装反冲洗配气管，安装应水平牢固，各配气支管顶面应在同一水平面上，距滤板底面距离不宜大于 50 mm。滤池滤梁浇注前应将反冲洗配气管吊入池内，浇注滤梁时应对反冲洗配气管进行保护。

13.6 设备安装与试车

13.6.1 设备基础的混凝土标号、基面位置高程应符合说明书和技术文件规定。

13.6.2 混凝土基础应平整坚实，并根据设备要求采取隔振措施。

13.6.3 预埋件水平度及平整度应符合相关规定。

13.6.4 地脚螺栓应按照原机出厂说明书的要求预埋，位置应准确，安装应稳固。

13.6.5 安装好的机械应严格符合外形尺寸的公称允许偏差，不允许超差。

13.6.6 设备电气接线与仪表自控接线应符合 GB 50054 及设备和仪表技术说明书的要求。

13.6.7 设备安装完成后应根据需要进行手动盘车、无负荷试车和有负荷试车，重要设备首次启动应有制造商代表在场。

13.6.8 各种机电设备安装后试车应满足下列要求：

a) 启动时应按照标注箭头方向旋转，启动运转应平稳，运转中无振动和异常声响；
b) 运转啮合与差动机构运转应按产品说明书的规定同步运行，没有阻塞、碰撞现象；
c) 运转中各部件应保持动态所应有的间隙，无抖动晃摆现象；
d) 试运转用手动或自动操作，设备全程完整动作 5 次以上，整体设备应运行灵活，并保持紧张状态；
e) 运转过程中设备检测电流、电压值符合相关技术说明书要求；
f) 各限位开关运转中动作及时，安全可靠；
g) 电机运转中温升在正常值内；
h) 各部轴承注加规定润滑油，应不漏、不发热。

13.7 工程验收

13.7.1 生物滤池工程验收包括单项验收和竣工验收；单项验收应由施工单位会同建设单位、设计单位、监理单位共同进行；竣工验收应由建设单位组织施工、设计、监理、勘察、管理及有关单位联合进行，监督部门进行程序监督。

13.7.2 单项验收包括单位工程主要部位工程质量验收、单位工程质量验收、设备安装工程单机及联动试运转验收、交工验收、通水试运行验收。单项验收时应按相应的标准进行检验，并填写单项验收记录。

13.7.3 水池土建施工完成后应按照 GB 50141 的规定进行满水试验，地面以下渗水量应符合设计规定，最大不得超过 $2 \text{ L}/(\text{m}^2\cdot\text{d})$。

13.7.4 泵站和风机房等都应按设计的最多开启台数作 48 h 运转试验，水泵和污泥泵的流量和机组功率应作测定，有条件的应测定其特性曲线。

13.7.5 曝气系统安装应平整牢固、布置均匀，曝气头应无漏水现象，曝气管内应无杂质，曝气量应满足设计要求，曝气稳定均匀。

13.7.6 闸门、闸阀不得有漏水现象。

13.7.7 排水管道应做闭水试验，上游充水管保持在管顶以上 2 m，外观检查应 24 h 无漏水现象。

13.7.8 空气管道应做强度和气密性试验，24 h 压力降不得超过允许值。

13.7.9 竣工验收应提供以下资料：
  a）施工图及设计变更文件；
  b）主要材料和制品的合格证或试验记录；
  c）施工测量记录；
  d）混凝土、砂浆、焊接及水密性、气密性等试验、检验记录；
  e）施工记录；
  f）单项验收记录；
  g）工程质量检验评定记录；
  h）工程质量事故处理记录。

13.7.10 竣工验收时应核实竣工验收资料，进行必要的复查和外观检查，并对下列项目做出鉴定，填写竣工验收鉴定书。竣工验收鉴定书应包括以下项目：
  a）构筑物的位置、高程、坡度、平面尺寸，设备、管道及附件等安装的位置和数量；
  b）结构强度、抗渗、抗冻的等级；
  c）构筑物的严密性；
  d）外观，构筑物的裂缝、蜂窝、麻面、露筋、空鼓、缺边、掉角以及设备、外露的管道安装等是否影响工程质量。

13.8 竣工环境保护验收

13.8.1 生物滤池竣工环境保护验收应按《建设项目竣工环境保护验收管理办法》的规定进行。

13.8.2 生物滤池验收前应结合试运行进行性能试验，试验报告可作为环境保护验收的重要参考，性能试验内容包括：
  a）统计进出水量、用电量和各分项用电量；
  b）进出水水质检测分析；
  c）测定处理效率、运转率；
  d）计算经济指标：COD_{Cr} 或 BOD_5 去除总量、去除单位 COD_{Cr} 或 BOD_5 的能耗（$kW\cdot h/kgCOD_{Cr}$ 或 BOD_5）、污水处理成本（元/kg COD_{Cr} 或 BOD_5）、剩余污泥量。

14 运行与维护

14.1 一般规定

14.1.1 生物滤池法污水处理设施的运行、维护及安全管理参照 CJJ 60 执行。

14.1.2 运行管理应配备专业人员和设备。

14.1.3 运行前应制定设备台账、运行记录、定期巡视、交接班、安全检查等管理制度，以及各岗位的工艺系统图、操作和维护规程等技术文件。

14.1.4 操作人员应熟悉处理工艺技术指标和设施、设备的运行要求；经过技术培训和生产实践，并考试合格后方可上岗。

14.1.5 岗位的工艺系统图、操作和维护规程等应示于明显部位，运行人员应按规程进行系统操作，并定期检查构筑物、设备、电器和仪表的运行情况。

14.1.6 工艺设施和主要设备应编入台账，定期对各类设备、电气、自控仪表及建（构）筑物进行检修维护，确保设施稳定可靠运行。

14.1.7 运行人员应遵守岗位职责，坚持做好交接班和巡视。

14.1.8 应定期检测进出水水质，并定期对检测仪器、仪表进行校验。

14.1.9 运行中应严格执行经常性的和定期的安全检查，及时消除事故隐患，防止事故发生。

14.1.10 岗位人员在运行、巡视、交接班、检修等生产活动中，应做好相关记录。

14.2 水质检验

14.2.1 化验检测人员应经培训后持证上岗，并应定期进行考核和抽检。

14.2.2 水质化验检测方法应符合 GB 8978、CJ/T 51 的规定，污泥检验方法应符合 CJ/T 221 的规定。

14.2.3 正常运行检测的项目和频率应符合 CJJ 60 的规定。

14.3 运行控制

14.3.1 应加强预处理前处理工序的管理，严格控制生物滤池进水中有机物和悬浮物浓度。

14.3.2 应保证生物滤池布气和布水均匀。

14.3.3 应定期对曝气器进行检修，强化对滤池的鼓风量以及滤池曝气管路阀门的控制。

14.3.4 应根据实际的进水水质、水量和实际运行经验，确定反冲洗所需流速及持续时间、反冲洗周期和方式，对反冲洗过程进行严格控制，提高滤池的反冲洗质量。

14.3.5 采用手动控制时，应注意以下方面：
a）反硝化滤池正常工作运行过程中，应根据具体情况，通过控制各进水阀门，调整进水量，确保滤池在工艺设计工况下运行；根据进水水质和水量的变化及时调整药剂投加量，以保证稳定的出水水质。
b）因水温、水质或运行方式的变化而导致出水有机物、氨氮和硝酸盐等浓度升高时，应及时分析原因，针对具体情况，调整系统运行工况，采取措施恢复正常运行。
c）为保证滤池的正常运行，应及时对滤池进行反冲洗，反冲洗时应经常观察反冲洗出水中污泥颜色、状态、气味等。

14.3.6 采用自动控制时，应注意以下方面：
a）自控系统运行前和运行中均需保证系统中设备的正常运行。

b）保证自控系统中设置的参数准确无误，并根据滤池运行情况，对参数的设置进行调整。
　　c）滤池在运行中若出现故障，应及时停电检修。故障排除后，首先进行反冲洗运行，而后进入正常工作状态。

14.4　维护保养

14.4.1　操作人员应严格执行设备操作规程，定时巡视设备运转是否正常，包括温升、响声、振动、电压、电流等，发现问题应尽快检查排除。

14.4.2　应保持设备各运转部位的润滑状态，及时添加润滑油及除锈；发现漏油、渗油情况，应及时解决。

14.4.3　根据实际情况，滤料需及时补充，并应及时检查滤头损坏情况。

14.4.4　应定期检查及更换不合格的零部件和易损件。

14.4.5　应做好设备维修保养记录。

14.4.6　应对使用与备用的鼓风机和阀门定期进行维护保养。

14.4.7　应对控制系统定期进行维护保养，并根据实际水质水量情况对自控系统进行改进完善。

14.4.8　应定期对滤池的滤头进行检修和清理，检修前务必做好滤池底部的通风、换气、照明、预防等准备工作，检修过程应严格按照安全规程进行，要特别注意人身的安全，防止伤害事故发生。

中华人民共和国国家环境保护标准

水污染治理工程技术导则

Technical guidelines on water pollution control engineering

HJ 2015—2012

前言

为贯彻《中华人民共和国环境保护法》和《中华人民共和国水污染防治法》,规范水污染治理工程的设计、施工、验收和运行维护,改善水环境质量,制定本标准。

本标准规定了水污染治理工程在设计、施工、验收和运行维护中的通用技术要求。

本标准为首次发布。

本标准由环境保护部科技标准司组织制订。

本标准主要起草单位:中国环境保护产业协会、天津城市建设学院、天津市环境保护科学研究院、天津市市政工程设计研究院。

本标准环境保护部 2012 年 3 月 19 日批准。

本标准自 2012 年 6 月 1 日起实施。

本标准由环境保护部解释。

1 适用范围

本标准规定了水污染治理工程在设计、施工、验收和运行维护中的通用技术要求。

本标准为环境工程技术规范体系中的通用技术规范,适用于厂(站)式污(废)水处理工程。对于有相应的工艺技术规范或污染源控制技术规范的工程,应同时执行本标准和相应的工艺技术规范或污染源控制技术规范。

本标准可作为水污染治理工程环境影响评价、设计、施工、竣工验收及运行维护的技术依据。

2 规范性引用文件

本标准内容引用了下列文件中的条款。凡是未注明日期的引用文件,其有效版本适用于本标准。

  GB 150　　钢制压力容器
  GB 4284　　农用污泥中污染物控制标准
  GB 5085.3　　危险废物鉴别标准　浸出毒性鉴别
  GB 5757　　离子交换树脂含水量测定方法

GB 5758	离子交换树脂粒度、有效粒径和均一系数的测定
GB 8330	离子交换树脂湿真密度测定方法
GB 8331	离子交换树脂湿视密度测定方法
GB 9004	工业氧化镁
GB 12348	工业企业厂界环境噪声排放标准
GB 12523	建筑施工场界环境噪声排放标准及测量方法
GB 12997	水质 采样方案设计技术规定
GB 12998	水质 采样技术指导
GB 12999	水质采样 样品的保存和管理技术规定
GB 14554	恶臭污染物排放标准
GB 14936	硅藻土卫生标准
GB 15577	粉尘防爆安全规程
GB 15981	消毒与灭菌效果的评价方法与标准
GB 16297	大气污染物综合排放标准
GB 16889	生活垃圾填埋场污染控制标准
GB 18484	危险废物焚烧污染控制标准
GB 18597	危险废物贮存污染控制标准
GB 18598	危险废物填埋污染控制标准
GB 18918	城镇污水处理厂污染物排放标准
GB 50013	室外给水设计规范
GB 50014	室外排水设计规范
GB 50015	建筑给水排水设计规范
GB 50016	建筑设计防火规范
GB 50019	采暖通风与空气调节设计规范
GB 50028	城镇燃气设计规范
GB 50040	动力机器基础设计规范
GB 50057	建筑物防雷设计规范
GB 50058	爆炸和火灾危险环境电力装置设计规范
GB 50092	沥青路面施工及验收规范
GB 50093	自动化仪表工程施工及验收规范
GB 50116	火灾自动报警系统设计规范
GB 50140	建筑灭火器配置设计规范
GB 50202	建筑地基基础工程施工质量验收规范
GB 50203	砌体工程施工及验收规范
GB 50204	混凝土结构工程施工质量验收规范
GB 50205	钢结构工程施工质量验收规范
GB 50206	木结构工程施工质量验收规范
GB 50217	电力工程电缆设计规范
GB 50231	机械设备安装工程施工及验收通用规范

GB 50235	工业金属管道工程施工及验收规范
GB 50236	工业管道焊接工程施工及验收规范
GB 50254	电气装置安装工程低压电器施工及验收规范
GB 50255	电气装置安装工程电力变流设备施工及验收规范
GB 50256	电气装置安装工程起重机电气装置施工及验收规范
GB 50257	电气装置安装工程爆炸和火灾危险环境电气装置施工及验收规范
GB 50258	电气装置安装工程 1 kV 及以下配线工程施工及验收规范
GB 50259	电气装置安装工程电气照明装置施工及验收规范
GB 50268	给水排水管道工程施工及验收规范
GB 50275	压缩机、风机、泵安装工程施工及验收规范
GB 50300	建筑工程施工质量验收统一标准
GB 50334	城市污水处理厂工程质量验收规范
GB 50336	建筑中水设计规范
GB 5085.3	危险废物鉴别标准　浸出毒性鉴别
GB/T 5657	离心泵技术条件（Ⅲ类）
GB/T 6286	分子筛堆积密度测定方法
GB/T 6287	分子筛静态水吸附测定方法
GB/T 6288	粒状分子筛粒度测定方法
GB/T 7701.1	脱硫用煤质颗粒活性炭
GB/T 7701.2	回收溶剂用煤质颗粒活性炭
GB/T 7701.4	净化水用煤质颗粒活性炭
GB/T 7701.5	净化空气用煤质颗粒活性炭
GB/T 7701.7	高效吸附用煤质颗粒活性炭
GB/T 10605	中心传动式浓缩机
GB/T 13008	混流泵、轴流泵技术条件
GB/T 13869	用电安全导则
GB/T 13922	水处理设备性能试验　离子交换设备
GB/T 16907	离心泵技术条件（Ⅰ类）
GB/T 19587	气体吸附 BET 原理测定固态物质比表面积的方法
GB/T 19837	城市给排水紫外线消毒设备
GB/T 20973	膨润土
GB/T 23485	城镇污水处理厂污泥处置　混合填埋用泥质
GB/T 23486	城镇污水处理厂污泥处置　园林绿化用泥质
GB/T 24600	城镇污水处理厂污泥处置　土地改良用泥质
GB/T 25031	城镇污水处理厂污泥处置　制砖用泥质
GB/T 28001	职业健康安全管理体系　规范
GB/T 50109	工业用水软化除盐设计规范
GB/T 50125	给水排水工程基本术语标准
GB/T 50265	泵站设计规范

GB/T 50335　污水再生利用工程设计规范
GBJ 42　工业企业通信设计规范
GBJ 87　工业企业噪声控制设计规范
GBJ 97　水泥混凝土路面施工及验收规范
GBJ 109　工业用水软化除盐设计规范
GBJ 131　自动化仪表安装工程质量检验评定标准
GBJ 141　给水排水构筑物施工及验收规范
GBJ 232　电气装置安装工程施工及验收规范
GBZ 1　工业企业设计卫生标准
GBZ 2　工作场所有害因素职业接触限值
CJ 24.2　水处理用无烟煤滤料
CJ 3025　城市污水处理厂污水污泥排放标准
CJ 3082　污水排入城市下水道水质标准
CJ/T 43　水处理用滤料
CJ/T 169　微滤水处理设备
CJ/T 3041　水处理用天然锰砂滤料
CJJ 6　排水管道维护安全技术规程
CJJ 31　城镇污水处理厂附属建筑和附属设备设计标准
CJJ 60　城市污水处理厂运行、维护及其安全技术规程
CJJ 68　城镇排水管渠与泵站维护技术规程
CJJ/T 82　城市绿化工程施工及验收规范
CECS 97　鼓风曝气系统设计规程
CECS 162　给水排水仪表自动化控制工程施工及验收规范
HJ 471　纺织染整工业废水治理工程技术规范
HJ 564　生活垃圾填埋场渗滤液处理工程技术规范（试行）
HJ 575　酿造工业废水治理工程技术规范
HJ 577　序批式活性污泥法污水处理工程技术规范
HJ 578　氧化沟活性污泥法污水处理工程技术规范
HJ 580　含油污水处理工程技术规范
HJ 2002　电镀废水治理工程技术规范
HJ 2003　制革及毛皮加工废水治理工程技术规范
HJ 2004　屠宰与肉类加工废水治理工程技术规范
HJ 2005　人工湿地污水处理工程技术规范
HJ 2009　生物接触氧化法污水处理工程技术规范
HJ/T 91　地表水和污水监测技术规范
HJ/T 92　水污染物排放总量监测技术规范
HJ/T 212　污染源在线自动监控（监测）系统数据传输标准
HJ/T 242　环境保护产品技术要求　污泥脱水用带式压榨过滤机
HJ/T 243　环境保护产品技术要求　油水分离装置

HJ/T 244	环境保护产品技术要求	斜管（板）隔油装置
HJ/T 245	环境保护产品技术要求	悬挂式填料
HJ/T 246	环境保护产品技术要求	悬浮式填料
HJ/T 247	环境保护产品技术要求	竖轴式机械表面曝气装置
HJ/T 250	环境保护产品技术要求	旋转式细格栅
HJ/T 251	环境保护产品技术要求	罗茨鼓风机
HJ/T 258	环境保护产品技术要求	电解法次氯酸钠发生器
HJ/T 259	环境保护产品技术要求	转刷曝气装置
HJ/T 260	环境保护产品技术要求	鼓风式潜水曝气机
HJ/T 261	环境保护产品技术要求	压力溶气气浮装置
HJ/T 262	环境保护产品技术要求	格栅除污机
HJ/T 263	环境保护产品技术要求	射流曝气器
HJ/T 264	环境保护产品技术要求	臭氧发生器
HJ/T 265	环境保护产品技术要求	刮泥机
HJ/T 266	环境保护产品技术要求	吸泥机
HJ/T 270	环境保护产品技术要求	反渗透水处理装置
HJ/T 271	环境保护产品技术要求	超滤装置
HJ/T 272	环境保护产品技术要求	化学法二氧化氯消毒剂发生器
HJ/T 277	环境保护产品技术要求	旋转式滗水器
HJ/T 278	环境保护产品技术要求	单级高速曝气离心鼓风机
HJ/T 279	环境保护产品技术要求	推流式潜水搅拌机
HJ/T 280	环境保护产品技术要求	转盘曝气装置
HJ/T 282	环境保护产品技术要求	浅池气浮装置
HJ/T 334	环境保护产品技术要求	电渗析装置
HJ/T 335	环境保护产品技术要求	污泥浓缩带式脱水一体机
HJ/T 353	水污染源在线监测系统安装技术规范	
HJ/T 354	水污染源在线监测系统验收技术规范	
HJ/T 355	水污染源在线监测系统运行与考核技术规范	
HJ/T 356	水污染源在线监测系统数据有效性判别技术规范	
HJ/T 372	水质自动采样器技术要求及检测方法	
HJ/T 373	固定污染源监测质量保证与质量控制技术规范	
HG/T 3927	工业活性氧化铝	
HY/T 034.2	电渗析技术 异相离子交换膜	
HY/T 034.3	电渗析技术 电渗析器	
HY/T 049	中空纤维反渗透膜测试方法	
HY/T 053	微孔滤膜	
HY/T 054.1	中空纤维反渗透技术 中空纤维反渗透组件	
HY/T 107	卷式反渗透膜组件测试方法	
HY/T 112	超滤膜及其组件	

HY/T 113　纳滤膜及其元件
HY/T 114　纳滤装置
JB/T 6991　周边传动式浓缩机
JB/T 7258　一般用途离心式鼓风机
JB/T 8471　袋式除尘器安装技术要求与验收规范
JB/T 8536　电除尘器机械安装技术条件
JB/T 8941.1　一般用途罗茨鼓风机　第1部分：技术条件
JG/T 3048　混凝土和砂浆用天然沸石粉
JGJ/T 16　民用建筑电气设计规范
《危险化学品安全管理条例》（2002年国务院令　第344号）
《建设项目竣工环境保护验收管理办法》（2001年国家环境保护总局令　第13号）
《建设项目环境保护设施竣工验收监测技术要求》（环发[2000]38号）
《城市污水处理工程项目建设标准》（建标[2001]77号）

3　术语与定义

GB 50014、GB/T 50125确立的以及下列术语与定义适用于本标准。

3.1　水污染治理工程　water pollution control engineering

指为保护水环境、防治水环境污染所建设的污（废）水收集、输送、净化的工程设施。本标准中指厂（站）式污（废）水处理工程，不包括天然水体修复工程。

3.2　通用设备　universal equipment

指适用于各行业的机械设备，在水污染治理工程中涉及的主要有水泵、鼓风机和阀门等。

3.3　专用机械　specific machine

指专门用于某一行业的机械设备，本标准指专用于水污染治理工程方面的机械设备。

4　水量和水质

4.1　一般规定

水污染治理工程建设前期应对污水的水质、水量进行详细调查和分析论证。

4.2　水量

4.2.1　城镇污水处理厂总处理水量包括生活污水、排入城市下水管道的工业废水、渗入地下水以及进入污水管道的降水。其设计流量应按以下要求确定：

　　a）综合生活污水定额及总变化系数应按GB 50014的规定取值；
　　b）工业企业内生活污水量、沐浴污水量的确定，应符合GB 50015的有关规定；
　　c）工业废水量应按相关部门批准排入城市下水道的废水量确定；
　　d）入渗的地下水量宜根据当地历史统计数据确定；
　　e）进入污水管道的降水量按排水体制设置情况及其截流倍数综合考虑确定。

4.2.2　工业废水处理站的水量可按实测的排水量计算，并考虑一定的裕量；无实测值时，按单位产品的废水量计算，并与国家现行的工业用水量有关规定协调。

4.3　水质

4.3.1　城镇污水处理厂的设计进水水质，应根据实际调查资料或参照邻近城镇类似区域的水质确定。在缺乏调查或参考资料时，按照 GB 50014 的规定执行。

4.3.2 工业废水处理站设计进水水质，应根据实测数据或参照类似工业企业的资料确定。

5 总体要求

5.1 一般规定

5.1.1 水污染治理工程的建设应遵守国家现行的有关法律、法规和标准的规定。

5.1.2 水污染治理工程的建设应依据当地总体规划、水环境规划、水资源综合利用规划以及排水专项规划的要求，做到规划先行，合理确定污水处理设施的布局和规模，并优先安排污水收集系统的建设。

5.1.3 水污染治理工程在国家或地方公布的各级历史文化名城、历史文化保护区、文物保护单位和风景名胜区的建设，应按国家或地方制定的有关条例和保护规划进行。

5.1.4 水污染治理工程建设在满足当前需要的同时应充分考虑升级改造的可能。村镇水污染治理工程宜根据当地经济条件和水环境要求进行建设。

5.1.5 水污染治理工程应遵循综合治理、再生利用、节能降耗、总量控制的原则。

5.1.6 水污染治理工程应由具有国家相应设计资质的单位设计，并满足环境影响报告书（表）、审批文件的要求。

5.1.7 水污染治理工程建设所采用的技术应成熟可靠，可根据水质、水量、气候等具体情况，科学合理、积极慎重地选用经过专家鉴定的、行之有效的新技术、新工艺、新材料和新设备。

5.1.8 水污染治理工程应根据工程所在地和流域的重要性，水体接纳污染物的容量，通过环境影响评价确定污染物排放控制程度，污染物排放应符合国家或地方污染物排放标准的要求。工业废水宜独立完成污染物治理，并满足行业特殊污染物治理与排放要求；排入城镇下水道的工业废水应满足 CJ 3082 的规定。

5.1.9 水污染治理工程应按《城市污水处理工程项目建设标准》、GB 18918、GB 50014、HJ/T 91、HJ/T 92 及当地的环境保护管理要求安装在线监测系统。在线监测系统的安装、验收、运行、数据有效性判别及数据传输应符合 HJ/T 212、HJ/T 353、HJ/T 354、HJ/T 355 和 HJ/T 356 的相关规定。

5.1.10 在污（废）水处理厂（站）建设、运行过程中产生的废气、废水、废渣及其他污染物的治理与排放，应执行国家环境保护法规和标准的有关规定，防止二次污染。

5.2 建设规模

5.2.1 城镇污水处理厂规模宜按下列规定划分：
  a) Ⅰ类：处理水量在 $50×10^4 \sim 100×10^4$ m³/d（含 $50×10^4$ m³/d）；
  b) Ⅱ类：处理水量在 $20×10^4 \sim 50×10^4$ m³/d（含 $20×10^4$ m³/d）；
  c) Ⅲ类：处理水量在 $10×10^4 \sim 20×10^4$ m³/d（含 $10×10^4$ m³/d）；
  d) Ⅳ类：处理水量在 $5×10^4 \sim 10×10^4$ m³/d（含 $5×10^4$ m³/d）；
  e) Ⅴ类：处理水量在 $1×10^4 \sim 5×10^4$ m³/d（含 $1×10^4$ m³/d）；
  f) Ⅵ类：处理水量小于 $1×10^4$ m³/d。

5.2.2 工业废水处理站规模宜按下列规定划分：
  a) 大型废水处理站：处理水量大于 5 000 m³/d（含 5 000 m³/d）；

b）中型废水处理站：处理水量在 1 000～5 000 m³/d（含 1 000 m³/d）；

　　c）小型废水处理站：处理水量小于 1 000 m³/d。

5.2.3　水污染治理工程应按照远期规划确定最终规模，以现状水量为主要依据确定近期规模。

5.3　厂（站）址选择和总体布置

5.3.1　一般规定

5.3.1.1　城镇污水处理厂厂址的选择应符合城镇（区）总体规划和排水工程专业规划的要求并应满足 GB 50014 的规定。

5.3.1.2　工业废水处理站的选址可根据工业企业总图设计并参照 GB 50014 的有关规定执行。

5.3.1.3　水污染治理工程总体布置应考虑远近期结合，有条件时，可按远期水量布置，将处理构筑物分为若干系列，分期建设。远期设施的安排应在设计中仔细考虑，除满足远期处理能力的需要而增加的处理设施外，还应为提升出水水质的设施预留建设场地。具体应符合 GB 50014 的规定。

5.3.2　总平面布置

5.3.2.1　处理构筑物应尽可能按流程顺序布置，应将管理区和生活区布置在夏季主导风向上风侧，将污泥区和进水区布置在夏季主导风向下风侧。

5.3.2.2　处理构筑物的间距应以节约用地、缩短管线长度为原则，同时满足各构筑物的施工、设备安装和各种管道的埋设、养护维修管理的要求，并按远期发展合理规划。

5.3.2.3　污泥处理构筑物的布置应保证运行安全、管理方便，宜布置成单独的组合。

5.3.2.4　污泥消化池与其他处理构筑物的间距应大于 20 m，储气罐与其他构筑物的间距应根据容量大小按有关规定确定，具体设计要求应符合 GB 50028 的规定。

5.3.3　高程布置

5.3.3.1　水污染治理工程不宜建在洪水淹没区，当必须在可能受洪水威胁的地区建厂时，应采取必要的防洪措施。

5.3.3.2　水污染治理工程场地的竖向布置，应考虑土方平衡，并考虑有利排水。

5.3.3.3　水污染治理工程的出水水位，宜高于受纳水体的常水位。

5.3.3.4　污染物处理过程中，应尽可能采用重力流，需要提升时应设置相应的提升设备。

5.3.3.5　处理构筑物之间的水头损失包括沿程损失、局部损失及构筑物本身的水头损失。此外，还应考虑扩建时预留的储备水头。

5.3.3.6　进行水力计算时，应选择距离最长，损失最大的流程，并按最大设计流量计算。当有两个以上并联运行的构筑物时，应考虑某一构筑物发生故障时，其余构筑物须负担全部流量的情况。

5.3.4　管线布置

5.3.4.1　水污染治理工程中各种管渠应综合布设，布设要紧凑，避免相互干扰；应尽可能平行布置，便于检查和维修，并保证一定的施工间距。管道复杂时宜设置管廊，管廊设置应符合 GB 50014 和 GB 50016 的规定。

5.3.4.2　连接各处理构筑物管渠的布置应保证各处理构筑物或单元能独立运行，当某处理构筑物或单元因故停止运行时，不影响其他构筑物的正常运行；若构筑物分期施工，则应满足分期施工的要求。

5.3.4.3 连接各处理构筑物间输水、输泥和输气管线的布置应遵循管渠长度最短、水头损失最小、流行通畅、不易堵塞、便于清通的原则。

5.3.4.4 水污染治理工程中应有完善的雨水排水系统。

6 污（废）水收集系统

6.1 排水体制（分流制或合流制）的选择应根据城镇（区域）的总体规划，结合地形、水文、气候、基础设施现状、污水处理程度、回用需求、当地经济水平等因素综合考虑。

6.2 新建的城镇宜采用分流制，采用分流制的区域宜对初期雨水进行截流、调蓄和处理。在降雨量很少的城镇，可根据实际情况采用合流制，合流制排水系统应设置污水截流设施，以消除污水和初期雨水对水体的污染；截流倍数的选取应符合 GB 50014 的规定。

6.3 在缺水地区宜对雨水进行收集、处理和综合利用。

6.4 对不能纳入城镇污水收集系统的居住区、旅游风景点、度假村、疗养院、机场、铁路车站、经济开发小区等分散的人群聚居地排放的污水和独立工矿区的工业废水，应进行就地处理后回用或达标排放。

6.5 城镇污水收集系统的选择和设计应满足 GB 50014 的规定。

6.6 工业废水应按分质、分类、清浊分流的原则进行收集，并应建立应急收集系统。

7 工艺单元

7.1 一般规定

7.1.1 污（废）水处理工艺单元的选择应根据单元的进水水质、水量和预期处理程度，并结合当地经济和管理水平确定。

7.1.2 污（废）水处理工艺单元的设计应符合相应工程技术规范的要求，参数的具体选用还应通过试验或参考同类工程实例确定。在水质构成复杂或特殊时，应进行动态试验，必要时应开展中试研究。

7.1.3 国内首次应用的工艺单元，应经过中试、生产性试验，并经专家鉴定后确定工艺设计参数。

7.2 提升泵站

7.2.1 当污（废）水需要提升时应设置泵站。泵站土建部分宜按远期规模设计，水泵机组可按近期规模配置。

7.2.2 水泵机组的选择应根据设计流量和所需扬程等因素确定；工作泵台数不宜少于 2 台，不宜多于 8 台，宜选择同一型号；并根据流量变化，设置合理的备用系数。具体应符合 GB 50014 及 GB/T 50265 的规定。

7.2.3 水量变化很大时，可采用变频调速装置或叶片可调式水泵，或配置 2 种不同规格的水泵。

7.2.4 提升泵站构（建）筑物包括进水交汇井（含溢流管或事故排水管）、格栅间、集水池、机器间等，各部分的设计应符合 GB 50014 及 GB/T 50265 的规定。

7.3 物理、化学及物化处理单元

7.3.1 格栅

7.3.1.1 城镇污水处理厂或水泵前应设置格栅,工业废水处理站是否设置格栅视水质情况而定。

7.3.1.2 污(废)水处理系统中宜设置粗、细两道格栅。

7.3.1.3 处理水量大于 10 000 m³/d 的水污染治理工程或泵站前的格栅宜采用机械清渣。

7.3.1.4 格栅间的设计应考虑除臭处理,其除污机、输送机等的进出料口宜采用密封形式,还应设置通风设施和有毒有害气体的检测及报警装置。

7.3.1.5 格栅的设计应符合 GB 50014 的规定。

7.3.2 调节池

7.3.2.1 水质、水量变化大的污(废)水处理厂(站),宜在污(废)水处理设施之前设置调节池。

7.3.2.2 调节池容积应依据废水水量、水质变化范围及要求的均和程度而定,应满足水量、水质变化一个周期以上全部废水的调节要求。

7.3.2.3 调节池宜设置搅拌系统,定期清理,并应考虑加盖、排泥、通风、除臭及防爆等措施。

7.3.3 沉砂池

7.3.3.1 城镇污水处理厂应按去除比重 2.65、粒径 0.2 mm 以上砂粒设计沉砂池。沉砂池的设计参数应按 GB 50014 的规定确定。

7.3.3.2 工业废水处理站是否设置沉砂池视实际水质情况而定。

7.3.4 沉淀池

7.3.4.1 沉淀池适用于去除悬浮于污水中可沉淀的固体物质。沉淀池的形式选择应根据处理水质、水量和在污水处理流程中的位置确定。

7.3.4.2 沉淀池采用机械排泥时,刮泥机可采用中心传动式刮泥机、周边传动式刮泥机、桁架式刮泥机、潜水式刮泥机;吸泥机可采用周边传动式吸泥机、桁架式吸泥机。

7.3.4.3 城镇污水处理厂初次沉淀池、二次沉淀池的设计应符合 GB 50014 的规定,工业废水沉淀池的设计数据应通过试验或参照同类工程实例确定。

7.3.5 隔油

7.3.5.1 隔油适用于去除废水中的浮油和重油。

7.3.5.2 隔油装置应符合 HJ/T 243、HJ/T 244 等相关标准的规定。

7.3.5.3 废水在进入隔油池前应避免剧烈搅动,需要提升时宜采用容积式泵。

7.3.5.4 含油废水处理过程中产生的污油、油渣和污泥应妥善处置。污油、油渣输送提升时应采用旋转螺栓泵。

7.3.5.5 寒冷地区,隔油池应采取加温措施。隔油池视实际情况考虑加盖及考虑防爆、消防。

7.3.6 中和

7.3.6.1 中和适用于酸性、碱性废水的处理,应遵循以废治废的原则,并考虑资源回收和综合利用。

7.3.6.2 酸碱中和法的主要设备是酸、碱混合反应池,设计参数应根据废水水质和排放要求确定。当酸性废水和碱性废水流量稳定,混合反应池的停留时间宜为 1.5~2.0 h;酸、碱含量能够相互平衡时，可在管道内完成中和，不必设置混合反应池；必要时应考虑补加中和药剂。

7.3.6.3 当酸性废水或碱性废水需要投加药剂进行中和时，药剂的投加量可通过试验或等量反应计算确定。

7.3.6.4 中和池应具有搅拌功能，废水停留时间宜为 5～20 min，并应设置排泥设备和污泥处理装置。

7.3.6.5 过滤中和法适用于酸性废水处理，含酸极限浓度应根据试验确定。过滤中和设备为中和滤池，滤料采用具有中和能力的石灰石、白云石或大理石等。废水中含有大量的悬浮物、油脂、重金属盐和其他毒物时，不宜采用该法。

7.3.7 化学沉淀

7.3.7.1 化学沉淀适用于去除污（废）水中的重金属离子、碱土金属及某些非金属，沉淀剂可选用石灰、硫化物、钡盐和铁屑等。

7.3.7.2 采用化学沉淀法时，应注意避免沉淀污泥产生二次污染。

7.3.7.3 化学沉淀法的投药及反应装置应充分考虑防腐要求。

7.3.8 混凝

7.3.8.1 混凝法可用于污（废）水的预处理、中间处理或最终处理，可去除污（废）水中胶体及悬浮污染物，适用于污（废）水的破乳、除油和污泥浓缩。

7.3.8.2 混凝过程中应控制废水的温度、pH 值及搅拌速度等参数；凝聚剂和絮凝剂的种类和投量应试验确定或参考同类工程实例。

7.3.8.3 混合方式可采用水力混合或机械混合，混合工艺设计应符合 GB 50013 的规定，或通过试验、参考同类工程实例确定。

7.3.8.4 絮凝池的设计应符合 GB 50013 的规定，宜优先选用机械絮凝池和水力旋流絮凝池。

7.3.9 过滤

7.3.9.1 过滤适用于混凝或生物处理后低浓度悬浮物的去除。

7.3.9.2 过滤工艺的关键参数包括滤层厚度、滤速、滤料粒径及不均匀系数、冲洗时间和冲洗强度等。

7.3.9.3 滤池构造、滤料组成等设计参数应按照 GB 50013、GB/T 50335 的规定或实际工程运行资料确定。

7.3.10 气浮

7.3.10.1 气浮适用于去除水中密度小于 1 kg/L 的悬浮物、油类和脂肪，宜用于污（废）水处理，也可用于污泥浓缩。

7.3.10.2 气浮工艺宜设置破乳（混凝）反应区，反应时间宜为 15～30 min，搅拌装置宜为机械搅拌方式，速度梯度 $G=20～80 \text{ s}^{-1}$，$GT=10^4～10^5$。

7.3.10.3 气浮工艺类型包括加压溶气气浮、浅池气浮、电解气浮等，具体参数应按 HJ/T 261、HJ/T 282 及相关技术规范确定。

7.3.11 膜分离

7.3.11.1 一般规定

7.3.11.1.1 采用膜分离法时，应对废水进行预处理。

7.3.11.1.2 膜分离过程的性能参数主要包括截留率、膜通量、衰减系数、清洗频率和清洗恢复效率等。

7.3.11.1.3 采用膜分离法时应考虑膜清洗、废液和浓液的处理及回收，并应考虑废弃膜组件的出路及二次污染。

7.3.11.1.4 膜分离工艺设计应考虑进水流速、操作压力、温度、进水水质、膜通量和回收率等影响因素。

7.3.11.1.5 选用膜分离工艺时应进行经济技术比较，具体应符合 HJ/T 270、HJ/T 271、CJ/T 169、HY/T 112、HY/T 113 和 HY/T 114 的规定。

7.3.11.1.6 膜分离工艺设计参数应参考同类工程实例确定或由试验确定。

7.3.11.2 微滤

7.3.11.2.1 微滤适用于去除粒径为 0.1~10 μm 的悬浮物、颗粒物、纤维和细菌。

7.3.11.2.2 操作压力宜为 0.07~0.2 MPa。

7.3.11.3 超滤

7.3.11.3.1 超滤适用于去除分子量大于 10^3~10^6 u 的胶体和大分子物质。

7.3.11.3.2 操作压力宜为 0.1~0.6 MPa。

7.3.11.4 纳滤

7.3.11.4.1 纳滤适用于分离分子量在 200~1 000 u，分子尺寸在 1~2 nm 的溶解性物质、二价及高价盐等。

7.3.11.4.2 操作压力宜为 0.5~2.5 MPa。

7.3.11.5 反渗透

7.3.11.5.1 反渗透适用于去除水中全部溶质，宜用于脱盐及去除微量残留有机物。

7.3.11.5.2 操作压力取决于原水含盐量（渗透压）、水温和产水通量，宜为 1~10 MPa。

7.3.11.5.3 反渗透设备包括保安过滤器、高压泵、反渗透膜组件、清洗系统、控制系统等。

7.3.11.5.4 反渗透设备的脱盐率额定值应不小于 95%（用户有特殊要求的除外），且连续运行一年后脱盐率不低于额定值的 95%。

7.3.11.5.5 反渗透设备在设计压力 1.25 倍条件下试压，不得有渗漏现象。

7.3.11.5.6 凡与水接触的部件的材质不能与水产生任何有害物理化学反应，必要时应采取适当的防腐及有效保护措施，但不得污染水质，且应符合有关安全卫生标准的要求。

7.3.12 吸附

7.3.12.1 吸附适用于去除水中微量溶解性污染物。可作为离子交换、膜分离等方法的预处理和二级处理后的深度处理，用于脱色、除臭味、去除重金属等。

7.3.12.2 吸附剂可选用活性炭、活化煤、白土、硅藻土、膨润土、蒙脱石黏土、沸石、活性氧化铝、树脂吸附剂、木屑、粉煤灰、腐殖酸等。

7.3.12.3 吸附剂的种类及性质、吸附系统的 pH 值、温度、接触时间、水力条件等参数应根据试验确定或参考同类工程实例。

7.3.13 化学氧化

7.3.13.1 一般规定

化学氧化适用于去除污（废）水中的有机物、无机离子及致病微生物等。通常包括氯氧化、湿式催化氧化、臭氧氧化、空气氧化等。

7.3.13.2 氯氧化

7.3.13.2.1 氯氧化适用于氰化物、硫化物、酚、醇、醛、油类等的去除，氯系氧化剂包括液氯、漂白粉、次氯酸钠等。

7.3.13.2.2 碱式氯化法主要用于含氰废水处理，调整 pH 值后投加液氯或漂白粉，使氰最终氧化成二氧化碳和氮气。

7.3.13.3 湿式催化氧化

7.3.13.3.1 湿式催化氧化适用于某些浓度高、毒性大、常规方法难降解的有机废水。

7.3.13.3.2 湿式催化氧化反应器包括鼓泡塔式反应器、阶梯水平式反应器、连续循环反应器等；配套设备包括热交换器、气液分离器、空气压缩机等。

7.3.13.3.3 湿式催化氧化工艺设计参数有反应温度、压力、停留时间、催化剂及气相氧分压，选用时应通过试验或参考同类工程实例确定。

7.3.13.4 臭氧氧化法

7.3.13.4.1 臭氧氧化法适用于氧化氰化物和多种有机物。

7.3.13.4.2 臭氧氧化系统包括臭氧发生器、臭氧接触池（塔）、臭氧尾气消除装置等，臭氧的投加装置宜采用多孔扩散器、乳化搅拌器、文丘里喷射器等。

7.3.13.4.3 臭氧的投加量、接触时间和反应条件应根据试验确定。

7.3.13.4.4 臭氧氧化系统中使用的管道、阀门、反应设备等均应采取防腐措施。

7.3.13.5 空气氧化法

7.3.13.5.1 空气氧化适用于除铁、除锰及含二价硫废水的处理。

7.3.13.5.2 空气氧化用于处理含二价硫废水时，反应时间宜为 1.5~2 h，温度宜为 70~90℃，气水比应大于 15，具体工艺参数应由试验确定。

7.3.13.5.3 空气氧化用于除铁时，pH 值不宜小于 7，反应时间、气水比等工艺参数应由试验确定。

7.3.13.5.4 空气氧化用于除锰时，pH 值宜大于 9，反应时间、气水比等工艺参数应由试验确定。

7.3.14 离子交换

7.3.14.1 离子交换适用于原水脱盐净化，回收工业废水中有价金属离子、阴离子化工原料等。

7.3.14.2 常用的离子交换剂包括磺化煤和离子交换树脂。

7.3.14.3 去除水中吸附交换能力较强的阳离子可选用弱酸型树脂；去除水中吸附交换能力较弱的阳离子可选用强酸型树脂；进水中有机物含量较多时，宜选用抗氧化性好，机械强度较高的大孔型树脂。

7.3.14.4 处理工业废水时，离子交换系统前宜设预处理装置，进水水温、pH 值、悬浮物、油类、有机物含量、高价离子含量、氧化剂含量等应通过试验确定。

7.3.14.5 离子交换系统的设计参数包括工作交换容量、运行流速、再生剂品种、再生剂耗量等。

7.3.14.6 离子交换系统的选用应根据进水水质、处理水量及出水水质要求等进行技术经济比较后确定。用于除盐的离子交换系统设计应符合 GBJ 109 的规定。

7.3.15 电渗析

7.3.15.1 电渗析适用于去除污（废）水中的溶质离子，可用于海水或苦咸水（小于 10 g/L）淡化、自来水脱盐制取初级纯水、与离子交换组合制取高纯水、废液的处理回收等。

7.3.15.2 电渗析器应有事故停水报警或自动切断直流电的功能。

7.3.15.3 电渗析器应设置倒换电极和酸洗设备。

7.3.15.4 电渗析器主机型号、流量、级、段和膜对数等应根据原水及出水水质要求选择，可参照 HJ/T 334 执行。

7.3.16 电吸附

7.3.16.1 适用于污（废）水中微量金属离子、部分有机物及部分无机盐等杂质的去除。

7.3.16.2 电极吸附材料包括石墨、活性炭、活性炭纤维和炭气凝胶等。

7.3.16.3 电吸附系统的设计参数包括通电电压、电流密度、电极材料、进水含盐量、硬度、pH 值等，应通过试验或参考同类工程实例确定。

7.4 生物处理单元

7.4.1 一般规定

7.4.1.1 生物处理适用于可以被微生物降解的城镇污水、生活污水和工业废水，按微生物的生存环境可分为好氧法和厌氧法。

7.4.1.2 好氧生物处理宜用于进水 $BOD_5/COD \geqslant 0.3$ 的城镇污水、生活污水、易生物降解工业废水。

7.4.1.3 厌氧生物处理宜用于高浓度、难生物降解有机废水和污泥等的处理。

7.4.1.4 城镇污水生物处理工艺主要设计参数应按 GB 50014 规定取值；工业废水生物处理工艺设计参数应参考相关技术规范，或通过试验、参考同类工程实例确定。

7.4.2 好氧处理

7.4.2.1 一般规定

7.4.2.1.1 生物反应池中好氧区供氧应满足污水需氧量、混合等要求，宜采用鼓风曝气或表面曝气等方式。

7.4.2.1.2 好氧处理工艺的设计应符合 GB 50014 及相关工艺类工程技术规范的规定。

7.4.2.2 传统活性污泥法

7.4.2.2.1 传统活性污泥法适用于以去除污水中碳源有机物为主要目标，无氮、磷去除要求的情况。

7.4.2.2.2 传统活性污泥法主要设计参数包括污泥负荷、污泥龄、污泥浓度、回流比、需氧量、水力停留时间、总处理效率等。

7.4.2.2.3 当曝气池水温较低时，为保证处理效果，可采用适当延长曝气时间、提高污泥浓度、增加污泥龄等措施。

7.4.2.3 氧化沟

7.4.2.3.1 氧化沟不宜用于寒冷地区。

7.4.2.3.2 氧化沟可与二次沉淀池分建或合建，其前端可设置生物选择池。

7.4.2.3.3 当有两组及以上平行工作的氧化沟时，宜设置进水配水井。

7.4.2.3.4 氧化沟设计参数包括污泥负荷、污泥龄、污泥浓度、回流比、需氧量、水力停留时间、总处理效率等。

7.4.2.3.5　氧化沟的设计应符合 HJ 578—2010 和相关工艺类工程技术规范的规定。

7.4.2.4　序批式活性污泥法（SBR）

7.4.2.4.1　SBR 适用于建设规模为Ⅲ、Ⅳ、Ⅴ类的污水处理厂和中、小型废水处理站，适合于间歇排放工业废水的处理。

7.4.2.4.2　SBR 反应池的数量不宜少于 2 个。

7.4.2.4.3　SBR 反应池的设计参数包括周期数、充水比、需氧量、污泥负荷、产泥量、污泥浓度、污泥龄等。

7.4.2.4.4　SBR 以脱氮为主要目标时，宜选用低污泥负荷、低充水比；以除磷为主要目标时，宜选用高污泥负荷、高充水比。

7.4.2.4.5　SBR 的设计应符合 HJ 577 和相关工艺类工程技术规范的规定。

7.4.2.5　生物接触氧化

7.4.2.5.1　生物接触氧化适用于低浓度的生活污水和具有可生化性的工业废水处理，生物接触氧化池应根据进水水质和处理程度确定采用一段式或多段式。

7.4.2.5.2　生物接触氧化池的个数不宜少于 2 个。

7.4.2.5.3　生物接触氧化池的填料应具有对微生物无毒害、易挂膜、质轻、高强度、抗老化、比表面积大和孔隙率高的特性。

7.4.2.5.4　污（废）水在生物接触氧化池内有效接触时间宜大于等于 2 h。

7.4.2.5.5　生物接触氧化池的设计参数包括面积负荷、容积负荷、填充比、气水比、循环流速、接触时间、需氧量、填料比表面积等。

7.4.2.5.6　生物接触氧化法的设计应符合 HJ 2009 和相关工艺类工程技术规范的规定。

7.4.2.6　生物滤池

7.4.2.6.1　生物滤池适用于低浓度的生活污水和具有可生化性的工业废水处理。

7.4.2.6.2　生物滤池宜采用自然通风方式供应空气。滤池底部四周通风孔的设置参照 GB 50014 执行。

7.4.2.6.3　生物滤池基本工艺参数包括有机污染物负荷、水力负荷、回流系数及空气量等。

7.4.2.6.4　生物滤池宜采用粒径为 20～30 mm 的块状滤料，如碎石、卵石、焦炭及炉渣等，滤层高度宜为 1～2 m。

7.4.2.6.5　生物滤池宜按组修建，每组由 2 座滤池组成，一般不大于 6～8 组。

7.4.2.7　曝气生物滤池

7.4.2.7.1　曝气生物滤池适用于深度处理或生活污水的二级处理。

7.4.2.7.2　曝气生物滤池处理工业废水时的容积负荷宜根据试验资料确定。

7.4.2.7.3　曝气生物滤池进水的预处理及水质要求参照 GB 50014 执行。

7.4.2.7.4　曝气生物滤池的滤料应具有强度大、孔隙率高、化学物理稳定性好、易挂膜、生物附着性强、不易堵塞的性质，宜选用轻质球形陶粒或塑料颗粒。

7.4.2.7.5　曝气生物滤池的反冲洗宜采用气水联合反冲洗。

7.4.2.7.6　曝气生物滤池设计参数主要包括水力负荷、容积负荷、反冲洗强度和周期、滤层高度、需氧量等。

7.4.3 厌氧处理

7.4.3.1 一般规定

7.4.3.1.1 厌氧处理产生的气体,应考虑收集、利用和无害化处理。

7.4.3.1.2 厌氧处理工艺的设计应符合相关工艺类工程技术规范的规定,具体参数应通过试验或参考同类工程实例确定。

7.4.3.2 升流式厌氧污泥床（UASB）

7.4.3.2.1 UASB 适用于高浓度有机废水。

7.4.3.2.2 UASB 的断面形状宜做成圆形或矩形,UASB 反应器的主体常为钢结构或钢筋混凝土结构。

7.4.3.2.3 UASB 反应器内壁应采取防腐措施。

7.4.3.2.4 UASB 反应器主要设计参数包括有机负荷、表面水力负荷、高度、水力停留时间等。

7.4.3.2.5 UASB 反应器设计主要内容包括进水配水系统、三相分离器、出水系统等。

7.4.3.3 厌氧滤池（AF）

7.4.3.3.1 厌氧滤池适用于处理溶解性有机废水。

7.4.3.3.2 厌氧滤池的容积负荷宜在 3～15 kg COD/(m^3·d) 之间,低温（15～25℃）时宜采用低负荷,高温（50～55℃）时宜采用高负荷。

7.4.3.3.3 厌氧滤池宜采用硬性填料,如砂石、陶粒、玻璃珠、塑料球、塑料波纹板等。

7.4.3.3.4 厌氧滤池进水悬浮物质量浓度宜低于 200 mg/L。

7.4.3.3.5 厌氧滤池的工艺参数包括滤料层高度、有机物容积负荷、水力负荷、回流比等。

7.4.3.4 厌氧流化床（AFB）

7.4.3.4.1 厌氧流化床适用于各种浓度有机废水的处理。

7.4.3.4.2 宜采用出水回流的方法使填料膨胀或流化,其膨胀率宜按 120%～170% 运行,运行的空床流速宜控制在 0.03～0.05 倍极限空床流速。

7.4.3.4.3 厌氧流化床中应考虑设置固液分离装置。

7.4.3.4.4 厌氧流化床填料选择原则为强度高、不易磨损；比表面积大、微生物易于附着生长；比重适中；价格便宜,易于购置；生物膜老化后易于脱落。常用填料包括石英砂、无烟煤、活性炭、陶粒和沸石等,粒径宜为 0.2～1 mm。

7.4.3.4.5 厌氧流化床的工艺参数有 COD 去除率、污泥负荷、容积负荷、水力停留时间、污泥产率、上升流速、载体膨胀率等。典型工艺参数以 COD 去除 80%～90% 计,污泥负荷为 0.26～4.3 kg COD/（kg MLVSS·d）。

7.4.4 生物脱氮除磷

7.4.4.1 当采用生物法去除污水中的氮、磷污染物时,原水水质应满足 GB 50014 的相关规定。

7.4.4.2 仅需脱氮时,宜采用缺氧/好氧法；仅需除磷时,宜采用厌氧/好氧法；当需要同时脱氮除磷时,宜采用厌氧/缺氧/好氧法。各工艺的设计应符合 GB 50014 和相关工艺类工程技术规范的规定,参数取值应通过试验或参考同类工程实例确定。

7.4.4.3 污水采用生物除磷处理时,剩余污泥的浓缩应结合实际情况考虑采用机械浓缩、气浮浓缩、离心浓缩等形式。

7.4.4.4 缺氧/好氧法和厌氧/好氧法工艺单元前不设初沉池时，不宜采用曝气沉砂池。

7.4.4.5 厌氧/好氧法的二沉池水力停留时间不宜过长。

7.4.4.6 当出水总磷不能达到排放标准要求时，宜采用化学除磷作为辅助手段。

7.5 生态处理单元

7.5.1 一般规定

7.5.1.1 当水量较小、污染物浓度低、有可利用土地资源、技术经济合理时，可结合当地的自然地理条件审慎地采用污水生态处理。

7.5.1.2 污水自然处理应考虑对周围环境以及水体的影响，不得降低周围环境的质量，应根据区域地理、地质、气候等特点选择适宜的污水生态处理方式。

7.5.2 土地处理

7.5.2.1 选用污水土地处理时，宜根据土地处理的工艺形式对污水进行预处理。

7.5.2.2 在集中式给水水源卫生防护带，含水层露头地区，裂隙性岩层和熔岩地区，不得使用污水土地处理。

7.5.2.3 地下水埋深小于 1.5 m 地区不宜采用污水土地处理工艺。

7.5.2.4 进入灌溉田的污水水质应符合国家现行有关农田灌溉水质标准的规定。

7.5.2.5 土地处理的设计应符合 GB 50014 和相关工艺类工程技术规范的规定。

7.5.3 人工湿地

7.5.3.1 人工湿地适用于水源保护、景观用水、河湖水环境综合治理、生活污水处理的后续除磷脱氮、农村生活污水生态处理等。

7.5.3.2 人工湿地可选用表面流湿地、潜流湿地、垂直流湿地及其组合。

7.5.3.3 人工湿地宜由配水系统、集水系统、防渗层、基质层、湿地植物组成。

7.5.3.4 人工湿地应选择净化和耐污能力强、有较强抗逆性、年生长周期长、生长速度快而稳定、易于管理且具有一定综合利用价值的植物，宜优选当地植物。

7.5.3.5 人工湿地基质层（填料）应根据所处理水的水质要求，选择砾石、炉渣、沸石、钢渣、石英砂等。

7.5.3.6 人工湿地防渗层应根据当地情况选用黏土、高分子材料或湿地底部的沉积污泥层。

7.5.3.7 人工湿地的设计应符合 HJ 2005 和相关工艺类工程技术规范的规定。

7.6 消毒处理单元

7.6.1 一般规定

7.6.1.1 城镇污水处理应设置消毒设施，工业废水根据其出路确定是否设置。

7.6.1.2 污（废）水消毒程度应根据污水性质、排放标准或再生水要求确定。

7.6.1.3 污水宜采用紫外线或二氧化氯消毒，也可用液氯消毒。

7.6.1.4 消毒设施和有关建筑物的设计，应符合 GB 50013 的有关规定。

7.6.1.5 应根据水质特点考虑消毒副产物的影响并采取措施消除有害消毒副产物。

7.6.2 紫外线消毒

7.6.2.1 污水消毒的紫外线剂量宜符合 GB/T 19837 的规定，或根据试验资料确定。

7.6.2.2 紫外线照射渠的设计，应符合下列要求：

a）照射渠水流均布，灯管前后的渠长度不宜小于 1 m。

b）水深应满足灯管的淹没要求。

7.6.2.3　紫外线照射渠不宜少于 2 条。当采用 1 条时，宜设置超越渠。

7.6.3　二氧化氯消毒

7.6.3.1　二氧化氯宜采用化学法现场制备，应进行混合和接触，接触时间不应小于 30 min。

7.6.3.2　污水消毒的二氧化氯投量应经试验确定。对于生活污水，当无实测资料时，二级处理出水的有效氯投量可采用 6～15 mg/L。

7.6.4　氯消毒

7.6.4.1　污（废）水处理厂（站）中采用的主要氯消毒方法包括液氯、次氯酸钠、漂白粉消毒。

7.6.4.2　污水消毒的加氯量应经试验确定。对于生活污水，当无实测资料时，二级处理出水的有效氯投量可采用 6～15 mg/L。

7.6.4.3　当采用漂白粉消毒时，其溶液浓度不得大于 2%；商品次氯酸钠溶液含有效氯量可按 10%～12% 计算。

7.6.4.4　用漂白粉消毒时，宜设混合池，混合池的设计参数应符合 GB 50013 的规定。

7.6.4.5　氯消毒应进行混合和接触，接触时间不应小于 30 min。

7.6.5　臭氧消毒

7.6.5.1　采用臭氧消毒时，臭氧应就地发生，生产臭氧方法宜采用放电法。

7.6.5.2　臭氧接触设施宜采用深而有盖的接触池，接触池排出的尾气应收集并处理。

7.6.5.3　臭氧投加量应通过试验或参照类似污水处理厂的运行经验确定，二级处理出水的臭氧投加量宜为 1～5 mg/L。

7.6.5.4　臭氧消毒应考虑经济适用条件。

7.6.5.5　臭氧消毒适用于污水的深度处理（如脱色、除臭等）。在臭氧消毒之前，应增设去除水中 SS 和 COD 的预处理设施（如砂滤、膜滤等）。

7.7　污泥处理与处置单元

7.7.1　一般规定

7.7.1.1　水污染治理工程产生的污泥应根据工程规模、地区环境条件和经济条件进行减量化、稳定化、无害化和资源化处理与处置。

7.7.1.2　污泥处理工艺的选择应考虑污泥性质与数量、技术条件、运行管理费用、环境保护要求及有关法律法规、农业发展情况、当地气候条件和污泥最终处置的方式等因素。

7.7.1.3　污泥处理构筑物和设备的设置应符合 GB 50014 的规定。

7.7.1.4　污泥经过处理后，应符合 CJ 3025 的规定。

7.7.1.5　应依据危险废物的名录及相关鉴别标准，对工业废水处理所产生的污泥进行鉴别，属危险废物的工业废水污泥，应按 GB 18484、GB 18597、GB 18598 的要求处理与处置。

7.7.2　污泥输送与贮存

7.7.2.1　污泥输送方法的选择应考虑污泥的性质和数量、污泥处理的方案、输送距离与费用、最终处置及利用方式等因素。

7.7.2.2　污泥输送设备的选择与设计应符合 GB 50014 的规定。

7.7.2.3　污泥贮存设备宜为存储料仓。

7.7.3　污泥浓缩处理

7.7.3.1　污泥浓缩应根据污水处理工艺、污泥性质、污泥量和污泥含水率要求进行选择，可采用重力浓缩、气浮浓缩、离心浓缩、带式浓缩机浓缩和转鼓机械浓缩等。

7.7.3.2 重力浓缩包括间歇式和连续式。小型污水处理厂宜采用间歇式重力浓缩，大中型污水处理厂宜采用连续式重力浓缩。

7.7.3.3 污泥压力溶气气浮浓缩主要设计和运行参数包括气固比、溶气压力、固体负荷、水力负荷、出泥含固率等，具体参数依据试验或参照同类工程实例确定。

7.7.3.4 富磷污泥不宜采用重力浓缩。当要求浓缩污泥含固率大于6%时，可适量加入絮凝剂。

7.7.3.5 污泥浓缩工艺设计应符合 GB 50014 的规定。

7.7.4 污泥消化处理

7.7.4.1 一般规定

7.7.4.1.1 污泥可采用厌氧消化或好氧消化工艺处理。

7.7.4.1.2 污泥消化工艺选择应考虑污泥性质、工程条件、污泥处置方式以及经济适用、管理方便等因素。

7.7.4.2 厌氧消化

7.7.4.2.1 污泥厌氧消化可采用中温消化和高温消化。只有当条件非常有利于高温消化或特殊要求时，才采用高温厌氧消化。

7.7.4.2.2 厌氧消化可采用单级或两级中温消化。有初次沉淀池系统的剩余污泥或类似的污泥，宜与初沉污泥合并进行厌氧消化处理。

7.7.4.2.3 厌氧消化池可采用低负荷率消化池、两级高负荷厌氧消化系统或两相厌氧消化系统。

7.7.4.2.4 单级厌氧消化池（两级厌氧消化池中的第一级）污泥应加热并搅拌，污泥温度应保持33～35℃。二级厌氧消化池可不加热、不搅拌。

7.7.4.2.5 厌氧消化池污泥加热，可采用池外热交换或蒸汽直接加热；污泥搅拌宜采用池内机械搅拌或池外循环搅拌，也可采用沼气搅拌等方法。

7.7.4.2.6 污泥厌氧消化的影响因素包括pH值、碱度、温度、消化时间、负荷率等。

7.7.4.2.7 污泥厌氧消化设备的设计选型应符合 GB 50014 的规定。

7.7.4.2.8 沼气管道、沼气贮罐的设计，应符合现行国家标准 GB 50014 和 GB 50028 的规定。

7.7.4.2.9 沼气应综合利用，可用于锅炉、发电和驱动鼓风机等。

7.7.4.2.10 根据沼气的含硫量和用气设备的要求，可设置沼气脱硫装置。脱硫装置应设在沼气进入沼气贮罐之前。

7.7.4.3 好氧消化

7.7.4.3.1 好氧消化池可采用鼓风曝气或机械表面曝气。

7.7.4.3.2 好氧消化池中溶解氧浓度，不应低于 2 mg/L。

7.7.4.3.3 污泥好氧消化设备的设计选型应符合 GB 50014 的规定。

7.7.4.3.4 当气温低于15℃时，好氧消化池宜采取保温加热措施或适当延长消化时间。

7.7.4.3.5 好氧消化池应按照环境影响评价的要求，采取加盖或除臭措施。

7.7.5 污泥脱水处理

7.7.5.1 污泥产量较大、占地面积有限的污（废）水处理系统宜采用污泥机械脱水处理。

工业废水处理站的污泥不宜采用自然干化脱水方式。

7.7.5.2 污泥脱水设备宜采用压滤脱水机和离心脱水机。其类型的选择，应按污泥的性质和脱水要求，经技术经济比较后确定。

7.7.5.3 污泥机械脱水设备的选型设计和污泥干化场的选型设计应符合 GB 50014 的规定。

7.7.6 污泥好氧发酵

7.7.6.1 日处理能力在 5 万 m^3 以下的污水处理设施产生的污泥，宜采用条垛式好氧发酵处理和综合利用；日处理能力在 5 万 m^3 以上的污水处理设施产生的污泥，宜采用发酵槽（池）式发酵工艺。

7.7.6.2 污泥好氧发酵必须进行脱水污泥调质预处理，包括调节含水率、C/N、C/P 和 pH 值。

7.7.6.3 污泥好氧发酵后应符合 GB 18918 所规定的污泥稳定化处理标准。

7.7.6.4 污泥好氧发酵需对产生的臭气进行收集处理，应达到 GB 14554 的要求。除臭方法有化学除臭、物理除臭和生物除臭等。

7.7.6.5 污泥好氧发酵中应采取相应措施降低污泥中重金属对环境的危害。

7.7.6.6 污泥好氧发酵产生的污水和雨水需集中收集，回流到污水处理厂或自建的污水处理装置处理达标后排放。

7.7.6.7 污泥好氧发酵产物可用于城市园林绿化、苗圃、林用、土壤修复及改良等。

7.7.7 污泥干燥处理

7.7.7.1 污泥干燥处理宜采用直接式干燥器，主要有带式干燥器、转筒式干燥器、急骤干燥器和流化床干燥器。

7.7.7.2 经干燥器处理的泥饼的放置应具有防火防爆措施。

7.7.7.3 污泥干燥处理的污泥固体负荷量应根据污泥性质、设备性能等因素，参照相似设备运行经验确定。

7.7.7.4 污泥干燥设备的选型，应根据实际需要确定。规模较小、污泥含水率较低、连续运行时间较长的干燥设备宜采用间接加热系统。

7.7.7.5 污泥干燥设备的能源宜优先采用沼气，不宜采用优质一次能源进行污泥干燥。对任何形式的余热干燥必须进行热量平衡和换热效率的计算。

7.7.7.6 污泥干燥的尾气应处理达标后排放。

7.7.7.7 污泥干燥工艺设计应依据试验或参照同类工程实例确定。

7.7.8 污泥焚烧处理

7.7.8.1 污泥焚烧工艺适用于下列情况：
   a）污泥不符合卫生要求、有毒物质含量高、不能为农副业利用；
   b）污泥自身的燃烧热值高，可以自燃并利用燃烧热量发电；
   c）可与城镇垃圾混合焚烧并利用燃烧热量发电。

7.7.8.2 污泥焚烧的烟气应处理达标后排放。

7.7.8.3 污泥焚烧的飞灰应妥善处置，避免二次污染。

7.7.8.4 完全焚烧的污泥焚烧设备可选用回转焚烧炉、多段焚烧炉、流化床焚烧炉，其设计选型应依据试验或参照同类工程实例确定。

7.7.9 污泥处置与利用

7.7.9.1 污泥的最终处置应优先考虑资源化利用。

7.7.9.2 污泥用于改良土地或园林绿化时，改良土地的污泥应符合 GB 24600 的规定，园林绿化的污泥应符合 GB/T 23486 的规定。

7.7.9.3 污泥经稳定化和无害化处理后，可农田利用，农田利用时应符合 GB 4284 的规定；不能农田利用的污泥，应符合 GB/T 23485、GB/T 25031 的规定进行卫生填埋等处置。

7.7.9.4 污泥卫生填埋时，应严格控制污泥中和土壤中积累的重金属及其他有毒物质的含量，含水率应小于 60%，并采取必要的环境保护措施，防止污染地下水，具体应符合 GB 16889 的规定。

7.7.9.5 污泥的最终处置用于制造建筑材料时应考虑有毒害物质浸出等安全性问题，应符合 GB 5085.3 的规定。

7.8 恶臭污染治理单元

7.8.1 一般规定

7.8.1.1 恶臭污染治理应进行多方案的技术经济比较后确定，应优先考虑生物除臭方法。

7.8.1.2 无须经常人工维护的设施，如沉砂池、初沉池和污泥浓缩池等，宜采用固定式的封闭措施控制臭气；需经常维护和保养的设施，如格栅间、泵房的集水井和污水处理厂的污泥脱水机房等，宜采用局部活动式或简易式的臭气隔离措施控制臭气。

7.8.2 生物滤池除臭

7.8.2.1 生物滤池适用于芳香族化合物（如苯乙烯、甲苯）、脂肪族化合物（如丙烷、异丁烷）及易降解化合物（如苯酚、乙醇）的恶臭气体脱臭。

7.8.2.2 有机物质量浓度宜控制在 1 000 mg/m^3 以下。

7.8.2.3 生物滤池的填料应采用质地疏松、通气性好、吸附性强、持水性适中的单一填料或混合填料。

7.8.2.4 生物滤池填料层厚度宜为 1.0～2.0 m。

7.8.2.5 生物净化宜采用中温（30～37℃）或高温（50～65℃）。

7.8.2.6 生物滤池法除臭工艺设计应根据试验或参照同类工程实例确定。

7.8.3 化学氧化除臭

7.8.3.1 化学氧化除臭常用的氧化剂为臭氧。

7.8.3.2 臭氧必须现场生成，其处理系统主要包括臭氧扩散器、臭氧接触室、输送管道、臭氧发生器和自动控制系统等。臭氧剂量应根据污染物的种类和浓度确定，宜为 1×10^{-6}～25×10^{-6} g/m^3。

7.8.3.3 化学氧化除臭工艺设计应根据试验或参照同类工程实例确定。

7.8.4 洗涤吸收除臭

7.8.4.1 当恶臭物质在水中或其他溶液中溶解度较大，或能与之发生化学反应时，宜采用洗涤吸收法治理，洗涤液宜优先选择水。

7.8.4.2 水洗法运行中应经常更换新鲜水，洗涤液应处理后排放。

7.8.4.3 常见恶臭气体洗涤液见附录 A。

7.8.4.4 对硫醇、胺类等溶解度较低的恶臭物质，宜采用氧化法将其氧化成臭味较轻或溶解度较高的化合物。

7.8.5 活性炭吸附及再生除臭

7.8.5.1 活性炭吸附适用于中、低浓度的多种有机恶臭气体去除。

7.8.5.2 吸附脱臭的工艺分为固定床、流动床及旋流浓缩床三种形式。

7.8.5.3 活性炭吸附及再生除臭的设计，应符合下列要求：

 a）流程中应包括预处理部分、吸附部分、吸附剂再生部分和溶剂回收部分四个部分；

 b）处理含颗粒物浓度较高的恶臭气体时，应预置除尘设施；

 c）吸附部分一般应采用2～3个固定床吸附器并联或串联操作；

 d）一般应采用的吸附条件如下：吸附温度为常温，吸附层床层空速为 0.2～0.5 min/s，脱附蒸汽采用110℃左右的低压蒸汽，脱附周期（含脱附及干燥、冷却）应小于吸附周期；

 e）活性炭再生宜采用水蒸气脱附法；

 f）水溶性溶剂应采用精馏法回收。

8 工艺组合

8.1 应根据原水水质特性、主要污染物类型及处理出水水质目标，在技术经济比较的基础上选择适宜的处理单元或组合工艺。

8.2 污（废）水处理组合工艺中各处理单元要相互协调，在各处理单元的协同作用下去除污（废）水中的目标污染物质，最终使污（废）水达标排放或回用。

8.3 采用厌氧和好氧组合工艺处理污（废）时，厌氧工艺单元应设置在好氧工艺单元前。

8.4 当污（废）水中含有生物毒性物质，且污（废）水处理工艺组合中有生物处理单元时，应污（废）水进入生物处理单元前去除生物毒性物质。

8.5 在污（废）水达标排放、技术经济合理的前提下应优先选用污泥产量低的处理单元或组合工艺。

8.6 城镇污水处理应根据排放和回用要求选用一级处理、二级处理、三级处理、再生处理的工艺组合。

 a）一级处理主要去除污水中呈悬浮或漂浮状态的污染物。

 b）二级处理主要去除污水中呈胶体和溶解状态的有机污染物及植物性营养盐。

 c）三级处理是对经过二级处理后没有得到较好去除的污染物质进行深化处理。

 d）当有污水回用需求时，应设置污水再生处理工艺单元。

8.7 城镇污水脱氮除磷应以生物处理单元为主，生物处理单元不能达到排放标准要求时，应辅以化学处理单元。

8.8 工业废水处理系统中应考虑设置事故应急池。

8.9 工业废水处理站的流程组合与工艺比选应符合 HJ 471、HJ 564、HJ 575、HJ 580、HJ 2002、HJ 2003、HJ 2004 等相应污染源类工程技术规范的规定。

9 设备与材料

9.1 机械设备的选型原则

9.1.1 机械设备选型应满足处理工艺和处理能力的要求。

9.1.2 宜选用性能稳定、能效高、维修简便、使用寿命长且投资低、占地少、卫生条件好的系列化、标准化成熟设备。

9.1.3 对操作繁重、影响安全、危害健康的场所应采用机械化和自动化设备。

9.2 机械设备的技术要求

9.2.1 通用设备

9.2.1.1 水泵

9.2.1.1.1 适用于污水、污泥的输送和提升以及药剂的投加。

9.2.1.1.2 应根据水泵性能与流体性质确定泵的类型，具体要求如下：

a) 污水泵宜选用离心式污水泵，也可选用轴流泵、混流泵和潜污泵。

b) 污泥泵类型宜根据污泥黏度确定：对于低黏度的污泥（初沉池污泥和活性污泥等）和浮渣，宜选用离心式污水泵和潜污泵；对于高黏度的污泥（浓缩后污泥、消化污泥和脱水后的泥饼等）或含毛发、碎皮或纤维物质较多的污泥，宜选用螺杆泵或螺旋泵；当生物处理系统中带有厌氧区、缺氧区时，应选用不易复氧的污泥回流泵。

c) 当输送腐蚀性流体时，应选用耐腐蚀泵。

d) 加药泵可选用往复式计量泵，如隔膜泵。

9.2.1.1.3 应根据所需流量、扬程及其变化规律确定工作泵的型号和台数。

9.2.1.1.4 污水泵房、合流污水泵房、活性污泥回流应设备用泵，雨水泵房可不设备用泵；备用泵的型号宜和最大的工作泵相同。备用机组的设置应满足 GB 50014 和 GB/T 50265 的要求。

9.2.1.1.5 水泵应在高效区运行。

9.2.1.1.6 并联运行离心式水泵最大安装高度应接近，就高不就低。

9.2.1.1.7 水泵应符合 GB 50014、GB/T 50265、GB/T 5657、GB/T 16907 和 GB/T 13008 的相关规定。

9.2.1.2 鼓风机和空压机

9.2.1.2.1 鼓风机适用于污水处理构筑物的通风、预曝气、好氧生物处理鼓风曝气、混合搅拌等；空压机适用于压力溶气气浮、过滤反冲等。

9.2.1.2.2 鼓风机和空压机型号应根据所需风压、单机风量、控制方式、噪声和维修管理等条件确定，并考虑必需的储备量。具体要求如下：

a) 常用鼓风机有罗茨鼓风机和离心式鼓风机。水位发生变化的构筑物宜选用罗茨鼓风机，水位不变的构筑物宜选用离心式鼓风机。

b) 用作好氧生物处理鼓风曝气的鼓风机风量应满足生物反应需氧量并保持混合液呈悬浮状态；风压应满足克服管道系统和扩散器的摩阻损耗以及扩散器上部的静水压力，并应考虑使用时阻力增加等因素。

c) 选用离心鼓风机时，应详细核算各种工况条件时鼓风机的工作点，不得接近鼓风机的湍振区，并宜设有调节风量的装置。

d) 在同一供气系统中，宜选用同一类型的鼓风机。

e) 应根据风量和风压选用活塞式和离心式空压机。小风量时宜选用活塞式空压机，大风量压力不太高时宜选用离心式空压机。

9.2.1.2.3 工作鼓风机和空压机的台数应根据气温、风量、风压、污水量和污染物负荷变化等对供气量的要求而确定。

9.2.1.2.4 鼓风机和空压机应符合 GB 50014、HJ/T 251、HJ/T 278、JB/T 8941.1、JB/T 7258 和 CECS 97 的相关规定。

9.2.1.3 阀门和闸门

9.2.1.3.1 需要控制流体的通断、调节流量和水位的渠道、水堰、水池和水槽中，宜安装闸门；需要控制流体的通断、调节流量和压力、防止介质倒流的封闭管道上宜安装阀门。

9.2.1.3.2 闸门和阀门宜选用通用定型产品。

9.2.1.3.3 渠道口、泵站进水口、沉沙池、沉淀池等处宜选用铸铁闸门或平面钢闸门；水槽或水池调节流量及水位时可选用可调堰门。

9.2.1.3.4 应根据使用功能和流体介质选用阀门的类型，具体要求如下：

  a）通断功能阀门有闸阀、蝶阀、球阀、止回阀、泥阀和排气阀等，含浮渣较多的管道中应避免使用蝶阀；

  b）控制功能阀门有蝶阀、疏齿阀、球阀、锥形阀、活塞阀、套筒阀、多孔板阀和减压阀。

9.2.1.3.5 应根据阀门和闸门的设计流量、允许过阀流速、工作压力等参数确定阀门和闸门的型号。

9.2.1.3.6 应根据设计流量和允许的压力损失确定阀门和闸门的公称直径（尺寸）。

9.2.1.3.7 应根据过流介质及其温度和压力确定闸门和阀门的材质和压力等级。

9.2.1.3.8 有防腐要求时，应选用有防腐措施的阀门和闸门。

9.2.1.3.9 应根据阀门和闸门的功能和所需启闭力确定驱动方式。

9.2.2 专用设备

9.2.2.1 格栅除污机

  格栅除污机应符合 HJ/T 262、HJ/T 250 的相关规定。

9.2.2.2 除砂设备

9.2.2.2.1 除砂设备适用于沉砂池除砂。

9.2.2.2.2 常用除砂设备包括链斗式除砂机、链板式除砂机、行车泵吸式除砂机、旋转刮砂机和空气提砂机。应根据沉砂池类型选择除砂设备的类型，具体要求如下：

  a）行车泵吸式排砂机宜用于曝气沉砂池和平流沉砂池；

  b）链斗式和链板式除砂机宜用于平流沉砂池；

  c）旋转刮砂机宜用于多尔沉砂池；

  d）空气提砂机宜用于钟式沉砂池。

9.2.2.2.3 应根据沉砂池沉砂量（处理水量）、池宽（池径）、设备功率、行车速度确定除砂机型号和台数。

9.2.2.3 排泥设备

9.2.2.3.1 排泥设备适用于初沉池、二沉池和污泥浓缩池排泥。

9.2.2.3.2 初沉池宜选用刮泥机，二沉池宜选用吸泥机，重力污泥浓缩池宜选用栅条浓缩机。

9.2.2.3.3 应根据沉淀池池型和工艺条件选择排泥设备形式，具体要求如下：

  a）平流式初沉池宜选用行车式刮泥机或链板式刮泥机，平流式二沉池宜选用行车式吸泥机；

b）辐流式沉淀池宜选用回转式吸泥机或刮泥机：
1）池径小于 20 m 时宜采用中心传动，池径大于 20 m 时宜采用周边传动；
2）池径小于 30 m 时宜采用半跨式，池径大于 30 m 时宜采用全跨式；

c）竖流式沉淀池可不设排泥设备；

d）斜板（管）沉淀池可采用行车式吸泥机或刮泥机，也可不设排泥设备；

e）刮泥设备应包含水面刮渣装置。

9.2.2.3.4 排泥设备的型号应根据池宽（池径）、水深、行车速度（周边线速度）和驱动功率确定。

9.2.2.3.5 排泥设备应符合 GB 50014、HJ/T 265 和 HJ/T 266 的相关规定。

9.2.2.4 污泥浓缩和脱水设备

9.2.2.4.1 污泥浓缩和脱水设备适用于初沉污泥和剩余污泥的浓缩和脱水。

9.2.2.4.2 常用浓缩设备有回转式栅条浓缩机、重力带式浓缩机、转鼓浓缩机、离心浓缩机。重力浓缩池应选用回转式栅条浓缩机；重力带式浓缩机宜与带式压滤机联合使用。

9.2.2.4.3 常用脱水设备有带式压滤机、离心脱水机、板框压滤机、真空过滤机。应根据污泥特性（比阻）、脱水要求和最终处置方式确定脱水设备的类型。

9.2.2.4.4 应根据脱水设备的生产能力和污泥量的大小确定设备型号和台数。

9.2.2.4.5 污泥浓缩脱水可采用一体化机械。

9.2.2.4.6 浓缩脱水设备应符合 GB/T 10605、HJ/T 242、HJ/T 335 和 JB/T 6991 的相关规定。

9.2.2.5 潜水搅拌机

9.2.2.5.1 适用于缺氧池、厌氧池、氧化沟中混合液的搅拌混合、推流。

9.2.2.5.2 应根据轴功率（推力）、转速、桨叶直径选择潜水搅拌机型号。

9.2.2.5.3 潜水搅拌机应符合 HJ/T 279 的相关规定。

9.2.2.6 表面曝气机

9.2.2.6.1 表面曝气机有立轴式和卧轴式。常用的立式表面曝气机包括平板叶轮、倒伞型叶轮和泵型叶轮，适用于曝气氧化塘和卡鲁塞尔氧化沟等的充氧和混合；卧式表面曝气机包括转刷曝气机和转盘曝气机，适用于氧化沟的充氧和推流。

9.2.2.6.2 表面曝气机不宜用于曝气过程中产生大量泡沫的污水。

9.2.2.6.3 立式表面曝气机应根据设备氧转移效率、提升力、动力效率、叶轮直径、转速和浸没度等参数选型；卧式表面曝气机应根据氧转移效率、推流力、动力效率、轴长、转刷（盘）直径、转盘数、转速和最大浸没度等参数选型。

9.2.2.6.4 表面曝气机的浸水深度应能调节。

9.2.2.6.5 表面曝气设备应符合 HJ/T 247、HJ/T 259 和 HJ/T 280 的相关规定。

9.2.2.7 潜水曝气设备

9.2.2.7.1 潜水曝气设备适用于污（废）水的曝气和混合搅拌。

9.2.2.7.2 常用潜水曝气设备包括射流式潜水曝气设备、离心式潜水曝气设备和鼓风式潜水曝气设备等，其中射流式潜水曝气设备兼具推流功能。

9.2.2.7.3 潜水曝气设备应根据设备供氧量、有效水深和电机功率等参数选型。

9.2.2.7.4 潜水曝气设备应符合 HJ/T 263、HJ/T 260 的相关规定。

9.2.2.8 滗水器

9.2.2.8.1 滗水器主要用于 SBR 及变形工艺的排水。

9.2.2.8.2 滗水器应依据滗水负荷、滗水范围、排水量（滗水速度）、电机功率以及控制方式等参数选型。

9.2.2.8.3 滗水设备应符合 GB 50014 和 HJ/T 277 的相关规定。

9.2.2.9 消毒设备

9.2.2.9.1 紫外线消毒设备宜用于Ⅳ、Ⅴ类污水处理厂和小型废水处理站。紫外线消毒设备应依据辐射剂量、灯管照度、灯管有效寿命、消毒器内水头损失等参数选型。

9.2.2.9.2 二氧化氯和次氯酸钠发生器宜用于Ⅲ、Ⅳ、Ⅴ类污水处理厂和中、小型废水处理站，应根据有效氯产量和盐耗等参数选型。

9.2.2.9.3 臭氧发生器宜用于处理水质要求高的污（废）水处理厂（站），应根据臭氧产量、空气流量、电耗、冷却水量等参数选型。

9.2.2.9.4 Ⅰ、Ⅱ类污水处理厂和大型废水处理站可采用液氯消毒。加氯设备的选型应符合 GB 50013 的有关规定。

9.2.2.9.5 消毒设备应符合 GB 50014、GB 50013、GB 15981、GB/T 19837、HJ/T 272、HJ/T 258 和 HJ/T 264 的相关规定。

9.2.2.10 除盐设备

9.2.2.10.1 除盐设备用于工业废水脱盐，主要有电渗析、反渗透设备以及离子交换设备。

9.2.2.10.2 除盐设备应根据进水水质、设备产水量、脱盐率、水的回收率、工作压力等参数选型。

9.2.2.10.3 除盐设备的设计和技术要求可参照 GB/T 50109、HJ/T 334、HJ/T 270 和 GB/T 13922 执行。

9.3 水处理药剂

9.3.1 选用原则

9.3.1.1 工艺效果良好、性质稳定、无毒无害、操作简便。

9.3.1.2 质量可靠、货源充足、运输方便、经济合理。

9.3.1.3 禁止或限制使用有机磷酸盐、有机氯、重金属、有害生物制剂、难降解长效化学品等药剂。

9.3.2 凝聚剂和絮凝剂

9.3.2.1 凝聚剂和絮凝剂品种的选择及其用量，应根据原水混凝沉淀试验结果或参照相似条件下的运行经验综合比较确定。

9.3.2.2 污水深度处理时可选用硫酸铝，低温地区可选用氯化铁和硫酸亚铁，有条件或二级出水中碱度不足时可选用聚合氯化铝等无机高分子药剂，可根据水质选用有机聚合物以提高分离效果。

9.3.2.3 污泥调质可根据污泥性质选用聚丙烯酰胺；应选用残余单体符合安全标准的聚丙烯酰胺。也可根据原水水质通过试验选用复合药剂。

9.3.2.4 凝聚剂和絮凝剂的技术要求应符合 GB 50013 和 GB 50014 的规定。

9.3.3 消毒剂

消毒剂的品种详见本标准 7.6。应依据消毒对象理化特性、消毒剂性质、处理规模和消毒水平要求等确定消毒剂的类型和剂量。

9.3.4 氧化剂

9.3.4.1 应根据废水中污染物性质确定氧化剂类型。常用的氧化剂主要包括氧气、臭氧、氯、二氧化氯、漂白粉、次氯酸钠等，具体选用见本标准 7.3.13。

9.3.4.2 氧化剂剂量应根据化学计量数并考虑富余量，通过试验或参照类似工程实例确定。

9.4 水处理材料

9.4.1 生物膜填料

9.4.1.1 常用生物膜填料包括固定式填料、悬挂式填料和分散式填料。选择填料的基本原则如下：

a）容易挂膜、老化生物膜易脱落、对生物无毒害；
b）稳定性高、亲水性好、抗酸碱、耐氧化、不易生物降解、不易老化；
c）比表面积大、孔隙率高、质轻、机械强度大；
d）价格低、材料易得、安装维修方便。

9.4.1.2 固定式填料包括蜂窝状和波纹板状等硬性填料，宜用于高负荷生物滤池等处理工艺，具体要求如下：

a）蜂窝状填料的比表面积、孔隙率、堆积高度等参数的选取应根据实测获得，应与污（废）水处理工艺相适应；
b）蜂窝状填料选定时应考虑蜂窝孔径与污（废）水 BOD 负荷率相适应；
c）波纹板状填料的孔隙率应大、不易堵塞，孔隙率、比表面积等参数的选取应根据实测获得。

9.4.1.3 悬挂式填料包括软性填料、半软性填料、弹性立体填料、组合型填料等。悬挂式填料的选用可参照 HJ/T 245 执行。

9.4.1.4 分散式填料包括鲍尔环、阶梯环、空心球、悬浮粒子及粒径为几毫米到数十毫米的砂粒、碎石、无烟煤、焦炭、矿渣等。分散式填料的选用可参照 HJ/T 246 等相关标准执行。

9.4.2 滤料

9.4.2.1 常用的滤料包括石英砂、无烟煤、矿石以及人工生产的陶瓷滤料、瓷粒、纤维球、塑料颗粒、聚苯乙烯泡沫球等。选择滤料的基本原则如下：

a）对人体无害；
b）吸附能力强、截污能力强、过滤出水水质好、工作周期长、产水量高；
c）具有足够的机械强度；
d）化学稳定性好；
e）就地取材、价格便宜、货源充足。

9.4.2.2 滤料的技术要求、检验方法、铺装方法等可参照 CJ/T 43 执行。

9.4.2.3 滤料的粒径范围、有效粒径（d_{10}）、均匀系数（K_{60}）或不均匀系数（K_{80}）由处理要求确定。

9.4.2.4 天然锰砂滤料技术要求、检验方法等可参照 CJ/T 3041 执行。

9.4.2.5 选用陶粒滤料的总孔隙率宜为 65%～70% 以上。

9.4.2.6 无烟煤滤料的技术要求、检验方法等可参照 CJ 24.2 执行。

9.4.2.7 人工生产的陶瓷滤料、瓷粒、纤维球、塑料颗粒、聚苯乙烯泡沫球等的技术要求应根据用户要求参照生产厂家的技术指标进行验证确定。

9.4.3 吸附材料

9.4.3.1 常用的吸附材料包括活性炭、人工沸石（分子筛）、活性氧化铝、黏土、吸附树脂等。选择吸附材料的基本原则如下：

　　a) 对人体无害；
　　b) 吸附选择性好、比表面积大、孔隙率高、吸附容量大、吸附速度快；
　　c) 易于再生和活化；
　　d) 有足够的机械强度、热稳定性和化学稳定性；
　　e) 货源充足、价廉易得。

9.4.3.2 活性炭按形状分类，有粉末炭和粒状炭（包括无定形炭、柱状炭、球形炭等）。活性炭比表面积的测定可参照 GB/T 19587 执行；颗粒活性炭的技术要求可参照 GB/T 7701.1、GB/T 7701.2、GB/T 7701.4、GB/T 7701.5、GB/T 7701.7 等相关标准执行。

9.4.3.3 硅藻土的制备、性能和选用可参照 GB 14936 执行。

9.4.3.4 天然沸石的技术要求可参照 JG/T 3048 等相关标准执行。

9.4.3.5 人工沸石的性能测试等可参照 GB/T 6286、GB/T 6287、GB/T 6288 等相关标准执行。

9.4.3.6 蒙脱土（膨润土）的技术要求可参照 GB/T 20973 等相关标准执行。

9.4.3.7 活性氧化铝的技术要求可参照 HG/T 3927 等相关标准执行。

9.4.3.8 活性氧化镁的技术要求可参照 GB 9004 等相关标准执行。

9.4.3.9 大孔吸附树脂的性能测试等可参照 GB 5757、GB 5758、GB 8330、GB 8331 等相关标准执行。

9.4.4 膜

9.4.4.1 水处理常用膜包括微滤（MF）膜、超滤（UF）膜、纳滤（NF）膜、反渗透（RO）膜、电渗析（ED）膜等。选择膜材料的基本原则：

　　a) 高的选择透过性或离子交换性；
　　b) 耐高温、耐溶剂、耐酸碱、低能耗、易清洗、寿命长；
　　c) 综合成本低，易于采购。

9.4.4.2 微孔滤膜及其组件的技术要求可参照 HY/T 053 等执行。

9.4.4.3 超滤膜及其组件的技术要求可参照 HY/T 112 等执行。

9.4.4.4 纳滤膜及其组件的技术要求可参照 HY/T 113 执行。

9.4.4.5 反渗透膜的测试方法及其组件的技术要求等可参照 HY/T 049、HY/T 054.1、HY/T 107 执行。

9.4.4.6 电渗析膜及其器件的技术要求可参照 HY/T 034.2、HY/T 034.3 等执行。

9.5 加药系统

9.5.1 加药系统宜设置药液调制设备、药液净化设备、计量设备、投加设备和其他控制附件。

9.5.2 药液调制设备应根据水处理药剂的性质和加药量选用水力、机械、压气等方式。

9.5.3 药剂溶解池、溶液池内壁应根据药剂的性质采取相应的防腐措施，池底应有坡度并设排渣管和排空管。

9.5.4 湿投设备宜采用计量加药泵或水射器,干投设备宜采用投矾机。

9.5.5 加药系统管材应根据药剂的种类及性质选取不同材质的耐腐蚀管材。

9.5.6 药剂的投加和储备应符合 GB 50013、GB 50014 的规定。

10 检测与控制

10.1 一般规定

10.1.1 水污染治理工程应根据工艺设计和运行管理的要求设置检测和控制系统。

10.1.2 水污染治理工程检测和控制系统,应保证污(废)水处理系统运行安全可靠,操作、维护简便易行。

10.1.3 水污染治理工程控制系统包括参数检测、参数与设备状态显示、自动调节与控制、工况自动转换、设备联锁与自动保护、能耗计量以及中央监控与管理等。系统组成应根据系统功能与标准、设备运行时间以及工艺对管理的要求等因素确定。

10.1.4 水污染治理工程计算机控制管理系统应有信息收集、处理、控制、管理和安全保护功能,宜兼顾现有、新建和规划要求。

10.1.5 水污染治理工程的检测和控制应符合 GB 50014、GB 50093、CECS 162、JGJ/T 16、GBJ 131、HJ/T 353、HJ/T 354、HJ/T 355、HJ/T 356、HJ/T 372、HJ/T 373 的要求。

10.2 检测

10.2.1 水污染治理工程进、出水应按国家现行排放标准和环境保护部门的要求,进行相关项目的检测;各工艺单元宜设置生产控制、运行管理所需的检测设备,并在易发生泄漏或产生有毒有害气体的部位(如泵站、消化池和消毒间等)设置相关监测和报警装置。

10.2.2 水污染治理工程进行检测的项目包括:流量、温度、压力、pH 值、液位、电导率、浊度、悬浮固体、化学需氧量、五日生化需氧量、氮、磷、污泥浓度、溶解氧、泥水界面、余氯等。不同的构筑物需检测的项目不同,具体见附录 B。工业废水治理工程需检测的项目根据具体情况参考附录 B 进行。

10.3 控制

10.3.1 控制设备应根据控制水平和控制方式进行选择,可采用:有接点继电器式、无接点继电器式、可编程控制器(PLC)、直接数字控制器(DDC)、比例积分微分(PID)调节器、微型控制器等。

10.3.2 控制仪表和相应的电气设备应具有运行与故障状态的显示功能。电气设备设置联动、联锁等保护措施时,可由集中监控系统实现。

10.3.3 水污染治理工程在符合下列条件之一时宜采用集中监控系统:
   a) 系统规模大,设备台数多;
   b) 系统各部分相距较远且有关联;
   c) 要求实现安全与节能运行。

10.3.4 设置集中监控管理系统时,应满足以下要求:
   a) 以多种方式显示各系统运行参数和设备状态的当前值与历史值;
   b) 应能够连续记录各系统运行参数和设备状态,其存储介质和数据库容量应能满足连续记录一年以上运行参数的要求,并可以多种方式进行查询;

c) 设立安全机制,对操作者设置不同的权限,并对其操作进行记录、存储;
d) 有参数越线报警、事故报警及报警记录功能,宜设系统或设备故障诊断功能;
e) 有信息管理功能,为所管辖的设备建立设备档案,供运行管理人员查询。

10.3.5 水污染治理工程监控内容应包括:
a) 机器运行和故障状态;
b) 控制方式等的切换状态,如:自动/手动、联动/单动、中央/现场等;
c) 运行指标、输配电参数、水处理过程检测值、水质检测值等;
d) 控制对象参见附录B。

10.3.6 监控报表与记录应包括输配电、水质、水量、药剂消耗等的日报表、月报表和年报表以及趋势记录,设备故障及运转状态记录等。

11 主要辅助工程

11.1 城镇污水处理厂建(构)筑物的建设应符合《城市污水处理工程项目建设标准》、CJJ 31 的规定,工业废水处理站建(构)筑物的建设也可参照执行;消化池、贮气罐、沼气压缩机房、沼气气发电机房、余气燃烧装置、沼气管道、污泥干化装置、污泥焚烧装置及其他危险品仓库等易燃易爆建(构)筑物的设计和建设,应符合 GB 50016 的要求。

11.2 水污染治理工程应符合节地的要求,并充分注意环境的绿化与美化,应在污(废)水处理厂(站)内的构筑物和建筑物之间或空地上进行绿化,生活性辅助建筑物与生产性构筑物之间,应有一定宽度的绿带隔离。

11.3 水污染治理工程厂区道路应方便交通、合理布置,通常围绕池组做成环状,并设置通向各处理构筑物和附属建筑物的必要通道,道路的设计应满足 GB 50014 的规定。

11.4 水污染治理工程的室外给水设计应符合 GB 50013 的规定,建筑给水排水设计应符合 GB 50015 的规定,建筑中水设计应符合 GB 50336 的规定。

11.5 水污染治理工程的供热通风系统设计应符合 GB 50019 的规定。

11.6 水污染治理工程的通信设施的建设应符合 GBJ 42 和《城市污水处理工程项目建设标准》的规定。

11.7 水污染治理工程的电力负荷性质应根据工程规模及重要性确定,根据电力负荷性质及当地供电电源条件来确定为一路或两路电源供电。电气系统应符合 GB 50057、GB 50058、GB 50217 等的规定。

11.8 水污染治理工程内的消防及火灾报警应符合 GB 50016、GB 50140、GB 50116 等的规定。

12 劳动安全与职业卫生

12.1 一般规定

12.1.1 水污染治理工程在建设、运行和维护过程中,应建立并严格执行经常性的和定期的安全检查制度,始终贯彻"安全第一、预防为主"的原则。

12.1.2 劳动安全和职业卫生设施应与水污染治理工程同时设计、同时施工、同时投产使用。危险场所应悬挂标志,并增加安全用具及设施,如救生圈、护栏、排风及应急出口等。

12.1.3 污(废)水处理厂(站)应建立健全安全生产规程和制度,对劳动者进行劳动安全与职业卫生培训，提供所需的防护用品，并定期进行健康检查。

12.2 劳动安全

12.2.1 对于水污染治理工程中使用的药剂应严格管理，危险化学品的贮存、运输、使用方法及作业场所等应符合《危险化学品安全管理条例》的规定。

12.2.2 电气、电讯安全防范措施应符合 GB/T 13869 的规定。

12.2.3 污泥消化池、贮气柜、沼气燃烧装置以及其他产生爆炸危险气体的设施，应加强安全管理，消防、防火、防爆应符合 GB 50016、GB 50058、GB 15577 的规定。

12.2.4 沉淀池、污泥池、污泥井、调节池、阀门井及其他等可能产生有毒有害气体的地方检修时，应采取防爆、防毒措施。

12.2.5 有人员出入的现场，对于人体有危害的气体（比如硫化氢，含氮气体，挥发性有机物，酸碱蒸汽等）浓度必须低于安全限值，应符合 GBZ 2 的规定。

12.3 职业卫生

12.3.1 水污染治理工程应采取有效的隔声、消声、绿化等降低噪声的措施，设计、建设、运行过程中噪声的控制应符合 GB 12523、GBJ 87、GB 12348、GB 50040 的规定。

12.3.2 水污染治理工程设计、建设、运行过程中气体排放的控制应符合 GB 16297、GB 14554、GBZ 2 的规定。

12.3.3 工作场所的职业卫生设计要求应符合 GBZ 1 的规定。

12.3.4 操作（控制）室和工作岗位应采取采暖、通风、防尘等措施，对于接触有毒有害气体的员工，应进行必要的防护措施，防止职业病发生，保护劳动者健康。

12.3.5 水污染治理工程的职业卫生体系应符合 GB/T 28001 的规定。

13 施工与验收

13.1 一般规定

13.1.1 水污染治理工程施工单位应具有与该工程要求相应的资质等级。

13.1.2 水污染治理工程施工前应由设计单位进行设计交底，当施工单位发现施工图有错误时，应及时向设计单位和建设单位提出变更设计的要求，变更设计应经过设计单位同意。

13.1.3 水污染治理工程应按工程设计图纸、技术文件、设备图纸等组织施工，施工和设备安装应符合相应的国家或行业规范。

13.1.4 施工单位应根据设计图纸要求制定完善的施工组织方案。施工组织方案的主要内容应包括工程概况、施工部署、施工方法、施工技术组织措施、施工计划、环境保护措施及施工总平面布置图。

13.1.5 施工单位在冬期、雨季进行施工时，应制定冬期、雨季施工技术和安全措施，保证施工质量和安全。

13.1.6 工程施工中受地下水影响时，应采取降水措施，应符合 GBJ 141 的规定。

13.1.7 施工使用的材料、半成品、设备应符合国家现行标准和设计要求，并取得供货商的合格证书，严禁使用不合格产品。

13.1.8 水污染治理工程建设单位应专门成立项目管理机构，组织建设项目的设计、施工、设备招投标，并参与设计会审、设备监制、施工质量检查，制定运行和维护规章制度，培训运行、维护操作人员，组织、参与工程各阶段验收、调试和试运行，建立设备安装及运行档案。

13.1.9 城镇污水处理厂的施工测量应符合 GB 50334 的规定,工业废水处理工程宜参照执行。

13.1.10 水污染治理工程中构筑物、建筑物、管道及设备的地基及基础工程的施工应符合 GBJ 141、GB 50334 及 GB 50202 的规定。

13.2 土建工程施工

13.2.1 池体构筑物的施工要求

13.2.1.1 施工技术要求

13.2.1.1.1 池体构筑物的底板应连续浇筑。

13.2.1.1.2 池体土建施工应考虑后续设备、管道的安装。池体应按照设计要求和厂家的设备安装说明书埋设预埋件、留设孔洞。预埋件、预留孔洞位置的标高、尺寸、数量应准确。

13.2.1.2 质量要求

池体构筑物施工质量应符合 GBJ 141、GB 50204、GB 50334 的规定。

13.2.1.3 池体注水检测要求

13.2.1.3.1 每座池体构筑物应做满水试验,试验应按 GBJ 141 进行。

13.2.1.3.2 有气密性要求的池体构筑物除进行满水试验外,还应进行气密性试验。消化池的气密性试验应符合 GBJ 141 的规定。

13.2.2 一般构筑物和建筑物的施工要求

13.2.2.1 施工技术要求

13.2.2.1.1 混凝土、砂浆、防水材料、胶黏剂等现场配制的材料,应严格按照配合比和施工程序进行。

13.2.2.1.2 构筑物和建筑物施工时,宜按先地下后地上、先深后浅的顺序施工,并应防止各构筑物和建筑物交叉施工时相互干扰。

13.2.2.2 质量要求

13.2.2.2.1 建筑工程施工质量应符合 GB 50300 的规定。建筑工程各专业工程施工质量按各专业验收规范,并与 GB 50300 配合使用。

13.2.2.2.2 泵房的施工质量应符合 GBJ 141 和 GB 50334 的规定,其他构筑物施工质量宜参照 GB 50300 执行。

13.2.3 厂(站)配套工程的施工要求

13.2.3.1 施工技术要求

13.2.3.1.1 道路工程的沥青路面和水泥混凝土施工应严格执行施工程序。

13.2.3.1.2 照明工程设备器材的运输、保管应符合国家有关物资运输、保管的规定;当产品有特殊要求时,还应符合特殊产品的规定。

13.2.3.1.3 凡所使用的电气设备及器材,均应符合现行技术标准,并具有合格证件和铭牌。

13.2.3.1.4 电缆通过地面或楼板、墙壁及易受机械损伤处,均应设置保护套管。

13.2.3.1.5 绿化工程应按照批准的绿化工程设计及有关文件施工。厂(站)综合工程中的绿化种植,应在主要建筑物、地下管线、道路工程等主体工程完成后进行。

13.2.3.2 质量要求

13.2.3.2.1 道路工程的施工质量应符合 GB 50092、GBJ 97 的规定。

13.2.3.2.2 照明工程的施工质量应符合 GBJ 232 的规定。

13.2.3.2.3 绿化工程的施工质量应符合 CJJ/T 82 的规定。

13.3 安装工程施工

13.3.1 设备安装的要求

13.3.1.1 设备安装技术要求

13.3.1.1.1 设备安装前应按设计或设备安装说明书对预埋件、预留洞的尺寸、位置和数量进行复检，如设计或设备安装说明书无规定宜按 GB 50231 的允许偏差对设备基础位置和几何尺寸进行复检。

13.3.1.1.2 设备安装中，应进行自检、互检和专业检查，并应对每道工序进行检验和记录。

13.3.1.1.3 设备的单机运行调试应按照设备说明书和设计要求进行，无要求时宜参照 GB 50231 执行。

13.3.1.2 质量要求

13.3.1.2.1 设备安装质量应符合 GB 50334 的规定，其他设备宜参照 GB 50231 执行。

13.3.1.2.2 压力容器质量应符合 GB 150 的规定。压力容器和沼气柜（罐）应按照结构、密闭形式分部位进行气密性试验。

13.3.2 管道施工的要求

13.3.2.1 施工技术要求

13.3.2.1.1 管道工程施工应掌握管道沿线的情况和资料，宜参照 GB 50268 执行。

13.3.2.1.2 施工测量及沟槽的施工宜参照 GB 50268 执行。

13.3.2.1.3 管道及配件装卸时应轻装轻放，运输时应垫稳、绑牢，不得相互撞击；接口及管道的内外防腐层应采取保护措施。

13.3.2.1.4 管道安装时，应随时清扫管道中的杂物，给水管道暂时停止安装时，两端应临时封堵。

13.3.2.1.5 地下管道施工后，对覆地要求分层夯实，确保道路质量。

13.3.2.2 质量要求

给水排水管道工程质量应符合 GB 50268 的规定，工业管道质量应符合 GB 50235、GB 50236 的规定。

13.3.2.3 压力与密闭性测试

压力管道回填土前，应采用水压试验法进行管道强度及严密性试验；无压力管道回填土前，应进行严密性试验。试验应符合 GB 50268 的规定。

13.4 系统联合调试

13.4.1 系统联合调试的准备

13.4.1.1 设备及其附属装置、管路等均应全部施工完毕，施工记录及资料应齐全。设备的水平和几何精度经检验合格。设备及其润滑、液压、气（汽）动、冷却、加热和电气及控制等附属装置，均应单独调试检查并符合试运转的要求。

13.4.1.2 需要的能源、介质、材料、工机具、检测仪器、安全防护设施及用具等，均应符合试运转的要求。

13.4.1.3 对复杂和精密的设备，应编制试运转方案或试运转操作规程。

13.4.1.4 参加试运转的人员，应熟悉设备的构造、性能、设备技术文件，并应掌握操作规程及试运转操作。

13.4.1.5 设备及周围环境应清扫干净，设备附近不得进行有粉尘的或噪声较大的作业。

13.4.2 系统联合调试的实施

13.4.2.1 联合调试应按工程项目设计实施要求进行，不宜用模拟方法代替。

13.4.2.2 联合调试应由部件开始至组件、至单机、直至整机（整个系统），按说明书和生产操作程序进行。

13.4.2.3 应在对污水处理工程单池、单机进行调试的基础上，进行整体性联动调试。

13.4.3 联合调试效果检查

13.4.3.1 各转动和移动部分，用手（或其他方式）盘动，应灵活，无卡滞现象。

13.4.3.2 安全装置（安全联锁）、紧急停机和报警信号等经试验均应正确、灵敏、可靠。

13.4.3.3 各种手柄操作位置、按钮、控制显示和信号等，应与实际动作及其运动方向相符。压力、温度、流量等仪表、仪器指示均应正确、灵敏、可靠。

13.4.3.4 应按有关规定调整往复运动部件的行程、变速和限位；在整个行程上其运动应平稳，不应有振动、爬行和停滞现象；换向不得有不正常的声响。

13.4.3.5 设备均应进行设计状态下各级速度（低、中、高）的运转试验。其启动、运转、停止和制动，在手动、半自动和自动控制下，均应正确、可靠、无异常现象。

13.4.3.6 联合调试效果应达到设计要求并填写联合调试记录。

13.5 工程验收

13.5.1 与工业生产工程同步建设的水污染治理工程应与生产工程同时验收；现有生产设备配套或改造的水污染治理设施应进行单独验收；在一个建设项目中，一个单项工程或一个车间已按设计要求建设完成，能满足生产要求或具备独立运行和使用条件，可进行单项工程验收。

13.5.2 单项工程验收应具备下列文件：

  a）经批准的初步设计、调整概算及其他有关设计文件；

  b）施工图纸及其审查资料、设备技术资料；

  c）国家颁发的环保安全、压力容器等规定；

  d）有关部门颁发的专业工程技术验收规范、规程及建筑安装工程质量检验评定标准；

  e）引进项目的合同及国外提供的设计文件等。

13.5.3 单项工程验收标准如下：

  a）土建工程验收应符合 GB 50300、GB 50202、GB 50203、GB 50204、GB 50205、GB 50206 及相关验收规范的规定；

  b）管道工程验收应按设计内容、设计要求、施工规格、验收规范分全部或分段验收；

  c）设备验收应符合规定要求达到合格；管道内部垃圾应清除，自来水管道应经过清洗和消毒，输气管道要经过通气换气；

  d）在施工前，对管道材质用防腐层（内壁及外壁）应根据标准进行验收，钢管应注意焊接质量，并加以评定和验收；对设计中选定的闸阀产品质量应慎重检验；

  e）安装工程验收应符合 GB 150、GB 50231、GB 50235、GB 50236、GB 50275、GB 50254、GB 50255、GB 50256、GB 50257、GB 50258、GB 50259、JB/T 8536、JB/T 8471 和安装文件的规定。

13.5.4 工程竣工后，建设单位应根据法律、相应专业现行验收规范和有关规定，依据验收监测或调查结果，并通过现场检查等手段，考核建设项目是否达到竣工要求。

13.5.5 施工单位在全面完成所承包的工程，经总监理工程师同意后，应向建设单位提出申请，建设单位核实符合交工验收条件后，组织建设、设计、施工、监理、养护管理、质量监督等单位代表组成验收组，对工程质量进行验收。

13.5.6 对已经交付竣工验收的单位工程或单项工程（中间交工）并已办理了移交手续的，不再重复办理验收手续，但应将单位工程或单项工程竣工验收报告作为全部工程竣工验收的附件加以说明。

13.5.7 竣工验收过程中的监测内容及相关要求应符合《建设项目环境保护设施竣工验收监测技术要求》的规定。

13.6 环境保护验收

13.6.1 水污染治理工程经环境保护验收合格后，方可正式投入使用。

13.6.2 水污染治理工程环境保护验收除应执行《建设项目竣工环境保护验收管理办法》和行业环境保护验收规范外，在生产试运行期间还应对水污染治理装置进行性能试验，性能试验报告可作为环境保护验收的重要参考。

13.6.3 水污染治理工程环境保护验收监测应符合《建设项目环境保护设施竣工验收监测技术要求》的规定。

14 运行与维护

14.1 一般规定

14.1.1 水污染治理工程中收集系统的运行管理及设备维护应符合 CJJ 6 和 CJJ 68 的规定；城镇污水处理厂的运行管理及设备维护应符合 CJJ 60 的规定；工业废水处理站的运行管理及设备维护应符合相关环境工程技术规范或 CJJ 60 的规定。

14.1.2 水污染治理工程应建立健全运行与维护管理规章制度和操作规程。

14.1.3 水污染治理工程应对运行操作人员进行培训，运行操作人员应持证上岗。

14.1.4 水污染治理工程应建立完备的水处理工艺、设备及配套设施运行状况与维护状况记录台账。

14.1.5 水污染治理工程的运行宜根据处理设施的规模委托具有环境污染治理设施运营资质的企业进行。

14.2 运行检测

14.2.1 水样的采集和保存

14.2.1.1 水污染治理工程采样点的布设应符合 GB 50014、GB 12997、HJ/T 91 及 CJJ 60 的规定。

14.2.1.2 采样器的材质和结构应符合 GB 12998 和 HJ/T 91 的规定。

14.2.1.3 水样的保存应符合 GB 12999、HJ/T 372 和 HJ/T 91 的规定。

14.2.2 水样监测项目及检测方法

水样监测项目及检测方法应根据运行管理的需要按照 HJ/T 91、CJJ 60 的规定执行。

14.2.3 污泥监测项目

污泥处理监测项目与周期应根据运行管理的需要按照 CJJ 60 中的规定执行。

14.3 维护保养

14.3.1 操作人员应严格执行设备操作规程,定时巡视设备运转是否正常,包括温升、响声、振动、电压、电流等,发现问题应尽快检查排除。

14.3.2 设备各运转部位应保持良好的润滑状态,及时添加润滑油、除锈;发现漏油、渗油情况,应及时解决。

14.3.3 应定期对各处理构筑物中的设备、仪表进行校正和维修保养。

附录 A（资料性附录）

常见恶臭气体洗涤液

恶臭气体	洗涤液
NH_3	乙醛水溶液
NO_2	氢氧化钠溶液或氨水
胺类	乙醛水溶液或水
甲醇	水
H_2S	氢氧化钠或次氯酸钠混合液
氯	氢氧化钠
甲硫醇	氢氧化钠或次氯酸钠混合液
酚	水或碱液
丙烯醛	氢氧化钠或次氯酸钠混合液
氯磺酸	碳酸钠溶液
甲醛	亚硫酸钠溶液

附录 B（资料性附录）

水污染治理工程中主要构筑物的工艺过程检测项目和控制对象

构筑物名称		检测项目	控制对象
进水管渠		流量	阀门
格栅、集水池、进水泵房		水位差、水位、pH 值、水温、压力、固体悬浮物、阀门开启度	格栅除渣机、水泵、阀门
计量槽、沉砂池		水位、流量	除砂机、砂水分离器
鼓风机房		风压、风量	鼓风机及导叶、阀门
初沉池		泥水界面、污泥浓度、排泥量、流量、pH 值、温度*、溶解氧*	排泥机械、排泥阀门
活性污泥法	传统活性污泥法曝气池	活性污泥浓度、溶解氧、供气量、污泥回流量、剩余污泥量、水温	曝气机、阀门
	厌氧/缺氧/好氧法（生物脱氮除磷）生物反应池	活性污泥浓度、溶解氧、供气量、氧化还原电位、混合液回流量、污泥回流量、剩余污泥量、水温	
	氧化沟	活性污泥浓度、溶解氧、氧化还原电位、污泥回流量、剩余污泥量、水温	
	SBR 反应器	液位、活性污泥浓度、溶解氧、氧化还原电位、污泥排放量	
生物膜法	曝气生物滤池	单格溶解氧、过滤水头损失	
	生物接触氧化池、生物滤池	溶解氧	
二沉池		泥水界面、流量、pH 值、温度	排泥机械、排泥阀门
回流污泥泵房		回流污泥量、阀门开启度	回流泵、阀门
污泥脱水机房		污泥池液位、脱水机储液槽液位、污泥浓度	污泥浓缩机、污泥脱水机、泥饼输送机
加氯间		加氯量、氯瓶重量、漏氯	加氯设备、轴流风机、中和装置
接触消毒池		流量、固体悬浮物、pH 值、氧化还原电位、电导率、BOD_5、COD、NH_3-N、余氯	启闭机
其他		其他构筑物或处理方法的检测和控制参考《给水排水设计手册》的电气与自控部分	

* 根据需要设置单项监测项目。

中华人民共和国国家环境保护标准

制糖废水治理工程技术规范

Technical specifications for sugar industry wastewater treatment

HJ 2018—2012

前 言

为贯彻《中华人民共和国环境保护法》、《中华人民共和国水污染防治法》等法律法规，规范制糖废水治理工程的建设和运行管理，控制制糖废水对环境的污染，促进制糖废水治理技术的进步，制定本标准。

本标准规定了制糖废水治理工程的设计、施工安装、验收和运行管理的技术要求。

本标准为指导性标准。

本标准为首次发布。

本标准由环境保护部科技标准司组织制订。

本标准起草单位：环境保护部华南环境科学研究所。

本标准环境保护部 2012 年 10 月 17 日批准。

本标准自 2013 年 1 月 1 日起实施。

本标准由环境保护部解释。

1 适用范围

本标准规定了制糖废水治理工程的设计、施工安装、验收和运行管理的技术要求。

本标准适用于以甘蔗或甜菜为原料的制糖企业制糖生产废水的治理工程，可作为可行性研究、设计、施工、竣工验收、环境保护验收、建成后运行与管理以及制糖企业环境影响评价的技术依据。

2 规范性引用文件

本标准引用了下列文件或其中的条款。凡是未注明日期的引用文件，其最新版本适用于本标准。

GB 3096　声环境质量标准

GB 4284　农用污泥中污染物控制标准

GB 12348　工业企业厂界环境噪声排放标准

GB 12523　建筑施工场界环境噪声排放标准

GB 14554　恶臭污染物排放标准

GB 18599　一般工业固体废物贮存、处置场污染控制标准
GB 21909—2008　制糖工业水污染物排放标准
GB 50011　建筑抗震设计规范
GB 50013　室外给水设计规范
GB 50014　室外排水设计规范
GB 50015　建筑给水排水设计规范
GB 50016　建筑设计防火规范
GB 50019　采暖通风与空气调节设计规范
GB 50034　建筑照明设计标准
GB 50037　建筑地面设计规范
GB 50046　工业建筑防腐蚀设计规范
GB 50052　供配电系统设计规范
GB 50054　低压配电设计规范
GB 50057　建筑物防雷设计规范
GB 50069　给水排水工程构筑物结构设计规范
GB 50108　地下工程防水技术规范
GB 50140　建筑灭火器配置设计规范
GB 50187　工业企业总平面设计规范
GB 50194　建设工程施工现场供用电安全规范
GB 50208　地下防水工程质量验收规范
GB 50222　建筑内部装修设计防火规范
GB 50268　给水排水管道工程施工及验收规范
GB 50275　风机、压缩机、泵安装工程施工及验收规范
GB 50335　污水再生利用工程设计规范
GB/T 12801　生产过程安全卫生要求总则
GB/T 18883　室内空气质量标准
GB/T 23485　城镇污水处理厂污泥处置　混合填埋用泥质
GB/T 23486　城镇污水处理厂污泥处置　园林绿化用泥质
GB/T 24600　城镇污水处理厂污泥处置　土地改良用泥质
GB/T 25031　城镇污水处理厂污泥处置　制砖用泥质
GB/T 50033　建筑采光设计标准
GB/T 50125　给水排水工程基本术语标准
GBJ 22　厂矿道路设计规范
GBJ 87　工业企业噪声控制设计规范
GBJ 141　给水排水构筑物施工及验收规范
GBZ 1　工业企业设计卫生标准
GBZ 2.1　工作场所有害因素职业接触限值　第一部分：化学有害因素
GBZ 2.2　工作场所有害因素职业接触限值　第二部分：物理因素
CJJ 60　城市污水处理厂运行、维护及其安全技术规程

编号	名称
HJ 493	水质采样　样品的保存和管理技术规定
HJ 494	水质　采样技术指导
HJ 495	水质　采样方案设计技术规定
HJ 577	序批式活性污泥法污水处理工程技术规范
HJ 578	氧化沟活性污泥法污水处理工程技术规范
HJ 2006	污水混凝与絮凝处理工程技术规范
HJ 2008	污水过滤处理工程技术规范
HJ 2009	生物接触氧化法污水处理工程技术规范
HJ 2013	升流式厌氧污泥床反应器污水处理工程技术规范
HJ 2014	生物滤池法污水处理工程技术规范
HJ 2015	水污染治理工程技术导则
HJ 2016	环境工程　名词术语
HJ/T 15	环境保护产品技术要求　超声波明渠污水流量计
HJ/T 91	地表水和污水监测技术规范
HJ/T 96	pH水质自动分析仪技术要求
HJ/T 101	氨氮水质自动分析仪技术要求
HJ/T 103	总磷水质自动分析仪技术要求
HJ/T 186—2006	清洁生产标准　甘蔗制糖业
HJ/T 212	污染源在线自动监控（监测）系统数据传输标准
HJ/T 242	环境保护产品技术要求　带式压榨过滤机
HJ/T 245	环境保护产品技术要求　悬挂式填料
HJ/T 246	环境保护产品技术要求　悬浮填料
HJ/T 247	环境保护产品技术要求　机械表面曝气机
HJ/T 250	环境保护产品技术要求　旋转式细格栅
HJ/T 251	环境保护产品技术要求　罗茨鼓风机
HJ/T 252	环境保护产品技术要求　中、微孔曝气器
HJ/T 259	环境保护产品技术要求　转刷曝气装置
HJ/T 260	环境保护产品技术要求　鼓风式潜水曝气机
HJ/T 262	环境保护产品技术要求　格栅除污机
HJ/T 263	环境保护产品技术要求　射流曝气器
HJ/T 265	环境保护产品技术要求　刮泥机
HJ/T 266	环境保护产品技术要求　吸泥机
HJ/T 277	环境保护产品技术要求　旋转式滗水器
HJ/T 278	环境保护产品技术要求　单级高速曝气离心鼓风机
HJ/T 279	环境保护产品技术要求　推流式潜水搅拌机
HJ/T 280	环境保护产品技术要求　转盘曝气装置
HJ/T 281	环境保护产品技术要求　散流式曝气器
HJ/T 283	环境保护产品技术要求　污泥脱水用厢式压滤机和板框压滤机
HJ/T 335	环境保护产品技术要求　污泥浓缩带式脱水一体机

HJ/T 336　环境保护产品技术要求　潜水排污泵
HJ/T 353　水污染源在线监测系统安装技术规范（试行）
HJ/T 354　水污染源在线监测系统验收技术规范（试行）
HJ/T 355　水污染源在线监测系统运行与考核技术规范（试行）
HJ/T 369　环境保护产品技术要求　水处理用加药装置
HJ/T 377　环境保护产品技术要求　化学需氧量（COD_{Cr}）水质在线自动监测仪
NY/T 1220.2　沼气工程技术规范　第2部分：供气设计
NY/T 1222　规模化畜禽养殖场沼气工程设计规范

3　术语和定义

GB/T 50125、HJ 2016 界定的以及下列术语和定义适用于本标准。

制糖废水　sugar industry wastewater

指甘蔗制糖和甜菜制糖生产过程中产生并外排的废水。

4　污染物与污染负荷

4.1　制糖废水包括制糖生产各工序产生的冷凝水、冷却水、洗滤布水、洗罐废水、锅炉排灰水、甜菜流送洗涤水、压粕水、冲滤泥水以及生产区域的地面冲洗水等。

4.2　现有企业应采用在企业废水总排放口现场实测的方法确定制糖企业的废水量和废水水质；甜菜流送洗涤水、洗滤布水、压粕水、冲滤泥水等应采用在各生产单元废水排放口现场实测的方法确定废水量和废水水质。废水量的测量和废水水质的采样化验应符合 HJ 493、HJ 494、HJ 495 和 HJ/T 91 的规定。

4.3　新建或改扩建等企业应参考相似技术水平、管理水平的企业类比确定废水量和废水水质。

4.4　制糖废水治理工程的设计水量应按下列公式计算：

$$Q_S = \alpha \times Q \tag{1}$$

式中：Q_S——设计水量，m^3/d；

α——设计裕量，宜取 1.1～1.2；

Q——4.2 条或 4.3 条获得的废水量，m^3/d。

4.5　符合 HJ/T 186—2006 的甘蔗制糖企业，设计水量和水质可按表 1 取值。

表 1　甘蔗制糖企业的设计水量和水质

项目	单位	取值范围
吨甜菜的设计水量	m^3/t	1.6～4.0
pH	—	6.5～8.0
化学需氧量（COD_{Cr}）	mg/L	1 050～500
五日生化需氧量（BOD_5）	mg/L	370～180
悬浮物（SS）	mg/L	480～150

4.6　缺乏参考企业的新建或改扩建甜菜制糖企业，设计水量和水质可按表 2 取值；甜菜流送洗涤水、洗滤布水、压粕水、冲滤泥水的设计水量和悬浮物浓度可按表 3 取值。

表2 甜菜制糖企业的设计水量和水质

项目	单位	取值范围
吨甜菜的设计水量	m^3/t	3.7~7.5
pH	—	6.5~8.0
化学需氧量（COD_{Cr}）	mg/L	5 000~2 500
五日生化需氧量（BOD_5）	mg/L	2 500~1 200
悬浮物（SS）	mg/L	4 000~2 000
总氮（TN）	mg/L	70~35
总磷（TP）	mg/L	12~6

表3 甜菜流送洗涤水、洗滤布水、压粕水、冲滤泥水的设计水量和悬浮物浓度

项目	单位	甜菜流送洗涤水	洗滤布水	压粕水	冲滤泥水
吨甜菜的设计水量	m^3/t	1.0~3.0	0.1~0.3	0.1~0.3	0.1~0.3
悬浮物（SS）	mg/L	2 000~700	7 000~4 000	2 500~1 500	11 000~8 000

5 总体要求

5.1 一般规定

5.1.1 制糖废水治理工程的建设，除应符合本标准的规定外，还应遵守国家基本建设程序以及国家有关法规与标准的规定。

5.1.2 制糖企业应积极采用清洁生产技术，改进生产工艺，提高水循环利用率，降低水污染物的产生量和排放量。

5.1.3 鼓励制糖企业将制糖废水处理后实现资源化，提高水重复利用率。

5.1.4 制糖废水治理工程的工艺配置应与制糖企业生产环节中的水循环处理利用系统相适应。

5.1.5 制糖废水经处理后排放时，水量和水质应符合GB 21909的规定和环境影响评价审批文件的要求。

5.1.6 应优先采用成熟可靠、高效、节能、低投资、低运行成本、低二次污染的处理工艺和设备。

5.1.7 应采取措施防止二次污染。

5.2 建设规模

制糖废水治理工程的建设规模，应根据制糖企业的原料、生产规模和清洁生产水平确定。

5.3 工程构成

5.3.1 制糖废水治理工程主要包括主体工程、配套工程、主要设备器材以及生产管理与服务设施。

5.3.2 主体工程包括废水调节与处理系统、污泥处理系统等。

5.3.3 配套工程包括供配电、给排水、道路、消防、检测与控制等。

5.3.4 主要设备器材包括污水泵、充氧设备与器材、污泥脱水机等。

5.3.5 生产管理与服务设施包括办公用房、分析化验室、值班室等。生产管理与服务设施可由制糖企业统一安排。

5.4 场址选择

场址选择宜参照 GB 50014、HJ 2015，并宜选择在生产季节时厂区的下风向。

5.5 总平面布置

5.5.1 总平面布置应根据各构筑物的功能和处理流程要求，结合地形、地质条件等因素，经过技术经济比较确定，并应便于施工、维护和管理。

5.5.2 总平面布置应符合 GB 50187 的规定。

5.5.3 废水处理设施的布置应因地制宜。散发气味的处理设施应布置在该工程区域的下风向。

5.5.4 各单元平面布置应力求紧凑、合理，并满足施工、设备安装、各类管线连接、维修管理方便的要求。

5.5.5 竖向设计应充分利用原有地形，尽可能做到土方平衡和降低水头损失、降低废水提升高度以及废水经处理后顺利排出。

5.5.6 应设置存放材料、药剂、污泥、废渣等的场所。

5.5.7 生产辅助建筑物的设置，应满足处理工艺和日常管理的需要，其面积应根据废水治理工程的规模、处理工艺、管理体制等确定。

5.5.8 制糖企业有扩建预期时，废水治理工程应兼顾分期建设的特点，进行总体布置。

5.5.9 总平面布置的其他要求宜参照 GB 50014、HJ 2015。

6 工艺设计

6.1 一般规定

6.1.1 处理工艺及参数应根据废水水质特征、废水经处理后的去向、排放标准、本地区的有关特点等，进行技术经济比较后确定。

6.1.2 应采用生化处理为主、物化处理为辅的工艺技术。

6.1.3 应配备能在每年制糖生产开始前进行培菌启动的设施。

6.1.4 主要处理构筑物应分成不少于两组，按并联设计。处理水量较小时也可只设一组，但应配套应急措施。

6.2 工艺路线选择

6.2.1 甘蔗制糖废水处理通常宜采用图 1 所示的工艺技术。但当甘蔗制糖废水 COD_{Cr} 大于 1 500 mg/L 时，宜采用图 2 所示的工艺技术。

6.2.2 甜菜制糖废水处理宜采用图 2 所示的工艺技术。

6.2.3 当甘蔗制糖废水 COD_{Cr} 不大于 500 mg/L，且废水排放标准执行 GB 21909—2008 中的"新建企业水污染物排放限值"时，可取消水解酸化处理单元。

6.2.4 当甜菜流送洗涤水、压粕水、洗滤布水、冲滤泥水在生产环节中已经过沉淀处理，其 SS 不大于 500 mg/L 时，可取消预沉淀池。

6.2.5 深度处理系统主要用于下述情况：

a) 当废水排放标准执行 GB 21909—2008 中的"水污染物特别排放限值"时，或其他对排放水悬浮物指标要求较严的场合。

b) 当废水总磷浓度较高，好氧处理的生物除磷无法满足要求时。

c) 当废水污染物浓度远高于常规制糖废水水质范围时。

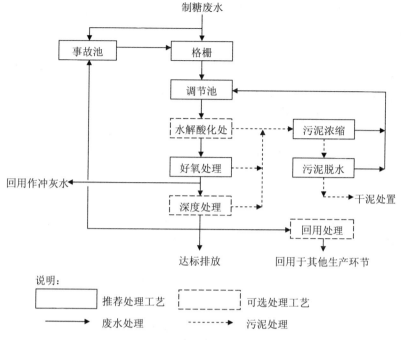

图 1 甘蔗制糖废水处理工艺流程图

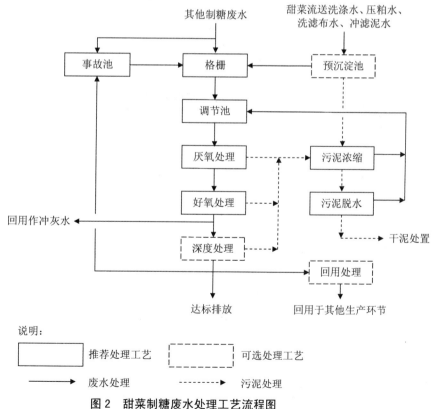

图 2 甜菜制糖废水处理工艺流程图

6.2.6 回用处理系统的工艺根据回用水的用途确定。

6.3 工艺设计要求

6.3.1 格栅

6.3.1.1 调节池前应设置格栅。

6.3.1.2 宜采用机械格栅,废水量较小且栅渣不多时可采用人工格栅。

6.3.1.3 格栅应按最大小时废水量设计。

6.3.1.4 机械格栅栅条间隙宽度宜为 3～10 mm,人工格栅栅条间隙宽度宜为 10～20 mm。

6.3.1.5 格栅的其他设计应符合 GB 50014 的规定。

6.3.2 沉淀池

6.3.2.1 沉淀池可采用竖流式、平流式、辐流式或斜管(板)沉淀池等类型,废水量较大时宜采用辐流式沉淀池。活性污泥法后的二沉池不宜采用斜管(板)沉淀池。

6.3.2.2 预沉淀池应按最大小时预沉淀废水量设计;二沉池应按调节池提升泵的最大组合流量设计。

6.3.2.3 预沉淀池的主要设计参数宜按表 4 的规定取值。

表 4 预沉淀池的主要设计参数

项目	单位	竖流式、平流式、辐流式沉淀池	斜管(板)沉淀池
表面水力负荷	$m^3/(m^2·h)$	1.5～3.0	2.5～5.0
沉淀时间	h	1.0～3.0	—
SS 处理效率	%	40～70	40～70
COD_{Cr}、BOD_5、TN、TP 处理效率	%	10～25	10～25

6.3.2.4 辐流式、平流式、竖流式二沉池的主要设计参数宜按表 5 的规定取值。

表 5 辐流式、平流式、竖流式二沉池的主要设计参数

项目	单位	活性污泥法后	生物接触氧化法后
表面水力负荷	$m^3/(m^2·h)$	0.7～1.2	0.7～1.2
沉淀时间	h	2.0～4.0	2.0～4.0
固体负荷	$kg/(m^2·d)$	≤150	—

6.3.2.5 沉淀池的其他设计应符合 GB 50014 的规定。

6.3.3 调节池

6.3.3.1 调节池的有效容积应按照废水排放规律确定,无相关资料时宜按最大日平均时流量的 8～12 h 废水量设计。

6.3.3.2 当废水 SS 大于 500 mg/L 时,调节池内宜设置搅拌装置。当搅拌装置为推流式潜水搅拌机时,混合功率不宜小于 3 W/m^3;当搅拌装置为曝气管或曝气器时,曝气量不宜小于 3 $m^3/(m^2·h)$。

6.3.3.3 调节池底部应设有集水坑和泄水管。池底宜有不小于 0.005 的坡度,坡向集水坑。池壁应设置溢水管,溢水管应通向事故池。

6.3.3.4 用于甜菜制糖废水的调节池应有顶盖及保温措施,顶盖上应有人孔。

6.3.4 水解酸化池

6.3.4.1 水解酸化池内宜设置生物填料。

6.3.4.2 生物填料的设置应使维护检修工作能够进行。悬挂式生物填料距离池底不应小于0.8 m。

6.3.4.3 悬挂式生物填料的总量不宜小于池容的70%；悬浮式生物填料的总量不宜少于池容的40%。

6.3.4.4 水解酸化池宜按常温进行设计。

6.3.4.5 水解酸化池的主要设计参数宜根据试验资料确定；无试验资料时，可按表6的规定取值。

表6 水解酸化池的主要设计参数

项目	单位	参数值
填料区COD_{Cr}容积负荷	kg/($m^3 \cdot d$)	3~6
填料区水力停留时间	h	3~6
COD_{Cr}处理效率	%	20~40
BOD_5处理效率	%	20~40
污泥产率系数（污泥/COD_{Cr}）	kg/kg	0.1~0.2

6.3.4.6 水解酸化池填料区容积应按下列公式计算：

$$V_t = \frac{Q_S \times S_0}{1\,000 \times N_V} \tag{2}$$

式中：V_t——水解酸化池填料区容积，m^3；

Q_S——水解酸化池设计流量，m^3/d；

S_0——水解酸化池进水化学需氧量，mg/L；

N_V——水解酸化池填料区COD_{Cr}容积负荷，kg/($m^3 \cdot d$)。

6.3.4.7 应妥善设计布水装置和集水装置，使废水能均匀分布。

6.3.5 厌氧处理池

6.3.5.1 厌氧处理池可采用升流式厌氧污泥床（UASB）或厌氧生物滤池（AF）等池型。

6.3.5.2 处理甘蔗制糖废水的厌氧处理池可按常温进行设计，有条件时可采用35~38℃的中温厌氧消化。处理甜菜制糖废水的厌氧处理池宜采用35~38℃的中温厌氧消化。

6.3.5.3 厌氧处理池的主要设计参数宜根据试验资料确定；无试验资料时，UASB和AF的主要设计参数可按表7的规定取值。

表7 UASB和AF的主要设计参数

项目	单位	UASB	AF
温度	℃	35~38	35~38
COD_{Cr}容积负荷	kg/($m^3 \cdot d$)	3~9	—
填料区COD_{Cr}容积负荷	kg/($m^3 \cdot d$)	—	2~6
COD_{Cr}处理效率	%	70~90	70~90
BOD_5处理效率	%	75~95	75~95
污泥产率系数（污泥/COD_{Cr}）	kg/kg	0.05~0.1	0.05~0.1

6.3.5.4 UASB 反应区容积和 AF 填料区容积应按下列公式计算：

$$V = \frac{Q_S \times S_0}{1\,000 \times N_V} \tag{3}$$

式中：V——UASB 反应区容积或 AF 填料区容积，m^3；
　　　Q_S——UASB 或 AF 设计流量，m^3/d；
　　　S_0——UASB 或 AF 进水化学需氧量，mg/L；
　　　N_V——UASB 容积负荷或 AF 填料区 COD_{Cr} 容积负荷，kg/($m^3 \cdot d$)。

6.3.5.5 当厌氧处理池的进水 COD_{Cr} 大于 5 000 mg/L 时，厌氧处理池宜分成两段，串联运行。设计参数应通过试验确定。

6.3.5.6 应妥善设计布水装置和集水装置，使废水能均匀分布。

6.3.5.7 应配套沼气安全燃烧装置，宜配套沼气净化利用系统。沼气的净化、贮存等应符合 NY/T 1222 和 NY/T 1220.2 的规定。

6.3.5.8 厌氧处理池、沼气净化利用系统和安全燃烧装置应符合 GB 50016 中的有关规定。

6.3.5.9 UASB 的其他设计应符合 HJ 2013 的规定。

6.3.6 好氧处理池

6.3.6.1 好氧处理池可采用活性污泥法中的普通曝气法、氧化沟活性污泥法、序批式活性污泥法等，或采用生物接触氧化法等类型。甜菜制糖废水处理不宜采用生物滤池、生物转盘等暴露式生物膜技术。

6.3.6.2 好氧处理池的主要设计参数宜根据试验资料确定；无试验资料时，可按表 8 的规定取值。

表 8　好氧处理池的主要设计参数

项目	单位	活性污泥法	生物接触氧化法
污泥（MLSS）浓度	g/L	2.0～4.0	—
污泥负荷（BOD_5/MLSS）	kg/(kg·d)	0.1～0.2	—
填料区污泥（BOD_5）负荷	kg/(m^3·d)	—	0.7～2.0
水力停留时间	h	6～20	—
填料区水力停留时间	h	—	4～12
COD_{Cr} 处理效率	%	65～85	65～85
BOD_5 处理效率	%	80～95	80～95
污泥产率系数（VSS/BOD_5）	kg/kg	0.3～0.6	0.3～0.6

6.3.6.3 活性污泥法好氧处理池有效容积和生物接触氧化法好氧处理池填料区容积应按下列公式计算：

$$V_1 = \frac{Q_S \times (S_0 - S_e)}{1\,000 \times N \times X} \tag{4}$$

$$V_2 = \frac{Q_S \times (S_0 - S_e)}{1\,000 \times N_V} \tag{5}$$

式中：V_1——活性污泥法好氧处理池有效容积，m^3；
　　　Q_S——好氧处理池设计流量，m^3/d；

S_0——好氧处理池进水五日生化需氧量，mg/L；

S_e——好氧处理池出水五日生化需氧量，mg/L；

N——活性污泥法好氧处理池污泥负荷（BOD_5/MLSS），kg/(kg·d)；

X——活性污泥法好氧处理池内混合液悬浮固体（MLSS）平均质量浓度，g/L；

V_2——生物接触氧化法好氧处理池填料区容积，m^3；

N_V——生物接触氧化法好氧处理池填料区（BOD_5）容积负荷，kg/(m^3·d)。

6.3.6.4 供氧方式可采用鼓风曝气、射流曝气或机械表面曝气等。供氧方式应根据设备器材投资、电耗、运行灵活性、操作维护、备品备件等因素，经过技术经济比较后确定。当处理规模较大时，宜采用鼓风曝气配微孔曝气器的供氧方式。

6.3.6.5 生物接触氧化法宜采用鼓风曝气的方式。

6.3.6.6 好氧处理池的其他设计应符合 GB 50014、HJ 577、HJ 578、HJ 2009 等的规定。

6.3.7 深度处理

6.3.7.1 根据水质及排放标准，深度处理可采用过滤、混凝沉淀（或澄清）、活性炭吸附等工艺或工艺组合。当缺少设计资料时，工艺技术及参数应通过试验，并经技术经济比较确定。

6.3.7.2 深度处理设计可参照 GB 50013、GB 50014、GB 50335、HJ 2006、HJ 2008 等。

6.4 二次污染控制措施

6.4.1 污泥处理与处置

6.4.1.1 预沉淀池的污泥、生化处理系统的剩余污泥和深度处理系统的污泥均应进行妥善处理处置。

6.4.1.2 预沉淀池的污泥量和深度处理的污泥量应根据废水悬浮物去除量和加药量进行计算；生化处理系统的剩余污泥量应根据废水有机物去除量和污泥产率系数进行计算。

6.4.1.3 污泥浓缩和污泥脱水产生的废水应返回调节池。

6.4.1.4 污泥浓缩和污泥脱水的设计应符合 GB 50014 的规定。

6.4.1.5 制糖企业应设置泥饼的储存转运设施，储存转运设施的类型和规模应按脱水后的污泥量、转运条件等确定。

6.4.1.6 泥饼和栅渣等的堆场地面和四周应有防渗、防漏、防雨水等措施。

6.4.1.7 污泥处置方法应因地制宜，通常可采用农用、土地改良、卫生填埋等方法。

6.4.1.8 污泥农用应符合 GB 4284 的规定；污泥用于土地改良应符合 GB/T 24600 的规定；污泥用于混合填埋应符合 GB/T 23485 的规定；污泥用于园林绿化应符合 GB/T 23486 的规定；污泥用于制砖应符合 GB/T 25031 的规定。

6.4.2 恶臭控制

6.4.2.1 厌氧处理池和污泥储存、浓缩、脱水设施等产生恶臭的处理单元宜设置臭气收集装置。

6.4.2.2 臭气经收集后宜进行集中除臭处理。除臭处理可采用生物法、吸收法、电法等。

6.4.2.3 恶臭污染物的排放应符合 GB 14554 的规定。

6.4.3 噪声控制

6.4.3.1 应对鼓风机等产生噪声的设备采用隔声、消声措施。噪声控制设计应符合 GBJ 87 的规定。

6.4.3.2 厂内和厂界噪声应符合 GB 3096 和 GB 12348 的规定。

6.4.3.3 工程建设时，建筑施工场界环境噪声排放应符合 GB 12523 的规定。

6.5 突发事故应急措施

6.5.1 制糖废水治理工程应设置事故池。事故池可以单独设置，也可与企业应急池合建。

6.5.2 事故池应设置废水排出设施。

6.5.3 当废水处理设施因故不能将废水处理达标时，制糖废水应排入事故池；当事故池充满时，制糖生产环节应停止外排废水。

6.5.4 废水处理设施排除故障后，事故池内的废水应逐渐送入废水处理系统进行处理，其流量应以不影响废水处理系统正常运行为限。

6.3.5 事故池的有效容积可按最大日平均时流量的 8~12 h 废水量设计。

7 主要工艺设备与材料

7.1 主要设备选型原则

7.1.1 主要设备器材的性能应能满足废水处理的要求。

7.1.2 应选用符合国家和行业产品标准的设备器材。

7.1.3 设备器材的选型应根据设备器材价格、运行电耗、运行可靠性、运行灵活性、备品备件、维护保养等因素经过技术经济比较后确定。

7.1.4 耗电量大的供氧设备、污水泵、污泥泵等设备应选用节能型或采取节能措施。

7.1.5 潜水式污水泵的选型应注意废水温度是否超出水泵的使用范围。

7.1.6 当处理规模较大时，污泥脱水设备宜选用带式压滤机或离心脱水机。处理规模较小时宜选用板框或厢式压滤机。当废水含有较多泥沙时，不应选用离心脱水机。

7.2 主要工艺设备与材料的性能要求

7.2.1 旋转式细格栅应符合 HJ/T 250 的规定；格栅除污机应符合 HJ/T 262 的规定。

7.2.2 推流式潜水搅拌机应符合 HJ/T 279 的规定。

7.2.3 潜水污水泵应符合 HJ/T 336 的规定。

7.2.4 悬挂式填料应符合 HJ/T 245 的规定；悬浮填料应符合 HJ/T 246 的规定。

7.2.5 罗茨鼓风机应符合 HJ/T 251 的规定；单级高速离心鼓风机应符合 HJ/T 278 的规定。

7.2.6 竖轴式机械表面曝气机应符合 HJ/T 247 的规定；横轴式转刷曝气装置应符合 HJ/T 259 的规定；鼓风式潜水曝气机应符合 HJ/T 260 的规定；转盘曝气装置应符合 HJ/T 280 的规定。

7.2.7 中、微孔曝气器应符合 HJ/T 252 的规定；射流曝气器应符合 HJ/T 263 的规定；散流式曝气器应符合 HJ/T 281 的规定。

7.2.8 旋转式滗水器应符合 HJ/T 277 的规定。

7.2.9 刮泥机应符合 HJ/T 265 的规定；吸泥机应符合 HJ/T 266 的规定。

7.2.10 加药设备应符合 HJ/T 369 的规定。

7.2.11 带式压滤机应符合 HJ/T 242 的规定；厢式压滤机和板框压滤机应符合 HJ/T 283 的规定；带式浓缩脱水一体机应符合 HJ/T 335 的规定。

7.2.12 各设备器材的参数及安装要求、备用要求等可参照 GB 50014。

8 检测与过程控制

8.1 检测

8.1.1 制糖废水治理工程应设置采样点,并配置相应的检测仪器仪表。

8.1.2 采样点包括废水入流处、水解酸化池池内和出口、厌氧处理池池内和出口、好氧处理池池内、二沉池出水口、二沉池排泥口和最终排水口等。

8.1.3 检测指标包括废水量,废水的温度、pH 值、COD_{Cr}、BOD_5、溶解氧浓度(DO)、SS、挥发性悬浮固体(VSS)、污泥指数(SVI)、污泥镜检等;对于甜菜制糖废水还应增加废水的 TN、氨氮(NH_3-N)、TP 和沼气流量等;对于生物脱氮处理工艺还应增加废水的氧化还原电位(ORP)。

8.1.4 日常检测的内容包括入流废水量,入流废水的温度、pH 值、COD_{Cr}、BOD_5,水解酸化池和厌氧处理池出口废水的 COD_{Cr},二沉池出口和废水外排口的 COD_{Cr}、BOD_5、SS、pH 值,厌氧处理池内的温度,厌氧处理池的产气量;对于甜菜制糖废水还应增加入流废水的 SS、TN、TP,二沉池出口和最终排出口废水的 TN、NH_3-N、TP 等。采样频次应根据工艺控制要求确定。

8.1.5 规模较大时,好氧处理池宜设置在线溶解氧仪。

8.1.6 水质采样以及水质样品的保存和管理应符合 HJ 493、HJ 494、HJ 495 的规定。

8.1.7 废水外排口设置的在线检测系统应符合《污染源自动监控管理办法》、HJ/T 15、HJ/T 96、HJ/T 101、HJ/T 103、HJ/T 212、HJ/T 353、HJ/T 354、HJ/T 355、HJ/T 377 等的规定。

8.2 过程控制

8.2.1 过程控制模式应根据处理规模、处理要求、企业经济条件等因素确定。规模较大时,宜采用集中显示、分散控制的系统。

8.2.2 机械格栅应能根据格栅前后的水位差自动启停,气温较低时机械格栅应常开。

8.2.3 提升调节池废水的污水泵应能够根据调节池水位自动启停,其他泵应能够在低水位时自动停机。

8.2.4 供氧设备宜能根据好氧处理池内的溶解氧浓度调整供氧量。规模较大时,宜实现自动调整。

9 主要辅助工程

9.1 电气系统

9.1.1 供电宜按二级负荷设计,供电等级应与生产车间相等。

9.1.2 供配电系统应符合 GB 50052 的规定。

9.1.3 低压配电设计应符合 GB 50054 的规定。

9.1.4 建设工程施工现场供用电安全应符合 GB 50194 的规定。

9.1.5 建筑照明设计应符合 GB 50034 的规定。

9.2 建筑与结构

9.2.1 建筑物的建设应符合 GB 50011、GB 50037、GB 50046、GB 50057、GB/T 50033 等的规定。

9.2.2 构筑物的建设应符合 GB 50069、GB 50108、GB 50208、GBJ 141 等的规定。

9.3 采暖通风与空调

9.3.1 地下建筑物应有通风设施。

9.3.2 甜菜制糖废水治理工程的构筑物应有防冻措施。

9.3.3 采暖系统宜由制糖企业统筹规划建设。

9.3.4 采暖通风与空调的设计应符合 GB 50019 的规定。

9.4 给排水与消防

9.4.1 室外消防宜由制糖企业统筹规划建设。

9.4.2 废水治理工程范围内的给排水和消防应符合 GB 50013、GB 50014、GB 50015、GB 50016、GB 50140、GB 50222、GB 50268 等的规定。

9.5 道路与绿化

9.5.1 废水处理设施与企业生产区和生活区宜由道路与绿化隔开。

9.5.2 道路设计应符合 GBJ 22 的规定。

9.5.3 绿化宜由制糖企业统筹规划建设。

10 劳动安全与职业卫生

10.1 劳动安全

10.1.1 劳动安全管理应符合 GB/T 12801 的规定。

10.1.2 应对工作人员进行必要的培训，各岗位应制定相应的安全操作规程、注意事项等。

10.1.3 应为职工配备必要的劳动安全卫生设施和劳动防护用品。

10.1.4 各构筑物应设有便于行走的操作平台、走道。

10.1.5 高架构筑物应设置适用的栏杆、防滑梯和避雷针等安全设施，栏杆高度和强度应符合国家有关劳动安全卫生的规定。

10.1.6 水处理构筑物应设置救生圈。

10.1.7 各种机械设备裸露的传动部分或运动部分应设置防护罩或设置防护栏杆，周围应保持一定的操作活动空间。

10.1.8 存在有害气体、易燃气体、异味、粉尘或环境潮湿的场所，应配置通风设施。

10.1.9 人员进入密闭的构、建筑物等场所时，应先进行强制通风，再经过仪器检测，确定符合安全条件后，人员方可进入。

10.1.10 电气设备的金属外壳应采用接地或接零保护。钢结构、排气管、排风管和铁栏杆等金属物应在等电位连接后作接地保护。

10.2 职业卫生

10.2.1 职业卫生应符合 GBZ 1 和 GBZ 2.1、GBZ 2.2 的规定。

10.2.2 室内空气质量应符合 GB/T 18883 的规定。

10.2.3 应确保防护设备、防护用品处于正常工作状态，不得擅自拆除或停止使用。

10.2.4 工作人员在加药间、污泥脱水间、鼓风机房等高粉尘、有异味、高噪声的环境下应佩戴必要的劳动保护用具。

11 施工与验收

11.1 施工

11.1.1 工程施工应符合 GBJ 141 等标准及相关管理文件的规定。

11.1.2 施工单位应具有与该工程相应的资质。

11.1.3 施工单位应遵守相关的技术规范及有关劳动安全与卫生、消防等的国家强制性标准。

11.1.4 工程施工应符合施工设计文件、设备技术文件的要求。

11.1.5 工程施工所使用的设备、材料、器件等应符合相关的国家标准，并应具备产品合格证。

11.2 工程验收

11.2.1 废水治理工程应按《建设项目（工程）竣工验收办法》、相应专业验收规范和本标准的有关规定进行竣工验收。竣工验收合格前不得投入生产性使用。

11.2.2 竣工验收应依据主管部门的批准文件、经批准的设计文件和设计变更文件、工程合同、设备供货合同和合同附件、设备技术文件和技术说明书及其他文件等。

11.2.3 竣工验收应分阶段进行，设备安装、构筑物、建筑物等单项工程可按竣工顺序及时验收，工程全部竣工后应进行整体工程的竣工验收。

11.2.4 单项工程中的设备安装工程应在验收前进行单体调试和试运行。水池等构筑物的验收应事先进行注水试验。管道安装工程应先进行压力试验。

11.2.5 整体工程竣工验收前，应用清水进行联动试车。

11.2.6 单项工程和整体工程竣工验收的任何环节若出现问题，都应进行整改，直至全部合格。

11.3 环境保护验收

11.3.1 在进行环境保护验收之前应对废水治理工程进行性能试验、工艺调试及试运行。

11.3.2 性能试验应包括耗电量测试、充氧效果试验、鼓风机运行试验、单体和系统满负荷运行测试、活性污泥测试、剩余污泥量和污泥脱水效率测试、出水指标达标稳定性试验等。

11.3.3 环境保护验收应符合《建设项目竣工环境保护验收管理办法》的规定。

11.3.4 经环境保护验收合格后，废水治理工程方可正式投入使用。

12 运行与维护

12.1 一般规定

12.1.1 在企业生产期，未经当地环境保护行政主管部门批准，废水治理工程不得停止运行。当紧急事故造成设施停止运行时，应立即报告当地环境保护行政主管部门。

12.1.2 当制糖企业委托其他单位运营废水治理工程时，运营单位必须具有相应等级的环境污染治理设施运营资质。

12.1.3 废水治理工程应由具有相应执业资质和上岗证书的人员进行操作和管理。

12.1.4 应建立健全规章制度、岗位操作规程和质量管理等文件。

12.1.5 其他内容可参照 CJJ 60 的规定。

12.2 停产与再启动

12.2.1 停产或检修时，内设填料的水池，放空时应使水位缓慢下降。
12.2.2 停产期间，应有措施防止生物填料和斜管（板）填料等被长时间暴晒。
12.2.3 停产期间，所有设施都应得到妥善维护。
12.2.4 启动前应全面检查工程设施，做好相应的准备工作。
12.2.5 废水治理工程应提前启动培菌，待废水处理系统正常运行后才可开始年度制糖生产。
12.2.6 当厌氧处理池按中温设计时，在启动培菌后期应将厌氧处理池池内温度维持在设计温度范围内。

12.3 人员与操作维护

12.3.1 应实施质量控制，保证废水治理工程的稳定运行。
12.3.2 运行管理人员上岗前均应接受相关法律法规和专业技术、安全防护、紧急处理等理论知识和操作技能的培训。运行人员应定期接受岗位培训，持证上岗。
12.3.3 各岗位人员应严格按照操作规程作业，如实填写运行记录，并妥善保存。
12.3.4 设备的日常维护、保养应纳入正常的设备维护管理工作。应根据工艺要求，定期对构、建筑物、设备、电气及自控仪表进行检查维护，确保处理设施稳定运行。
12.3.5 发现异常情况时，应采取相应解决措施并及时上报有关主管部门。

12.4 水质管理

12.4.1 应定期采样分析，常规指标包括废水量，温度、pH 值、COD_{Cr}、BOD_5、SS、$NH_3\text{-}N$、TN、TP、SVI、污泥镜检等。
12.4.2 已安装在线检测系统的，也应定期进行取样，进行人工检测，并比对检测数据。
12.4.3 对于连续式处理工艺，每日采样次数不应少于 3 次，采样间隔不应小于 4 h；对于序批式处理工艺，每批采样次数不应少于 1 次。可分别分析或混合分析，其中 pH、COD_{Cr}、SS、$NH_3\text{-}N$、TN、TP、SVI、污泥镜检等每天至少分析 1 次，BOD_5 每周至少分析 1 次。

12.5 应急措施

12.5.1 制糖废水治理工程的运营管理部门应编制事故应急预案（包括环保应急预案）。应急预案包括应急预警、应急响应、应急指挥、应急处理等方面的内容。企业应制定相应的应急处理措施，并配套相应的人力、设备、通信等应急处理的必备条件。
12.5.2 废水治理设施发生异常情况或重大事故时，应启用应急处理措施，并按应急预案中的规定向有关主管部门汇报。

中华人民共和国国家环境保护标准

钢铁工业废水治理及回用工程技术规范

Technical specifications for wastewater treatment and reuse of iron and steel industry

HJ 2019—2012

前 言

为贯彻《中华人民共和国环境保护法》、《中华人民共和国水污染防治法》和《钢铁工业水污染物排放标准》,规范钢铁工业废水治理及回用工程的建设与运行管理,环境污染,保护环境和人体健康,制定本标准。

本标准规定了钢铁工业废水治理及回用工程的总体要求、工艺设计、主要工艺设备与材料、检测与控制、施工、验收和运行等的技术要求。

本标准为指导性标准。

本标准为首次发布。

本标准由环境保护部科技标准司组织制订。

本标准起草单位:中冶建筑研究总院有限公司。

本标准由环境保护部 2012 年 10 月 17 日批准。

本标准自 2013 年 1 月 1 日起实施。

本标准由环境保护部解释。

1 适用范围

本标准规定了钢铁工业生产单元(不含焦化)废水处理工程技术要求与回用原则,以及综合污水治理与回用工程的总体要求、工艺技术、设计参数、设备与材料、检测与控制、施工、验收和运行等技术要求。

本标准适用于钢铁工业生产单元废水治理与回用的过程控制及综合污水治理与回用工程,可作为钢铁工业建设项目环境影响评价、环境保护设施设计与施工、建设项目竣工环境保护验收及建成后运行与管理的技术依据。

2 规范性引用文件

本规范引用了下列文件或其中的条款。凡是未注明日期的引用文件,其最新版本适用于本规范。

  GB 12348 工业企业厂界环境噪声排放标准
  GB 13456 钢铁工业水污染物排放标准

GB 16297　大气污染物综合排放标准
GB 50013　室外给水设计规范
GB 50014　室外排水设计规范
GB 50016　建筑设计防火规范
GB 50019　采暖通风与空气调节设计规范
GB 50040　动力机器基础设计规范
GB 50050　工业循环冷却水处理设计规范
GB 50052　供配电系统设计规范
GB 50053　10 kV 及以下变电所设计规范
GB 50054　低压配电设计规范
GB 50168　电气装置安装工程旋转电机施工及验收规范
GB 50194　工程施工现场供用电安全规范
GB 50275　压缩机、风机、泵安装工程施工及验收规范
GB 50303　建筑电气工程施工质量验收规范
GB 50335　污水再生利用工程设计规范
GB 50506　钢铁企业节水设计规范
GB 50672　钢铁企业综合污水处理厂工艺设计规范
GBJ 22　厂矿道路设计规范
GBJ 87　工业企业厂界噪声控制设计规范
HG/T 2124　桨式搅拌器技术条件
HG/T 2125　涡轮式搅拌器技术条件
HG/T 2126　推进式搅拌器技术条件
HJ/T 243　环境保护产品技术要求　油水分离装置
HJ/T 251　环境保护产品技术要求　罗茨鼓风机
HJ/T 262　环境保护产品技术要求　格栅除污机
HJ/T 265　环境保护产品技术要求　刮泥机
HJ/T 279　环境保护产品技术要求　推流式潜水搅拌机
HJ/T 283　环境保护产品技术要求　厢式过滤机和板框过滤机
HJ/T 336　环境保护产品技术要求　潜水排污泵
HJ/T 369　环境保护产品技术要求　水处理用加药装置
HJ/T 353　水污染源在线监测系统安装技术规范（试行）
HJ/T 354　水污染源在线监测系统验收技术规范
HJ/T 355　废水在线监测系统的运行维护技术规范
《钢铁工业给水排水设计手册》
《建设项目（工程）竣工验收办法》（计建设[1990]215 号）
《建设项目环境保护竣工验收管理办法》（国家环境保护总局令　第 13 号）

3　术语和定义

下列术语和定义适用于本规范。

3.1 钢铁工业废水 waste water from iron and steel industry
钢铁工业各生产单元及辅助设施产生的废水。

3.2 钢铁生产单元废水 waste water from the unit of iron and steel industry
钢铁生产过程中各生产工序（如原料、烧结、炼铁、炼钢、轧钢等）产生的废水。

3.3 钢铁工业综合污水 synthetic sewage from iron and steel industry
由钢铁企业厂区内排水系统汇集和输送的，经总排口对外排放的废水。

3.4 浓含盐废水 concentrated salt-containing wastewater
含盐量大于或等于 2 000 mg/L 的工业废水。

3.5 一体化澄清池 all-in-one sediment tank
采用专用泥浆泵，促使池中活性泥渣外循环，并使污水中杂质颗粒与已形成的泥渣接触絮凝和分离，集絮凝、澄清、沉淀和剩余泥浆增浓为一体的构筑物。

4 污染物与污染负荷

4.1 废水来源与主要污染物

钢铁工业废水来源于生产工艺过程用水、设备与产品冷却水、设备与场地清洗水等。废水含有随水流失的生产用原料、中间产物和产品，以及生产过程中产生的污染物。废水来源与主要污染物见表1。

表 1 钢铁工业废水来源与主要污染物

生产单元	废水种类	排放源	主要污染物及负荷
原料	原料场废水	卸料除尘、冲洗地坪	SS
烧结	冲洗胶带、地坪废水	冲洗混合料胶带、冲洗地	SS 质量浓度一般为 5 000 mg/L
	湿式除尘器废水	湿式除尘器	主要为 SS，质量浓度一般为 5 000～10 000 mg/L，其中 TFe 占 40%～45%
	脱硫废液	烧结机烟气脱硫	pH：4～6，SS、Cl^-高，汞、铅、砷、锌等重金属离子
炼铁	高炉煤气洗涤废水	高炉煤气洗涤净化系统、管道水封	SS、COD 等，含少量酚、氰、Zn、Pb、硫化物和热污染。其中 SS 质量浓度为 1 000～5 000 mg/L，氰化物 0.1～10 mg/L，酚 0.05～3 mg/L
	炉渣粒化废水	渣处理系统	主要为 SS，质量浓度为 600～1 500 mg/L，氰化物 0.002～1 mg/L，酚 0.01～0.08 mg/L
	铸铁机喷淋冷却废水	铸铁机	主要为 SS，质量浓度为 300～3 500 mg/L
炼钢	转炉烟气湿法除尘废水	湿式除尘器	未燃法废水 SS 以 FeO 为主，燃烧法废水 SS 以 Fe_2O_3 为主，SS 质量浓度一般为 3 000～20 000 mg/L
	精炼装置抽气冷凝废水	精炼装置	主要为 SS，质量浓度为 150～1 000 mg/L
	连铸生产废水	二冷喷淋冷却、火焰切割机、铸坯钢渣粒化	主要为 SS、氧化铁皮、油脂，SS 质量浓度为 200～2 000 mg/L，油 20～50 mg/L

生产单元	废水种类	排放源	主要污染物及负荷
炼钢	火焰清理机废水	火焰清理机、煤气清洗	主要为SS、氧化铁皮、油脂，SS质量浓度为400~1 500 mg/L
轧钢（热轧）	热轧生产废水	轧机支撑辊、卷取机、除鳞、辊道等冷却和冲铁皮	主要为氧化铁皮、油脂，SS质量浓度为200~4 000 mg/L，油20~50 mg/L
轧钢（冷轧）	冷轧酸碱废水	酸洗线、轧线	酸、碱
轧钢（冷轧）	冷轧含油和乳化液废水	冷轧机组、磨辊间、带钢脱脂机组及油库	润滑油和液压油
轧钢（冷轧）	冷轧含铬废水	热镀锌机组、电镀锌、电镀锡等机组	铬、锌、铅等重金属离子
自备电厂	高含盐废水	除盐站反洗水或软化站再生排水	酸、碱

4.2 废水水量与污染负荷

4.2.1 钢铁生产单元废水产生量应按下列方法确定：

　　a）新建钢铁企业应按各生产单元的水量水质平衡计算，并通过类比验证确定；

　　b）改、扩建钢铁企业应按各生产单元给排水系统中设置的计量仪表实测数据确定；

　　c）当无计量仪表时，可根据类似产品品种、生产工艺、生产规模、工作制度和管理水平的企业类比确定。

4.2.2 钢铁工业综合污水的水量应按各排水干管排水量之和计算。

4.2.3 钢铁生产单元废水的污染负荷可按相应生产单元的废水排放量及污染物浓度进行估算；综合污水的污染负荷可根据现场连续取样测定或根据排水系统的水量水质进行估算。

5 总体要求

5.1 一般规定

5.1.1 钢铁工业废水治理及回用工程技术除应遵守本标准外，还应符合国家现行有关标准和规范的规定。

5.1.2 钢铁工业废水治理及回用工程应与钢铁企业生产发展总体规划、生产工艺合理配套，并采用处理效率高、安全可靠的处理工艺，确保企业用水安全。

5.1.3 钢铁工业废水治理及回用工程应按照清洁生产的原则，实行全过程控制，并由以下三个重要环节有机组成：在生产单元用水源头采用减少或消除污染物进入水中的技术；采用有效的循环水处理系统；末端总排出口污水治理及回用。

5.1.4 钢铁工业废水治理及回用工程应设置相关在线检测仪表，以保证废水处理系统安全可靠、连续稳定运行。

5.1.5 钢铁企业各生产单元废水应收集处理后循环使用。新建企业的原料场、烧结、炼铁生产单元应达到基本无废水外排。

5.1.6 钢铁企业应建设综合污水处理设施，将综合污水收集并处理达到用户水质要求后回用，外排水应满足GB 13456要求。

5.1.7 钢铁企业各外排口应设污染源在线监测装置，并按国家有关污染源监测技术规范的规定执行。

5.2 工程项目构成

5.2.1 钢铁生产单元废水治理及回用的项目主体由循环水处理、废水处理、串级供水等主体工艺及配套辅助设施组成。

5.2.2 综合污水处理设施由预处理工艺、主体工艺及配套辅助工程组成。

5.3 场址选择

5.3.1 废水治理及回用工程的场址选择应符合钢铁企业总体规划和给排水专业设计要求。

5.3.2 综合污水处理设施场址选择应符合 GB 50672 的规定。

5.4 总平面布置

5.4.1 总平面布置应综合考虑工艺流程的要求和场地条件，遵循节约用地的原则，使总图布置紧凑，管道距离尽量简短。

5.4.2 工艺流程的竖向设计应力求降低能耗，减少提升次数，在满足排水顺畅的前提下减小水头损失。

5.4.3 加药间、污泥处理间应设置在相对独立的区域，并靠近道路。

5.4.4 厂区道路的设置，应满足交通运输、消防、绿化及各种管线的敷设要求。

6 工艺设计

6.1 一般规定

6.1.1 废水处理工艺流程的选择应根据废水水质及处理后水质的要求，在实现综合利用或达标排放的前提下，选择成熟先进、运行稳定、经济合理的技术路线，以尽量实现回收利用。

6.1.2 废水处理工艺的设计应考虑任一构筑物或设备因检修、清洗而停运时仍能保证产出满足生产需求的合格水质及水量的要求。

6.2 废水收集设施

6.2.1 钢铁生产单元废水汇集应采用"清污分流"的分流制排水系统，分别收集、处理后回用。

6.2.2 各生产单元外排废水（冷轧废水、浓含盐废水除外）应通过厂区排水系统收集后输送至综合污水处理设施处理。

6.3 生产单元废水治理与回用

6.3.1 生产单元废水应遵循一水多用和综合利用的原则，与企业总体循环水系统相结合，形成完整的节水型废水治理和回用的大循环系统。

6.3.2 各生产单元外排废水应由厂区排水系统收集并输送至综合污水处理设施处理。

6.3.3 原料场废水经沉淀处理后回用。

6.3.4 烧结厂废水经沉淀或浓缩处理后循环使用。

图 1 烧结厂废水处理工艺流程图

6.3.5 炼铁厂废水宜采用以下处理工艺。

a）高炉煤气洗涤废水宜采用图 2 所示工艺处理后循环使用。循环水系统强制排污水应作为高炉冲渣系统补充水。

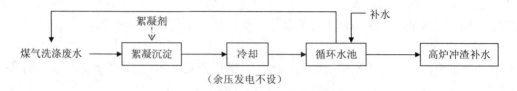

图 2 高炉煤气洗涤废水处理工艺流程图

b）高炉冲渣废水宜选用图 3～图 6 所示工艺处理后循环使用。

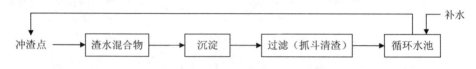

图 3 高炉冲渣废水处理工艺流程图——沉淀过滤法

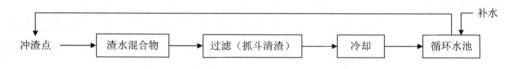

图 4 高炉冲渣废水处理工艺流程图——过滤法

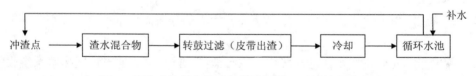

图 5 高炉冲渣废水处理工艺流程图——转鼓过滤法

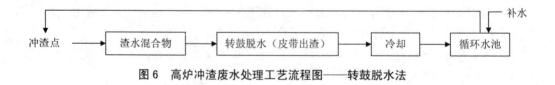

图 6 高炉冲渣废水处理工艺流程图——转鼓脱水法

c）铸铁机铸块喷淋冷却废水宜采用图 7 所示处理工艺后循环使用。

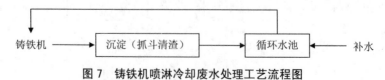

图 7 铸铁机喷淋冷却废水处理工艺流程图

6.3.6 炼钢厂废水宜采用以下处理工艺。

a）转炉烟气湿法净化除尘废水宜采用图 8 所示工艺处理后循环使用。少量循环水系统强制排污水可作为高炉冲渣、钢渣处理、原料场的串级用水或排入综合污水处理设施。强制排污水的 SS≤100 mg/L，水温≤35℃。

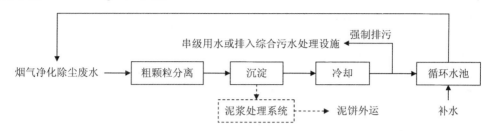

图 8　转炉烟气湿法除尘废水处理工艺流程图

b）钢水精炼装置抽气冷凝废水宜采用图 9 或图 10 所示工艺处理后循环使用。少量循环水系统强制排污水排入综合污水处理设施。强制排污水的 SS≤100 mg/L，水温≤35℃。

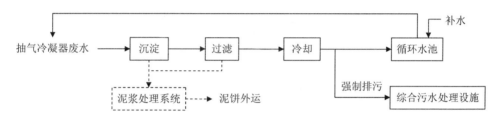

图 9　精炼装置抽气冷凝废水处理工艺流程图——沉淀过滤法

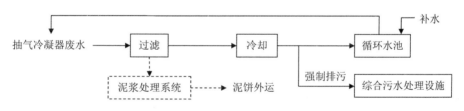

图 10　精炼装置抽气冷凝废水处理工艺流程图——直接过滤法

c）连铸生产废水宜采用图 11 所示工艺处理后循环使用。少量循环水系统强制排污水排入综合污水处理设施。强制排污水的 SS≤30 mg/L，油≤5 mg/L，水温≤35℃。

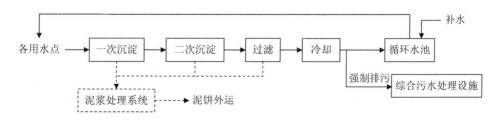

图 11　连铸生产废水处理工艺流程图

6.3.7 轧钢厂的生产单元废水受轧制工艺不同分为热轧生产废水和冷轧生产废水两类，应分别采用不同的水处理工艺进行处理。

a) 热轧厂生产单元废水主要为钢板、钢管、型钢、线材等轧钢厂的直接冷却水排水。废水宜采用图12、图13、图14所示工艺处理后循环使用，少量系统强制排污水排至综合污水处理设施。强制排污水的 SS≤30 mg/L，油≤5 mg/L，水温≤35℃。

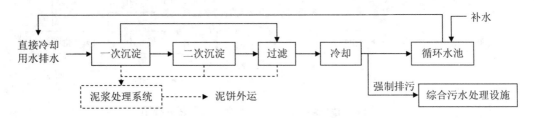

图12 热轧直接冷却水处理工艺流程图

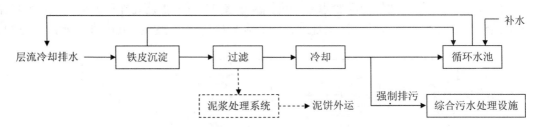

图13 热轧层流冷却水处理工艺流程图

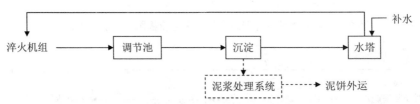

图14 淬火废水处理工艺流程图

b) 冷轧厂生产单元废水种类较多，主要包括酸碱废水、含油和乳化液废水、含铬废水，应经各处理系统分别处理。处理后的含油和乳化液废水、含铬废水排入酸碱废水处理系统一并处理后，达标外排。

（1）酸碱废水处理宜采用图15所示工艺处理。

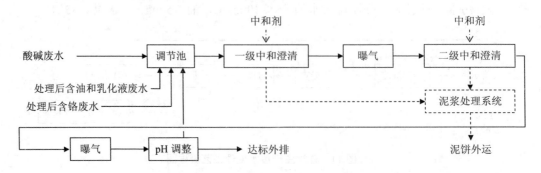

图15 冷轧酸碱废水处理工艺流程图

（2）含油和乳化液废水处理宜采用图 16 或图 17 所示处理工艺。

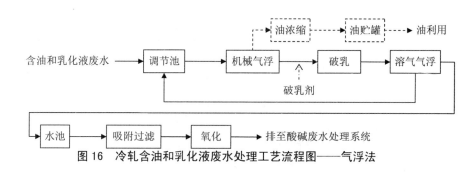

图 16　冷轧含油和乳化液废水处理工艺流程图——气浮法

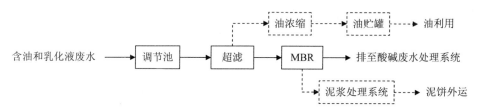

图 17　冷轧含油和乳化液废水处理工艺流程图——MBR 法

（3）含铬废水宜采用图 18 所示工艺，经调节、两级还原，待出水中 Cr^{6+}<0.5 mg/L，调节 pH 后送入酸碱废水处理系统。

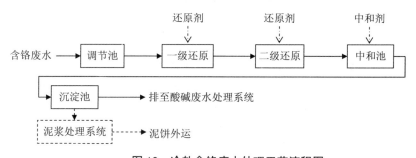

图 18　冷轧含铬废水处理工艺流程图

6.3.8　钢铁生产单元废水处理的主体单元主要包括沉淀、过滤、冷却等。
6.3.8.1　钢铁生产单元废水处理沉淀工艺常用的处理构筑物形式有平流式沉淀池、旋流式沉淀池、辐射沉淀池、斜板沉淀器、化学除油器等。
6.3.8.2　钢铁生产单元废水处理常用的过滤形式有管道过滤器、中速过滤器及高速过滤器等。
6.4　综合污水处理与回用
6.4.1　综合污水处理设施进水的主要水质控制指标应符合表 2。
6.4.2　综合污水处理工艺宜采用物化处理工艺，采用图 19 所示工艺处理后回用。
6.4.3　综合污水处理设施回用水的主要水质控制指标应满足表 3，外排水应满足 GB 13456 要求。
6.4.4　据各用户对回用水质的不同要求，综合污水处理后主要有以下三种回用方式：
　　a）通过专用的回用水管网直接回用；
　　b）与工业新水混合后回用；

c）制成软化水或除盐水后回用。

表2 综合污水处理设施进水主要水质控制指标

序号	项目	单位	控制指标
1	pH		6.5~9.5
2	悬浮物	mg/L	≤200
3	COD_{Cr}	mg/L	≤90
4	石油类	mg/L	≤10
5	总硬度（以 $CaCO_3$ 计）	mg/L	≤800
6	总碱度（以 $CaCO_3$ 计）	mg/L	≤200
7	总溶解性固体	mg/L	≤1 200 [a]
8	Cl^-	mg/L	≤350

[a] 当进水总溶解性固体含量＞1 000 mg/L 时，宜进行脱盐处理。

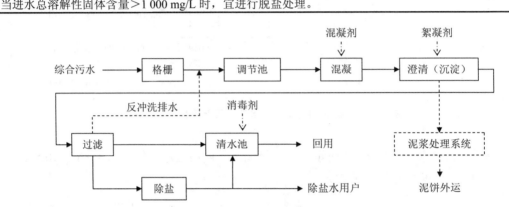

图19 综合污水处理工艺流程图

表3 综合污水处理设施回用水主要水质控制指标

序号	项目	单位	控制指标
1	pH		6.5~9.0
2	悬浮物	mg/L	≤5
3	COD_{Cr}	mg/L	≤30
4	石油类	mg/L	≤3
5	BOD_5	mg/L	≤10
6	总硬度（以 $CaCO_3$ 计）	mg/L	≤300
7	暂时硬度（以 $CaCO_3$ 计）	mg/L	≤150
8	总溶解性固体	mg/L	≤1 000
9	氨氮	mg/L	≤5
10	总铁	mg/L	≤0.5
11	游离性余氯	mg/L	末端 0.1~0.2
12	细菌总数	个/mL	<1 000

6.5 综合污水处理主体工艺

6.5.1 综合污水处理设施的主体工艺一般由预处理单元、主体单元及辅助单元设施组成。

6.5.2 综合污水处理常用的预处理单元包括格栅、除油、调节、沉淀等，应根据废水来水水量、水质及处理后出水要求进行选择。

6.5.2.1 综合污水处理设施入口处或污水提升泵前应设置格栅，粗、细格栅的栅条间隙宜分别为 20~30 mm 和 5~15 mm。格栅渠的设计应符合 GB 50014 中 6.3 的规定。

6.5.2.2 综合污水处理系统宜设置调节池。调节池的水力停留时间宜为 1.0～2.0 h。池内应有防止泥砂沉淀的措施,并设置除油设施。

6.5.3 综合污水处理的主体单元通常包括混凝、沉淀、澄清、过滤及除盐。

6.5.3.1 混合宜采用机械混合方式,混合时间宜为 1～3 min,速度梯度应大于 250 s^{-1}。

6.5.3.2 沉淀池宜采用辐流沉淀池,表面负荷宜为 1.5～2.5 $m^3/(m^2 \cdot h)$。

6.5.3.3 澄清池宜采用机械搅拌澄清池和一体化澄清池,并宜采用机械化或自动化排泥装置。

6.5.3.4 机械搅拌澄清池清水区的表面负荷宜为 1.4～2.1 $m^3/(m^2 \cdot h)$。

6.5.3.5 一体化澄清池斜管顶部清水区的表面负荷宜为 10～18 $m^3/(m^2 \cdot h)$。

6.5.3.6 滤池或过滤器的滤料粒径宜为 0.8～1.3 mm,其余设计应符合 GB 50013 及 GB 50335 规定。

6.5.3.7 滤池或过滤器的冲洗方式应具有气、水反冲洗功能。

6.5.4 辅助单元设施主要包括药剂系统和泥浆处理系统。

6.5.4.1 药剂系统由药剂贮存、溶解、计量、输送等工序组成。药剂的贮存量宜按 7～15 d 的消耗量计算。药剂计量应按原药纯度进行。药剂溶液的输送应采用耐腐蚀管道输送,输送管道宜架空或在管沟内敷设。

6.5.4.2 药剂种类的选择应根据废水水质、水处理工艺和出水水质要求,通过试验或根据相似条件下的运行经验确定。当选用铁盐、铝盐混凝剂时,宜采用液体药剂;当选用聚丙烯酰胺(PAM)作絮凝剂时,宜采用部分水解的干粉剂产品。

6.5.4.3 综合污水处理后水应经消毒后回用。消毒剂宜采用氯消毒、二氧化氯消毒和次氯酸钠消毒。加氯间及系统设计应符合 GB 50013 中 9.8 的规定。

6.5.4.4 泥浆处理系统应由泥浆的浓缩、调理、脱水及泥饼的贮存与输送等工序组成。

6.5.4.5 钢铁工业废水处理过程中产生的泥浆,应进行脱水处理,并宜采用厢式压滤机或板框压滤机进行脱水。脱水前进机泥浆浓度不宜<10%,脱水后泥饼的含水率应≤50%。

6.5.4.6 脱水后的泥饼应按国家有关规定进行处置。有条件时,宜考虑综合利用。

6.6 二次污染控制措施

6.6.1 建设和运行过程中产生的废水、废渣、噪声等二次污染物的防治应贯彻执行国家和地方现行环境保护法规和标准的规定。

6.6.2 设备间、鼓风机房等机械设备的噪声和振动控制的设计应符合 GB 50040 和 GBJ 87 的规定。厂界噪声应达到 GB 12348 的规定。

6.6.3 浓含盐废水、脱硫废液应单独收集处理后在厂内消纳,外排时应满足 GB 13456 要求。

6.7 事故与应急

综合污水处理设施调节池的容积宜考虑事故容量。

7 主要工艺设备和材料

7.1 设备选择

7.1.1 主要设备选型应满足污水处理工艺的要求。

7.1.2 应采用质量可靠,运行稳定,高效节能,便于运行维护及管理的设备,并符合国家现行的产品标准。

7.1.3 应采用除渣效果好、结构简单的回转式格栅设备。格栅的选型应符合 HJ/T 262 的规定。

7.1.4 潜水搅拌机宜采用低速推流式,并配套相应的起吊设备及安装导轨。潜水搅拌机的选型应符合 HJ/T 279 的规定。

7.1.5 水泵应采用节能型,泵效率应≥80%,常用的水泵有潜水排污泵及卧式离心泵两种类型。用于提升或供水的水泵宜配备变频装置。

7.1.6 油水分离器的选型应符合 HJ/T 243 的规定。

7.1.7 适合本类废水处理的搅拌器有桨式搅拌器、涡轮式搅拌器和推进式搅拌器。具体要求如下:

 a)桨式搅拌器应符合 HG/T 2124 的规定;
 b)涡轮式搅拌器应符合 HG/T 2125 的规定;
 c)推进式搅拌器应符合 HG/T 2126 的规定。

7.1.8 刮泥机应采用节能、防腐性能好的产品,并符合 HJ/T 265 的规定。对于一体化澄清池刮泥机的选择还应满足以下要求:

 a)应配有变频装置、调速电机以及过扭矩保护装置。
 b)采用中心传动,兼有污泥浓缩功能。

7.1.9 泥浆泵应选择运行稳定、结实耐磨的螺杆泵、离心渣浆泵、隔膜泵等,用于泥浆回流的泥浆泵应采用变频调速控制。采用螺杆泵时应配备干运转保护装置。

7.1.10 鼓风机应采用高效、节能、噪声低的机型。罗茨鼓风机应符合 HJ/T 251 的规定。

7.1.11 污泥脱水机宜采用厢式压滤机进行脱水。厢式压滤机的选型计算应符合以下要求:

 a)压滤机过滤周期不宜超过 3.5 h。
 b)过滤压力应控制在 0.6~0.8 MPa 之间。
 c)厢式压滤机应配置配套空气压缩机及储气设备,并配备滤布冲洗装置。
 d)厢式压滤机的选用应符合 HJ/T 283 的规定。

7.1.12 加药装置的选用应符合 HJ/T 369 的规定。设备配置及配件选择应符合以下要求:

 a)按投加药剂种类和处理系列分别设置。
 b)采用粉剂配制液体药剂时,应将配置与存储投加区域分开设置。
 c)投加聚丙烯酰胺(PAM)、石灰乳等高浓度或易结垢药剂的计量泵,宜选用螺杆泵。
 d)计量泵管道出口应配备有脉冲阻尼装置。
 e)酸、消毒剂等危险药剂应配备有管道安全阀及配套回路。

7.2 材料选择

对影响废水治理及回用设施连续、稳定、可靠运行的主要或关键材料,宜参照表 4 选用。

表 4 主要材料材质及其使用部位

序号	名称	材料规格要求	使用部位
1	斜管	乙丙共聚 厚度>1.5 mm	一体化澄清池
2	集水槽、溢流堰	本体304SS 不锈钢 厚度>3 mm,螺栓采用316不锈钢	一体化澄清池、滤池
3	滤料	石英砂(天然海砂)	滤池、过滤器
4	滤头	PP 聚丙烯、ABS 工程塑料	滤池、过滤器
5	加药管	UPVC 化工管、CPVC、PE、PPH	混凝剂、絮凝剂、石灰乳等
6	加酸管	CPVC 化工管、PPH、SS 316 不锈钢管	浓硫酸管
7	消毒管	CPVC 化工管、PPH 化工管	消毒剂投加管

8 检测与过程控制

8.1 一般规定

8.1.1 钢铁工业废水治理及回用工程应根据工程规模、处理工艺、运行管理等要求设置检测与控制项目。

8.1.2 自动化仪表及控制系统的设置应以保障生产运行的安全、处理效果的稳定、改善工人的劳动条件、方便操作和管理为基础。

8.1.3 计算机控制管理系统应兼顾现有、新建及规划要求,并应设有或预留数据上传通信接口。

8.2 检测

8.2.1 废水处理单元应根据工艺需要,检测进出水液位、流量、温度、浊度、pH、水头损失、电导率、压力、COD 及其他相关的水质参数。

8.2.2 取水、输水过程应检测压力、流量,必要时可增加温度检测。

8.2.3 药剂投加系统应根据投加和控制方式确定检测项目。如消毒剂采用液氯,应设置氯气泄漏检测及报警装置。

8.2.4 泥浆处理系统应根据系统时间和控制要求确定检测项目。

8.2.5 重要的机电设备应设置电流、电压、功率、温度等工作状态检测项目。

8.3 控制

8.3.1 废水治理及回用工程宜采用集中管理监视、分散控制的自动控制系统,宜配套有视频监视系统和污水处理工艺流程动态模拟屏显示系统。

8.3.2 主体处理单元宜采用可编程控制器实现自动控制。采用成套系统设备时,其控制系统配置应与总控制系统相兼容。

8.3.3 计算机控制系统应符合以下要求:
a) 应对监控系统的控制级别、监控级别和管理级别做出合理配置。
b) 应根据工程具体情况,经济技术比较后选择网络结构和通信速率。
c) 选择操作系统和开发工具要基于运行稳定、易于开发、操作界面简洁等原则。

8.3.4 废水治理及回用工程的控制模式与通信协议应与钢铁企业内已有或规划的相协调。

9 主要辅助工程

9.1 电气系统

9.1.1 综合污水处理设施的供电系统应设两路电源,当不能满足时应设置备用动力设施。

9.1.2 低压配电设计应符合 GB 50054 的规定。

9.1.3 供配电系统应符合 GB 50052 的规定。

9.1.4 建设工程施工现场供用电安全应符合 GB 50194 的规定。

9.1.5 重要处理单元的控制主站及中央控制室应配备有不间断供电电源(UPS)。

9.2 建筑与结构

9.2.1 钢铁工业废水治理及回用设施各建筑物的造型应简洁美观,并与周围环境协调。

9.2.2 寒冷地区的水处理构筑物应有保温防冻措施。

9.2.3 建筑、结构设计应符合现行的国家和行业规范。

9.3 给水、排水和消防

9.3.1 废水处理及回用工程中的生活给排水与消防给水应与企业内的给排水系统统一规划、设计。

9.3.2 消防设计应符合 GB 50016 的有关规定，并配置相应的消防器材。

9.4 采暖通风与空调

9.4.1 采暖通风与空调设计应符合 GB 50019 的规定。

9.4.2 地下建构筑物、变配电间、加药间、污泥脱水间及化验室等应设置通风设施。

9.5 厂区道路和绿化

厂区内道路和绿化设计应符合 GBJ 22 的规定。

10 劳动安全与职业卫生

10.1 劳动安全

10.1.1 设备检修或故障时应有相应的警示、保护设施。

10.1.2 加药间应配置紧急洗眼器、防毒面具等安全防护器具，危险药品周围应设置围堰。

10.1.3 应配备必要的劳动安全卫生设施和劳动防护用品，并由专人维护保养。岗位操作人员上岗时应穿戴相应的劳保用品。

10.1.4 各种机械设备的传动部分应设置防护罩，周围设置操作活动空间，以免发生机械伤害事故。

10.1.5 各构筑物应设有便于行走的操作平台、走道板、安全护栏和扶手，栏杆高度和强度应符合国家有关劳动安全卫生规定。护栏内设备需要操作或维护的，应设活动门或活动护链。

10.1.6 具有有害气体、易燃气体、异味、粉尘和环境潮湿的场所，应设置通风设施。

10.2 职业卫生

10.2.1 噪声及噪声源控制应符合 GBJ 87 和 GB 12348 中的有关规定。

10.2.2 职工在加药间、泥浆脱水间、风机房等高粉尘、有异味、高噪声的环境下工作或值班时，应佩戴必要的劳动护具。

11 施工与验收

11.1 工程施工

11.1.1 钢铁工业废水治理及回用工程的施工应符合现行有关工程施工程序及管理文件的要求，符合国家相关强制性标准和技术规范。

11.1.2 工程施工中所使用的设备、材料、器件等应符合国家相关标准，并取得供应商的产品合格证。

11.1.3 建设过程中产生的废渣、废水、噪声及其他污染物排放应严格执行国家环境保护法规和标准的有关规定。

11.2 工程验收

11.2.1 钢铁工业废水治理及回用工程验收应按《建设项目（工程）竣工验收办法》、相应专业验收规范和有关规定进行组织、评定。

11.2.2 工程进行验收应具备的条件：

    a）生产性项目和辅助公用设施，已按施工合同和设计要求建成，能满足生产要求；

b）主要工艺设备安装配套，经负荷联动试车合格，形成生产能力；

c）施工单位已按有关规定编制完成竣工文件。

11.3 环境保护验收

11.3.1 钢铁工业废水治理及回用工程环境保护验收的组织、执行及评定应按《建设项目环境保护竣工验收管理办法》执行。

11.3.2 环境保护验收前，应结合试运行进行环境保护设施的性能试验。性能检验的主要指标包括悬浮物、浊度、电导率、硬度、油、COD、pH 值等。检验测试过程的数据报告应作为环境保护验收的重要内容。

11.3.3 配套建设的连续监测及数据传输系统应符合《污染源自动监控管理办法》及 HJ/T 353、HJ/T 354、HJ/T 355 的规定。

12 运行与维护

12.1 一般规定

钢铁工业废水治理及回用工程应建立健全规章制度、岗位操作规程和质量管理等文件。

12.2 运行管理

12.2.1 运行管理应严格遵守制定的操作规程和质量管理流程文件。

12.2.2 运行人员上岗前应接受相关法律法规、工艺流程、专业技术、安全防护、紧急处理等方面的培训，做到持证上岗，并定期对岗位人员进行培训及考核。

12.2.3 各岗位人员应严格按照操作规程作业，如实填写运行记录，并妥善保存。

12.3 维护

12.3.1 设备的日常维护、保养应以规章制度明确，定期对各处理构筑物中的设备、仪表进行校准和维修保养。

12.3.2 对于连续运转的设备，应每季度进行停机检查维护；对于间断运行的设备，应每年进行停机检查维护；各处理单元应每年进行放空检查。

12.3.3 污泥及加药系统管路应定期进行清洗维护。污泥管路应设置冲洗水系统。

12.4 应急措施

12.4.1 应编制事故应急预案（包括环保应急预案），配套相应的应急处理设施。

12.4.2 发生重大安全事故时应首先保证人员的安全，提前规划工作人员的疏散通道及安全滞留地点；应避免火灾的发生或危险品的遗撒。

12.4.3 综合污水来水异常时，如进水 pH 值超标、油类超标，可采取向调节池投加药剂，设置紧急拦油带等措施进行应急处理。

12.4.4 综合污水处理设施发生事故时，应通过企业应急处理中心，切断有关生产单元的污染源。

12.4.5 综合污水处理设施出水水质超标时，可将出水返回至调节池，并根据实际情况及时调整工艺运行参数。

中华人民共和国国家环境保护标准

内循环好氧生物流化床污水处理工程技术规范

Technical specifications of internal circulation aerobic biological fluidized bed for wastewater treatment

HJ 2021—2012

前 言

为贯彻《中华人民共和国水污染防治法》，防治水污染，规范内循环好氧生物流化床在污水处理工程中的应用，制定本标准。

本标准规定了内循环好氧生物流化床污水处理工程的工艺设计、主要设备、检测和控制、运行管理的技术要求。

本标准为指导性标准。

本标准为首次发布。

本标准由环境保护部科技标准司组织制订。

本标准主要起草单位：中国环境保护产业协会、清华大学、北京市环境保护科学研究院、江苏一环集团有限公司、浙江双益环保科技发展有限公司。

本标准环境保护部 2012 年 10 月 17 日批准。

本标准自 2013 年 1 月 1 日起实施。

本标准由环境保护部解释。

1 适用范围

本标准规定了内循环好氧生物流化床污水处理工程的工艺设计、主要设备、检测和控制、运行管理的技术要求。

本标准适用于采用内循环好氧生物流化床工艺的城镇污水或工业废水处理工程，可作为环境影响评价、设计、施工、环境保护验收及建成后运行与管理的技术依据。

2 规范性引用文件

本标准内容引用了下列文件或其中的条款。凡是未注明日期的引用文件，其最新版本适用于本标准。

GB 3096　声环境质量标准

GB 12348　工业企业厂界环境噪声排放标准

GB 12523　建筑施工场界环境噪声排放标准

GB 12801　生产过程安全卫生要求总则
GB 18597　危险废物贮存污染控制标准
GB 18599　一般工业固体废物贮存、处置场污染控制标准
GB 18918　城镇污水处理厂污染物排放标准
GB 50014　室外排水设计规范
GB 50015　建筑给水排水设计规范
GB 50016　建筑设计防火规范
GB 50040　动力机器基础设计规范
GB 50053　10 kV 及以下变电所设计规范
GB 50187　工业企业总平面设计规范
GB 50204　混凝土结构工程施工质量验收规范
GB 50222　建筑内部装修设计防火规范
GB 50231　机械设备安装工程施工及验收通用规范
GB 50235　工业金属管道工程施工及验收规范
GB 50268　给水排水管道工程施工及验收规范
GB 5226.1　机械安全　机械电气设备　第 1 部分：通用技术条件
GB/T 3797　电气控制设备
GBJ 87　工业企业噪声控制设计规范
GBJ 141　给水排水构筑物施工及验收规范
GBZ 1　工业企业设计卫生标准
GBZ 2.1　工作场所有害因素职业接触限值　第 1 部分：化学有害因素
GBZ 2.2　工作场所有害因素职业接触限值　第 2 部分：物理因素
CJJ 60　城市污水处理厂运行、维护及其安全技术规程
HG 20520　玻璃钢/聚氯乙烯（FRP/PVC）复合管道设计规定
HJ 2007—2010　污水气浮处理工程技术规范
HJ/T 91　地表水和污水监测技术规范
HJ/T 251　环境保护产品技术要求　罗茨鼓风机
HJ/T 252　环境保护产品技术要求　中、微孔曝气器
HJ/T 278　环境保护产品技术要求　单级高速曝气离心鼓风机
HJ/T 283　环境保护产品技术要求　厢式过滤机和板框过滤机
HJ/T 335　环境保护产品技术要求　污泥浓缩带式脱水一体机
《建设项目竣工环境保护验收管理办法》（国家环境保护总局令　第 13 号）
《建设工程质量管理条例》（中华人民共和国国务院令　第 279 号）
《建设项目（工程）竣工验收办法》（计建设[1990]1215 号）

3　术语和定义

GB 50014 界定的以及下列术语和定义适用于本标准。
3.1　内循环好氧生物流化床　internal circulation aerobic biological fluidized bed
　　指用陶粒、橡胶和塑料类载体等作为微生物载体，通入一定流速的空气或纯氧，使污

水、压缩空气和微生物载体在升流区向上流动、降流区向下流动，形成水力循环，并利用载体表面上不断生长的生物膜吸附、氧化并分解污水中的有机物及营养物质，从而去除污水中污染物的工艺。以下简称流化床。

3.2　微生物载体　microbial carrier

指为微生物提供稳定附着生长固定界面的材料，具有在冲击负荷下保护微生物和保持生物量的功能。以下简称载体。

3.3　载体分离器　carrier separator

指将悬浮流化状态的载体限制在反应区，防止载体和附着在载体上的微生物进入固液分离区的装置。

3.4　预处理　pretreatment

指改善流化床进水物理指标的工艺，如格栅、沉砂池、初沉池等。

3.5　前处理　preprocessing

指改善流化床进水生化指标的工艺，如缺氧池、厌氧池等。

4　设计水量和设计水质

4.1　设计水量

4.1.1　城镇污水设计流量

4.1.1.1　城镇旱流污水设计流量应按下式计算：

$$Q_{dr} = Q_d + Q_m \tag{1}$$

式中：Q_{dr}——旱流污水设计流量，m^3/d；
　　　Q_d——设计综合生活污水量，m^3/d；
　　　Q_m——设计工业废水量，m^3/d。

4.1.1.2　城镇合流污水设计流量应按下式计算：

$$Q = Q_d + Q_m + Q_s = Q_{dr} + Q_s \tag{2}$$

式中：Q——污水设计流量（合流制），m^3/d；
　　　Q_d——设计综合生活污水量，m^3/d；
　　　Q_m——设计工业废水量，m^3/d；
　　　Q_s——设计雨水量，m^3/d；
　　　Q_{dr}——旱流污水设计流量，m^3/d。

4.1.1.3　设计综合生活污水量为服务人口和相对应的综合生活污水定额之积，综合生活污水定额应根据当地的用水定额，结合建筑内部给排水设施水平和排水系统普及程度等因素确定。可按当地相关用水定额的80%～90%设计。

4.1.1.4　综合生活污水量总变化系数应根据当地综合生活污水实际变化量的测定资料确定，没有测定资料时，可按GB 50014中的相关规定取值。见表1。

表1　综合生活污水量总变化系数

平均日流量/（L/s）	5	15	40	70	100	200	500	≥1 000
总变化系数	2.3	2.0	1.8	1.7	1.6	1.5	1.4	1.3

4.1.1.5　排入市政管网的工业废水设计流量应根据城镇市政排水系统覆盖范围内工业污染

源废水排放统计调查资料确定。

4.1.1.6 设计雨水量参照 GB 50014 的相关规定确定。

4.1.1.7 在地下水位较高的地区，应考虑渗入地下水量，渗入地下水量宜根据实际测定资料确定。

4.1.2 工业废水设计流量

4.1.2.1 工业废水设计流量应按工厂或工业园区总排放口实际测定的废水流量设计。测试方法应符合 HJ/T 91 的规定。

4.1.2.2 工业废水流量变化应根据工艺特点进行实测。

4.1.2.3 不能取得实际测定数据时可参照国家现行工业用水量的有关规定折算确定，或根据同行业同规模同工艺现有工厂排水数据类比确定。

4.1.2.4 考虑工业废水与生活污水合并处理时，工厂内或工业园区内的生活污水量、沐浴污水量的确定，应符合 GB 50015 的有关规定。

4.1.2.5 工业园区集中式污水处理厂设计流量的确定可参照城镇污水设计流量的确定方法。

4.1.3 单元构筑物的设计流量

4.1.3.1 提升泵站、格栅井、沉砂池宜按合流污水设计流量计算。

4.1.3.2 初沉池宜按旱流污水流量设计，并用合流污水设计流量校核。对于生活污水处理系统初沉池校核的沉淀时间不宜小于 60 min；对合流制污水处理系统，应按降雨时的设计流量核算，沉淀时间不宜小于 30 min。对于工业废水处理系统初沉池的沉淀时间需根据沉淀试验确定。

4.1.3.3 流化床应按旱流污水量计算。

4.1.3.4 流化床前、后的水泵、管道等输水设施应按最高日最高时污水流量设计。

4.2 设计水质

4.2.1 城镇污水的设计水质应根据实际测定的调查资料确定，其测定方法和数据处理方法应符合 HJ/T 91 的规定。无调查资料时，可按下列标准折算确定：

  a）生活污水的五日生化需氧量按每人每天 25～50 g 计算；

  b）生活污水的悬浮固体量按每人每天 40～65 g 计算；

  c）生活污水的总氮量按每人每天 5～11 g 计算；

  d）生活污水的总磷量按每人每天 0.7～1.4 g 计算。

4.2.2 工业废水的设计水质，应根据工业废水的实际测定数据确定，其测定方法和数据处理方法应符合 HJ/T 91 的规定。无实际测定数据时，可参照同一行业类似工厂的排放资料类比确定。

4.2.3 流化床的进水应符合下列条件：

  a）水温宜为 10～37℃、pH 宜为 6.0～9.0、BOD_5/COD_{Cr} 值宜大于 0.3、营养组合比（BOD_5：氮：磷）宜为 100：5：1、进水 COD_{Cr} 质量浓度宜低于 1 000 mg/L；

  b）有去除氨氮要求时，进水总碱度（以 $CaCO_3$ 计）/氨氮值宜≥7.14，不满足时应补充碱度；

  c）有脱除总氮要求时，反硝化要求进水的碳源 BOD_5/总氮值宜≥4.0，总碱度（以 $CaCO_3$ 计）/氨氮值宜≥3.6，不满足时应补充碳源或碱度；

d）有除磷要求时，污水中的五日生化需氧量（BOD_5）/总磷的比值宜大于17：1；

e）要求同时除磷、脱氮时，宜同时满足3）和4）的要求。

4.3 污染物去除率

流化床污水处理工艺的污染物去除率可按照表2计算。

表2 流化床污水处理工艺的污染物去除率

污水类别	主体工艺	污染物去除率/%					
		悬浮物（SS）	五日生化需氧量（BOD_5）	化学耗氧量（COD_{Cr}）	氨氮（NH_4^+-N）	总氮（TN）	总磷（TP）
城镇污水	初次沉淀+流化床	70～90	80～95	80～90	80～90	40～50（有缺氧区）	40～60（不加除磷剂）80～90（加除磷剂）
工业废水	预/前处理+流化床	70～90	80～90	60～80	—	—	—

注：应根据出水水质要求，决定是否在流化床后设置过滤池等后续处理构筑物。

5 总体要求

5.1 流化床宜用于小型城镇污水和工业废水处理工程，其污水处理量宜小于10 000 m^3/d。

5.2 采用流化床工艺的污水处理厂（站）应遵守以下规定：

  a）污水处理厂厂址选择和总体布置应符合 GB 50014 的相关规定。总图设计应符合 GB 50187 的规定。

  b）污水处理厂（站）的防洪标准不应低于城镇防洪标准，且具有良好的排水条件。

  c）污水处理厂（站）建筑物的防火设计应符合 GB 50016 和 GB 50222 的规定。

  d）污水处理厂（站）堆放污泥、药品的贮存场应符合 GB 18599 和 GB 18597 的规定。

  e）污水处理厂（站）建设、运行过程中产生的废水、废气、废渣及其他污染物的治理与排放，应贯彻执行国家现行的环境保护法规和标准的有关规定，防止二次污染。

  f）污水处理厂（站）的设计、建设应采取有效的隔声、消声、绿化等降低噪声的措施。噪声和振动控制的设计应符合 GBJ 87 和 GB 50040 的规定；机房内、外的噪声应分别符合 GBZ 2.1、GBZ 2.2 和 GB 3096 的规定；厂界环境噪声排放应符合 GB 12348 的规定。

  g）污水处理厂（站）的设计、建设和运行过程中应重视职业卫生和劳动安全，严格执行 GBZ 1、GBZ 2.1、GBZ 2.2 和 GB 12801 的规定。在污水处理厂（站）建成运行的同时，安全和卫生设施应同时建成运行，并制定相应的操作规程。

5.3 污水处理厂（站）应按照 GB 18918 的相关规定安装在线监测系统，其他污水处理工程应按照国家或当地的环境保护管理要求安装在线监测系统。

6 工艺设计

6.1 一般规定

6.1.1 流化床出水直接排放时，应符合国家或地方排放标准要求；排入下一级处理单元时，应符合下一级处理单元的进水要求。

6.1.2 根据脱氮除磷要求,宜在流化床内设置缺氧区、化学除磷区或是在工艺中单独设置缺氧池和除磷设施。

6.1.3 单台流化床的最大污水处理能力为 2 500 m³/d,当处理水量大于 2 500 m³/d 时,宜采用多台流化床联合运行的方式,但最多不宜超过 4 台,多台布置时宜设置配水设施。

6.1.4 当进水水质不符合 4.2.3 规定的条件时,应根据进水水质采取适当的前处理和预处理工艺。

6.1.5 酸碱药剂、碳源药剂和除磷药剂储存罐容量应按理论加药量的 4~7 d 的投加量设计,加药系统不宜少于 2 个,宜采用计量泵投加。

6.2 工艺流程

6.2.1 用于城镇污水处理时,宜采用图 1 所示的工艺流程。

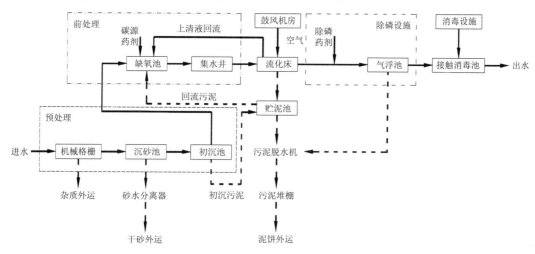

图 1 城镇污水处理工艺流程图

6.2.2 用于工业废水处理时,宜采用图 2 所示的工艺流程。

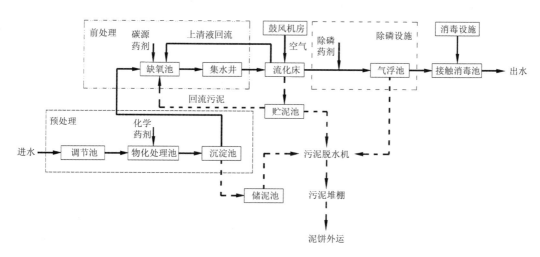

图 2 工业废水处理工艺流程图

6.2.3 生活污水与工业废水混合处理时，如 $BOD_5/COD_{Cr}>0.3$，宜采用图 1 所示的工艺流程，如 $BOD_5/COD_{Cr}<0.3$，宜采用图 2 所示的工艺流程。

6.3 预处理和前处理

6.3.1 进水系统前应设置格栅。进水泵房及格栅设计应符合 GB 50014 的相关规定。

6.3.2 流化床工艺应在格栅后设置沉砂池，沉砂池的设计应符合 GB 50014 的相关规定。

6.3.3 当进水悬浮物（SS）高于 200 mg/L 时，宜在流化床前设置初沉池，参见图 1，初沉池的设计应符合 GB 50014 的相关规定。

6.3.4 当水质或水量的日变化最大值为最小值的两倍或两倍以上时，应设置调节池，参见图 2。调节池的设计应满足以下要求：

  a) 调节池容量应根据废水流量变化曲线确定；没有流量变化曲线时，调节池的容量应满足生产排水周期中水质水量均化的要求，停留时间宜为 6～12 h；

  b) 调节池内宜设置搅拌装置，宜采用搅拌机或曝气搅拌方式；

  c) 调节池出水端应设置去除浮渣装置，池底宜设置除砂和排泥装置。

6.3.5 pH 值调节应符合下列规定：

  a) 当进水 pH<6.0 或 pH>9.0 时，应及时补充适量酸碱药剂；

  b) 药剂种类、剂量和投加点宜通过现场试验确定；

  c) 酸碱药剂可采用稀盐酸、稀硫酸、石灰或碳酸钠等；

  d) 接触酸碱腐蚀性物质的设备和管道应采取防腐蚀措施。

6.3.6 碳源调节应符合下列规定：

  a) 当进水碳源 BOD_5/总氮值<4.0 时，应及时补充适量碳源；

  b) 药剂种类、剂量和投加点宜通过现场试验确定；

  c) 碳源药剂可采用甲醇、乙酸或食物酿造厂等排放的高浓度有机废水；

  d) 存储和使用甲醇作为碳源时，应做相应的防毒保护；

  e) 接触乙酸腐蚀性物质的设备和管道应采取防腐蚀措施；

  f) 碳源投加量宜按下式计算：

$$\rho(BOD_5) = 2.86 \times (N_1 - N_0) \times Q \tag{3}$$

式中：$\rho(BOD_5)$——投加的碳源对应的 BOD_5 量，mg/L；

   N_1——氨氮达标情况下，未补充碳源时，处理出水的总氮质量浓度，mg/L；

   N_0——标准要求的出水总氮质量浓度，mg/L；

   Q——污水设计流量，m^3/d。

6.4 流化床设计

6.4.1 流化床结构

6.4.1.1 好氧生物流化床的结构如图 3 所示；有反硝化脱氮要求时，流化床内可设置缺氧区和好氧区，结构如图 4 所示，其中心筒处为缺氧区、其他区域为好氧区。流化床中，载体分离器以上部分为分离区，载体分离器以下部分为反应区，图 3 和图 4 中箭头方向表示水流方向。

6.4.1.2 降流区与升流区面积之比（A_d/A_r）宜为 1～1.5，其中降流区面积 $A_d=A_{d1}+A_{d2}+A_{d3}+A_{d4}$，升流区面积 $A_r=A_{r1}+A_{r2}+A_{r3}$。

6.4.1.3 好氧反应区隔板下端距流化床底部的底隙（B）宜为 600 mm。

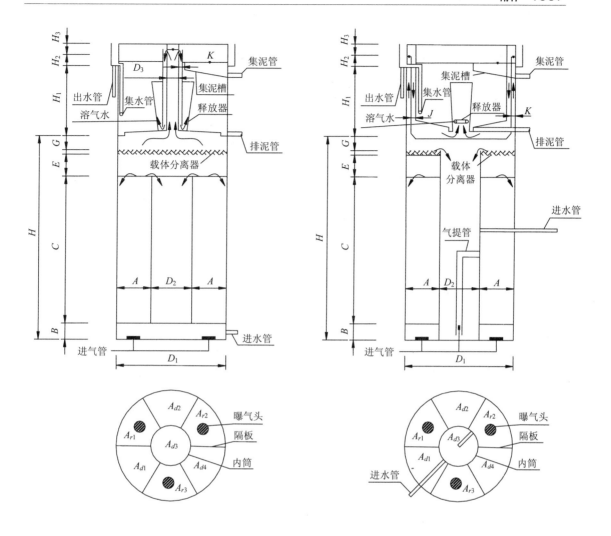

图 3　流化床的一般结构　　　　图 4　有缺氧区的流化床结构

6.4.1.4　载体分离器下部空间距离（E）宜为 B 值的 1.0～1.2 倍。

6.4.1.5　载体分离器上部空间距离（G）宜为 E 值的 0.3～0.5 倍。

6.4.1.6　气液分离区直径（D_3）宜为进水管管径的 3～5 倍，$K \geqslant 200$ mm，$J \geqslant 150$ mm。

6.4.1.7　固液分离区 H_1、H_2 和 H_3 设计可参照 HJ 2007—2010 中加压溶气气浮的相关规定。

6.4.2　好氧反应区容积

6.4.2.1　根据流化床的容积负荷来确定好氧反应区容积时，应按下式计算：

$$V_1 = Q(S_o - S_e)/N_v \tag{4}$$

式中：V_1——流化床好氧反应区容积，m³；

　　　Q——污水设计流量，m³/d；

　　　S_o——流化床进水化学需氧量，mg/L；

　　　S_e——流化床出水化学需氧量，mg/L；

　　　N_v——COD 容积负荷，kg/（m³·d）。

6.4.2.2　COD 容积负荷（N_v）应根据试验或同类污水的设计参数确定，如无其他资料时，可参考如下经验数据：

a) 当废水 $BOD_5/COD_{Cr}>0.4$ 时，N_v 可取 3～5 kg/（m³·d）；

b) 当废水中 $0.3<BOD_5/COD_{Cr}<0.4$ 时，N_v 可取 1～3 kg/（m³·d）；

c) 当废水中 $BOD_5/COD_{Cr}<0.3$ 时，应通过预处理和前处理提高 BOD_5/COD_{Cr} 的值，使其大于 0.3。

6.4.2.3 根据水力停留时间 θ 来确定好氧反应区容积时，应按下式计算：

$$V_1 = Q \cdot \theta \tag{5}$$

式中：V_1——流化床好氧反应区容积，m³；

Q——污水设计流量，m³/d；

θ——水力停留时间，h。

6.4.2.4 对于生活污水，式（5）中的 θ 可取 2～4 h，对于工业废水可取 3～5 h 或视其可生化性确定。求出 V_1 后应按式（4）校核。

6.4.2.5 流化床的好氧反应区容积不宜超过 400 m³。

6.4.3 缺氧反应区容积

6.4.3.1 好氧反应区与缺氧反应区的容积比宜为（2.5～3）∶1。

6.4.3.2 缺氧反应区容积应按下式计算：

$$V_2 = \frac{V_1 D_2^2}{D_1^2 - D_2^2} \tag{6}$$

式中：V_2——缺氧反应区容积，m³；

V_1——流化床好氧反应区容积，m³；

D_1——流化床直径，m；

D_2——缺氧反应区直径，m。

6.4.3.3 流化床直径与缺氧区直径之比宜为（1.8～2.0）∶1。

6.4.4 好氧反应区的高径比

6.4.4.1 好氧反应区的高径比应按下式计算：

$$\frac{H}{D_1} = \frac{H}{2d/N} = \frac{NH}{2d} \tag{7}$$

式中：H——流化床高度，m；

D_1——流化床直径，m；

N——流化床分隔数；

d——好氧反应区横截面面积相等的圆的直径，m。

6.4.4.2 好氧反应区的高径比宜为 3～8。

6.4.4.3 流化床分隔数应为偶数，宜为 4、6、8 等。

6.5 流化床载体

6.5.1 载体选择

6.5.1.1 宜选用陶粒、橡胶和塑料类载体等。

6.5.1.2 陶粒载体粒径以 1～2 mm 为宜，比重宜为 1.50 g/cm³ 左右，磨损率宜不大于 0.5%；橡胶载体粒径以 2～8 mm 为宜，比重宜为 1.30 g/cm³ 左右；塑料类载体粒径以 10～25 mm 为宜，比重宜为 0.94～0.98 g/cm³。

6.5.1.3 载体的级配以 $d_{max}/d_{min}<2$ 为宜。

6.5.1.4 载体的形状宜接近球形。

6.5.1.5 载体表面应粗糙，以利于微生物栖附、生长。

6.5.2 载体投加量

6.5.2.1 投加载体的体积占好氧反应区的体积比应按下式计算：

$$C_s = \frac{X_v}{1\,000m_l} \times 100\% \tag{8}$$

式中：C_s——投加载体的体积占好氧反应区的体积比；

X_v——流化床内混合液挥发性悬浮固体平均浓度，gMLVSS/L；

m_l——单位体积载体上的生物量，g/ml。

6.5.2.2 投加载体的体积宜为好氧反应区体积的 15%～30%。

6.5.2.3 流化床中所需的生物浓度应按下式计算：

$$X = \frac{N_v}{N_s} \tag{9}$$

式中：X——流化床内生物浓度（MLVSS），kg/m³；

N_v——容积负荷（COD），kg/（m³·d）；

N_s——污泥负荷（COD/MLVSS），宜为 0.2～1.0 kg/（kg·d）。

6.5.2.4 单位体积载体上的生物量应按下式计算：

$$m_l = \frac{\rho \rho_c}{\rho_s}\left[\left(\frac{r+\delta}{r}\right)^3 - 1\right] \tag{10}$$

式中：m_l——单位体积载体上的生物量，g/ml；

ρ——生物膜干密度，g/ml；

ρ_c——载体的堆积密度，g/ml；

ρ_s——载体的真密度，g/ml；

δ——膜厚，mm；

r——载体平均半径，mm。

6.5.3 载体分离器

6.5.3.1 宜采用迷宫式载体分离器，其结构如图 5 所示。

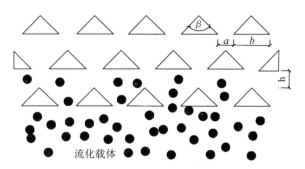

图 5 迷宫式载体分离器结构示意图

6.5.3.2 反射锥顶角（β）宜为 45°～90°。

6.5.3.3 反射锥之间的距离（a）宜为 2~3 cm，反射锥底面宽度（b）宜为 a 值的 2~5 倍。
6.5.3.4 两层反射锥之间的距离（h）宜为 5~15 cm。

6.6 供氧

6.6.1 流化床宜采用鼓风曝气供氧，曝气器应设在正对升流区的流化床底部，宜采用均布的中微孔曝气头或穿孔管曝气。

6.6.2 污水需氧量应按下式计算：

$$O_2 = 0.001aQ(S_o - S_e) - c\Delta X_{vss} + b[0.001Q(N_k - N_{ke}) - 0.12\Delta X_{vss}] \\ - 0.62b[0.001Q(N_t - N_{te} - N_{oe}) - 0.12\Delta X_{vss}] \tag{11}$$

式中：O_2——污水需氧量，kg/d；

Q——污水设计流量，m³/d；

S_o——流化床进水五日生化需氧量，mg/L；

S_e——流化床出水五日生化需氧量，mg/L；

ΔX_{vss}——流化床排出系统的微生物量，kg/d；

N_k——流化床进水总凯氏氮浓度，mg/L；

N_{ke}——流化床出水总凯氏氮浓度，mg/L；

N_t——流化床进水总氮浓度，mg/L；

N_{te}——流化床出水总氮浓度，mg/L；

N_{oe}——流化床出水硝态氮浓度，mg/L；

a——碳的氧当量，当含碳物质以五日生化需氧量计时，取 1.47；

b——氧化每千克氨氮（以 N 计）所需氧量（kg/kg），取 4.57；

c——细菌细胞的氧当量，取 1.42。

6.6.3 去除含碳污染物时，流化床污水（BOD_5）需氧量宜取 0.7~1.2 kg/kg。

6.6.4 流化床工艺选用鼓风曝气装置和设备时，应根据不同的鼓风设备、曝气装置、位于水面下的深度、水温、在污水中氧总转移特性、当地的海拔高度以及预期生物流化床中溶解氧浓度等因素，将计算的污水需氧量换算为标准状态下污水需氧量。

6.6.5 标准状态（0.1MPa，20℃）下污水需氧量应按下式计算：

$$O_s = K_o \cdot O_2 \tag{12}$$

$$K_o = \frac{C_{s(20)}}{\alpha(\beta \cdot \rho \cdot C_{sb(T)} - C_o) \times 1.024^{(T-20)} \times F} \tag{13}$$

$$C_{sb(T)} = C_{s(T)}\left(\frac{P_b}{2.026 \times 10^5} + \frac{O_t}{42}\right) \tag{14}$$

$$P_b = P + 9.8 \times 10^3 H \tag{15}$$

$$\rho = \frac{P_1}{1.013 \times 10^5} \tag{16}$$

$$O_t = \frac{21(1 - E_A)}{79 + 21(1 - E_A)} \times 100\% \tag{17}$$

式中：O_s——标准状态下污水需氧量，kg/d；

K_o——需氧量修正系数;

O_2——污水需氧量,kg/d;

$C_{s(20)}$——标准条件下清水中饱和溶解氧浓度,取 9.2 mg/L;

$C_{sb(T)}$——在 T℃、大气压条件下,流化床内混合液饱和溶解氧浓度的平均值,mg/L;

$C_{s(T)}$——在 T℃、大气压条件下,清水表面饱和溶解氧浓度值,mg/L;

C_o——混合液剩余溶解氧,一般取 2 mg/L;

α——混合液中总传氧系数与清水中总传氧系数之比,一般取 0.8~0.85;

β——混合液的饱和溶解氧值与清水中的饱和溶解氧值之比,一般取 0.9~0.97;

F——曝气扩散设备堵塞系数,一般取 0.65~0.9;

ρ——压力修正系数;

P_1——所在地区实际压力,Pa;

T——设计水温,℃;

P_b——空气扩散装置出口处的绝对压力,Pa;

H——空气扩散装置的安装深度,m;

P——大气压力,$P=1.013\times10^5$ Pa;

E_A——空气扩散装置的氧利用率,一般由厂商提供;

O_t——曝气后流化床水面逸出气体中氧的体积分数,%。

6.6.6 标准状态下鼓风曝气供气量按下式计算：

$$E_A = \frac{O_s}{S} \times 100\% \qquad (18)$$

$$S = G_s \times 0.21 \times 1.331 = 0.28 G_s \qquad (19)$$

$$G_s = \frac{O_s}{0.28 E_A} \qquad (20)$$

式中：E_A——空气扩散装置的氧利用率,一般由厂商提供;

O_s——标准状态下污水需氧量,kg/d;

S——供氧量,kg/h;

0.21——氧在空气中所占百分比;

1.331——20℃时,氧的密度,kg/m³;

G_s——标准状态下的供气量,m³/h。

6.6.7 流化床工艺宜设置一套备用的鼓风曝气设备。

6.6.8 应选用低噪声的鼓风机,鼓风机房应采取隔音降噪措施,并符合 GB 12523 的规定。

6.6.9 单级高速曝气离心鼓风机应符合 HJ/T 278 的规定；罗茨鼓风机应符合 HJ/T 251 的规定；微孔曝气器应符合 HJ/T 252 的规定。

6.7 化学除磷

6.7.1 当出水总磷达不到排放标准要求时,宜采用化学除磷作为辅助除磷手段。

6.7.2 化学除磷构筑物宜设置在流化床后,参见图 1。

6.7.3 药剂种类、剂量和投加点宜通过试验确定。

6.7.4 化学除磷药剂可采用铝盐、铁盐,也可采用石灰。采用铝盐或铁盐作除磷剂时,投加的除磷剂与污水中总磷的摩尔比宜为（1.5~3）:1。

6.7.5 接触铝盐和铁盐等腐蚀性物质的设备和管道应采取防腐蚀措施。

6.8 消毒

消毒系统的设计应符合 GB 50014 的规定。

6.9 污泥（污水）回流

6.9.1 宜在流化床前单独设置缺氧池，参看图 1 或图 2。流化床出水利用液位差回流至缺氧池，与进水混合完成反硝化后，用泵提升回流化床。流化床出水上清液回流比宜采用 100%～200%或视出水水质及总氮的排放要求确定。

6.9.2 宜在流化床后单独设置贮泥池，参看图 1 或图 2，通过污泥回流保持流化床中悬浮生物量，污泥回流比宜为 50%～100%。污泥回流设备可采用离心泵、混流泵、潜水泵或螺旋泵。

6.9.3 污泥回流设备应不少于 2 台，当生物处理系统中带有厌氧区（池）、缺氧区（池）时，应选用不易复氧的污泥回流设备。

6.10 污泥处理

6.10.1 污泥处理设计应考虑剩余污泥和化学除磷污泥。

6.10.2 剩余污泥量可按下式计算：

a）按污泥泥龄计算：

$$\Delta X = \frac{VX'}{\theta_c} \tag{21}$$

式中：ΔX——剩余污泥量（SS），kg/d；
V——流化床的总容积，m³；
X'——流化床内混合液悬浮固体（MLSS）平均质量浓度，kg/m³；
θ_c——污泥泥龄，d。

b）按污泥产率系数、衰减系数及悬浮物计算：

$$\Delta X = YQ(S_o - S_e) - K_d V X_v + fQ(SS_o - SS_e) \tag{22}$$

式中：ΔX——剩余污泥量（SS），kg/d；
Y——污泥产率系数（MLVSS/BOD₅），20℃时取 0.4～0.8 kg/kg；
Q——污水设计流量，m³/d；
S_o——流化床进水五日生化需氧量，kg/m³；
S_e——流化床出水五日生化需氧量，kg/m³；
K_d——衰减系数，d⁻¹；
V——流化床的总容积，m³；
X_v——流化床内混合液挥发性悬浮固体（MLVSS）平均质量浓度，g/L；
f——悬浮物的污泥转换率（MLSS/SS），宜根据试验资料确定，无试验资料时可取 0.5～0.7 g/g；
SS_o——流化床进水悬浮物质量浓度，kg/m³；
SS_e——流化床出水悬浮物质量浓度，kg/m³。

6.10.3 化学除磷污泥量应根据药剂投加量计算。

6.10.4 污泥系统宜设置计量装置，可采用湿污泥计量和干污泥计量两种方式。

6.10.5 污泥脱水设备可选用厢式压滤机、板框压滤机、带式压榨过滤机、污泥浓缩带式脱水一体机，所选用的设备应符合 HJ/T 242、HJ/T 283、HJ/T 335 的规定。

6.10.6 城镇污水污泥处理后应符合 GB 18918 的规定，混合废水或工业废水污泥的鉴别、处理和处置应符合国家相关固体废物污染控制标准的要求。

7 检测与过程控制

7.1 一般规定

7.1.1 流化床污水处理工程应配置相关的检测仪表和控制系统。

7.1.2 自动化仪表和控制系统应保证流化床系统的安全性和可靠性。

7.1.3 流化床污水处理工程设计应根据工程规模、工艺流程、运行管理要求确定检测和控制内容。

7.1.4 参与控制和管理的机电设备应设置工作和事故状态的检测装置。

7.1.5 电气柜防护等级 IP55。元器件选择、内外布线、安全接地保护、设备短路保护、过载保护、绝缘电阻值均应符合 GB/T 3797 的要求。电线、电缆选择应符合 GB 5226.1 的要求。

7.2 过程检测

7.2.1 预处理检测

7.2.1.1 预处理构筑物宜设酸碱度计、水位计、水位差计，可增设化学需氧量检测仪、悬浮物检测仪和流量计。

7.2.1.2 pH 值应控制在 6.0～9.0 之间。

7.2.1.3 应检测进水化学需氧量、氨氮、悬浮物、流量和温度等数据用于工艺控制。

7.2.2 流化床检测

7.2.2.1 流化床宜设溶解氧检测仪和水位计，缺氧区的溶解氧浓度应控制在 0.2～0.5 mg/L，好氧区的浓度一般不小于 3.0 mg/L，条件允许时可采用实时检测设备。

7.2.2.2 流化床出水水质检测项目主要包括 COD_{Cr}、NH_4^+-N、NO_3^--N、TN、PO_4^{3-}、TP 和 SS，条件允许时可采用实时检测设备。

7.2.2.3 流化床生物量应大于 3 g/L，检测方法按照附录 A 执行。

7.2.2.4 载体生物膜厚度宜控制在 100～200 μm，以 120～140 μm 为佳，检测方法按照附录 B 执行。

7.2.3 回流污泥及剩余污泥检测

7.2.3.1 回流污泥宜设流量计，回流污泥量为进水流量的 50%～100%。

7.2.3.2 剩余污泥宜设流量计，条件允许时可增设污泥浓度计，用于监测、统计污泥排出量。

7.2.4 加药系统检测

7.2.4.1 流化床出水总磷检测可采用实验室检测方式，药剂根据检测值投加；如条件允许时可设总磷在线检测仪，检测值用于自动控制药剂投加系统。

7.2.4.2 流化床反硝化区域出水硝酸盐氮检测可采用实验室检测方式，药剂根据检测值投加；如条件允许时可设总氮在线检测仪，检测值用于自动控制药剂投加系统。

7.3 过程控制与控制系统

7.3.1 污水处理厂（站）应根据其处理规模，在满足工艺控制条件的基础上合理选择配置集散控制系统（DCS）或可编程序控制系统（PLC）。

7.3.2 采用成套设备时，成套设备自身的控制宜与污水处理厂（站）设置的控制系统结合。

7.3.3 自动控制系统应具有信息收集、处理、控制、管理和安全保护功能。

7.3.4 自动控制系统的设计应符合下列要求：

  a）根据工程具体情况，经技术经济比较后选择网络结构和通信速率；

  b）对操作系统要从运行稳定、易于开发、操作界面方便等方面综合考虑；

  c）厂（站）级控制室面积应视其使用功能设定，并应考虑今后的发展；

  d）防雷和接地保护应符合国家现行标准的要求。

8 主要辅助工程

8.1 供电

8.1.1 流化床工艺装置的用电负荷应为二级负荷。

8.1.2 流化床工艺装置的高、低压用电电压等级应与其供电的电网电压等级相一致。

8.1.3 流化床工艺装置的中央控制室的仪表电源应配备在线式不间断供电电源设备（UPS）。

8.1.4 流化床工艺装置的接地系统宜采用三相五线制系统（TN-S）。

8.2 低压配电

  变电所低压配电室的配电设备布置，应符合国家标准 GB 50053 的规定。

8.3 二次线

8.3.1 流化床工艺线上的电气设备宜设置现场和控制室的双重控制，并纳入工控机系统。

8.3.2 流化床工艺电气系统的控制水平应与工艺水平相一致。

9 施工与验收

9.1 一般规定

9.1.1 工程设计、施工单位应具有国家相应的工程设计、施工资质；工程项目宜通过招投标确定施工单位和设计、监理单位。

9.1.2 应按工程设计图纸、技术文件、设备图纸等组织工程施工，工程的变更应取得设计单位的设计变更文件后再实施。

9.1.3 施工前，应进行施工组织设计或编制施工方案，明确施工质量负责人和施工安全负责人，经批准后方可实施。

9.1.4 工程建设、施工安装和调试，应符合《建设工程质量管理条例》的要求。

9.1.5 施工过程中，应做好材料设备、隐蔽工程和分项工程等中间环节的质量验收；隐蔽工程应经过中间验收合格后，方可进行下一道施工工序。

9.1.6 管道工程的施工和验收应符合 GB 50268 的规定；混凝土结构工程的施工和验收应符合 GB 50204 的规定；构筑物的施工和验收应符合 GBJ 141 的规定。

9.1.7 施工使用的材料、半成品、部件应符合国家现行标准和设计要求。设备安装应符合 GB 50231 的规定。

9.1.8 塑料管道阀门的连接应符合 HG 20520 的规定；金属管道安装与焊接应符合 GB 50235 的要求。

9.1.9 工程竣工验收后,建设单位应将有关设计、施工和验收的文件立卷归档。

9.2 施工

9.2.1 土建施工

9.2.1.1 在进行土建施工前应认真阅读设计图纸,了解结构型式、基础(或地基处理)方案、池体抗浮措施以及设备安装对土建的要求,土建施工应事先预留预埋,设备基础应严格控制在设备要求的误差范围内。

9.2.1.2 土建施工应重点控制池体的抗浮处理、地基处理、池体抗渗处理,满足设备安装对土建施工的要求。

9.2.1.3 对于软弱地基上的工程,需对地基进行处理时,应确保地基处理的可靠性,严防池体因不均匀沉降而导致开裂。

9.2.1.4 模板、钢筋、混凝土分项工程应严格执行 GB 50204 的规定,并符合以下要求:
a) 模板架设应有足够强度、刚度和稳定性,表面平整无缝隙,尺寸正确;
b) 钢筋规格、数量准确,绑扎牢固应满足搭接长度要求,无锈蚀;
c) 混凝土配合比、施工缝预留、伸缩缝设置、设备基础预留孔及预埋螺栓位置均应符合规范和设计要求,冬季施工应注意防冻。

9.2.1.5 施工过程中应加强建筑材料和施工工艺的控制,杜绝出现裂缝和渗漏。出现渗漏处,应会同设计等有关方面确定处理方案,彻底解决问题。

9.2.1.6 现浇钢筋混凝土水池施工允许偏差应符合表 3 的规定。

表 3 现浇钢筋混凝土水池施工允许偏差

项次	项目		允许偏差/mm
1	轴线位置	底板	15
		池壁、柱、梁	8
2	高程	垫层、底板、池壁、柱、梁	±10
3	平面尺寸(混凝土底板和池体长、宽或直径)	$L \leq 20$ m	±20
		20 m $< L \leq$ 50 m	±L/1 000
		50 m $< L \leq$ 250 m	±50
4	截面尺寸	池壁、柱、梁、顶板	+10 −5
		洞、槽、沟净空	±10
5	垂直度	$H \leq 5$ m	8
		5 m $< H \leq$ 20 m	1.5H/1 000
6	表面平整度(用 2 m 直尺检查)		10
7	中心位置	预埋件、预埋管	5
		预留洞	10
注:L 为底板和池体的长、宽或直径;H 为池壁、柱的高度。			

9.2.2 设备安装

9.2.2.1 流化床的曝气器(曝气头或曝气管)应水平安装,曝气器的气孔应处于同一高程的水平面上。

9.2.2.2 设备基础应按照设计要求和图纸规定浇筑,混凝土强度等级、基面位置高程应符合说明书和技术文件规定。混凝土基础应平整坚实,并有隔振措施。

9.2.2.3 预埋件水平度及平整度应符合 GB 50231 的规定。

9.2.2.4 地脚螺栓应按照原机出厂说明书的要求预埋,位置应准确,安装应稳固。

9.2.2.5 安装好的流化床等应严格符合外形尺寸的公称允许偏差,不允许超差。

9.2.2.6 各种机电设备安装后试车应满足下列要求:

 a)启动时应按照标注箭头方向旋转,启动运转应平稳,运转中无振动和异常声响;

 b)运转啮合与差动机构运转应按产品说明书的规定同步运行,没有阻塞、碰撞现象;

 c)运转中各部件应保持动态所应有的间隙,无抖动晃摆现象;

 d)试运转用手动或自动操作,设备全程完整动作 5 次以上,整体设备应运行灵活,并保持紧张状态;

 e)各限位开关运转中动作及时,安全可靠;

 f)电机运转中温升在正常值内;

 g)各部轴承注加规定润滑油,应不漏、不发热,温升小于 60℃。

9.3 工程验收

9.3.1 工程竣工验收应按照《建设项目(工程)竣工验收办法》、相应专业现行验收规范和本标准的有关规定执行。

9.3.2 流化床安装完成后应按照 GBJ 141 的规定进行满水试验,地面以下渗水量应符合设计规定,最大不得超过 2 L/(m^2·d)。

9.3.3 泵站和风机房等都应按设计的最多开启台数作 48 h 运转试验,水泵和污泥泵的流量和机组功率应作测定,有条件的应测定其特性曲线。

9.3.4 鼓风曝气系统安装平整牢固,布置均匀,曝气头无漏水现象,曝气管内无杂质,曝气量满足设计要求,曝气稳定均匀。

9.3.5 检查导流板的安装强度,不得有振动现象。

9.3.6 闸门、闸阀和溢流堰不得有漏水现象。

9.3.7 排水管道应做闭水试验,上游充水管保持在管顶以上 2 m,外观检查应 24 h 无漏水现象。

9.3.8 空气管道应做气密性试验,24 h 压力降不超过允许值为合格。

9.3.9 变电站高压配电系统应由供电局组织电检、验收。

9.4 环境保护验收

9.4.1 污水处理厂(站)应进行纳污养菌调试,在正式投入生产或使用之前,建设单位应向环境保护行政主管部门提出环境保护竣工验收申请。

9.4.2 污水处理厂(站)竣工环境保护验收应按照《建设项目竣工环境保护验收管理办法》的规定和工程环境影响评价报告的批复进行。

9.4.3 污水处理厂(站)验收前应进行试运行,测定设施的技术数据和经济指标数据,填写试运行记录。试运行记录可作为环境保护验收的技术支持文件,试运行记录应包括下列内容:

 a)各组建筑物都应按设计负荷,全流程通过所有构筑物,以考核各构筑物高程布置有否问题;

 b)测试并计算各构筑物的工艺参数;

 c)测定沉砂池的沉砂量,含水率及灰分;

 d)测定沉淀池的污泥量、含水率及灰分;

e）测定剩余污泥量、含水率及灰分；
f）统计污水处理厂（站）进出水量、用电量和各分项用电量；
g）计算污水处理厂（站）技术经济指标：五日生化需氧量（BOD_5）去除总量、五日生化需氧量（BOD_5）去除单耗（kW·h/kg）、污水（BOD_5）处理成本（元/kg）。

10 运行与维护

10.1 一般规定

10.1.1 流化床工艺污水处理设施的运行、维护及安全管理应参照 CJJ 60 执行。

10.1.2 污水处理厂（站）的运行管理应配备专业的人员和设备。

10.1.3 污水处理厂（站）在运行前应制定设备台账、运行记录、定期巡视、交接班、安全检查等管理制度，以及各岗位的工艺系统图、操作和维护规程等技术文件。

10.1.4 操作人员应熟悉本厂（站）处理工艺技术指标和设施、设备的运行要求，操作人员经技术培训和生产实践，再经考试合格后方可上岗。

10.1.5 各岗位的工艺系统图、操作和维护规程等应示于明显部位，操作人员应按规程操作。

10.1.6 工艺设施和主要设备应编入台账，应定期检查各类建（构）筑物、设备、电器和仪表的运行是否正常，定期对各类建（构）筑物、设备、电器和仪表进行检修维护，确保设施稳定可靠运行。

10.1.7 应定期检测进出水水质，并对检测仪器、仪表进行校验。

10.1.8 运行中应严格执行经常性的和定期的安全检查，及时消除事故隐患，防止事故发生。

10.1.9 各岗位人员在运行、巡视、交接班、检修等生产活动中，应做好相关记录。

10.2 水质检测

10.2.1 污水处理厂（站）应设水质检验室，并配备检验人员和仪器。

10.2.2 水质检验室内部应建立健全水质分析质量保证体系。

10.2.3 检验人员应经培训后持证上岗，并应定期进行考核和抽检。

10.2.4 采用流化床工艺的城镇污水处理厂（站）污水正常运行检验的项目与周期，应符合 CJJ 60 的规定，其他采用流化床工艺的污水处理工程的检验项目与周期参照 CJJ 60 执行。

10.2.5 水质检测方法应符合国家相关规定。

10.2.6 流化床的悬浮生物量应每隔 24 h 检测 1 次，总生物量根据运行的实际需要确定检测周期，检测方法详见附录 A。

10.2.7 载体生物膜厚度测试方法详见附录 B。

10.3 运行调节

10.3.1 处理水量变化较大时，应按高峰期日处理水量、低谷期日处理水量、日均处理水量调整运行参数。

10.3.2 一天中设施进水量随时间变化较大时，宜调节进水量使其相对稳定，保证流化床处于良好运行状态。

10.3.3 当设施进水悬浮物浓度＞300 mg/L 时，应增加预处理混凝剂和絮凝剂药量。

10.3.4 当进水 COD_{Cr} 浓度出现异常波动，且日最高 COD_{Cr} 浓度与日最低 COD_{Cr} 浓度比值大于 2 时，应调整工艺各构筑物的回流污泥量、水力停留时间和污泥停留时间等。

10.3.5 当进水 NH_4^+-N 和 TN 浓度出现异常波动时，且日最高 NH_4^+-N 和 TN 浓度与日最

低 NH_4^+-N 和 TN 浓度比值大于 2 时，应及时调整工艺各构筑物的曝气量、回流污泥量、好氧池硝化液回流量（视 TN 去除率确定）和碳源投加量等。

10.3.6 当进水 PO_4^{3-} 和 TP 浓度出现异常波动时，且日最高 PO_4^{3-} 或 TP 浓度与日最低 PO_4^{3-} 或 TP 浓度比值大于 2 时，应及时调整工艺各构筑物的曝气量、回流污泥量、好氧池硝化液回流量和除磷药剂投加量等。

10.3.7 当出水氨氮不能达到排放标准时，应通过以下方式进行调整：
   a) 减少剩余污泥排放量，提高好氧污泥龄；
   b) 提高好氧段溶解氧水平；
   c) 系统碱度不够时宜适当补充碱度。

10.3.8 当出水总氮不能达到排放标准时，应通过以下方式进行调整：
   a) 适当降低好氧反应区内溶解氧浓度，人为增设缺氧区容积；
   b) 投加甲醛、乙酸或食物酿造厂等排放的高浓度有机废水，维持污水的碳氮比，满足反硝化细菌对碳源的需要。

10.3.9 当出水总磷不能达到排放标准时，应通过以下方式进行调整：
   a) 投加化学药剂除磷；
   b) 增大剩余污泥的排放。

10.4 曝气调节

10.4.1 应逐步开启各分区曝气器的供气阀门，调节各曝气区的供气平衡。

10.4.2 曝气时，流化床好氧反应区溶解氧浓度宜为 3 mg/L，缺氧反应区溶解氧浓度宜为 0.5 mg/L。

10.4.3 曝气量宜使流化床降流区的液体循环流速大于 0.5 m/s。

10.5 污泥观察与调节

10.5.1 应经常观察活性污泥的颜色、状态、气味、生物相以及上清液的透明度，定时测试以上技术指标。

10.5.2 流化床的排泥量可根据污泥沉降比和混合液悬浮生物浓度（测定方法见附录 A）确定。

10.6 维护

10.6.1 应将流化床的维护保养作为污水处理厂（站）维护的重点。

10.6.2 操作人员应严格执行设备操作规程，定时巡视设备运转是否正常，包括温升、响声、振动、电压、电流等，发现问题应尽快检查排除。

10.6.3 应保持设备各运转部位和可调阀门良好的润滑状态，及时添加润滑油、除锈；发现漏油、渗油情况，应及时解决。

10.6.4 应定期检查分离区内是否有载体的积存，如发现有载体积存说明载体分离器运行不正常，应检查载体分离器，调整供气量，并将固液分离区的载体收集后返回反应区。

10.6.5 鼓风曝气系统曝气开始时应排掉管路中的存水，并经常检查自动排水阀的可靠性。

10.6.6 应及时检查曝气器堵塞和损坏情况，保持曝气系统状态良好。

附录 A（规范性附录）

流化床生物量的测定

A.1 适用范围

适用于重量法测定流化床生物量。

A.2 方法原理

流化床中的总生物量 A 由固定生物量 B 和悬浮生物量 C 两部分组成。其中固定生物量是生长在载体上的微生物量。悬浮生物量是在流化床混合液中呈悬浮状态的微生物量，包括脱落的生物膜和少量的生物污泥絮体。正常情况下固定生物量 B 应远大于悬浮生物量 C。

$$总生物量 A＝固定生物量 B＋悬浮生物量 C \tag{A.1}$$

A.3 仪器和设备

A.3.1 分析天平，精度为±0.000 1 g。
A.3.2 烘箱。
A.3.3 中速定量滤纸。
A.3.4 吸滤瓶（容积为 500 ml 或 1 000 ml）。
A.3.5 真空泵。

A.4 分析步骤

A.4.1 悬浮生物量的测定

悬浮生物浓度 D 的测定可采用活性污泥法的混合液悬浮固体（MLSS）浓度的测定方法。测定步骤如下：

（1）将称量瓶和滤纸在 105℃的烘箱中烘干衡重，用天平称量，并记录重量为 W_1；
（2）取一定体积 V 的流化床混合液，用烘干衡重的滤纸过滤；
（3）过滤完成后将带污泥的滤纸置于称量瓶中，并放在 105℃的烘箱中烘干衡重，用天平称量，并记录重量为 W_2；

$$悬浮生物质量浓度 D（g/m^3）＝（W_2-W_1）/V \tag{A.2}$$

$$悬浮生物量 C（kg）＝（1-\eta）\times[D\times V（池容积）]/1\,000 \tag{A.3}$$

式中的 η 是载体的填充率，%。

A.4.2 平均固定生物量的测定

由于在流化床中不同位置载体上的固定生物量分布的不均匀性，只能通过对池中具有一定代表性的点位进行采样，测出平均的固定生物量。测定步骤如下：

（1）确定流化床中具有一定代表性的点位，在每一处取样点取等量 G 的长有生物膜的载体（如悬浮载体可取相同个数）。如果考虑流化床不同深度载体上生长的生物量差异，还可以依据不同深度进行载体的采样；

（2）将适合放置载体的蒸发皿在 105℃的烘箱中烘干衡重，备用；

（3）将采集的带有生物膜的载体置于蒸发皿中在 105℃的烘箱中烘干衡重，并用天平称量，得重量 W_3；

（4）将等量的同类新载体置于蒸发皿中在 105℃的烘箱中烘干衡重，并用天平称量，得重量 W_4：

$$单位载体的生物量 W_5（g 生物/个载体，g 生物/cm 载体）= [(W_3-W_4)_1+(W_3-W_4)_2+\cdots+(W_3-W_4)_{n-1}+(W_3-W_4)_n]/(G\times n) \quad (A.4)$$

上式中的下角标 1，2，⋯，$n-1$，n 表示不同的采样点。

（5）平均固定生物量是流化床的固定生物总量：

$$平均固定生物量 W_6（kg）=[W_5\times N（或 L）]/1\,000 \quad (A.5)$$

式中：N——流化床中悬浮载体的总数，个；

L——流化床中悬挂式载体的总长度，cm。

注：在给出生物量测定结果时，应同时提供进行测定的条件，包括生物量测定时的进水容积负荷、溶解氧浓度和培养时间等。

附录 B（规范性附录）

载体生物膜厚度及活性的测定　微电极法

B.1　适用范围

适用于微电极法测定载体生物膜厚度。

B.2　方法原理

在显微镜的观察下，利用微动平台精确控制微电极在生物膜中的插入情况，由微动平台的移动距离获得生物膜的厚度；利用微动平台精确定位微电极在生物膜中的位置，由氧（O_2）、NH_4^+、NO_3^-微电极的测量信号，在工作曲线上查得相应的浓度，从而获得生物膜内特征参数的浓度分布情况，根据生物膜内部传质和反应原理，计算生物膜耗氧、硝化和反硝化等活性。

B.3　试剂和材料

B.3.1　铵盐标定母液

称取 1.337 g 已在（105～110）℃干燥 2 h 的优级纯氯化铵（NH_4Cl）溶于水，移入 250 ml 容量瓶中，稀释至标线，混匀，加入 2 ml 三氯甲烷作保存剂，混匀，至少可稳定 6 个月。

B.3.2　硝酸盐标定母液

称取 2.527 g 已在（105～110）℃干燥 2 h 的优级纯硝酸钾（KNO_3）溶于水，移入 250 ml 容量瓶中，稀释至标线，加 2 ml 三氯甲烷作保存剂，混匀，至少可稳定 6 个月。

B.4　仪器和设备

B.4.1　天平：分析天平，精度为±0.000 1 g。

B.4.2　显微镜：体式显微镜，放大倍数＞10X。

B.4.3　微动平台：精度 10 μm。

B.4.4　微电极：尖端直径＜50 μm。

B.4.5　玻璃毛坯柱：尖端直径＜20 μm。

B.4.6　皮安计：分辨率 0.05 pA。

B.4.7　电压计：输入阻抗＞10^{12} Ω，分辨率 0.1 mV。

B.4.8　氧微电极标定装置：包括：①两个都配有减压阀的高压气瓶，一个为高压空气瓶，一个为高压氮气瓶；②两台气体流量计；③一个简单的气体混合罐；④曝气头；⑤氧电极标定室；⑥橡胶管等连接材料。

B.4.9　玻璃器具：250 ml 容量瓶；10 ml 移液管；100 mm 表面皿。

B.5 分析步骤

B.5.1 生物膜厚度的测定

B.5.1.1 从载体上剪取一小块生物膜（面积约 2 mm×2 mm），放置在表面皿中。

B.5.1.2 取一根玻璃毛坯柱，固定在微动平台上，在体式显微镜观察下，将玻璃毛坯柱尖端放置在生物膜/水交界面。

B.5.1.3 记录此时微动平台的起始位置 X_1。

B.5.1.4 在微动平台控制下，将玻璃毛坯柱逐渐插入生物膜中，直到玻璃毛坯柱略微弯曲。

B.5.1.5 记录此时微动平台的终止位置 X_2。

B.5.1.6 生物膜厚度 $L = X_2 - X_1$。

B.5.1.7 由于在生物接触氧化池中不同位置载体上的生物膜厚度可能不同，可以从多个微生物载体上取样，重复上述测定步骤，对得到的生物膜厚度取平均值，以代表生物接触氧化池的平均生物膜厚度。

B.5.2 生物膜活性的测定

B.5.2.1 根据微电极供应商提供的方法正确使用微电极，其中氧微电极信号采用皮安计测量；NH_4^+、NO_3^-、NO_2^- 微电极信号采用高阻抗电压计测量。

B.5.2.2 微电极工作曲线的绘制

B.5.2.2.1 氧微电极

在氧微电极标定室中加入纯水，分别通入氧分压为 25%、12.5%、0% 的气体，记录各个氧分压条件下的微电极输出信号，此外，根据测量温度和氧分压值，查找对应的饱和溶解氧浓度，绘制氧浓度与微电极输出信号的工作曲线。

B.5.2.2.2 NH_4^+、NO_3^- 微电极

① 移取 10 ml 铵盐标定母液放入 250 ml 容量瓶中，用水稀释至标线，摇匀；移取 10 ml 上述溶液放入 250 ml 容量瓶中，用水稀释至标线，摇匀；如此依次稀释，配制浓度分别为 1×10^{-2}、1×10^{-3}、1×10^{-4}、1×10^{-5} mol/L 的铵盐标定溶液。

根据不同铵盐标定溶液对应的微电极测量值，绘制工作曲线。

② 移取 10 ml 硝酸盐标定母液放入 250 ml 容量瓶中，用水稀释至标线，摇匀；移取 10 ml 上述溶液放入 250 ml 容量瓶中，用水稀释至标线，摇匀；如此依次稀释，配制浓度分别为 1×10^{-2}、1×10^{-3}、1×10^{-4}、1×10^{-5} mol/L 的硝酸盐标定溶液。

根据不同硝酸盐标定溶液对应的微电极测量值，绘制工作曲线。

B.5.2.2.3 微电极每次使用前需要重新绘制工作曲线。

B.5.2.3 生物膜内特征参数的浓度分布测定

B.5.2.3.1 从载体上剪取一小块生物膜（面积约 2 mm×2 mm），放置在表面皿中。

B.5.2.3.2 取一根微电极，固定在微动平台上，在体式显微镜观察下，将微电极尖端靠近生物膜表面。

B.5.2.3.3 在微动平台控制下，按照一定的步长将微电极逐渐插入生物膜中，记录插入距离与响应信号的关系。

B.5.2.3.4 查找工作曲线，获得生物膜不同深度上的特征参数浓度分布情况。

B.5.2.4 生物膜耗氧、硝化和反硝化活性的推导

B.5.2.4.1 生物膜耗氧活性的推导公式如下：

$$R_\text{o} = D_\text{e,o} \cdot \frac{\mathrm{d}^2 C_\text{o}}{\mathrm{d}z^2} \quad (\text{B.1})$$

式中：R_o——生物膜耗氧活性；
$D_\text{e,o}$——氧有效扩散系数，cm^2/s；
C_o——氧质量浓度，mg/L；
z——生物膜插入深度，μm。

B.5.2.4.2 生物膜硝化活性的推导公式如下：

$$R_\text{NH} = D_\text{e,NH} \cdot \frac{\mathrm{d}^2 C_\text{NH}}{\mathrm{d}z^2} \quad (\text{B.2})$$

式中：R_NH——生物膜硝化活性；
$D_\text{e,NH}$——铵盐有效扩散系数，cm^2/s；
C_NH——铵盐浓度，mg/L；
z——生物膜插入深度，μm。

B.5.2.4.3 生物膜反硝化活性的推导公式如下：

$$R_\text{NO} = D_\text{e,NO} \cdot \frac{\mathrm{d}^2 C_\text{NO}}{\mathrm{d}z^2} - R_\text{NH} \quad (\text{B.3})$$

式中：R_NO——生物膜反硝化活性；
R_NH——生物膜硝化活性；
$D_\text{e,NO}$——硝酸盐有效扩散系数，cm^2/s；
C_NO——硝酸盐浓度，mg/L；
z——生物膜插入深度，μm。

B.5.2.5 平均生物膜活性

由于在生物接触氧化池中不同位置载体上的生物膜活性可能不同，可以从多个微生物载体上取样，重复上述测定步骤，对得到的生物膜活性取平均值，以代表生物接触氧化池的平均生物膜活性。

中华人民共和国国家环境保护标准

焦化废水治理工程技术规范

Technical specifications for coking chemical wastewater treatment

HJ 2022—2012

前 言

为贯彻《中华人民共和国环境保护法》和《中华人民共和国水污染防治法》，规范焦化废水治理工程的设计、建设与运行管理，防治环境污染，保护环境和人体健康，制定本标准。

本标准规定了焦化废水治理工程设计、工程建设、工程验收及运行管理等过程中的技术要求。

本标准为指导性标准。

本标准为首次发布。

本标准由环境保护部科技标准司组织制订。

本标准主要起草单位：辽宁省清洁生产指导中心，中冶焦耐工程技术有限公司

本标准环境保护部 2012 年 12 月 24 日批准。

本标准自 2013 年 3 月 1 日起实施。

本标准由环境保护部解释。

1 适用范围

本标准规定了焦化废水治理工程的设计、施工、验收、运行及管理等方面的技术要求。

本标准适用于焦化废水治理工程，可作为焦化工业建设项目环境影响评价、环境保护设施设计与施工、建设项目竣工环境保护验收、日常运行管理的技术依据。

2 规范性引用文件

本标准引用了下列文件或其中的条款，凡是未注明日期的引用文件，其最新版本适用于本标准。

GB 3836　爆炸性环境

GB 4387　工业企业厂内铁路、道路运输安全规程

GB 5083　生产设备安全卫生设计总则

GB 6222　工业企业煤气安全规程

GB 6067　起重机械安全规程

GB 12158	防止静电事故通用导则
GB 12348	工业企业厂界环境噪声排放标准
GB 12523	建筑施工场界环境噪声排放标准
GB 12710	焦化安全规程
GB 12801	生产过程安全卫生要求总则
GB 16171	炼焦化学工业污染物排放标准
GB 18484	危险废物焚烧污染控制标准
GB 18597	危险废物贮存污染控制标准
GB 18598	危险废物填埋污染控制标准
GB 18599	一般工业固体废物贮存、处置场污染控制标准
GB 50010	混凝土结构设计规范
GB 50011	建筑抗震设计规范
GB 50014	室外排水设计规范
GB 50015	建筑给水排水设计规范
GB 50016	建筑设计防火规范
GB 50019	采暖通风与空气调节设计规范
GB 50025	湿陷性黄土地区建筑规范
GB 50032	室外给水排水和燃气热力工程抗震设计规范
GB 50034	建筑照明设计标准
GB 50046	工业建筑防腐蚀设计规范
GB 50052	供配电系统设计规范
GB 50054	低压配电设计规范
GB 50057	建筑物防雷设计规范
GB 50058	爆炸和火灾危险环境电力装置设计规范
GB 50069	给水排水工程构筑物结构设计规范
GB 50116	火灾自动报警系统设计规范
GB 50126	工业设备及管道绝热工程施工规范
GB 50140	建筑灭火器配置设计规范
GB 50164	混凝土质量控制标准
GB 50185	工业设备及管道绝热工程施工质量验收规范
GB 50191	构筑物抗震设计规范
GB 50203	砌体结构工程质量验收规范
GB 50208	地下防水工程质量验收规范
GB 50212	建筑防腐蚀工程施工及验收规范
GB 50235	工业金属管道工程施工规范
GB 50236	现场设备、工业管道焊接工程施工规范
GB 50242	建筑给水排水及采暖工程施工质量验收规范
GB 50243	通风与空调工程施工质量验收规范
GB 50254	电气装置安装工程低压电器施工及验收规范

GB 50256　电气装置安装工程起重机电气装置施工及验收规范
GB 50257　电气装置安装工程爆炸和火灾危险环境电气装置施工及验收规范
GB 50268　给水排水管道工程施工及验收规范
GB 50275　压缩机、风机、泵安装工程施工及验收规范
GB 50300　建筑工程施工质量验收统一标准
GB 50316　工业金属管道设计规范
GB 50332　给水排水工程管道结构设计规范
GB 50721　钢铁企业给水排水设计规范
GB 506666　混凝土结构施工规范
GB/T 25295　电气设备安全设计导则
GB/T 50375　建筑工程施工质量评价标准
GB/T 50380　工程建设设计企业质量管理规范
GBJ 65　工业与民用电力装置的接地设计规范
GBJ 87　工业企业噪声控制设计规范
GBJ 141　给水排水构筑物施工及验收规范
GBJ 232　电气装置安装工程施工及验收规范
GBZ 1　工业企业设计卫生标准
GBZ 2　工作场所有害因素职业接触限值
GBZ 230　职业性接触毒物危害程度分级
CECS 162　给水排水仪表自动化控制工程施工及验收规范
HG 20571　化工企业安全卫生设计规定
JGJ 59　建筑施工安全检查标准
JGJ 79　建筑地基处理技术规范
TSGZ 0004　特种设备制造、安装、改造、维修质量保证体系基本要求
TSGD 3001　压力管道安装许可规则
TSGR 1001　压力容器压力管道设计许可规则
TSGR 3001　压力容器安装改造维修许可规则

3　术语和定义

下列术语和定义适用于本标准。

3.1　焦化废水　coking chemical wastewater

指煤炼焦、煤气净化、化工产品回收和化工产品精制过程中产生的废水。

3.2　剩余氨水　excess ammonia water

指分离出焦油渣及焦油后的焦炉荒煤气冷凝液，其产量主要取决于炼焦煤所含水分。

3.3　蒸氨废水　waste water from ammonia stripper

指经加碱蒸氨脱除焦化原废水中挥发氨和固定氨后的废水。

3.4　缺氧反硝化　anaerobic denitrification

指微生物在厌氧状态下，利用硝态氧进行厌氧呼吸，实现反硝化脱氮的过程，亦称兼氧反硝化（facultative oxygenic denitrification）。

3.5 回流硝化液 returned nitrified liquid
指回流含有硝态氧的好氧生化反应液,有回流上清液和泥水混合液之分。

3.6 均和池 homogenizing tank
指用于均化焦化废水水质的水池。

3.7 半焦 carbocoal
指煤经低温（500～700℃）干馏后得到的固体产物,亦称兰炭。

4 污染物和污染负荷

4.1 对现有焦化废水改造项目,其污染物与污染负荷应通过实测来确定;对新建和改扩建焦化项目的焦化废水治理项目,其污染物与污染负荷可参考同类型企业确定,当无污染物与污染负荷资料时,可参照附录 A 中表 A1～表 A7 提供的数值,由式（1）和式（2）计算取得。

4.2 焦化废水总流量,应按式（1）计算：

$$Q_0 = \sum Q_{hi} + \sum Q_{Li} \tag{1}$$

式中：Q_0——焦化废水总流量,m^3/h;

Q_{hi}——第 i 种高浓度焦化废水量,为蒸氨废水及煤气净化、化工产品回收和化工产品精制等过程中排出的未送蒸氨的废水,m^3/h;

Q_{Li}——第 i 种低浓度焦化废水量,包括生产装置轴封冷却排水、生产装置区冲洗地坪排水、煤气水封水及生产装置区内的初期雨水等,m^3/h。

4.3 几种焦化废水混合后的水质指标,应按式（2）计算：

$$c_{0j} = \frac{\sum(c_{hij} \cdot Q_{hi}) + \sum(c_{Lij} \cdot Q_{Li})}{Q_0} \tag{2}$$

式中：c_{0j}——焦化废水中含第 j 类污染物的混合质量浓度,mg/L;

c_{hij}——第 i 种高浓度焦化废水中含第 j 类污染物的质量浓度,mg/L;

c_{Lij}——第 i 种低浓度焦化废水中含第 j 类污染物的质量浓度,mg/L。

4.4 按相关排放标准核定的允许外排水量和需进行深度净化处理的水量分别按式（3）和式（4）计算：

$$Q_e = \sum(Q_{wi} \cdot q_{wi}) \tag{3}$$

$$Q_{ea} = \frac{\sum Q_{ei} + \sum Q_{fi} - Q_e - \sum Q_{ri}}{\eta} \tag{4}$$

式中：Q_e——按相关排放标准核定的允许外排水量,m^3/h;

Q_{ea}——深度净化处理水量设计规模,m^3/h;

Q_{wi}——第 i 种产品的生产或加工能力,kt/h;

q_{wi}——第 i 种产品允许外排处理后废水量的指标,m^3/kt;

$\sum Q_{ei}$——全厂各种排水量之和,m^3/h;

$\sum Q_{fi}$——废水处理过程中增加或消耗掉的各种水量之和,增加为正,消耗为负,m^3/h;

$\sum Q_{ri}$——全厂各种回用水量之和,m^3/h;

η——水量调整系数，初估可近似按处理后水的回收率取值，当处理过程中所产废液不需要返回系统进行再处理时，$\eta = 1$。

5 总体要求

5.1 一般规定

5.1.1 焦化废水的治理应从优化焦化工艺入手，实现焦化废水的资源化和减量化。

5.1.2 焦化废水处理应采取分类收集、分质处理的原则。

5.1.3 对废水处理过程产生的污染物应妥善处理。

5.1.4 焦化废水治理工艺的选择应遵循技术先进可行、二次污染少、基建投资省、运行成本低和系统维护简单的原则。

5.1.5 焦化废水宜采用"化工工艺物化处理+预处理+生化处理+后处理+深度净化处理"的联合处理工艺。

5.1.6 半焦（兰炭）废水、富含多元酚的酚精制油水分离水、规模较小或品种较少的高浓度化工产品精制废水，在技术经济合理的情况下，可按照相关规定采用焚烧的方法进行处理。

5.1.7 废水处理对化工生产过程中所产生废液的物化处理技术要求如下：

（1）对于除兰炭（半焦）生产以外的常规炼焦（包括附设有焦油加工和苯精制）产生的高浓度焦化废水，应进行水量调节、除油和蒸氨（要求脱除固定氨）处理；

（2）独立的焦油加工和苯精制企业所产生的高浓度焦化废水，应进行溶剂萃取脱酚或蒸汽脱酚；必要时应进行蒸氨；

（3）对半焦（兰炭）废水，应进行除油、脱酚和蒸氨处理。在除油措施不能有效脱除乳化油和低沸点碱溶性油的情况下，不宜采用溶剂脱酚、蒸汽脱酚和蒸氨工艺。

5.1.8 废水生化处理部分工艺选择应遵循如下原则：

（1）废水生化处理应采用生物脱氮处理工艺，且应包含有前置反硝化段。

（2）在化工工艺不能确保半焦（兰炭）废水除油、脱酚和蒸氨处理效果的情况下，废水处理不宜采用生化处理工艺。

5.1.9 废水深度净化处理部分工艺选择应遵循如下原则：

（1）深度净化处理后水回用到生化处理系统时，所采用的深度净化处理工艺应能有效脱除生化处理后废水中所残留的多环和杂环类有机污染物；

（2）深度净化处理后水用作循环冷却水系统补充水时，应脱除焦化废水中所含的高浓度氯离子；

（3）富含高浓度有机污染物的膜浓缩废液不得用于熄焦、洗煤和炼铁冲渣等。

5.1.10 焦化废水物化处理和生化处理的核心设施，应配置成不少于两个独立的系列，并应按照 GB 50721 中的相关强制性条款执行。

5.1.11 主体工程分期建设的项目，焦化废水治理应与总体规划相匹配。

5.1.12 应按相关规定设置事故池。

5.2 建设规模

5.2.1 焦化废水处理工程的建设规模应与主体焦化工程的建设规模相一致，并应考虑分期建设的需要和未来发展的可能性。

5.2.2 焦化废水处理工程的建设规模应根据所处理的焦化废水量来确定。焦化生产规模与焦化废水设计水量的对应关系可参照表1确定，其中预处理及生化处理水量中，已包含了低浓度焦化废水、厂区生活污水及生产装置区初期雨水的量。

表1 焦化生产规模与焦化废水处理各阶段设计水量的对应关系参照表

全焦规模/(10^4 t/a)	60~70	90~100	120~130	180~200	260~300	360~400	540~600	备注
高浓度废水/(m^3/h)	≤22	≤35	≤46	≤70	≤105	≤138	≤200	已含部分化工产品精制废水量
蒸氨废水/(m^3/h)	20~25	35~40	46~50	70~80	100~120	140~160	210~235	
预处理/(m^3/h)	30~35	45~50	60~65	90~100	130~150	180~200	270~300	
生化处理/(m^3/h)	50~60	80~90	110~120	150~180	220~260	300~360	450~540	
后处理/(m^3/h)	50~60	80~90	110~120	150~180	220~260	300~360	450~540	
污泥处理/(m^3/h)	0.5~4	1~6	1.3~8	2~12	2.5~15	3.5~25	5.5~40	与所使用絮凝剂性质有关

5.2.3 焦化废水处理工程建设规模的确定，应考虑到雨季等因素引起的炼焦煤含水量增加而导致的废水量增大的不利因素。

5.2.4 独立的化工产品精制加工企业的焦化废水处理规模，可按表1中高浓度废水一栏的数值，对应相应的处理规模。

5.2.5 附设有外购原料进行化工产品精制加工的焦化企业，焦化废水处理规模应作相应的调整。

5.3 系统构成

5.3.1 焦化废水的化工物化处理属于化工产品回收范畴，由焦化化工专业承担设计，化工生产车间负责运行管理。

5.3.2 焦化废水处理系统应包括废水预处理、废水生化处理、废水后处理、废水深度处理、二次污染控制系统、附属配套设施、仪表检控系统和分析化验系统等。

5.3.3 废水预处理应包括以下几部分：
（1）低浓度焦化废水的收集、贮存、加压和输送设施；
（2）焦化废水的水量调节设施；
（3）焦化废水的水质均和设施；
（4）当焦化废水的含油量较高时，还应增设废水除油设施。

5.3.4 废水生化处理应包括以下几部分：
（1）缺氧生物反硝化设施；
（2）好氧生物氧化及好氧生物硝化设施；
（3）活性污泥法生化处理系统的泥水分离设施；
（4）缺氧活性污泥法系统的潜水搅拌系统；
（5）好氧活性污泥法的曝气系统、消泡系统、加药系统、回流污泥系统；
（6）生物膜法生化反应设施的填料系统、配水系统、集水系统；

（7）硝化液回流系统；
　　（8）剩余污泥排放系统及上清液排放系统。
5.3.5　废水后处理应包括以下几部分：
　　（1）废水混合、反应、沉淀设施；
　　（2）药剂制备及投加系统；
　　（3）排泥系统；
　　（4）废水过滤设施。
5.3.6　深度处理工艺可采用：
　　（1）强氧化法工艺；
　　（2）活性材料吸附净化工艺；
　　（3）膜法等组合处理工艺。
5.3.7　二次污染物控制应包括以下几部分：
　　（1）预处理系统分离废油的收集、处理、贮存及处置；
　　（2）生化处理产剩余活性污泥及絮凝沉淀产化学污泥的脱水及处置；
　　（3）噪声防治。
5.3.8　附属配套设施应包括以下几部分：
　　（1）鼓风空气系统；
　　（2）生物膜系统的均匀配水与集水系统；
　　（3）液体的贮存、调节及加压提升系统；
　　（4）药剂制备及投加系统；
　　（5）配电系统等。
5.3.9　仪表检控系统宜包括以下内容：
　　（1）控制系统；
　　（2）流量、温度、压力、液位检测；
　　（3）水泵与液位自动连锁控制；
　　（4）配电系统电压、工作电流等监控；
　　（5）运行管理用氨氮、COD等水质指标在线检控；
　　（6）环保执法用远传在线监控等。
5.3.10　分析化验系统的配置应能满足废水处理运行管理和环境保护监控的要求。
5.3.11　厂内设置的焦化废水处理站，其生活设施应由全厂统一考虑。
5.3.12　废水预处理过程中收集的废油，经重力脱水处理后回收利用或掺混到炼焦煤中；
5.3.13　废水生化处理过程中产生的剩余污泥和废水后处理过程中产生的化学污泥应按下列方式进行处置：
　　（1）直接送到水熄焦系统粉焦沉淀池的入口端，污泥截留在粉焦沉淀池的粉焦中，粉焦送煤场掺入炼焦煤中；
　　（2）经机械压滤脱水或粉焦渗滤脱水后送煤场掺入炼焦煤中。
5.3.14　油水分离及污泥脱水过程中产生的分离水，应返回到废水处理系统进行再处理。
5.3.15　深度净化处理工艺的选择、处理标准及系统组成应能满足用水对象的水质要求。
5.4　场址选择及平面布置

5.4.1 焦化废水处理站的场址位置应符合 GB 50014 及相关规定，并应避开防爆区，位于全年最小频率风向的下风侧，远离生活区。

5.4.2 站内平面布置应使操作办公场所置于全年最小频率风向的下风侧。

5.4.3 废水处理的设施应集中布置在同一个区域内，不宜分散布置。

5.4.4 废水处理建筑物宜采用多层立体布置。

5.4.5 废水处理构筑物应优先按流程布置，以重力流方式连通的两构筑物之间，宜相邻布置，应减少或避免流体的迂回或远距离输送。

5.4.6 建、构筑物的分布及设备的选型应使系统间的联络管道的数量最少和长度最短。

5.4.7 平行系列的构筑物宜成几何对称或水力对称布置。

5.4.8 变配电室的位置应设置在用电量较大和用电量较集中场所的附近。

5.4.9 对分期建设或有改、扩建可能的废水处理站，应预留建设用地及联络接口。

5.4.10 处理站内构筑物的布置，应考虑到与处理站外部各种管道及电缆接口的方位。

5.4.11 建（构）筑物间的间距应紧凑、合理，并应满足各构筑物的施工、设备安装和埋设各种管道以及养护维修管理的要求，且应确保在新建设施地基开挖时，不影响旧有设施的稳定性。

5.4.12 在寒冷地区，若废水处理构筑物采取覆土防冻（或保温），则应考虑覆土或保温层等对占地的需要。

5.4.13 应留有设备安装、检修的位置。

5.4.14 应留有设备、药剂运输和消防通道。

5.4.15 应留有适量的美化和绿化用地。

5.5 高程及管道布置

5.5.1 各废水处理构筑物的高程确定，应根据总体平面布置、所处位置的地形地貌、防洪、工程地质、水文地质、抗震、周围环境、废水处理工艺、采用的设备形式、技术与经济指标等多种因素综合考虑确定。

5.5.2 高程及管道布置可参照 GB 50014 相关要求执行。

5.5.3 废水处理设施的竖向设计应充分利用原有地形，符合流程通畅、节能降耗、平衡土方的要求。

5.5.4 上下游两个重力流构筑物，其控制出水堰上的水位高度差应按式（5）进行计算：

$$\Delta H = \sum h_{fi} + \Delta h_1 + \sum \Delta h_2 \tag{5}$$

式中：ΔH——上游和下游两个构筑物间控制出水堰上水位高差，mm；

$\sum h_{fi}$——上游和下游两个构筑物出水堰间沿程水头损失和局部水头损失的总和，mm；

Δh_1——上游构筑物出水堰上水面与其集水槽内水位间的水位落差，其数值应以使上下两级构筑物间的水流连接不产生相互干扰为宜，一般为 100 mm 左右；

$\sum \Delta h_2$——上游构筑物出水堰后集水槽至下级构筑物出水堰间所产生的各种跌水高度的总和，其中包括计量堰、配水槽及其他可能产生的跌水，mm。

5.5.5 连接两构筑物间的自流输液管道可采用淹没流输送，输液管道起端管内顶在集水槽水面下的淹没深度应不小于按式（6）计算得出的数值：

$$\Delta H_1 = \sum h_{fi} - i \cdot L + \Delta h_3 \tag{6}$$

式中：ΔH_1——输液管道起端管内顶在集水槽水面下的淹没深度，mm；

$\sum h_{fi}$——输液管道的沿程和局部水头损失总和，mm；

i——输液管道安装的坡度，顺坡时为正，逆坡时为负；

L——输液管道的长度，mm；

Δh_3——输液管末端管内顶在工作水面下的淹没深度，当管内顶在水面下时为正，在水面上时为负。

5.5.6 管道的沿程水力坡度宜控制在 $i = 0.003 \sim 0.010$ 之间。但在遇到自然地形高差较大的情况时，输液管道内的流速不应大于其管材所能承受的极限流速。

5.5.7 吸水（泥）井顶的高度应以水泵停止工作时不产生溢流为宜，否则应采取防溢流措施。

5.5.8 渠道宽度设置应考虑到水头损失、渠道冲刷及施工作业需要。

5.5.9 独立的处理单元间宜设置超越管。

5.5.10 废水处理系统不得设有排入厂区外排水管道系统的溢流管（处理后废水的贮水池或吸水井除外）。

5.5.11 建（构）筑物及架空管道等设施的高度，应考虑距其上方电力输电线路的安全防护距离，以及防雷电保护。

5.5.12 架空管道等设施的最低安装高度应满足车辆安全通行的需要。

6 工艺设计

6.1 一般规定

6.1.1 焦化废水处理选择的工艺应能脱除焦化废水中所含的油类、挥发酚、氰化物、硫氰化物和氨氮，且不产生二次污染和污染物转移。

6.1.2 半焦（兰炭）废水采用生化处理时，应有化学除油等强化预处理手段。

6.1.3 焦化废水处理设施的结构形式、设备及材料选择，系统有效容积设置及其内部配置，应符合焦化废水水质的特点，满足生化处理所需各种微生物的生理和生存需要。

6.1.4 根据不同地区季节温度差异，生化处理部分应采取必要的夏季降温、冬季保温或加热措施。

6.1.5 深度净化处理工艺的选择应与全厂水量平衡相匹配，并应符合 GB 16171 对排水总量的限值要求。

6.2 工艺流程的选择

6.2.1 工艺流程应根据处理废水的水质、水温及水量，处理后废水指标，处理后所产废物的处理方式，利用焦化生产装置协同处理废水和废物的可能性，废水中有用污染物回收利用的可能性及回收价值等综合因素来确定。

6.2.2 所选工艺应技术成熟，且能长期稳定达标运行。

6.2.3 工艺流程应考虑到地域、地理、地质、气象、水温、地震等自然因素的影响。

6.2.4 工艺流程应考虑到基建投资、运行成本、使用寿命、资源占用、能源消耗等因素，通过技术经济比较来确定。

6.2.5 下列废水应送到焦油氨水澄清槽，并入氨水系统。

（1）煤气脱硫前的煤气预冷塔分离冷凝液；

（2）冷法弗萨姆无水氨精馏塔排出的废氨水；
（3）粗苯蒸馏分离水；
（4）油库焦油罐分离水。

6.2.6 下列化学产品精制加工废水，有条件时应送到焦油氨水澄清槽，并入氨水系统。

（1）酸洗法苯精制原料油槽、两苯塔、初馏塔、吹苯塔和各产品塔分离水；
（2）苯加氢精制的凝液分离水槽及工艺混合废水槽排出的分离水；
（3）焦油蒸馏（常压蒸馏）加工过程中的原料焦油贮槽分离水、焦油蒸馏分离水、酚钠盐蒸吹分离水、吡啶蒸馏分离水、古马隆脱酚排水、酚钠盐洗涤硫酸钠废水；
（4）焦油蒸馏（减压蒸馏）加工过程中的焦油蒸馏脱水、吡啶精制脱水、蒸馏塔回流槽排污系统及洗净器排水；
（5）改质沥青随闪蒸油分离出来的化合水；
（6）经酸洗和加碱中和后的古马隆树脂初馏分离水；
（7）洗油、精蒽、蒽醌加工过程中产生的原料槽分离水、轻馏分冷凝液分离水、脱盐基设备分离水；
（8）煤气水封槽的排水、各类油库刷槽车水；
（9）酚精制中和槽汇集的脱油塔经蒸汽蒸吹、脱水塔减压蒸馏脱除水汽的冷凝液，以及精馏塔真空排气系统分离液槽排水。

6.2.7 古马隆树脂用含氟催化剂催化所产生的含氟废水应在其车间内部进行脱氟处理。

6.2.8 下列废水可直接送废水处理系统。

（1）焦油加工沥青池排污水；
（2）厂区生活污水、生产装置区收集的初期雨水、化验室排水、化工泵轴封水及其他一些低浓度焦化废水。

6.2.9 焦化废水治理的技术路线应按下列原则选择：

（1）单一的物化法处理：如废水焚烧、脱硫废液提盐或制酸等；
（2）"化工工艺物化处理+预处理+生化处理+后处理+深度净化处理"的联合处理工艺，应根据不同的生产对象和废水水质优先选用图1的技术路线：

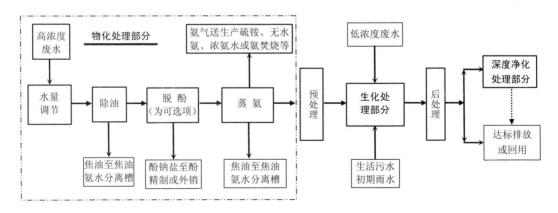

图1 焦化废水"物化+生化+净化"治理技术路线

6.2.10　图1中物化处理部分归属化工产品回收部分，执行相应化工设计规范及规程。

6.2.11　处理后废水应符合 GB 16171 和地方相关排放标准要求。

6.2.12　焦化废水生化处理应包含有"缺氧反硝化/好氧硝化"基础脱氮工艺，并宜优先选用图2～图4所推荐的工艺。

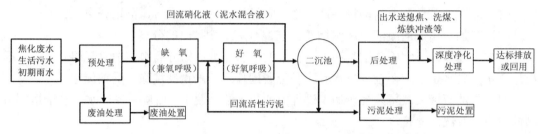

图2　"缺氧/好氧（A/O）活性污泥法"生物脱氮工艺流程

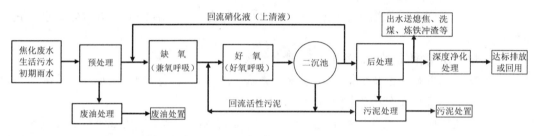

图3　"缺氧/好氧（A/O）生物膜/活性污泥法"生物脱氮工艺流程

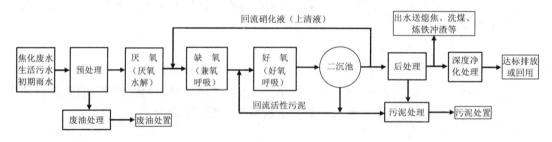

图4　"厌氧/缺氧/好氧（A/A/O）生物膜/生物膜/活性污泥法"生物脱氮工艺流程

6.2.13　高浓度焦化废水在送至废水生化处理系统前应进行除油和蒸氨处理，且蒸氨应加碱脱除固定氨。

6.2.14　对含油量较高的焦化废水，在预处理段应进行除油处理。

6.2.15　生化处理后送熄焦、洗煤和炼铁冲渣等的废水，可不进行深度净化处理。

6.3　预处理

6.3.1　一般规定

6.3.1.1　应根据来水水质及生化处理工艺的需要，焦化废水在进入生化处理段前应进行预处理。

6.3.1.2　预处理的设计流量应为进入废水处理站的所有焦化废水量。

6.3.1.3　预处理应设置水量调节池和水质均和池，视情况二者也可以合建。

6.3.1.4 预处理应根据焦化废水的含油量及油的特性设置适宜的除油设施。

6.3.1.5 预处理系统各系列间应设有交叉运行的连通管。

6.3.1.6 预处理分离出的油渣应进行油水分离处理。

6.3.1.7 厂内生活污水和生产装置区收集的初期雨水，应经过水量调节后，适量均匀地送到预处理或生化处理系统。

6.3.2 除油池

6.3.2.1 除油池应优先采用平流式除油池。

6.3.2.2 除油池水力停流时间应不小于 3 h。

6.3.2.3 除油池应满足下列要求：
（1）水平流速不应大于 3 mm/s；
（2）有效水深不应大于 2 m；
（3）长宽比不应小于 3；
（4）出水堰前浮油挡板淹没深度不应小于 0.5 m。

6.3.2.4 集油斗上面缓冲层高度为 0.25～0.5 m，池顶水面上安全保护高度不应小于 0.3 m。

6.3.2.5 集油斗内重油应用蒸汽间接加热，排油加热温度应升至 70℃以上。

6.3.2.6 重力排油时，集油斗斜壁坡降不应小于 50°。

6.3.2.7 重力排油所需水压头不应小于 1.2 m。

6.3.2.8 不同水质的来水宜分别接入除油池，且每个系列进出水管（渠）宜为水力对称布置。

6.3.2.9 除油池进水应设整流堰或配水管。

6.3.2.10 除油池出水管管径应根据水力计算确定，但不应小于 100 mm。

6.3.2.11 重力排油管管径不应小于 100 mm，并应有不小于 2%的坡度坡向油接受池。

6.3.2.12 重力排油管应设蒸气吹扫，压力排油管应设伴热。

6.3.3 隔油池

6.3.3.1 隔油池水力停留时间不应小于 1.5 h。

6.3.3.2 隔油池应设置收集重油的集油斗和排油管道。

6.3.4 气浮池

6.3.4.1 气浮可采用加压溶气气浮或负压溶气气浮。

6.3.4.2 气浮池宜设计成矩形或圆形。

6.3.4.3 气浮池可为单系列，但应设置不经过气浮直接进入下一道处理工序的超越管。

6.3.4.4 当废水量较小时，宜采用全废水量加气气浮；当废水量较大，采用部分水加气气浮时，加气水宜采用气浮后水。

6.3.4.5 气浮溶气系统的设计应满足下列要求：
（1）气浮溶气水量宜按气浮水量的 30%计；
（2）气浮溶气量宜为溶气废水量体积的 5%～10%；；
（3）加压气浮溶气罐工作压力宜为 0.3～0.5 MPa；
（4）溶气罐内停留时间宜为 2～4 min。

6.3.4.6 气浮池水力停留时间应为 0.5～1.0 h。

6.3.4.7 矩形气浮池应满足下列要求：

(1) 反应段停留时间为 10~15 min；
(2) 废水在气浮池内的水平流速不应大于 10 mm/s；
(3) 有效水深不应大于 2.5 m；
(4) 池长与池宽之比不应小于 4.5；
(5) 池宽与有效水深之比不应小于 1.0；
(6) 刮渣机走行速度宜为 0.3~1.2 m/min；
(7) 保护高度宜为 0.4 m。

6.3.4.8 圆形气浮池应满足下列要求：
(1) 表面负荷不应大于 4.0 $m^3/(m^2 \cdot h)$；
(2) 有效水深不应大于 1.5 m；
(3) 缓冲层高度不应小于 0.25~0.5 m；
(4) 中心管流速不应大于 0.1 m/s；
(5) 池底坡度不应小于 0.01，坡向集油斗；
(6) 刮渣机的转速宜为 1~3 r/h，最大线速度不应大于 1.2 m/min；
(7) 出水堰前浮油挡板淹没深度不应小于 1.0 m；
(8) 保护高度宜为 0.2~0.4 m。

6.3.4.9 加压溶气水应通过释放器进入气浮池，释放器的形式及数量应根据气浮池池形而定，释放器应均匀对称布置。

6.3.4.10 气浮池出水应设出水堰板。

6.3.4.11 出水管管径应根据水力计算确定，但不应小于 100 mm。

6.3.4.12 排油管管径不应小于 100 mm，并应有不小于 2%的坡度，坡向油水分离槽。

6.3.5 调节池

6.3.5.1 调节池应设计成不少于两个独立系列，其总的有效容积应能接纳 16~24 h 的预处理焦化废水量。

6.3.5.2 焦化废水可先经过除油池或隔油池后，再进入调节池。

6.3.5.3 调节池进水管，宜从其最高水位以上进入。

6.3.5.4 调节池池底出水管处应设集水坑，出水管中心标高不应高于调节池池内底标高。

6.3.5.5 出水管的最小管径不应小于 100 mm。

6.3.5.6 调节池池高宜为 0.3~0.4 m。

6.3.6 均和池

6.3.6.1 均和池应设计成不少于两个独立系列，且应采取搅拌等水质均和措施。

6.3.6.2 均和池的形状可根据废水处理站的地形而定，一般多采用矩形，且宜与隔油池及调节池整体设置。

6.3.6.3 均和池水力停流时间应为 8~16 h。

6.3.6.4 采用空气搅拌时，有效水深应与鼓风机的工作压力相匹配。

6.3.6.5 均和池进、出水宜采用自流方式。

6.3.6.6 均和池池高宜为 0.4~0.6 m，采用空气搅拌时取上限。

6.4 生化处理

6.4.1 一般规定

6.4.1.1 生化处理工艺应根据焦化废水的特点及处理要求进行选择。

6.4.1.2 焦化废水普通生化处理可采用好氧生物脱酚、脱氰及降解COD的生化处理工艺。

6.4.1.3 焦化废水生物脱氮处理应包括缺氧/好氧（A/O）基础生物脱氮工艺单元，并应优先选用下列工艺，或以此为基础扩展和延伸能满足更高排放标准的处理工艺：

（1）缺氧/好氧（A/O）全活性污泥法生物脱氮工艺；

（2）缺氧/好氧（A/O）生物膜/活性污泥法生物脱氮工艺；

（3）厌氧/缺氧/好氧法（A/A/O）生物膜/生物膜/活性污泥法生物脱氮工艺。

6.4.1.4 生化反应设施的有效容积，应按水力停留时间确定。

6.4.1.5 生化处理设施应设计成不少于两个独立系列，均量配置，单系有效容积可按式（7）进行计算：

$$V_1 = \frac{Q_b \cdot t}{n} \tag{7}$$

式中：V_1——单系的有效容积，m^3；

Q_b——生化处理设计水量，应按表1选取，m^3/h；

n——生化处理设施的系列数，个；

t——生化处理设施的水力停留时间，h。

6.4.1.6 生化处理系统中硝化液的回流比可按式（8）进行计算。

$$R_d = \frac{Q_d}{Q_b} \tag{8}$$

式中：R_d——硝化液回流比；

Q_d——回流硝化液量，m^3/h。

6.4.1.7 回流好氧池泥水混合液的生物脱氮系统，其活性污泥最小回流比应按式（9）计算；回流二沉池上清液的生物脱氮系统，其活性污泥最小回流比应按式（10）计算。

$$R_{sh} = \frac{K_m - R_o \cdot K_s}{K_s - K_m} \tag{9}$$

$$R_{sq} = \frac{(1+R_d)K_m - R_o \cdot K_s}{K_s - K_m} \tag{10}$$

式中：R_o——连续排泥率，其值为排剩余活性污泥量与生化处理水量的比值；

R_{sh}、R_{sq}——分别为以好氧池泥水混合液和二沉池上清液为回流硝化液时的活性污泥最小回流比，其值为回流活性污泥量与生化处理水量的比值；

K_m、K_s——分别为泥水混合液和活性污泥的沉降比，以污泥沉降体积比SV_{30}计。

6.4.1.8 生化反应系统的平均水力停留时间可按式（11）计算。

$$HRT = \frac{V}{Q_b} \tag{11}$$

式中：HRT——生化反应系统的平均水力停留时间，d；

V——生化反应设施的总有效容积，m^3。

6.4.1.9 活性污泥处理系统中污泥龄可按式（12）计算。

$$T_s = \frac{V \cdot c_m}{24(Q_w \cdot c_s + Q_b \cdot c_{ss})} \tag{12}$$

式中：T_s——生化反应设施中污泥停留时间，d；
V——活性污泥反应设施、二沉池和回流污泥井的总有效容积之和，m³；
Q_w——外排剩余污泥量，m³/h；
c_m——生化处理系统中泥水混合液的污泥质量浓度，以 MLSS 计，mg/L；
c_s——二沉池回流活性污泥的污泥质量浓度，以 MLSS 计，mg/L；
c_{ss}——生化处理后出水中含悬浮物质量浓度，以 SS 计，mg/L。

6.4.1.10 焦化废水生物脱氮处理的脱氮率应按式（13）计算。

$$k_d = (1 - \frac{TN_e}{TN_i + \frac{c_{CN}}{1.86} + \frac{c_{SCN}}{4.14}}) \times 100\% \tag{13}$$

式中：k_d——焦化废水生物处理的脱氮率，%；
TN_i、TN_e——分别为生化处理进水和出水中含总氮的量，mg/L；
c_{SCN}——焦化废水中含 SCN^- 的质量浓度，以 SCN^- 计，mg/L；
c_{CN}——焦化废水中含 T-CN 的质量浓度，以 CN^- 计，mg/L；
1.86、4.14——分别为 CN^- 和 SCN^- 中的氮转化为氨氮的系数。

6.4.1.11 反硝化（A/O）系统的极限脱氮率可按式（14）进行计算。

$$K_{dr} = \frac{R_d}{1 + R_d} \times 100\% \tag{14}$$

式中：K_{dr}——反硝化系统的极限脱氮率，%；
R_d——硝化液回流比。

6.4.1.12 应充分考虑夏季高温和冬季低温对废水处理效果的影响，必要时可采取降温、保温或增温措施。

6.4.1.13 焦化废水生化处理过程中需补加磷。活性污泥系统需磷量和需磷酸盐药剂量可分别按式（15）和式（16）计算。

$$W_P = \frac{k_s \cdot c_m \cdot V}{1\,000 \cdot T_s} + \frac{24 c_p \cdot Q_b}{1\,000} \tag{15}$$

$$W_{PS} = \frac{W_P}{k_p} \tag{16}$$

式中：W_P、W_{PS}——分别为活性污泥系统需磷量（以 P 计）和需磷酸盐药剂量，kg/d；
c_p——生化出水中含磷（以 P 计）质量浓度，一般取 0.5～1.0 mg/L；
k_s——活性污泥中的含磷量（以 P 计），一般为 1.5%～2%；
k_p——磷酸盐药剂的有效含磷量（以 P 计）。

6.4.1.14 生化反应系统应控制酸碱度在中性区域（pH=6.5～7.5）运行，当系统 pH 值低于控制区间时，应通过调节蒸氨废水 pH 和在生化处理系统加碱的途径进行调节。生化处理系统中需碱量和需碱药剂量可分别按式（17）和式（18）计算。

$$W_{A} = [(2-k_{d})c_{N} + (1-k_{d})\frac{c_{CN}}{1.86} + (4-k_{d})\frac{c_{SCN}}{4.14}]\frac{24A_{L} \cdot Q_{b}}{1\,000} \qquad (17)$$

$$W_{AS} = \frac{W_{A}}{k_{A}} \qquad (18)$$

式中：W_{A}、W_{AS}——分别为生化系统所需碱量和需碱药剂量，kg/d；

c_{N}——生化处理水中含 NH_3-N 的质量浓度，mg/L；

A_{L}——碱度系数，与碱药剂种类有关，可按表2选取；

k_{d}——脱氮率或反硝化率；

k_{A}——碱药剂的纯度。

表2 几种碱的碱度系数 A_L

碱药剂名称	Na_2CO_3	NaOH	$Ca(OH)_2$
碱度系数 A_L	3.79	2.86	2.64

6.4.1.15 NO_3^--N 反硝化应有足量的有机碳源存在。当以苯酚为有机碳源进行反硝化时，苯酚的理论需要量可按本规定式（19）进行计算，实际消耗量可按理论计算量的 1.2~1.5 倍选取。当原水中苯酚含量不足时，需补加甲醇的量按式（20）进行计算。

$$c_{b} = 1.2c_{N} + \frac{0.7c_{CN}}{1.86} + \frac{0.7c_{SCN}}{4.14} \qquad (19)$$

$$c_{me} = 1.59(c_{b} - c_{b1}) \qquad (20)$$

式中：c_{b}——生化处理水中反硝化所需苯酚的量，mg/L；

c_{b1}——生化处理水中含苯酚的量，mg/L；

c_{me}——生化处理水中反硝化需补加甲醇的量，mg/L。

6.4.1.16 普通生化和生物脱氮系统所需要的氧量可分别按式（21）和式（22）进行计算。

$$O_{s} = [a \cdot k_{c} \cdot c_{COD} + (1+R_{s})D_{o}]\frac{Q_{b}}{1\,000} \qquad (21)$$

$$O_{s} = [a \cdot k_{c} \cdot c_{COD} + b(1-k_{d})(c_{N} + \frac{c_{CN}}{1.86} + \frac{c_{SCN}}{4.14}) + (1+R_{s}+R_{d})D_{o}]\frac{Q_{b}}{1\,000} \qquad (22)$$

式中：O_{s}——生化处理的需氧量，kg/h；

c_{COD}——生化处理水中 COD_{Cr} 的质量浓度，mg/L；

D_{o}——好氧反应设施内液体中溶解氧的质量浓度，mg/L；

a——与氧化 COD_{Cr} 有关的耗氧系数，一般为 1.2~1.5；

b——与氧化 NH_3-N 有关的耗氧系数，理论值为 4.57；

k_{c}——COD_{Cr} 的脱除率；

R_{s}——活性污泥回流比。

6.4.1.17 活性污泥法可用于焦化废水的普通生化处理和生物脱氮处理的缺氧处理及好氧处理。

6.4.1.18 生物膜法可用于焦化废水的普通生化处理、缺氧反硝化处理和纯氧氧化及深水曝气的生物脱氮处理。

6.4.1.19 有条件时可采用供纯氧曝气的方式进行焦化废水生物脱氮和好氧氧化处理。

6.4.2 活性污泥法

6.4.2.1 生化反应池的设计参数可按表3的规定取值。

表3 活性污泥法生化反应池的主要设计参数表

生化处理类别	水力停留时间/h		污泥龄/d	污泥回流比/%	硝化液回流比/%	备 注
	缺氧生化池	好氧生化池				
普通生物	—	18~24	≥60	50~150	—	脱除COD
生物脱氮	28~32	36~46	≥100	100~300	约300	回流二沉池上清液
				50~100	300~600	回流好氧池泥水混合液

6.4.2.2 采用鼓风曝气式好氧池，其配套的鼓风机工作压力应根据好氧池的有效水深、曝气器形式及空气输配系统的总阻力计算确定。

6.4.2.3 鼓风曝气式好氧池，宜采用廊道式反应池。廊道宽度与有效水深度之比宜采用1∶1~2∶1，廊道可回折成等长的2~5段并排布置，每段廊道的长宽比不应小于4。

6.4.2.4 回折布置的廊道，在每个水流转折处必须设置间壁墙时，可在间壁墙上设置过流孔2~3个，按有效工作水位的上部、中部和下部位置竖向排列，单个过流孔的有效过水断面面积不应小于1 m×1 m。

6.4.2.5 曝气装置的布置，应符合生化反应供气和混合的双重要求。

6.4.2.6 鼓风曝气式好氧池应设置消泡系统。

6.4.2.7 表面机械曝气式好氧池，宜选用矩形反应池。好氧池有效水深应视表曝机性能而定，一般不宜大于4 m。

6.4.2.8 表面机械曝气式好氧池，应分多格布置，每个系列不宜少于3格，池宽与叶轮直径比值，倒伞型叶轮宜为3~5，泵型宜为4.5~7。

6.4.2.9 表面机械曝气式好氧池在好氧池的折流处必须设置间隔墙时，上、下游两格的间壁墙上应设置过流孔。过流孔与进水口和出水口、过流孔与过流孔之间的平面位置，均应成对角线方位布置。

6.4.2.10 好氧池的超高：当采用鼓风曝气时宜为0.6~0.8 m；当采用机械曝气设备时，其设备平台宜高出设计水面0.8~1.2 m。

6.4.2.11 好氧池进水和回流污泥均应设置配水渠，配水渠应确保均质等量分配。廊道式好氧池配水方式应确保起端均布、各点均质。完全混合式好氧池进水应与出水口成对角线方位布置。

6.4.2.12 回流好氧池泥水混合液宜采用空气提升器提升。空气提升器应最大限度地利用好氧池中的有效水深，当提升后的液体采用管道输送时，应在输送管道的起点处采取气液分离措施。

6.4.2.13 回流活性污泥可采用水泵提升或空气提升器提升。

6.4.2.14 好氧池系统的加药点应设置在好氧池的入口端，加药管应采取防低温结晶措施。

6.4.2.15 应在好氧池出口端约1/2有效水深高度处设置开工育菌用排上清液口。

6.4.2.16 缺氧池的系列数宜与好氧池的系列数相匹配。
6.4.2.17 缺氧池宜采用水平推进式潜水搅拌的完全混合式活性污泥法。
6.4.2.18 缺氧池的形状宜为矩形，长宽比宜为1∶1～2∶1，宽深比宜为1.5∶1～3∶1。
6.4.2.19 潜水搅拌机应安装在可调节高度的支架上，且便于检修。
6.4.2.20 缺氧池的超高应不小于0.4 m。
6.4.2.21 活性污泥法的缺氧池出水与好氧池进水宜在底部连通。

6.4.3 生物膜法

6.4.3.1 生物膜法生化池的设计参数应按表4选取。

表4 生物膜法生化池主要设计参数表

生化处理类型	负荷类别	水力停留时间/h	硝化液回流比/%	备 注
生物膜法缺氧池	缺氧反硝化	28～32	≥300	
生物膜法厌氧池	厌氧水解	8～16	—	可兼作均和池

6.4.3.2 缺氧池与好氧池的系列数应相匹配。
6.4.3.3 生物膜法缺氧池和厌氧池的有效水深，宜为5～7 m。
6.4.3.4 生物膜法生化池中的填料应布满整个池平面，填料高度不应小于池有效水深的1/2。
6.4.3.5 生物膜法生化池应采取有效的配水和集水措施，使整个填料承担的负荷均等。
6.4.3.6 生物膜法缺氧池的进水量为生化处理原废水量和回流硝化液量之和，硝化液应为二沉池的上清液。

6.4.4 二次沉淀池

6.4.4.1 独立设置的二次沉淀池宜采用竖流式或辐流式圆形沉淀池，一体化生化处理设施可采用平流沉淀池。二沉池不宜采用斜板和斜管沉淀池。
6.4.4.2 二沉池的数量应与好氧池的系列数相匹配。
6.4.4.3 二沉池宜使用同一规格，水力对称布置。
6.4.4.4 二沉池的设计参数应按表5选取。
6.4.4.5 二沉池本体及其各类管道所包含的水量应按表6确定。

表5 二次沉淀池的设计参数表

二沉淀池类型	沉淀时间/h	表面水力负荷/[$m^3/(m^2 \cdot h)$]	污泥含水率/%	固体负荷/[$kg/(m^2 \cdot d)$]
生物膜法后	1.5～2.0	1.5～2.0	96～98	≤150
活性污泥法后	2.0～4.0	1.0～1.5	99.5～99.6	≤150

表6 二沉池本体及其各部分管道设计水量表

名 称	池本体	进水管	中心筒	出水管	污泥管	备注
生化处理水量	√	√	√	√		当回流硝化液为好氧池泥水混合液时，二沉池各部分的设计水量均不包括回流硝化液量
回流污泥量		√			√	
剩余污泥量					√	
回流硝化液量	√	√	√	√		

6.4.4.6 二沉池排泥管的设计流量应等于回流污泥量加上外排剩余污泥量（应考虑间歇排泥时的流通能力），但最小管径不应小于 200 mm。

6.4.4.7 直径≤8 m 的沉淀池宜按竖流式沉淀池设计；直径≥18 m 的沉淀池宜按辐流式沉淀池设计；直径在 8～18 m 的沉淀池，中心筒宜按竖流式沉淀池设计，集水槽宜按辐流式沉淀池设计，其他部位宜按半竖流半辐流式沉淀池设计。

6.4.4.8 二沉池的有效水深宜采用 2.0～4.5 m。竖流式沉淀池的直径与有效水深之比不应大于 2.8，辐流式沉淀池的直径与有效水深之比不应小于 6.8，半竖流半辐流式沉淀池直径与有效水深之比宜为 2.8～6.8。

6.4.4.9 直径<5 m 的二沉池可使用贮泥有效容积尽可能小的多斗式集泥斗收泥，且集泥斗坡度不应小于 50°；直径≥5 m 的二沉池应配备机械刮泥设备。

6.4.4.10 刮泥机应满足如下要求：
（1）直径≤14 m 的刮泥机应设两条刮泥耙子，成 180°夹角布置；
（2）直径 16～30 m 的刮泥机应设 4 条刮泥耙子，成 90°夹角布置；
（3）直径≥30 m 的刮泥机刮泥耙子个数不应少于 6 条，在整个圆周内均布；
（4）刮泥板与径向宜成 45°角安装，刮泥板长度应使相邻两个刮泥板走行所扫过的圆环带有不小于 50 mm 宽的重合带；
（5）刮泥板上应加装厚度不小于 15 mm 的橡胶板，橡胶板长度不应小于刮泥板长度，橡胶板伸出刮泥板下沿的高度宜为 100 mm 左右；
（6）橡胶板的下沿应与二沉池底内表面恰好接触。

6.4.4.11 圆形二沉池刮泥机旋转速度宜为 1～3 r/h，刮泥板的外缘线速度不宜大于 3 m/min；

6.4.4.12 圆形二沉池中心筒应满足如下要求：
（1）中心筒内流速应不大于 50 mm/s；
（2）中心筒下部可做成喇叭口，喇叭口的直径及高度宜为中心筒直径的 1.35 倍；
（3）非辐流式沉淀池中心筒下应设水流反射板，反射板的直径宜为中心筒（或中心筒喇叭口）直径的 1.35 倍，反射板轴向向下坡角宜为 17°；
（4）中心筒下端至反射板表面之间的间隙可按废水最大水流速度不大于 15 mm/s 计算；
（5）中心筒（或反射板）下沿应伸至污泥缓冲层上部边界处，非辐流式二沉池的中心筒伸入液面下的深度不应小于 2.2 m。

6.4.4.13 圆形二沉池污泥缓冲层高度，有反射板时宜为 0.3 m，无反射板时宜为 0.5 m。

6.4.4.14 平流沉淀池的设计，应符合下列要求：
（1）每格长度与宽度之比值不应小于 4，长度与有效水深的比值不应小于 8；
（2）刮泥机械的行进速度宜为 0.3～1.2 m/min；
（3）缓冲层高度宜为 0.3～0.5 m。

6.4.4.15 二沉池应采取连续排泥的方式运行。无刮泥机二沉池的稳定污泥区应为其集泥斗，有刮泥机二沉池的稳定污泥区应为刮泥机刮泥板最高点上 0.1～0.3 m 以下。

6.4.4.16 设有刮泥机的二沉池，其底坡度不宜小于 0.01。

6.4.4.17 二沉池的保护高度宜为 0.2～0.4 m。

6.4.4.18 二沉池利用静水压头排泥时，所需静水压头应根据排泥系统的阻力损失计算确定，但生物膜法处理后二沉池不应小于 1.2 m，活性污泥法生化反应池后二沉池不应小于 0.9 m。

6.4.4.19 二沉池集水槽上宜安装三角集水堰板，其最大负荷不宜大于 1.6 L/（s·m）。

6.4.4.20 当刮泥机的减速机采用外置循环油泵供油时，油泵启、停应与减速机电机强制联锁，即油泵应先于减速机启动，晚于减速机停运。

6.5 后处理

6.5.1 一般规定

6.5.1.1 后处理工艺宜包括絮凝沉淀和过滤。

6.5.1.2 后处理设施的系列数宜根据处理规模配置，可为单系列。

6.5.2 絮凝沉淀

6.5.2.1 絮凝沉淀处理所用絮凝剂和助凝剂的种类和数量，可通过试验确定，亦可参照相似条件的运行实例。

6.5.2.2 絮凝沉淀设计流量可按式（23）计算：

$$Q_f = Q_b - Q_r \tag{23}$$

式中：Q_f——后处理水量，m^3/h；

Q_b——生化处理水量，m^3/h；

Q_r——直接回用水量，包括送熄焦、洗煤等水量，m^3/h。

6.5.2.3 废水和絮凝剂的混合过程应满足下列条件：

（1）混合速度梯度 G 值应≥300 s^{-1}；

（2）混合时间宜为 30～120 s；

（3）混合点至反应池间连接管（渠）内流速宜为 0.8～1.0 m/s；

（4）连接管（渠）内停留时间应≤30 s。

6.5.2.4 絮凝反应应满足下列条件：

（1）絮凝反应时间 5～20 min；

（2）隔板反应池反应速度可分为六个等级，分别为 v_1=0.5 m/s、v_2=0.4 m/s、v_3=0.35 m/s、v_4=0.3 m/s、v_5=0.25 m/s 和 v_6=0.2 m/s；

（3）机械搅拌反应池的桨板中心线速度可分为三个等级，分别为 v_1=0.5 m/s、v_2=0.35 m/s 和 v_3=0.3 m/s；

（4）当絮凝反应池与絮凝沉淀池用管道连接时，连接管内的流速不应大于 0.2 m/s，也不得小于 0.15 m/s，并不得出现跌水等紊流现象；

（5）絮凝反应不得采用空气搅拌方式。

6.5.2.5 絮凝沉淀池宜采用竖流式或辐流式沉淀池，主要设计参数如下：

（1）水力停留时间不应小于 2 h；

（2）表面水力负荷宜为 1～1.5 $m^3/(m^2·h)$；

（3）絮凝污泥产量可按絮凝沉淀处理水量的 1%～6%选取；

（4）絮凝污泥含水率可按 99.5%选取。

（5）絮凝沉淀池的结构形式及其他设计参数除进水管有特殊要求外，其他可参照二沉池。

6.5.3 过滤

6.5.3.1 絮凝沉淀后废水宜进行过滤处理。

6.5.3.2 过滤宜采用双层滤料过滤器,上层滤料为无烟煤,下层为石英砂,其级配可按表7选取。

表7 双层滤料级配表

滤料	粒径/mm	不均匀系数 k_{80}	厚度/mm	密度/(g/cm³)
无烟煤	d_{max}=1.8; d_{min}=0.8	<2.0	800~1 000	1.47~1.88
石英砂	d_{max}=1.2; d_{min}=0.5	<2.0	400~600	2.65

6.5.3.3 当絮凝沉淀池出水具有足够大的余压时,可采用重力式无阀过滤器,否则宜使用压力过滤器。

6.5.3.4 压力过滤器宜采用气水反冲洗,其设计参数如下:
(1)过滤速度宜为 2.5~4.7 mm/s;
(2)气反冲洗强度宜为 12~13 L/(s·m²);
(3)水反冲洗强度宜为 11~12 L/(s·m²);
(4)反冲洗周期宜为 8~12 h;
(5)滤床膨胀率宜为 40%~50%;
(6)水反冲洗前最大水头损失宜为 2.5~4.5 m;
(7)一次气水反冲洗耗时约为 40 min;
(8)过滤后出水悬浮物浓度不应超过 5 mg/L。

6.5.3.5 过滤器的数量不宜小于2台。

6.5.3.6 反冲洗水宜采用过滤水,反冲洗排水应送至絮凝沉淀系统,过滤水及反冲洗水应分别设置具有充足水量调节容积的贮水池。

6.6 废水深度净化处理

6.6.1 深度净化处理工艺的选择应适应焦化废水的水质特点及用水对象的水质要求。

6.6.2 采用湿法熄焦生产的独立焦化企业和采用干法熄焦生产的钢铁联合企业宜采用图5所示的深度净化处理工艺流程;采用干法熄焦生产的独立焦化企业宜采用图6所示的深度净化处理工艺流程。

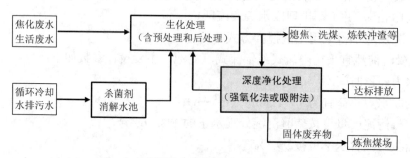

图5 废水深度净化处理工艺流程图之一

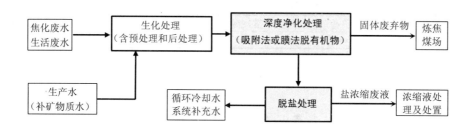

图 6 废水深度净化处理工艺流程图之二

6.6.3 深度净化处理工艺的选择应遵循下列原则：
（1）能长期稳定达标运行；
（2）不产生二次污染和污染物转移；
（3）节约资源和能源；
（4）避免高额的运行和维修费用及频繁的维修和大修。

6.6.4 深度净化处理工艺应优先选用能有效脱除生化处理后废水中残留的有机污染物，且不产或少产富含有机污染物的浓缩废液，或对所产浓缩废液有有效治理手段的处理工艺。

6.6.5 深度净化处理后水用作循环冷却水系统的补充水时，应脱除焦化废水中所含的无机盐，包括其中富含的氯离子。

6.6.6 消除了有机污染物危害的浓缩液可按下列途径进行处理和处置：
（1）达标排放；
（2）送市政污水处理厂进行再处理；
（3）进行汽化提盐。

6.7 二次污染物控制措施

6.7.1 一般规定

6.7.1.1 焦化废水治理过程中所产生的废水、废气、废渣、噪声及其他二次污染物的防治与排放应符合现行的国家环境保护法规和标准要求。

6.7.1.2 焦化废水处理过程中产生的废气、废液及废渣宜通过下列途径进行处理和处置：
（1）废水焚烧和提盐过程中产生的废气，应经过净化合格后再排放；
（2）预处理过程中分离出的重油、轻油、气浮浮油及气浮沉渣，应通过进一步油水分离脱水后，再进行处置；
（3）废水深度净化产生的浓缩废液，宜采用化学法或物理化学法脱除其中所含的多环和杂环类有机污染物；
（4）生化处理过程中产生的剩余活性污泥、絮凝沉淀过程中产生的絮凝化学污泥，宜经过必要脱水处理后再进行处置；
（5）污泥机械脱水之前，应依次进行重力浓缩脱水和化学浓缩脱水；
（6）二次污染物处理过程中分离出的各种废水应送回生化处理系统进行再处理。

6.7.1.3 对于噪声较大的鼓风机，宜设置鼓风机室，并应采取隔声和消声措施。

6.7.1.4 生化处理系统剩余污泥排放量占后处理水量的百分比可按表 8 选取，絮凝沉淀的排泥量与所使用的絮凝剂有关，一般为后处理水量的 1%~6%。

表8 生化处理系统剩余污泥排放量占后处理水量的百分比

污泥负荷级别	高负荷	常规曝气	延时氧化	生物脱氮
剩余污泥量/%	3~4	2~3	1~2	0.5~1

6.7.1.5 各种污泥的含水率可按表9选取。

表9 各种污泥的含水率

污泥类型	剩余污泥	化学污泥	浓缩污泥	化学脱水污泥	机械脱水污泥
含水率/%	99.2~99.6	99~99.5	97~98	96~96.5	70~80

6.7.1.6 浓缩后的污泥量和废水量分别按式（24）和式（25）进行计算。

$$q_s = \frac{\sum[(100-r_i)q_i \cdot \rho_i]}{(100-r)\rho} \tag{24}$$

$$q_w = \sum q_i - q_s \tag{25}$$

式中：q_s、q_w——分别为浓缩后和浓缩前混合污泥的量，m³/h；

　　　q_i——浓缩前第 i 种污泥量，m³/h；

　　　r_i——浓缩前第 i 种污泥的含水率，%；

　　　r——浓缩后污泥的含水率，%；

　　　ρ_i——浓缩前第 i 种污泥的容重，以 MLSS 计，g/L；

　　　ρ——浓缩后污泥的容重，以 MLSS 计，g/L。

6.7.2 废油处理与处置

6.7.2.1 废油的二次油水分离方式：

（1）以连续方式排出的轻油、浮油及气浮油渣，应采用连续的油水再分离方式；

（2）以集中方式排出的重油，应采用静止沉淀的油水分离方式。

6.7.2.2 废油分离量可按如下方式确定：

（1）轻油和浮油的分离量，可分别按各自除油设计量的0.05‰~0.1‰选取；

（2）气浮油渣的分离量与所采用的气浮药剂种类及用量有关，一般应通过试验的方式确定，在无试验资料的情况下，可按气浮水量的0.3‰~6%选取；

（3）重油一次排油量应不小于一个重油斗容量的1.5倍。

6.7.2.3 废油分离设施的设计应符合下列条件：

（1）轻油、浮油及气浮油渣油水分离池的水力停留时间不应小于8 h；

（2）重油油水分离池（罐）的有效容积不应小于一次排油量；

（3）油水分离池的结构形式应符合轻质油和重质油的分离原理；

（4）重油油水分离池（罐）应设分层排水管；

（5）油水分离池（罐）内应设蒸汽间接加热的盘管；

（6）油水分离池（罐）分离出的水应送回除油系统进行再处理。

6.7.2.4 分离出的轻油、浮油、重油及气浮油渣应分别贮存在各自的油水分离池（罐）中。并定期送化学产品车间焦油氨水澄清槽（仅限优质焦油）或送煤场掺入炼焦煤中。

6.7.3 污泥重力浓缩脱水

6.7.3.1 污泥浓缩宜采用圆形污泥浓缩池，主要技术参数如下：

（1）污泥固体负荷宜为 20～40 kg/（m^2·d）；
（2）污泥浓缩时间不应小于 12 h；
（3）中心筒内流速不应大于 30 mm/s；
（4）浓缩区有效深度宜为 3～4 m；
（5）缓冲层高度不应小于 0.3 m；
（6）保护高度宜为 200～400 mm。
（7）当浓缩池利用静水压头排泥时，所需静水压头应根据排泥系统的阻力损失经计算确定，但不应小于 900 mm。
（8）浓缩池排泥管的最小管径不应小于 200 mm。

6.7.3.2 浓缩池污泥收集宜遵循下列条件：
（1）直径≥5 m 的污泥浓缩池应设栅条浓缩刮泥机，刮泥机的外缘线速度为 1～2 m/min，池内底坡向中心泥斗的坡度不应小于 0.05；
（2）直径<5 m 圆形污泥浓缩池，宜采用集泥斗收泥，集泥斗坡降不应小于 55°。

6.7.3.3 污泥浓缩池可设置成单系列。

6.7.4 污泥化学药剂浓缩脱水

6.7.4.1 污泥在机械脱水前，宜先加入絮凝剂进行化学药剂浓缩脱水。

6.7.4.2 单格污泥絮凝反应池的有效容积应和机械脱水设备的能力相配合。

6.7.4.3 污泥混合反应宜采用机械搅拌。

6.7.5 污泥机械脱水

6.7.5.1 污泥脱水机械的选择应遵循下列原则：
（1）污泥脱水机械类型的选择应考虑对污泥处理及处置的适应性，脱水场所条件，劳动强度，经济性和维护管理的难易等；
（2）污泥脱水机械的数量应根据浓缩污泥的产量、系统污泥的贮存及调节能力、脱水机械的性能等共同确定；
（3）间断运行的污泥脱水机械可不设备用设备。

6.7.5.2 脱水后的污泥应设置污泥堆场或污泥贮仓，其容量应根据污泥处置的去向和运输条件确定。

6.7.5.3 输送泥饼的皮带输送机应满足下列条件：
（1）皮带以平带为标准，带宽为 400～900 mm；
（2）皮带输送机的形状采用三辊轴槽形；
（3）输送带的倾斜角不宜大于 20°。

7 主要工艺设备及材料

7.1 一般规定

7.1.1 设备材料选择应考虑下列因素：
（1）设备材料选择应考虑焦化废水含焦油、高氨、高氯离子、高温等因素；
（2）设备形式的选择应充分考虑到节能、环保、安全及使用寿命等因素。

7.1.2 所选设备应满足防火、防爆、防潮、防尘及防腐等安全需要。

7.2 曝气设备

7.2.1 好氧生化反应设施的供气系统,应能满足生化反应需氧的要求,活性污泥系统还需满足泥水混合液搅拌的要求。生物脱氮宜采用微孔曝气或纯氧供气方式。

7.2.2 当采用鼓风曝气供气时,生化反应设施所需的空气量,可按式(26)进行计算。

$$G_s = \frac{O_s}{0.28 E_A} \tag{26}$$

式中:G_s——标准状态下(0.1 MPa;20℃)生物需空气量,m³/h;

O_s——生化反应需氧量(以O_2计),kg/h;

E_A——空气扩散装置的氧利用率;

0.28——标准状态下(0.1 MPa;20℃)空气中的含氧量,kg/m³。

7.2.3 鼓风机的供气量、供气压力及所配电机功率应满足废水处理系统的供气需要。当鼓风机的工作工况与鼓风机的设计工况不一致时,应对其参数进行修正。

7.2.4 鼓风机应设备用风机,备用鼓风机的数量为:当工作鼓风机台数少于4台时设1台;工作鼓风机台数为4台及以上时设2台。

7.2.5 空气管道、风道内的空气流速应按表10选取。

表10 空气管道、风道内的流速表

名称	进风口	送风主干管	送风支干管	送风支管	吸风管	吸风道
风速/(m/s)	≤2	10~15	10~15	4~5	4~5	2~3

7.2.6 当采用机械表面曝气供气时,表曝机应有较高的动力效率,且表面曝气池池形、表曝机结构及表曝机的安装方式应相匹配。

7.2.7 寒冷地区和对噪声有控制要求的鼓风机应设置单独的风机房,风机房设置应满足操作、检修、通行等要求,并应采取必要的防噪声措施。

7.2.8 鼓风机的冷却系统应设有必要的安全保护措施。

7.2.9 空气输配系统的设置应满足风机启动、运行调节和安全防范方面的要求。

7.2.10 鼓风机室所配置的起吊设备应满足风机安装和检修的需要。

7.3 水泵

7.3.1 水泵选择应以高效节能、不宜堵塞、经久耐用、耐腐蚀、便于维修为原则。水泵的选型应根据其所输送介质的特性及水泵的用途来确定,并应满足下列条件:

(1)水泵流量的调节范围应能满足废水处理中水量变化的要求;

(2)水泵的工作压力应能满足最不利点处所需水压的要求;

(3)所选水泵应能经常保持在高效区内运行;

(4)两台水泵串联工作时,应考虑二级水泵泵体的承压能力及密封要求;

(5)当水泵的运行工况发生改变时,应对水泵的特征工作曲线进行修正。

7.3.2 水泵系统的配置应满足下列要求:

(1)应配置备用泵;

(2)水泵应根据其自身的特性、运行环境条件、所采用的启动方式及所输送液体的特性等选择合适的充水方式;

(3)非自灌和非完全自灌充水启动的水泵,每台水泵应为独立的吸水管,且应少转弯,其最大安装高度应满足不同工况下必须气蚀余量的要求；

（4）水泵吸水管入口应装喇叭口，喇叭口在吸水井最低工作水位下应有足够的淹没深度。喇叭口下应设置支架、滤网等安全保护；

（5）各系列的活性污泥及硝化液回流，宜设置各自的独立回流系统；当采用混合后回流时，应设置分水和配水设施；

（6）对设有循环回流的系统，应采取必要的技术措施，确保水流优先供给回流系统；

（7）非自身冷却、润滑或密封的水泵，应选用可靠、合格的外部水源，并设水流或水压检控或自控装置；

（8）管道的布局应不影响人的通行和吊车的走行，管道的安装方式及位置，应在检修拆卸时不影响其他水泵的正常工作；

（9）蝶阀前后直管段长度应能确保其正常开闭和阀板卡在全开位置时的正常拆卸；

（10）卧式水泵与电机连接的联轴器，皮带传动的皮带及皮带轮，均应设置安全罩；

（11）水泵轴封排水及轴封渗漏排水应采取有组织地沟或管道排放；

（12）输送有腐蚀介质的水泵站地面，应进行防腐蚀处理。

7.3.3 吸水井的设置应满足水泵安全运行和水量调节的要求。

（1）吸水井应有足够的有效容积，满足水泵的启动要求；兼有调节水量作用的吸水井，其最小有效容积应使水泵每小时的启动次数不多于6次；

（2）吸水井的结构形式及其与进水管（渠）的连接方式，不应使吸水井内出现跌水、涡流、旋流和絮动现象；

（3）接受压力或高位水池来水的吸水井，应有来水量控制措施，吸水井不得出现溢水和溢流管外排水现象；

（4）对水位波动较大或水位波动频繁的吸水井，应设液位检测和报警装置。

7.3.4 泵房和水泵机组的布置应满足设备运行、维护、安装、检修和安全的要求。

7.3.5 泵房内应根据实际需要设置适宜的起吊装置。

7.4 液体空气提升器

7.4.1 液体空气提升器（简称气提器）的设计应遵循下列条件：

（1）气提器应最大限度地利用有效的空气压头；

（2）气提器宜采用好氧池鼓风空气为气源。

7.4.2 气提器的空气用量可按式（27）进行计算。

$$Q_A = \frac{K_1 \cdot Q \cdot H}{23\eta \cdot \lg[(10+h)/10]} \tag{27}$$

式中：Q_A——气提器空气用量，m³/h；

H——气提器扬液高度，m；

h——扬液管有效浸没深度，m；

K_1——安全系数，取 1.2～1.3；

Q——设计提升水量，m³/h；

η——空气利用效率，$\eta = \dfrac{0.75h}{h+H} + 0.12$。

7.4.3 提升空气送至气提器处的风压 p（kPa）应不小于 $10(h+0.3)$。

7.4.4 气提器的系统设置及配置应满足下列要求：

（1）扬液管内液体流速（不包括空气量）宜为 0.7～2.0 m/s，且扬液管管径不宜小于 75 mm；

（2）空气管内流速宜按 5～10 m/s 选取，空气管管径不应小于 20 mm；

（3）气提器的空气管释放口宜设置成多个，且应在扬液管入口处均布；

（4）气提器出口后液体宜直接进入接受水池或用渠道重力输送，当需要用管道输送时，在气提器顶部的水平转向处应设置气液分离设施。

7.5 其他设备

7.5.1 蒸氨废水 pH 在线检测仪的取源部件应满足水温、水质和水压等不利条件的要求。

7.5.2 上流式组合填料生物膜法的缺氧反硝化池布水宜采用分区交替均匀布水，焦炭年生产规模在 70 万 t 以上企业的焦化废水处理，上流式组合填料生物膜法缺氧反硝化池的布水，应采用分区交替均匀布水方式。布水设备宜采用旋转布水器或类似功能的产品。

7.5.3 好氧池空气释放器应选择充氧效率高、空气阻力小、耐有机溶剂、能承受最大挤压力、抗摆动疲劳极限次数多及不宜堵塞的曝气器。

7.5.4 二沉池刮泥机的结构形式和安装应符合本规范 6.4.4.10～6.4.4.12 的技术要求。

7.5.5 絮凝反应设备宜采用旋流反应器。

7.5.6 化验设备和仪器配置应能满足废水处理生产运行分析化验检测的最低要求。

7.6 材料

7.6.1 好氧池液下部分鼓风空气布管道材质应采用 ABS 工程塑料，鼓风空气送风管道应采用不锈钢材质或内部镀锌的碳钢管道。

7.6.2 生物填料支架应为不锈钢螺栓固定的组装式结构。支架材料可为碳钢，但加工完毕后的结构件的所有表面应全镀锌，并外刷环氧沥青漆防腐层。生物软填料材质宜为聚乙烯，吊绳材质宜为尼龙。

7.6.3 低压动力电缆宜采用 VV-1000V 或 YJV0.6/1 kV 系列，控制电缆按需选用 KVV450/750V 或 KVVP-500V 系列。

7.6.4 水池施工应采用规定标号的防水混凝土，所用钢筋、沙、石、砖等建筑材料应满足设计和有关标准的质量要求。

8 检测与过程控制

8.1 一般规定

8.1.1 焦化废水处理系统的运行应进行分析化验检测、自动化仪表检测和自动化过程控制。

8.1.2 分析化验检测所采用的方法应符合有关分析标准及焦化废水的水质特点。

8.1.3 自动化仪表检测和控制的内容应根据废水处理的内容、规模、工艺特点、系统组成、运行管理要求等综合因素来确定。

8.1.4 自动化仪表检测系统的取源部件和控制系统的执行机构的选择，应能适应焦化废水的水质特点，取源部件所采数据应真实有效，执行机构应灵敏可靠。

8.1.5 废水生化处理系统的自动化控制水平，应与废水处理规模、检测和检控项目的多少，以及全厂的自动化装备水平相一致。

8.1.6 计算机控制管理系统宜兼顾现有、新建、改扩建及与焦化生产控制系统联网的需要。

8.1.7 由环境保护部门监控的水质、流量等远传在线检测项目，应满足相关规定的要求。

8.2 取样检测

8.2.1 焦化废水处理水质检测项目及分析化验方法应按国家有关标准执行，几种常规检测项目应采用表11所列的分析方法，并应注意以下事项：

（1）应消除废水的色度对相关分析化验方法的影响；

（2）应消除废水中所含油类、硫化物、氯离子、亚硝酸盐及硫氰酸盐等对相关分析化验方法的影响；

（3）应消除废水处理过程中因投加化学药剂而残留在废水中的氧化剂、还原剂、金属离子及螯合剂等对相关分析化验方法的影响；

（4）COD_{Cr} 分析化验采用重铬酸钾滴定法（GB 11914—89）时，不得使用快速和急速冷却法；

（5）氰化物分析化验在未消除硫氰酸盐干扰的情况下不得采用滴定法；

（6）硝酸盐分析化验不宜采用比色法；

（7）采用 HJ 537—2009 分析化验氨氮时，亦可采用 0.02 mol/L（$1/2H_2SO_4$）浓度的硫酸进行滴定。

表 11　常规分析项目及分析方法参照表

项目	分析方法	标准	项目	分析方法	标准
COD_{Cr}	重铬酸钾法（COD_{Cr}）	GB 11914—89	氨 氮	蒸馏-中和滴定法	HJ 537—2009
	快速消解分光光度法	HJ/T 399—2007		蒸馏-钠试剂分光光度法	HJ 535—2009
挥发酚	4-氨基安替比林分光光度法	HJ 503—2009	硝酸盐氮	戴氏合金还原法	《水和废水检测分析方法》（第三版）
	溴化容量法	HJ 502—2009	亚硝酸盐氮	N-（1-萘基）-乙二胺光度法	GB 7493—87
氰化物	异盐酸-吡唑啉酮光度法	HJ 484—2009	SCN^-	铁盐络合比色法	—
凯氏氮	气相分子吸收光谱法	HJ/T 196—2005	硫化物	碘量法	HJ/T 60—2000
总 氮	碱性过硫酸钾消解紫外分光光度法	HJ 636—2012		气相分子吸收光谱法	HJ/T 200—2005
	气相分子吸收光谱法	HJ/T 199—2005	石油类	红外分光光度法	GB/T 16488—1996
多环芳烃	液液萃取和固相萃取高效液相色谱法	HJ 478—2009	苯系物	气相色谱法	GB 11890—89
苯并[a]芘	液液萃取和固相萃取高效液相色谱法	HJ 478—2009	总有机碳	燃烧氧化非分散红外吸收法	HJ/T 71—2001
悬浮物	重量法（103～105℃）	GB 11901—89	总 磷	钼酸铵分光光度法	GB 11893—89
MLSS	重量法（103～105℃）	—	MLVSS	重量法（550℃）	—

8.2.2 化验室配置应符合下列要求：

（1）化验室宜设置化验间、天平间、精密仪器间、设备间及更衣室等；

（2）化验室应设置双面或单面化验台、通风橱、工作台、天平台、药品柜及试剂架等；

（3）天平间要求避光和无外界震动干扰，并应选用防震动刚性天平台；

（4）化验室通风橱的数量不应少于2个；

（5）分析化验所选设备应能满足废水分析化验检测的最低需要。

8.3 在线检测和控制

8.3.1 热工量

8.3.1.1 焦化废水处理在线检测的热工量应包括流量、温度、压力和液位。

8.3.1.2 热工量在线检测宜包括的范围和项目如下：

（1）生化处理站流量检测项目：进入处理系统的各种水和废水，送出系统的各种回用水及外排水，鼓风空气，送机械脱水污泥量等；

（2）生化处理站液位检测项目：水泵吸水（泥）井、药剂池（槽）、调节池等；

（3）污泥机械脱水系统的压力检测项目：压缩空气等；

（4）其他废水处理过程的热工量检测内容和检控方式应由废水处理工艺来确定，且应包括原废水流量的检测。

8.3.1.3 热工量的检控方式如下：

（1）流量检控的方式宜为就地指示加在线连续检测指示并记录；

（2）温度检控的方式宜为在线连续检测指示并记录；

（3）液位检控的方式宜为就地指示和在线连续检测指示并记录，高、低液位声光报警，其中各水泵吸水井应为低液位自动停泵。

8.3.1.4 热工量仪表的选择原则如下：

（1）所有热工量仪表的量程范围应包括最大和最小测量值，常量值宜选择在测量仪表有效量程的中间部位；

（2）流量测量仪表宜采用阻力小、不易堵塞、使用寿命较长的仪表。液体流量测量宜采用电磁流量计、超声波流量计及明渠流量计；

（3）液位测量仪表宜采用超声波液位计和雷达液位计。

8.3.1.5 在厂废水总排口及生化处理装置出口，应设置流量在线检测仪表。

8.3.1.6 热工量仪表的安装位置及安装方式应满足其各自的安装技术要求。

8.3.2 物性与成分量

8.3.2.1 焦化废水处理在线检测的物性和成分量项目宜包括 pH、DO、氨氮和 COD 等。

8.3.2.2 检测范围和项目：

（1）进入废水处理系统的蒸氨废水管道上宜安装 pH 在线检测；

（2）好氧生化反应池宜设置 DO 及 pH 在线检测。

8.3.2.3 检测方式：

（1）pH 检测的方式宜采用就地指示加在线连续检测指示并记录和警戒线报警；

（2）溶解氧检测的方式宜采用就地指示加在线连续检测指示并记录。

8.3.2.4 检测仪表选择：

（1）蒸氨废水 pH 检测探头应能耐高温、耐压和防焦油污染；

（2）好氧生化反应池的 DO 及 pH 检测探头应抗活性污泥黏着。

8.3.2.5 在生化处理的二沉池出口宜设置氨氮在线检测仪表。

8.3.3 电工模拟与状态量

8.3.3.1 根据需要可选择电压、电流、功率、电能、功率因数、频率等指示和记录，其中供电电压和生化站各鼓风机的工作电流为必选量，各鼓风机的工作电流应有机旁现场指示。

8.3.3.2 各种动力设备的状态显示，应包括运转、停止和事故指示等。

8.4 计算机控制管理

8.4.1 计算机控制管理系统应有信息收集、处理、控制、管理及安全保护功能。

8.4.2 计算机控制管理系统设计应符合下列要求：
（1）宜对系统的设备单元、检测单元、控制单元、管理单元做出合理的配置；
（2）应根据工程具体情况，经技术经济比较后选择恰当的网络结构及通信速率；
（3）对系统软件要从运行稳定、易于开发、操作界面合理等多方面综合考虑；
（4）根据企业需求及相关基础设施，宜对企业信息化系统做出功能设计。

8.4.3 计算机控制系统应具有满足废水处理运行管理的需要，并应具备下列基本功能：
（1）显示工艺流程图；
（2）显示动力设备的实时工作状态；
（3）实现现场与控制室、自控与手动控制切换；
（4）设定和修改系统控制参数；
（5）事故声、光报警及其历史记录查询；
（6）重要热工量及物性与成分量的历史记录查询；
（7）手动/自动打印报表功能；
（8）与之联网生产车间的运行状态浏览及数据信息查询；
（9）具有开放的数据通信接口。

8.4.4 防雷防静电与接地保护应符合国家现行的相关规范要求。

8.4.5 采用成套设备时，应具备与控制系统连接的通信接口。

9 辅助工程设计

9.1 电气系统

9.1.1 电气供配电设计应符合 GB 50052、GB 50054、GBJ 50034 和 GBJ 65 等设计规范的规定，电气防火、防爆和防雷电设计应按 GB 50058 和 GB 50057 等设计规范执行。

9.1.2 废水处理项目的配电应遵循下列原则：
（1）重要工艺设备应按二级负荷供电，并且应与焦化主体生产用电的要求相一致；
（2）对于单个用电量超过 220 kW 的用电设备，宜优先考虑采用 6 kV 或 10 kV 高压供电；
（3）废水处理系统所需的双回路电源，应优先选择由厂内就近变电所供电；
（4）低压配电室的位置应靠近负荷中心，用电设备较分散或处理单元相距较远的废水处理设施，可分散设置低压配电装置。

9.1.3 对用电量较大的设备应选用合适的启动和控制方式。

9.1.4 供、配电设计应符合国家有关用电安全和电力设计规范的规定，并满足下列要求：
（1）高大构筑物、建筑物及设备等应根据有关规范的规定进行防雷设计；

（2）有防静电要求的场所应进行防静电设计；

（3）配电设备、用电设备和电缆桥架等均应按有关规范要求进行保护接地或重复接地。

9.1.5 对分期建设或有明确远期规划的废水处理的供、配电设计，应留有可能的供电负荷和供配电场所。

9.2 给水与排水

9.2.1 给水和排水设计应符合 GB 50014、GB 50015、GB 50316 和 GB 50332 等设计规范的规定，消防、抗震和环境安全设计应按 GB 50016、GB 50140、GB 50032、GB 12348、GBZ 1 和 GBJ 87 等有关设计规范执行。

9.2.2 废水处理建筑物、构筑物和管网的给水排水工艺设计，应进行负荷计算和水力计算。

9.2.3 生产及生活给水应满足生产、生活和安全卫生需要，并应满足下列规定：

（1）生活给水管道不得与非饮用水管道直接相连接；

（2）废水处理站内至少应有一处场所供应生活给水。

9.2.4 给排水设施的配备应满足生产和生活的需要，化验室内应配备下列给水排水设置：

（1）应设置足量的供蒸馏装置及蒸馏水器等连接软管用的皮带水嘴和排水接口；

（2）通风橱内应设给水皮带水嘴和排水口。

9.2.5 管网设置应遵循下列原则：

（1）废水处理站内的排水应采用分流制，且应与全厂排水管网系统相统一；

（2）占地面积较大的废水处理站和厂外独立设置的废水处理站，应设置雨水排水系统；

（3）地下水自流管道应采用防渗漏混凝土检查井。

9.2.6 污水处理站室内、外消防应满足国家相关消防规范的要求。

9.3 采暖通风与空调

9.3.1 采暖通风与空调设计应符合 GB 50019 等设计规范的规定。

9.3.2 对生产性建筑物，应根据使用性质和场所环境，采取必要的通风措施。其中在药剂间、药剂库、污泥脱水间、化验室、化验室通风橱及通风不畅的工作场所，应设置机械通风，换气次数宜为 5~8 次/h。

9.3.3 在寒冷地区的建筑物内，应根据国家有关规范规定设置采暖系统。其中有防冻要求的工业厂房内的采暖温度不应低于 5℃。

9.3.4 在经常有人工作的场所，应设置防暑降温设施。

9.3.5 计算机房（中控室）应根据设备工作环境条件需要，设置空气温度调节设施。

9.3.6 冬季生产加热或伴热用蒸汽可与采暖用蒸汽整体考虑。

9.4 建筑与结构

9.4.1 土建设计应符合 JGJ 79、GB 50069 和 GB 50010 等设计规范的规定，并应符合废水处理工艺的技术要求。土建防腐、抗震、防火和特殊地基处理应按 GB 50046、GB 50191、GB 50016 及 GB 50025 等设计规范执行。

9.4.2 土建设计应具有建设单位提供的完整设计基础资料。

9.4.3 土建设计应考虑地基处理对现有和相邻建筑的影响，以及分期建设及改、扩建施工及衔接的需要。

9.4.4 建筑设计应充分考虑下列内容：

（1）建筑设计应适用、经济、美观，并符合焦化废水处理的特点；

（2）建筑平面、剖面的设计应满足工艺生产、操作和检修的要求；
（3）建筑设计应充分考虑消防、采光、通风、日晒等因素的需要；
（4）建筑用材料应采用符合国家有关规定的环保、节能、安全、防腐的新型材料；
（5）对有酸碱等腐蚀介质的地面或墙面，应按有关规范要求采取防腐蚀措施；
（6）对有防噪声要求的建筑，应采取消声和隔声措施；
（7）对仪表操作室等有防静电要求的场所应采用防静电地板；
（8）建筑物的材料选用、布置、构造、疏散等均应符合国家有关防火规范的要求。

9.4.5 结构设计应充分考虑下列内容：
（1）结构设计应按有关设计规范要求，充分考虑各种静荷载和动荷载；
（2）结构布置、构造处理等应最大限度地满足生产、检修、安全及降低工程造价需要；
（3）地基处理应按岩土勘察报告和有关特殊地质地区地基处理的有关设计规范进行；
（4）在废水处理钢筋混凝土水池非连续浇注处应设置止水带；
（5）超长和超宽的钢筋混凝土水池，应按有关规范要求设置后浇带，或采取特殊施工技术措施；
（6）废水处理构筑物及水池应采用现浇防水钢筋混凝土结构，并应采用符合抗渗和满足结构强度要求的材料；
（7）废水处理构筑物及水池的抗裂要求应确保在正常运行状态下无渗漏；
（8）废水处理构筑物的沉降量限值应满足有关规范和废水处理工艺正常运行的要求。

9.5 厂区道路与绿化

9.5.1 焦化废水处理站应根据生产、检修、运输、安全需要，设置人行道和车行道。

9.5.2 道路设计应留有相关的各种地下管网、管廊、电力和电信线路等通行位置。

9.5.3 道路设计应考虑雨水排水和防洪、防涝、防地下设施被水淹等安全问题。

9.5.4 焦化废水处理站应根据国家有关规定要求及全厂绿化统一规划方案进行绿化。

10 劳动安全与职业卫生

10.1 一般规定

10.1.1 工程设计、工程施工及运行管理应符合国家现行劳动安全和职业卫生法律法规文件的有关规定。

10.1.2 工程设计企业质量管理应符合 GB/T 50380 的相关规定。工程设计应对下列可能产生的自然灾害和事故伤害进行必要的防范和消除：
（1）可能的自然灾害包括地震、海啸、雷电、风暴、冰雹、雨雪、炎热、冰冻、洪水、泥石流、滑坡、塌陷、不良地质和不明地质等；
（2）可能的事故伤害包括爆炸、火灾、触电、中毒、烧伤、溺水、窒息、坠落、跌落、坠物、噪声、机械伤害和化学危险品伤害等。

10.1.3 工程施工及生产运行管理劳动安全保护和职业卫生防护应建立健全相关规章制度：
（1）制定完善的安全施工和生产运行安全操作和卫生防护技术规程；
（2）对重大和易发劳动安全和职业卫生的危害源设置明显的警示；
（3）建立健全职工劳动安全和职业卫生各级岗位责任制；

（4）建立职工劳动安全和职业卫生定期检查和培训制度；

（5）对职工进行必要的劳动安全和职业卫生防护。

10.2　工程设计

10.2.1　工程设计中应对生产安全和职业卫生所采用技术措施的优先级别依次应为：设法消除隐患、降低危害程度、危害自动消除、危险警示、事故报警和应急处置等。

10.2.2　工程设计应符合 GB 18484、GB 18597、GB 18598、GB 50016、GB 50140、GB 50116、GB 50058、GB 3836、GB 50052、GB 50054、GB 50046、GB 12158、GB 50014、GB 50015、GB 50025、GB 18599、GB/T 25295、JGJ 79 及 HG 20571 等标准中有关安全防护方面的规定。

10.2.3　抗震设计应按 GB 50011、GB 50191 和 GB 50032 抗震设计规范执行，在地震烈度大于 9 度的地区，不得建设焦化废水处理设施。

10.2.4　压力容器和压力管道的设计应符合《特种设备安全检测条例》(国发 [2009] 549 号)，以及压力容器压力管道设计许可规则 TSGR 1001 和《压力容器安全技术监察规程》（质技监局锅发 [1999] 154 号）等的有关规定。

10.2.5　工作场所卫生及防护设计应符合《工业企业设计卫生标准》（GBZ 1）、《生产设备安全卫生设计总则》（GB 5083）和《工作场所有害因素职业接触限值》（GBZ 2）的相关规定。

10.2.6　劳动及生产安全应符合下列规定：

（1）生产场所的梯子、平台等均应设置安全栏杆及踢脚板；

（2）地沟、水井等应设置安全盖板或井盖；

（3）在贮存和使用强酸、强碱等腐蚀性液体的场所应设置洗眼器；

（4）在生产、工作场所和危险地带应设置室内和室外照明及应急照明；

（5）对高大的建筑物、构筑物应进行防雷电保护；

（6）废水处理的重要设施应采用二级负荷供电，检修用电应采用低压安全电源；

（7）设备故障和水池警戒水位等应设置声、光报警；

（8）压力容器和压力管道应符合相关设计规定；

（9）应采取必要的防冻、防腐、防爆及防废水事故溢流等措施。

10.2.7　安全防火和防爆应符合相关规定：

（1）焦化废水处理生产建筑物、构筑物的耐火等级应不低于二级；

（2）建筑物、构筑物设置应满足消防要求的安全出入口数量、楼梯形式等；

（3）焦化废水处理的化验室、仪表操作室、配电室、办公室、药剂库等处宜配备统一的灭火器；

（4）在有消防要求的建筑物内设置室内消火栓，在废水处理站区域内设置室外消火栓；

（5）火灾爆炸危险类物品，应按其用量和贮量，根据有关规范要求进行防火和防爆设防。

10.2.8　职业卫生应满足如下规定：

（1）在有可能中毒的场所应采取防中毒措施；

（2）在化验室内应设置带机械通风的通风橱；

（3）鼓风机、通风机、泵类等设备选应选用低噪声的产品；

（4）在噪声较大的生产场所应设置有隔声功能的操作室、休息室；

（5）设置满足卫生要求的休息室、更衣室、浴池、卫生间等设施。

10.3 工程施工

10.3.1 工程施工安全与卫生应符合国家现行法律法规标准的有关要求。

10.3.2 工程施工质量应符合 GB 50300、GBJ 141、GB 50275、GB 50236、GB 50235、GB 50268、GB 50242、GB 50243、CECS 162、GBJ 232、GB 50254、GB 50256、GB 50257、GB 50212、GB 50126、GB 50185、JGJ 59、TSGZ 0004 和 TSGR 3001 等有关工程施工安全的相关规定。

10.3.3 建筑施工场界噪声限值应符合 GB 12523 标准的相关规定。

10.3.4 工程施工应实行安全许可证制度和安全员负责制。工程施工应制定安全施工操作规程，建立健全施工人员教育培训制度，未经教育培训或者考核不合格的人员，不得上岗作业。

10.3.5 工程施工应配备专业的安全员和必需的劳动安全及卫生保护用品。

10.3.6 工程施工劳动安全应符合相关规定：

（1）在防火、防爆、危险性物品区域施工，应向厂安全生产主管部门申请办理动火证；施工时应有生产主管安全部门的安全员负责监督，并应采取必要的安全和消防措施；

（2）在焦化生产区域内施工应严格执行生产厂的有关安全技术规定；

（3）高空作业应设置安全防护网，临时围墙，安全警示标志，临时保护，专人看守等必要的安全防范措施；

（4）工程施工及现场施工管理人员应戴安全帽，高空及悬空作业人员应佩戴安全带；

（5）雷雨天应严禁户外带电作业和焊接作业；

（6）工程施工应有防止突发事故的预案；

（7）地下开挖应采取防塌方措施；

（8）改扩建工程施工的地下开挖应注意不明电缆、暗道、危险物等可能产生的伤害；

（9）旧有生产设备和管道焊接应采取必要的安全技术措施，防止可能积存的油气、煤气、氨气在焊接时发生爆炸或有毒有害气体泄漏；

（10）煤气管道在通气前应采用氮气或蒸汽进行吹扫，并经化验确认管道中的含氧量低于相关标准后方可通煤气；

（11）管道穿越公路、铁路、河流等重要设施时，应经过有关管理部门的许可，并按有关规定或实际需要采取必要的安全措施。

10.3.7 工程施工职业卫生应符合下列规定：

（1）焊接作业应佩戴防护镜；

（2）清理强酸、强碱等腐蚀性液体的设备、管道应戴防护手套和防护服；

（3）接触有毒气体的施工，应佩戴防毒面具；

（4）生活给水管道在正式使用前应进行清洗和消毒；

（5）工程施工应防尘和防噪声；

（6）工程施工不得破坏或者污染周围水体及水源。

10.3.8 工程施工质量应符合下列规定：

（1）所购买的施工机械、建筑材料、安全保护用品应是经有关安全部门检验合格的产品；

（2）消防器材、安全器材和压力容器应送相关主管部门检验合格，并取得合格证明方可使用；

（3）工程安装的所有设备均应具有产品合格证和安装使用说明；

（4）架空及明装管道安装应按设计要求、工程施工验收规范及实际需要进行固定；

（5）设备安装精度应满足设备样本、相关技术规定及安全生产的需要；

（6）压力容器的安全阀、电气安全保护装置、自控系统参数等的设置与调整等应满足工艺要求和安全需要；

（7）电气保护接地电阻实测值应满足有关规定和设计要求；

（8）所有的管道在施工完毕后应按设计要求和有关技术规范规定进行试漏或试压；

（9）有防腐要求的设备、管道和钢制件，应根据设计要求和实际需要，按相关防腐技术规程进行防腐处理；

（10）有保温和防冻要求的设备和管道，应根据设计要求和实际需要，按相关保温图集或图纸进行保温，或采取放空等措施；

（11）所有水池应通过试漏检验无渗漏，沉降检验符合工艺使用及有关规范或设计要求；

（12）所有水池、水渠、管道等水处理设施应在通水前进行清扫和冲洗；

（13）所有设备应通过规定时间的单机试运转并检验合格；

（14）系统高程及管网在达到系统设计流量时，应能满足设计及工艺运转需要。

10.3.9 工程施工应注意保护地下和地上文物、建筑及周围生态环境。

10.4 生产运行

10.4.1 生产运行应符合国家现行法律法规的规定。

10.4.2 生产过程中的劳动安全和职业卫生应遵守 GB 12710、GB 6222、GB 6067、GB 4387、GBZ 230、GB 12801 和 GBZ 2 等相关安全规程、规范等的规定。

10.4.3 应建立和健全安全生产行政管理体系、各类人员岗位责任制，制订生产运行操作安全规程，化验室安全操作规程，化学试剂的保管及使用制度，易燃、易爆和危险化学品的安全存放及使用制度，剧毒化学药品购买、运输、保管、领取、使用、处置、急救及销毁的安全管理制度等。

10.4.4 应建立职工上岗安全培训制度，操作规程上墙张贴制度，危险物品公告警示制度，检修作业挂牌警示制度等。

10.4.5 应建立防火及防爆对策措施、电气安全对策措施、机械伤害对策措施、意外伤害防止与急救对策措施（包括坠落、坠物、烫伤、窒息、中毒等）、有害因素伤害控制对策措施（包括粉尘、剧毒品、强酸碱、噪声和振动等）、突发事件应急机制等。

10.4.6 安全生产应遵守下列规定：

（1）从事焦化废水处理的操作、化验及管理人员，应通过相关的安全技术培训和职业技能训练，并经考核合格后方可上岗；

（2）运行操作和分析化验人员应严格按照各自的安全操作技术规程进行操作；

（3）在化验蒸馏过程中必须有人看守；

（4）在油品、强酸及强碱等危险物贮存区应设立明显的警告牌，在防火、防爆等禁火区域应设制明显的警告标志；

（5）在车辆禁止通行危险区的道路两端，应设置活动栏杆等阻挡，应确保全厂所有消防通道畅通；

（6）在操作室、化验室的墙上应装挂岗位责任制及有关生产、化验的安全操作规程；

（7）在危险物警示警告牌上及墙上装挂的操作规程上，应标明危险物名称、性质、可能产生的危害、消除危害的方法、人生伤害的急救措施等；

（8）化验室所用的氰化钾等剧毒化学药品的使用和管理应符合公安部门关于其购买、运输、存取、贮存、保管、使用及销毁等有关规定；

（9）化验室内的挥发性酸、碱及石油醚的抽取、油的萃取操作等应在通风橱内进行；

（10）在电气设备、电气线路、电动机械等维修过程中应采用挂牌警示制度，应在电源开关处挂上"正在检修"字样的警示牌；

（11）对废水处理运行中发现的各种问题应及时予以处理；

（12）对揭开的安全盖板、井盖应及时盖好。

10.4.7 职业卫生应遵守下列规定：

（1）化验和操作人员上岗应穿戴规定的劳动保护和安全防护服饰；

（2）进行酸、碱及腐蚀性药品作业应佩戴防护手套；

（3）应设有醒目的"饮用水""非饮用水"提示标志；

（4）严禁用化验室内玻璃器皿当餐具，严禁在放置药品的化验室用冰箱内放置食品。

11 工程施工与验收

11.1 工程施工

11.1.1 焦化废水处理工程施工应符合国家相关法律法规的有关规定。

11.1.2 焦化废水处理工程施工单位应具有相应的工程施工资质。

11.1.3 焦化废水处理工程施工实行建设质量负责制，施工单位对建设工程的施工质量负责，工程建设承包单位应当对其承包的建设工程质量负责。

11.1.4 工程施工应符合 GB 50300、GBJ 141、GB 50275、GB 50236、GB 50268、GB 50235、GB 50242、GB 50126、GB 50185、GB 50243、CECS 162、GB 50254、GB 50256、GBJ 232、GB 50257、GB 50203、GB 50208、GB 50164 及 GB 506666 等规定的技术要求。

11.1.5 工程施工前应编制施工组织计划，对主要施工方法，应分别编制施工组织计划：

（1）工程概况；

（2）工程拆迁计划、施工部署、施工方法；

（3）材料及主要机械设备的供应计划，材料和混凝土试块等的质检计划；

（4）施工质量的技术保证措施、安全施工技术措施；

（5）雨季和冬季施工所采取的技术措施；

（6）节能环保技术措施、保障交通及周围环境的技术措施；

（7）施工进度计划；

（8）施工总平面图等。

11.1.6 临时基准点和工程施工控制桩的设置应牢固，并应采取必要的保护措施，其位置应便于观察，并应经过复核后才可使用，且应经常复核。

11.1.7 施工单位应按照工程设计图纸及设计变更进行施工。

11.1.8 施工单位应按照工程设计要求、施工质量标准和合同约定，对法定和规定的建筑材料、安全设备、消防器材、商品混凝土和混凝土试块等送相关质检部门进行检验，未经检验或检验不合格的一律不得使用。

11.1.9 隐蔽工程应经过中间验收合格后方可进行下一道工序施工。

11.1.10 施工单位应建立、健全施工质量管理制度，并应满足下列规定：

（1）地基验槽、隐蔽工程、材料报验、混凝土试块制作及检验、验收等应按法定程序进行，并应取得质检部门签署的检验合格证明或工程建设相关各方签字的质量合格文件；

（2）设备、仪器、仪表、器材等开箱应有合格证、说明书、安装图等技术文件，并应由相关各方进行数量、质量检验，并将相关文件存档保存；

（3）施工时注意各专业间的紧密配合，并不得遗漏预埋件（预埋钢板、预埋套管、预埋管道、预埋螺栓、预埋构件等）和预留孔洞，其中水下部分所埋套管应为防水套管；

（4）对雨季施工、冬季施工、交叉施工、突击施工、特殊地基施工、抗震结构施工、穿越沉降缝或断裂带施工等，应制订切实可行的施工方案；

（5）混凝土水池的浇注宜采用机械搅拌连续浇注方式施工，并应切实捣实和严格遵守对浇注间隔时间的规定，确保浇注后的水池无渗漏，冬季浇注应采取防冻措施；

（6）在混凝土浇注时，应确保进出水堰的结构尺寸和标高，设有刮泥机的沉淀池的内底浇注应确保各同心圆上的标高一致；

（7）设备、仪器、仪表、电器及材料安装应充分考虑到防雨、防潮、防冻、防压、防碰、防电磁干扰、防晒、防火、防雷、防静电、防爆、防尘、防震动、防腐蚀、防噪声、防温度剧烈变化等安全防护技术要求；

（8）明装管道及器件安装应整洁美观，并便于通行、检修和阀门操作；

（9）自流管道的酚水检查井应采用钢筋混凝土结构并确保管道连接处密封严密不渗漏；

（10）管道安装完应根据设计和有关规范技术要求进行试压或试漏，危险性气体管道应进行气密性试验；

（11）出水堰安装应确保堰口在同一水平高度上，且堰板与堰连接处应严密不漏水；

（12）水池施工养护完毕后应根据有关规范要求进行渗漏试验，并确保水池无渗漏，沉降量和不均匀沉降量均符合有关规范和工艺使用要求；

（13）所有埋地、明装和水下钢管及钢制件均应按设计要求和有关规范规定进行防腐处理，对于有防冻要求的管道应按设计要求进行保温；

（14）所有仪表及电器应调试合格并留存调试记录。

（15）应建立档案管理制度，及时收集整理施工过程中建设项目各个环节的文件资料，包括设计变更文件、技术性能测试记录及测试过程中的故障和修复记录、管道水压测验及闭水试验记录、中间验收记录等有关材料。

（16）工程竣工后应绘制竣工图，并将有关设计图，设计变更，施工、检验及验收文件和相关技术资料立卷归档。

11.2 工程竣工验收

11.2.1 工程竣工验收应符合国家的相关法律、法规、标准及法定程序。

11.2.2 工程竣工验收应当具备下列条件：

(1)完成建设工程设计和合同约定的各项内容;
(2)试生产(即废水处理工程开工)完毕;
(3)有完整的技术档案和施工管理资料;
(4)有工程使用的主要建筑材料、构配件和设备的进场试验报告;
(5)有建设、勘察、设计、施工、监理(实行监理的项目)等单位签署的质量合格文件;
(6)有规划、公安消防、环境保护、安全及卫生等部门签署的认可文件或准许使用文件。

11.2.3 工程竣工验收工程质量应达到的条件:
(1)工程施工内容符合设计图纸要求,工程施工质量符合国家有关标准及相关规定;
(2)单机及联动试车完成并合格,试生产期间机电设备能确保系统正常稳定运行;
(3)系统流通能力达到负荷要求;
(4)系统中所有阀门均能严密关闭和正常开启;
(5)在夏季高温和好氧池达到正常工作水位时,空气鼓风机能正常工作;
(6)好氧池内曝气系统完好,且固定牢固;
(7)生物膜缺氧反硝化系统配水及集水均匀;
(8)自动化计量及检控系统符合生产运行要求;
(9)试生产期间发现的系统缺陷和问题已全部整改完毕。

11.3 工程环境保护验收

11.3.1 焦化废水处理工程项目的环境保护达标验收应符合《建设项目竣工环境保护验收管理办法》的有关规定。

11.3.2 焦化废水处理工程建设项目的试生产和生化处理微生物培养应满足下列规定:
(1)在焦化主体工程投入试生产的同时,焦化废水治理的化工专业物化处理部分也应同时进行试生产,焦化废水治理的生化处理部分应同时进行微生物培养;
(2)在试生产和微生物培养期间,建设单位应当对废水处理设施的运行情况和对环境的影响进行检测和控制;
(3)在试生产和微生物培养期间,焦化废水的化工专业物化处理部分应能基本达到设计处理效果,生化处理部分应按焦化废水处理微生物培养规律,逐步达到处理效果。

11.3.3 焦化废水治理工程的环保验收应具备的条件是:
(1)建设前期环境保护审查、审批手续完备,技术资料与环境保护档案资料齐全;
(2)废水治理设施及其他保护措施已按批准的环境影响报告和设计文件的要求建成,废水处理设施经负荷试车检测和生产运行,其防治污染能力满足主体生产的需要;
(3)废水治理设施的配置及装备满足废水处理稳定达标运行要求,废水治理设施的土建施工、设备安装和材料选用符合国家和行业的工程验收规范、规程和检验评定标准的要求;
(4)废水处理设计、施工及运行管理应符合国家及行业的有关规定;
(5)具备废水处理设施正常运转的条件,其中包括具备经培训合格的运行操作和分析化验人员,制定有健全的岗位操作规程及相应的规章制度;
(6)生产用水、电、汽、气、药剂等供应落实,符合交付使用的其他要求;

（7）废水外排或回用的水质和水量已符合相关标准的规定，且废水在线检测系统已按规定建成，同步投入试运行，达到验收条件；

（8）各项生态保护措施已按环境影响报告规定的要求落实，建设项目建设过程中受到破坏并应恢复的环境已按规定采取了恢复措施；

（9）环境检测项目、点位、机构设置及人员配备，已符合环境影响报告和有关规定的要求，并能提供试生产期间自检环境检测记录；

（10）按国家有关规定应设置的安全防范设施已投入运行，符合相关安全规定，不存在其他安全隐患。

11.3.4 分期建设、分期投入生产或者使用的建设项目，焦化废水处理设施应分期验收。

12 运行与维护

12.1 运行和维护应制定详尽和完善的生产运行和分析化验操作规程。

12.2 从事焦化废水处理分析化验、运行操作和技术管理的人员应进行上岗前认证培训和上岗后定期培训。

12.3 日常生产运行管理应采用连续在线监测和不定期取样化验抽检相结合的方法。

12.4 分析化验及运行管理应实行上下班交接班制度，其中运行操作应在现场进行交接班。

12.5 焦化废水生化处理开工应培育出焦化废水生物脱氮处理所需的各类微生物。

12.6 生产运行管理应实行每小时一次的现场点检制度，并填写点检表（参见附录B）。

12.7 生化处理运行的重要控制指标为 NH_3-N 浓度、溶解氧、pH 值和系统温度，其各关键部位的运行控制指标为：

（1）蒸氨废水、除油池、均和池及厌氧池：

氨氮：80～200 mg/L（正常），40～300 mg/L（极限范围）；

油＜100 mg/L；　　　　　　　　水温：50～80℃（随季节调整）

pH：7.0～8.2（根据化验结果确定适宜的控制点和控制区间）。

（2）缺氧池：

pH：7～7.5；　　　　　　　　　P：＞0.5 mg/L；

温度：20～35℃；　　　　　　　硝化液回流比：300%～600%；

氨氮：根据其进水浓度和硝化液回流比来计算确定，当采用 A/O 全活性污泥法生物脱氮工艺时，还需考虑亚硝化菌对氨氮的吸附能力。

（3）好氧池出口：

NH_3-N：微量；　　　　　　　　NO_2^--N：微量；

pH：6.5～7.5；　　　　　　　　P：0.5～1.0 mg/L；

DO：＞2 mg/L；　　　　　　　　MLSS：＞2 g/L；

温度：20～35℃；　　　　　　　污泥：沉降性能良好。

12.8 分析化验项目、频率及取样点应根据废水处理工艺检控需要确定（参见附录B）。

12.9 焦化废水生化处理运行应遵循如下原则：

（1）不合格的蒸氨废水、化产装置区所排酸碱废液、管道冷凝液、生产操作事故冒槽溢流液、加杀菌剂后的循环冷却水排污水等应不得送到生化处理系统；

（2）应确保蒸氨系统所需蒸汽压力和汽量的供应，应确保进蒸氨塔的废水流量恒定，应根据蒸氨废水的氨氮浓度和 pH 适时调整蒸氨加碱量；

（3）当二沉池出水氨氮浓度有持续升高趋势时，或缺氧系统的氨氮超过运行控制指标时，应适时对生化系统进行恢复性调整；

（4）确保生化系统的旋转布水器、生物填料、潜水搅拌机、曝气系统及刮泥机等核心设备和部位正常运转；

（5）废水处理系统的备用设备应处于完好状态。

12.10　生产运行和分析化验应及时申报药剂和药品采购计划。

12.11　机电及机械设备应定期进行保养和维修。

12.12　运行操作应制定事故状态下的应急预案。

附录 A（资料性附录）

有关水质水量指标参考表

表 A.1 煤气净化及化学产品回收过程中的几种典型焦化废水水质和水量指标参照表

序号	项目	COD$_{Cr}$/(mg/L)	挥发酚/(mg/L)	总氰/(mg/L)	硫氰酸根/(mg/L)	氨氮/(mg/L)	石油类/(mg/L)	废水量/(m³/t 焦)	备注
1	剩余氨水	4 000～9 000	400～2 600	30～60	200～900	2 500～6 000	200～800	0.10～0.23	
2	粗苯分离水	7 000～12 000	350～650	20～50		40～200	120～500	0.025～0.028	
3	煤气终冷排污水							0～0.058	该水已送氨水系统 全负压回收时为 0
		400～700	100～500	16～25				0.09～0.11	氨水脱硫
		400～700	100～500	16～25				0.10～0.12	冷法弗萨姆
4	粗苯、终冷排污水	500～700	30～50	15～25	10～20	200～400	5～15	0.13～0.18	塔-希法脱硫制硫酸
5	蒸氨及回收工艺排水	3 000～4 000	90～200	6～10	300～400	850～1 000	5～15	0.25～0.34	无饱和器法产硫铵 设有废水脱酚装置
6	无水氨塔底排水							0.030～0.035	蒸氨气产无水氨
								0.020～0.025	煤气产无水氨
7	煤气水封水	4 500～5 500	200～300	5～10	200～300	950～1 200	21 000～23 000	0.01～0.02	槽罐车收集
8	脱硫废液				180 000～420 000	3 500～5 500			HPF、PDS 脱硫

表 A.2 苯加氢精制过程中典型焦化废水水质和水量指标参照表

排水点名称	COD$_{Cr}$/(mg/L)	挥发酚/(mg/L)	总氰/(mg/L)	硫氰酸根/(mg/L)	氨氮/(mg/L)	苯系物/(mg/L)	废水量/[m³/(t 粗苯)]	备注
凝液分离水槽	5 000～6 500	25～40	15～25	15～25	2 000～3 000	800～1 000	0.15～0.50	莱托法苯加氢
工艺混合废水槽					5 000～7 000	250～350	0.10～0.15	溶剂法苯加氢

表 A.3 酸洗法苯精制过程中几种典型焦化废水水质和水量指标参照表

序号	排水点名称	COD$_{Cr}$/(mg/L)	挥发酚/(mg/L)	总氰化物/(mg/L)	硫氰酸根/(mg/L)	全氨/(mg/L)	苯系物/(mg/L)	废水量/[m³/(t粗苯)]
1	原料油槽分离水	5 000~8 000	450~650	200~500		200~280	3 000~3 500	0.03~0.04
2	两苯塔和初馏塔分离水	3 000~4 500	800~1 000	100~250		200~400	6 000~8 500	0.04~0.5
3	吹苯塔和各产品塔分离水	1 500~2 000	2.5~4.5	0.2~0.5		20~50	200~300	0.04~0.5
4	刷槽车水	200~300	1.5~2.0	0.1~0.2		10~30	30~60	0.01~0.02
5	刷地坪水	450~650	1.0~1.5	0.05~0.1		10~30	200~800	0.03~0.04

表 A.4 焦油加工（常压蒸馏）过程中几种典型焦化废水水质和水量指标参照表

序号	排水点名称	COD$_{Cr}$/(mg/L)	挥发酚/(mg/L)	总氰/(mg/L)	硫氰酸根/(mg/L)	氨氮/(mg/L)	石油类/(mg/L)	排水量/(t/t焦油)
1	原料槽分离水	17 100~21 600	3 200~3 500	30~60	100~900	200~400	1 860~11 100	0.01~0.02
2	最后脱水	29 000~38 900	5 400~6 300	330~6 500	60~1 800	300~2 500	500~10 000	0.03~0.04
3	蒸吹脱酚分离水	16 100~78 000	3 000~14 900	250~350	90~430	500~900	300~10 000	0.06~0.18
4	硫酸钠废水	32 000~63 000	6 200~11 800	1 500~2 300	90~470	50~80	1 700~12 700	0.008~0.012
5	沥青池排污水	100~470	20~80	1~5	10~135	20~40	20~40	0.5~1.5

表 A.5 焦油加工（减压蒸馏）过程中典型焦化废水水质和水量指标表

序号	项目		COD$_{Cr}$/(mg/L)	挥发酚/(mg/L)	总氰/(mg/L)	硫氰酸根/(mg/L)	氨氮/(mg/L)	挥发酚/(mg/L)	废水量/(m³/t原料)	备注
1	焦油蒸馏脱水		25 000~35 000	3 000~4 000	200~300	130~180	4 500~6 000		0.03~0.11	m³/t焦油
2	酚盐分解中和槽		38 000~45 000	2 000~3 000			70~100		2.5~7	m³/t粗酚 不含送焚烧水量
3	古马隆脱酚排水		2 000~2 500	5 000~6 500			100~180		0.08~0.25	m³/t古马隆
4	吡啶精制脱水		900~1 200						1.0~1.8	m³/t粗吡啶
5	沥青延迟焦排水槽	范围	13 460~80 400	147~13 010	0.5~12 420	1 001~1 459	6 450~16 130	36~1 971	0.70~0.86	m³/t沥青焦
		平均	约37 800	约7 050	约1 630	约1 100	约11 700	约350		
	蒸馏塔回流槽		约70 160	约7 600	约375	约2 500	约8 895	约8.5		
	排污系统		3 100~15 400	600~2 500	1~6	5 000~15 000	500~1 500	100~400		
6	处理后含氟废水		900~1 000						0.95~1.05	m³/t古马隆 含F≤100 mg/L

表A.6 洗油、精蒽及蒽醌加工过程中几种典型焦化废水水质和水量指标表

序号	项目	排水点	排水量/（m³/d）	排水制度	备注
1	洗油加工	原料槽分离水	0.30（约 100 m³/a）	定期	洗油加工为蒸馏-熔融静止结晶法，其加工能力为：11 700 t/a；萘油加工能力为：10 100 t/a；焦化轻油加工能力为：2 500 t/a。
2		轻馏分冷凝液分离水	微量	定期	
3		脱盐基设备分离水	0.16（约 55 m³/a）	定期	
4	精蒽加工	溶剂分分离水	0.05	间歇送至油品配置	
5	蒽醌加工	洗净器排水	0.72		

表A.7 几种典型蒸氨废水水质和水量表参照表

序号	项目	COD_{Cr}/(mg/L)	挥发酚/(mg/L)	总氰/(mg/L)	硫氰酸根/(mg/L)	氨氮/(mg/L)	石油类/(mg/L)	废水量/(m³/t 焦)	备注
1	脱酚脱固定氨	1 750～2 700	90～200	5～40	300～700	60～300	30～200	0.25～0.35	蒸氨耗蒸汽量为：120～170 kg/(m³ 废水)
2	不脱酚脱固定氨	2 500～6 500	250～1 250	5～40	300～700	60～300	30～200	0.25 0.35	
3	不脱酚脱挥发氨	2 500～6 500	250～1 250	5～40	300～700	600～1 000	30～200	0.25～0.35	
说明	废水水质与原废水组成有关；废水量指标中未包括化学产品精制部分的废水，若有化学产品精制废水送蒸氨，应根据其水量及水质对相关的指标进行调整；蒸氨后废水中氨氮与蒸氨操作条件有关，运行正常且稳定的蒸氨系统，蒸氨废水的氨氮浓度都在80～200 mg/L。								

附录 B（规范性附录）

日常运行和点检记录及化验结果报告单参考格式表

表 B.1　　　　公司焦化废水生化处理站运行记录表（一）

年　月　日

时间	pH值							SV₃₀/%							温度/℃							运行情况
	蒸氨废水	除油池		均和池		缺氧池		好氧池		蒸氨废水	除油池		均和池		缺氧池		好氧池						
		$1^{\#}$	$2^{\#}$	$1^{\#}$	$2^{\#}$	$1^{\#}$	$2^{\#}$	$1^{\#}$	$2^{\#}$		$1^{\#}$	$2^{\#}$	$1^{\#}$	$2^{\#}$	$1^{\#}$	$2^{\#}$	$1^{\#}$	$2^{\#}$			
1																					
2																					
3																					
4																					
5																					
6																					
7																					
8																				交班： 接班：	
9																					
10																					
11																					
12																					
13																					
14																					
15																					
16																				交班： 接班：	
17																					
18																					
19																					
20																					
21																					
22																					
23																					
24																				交班： 接班：	

表 B.2 _____公司焦化废水生化处理站运行记录表（二）

年　月　日

说　明：
1. 加药量单位为 kg；
2. 提示药剂库存情况。

时间	流量/(m³/h)									液位/m			加药量/kg		记事
	蒸氨废水	其他废水	好氧空气		回流泥		混合液		复用水	送熄焦水	絮凝污泥	事故池		1#吸水井	2#吸水井	3#污泥井	Na_2CO_3	NaH_2PO_4	
			1#	2#	1#	2#	1#	2#				1#	2#						
1																			
2																			
3																			
4																			
5																			
6																			
7																			
8																			
9																			
10																			
11																			
12																			
13																			
14																			
15																			
16																			
17																			
18																			
19																			
20																			
21																			
22																			
23																			
24																			

交班：　　　　　接班：

表 B.3 _____公司焦化废水生化处理站日常点检记录表（一）

年　月　日

设备名称	序号	点检项目	点检内容	点检标准	点检时间 1	2	3	4	5	6	7	8	9	10	11	12	13	14	15	16	17	18	19	20	21	22	23	24	运行情况
泵	1	泵体	异音	无异音																									
	2	泵体	振动	无异常振动																									
	3	泵轴承	温度	<65℃																									
	4	泵轴承	异音	无异音																									
	5	填料函	泄漏	无泄漏																									
	6	泵壳	龟裂	无龟裂及其他缺陷																									
	7	地脚螺栓	松池	无松动																									
	8	基础	龟裂	无龟裂及其他缺陷																									
	9	电机	振动	无异常振动																									
	10	电机	温度	<65℃																									
	11	电机	电流	<__A																									
	12	电机轴承	温度	<80℃																									
	13	电机轴承	异音	无异音																									
	14	泵出口	压力	>__mPa																									
	15	泵出口	流量	>__m³/h																									
	16	润滑	油脂	给油正常																									

点检人

交班：	接班：	记事：	交班：	接班：	记事：	交班：	接班：	记事：

说明：1）正常划"√"，不正常划"×"，"×"应在记事栏内写明情况及处理意见；
2）记事栏内要写明本班设备运行时间及需交班内容。

表 B.4 ＿＿＿＿公司焦化废水生化处理站日常点检记录表（二）

运行情况　年　月　日

设备名称	序号	处理设施	点检项目	设备编号	点检内容	点检标准	1	2	3	4	5	6	7	8	9	10	11	12	13	14	15	16	17	18	19	20	21	22	23	24
	1	除油池	两系进水			恒量均等																								
	2	除油池	油位			需否排油																								
	3	均和池	NH_3-N/(mg/L)			60～200																								
	4	均和池	水温/℃			>80（冬）<60（夏）																								
	5	缺氧池	搅拌机			正常运转																								
	6	缺氧池	两系加碱			适量均等																								
	7	缺氧池	拌热			是否正常																								
	8	好氧池	两系加碱			适量均等																								
	9	好氧池	各点曝气			是否均匀																								
	10	好氧池	消池			是否合理																								
	11	好氧池	汽提装置			适量均等																								
	12	好氧池	回流污泥			适量均匀																								
	13	好氧池	剩余污泥			排泥																								
	14	好氧池	污泥状态			活性良好																								
	15	好氧池	排上清液阀			关闭无漏																								
	16	二沉池	刮泥机			正常运转																								
	17	二沉池	堰板出水			四周均匀																								
	18	二沉池	表面			无飘泥																								
	19	旋流器	加药			是否加药																								
	20	旋流器	絮凝状况			是否良好																								

设备名称	序号	处理设施	点检项目 设备编号	点检内容	点检标准	点检时间 1-24	运行情况
	21	絮凝池		刮泥机	正常运转		
	22	絮凝池		堰板出水	四周均匀		
	23	絮凝池		表面	无飘泥		
	24	絮凝池		排泥	是否排泥		
	25	浓缩池		刮泥机	正常运转		
	26	除油池		两系进水	恒量均等		

点检人

交班：　　　接班：　　　记事：
交班：　　　接班：　　　记事：
交班：　　　接班：　　　记事：

说明：1）正常栏划"√"，不正常划"×"，"记事"应在记事栏内写明情况及处理意见；
2）记事栏内要写明本班设备运行时间及需交班内容。

表 B.5 _____公司焦化废水处理站化验结果报告单

年　月　日

时间	水样	COD$_{Cr}$	酚	TCN	SCN$^-$	S^{2-}	TN
单日(9:00)	蒸氨废水						
	1#均和池						
	1#缺氧池						
	1#絮凝池						
	2#二沉池						
双日(9:00)	2#均和池						
	2#缺氧池						
	1#絮沉池						
	2#絮沉池						
	总出水						

时间	水样	NO$_2$-N	NO$_3$-N	TP	项目		
					总出水		
					蒸氨废水		

时间	水样	NH$_3$-N	pH	水温/°C	蒸氨塔运行参数	
9:00	蒸氨废水				塔顶温度	°C
	1#除油池				塔底温度	°C
	1#二沉池				塔内压力	kPa
	2#二沉池				废水流量	m³/h
13:00	蒸氨废水				塔顶温度	°C
	2#除油池				塔底温度	°C
	1#均和池				塔内压力	kPa
	2#缺氧池				废水流量	m³/h
17:00	蒸氨废水				塔顶温度	°C
	1#均和池				塔底温度	°C
	2#均和池				塔内压力	kPa
	2#缺氧池				废水流量	m³/h

时间	水样	COD$_{Cr}$	酚	TCN	SCN⁻	S²⁻	TN	NH$_3$-N	pH	水温/℃	蒸氨塔运行参数	
17:00	1#缺氧池					凯氏氮					塔顶温度	℃
	2#缺氧池					总有机碳					塔底温度	℃
	1#二沉池					苯系物					塔内压力	kPa
	2#二沉池					苯并[a]芘					废水流量	m³/h
	1#絮沉池					项目	1#絮沉池	2#絮沉池			塔顶温度	℃
	2#絮沉池					SS					塔底温度	℃
时间		SV$_{30}$	2#好氧池 SV$_{30}$	1#缺氧池 pH	2#缺氧池 pH	水温	水样	时间	水样		塔内压力	kPa
	1#好氧池 pH	水温									废水流量	m³/h
9:00							剩余氨水	21:00	蒸氨废水		塔顶温度	℃
15:00							蒸氨废水		1#除油池		塔底温度	℃
1:00						油	一除油池	1:00	1#二沉池		塔内压力	kPa
5:00							#均和池		2#二沉池		废水流量	m³/h
							总出出水		蒸氨废水		—	—
								5:00	2#除油池		浓缩池	—
记事:									1#均和池		1#回流泥	2#回流
									2#均和池		2#回流泥	污泥饼

记事:

项目	1#好氧池	2#好氧池
MLSS		
MLVSS		
DO		

项目	1#反应池	2#反应池
污泥含水率		

白班	中班	夜班

注: 1. 黑体字表示项目为每周2次或不定期分析项目; 2. 苯并[a]芘单位为μg/L, 其他浓度单位为mg/L, SV$_{30}$及含水率单位为%。

附件 1623

中华人民共和国国家环境保护标准

厌氧颗粒污泥膨胀床反应器废水处理工程技术规范

Technical specifications of expanded granular sludge bed（EGSB）
reactor for wastewater treatment

HJ 2023—2012

前言

为贯彻《中华人民共和国环境保护法》和《中华人民共和国水污染防治法》，规范厌氧颗粒污泥膨胀床反应器废水处理工程的建设与运行管理，防治环境污染，保护环境和人体健康，制定本标准。

本标准规定了厌氧颗粒污泥膨胀床反应器的工艺设计、检测和控制、施工与验收、运行与维护等技术要求。

本标准为指导性标准。

本标准为首次发布。

本标准由环境保护部科技标准司组织制订。

本标准主要起草单位：中国环境保护产业协会、清华大学、北京市环境保护科学研究院、山东十方环保能源股份有限公司。

本标准环境保护部 2012 年 12 月 24 日批准。

本标准自 2013 年 3 月 1 日起实施。

本标准由环境保护部解释。

1 适用范围

本标准规定了厌氧颗粒污泥膨胀床反应器废水处理工程的工艺设计、检测和控制、施工与验收、运行与维护的技术要求。

本标准适用于采用厌氧颗粒污泥膨胀床反应器处理工业有机废水工程的设计、建设与运行管理，可作为环境影响评价、设计、施工、验收及建成后运行与管理的技术依据。

内循环厌氧反应器和厌氧流化床反应器的设计、运行等可参考本标准。

2 规范性引用文件

本标准引用了下列文件或其中的条款。凡是未注日期的引用文件，其最新版本适用于本标准。

  GB 3836 爆炸性气体环境用电气设备
  GB 12348 工业企业厂界环境噪声排放标准
  GB 12801 生产过程安全卫生要求总则
  GB 50011 建筑抗震设计规范
  GB 50014 室外排水设计规范
  GB 50015 建筑给水排水设计规范
  GB 50016 建筑设计防火规范
  GB 50017 钢结构设计规范
  GB 50037 建筑地面设计规范
  GB 50040 动力机器基础设计规范
  GB 50046 工业建筑防腐蚀设计规范
  GB 50052 供配电系统设计规范
  GB 50053 10 kV 及以下变电所设计规范
  GB 50054 低压配电设计规范
  GB 50057 建筑物防雷设计规范
  GB 50069 给水排水工程构筑物结构设计规范
  GB 50187 工业企业总平面设计规范
  GB 50202 建筑地基基础工程施工质量验收规范
  GB 50203 砌体结构工程施工质量验收规范
  GB 50204 混凝土结构工程施工质量验收规范
  GB 50205 钢结构工程施工质量验收规范
  GB 50209 建筑地面工程施工质量验收规范
  GB 50222 建筑内部装修设计防火规范
  GB 50268 给水排水管道工程施工及验收规范
  GB 50275 风机、压缩机、泵安装工程施工及验收规范
  GB/T 18883 室内空气质量标准
  GBJ 19 采暖通风与空气调节设计规范
  GBJ 22 厂矿道路设计规范
  GBJ 87 工业企业噪声控制设计规范
  GBZ 1 工业企业设计卫生标准
  GBZ 2.1 工作场所有害因素职业接触限值 第 1 部分：化学有害因素
  GBZ 2.2 工作场所有害因素职业接触限值 第 2 部分：物理因素
  CJJ 60 城市废水处理厂运行、维护及其安全技术规程
  HGJ 212 金属焊接结构湿式气柜施工及验收规范
  HJ/T 91 地表水和废水监测技术规范
  JGJ 80 建筑施工高处作业安全技术规范
  NY/T 1220.1 沼气工程技术规范 第 1 部分：工艺设计
  NY/T 1220.2 沼气工程技术规范 第 2 部分：供气设计

《建设项目（工程）竣工验收办法》（计建设[1990]1215号）
《建设项目竣工环境保护验收管理办法》（国家环境保护总局令 第13号）

3 术语和定义

下列术语和定义适用于本标准。

3.1 厌氧颗粒污泥膨胀床反应器 expanded granular sludge blanket reactor（简称EGSB反应器）

指由底部的污泥区和中上部的气、液、固三相分离区组合为一体的，通过回流和结构设计使废水在反应器内具有较高上升流速，反应器内部颗粒污泥处于膨胀状态的厌氧反应器。

3.2 外循环 external the circle

指将通过顶层三相分离器的出水经动力提升，与进水相混合的一种循环方式。

3.3 内循环 internal the circle

指将未通过顶层三相分离器的出水经动力提升，与进水相混合的一种循环方式。

4 设计水量和设计水质

4.1 设计水量

4.1.1 设计水量应根据工厂或工业园区总排放口实际测定的废水流量设计。测试方法应符合HJ/T 91的规定。

4.1.2 废水流量变化应根据工艺特点进行实测，确定流量变化系数。

4.1.3 无法取得实际测定数据时，可参照国家现行的工业最终用水量折算确定，或根据同行业同规模同工艺现有工厂排水数据类比确定。

4.1.4 提升泵房、格栅井、沉砂池宜按最高日最高时废水量设计。

4.1.5 EGSB反应器的设计流量及EGSB反应器前、后的水泵、管道等输水设施宜按最高日平均时废水量设计。

4.2 设计水质

4.2.1 设计水质应根据进入废水处理厂（站）工业废水的实际测定数据确定，其测定方法和数据处理方法应符合HJ/T 91的规定。无实际测定数据时，可参照类似工厂的排放资料类比确定。

4.2.2 EGSB反应器进水应符合下列条件：

a) pH值宜为6.0~8.0；
b) 常温厌氧温度宜为20~25℃,中温厌氧温度宜为35~40℃,高温厌氧温度宜为50~55℃;
c) 营养组合比COD：N：P宜为100~500：5：1；
d) EGSB反应器进水中悬浮物含量宜小于2 000 mg/L；
e) 氨氮浓度宜小于2 000 mg/L；
f) 硫酸盐浓度应小于1 000 mg/L，COD/SO_4^{2-}比值应大于10；
g) COD浓度宜大于1 000 mg/L；
h) 严格控制重金属、氰化物、酚类等物质进入厌氧反应器的浓度。

4.2.3 宜通过适当提高出水外回流比，降低进水中有毒物质（如重金属、氰化物、酚类等）的浓度，减轻或消除其毒害作用。
4.2.4 如果不能满足进水要求，宜采用相应的预处理措施。
4.2.5 污染物去除率

EGSB反应器对污染物的去除效果可参照表1。

表1 EGSB反应器对污染物的去除率

污染物	去除率/%		
	化学需氧量（COD）	五日生化需氧量（BOD_5）	悬浮物（SS）
易降解废水	70~90	60~80	30~50
难降解废水	50~70	40~60	20~40

注：B/C>0.3为易降解废水；B/C<0.1为难降解废水。

5 总体要求

5.1 一般规定

5.1.1 EGSB反应器设计除应执行本标准外，还应符合国家现行的有关标准和技术规范的规定。
5.1.2 废水处理厂（站）建设、运行过程中产生的废气、废水、固体废物及其他污染物的治理与排放，应执行国家环境保护法规和有关标准的规定，不得产生二次污染。
5.1.3 废水处理厂（站）的设计、建设应采取有效的隔声、消声、绿化等降低噪声的措施，噪声和振动控制的设计应符合GBJ 87和GB 50040的规定，厂界环境噪声排放应符合GB 12348的规定，废水处理厂（站）周围应建设绿化带，并设有一定的防护距离，防护距离由环境影响评价确定。
5.1.4 废水处理厂（站）应按照国家或当地的环境保护管理要求安装污染物自动监测系统。
5.1.5 废水处理厂（站）应按照国家和地方的有关规定设置规范化排污口。
5.1.6 废水处理厂（站）的设计、建设、运行过程中应高度重视职业卫生和劳动安全，严格执行GBZ 1、GBZ 2.1、GBZ 2.2和GB 12801的规定。
5.1.7 EGSB反应器应按照有关规定设置防护栏杆、防滑梯等安全措施，并做好防火、防爆和防中暑、防中毒等预防工作。
5.1.8 EGSB反应器宜采用密闭方式，减少恶臭对周围环境的污染，臭气浓度应符合GB/T 18883的规定。EGSB废水处理厂（站）宜设置恶臭集中处理设施，可采用化学除臭或生物除臭法。

5.2 厂（站）选址和总平面布置

5.2.1 废水处理厂（站）址和总体布置应符合GB 50014的相关规定，总图设计应符合GB 50187的规定。
5.2.2 废水处理厂（站）的防洪标准不应低于城镇防洪标准。
5.2.3 废水处理厂（站）分期建设时，应按远期处理规模进行总体布置和预留场地。管网和地下构筑物宜一次建成。
5.2.4 废水处理厂（站）的各种管线应统筹安排，避免相互干扰，便于清通和维护，合理布置超越和放空管线。

5.2.5 处理单元的竖向设计应充分利用原有地形，尽可能做到土方平衡和减少废水提升的次数。

5.3 项目构成

5.3.1 采用EGSB反应器的废水处理厂（站）主要由预处理、EGSB反应器、后续处理、污泥储存、沼气净化及利用系统组成。后续处理一般指好氧处理，此部分不在本规范范围内。

5.3.2 EGSB废水处理厂（站）辅助工程包括：供配电、给排水、消防、暖通、检测与控制等。

6 工艺设计

6.1 工艺流程

采用EGSB反应器的废水处理厂（站）宜采用的工艺流程见图1。

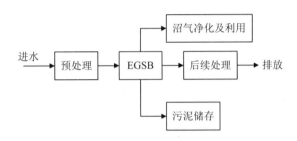

图1 工艺流程图

6.2 预处理

6.2.1 预处理包括格栅、沉砂池、沉淀池、调节池及混合加热池或降温措施等。

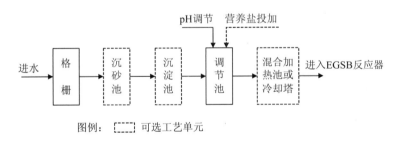

图2 预处理工艺流程

6.2.2 应根据需要设粗、细格栅。格栅的设计应符合GB 50014的规定。

6.2.3 处理屠宰和酒糟等含砂较多废水时，应设置沉砂池。沉砂池的设计应符合GB 50014的规定。

6.2.4 处理造纸、淀粉等含大量悬浮物的废水时，应设置沉淀池。沉淀池的设计应符合GB 50014的规定。

6.2.5 应设置调节池。调节池的设计应满足以下要求：

a) 调节池容量应根据废水流量变化曲线确定；没有流量变化曲线时，调节池的容量应满足生产排水周期中水质水量均化的要求，停留时间宜为 6～12 h；如为批式生产，废水间歇排放，调节池容量宜按 1～2 个周期设置；

b) 调节池可兼用作中和池，也可在其内设置营养盐补充装置；

c) 调节池内宜设置搅拌设施，搅拌机动力宜为 4～8 W/m³ 池容；

d) 调节池出水端应设置去除浮渣装置，池底宜设置除砂和排泥装置。

6.2.6 pH 值调节及加药装置宜设在加药间内，其设计应符合下列要求：

a) 通过投加碱性或酸性物质来调节和控制 EGSB 反应器内的 pH 值，碱性物质可选用 Na_2CO_3、$NaHCO_3$ 等；酸性物质可选用盐酸等；

b) 药剂应有一定的存储量，酸性物质贮存时间宜为 7 d 以上，碱性物质贮存时间宜为 15 d 以上；

c) 溶药宜采用专用的溶药罐和搅拌设备，投加宜采用计量泵自动定量投加；

d) pH 值粗调宜在调节池中投加酸性物质或碱性物质，pH 值微调宜采用管道混合器和定量加酸加碱泵；

e) 在加药间宜同时设置营养盐（氮、磷等）等药品溶解和加药装置。

6.2.7 如废水温度不能满足设计温度要求，应设置加热或降温装置，具体要求如下：

a) 加热方式可采用池外加热和池内加热，池内加热宜采用热水循环加热方式。

b) 热交换器选型应根据废水特性、介质温度和热交换器出口介质温度确定。热交换器换热面积应根据热平衡计算，计算结果应留有 10%～20%的余量。

c) 加热装置的需热量按公式（1）计算：

$$Q_t = Q_h + Q_d \tag{1}$$

式中：Q_t——总需热量，kJ/h；

Q_h——加热废水到设计温度需要的热量，kJ/h；

Q_d——保持反应器温度需要的热量，kJ/h。

d) 宜采用冷却水池或冷却塔等降温设施。

6.3 EGSB 反应器

6.3.1 EGSB 反应器组成

EGSB 反应器主要由布水装置、三相分离器、出水收集装置、循环装置、排泥装置及气液分离装置组成。

EGSB 反应器结构形式见图 3。

6.3.2 EGSB 反应器池体设计

6.3.2.1 EGSB 反应器容积宜采用容积负荷法计算，按式（2）计算。

$$V = \frac{Q \times S_o}{1\,000 \times N_V} \tag{2}$$

式中：V——反应器有效容积，m³；

Q——EGSB 反应器设计流量，m³/d；

N_V——容积负荷（以 COD 计），kg/(m³·d)；

S_o——进水有机物质量浓度（以 COD 计），mg/L。

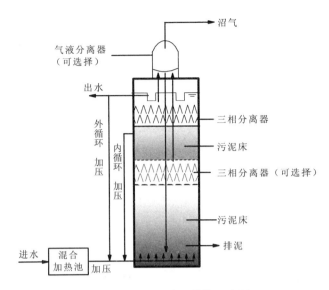

图 3 EGSB 反应器结构示意图

6.3.2.2 反应器的容积负荷应通过试验或参照类似工程确定，在缺少相关资料时可参考附录 A 的有关内容确定，EGSB 反应器的容积负荷（COD）范围宜为 10～30 kg/（m³·d）。

6.3.2.3 EGSB 反应器的个数不宜少于两个，并应按并联设计，具备可灵活调节的运行方式，且便于污泥培养和启动。

6.3.2.4 EGSB 反应器的有效水深宜在 15～24 m 之间。

6.3.2.5 EGSB 反应器内废水的上升流速宜在 3～7 m/h 之间。

6.3.2.6 EGSB 反应器宜为圆柱状塔形，反应器的高径比宜在 3～8 之间。

6.3.2.7 EGSB 反应器的建筑材料应符合下列要求：
  a）EGSB 反应器宜采用不锈钢、加防腐涂层的碳钢等材料，也可采用钢筋混凝土结构；
  b）钢制 EGSB 反应器的保温材料常用的有聚苯乙烯泡沫塑料、聚氨酯泡沫塑料、玻璃丝棉、泡沫混凝土、膨胀珍珠岩等。

6.3.3 布水装置

6.3.3.1 布水装置宜采用一管多孔式布水和多管布水方式。

6.3.3.2 一管多孔式布水孔口流速应大于 2 m/s，穿孔管直径应大于 100 mm，配水管中心距反应器池底宜保持 150～250 mm 的距离。

6.3.3.3 多管布水每个进水口负责的布水面积宜为 2～4 m²。

6.3.4 三相分离器

6.3.4.1 宜采用整体式或组合式的三相分离器，三相分离器基本构造见图 4。

6.3.4.2 整体式三相分离器斜板倾角范围 α 为 55°～60°；分体式三相分离器反射板与隙缝之间的遮盖 Z_1 宜在 100～200 mm，层与层之间的间距范围 Z_2 宜为 100～200 mm。

6.3.4.3 EGSB 反应器可采用单级三相分离器，也可采用双级三相分离器。

6.3.4.4 设置双级三相分离器时，下级三相分离器宜设置在反应器中部，覆盖面积宜为 50%～70%，上级三相分离器宜设置在反应器上部。

6.3.4.5 出气管的直径应保证从集气室引出沼气。

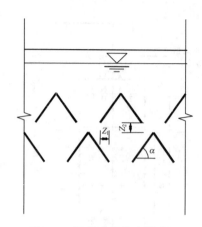

图 4　三相分离器基本构造图

6.3.4.6　处理废水中含有蛋白质、脂肪或大量悬浮固体时，宜在出水收集装置前设置消泡喷嘴。

6.3.4.7　三相分离器宜选用聚丙烯（PP）、碳钢、不锈钢等材料，如采用碳钢材质应进行防腐处理。

6.3.5　出水收集装置

6.3.5.1　出水收集装置应设在 EGSB 反应器顶部。

6.3.5.2　圆柱形 EGSB 反应器出水宜采用放射状的多槽或多边形槽出水方式。

6.3.5.3　集水槽上应加设三角堰，堰上水头应大于 25 mm，水位宜在三角堰齿 1/2 处。

6.3.5.4　出水堰口负荷宜小于 1.7 L/(s·m)。

6.3.5.5　EGSB 反应器进出水管道宜采用聚氯乙烯（PVC）、聚乙烯（PE）、聚丙烯（PPR）、不锈钢、高密度聚乙烯（HDPE）等材料。

6.3.6　循环装置

6.3.6.1　EGSB 反应器有外循环和内循环两种方式。

6.3.6.2　EGSB 反应器外循环和内循环均由水泵加压实现，回流比根据上升流速确定，上升流速按式（3）计算。

$$v = \frac{Q + Q_{回}}{A} \tag{3}$$

式中：v——反应器上升流速，m/h；

　　　Q——EGSB 反应器进水流量，m³/h；

　　　$Q_{回}$——EGSB 反应器回流流量，包括内回流和外回流，m³/h；

　　　A——反应器表面积，m²。

6.3.6.3　EGSB 反应器外循环出水宜设旁通管接入混合加热池。

6.3.6.4　EGSB 反应器外循环、内循环进水点宜设置在原水进水管道上，与原水混合后一起进入反应器。

6.3.7　排泥装置

6.3.7.1　EGSB 反应器的污泥产率为 0.05～0.10 kgVSS/kgCOD，排泥频率宜根据污泥浓度分布曲线确定。应在不同高度设置取样口，根据监测污泥的浓度制定污泥分布曲线。

6.3.7.2 EGSB 反应器宜采用重力多点排泥方式，排泥点宜设在污泥区的底部。

6.3.7.3 排泥管管径应大于 150 mm，底部排泥管可兼作放空管。

6.3.8 气液分离器

设置双级三相分离器时，反应器顶部宜设置气液分离器，气液分离器与三相分离器通过集气管相连接。

6.4 剩余污泥

6.4.1 EGSB 反应器应设置污泥储存设施，经过静置排水后作为接种污泥。

6.4.2 如不考虑储存，EGSB 反应器的污泥宜和好氧池剩余污泥合并后一同脱水处理。污泥处理要求参照 GB 50014 的规定，经处理后的污泥处置应符合国家的相关规定。

6.5 沼气净化及利用

6.5.1 EGSB 反应器的沼气产量按式（4）计算。

$$Q_a = \frac{Q \times (S_o - S_e) \times \eta}{1\,000} \quad (4)$$

式中：Q_a——沼气产量（标态），m³/d；

Q——进水流量，m³/d；

η——单位 COD 沼气产率（标态），m³/kg，一般为 0.45～0.50 m³/kg；

S_o——进水有机物质量浓度（以 COD 计），mg/L；

S_e——出水有机物质量浓度（以 COD 计），mg/L。

6.5.2 沼气净化主要包括脱水、脱硫及沼气储存，系统组成见图 5。

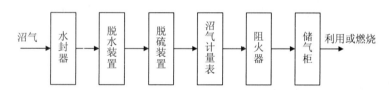

图 5 沼气净化系统图

6.5.3 沼气净化利用设计应符合 NY/T 1220.1、NY/T 1220.2 和 GB 50016 的有关规定。

6.5.4 沼气利用应经过脱水和脱硫处理后方可进入后续利用装置。沼气脱水、脱硫设计应符合 NY/T 1220.2 的有关规定。

6.5.5 沼气贮存可采用低压湿式储气柜、低压干式储气柜和高压储气柜。储气柜与周围建筑物应有一定的安全防火距离。储气柜容积应根据沼气产生量及不同利用方式确定：

a）沼气用于民用炊事时，储气柜的容积按日产气量的 50%～60% 计算；

b）沼气用于锅炉、发电和部分民用时，应根据沼气供应平衡曲线确定储气柜的容积；无平衡曲线时，储气柜的容积应不低于日产气量的 10%。

6.5.6 沼气储气柜输出管道上宜设置安全水封或阻火器。沼气利用工程应设置内燃式燃烧器，不得随意排放沼气。

6.5.7 若沼气净化后需达到天然气标准等时，应符合国家相关标准。

6.5.8 沼气日产量低于 1 300 m³ 的 EGSB 反应器，宜作为炊事、采暖或厌氧换热的热源，沼气日产量高于 1 300 m³ 的 EGSB 反应器宜进行发电利用或作为炊事、采暖或厌氧换热的热源。

6.5.9 沼气利用的锅炉宜选用燃煤燃气两用锅炉。

7 检测和过程控制

7.1 检测

7.1.1 调节池内宜设液位计、液位开关及流量计，大型废水处理厂（站）宜在出口处增设化学需氧量检测仪。

7.1.2 调节池出水端宜设置温度、pH值自动检测装置，检测值用于控制温度和药剂投加。

7.1.3 EGSB反应器应设置pH计、温度计、污泥界面仪等在线仪表。

7.2 过程控制

7.2.1 过程控制管理系统应具有数据采集、处理、控制、管理，储存历史数据1年以上和安全保护功能。

7.2.2 应结合工程规模、运行管理的要求、工程投资情况，确定所选用设备仪器的先进程度及维护管理水平，因地制宜选择监控指标和自动化程度。

7.2.3 EGSB反应器宜与全站其他反应器共用一套PLC控制器，必要时可在EGSB反应器处设现场I/O模块，PLC控制器一般不另设接口设备。

7.2.4 采用成套设备时，成套设备自身的控制宜与EGSB废水处理厂（站）设置的控制相结合。

7.2.5 关键设备附近应设置独立的控制箱，同时具有"手动/自动"的运行控制切换功能。

7.2.6 现场检测仪表应具有防腐、防爆、抗渗漏、防结垢和自清洗等功能。

8 主要辅助工程

8.1 电气工程设计应符合下列规定：
   a) 工艺装置的用电负荷应为二级负荷；如不能满足双路供电，应采用单路供电加柴油发电机组的供电方式；
   b) 高、低压用电设备的电压等级应与其供电系统的电压等级一致；
   c) 中央控制室主要设备应配备在线式不间断供电电源；
   d) 接地系统宜采用三相五线制；
   e) 变电所及低压配电室设计应符合GB 50053、GB 50054的规定；
   f) 供配电系统应符合GB 50052的规定；
   g) 电机应优先采用直接启动方式，当通过计算不能满足规范中规定的直接启动电压损失条件时才考虑采用降压启动方式；
   h) 电气设备的金属外壳均应采取接地或接零保护，钢结构、排气管、排风管和铁栏等金属物应采用等电位连接。

8.2 防腐工程设计应符合GB 50046的规定。

8.3 脱硫脱水间为防爆区，此区域内的电气设备及安装均应满足防爆要求；脱硫脱水间内的照明采用防爆灯，房间内设置的检测仪表应达到本安防爆等级，自控设备达到隔爆等级；沼气柜的增压设备应满足防爆要求，防爆工程设计应符合GB 50222和GB 3836的规定。

8.4 抗震设计应符合GB 50011的规定。

8.5 钢结构应符合 GB 50017 的规定。

8.6 构筑物结构应符合 GB 50069 的规定。

8.7 建筑物设计应符合 GB 50037 的规定。

8.8 防火与消防工程设计应符合 GB 50016 的规定。

8.9 厌氧反应器、沼气柜按照一级防雷设计防雷装置,防雷设计应符合 GB 50057 的规定。

8.10 给水工程设计应符合 GB 50015 的规定。

8.11 排水工程设计应符合 GB 50014 的规定。

8.12 采暖通风工程设计应符合 GBJ 19 的规定。

8.13 厂区道路与绿化等工程设计应符合 GBJ 22 的规定。

9 施工与验收

9.1 一般规定

9.1.1 工程施工单位应具有国家相应的工程施工资质,工程项目宜通过招投标确定施工单位和监理单位。

9.1.2 应按工程设计图纸、技术文件、设备图纸等组织工程施工,工程变更应取得设计单位的设计变更文件后再行实施。

9.1.3 施工前应进行施工组织设计或编制施工方案,明确施工质量负责人和施工安全负责人,经批准后方可实施。

9.2 施工

9.2.1 钢结构工程应符合 GB 50017 的规定,钢结构的 EGSB 反应器应符合下列要求:

a) 对容易变形的钢构件进行强度和稳定性验算,必要时应采取加固措施;
b) 反应器的壁板、支撑等主要构件安装就位后,应立即进行校正、固定。当天安装的构件应形成稳定的空间体系;
c) 设计要求顶紧的节点,接触面积不应小于 70%的紧贴面;
d) 利用安装好的结构吊装其他部件和设备时,应进行验算,采取相应保护措施;
e) 安装在罐体上的人孔及其各种管线必须严格按设计文件执行;
f) 钢结构反应器的所有焊缝均应作煤油渗漏检查;
g) 反应器安装完毕后,应进行防腐处理及密封性试验。

9.2.2 三相分离器安装应符合下列要求:

a) 设备安装完毕后,进行注水试验,时间不少于 24 h,设备不得有渗漏现象。试验合格后,作防腐、保温处理;
b) 吊装时钢丝绳应固定牢固,起吊需平稳;
c) 设备安装前基础应找平,设备圆周部位的误差应≤10 mm。

9.2.3 泵类的安装应符合 GB 50275 的有关规定。

9.2.4 脱硫罐安装应根据设备总重量、底座大小和地脚螺栓的位置安放好垫铁;罐内的构件和填料,应按技术图纸的要求进行安装;脱硫罐与各管道的连接接头不得漏气。

9.2.5 储气柜的施工应符合 HGJ 212 的有关规定。

9.2.6 EGSB 反应器、储气柜的平台、梯子、栏杆、导轨架等附件的制造与安装应符合 GB 50205 的有关规定。

9.2.7 钢板及支架应具有足够的强度、刚度和稳定性，能可靠地承受钢板自重、侧压力和施工中产生的荷载及风荷载。

9.2.8 应做好临时设施及脚手架等的防强风措施，遇六级以上（含六级）强风、大雪、浓雾等恶劣天气，不得露天起重吊装和高空作业。

9.2.9 高空作业应符合 JGJ 80 的规定，管道工程应符合 GB 50268 的规定，混凝土结构工程应符合 GB 50204 的规定。

9.2.10 建筑物的基础、构造柱、圈梁、模板、钢筋、混凝土等施工应符合 GB 50202 和 GB 50204 的规定。

9.2.11 建筑物的砖石工程施工应符合 GB 50203 的规定，建筑物的地面工程施工应符合 GB 50209 的规定。

9.2.12 应根据当地气温和环境条件对构筑物采取有效的防冻措施。

9.3 工程验收

9.3.1 工程验收应按《建设项目（工程）竣工验收办法》、相应专业现行验收规范和本标准的有关规定执行。工程竣工验收前，不得投入生产性使用。

9.3.2 三相分离器应按设计要求进行各项性能试验，保证气、液、固的分离效果。

9.3.3 水泵应按设计最多开启台数进行 48 h 运转试验，测定水泵和污泥泵的流量及机组功率，有条件的应测定其特性曲线。

9.3.4 排水管道应做闭水试验，上游充水管保持在管顶以上 2 m，外观检查应 24 h 无漏水现象。

9.3.5 验收时应对厌氧反应器进行满水试验、气密性试验、管道强度及严密性试验等。

9.3.6 仪表、化验设备应定期送计量检定部门检定。

9.3.7 变电站高压配电系统应由供电部门组织电检、验收。

9.4 环境保护验收

9.4.1 工程竣工环境保护验收应按《建设项目竣工环境保护验收管理办法》的规定执行。

9.4.2 EGSB 反应器验收前应结合试运行进行性能试验，性能试验报告可作为竣工环境保护验收的技术支持文件。性能试验内容包括：

  a）满负荷运行测试，处理系统应满负荷进水，考查各工艺单元、构筑物和设备的运行工况；

  b）水质检测，在工艺要求的各个重要部位，按照规定频次、指标和测试方法进行水质检测，分析污染物去除效果；

  c）耗电量统计，分别统计各主要设备单体运行和设施系统运行的电能消耗；

  d）厌氧污泥测试，观察污泥性状、活性及浓度；

  e）计算全厂技术经济指标：COD 去除量、COD 去除电耗（kW·h/kg）、沼气产量（m^3/d）、COD 处理成本（元/kg）等。

10 运行与维护

10.1 一般规定

10.1.1 废水处理厂（站）的运行、维护及安全管理应参照 CJJ 60 执行。

10.1.2 废水处理厂（站）的运行管理应配备专业人员和设备，操作人员应熟悉本厂（站）

处理工艺技术指标和设备的运行要求。

10.1.3 各岗位的工艺系统图、操作和维护规程等应示于明显位置，运行人员应按规程进行操作，并做好运行记录，记录内容主要包括反应器内的 pH 值、温度、进出水污染物浓度、悬浮物浓度、污泥浓度、沼气量、储气柜的贮气量及压力等参数。

10.1.4 应每小时巡视一次、检查沼气发电机组的运行情况，做运行记录分析运行状态，随时掌握负载的变化情况。

10.1.5 定期应对 EGSB 反应器及其附属设施如气液分离器、循环装置、营养盐投加装置、pH 值调节装置等进行定期检修，同时定期对 pH 计、温度计、流量计、液位计、污泥浓度计、污泥界面仪等仪表进行校正和维修保养。

10.1.6 反应器本体、各种管道及阀门等应每年进行一次检查和维修，反应器的各种加热设施应每半年进行一次除垢、清通。

10.1.7 EGSB 反应器应定期放空清理，检查构筑物完好情况。

10.1.8 宜每日检测 EGSB 反应器进口和出口的化学需氧量（COD）、悬浮物（SS）及反应器内的 pH 值、温度、挥发性脂肪酸（VFA）、碱度，宜每周检测沼气产量、生化需氧量（BOD_5）、污泥浓度和沼气成分等指标。

10.1.9 EGSB 反应器放空、维修时，应打开人孔与顶盖，强制通风 24 h，通过检测确认安全并佩戴防毒面具和便携式甲烷检测仪方可进入。反应器外必须有人进行安全保护。

10.1.10 工作人员必须按照安全规程操作，上、下沼气储气柜巡视、操作或维修时，必须配备防静电的工作服，并不得穿带铁钉的鞋或高跟鞋。

10.1.11 在清洗沼气净化装置时，应打开旁路阀门，检查进出口阀门是否完全关闭后方可进一步操作。

10.2 反应器启动

10.2.1 反应器启动前宜进行污泥产甲烷活性的检测。

10.2.2 EGSB 反应器启动应采用颗粒污泥接种，接种量宜为 10～20 $kgVSS/m^3$，宜根据处理废水的性质，优先选用与拟处理的废水种类一致的颗粒污泥进行接种。

10.2.3 颗粒污泥应具有下列特征：大小均匀，粒径为 0.5～3.0 mm，颗粒沉速为 20～100 m/h，具有较高的机械强度。

10.2.4 颗粒污泥宜在低温（4℃左右）含有营养液的密封装置中储存，并尽量缩短保存时间。

10.2.5 EGSB 反应器的启动负荷应小于 2 $kgCOD/(m^3 \cdot d)$，上升流速小于 0.5 m/h。

10.2.6 启动时应逐步升温（以每日升温 2℃为宜）使 EGSB 反应器达到设计温度。

10.2.7 颗粒物污泥投加后，应缓慢增加循环流量；当反应器出水悬浮物增加过快时，应适当降低循环流量。

10.2.8 出水 COD 达到一定的去除率并稳定后，或出水挥发酸浓度低于 200～300 mg/L 后，可逐步提高进水容积负荷；负荷的提高幅度宜控制在设计负荷的 20%～30%，直至达到设计负荷和设计去除率。

10.3 运行控制

10.3.1 应根据 EGSB 反应器监测数据及时调整反应器负荷、控制进水碱度或采取其他相应措施。EGSB 反应器中碱度（以 $CaCO_3$ 计）应高于 2 000 mg/L，挥发性脂肪酸（VFA）宜控制在 200 mg/L 以内。

10.3.2 启动和运行时，均应保证 EGSB 反应器内 pH 值在 6.0~8.0 之间；pH 值降至 6.0 以下时，宜停止运行装置，检查原因，并加入碳酸氢钠等碱性物质。

10.3.3 EGSB 反应器反应区污泥浓度不宜低于 30 kgVSS/m^3。

10.3.4 EGSB 反应器污泥层应维持在三相分离器下 0.5~1.5 m，污泥过多时应进行排泥。

10.3.5 EGSB 反应器宜维持稳定的设计温度。

10.3.6 应保证 EGSB 反应器溢流管畅通。

10.4 停产控制

10.4.1 EGSB 反应器长期停运时，应采取相应的防冻措施。

10.4.2 EGSB 反应器再启动时，应先恢复运行温度，并根据运行状态逐步提高进水负荷。

10.5 应急措施

过量的有毒有害物质进入 EGSB 反应器时，应采取回流、稀释进水，同时调节反应器内营养盐等应急措施，保证反应器的正常运行。

附录 A（资料性附录）

实际工程 EGSB 反应器的设计负荷统计表

序号	废水类型	实际工程 COD 负荷/[kg/(m³·d)]			统计厂家数
		平均	最高	最低	
1	化工	12.0	25.8	5.3	14
2	啤酒厂	16.6	30.2	13.0	12
3	甜菜糖等	20.0	22.8	18.7	3
4	土豆加工	14	17.1	9.3	3
5	酵母业、玉米加工	23.9	29.0	14.6	3
6	柠檬酸、蔬菜加工	18.0	25.1	12.0	6
7	食品加工	14.2	18.9	10.0	7
8	制药厂	16.2	22.5	12.0	8
9	淀粉和乙醇、调味品	15.0	25.0	9.0	16
10	淀粉糖	18.0	26.0	13.0	6

中华人民共和国国家环境保护标准

完全混合式厌氧反应池废水处理
工程技术规范

Technical specifications for completely mixed anaerobic reaction tank
in wastewater treatment

HJ 2024—2012

前 言

为贯彻《中华人民共和国水污染防治法》，规范完全混合式厌氧反应池在废水处理中的应用，防治水环境污染，保护人体健康，制定本标准。

本标准规定了完全混合式厌氧反应池的工艺设计、主要设备、检测和控制、施工与验收、运行和维护的技术要求。

本标准为指导性标准。

本标准为首次发布。

本标准由环境保护部科技标准司组织制订。

本标准主要起草单位：中国环境保护产业协会、哈尔滨工业大学、大连民族学院、清华大学、哈尔滨工程大学、绍兴市水联建设工程有限责任公司、北京市环境保护科学研究院。

本标准环境保护部 2012 年 12 月 24 日批准。

本标准自 2013 年 3 月 1 日起实施。

本标准由环境保护部解释。

1 适用范围

本标准规定了完全混合式厌氧反应池废水处理工程的工艺设计、主要设备、检测和控制、施工与验收、运行与维护的技术要求。

本标准适用于采用完全混合式厌氧反应池的高悬浮物高浓度有机废水处理工程，可作为环境影响评价和环境工程设计、施工、环境保护验收及建成后运行与管理的技术依据。

2 规范性引用文件

本标准引用了下列文件或其中的条款。凡未注明日期的引用文件，其最新版本适用于本标准。

GB 3096　声环境质量标准
GB 12348　工业企业厂界环境噪声标准
GB 12801　生产过程安全卫生要求总则
GB 18597　危险废物贮存污染控制标准
GB 18599　一般工业固体废物贮存、处置场污染控制标准
GB 50014　室外排水设计规范
GB 50015　建筑给水排水设计规范
GB 50016　建筑设计防火规范
GB 50040　动力器基础设计规范
GB 50053　10 kV 及以下变电所设计规范
GB 50187　工业企业总平面设计规范
GB 50204　混凝土结构工程施工质量验收规范
GB 50222　建筑内部装修设计防火规范
GB 50231　机械设备安装工程施工及验收通用规范
GB 50268　给水排水管道工程施工及验收规范
GB 50141　给水排水构筑物施工及验收规范
GBJ 87　工业企业噪声控制设计规范
GBZ 1　工业企业设计卫生标准
GBZ 2.1　工作场所有害因素职业接触限值　第 1 部分：化学有害因素
GBZ 2.2　工作场所有害因素职业接触限值　第 2 部分：物理因素
CJ 3025　城市污水处理厂污水污泥排放标准
CJJ 60　城市污水处理厂运行、维护及其安全技术规程
CJ/T 51　城市污水水质检验方法标准
JGJ 37　民用建筑设计通则
HJ/T 91　地表水和污水监测技术规范
HJ/T 242　环境保护产品技术要求　污泥脱水用带式压榨过滤机
HJ/T 279　环境保护产品技术要求　推流式潜水搅拌机
HJ/T 283　环境保护产品技术要求　厢式压滤机和板框压滤机
HJ/T 335　环境保护产品技术要求　污泥浓缩带式脱水一体机
NY/T 1220　沼气工程技术规范
NY/T 1220.1　沼气工程技术规范　第 1 部分：工艺设计
NY/T 1220.2　沼气工程技术规范　第 2 部分：供气设计
SHT 3535　石油化工混凝土池工程施工及验收规范
《建设项目竣工环境保护验收管理办法》（国家环境保护总局令　第 13 号）

3　术语和定义

下列术语和定义适用于本标准。

3.1　完全混合式厌氧反应池 completely mixed anaerobic reaction tank

指在污水处理反应池内安装搅拌装置，使高悬浮物高浓度有机废水和厌氧微生物处于

完全混合状态，以降解废水中有机污染物，并去除悬浮物的厌氧废水生物处理装置。

3.2 无污泥回流的完全混合式厌氧反应池废水处理工艺 completely mixed anaerobic reaction tank in wastewater treatment without return sludge

指高悬浮物高浓度有机废水经格栅及初沉池等预处理，再经完全混合式厌氧反应池处理，出水进入脱气器及沉淀池等后续处理，无污泥回流至完全混合式厌氧反应池的工艺。

3.3 有污泥回流的完全混合式厌氧反应池废水处理工艺 completely mixed anaerobic reaction tank in wastewater treatment with return sludge

指高悬浮物高浓度有机废水经格栅及初沉池等预处理，再经完全混合式厌氧反应池处理，出水进入脱气器及沉淀池等后续处理，后续处理沉淀池中沉淀污泥部分回流至完全混合式厌氧反应池，以增加其中生物量的工艺。

3.4 常温厌氧反应 normal temperature anaerobic reaction

反应池温度控制在25~30℃的厌氧反应。

3.5 中温厌氧反应 mesophilic anaerobic reaction

反应池温度控制在35~40℃的厌氧反应。

3.6 高温厌氧反应 thermophilic anaerobic reaction

反应池温度控制在45~55℃的厌氧反应。

4 设计水量和设计水质

4.1 设计水量

4.1.1 设计水量应根据工厂或工业园区总排放口实际测定的污水流量设计。测试方法应符合HJ/T 91的规定。

4.1.2 废水流量变化应根据工艺特点进行实测，确定流量变化系数。

4.1.3 无法取得实际测定数据时，可参照国家现行工业用水量的有关规定折算确定，或根据同行业同规模同工艺现有工厂排水数据类比确定。

4.1.4 工厂内或工业园区内的生活污水和沐浴污水宜直接进入后续的好氧处理单元。生活污水量、沐浴污水量的确定，应符合GB 50015的有关规定。

4.1.5 提升泵房、格栅井、沉砂池、初沉池宜按最高日最高时废水量计算。

4.1.6 完全混合式厌氧反应池设计流量应按最高日平均时设计。

4.1.7 完全混合式厌氧反应池前、后的水泵、管道等输水设施应按最高日最高时废水量设计。

4.2 设计水质

4.2.1 进水水质应根据实际监测资料或广泛参考同类工厂的设计运行参数确定。

4.2.2 进水水质可采用在总进水口进行5天24h连续采样监测数据的对应流量加权平均值，或按照有关规定取得数据。

4.2.3 无工程调查资料时，设计水质可参照GB 50014的相关规定确定。

4.2.4 完全混合式厌氧反应池进水水质应符合下列条件：

  a）pH值宜为6.5~7.5；

  b）常温厌氧反应温度宜为25~30℃，中温厌氧反应温度宜为35~40℃，高温厌氧反应温度宜为45~55℃；

  c）营养组合比（COD_{Cr}：NH_3-N：P）宜为100~500：5：1；

d) BOD_5/COD_{Cr}的比值宜大于0.3；

e) 进水中氨氮浓度宜小于2 000 mg/L；

f) 进水中硫酸盐浓度宜小于3 000 mg/L；

g) 进水中COD_{Cr}质量浓度宜大于1 000 mg/L；

h) 严格控制重金属、氰化物、酚类等物质进入完全混合式厌氧反应池的浓度。

4.2.5 如果进水水质不能满足要求，宜采用相应的预处理措施。

4.2.6 完全混合式厌氧反应池处理工艺出水直接排放时，应符合国家和地方排放标准的要求；排入下一级处理系统时，应满足下一级处理系统的进水要求。

4.3 污染物去除率

完全混合式厌氧反应池的污染物去除率可参照表1。

表1 完全混合式厌氧反应池对污染物的去除率

污染物指标	化学需氧量（COD_{Cr}）	五日生化需氧量（BOD_5）	悬浮物（SS）
去除率/%	70～90	60～80	80～90

5 总体要求

5.1 完全混合式厌氧反应池工艺适用于高悬浮物高浓度有机废水处理工程，宜用于包括但不限于以下行业的污（废）水处理：畜牧业、食品制造业、造纸业、肉类加工业、制糖工业、发酵和酿造工业、制药工业、纺织染整工业等。

5.2 采用完全混合式厌氧反应池工艺的污水处理厂（站）应遵守以下规定：

a) 污水处理厂（站）地址的选择和总体布置应符合GB 50014的相关规定。总图设计应符合GB 50187的有关规定。

b) 污水处理厂（站）的防洪标准不应低于城镇防洪标准，且有良好的排水条件。

c) 污水处理厂（站）的建筑物防火设计应符合GB 50016和GB 50222的规定。

d) 污水处理厂（站）堆放污泥、药品的贮存场应符合GB 18597和GB 18599的规定。

e) 污水处理厂（站）建设、运行过程中产生的废气、废水、废渣、噪声及其他污染物的治理与排放，应执行国家环境保护法规和标准的有关规定，防止二次污染。运行过程中产生的沼气应综合利用，沼气安全应符合NY/T 1220的规定。

f) 工程的设计、建设应采取有效的隔声、消声、绿化等降低噪声的措施，噪声和振动控制的设计应符合GBJ 87和GB 50040的规定，机房内、外的噪声应分别符合GBZ 2.1、GBZ 2.2和GB 3096的规定，厂界噪声应符合GB 12348的规定。

g) 污水处理厂（站）的设计、建设、运行过程中应高度重视职业卫生和劳动安全，严格执行GBZ 1、GBZ 2.1、GBZ 2.2和GB 12801的规定。

h) 污水处理厂（站）应考虑发生生产事故等非正常情况下的污染防治应急措施。

i) 建（构）筑物应设置必要的防护栏杆并采取适当的防滑措施，应符合JGJ 37的规定。

j) 宜根据工艺运行要求设置检测与控制系统，实现运行管理自动化。

5.3 污水处理厂（站）应按照国家或当地的环境保护管理要求安装在线监测系统及治理设施中控系统。

6 工艺设计

6.1 一般规定

6.1.1 应根据进水水质,在完全混合式厌氧反应池之前采取适当的预处理工艺,使得厌氧反应在池内能达到最佳的运行状态。

6.1.2 应采取搅拌等措施保证完全混合式厌氧反应池内流态呈完全混合状态。

6.1.3 工业废水的水质水量随生产过程变化较大时,宜设置调节水质、水量的设施。

6.1.4 工艺设计应考虑水温的影响。

6.1.5 进水系统前应设格栅,进水泵房及格栅设计应符合 GB 50014 的相关规定。

6.1.6 各处理构筑物的个(格)数不应少于 2 个(格),并应按并联设计。

6.1.7 应对反应池进行加热,以保证完全混合式厌氧反应池保持在所要求的温度。

6.2 工艺流程

6.2.1 采用无污泥回流的完全混合式厌氧反应池废水处理工艺的污水处理厂(站)宜采用的工艺流程见图 1。

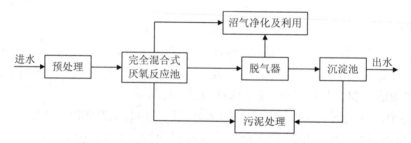

图 1 无污泥回流的完全混合式厌氧反应池废水处理工艺流程

6.2.2 采用有污泥回流的完全混合式厌氧反应池废水处理工艺的污水处理厂(站)宜采用的工艺流程见图 2。

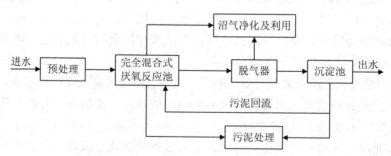

图 2 有污泥回流的完全混合式厌氧反应池废水处理工艺流程

6.3 预处理

6.3.1 完全混合式厌氧反应池废水处理工艺的预处理包括格栅、沉砂池、初沉池、调节池及混合加热池或降温设施等。

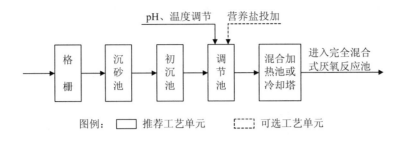

图 3 预处理工艺流程

6.3.2 应根据需要设粗、细格栅。格栅的设计应符合 GB 50014 的规定。

6.3.3 应设置沉砂池。沉砂池的设计应符合 GB 50014 的规定。

6.3.4 应设置初沉池。初沉池的设计应符合 GB 50014 的规定。

6.3.5 应设置调节池。调节池的设计应满足以下要求：

    a）调节池容量应根据污水流量变化曲线确定；没有流量变化曲线时，调节池的容量应满足生产排水周期中水质水量均化的要求，停留时间宜为 8~12 h；如为间歇运行，调节池容量宜按 1~2 个周期设置；

    b）调节池内宜设置营养盐补充装置，可兼用作中和池；

    c）调节池内宜设搅拌设施，搅拌机动力宜为 4~8 W/m³ 池容；

    d）调节池出水端应设置去除浮渣装置，池底宜设置除砂和排泥装置。

6.3.6 pH 值调节及营养盐投加装置宜设在加药间内，其设计应符合下列要求：

    a）通过投加碱性或酸性物质来调节和控制完全混合式厌氧反应池内的 pH 值，碱性物质可选用 Na_2CO_3、$NaHCO_3$、$NaOH$ 等；酸性物质可选用盐酸、硫酸等；

    b）药剂应有一定的存储量，酸性物质贮存量宜为 7 d 以上，碱性物质贮存量宜为 15 d 以上；

    c）溶药宜采用专用的溶药罐和搅拌设备，投加宜采用计量泵自动定量投加；

    d）宜先在调节池中投加酸性物质或碱性物质进行 pH 值粗调，再采用管道混合器和定量加酸加碱泵进行 pH 值微调；

    e）在加药间宜同时设置营养盐（氮、磷等）等药品溶解和加药装置。

6.3.7 如废水温度不能满足设计温度要求，应设置加热或降温装置，具体要求如下：

    a）加热方式有池外加热和池内加热两种方式，池外加热有加热池和循环加热两种方式，池内加热宜采用热水循环加热；

    b）热交换器选型应根据废水特性、介质温度和热交换器出口介质温度确定。热交换器换热面积应根据热平衡计算，计算结果应留有 10%~20% 的余量；

    c）加热装置的需热量按下式计算：

$$Q_t = Q_h + Q_d \qquad (1)$$

式中：Q_t——总需热量，kJ/h；

        Q_h——加热污水到设计温度需要的热量，kJ/h；

        Q_d——保持完全混合式厌氧反应池温度需要的热量，kJ/h。

    d）降温设施宜采用冷却水池或冷却塔等。

6.3.8 进水经预处理后,应满足 4.2.4 完全混合式厌氧反应池进水要求。

6.4 完全混合式厌氧反应池

6.4.1 池型

6.4.1.1 完全混合式厌氧反应池的基本池型有圆柱形和蛋形,见图 4。

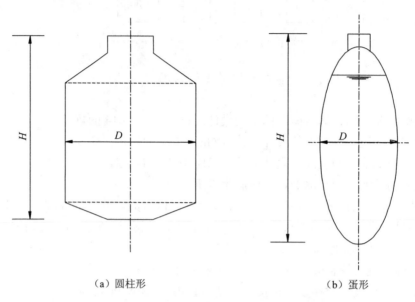

(a) 圆柱形　　　　　　　　(b) 蛋形

图 4　完全混合式厌氧反应池池型示意图

6.4.1.2 圆柱形完全混合式厌氧反应池的直径 D 与高 H 之比约为 1,直径一般为 6~35 m,池底与池盖倾角取 15°~20°;蛋形完全混合式厌氧反应池的长轴高 H 与短轴直径 D 之比宜在 1.4~2.0 之间。

6.4.2 容积

6.4.2.1 无污泥回流的完全混合式厌氧反应池容积

6.4.2.1.1 采用动力学系数法,污泥龄(θ_c)等于水力停留时间,完全混合式厌氧反应池有效容积按下式计算:

$$V = Q\theta_c \tag{2}$$

式中:V——无污泥回流的完全混合式厌氧反应池容积,m³;
　　　Q——无污泥回流的完全混合式厌氧反应池设计流量,m³/d;
　　　θ_c——污泥龄(SRT),一般为 3~7 d。

6.4.2.1.2 采用容积负荷法按下式计算完全混合式厌氧反应池容积:

$$V = \frac{1\,000 Q \rho_0}{N_V} \tag{3}$$

式中:V——无污泥回流的完全混合式厌氧反应池容积,m³;
　　　Q——无污泥回流的完全混合式厌氧反应池设计流量,m³/d;
　　　ρ_0——无污泥回流的完全混合式厌氧反应池进水 COD_{Cr} 质量浓度,mg/L;
　　　N_V——容积负荷,常温厌氧反应一般取 1~3 kg COD/(m³·d),中温厌氧反应一般取 3~10 kg COD/(m³·d),高温厌氧反应一般取 10~15 kg COD/(m³·d)。

6.4.2.1.3 完全混合式厌氧反应池容积根据污泥负荷设计时，按下式计算：

$$V = \frac{1\,000Q\rho_0}{N_s X} \tag{4}$$

式中：V——无污泥回流的完全混合式厌氧反应池容积，m^3；

Q——无污泥回流的完全混合式厌氧反应池设计流量，m^3/d；

ρ_0——无污泥回流的完全混合式厌氧反应池进水COD_{Cr}质量浓度，mg/L；

N_s——污泥负荷，kg COD/（kgMLVSS·d）；

X——无污泥回流的完全混合式厌氧反应池中污泥浓度，mg MLVSS/L。

6.4.2.2 有污泥回流的完全混合式厌氧反应池容积

6.4.2.2.1 有污泥回流的完全混合式厌氧反应池容积根据动力学系数设计时，应按下式计算：

$$V = \frac{\theta_c Y Q(\rho_0 - \rho_e)}{X(1 + b\theta_c)} \tag{5}$$

式中：V——有污泥回流的完全混合式厌氧反应池容积，m^3；

X——有污泥回流的完全混合式厌氧反应池中污泥浓度，mg MLVSS/L；

Y——污泥产率系数，低脂型废水参考取值为 0.004 4 kg MLVSS/kg BOD_5，高脂型废水参考取值为 0.040 kg MLVSS/kg BOD_5；

b——内源呼吸系数，低脂型污水参考取值为 0.019 d^{-1}，高脂型污水参考取值为 0.015 d^{-1}；

Q——有污泥回流的完全混合式厌氧反应池设计流量，m^3/d；

ρ_0——有污泥回流的完全混合式厌氧反应池进水COD_{Cr}质量浓度，mg/L；

ρ_e——有污泥回流的完全混合式厌氧反应池出水COD_{Cr}质量浓度，mg/L；

θ_c——污泥龄（SRT），d。有污泥回流的完全混合式厌氧反应池废水处理工艺中θ_c约为临界污泥龄θ_c^m的2～10倍。

6.4.2.2.2 临界污泥龄（θ_c^m）应按下式计算：

$$\theta_c^m = \frac{K_m + \rho_0}{Yk\rho_0} \tag{6}$$

式中：θ_c^m——临界污泥龄，d；

K_m——米氏常数（半饱和常数），其值为反应速率为1/2最大反应速率时的底物浓度，mg/L；

k——生成产物的最大速率，d^{-1}；

ρ_0——有污泥回流的完全混合式厌氧反应池进水COD_{Cr}质量浓度，mg/L；

Y——污泥产率系数，0.004 4～0.04 kg MLVSS/kg BOD_5。

6.4.2.2.3 根据容积负荷设计有污泥回流的完全混合式厌氧反应池容积时，应执行本标准6.4.2.1.2 的规定。

6.4.3 搅拌

6.4.3.1 无污泥回流的完全混合式厌氧反应池搅拌设计

6.4.3.1.1 宜采用沼气循环搅拌法，用防爆空压机将沼气压入完全混合式厌氧反应池，配合推流式潜水搅拌机等进行沼气循环搅拌。推流式潜水搅拌机应符合 HJ/T 279 的规定。

6.4.3.1.2 沼气搅拌应达到如下效果：
    a）使有机污染物与厌氧微生物均匀地混合接触；
    b）使完全混合式厌氧反应池各处的污泥浓度、pH 值、微生物种群等保持均匀一致；
    c）及时将热量传递至池内各部位，使加热均匀；
    d）出现有机物冲击负荷或有毒物质进入时，均匀地搅拌混合可使冲击或毒性降至最低；
    e）大大降低池底泥沙的沉积及液面浮渣的形成。

6.4.3.1.3 沼气经压缩机加压后，通过厌氧反应池顶的配气环管，由均布的立管输入厌氧反应池，沼气量按 $5\sim7\ m^3/(1\ 000\ m^3\cdot min)$ 设计，干管与配气环管流速 $10\sim15\ m/s$，立管流速 $5\sim7\ m/s$。

6.4.3.1.4 沼气压缩机功率可按下式计算：

$$N = VW \tag{7}$$

式中：N——沼气压缩机功率，W；
         V——完全混合式厌氧反应池容积，m^3；
         W——单位池容所需功率，一般取 $5\sim8\ W/m^3$。

6.4.3.2 有污泥回流的完全混合式厌氧反应池搅拌设计

6.4.3.2.1 应采用机械搅拌，混合功率宜采用 $5\sim8\ W/m^3$ 池容，应选用安装角度可调的搅拌器。

6.4.3.2.2 应根据完全混合式厌氧反应池池型选配搅拌器，搅拌器应符合 HJ/T 279 的规定。

6.4.3.2.3 机械搅拌器布置的间距、位置，应根据试验确定或由供货厂方提供。

6.4.3.2.4 每个完全混合式厌氧反应池内均应设置搅拌器，搅拌器应对称布置。

6.4.4 溢流

完全混合式厌氧反应池应设上清液溢流装置。溢流装置应设水封，防止集气罩与大气相通。通常采用的溢流装置有倒虹管式、大气压式和水封式。

6.4.5 排泥

6.4.5.1 完全混合式厌氧反应池的污泥产率为 $0.004\ 4\sim0.04$ kg MLVSS/kg BOD，排泥频率宜根据污泥浓度分布曲线确定。应在不同高度设置取样口，根据监测污泥的浓度制定污泥分布曲线。

6.4.5.2 无污泥回流的完全混合式厌氧反应池的排泥管应设在池底，依靠净水压力排泥。

6.4.5.3 有污泥回流的完全混合式厌氧反应池之后设沉淀池，排泥在沉淀池中进行，由刮泥机完成。

6.5 脱气器

完全混合式厌氧反应池宜选用真空度约 4 900 Pa 的脱气器。

6.6 沉淀池

完全混合式厌氧反应池后续处理工艺中沉淀池表面积按下式计算：

$$A = \frac{Q}{nq} \tag{8}$$

式中：A——沉淀池的表面积，m^2；

Q——有污泥回流的完全混合式厌氧反应池设计流量，m³/d；

n——沉淀池个数；

q——沉淀池面积水力负荷，一般取值为 0.5～1.0 m³/（m²·d）。

6.7 污泥回流

6.7.1 污泥回流设施应采用不易产生复氧的离心泵、混流泵、潜水泵等设备。

6.7.2 回流设施宜分别按处理系统中的最大污泥回流比计算确定。

6.7.3 回流设备应设置备用。

6.8 剩余污泥

6.8.1 剩余污泥量按污泥泥龄计算：

$$\Delta X = \frac{VX}{\theta_c} \tag{9}$$

式中：ΔX——剩余污泥量，g MLVSS/d；

V——完全混合式厌氧反应池的容积，m³；

X——完全混合式厌氧反应池中污泥浓度，mg MLVSS/L；

θ_c——污泥泥龄，d。

6.8.2 剩余污泥量按污泥产率系数、衰减系数及不可生物降解惰性悬浮物计算：

$$\Delta X = YQ(S_o - S_e) - K_d VX + fQ(SS_o - SS_e) \tag{10}$$

式中：ΔX——剩余污泥量，g MLVSS/d；

V——完全混合式厌氧反应池的容积，m³；

Y——污泥产率系数，0.004 4～0.04 kg MLVSS/kg BOD₅；

Q——完全混合式厌氧反应池设计流量，m³/d；

S_o——完全混合式厌氧反应池进水 BOD_5，mg/L；

S_e——完全混合式厌氧反应池出水 BOD_5，mg/L；

K_d——衰减系数，d⁻¹；

X——完全混合式厌氧反应池中污泥浓度，mg MLVSS/L；

f——MLSS 的污泥转换率，宜根据试验资料确定，无试验资料时可取 0.5～0.7，g MLVSS/g MLSS；

SS_o——完全混合式厌氧反应池进水悬浮物浓度，kg/m³；

SS_e——完全混合式厌氧反应池出水悬浮物浓度，kg/m³。

6.8.3 剩余污泥宜设置计量装置，可采用湿污泥计量和干污泥计量两种方式。

6.8.4 沉淀池排泥运行的设计和操作应符合 GB 50014 的规定。

6.8.5 污泥处理和处置要求执行 GB 50014 的规定，经处理后的污泥应符合 CJ 3025 的规定。

6.8.6 厢式压滤机和板框压滤机、污泥脱水用带式压榨过滤机、污泥浓缩带式脱水一体机应符合 HJ/T 242、HJ/T 283、HJ/T 335 的规定。

6.8.7 污泥脱水系统设计时应考虑污泥最终贮存场地的要求。

6.9 沼气净化及利用

6.9.1 沼气产量

6.9.1.1 完全混合式厌氧反应池甲烷产量按下式计算：

$$Q_{CH_4} = Q\eta(\rho_o - \rho_e) \times 10^3 \qquad (11)$$

式中：Q_{CH_4}——甲烷产量，m³/d；
　　　Q——完全混合式厌氧反应池设计流量，m³/d；
　　　η——沼气产率，一般取 0.45～0.50 m³/kg COD$_{Cr}$；
　　　ρ_o——完全混合式厌氧反应池进水 COD$_{Cr}$ 质量浓度，mg/L；
　　　ρ_e——完全混合式厌氧反应池出水 COD$_{Cr}$ 质量浓度，mg/L。

6.9.1.2 沼气总量可按下式计算：

$$Q_{沼} = Q_{CH_4} \cdot \frac{1}{p} \qquad (12)$$

式中：$Q_{沼}$——沼气总量，m³/d；
　　　Q_{CH_4}——甲烷气产量，m³/d；
　　　p——沼气中甲烷含量，一般为 50%～70%。

6.9.2 沼气净化及利用

6.9.2.1 沼气净化系统主要包括脱水、脱硫及沼气储存，系统组成见图 5。

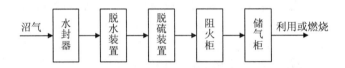

图 5　沼气净化系统示意图

6.9.2.2 沼气净化利用系统设计应注意防火、防爆，应符合 NY/T 1220.1、NY/T 1220.2 的有关规定。

6.9.2.3 沼气利用经过脱水和脱硫处理后方可进入后续利用装置或系统。沼气脱水、脱硫设计应符合 NY/T 1220.2 的有关规定。

6.9.3 沼气贮存

6.9.3.1 沼气贮存可采用低压湿式储气柜、低压干式储气柜和高压储气罐。储气柜与周围建筑物应有一定的安全防火距离。储气柜容积应根据沼气产生量及不同利用方式确定：
　　a）沼气用于民用炊事时，储气柜的容积按日产气量的 50%～60% 设计。
　　b）沼气用于锅炉、发电和部分民用时，应根据沼气供应平衡曲线确定储气柜的容积；无平衡曲线时，储气柜的容积应不低于日产气量的 10%。

6.9.3.2 沼气储气柜输出管道上宜设置安全水封或阻火器，大型用气设备应设置沼气放散管，但严禁在建筑物内放散沼气。

6.9.4 沼气日产量低于 1 300 m³ 的完全混合式厌氧反应池，宜作为炊事、采暖或厌氧换热的热源，沼气日产量高于 1 300 m³ 的完全混合式厌氧反应池宜进行发电利用或作为炊事、采暖或厌氧换热的热源。

7　检测与过程控制

7.1　一般规定

7.1.1 完全混合式厌氧反应池的运行应进行检测和控制，并配置相应的检测仪表和控制系统。

7.1.2 完全混合式厌氧反应池废水处理工程应根据工程规模、工艺流程、运行管理要求确定检测和控制的内容。

7.1.3 自动化仪表和控制系统应保证完全混合式厌氧反应池废水处理系统的安全和可靠，便于运行管理，便于改善劳动条件，提高科学管理水平。

7.1.4 计算机控制管理系统宜兼顾现有、新建和规划要求。

7.1.5 参与控制和管理的机电设备应设置工作和事故状态的检测装置。

7.2 过程检测

7.2.1 预处理单元宜设 pH 计、液位计、液位差计，污水处理厂（站）宜设 COD 检测仪、SS 检测仪和流量计。

7.2.2 宜在完全混合式厌氧反应池中设氧化还原电位（ORP）检测仪和污泥浓度计。

7.2.3 回流污泥宜设流量计，回流设备宜有调节流量的措施。

7.2.4 剩余污泥宜设流量计，宜设污泥浓度计。

7.3 过程控制

7.3.1 完全混合式厌氧反应池废水处理工程的主要生产工艺单元，在满足工艺控制条件的基础上合理选择配置集散控制系统（DCS）或可编程控制器（PLC）自动控制系统。

7.3.2 采用成套设备时，设备本身控制宜与系统控制结合。

7.3.3 计算机控制管理系统应具有数据采集、处理、控制、管理、储存历史数据一年以上和安全保护功能。

7.3.4 计算机控制系统的设计应符合下列要求：

 a）宜对控制系统的监测层、控制层和管理层做出合理配置；
 b）应根据工程具体情况，经技术经济比较后选择网络结构和通信速率；
 c）对操作系统和开发工具要从运行稳定、易于开发、操作界面方便等多方面综合考虑；
 d）根据企业需求和相关基础设施，宜对企业信息化系统做出功能设计；
 e）中控室应就近设置电源箱，供电电源应为双回路，直流电源设备应安全可靠；
 f）控制室面积应视其使用功能设定，并应考虑今后的发展；
 g）防雷和接地保护应符合国家现行标准的要求。

8 主要辅助工程

8.1 供电

8.1.1 工艺装置的用电负荷应为二级负荷。

8.1.2 应将工艺装置按处理系列分设为双变电系统。

8.1.3 工艺装置的高、低压用电电压等级应与供电电网一致。

8.1.4 工艺装置的中央控制室的仪表电源应配备在线式不间断供电电源设备（UPS）。

8.1.5 工艺装置的接地系统宜采用三相五线制（TN-S）系统。

8.2 配电设备

8.2.1 变电所低压配电室的配电设备布置，应符合 GB 50053 的规定。

8.2.2 工艺装置的变、配电室宜设在负荷较集中的鼓风机房附近。

8.2.3 工艺装置的污泥泵等现场控制设备应采用户外防腐、防雨型控制箱,安装在操作平台上便于手动控制。

8.2.4 完全混合式厌氧反应池进气管上的阀门等控制设备宜选用防腐、防潮型电气设备。

8.3 二次线

8.3.1 工艺线上的电气设备宜设置现场和中央控制室的双重控制,并纳入工控机系统。

8.3.2 电气系统的控制水平应与工艺水平相一致,宜纳入计算机控制系统,也可采用强电控制。

9 施工与验收

9.1 一般规定

9.1.1 工程设计、施工单位应具有国家相应的工程设计、施工资质,工程项目宜通过招投标确定施工单位和监理单位。

9.1.2 应按工程设计图纸、技术文件、设备图纸等组织工程施工,工程的变更应取得设计单位的设计变更文件后再实施。

9.1.3 施工前,应进行施工组织设计或编制施工方案,明确施工质量负责人和施工安全负责人,经批准后方可实施。

9.1.4 施工过程中,应作好材料设备、隐蔽工程和分项工程等中间环节的质量验收;隐蔽工程应经过中间验收合格后,方可进行下一道工序施工。

9.1.5 管道工程的施工和验收应符合 GB 50268 的规定;混凝土结构工程的施工和验收应符合 GB 50204 的规定;构筑物的施工和验收应符合 GB 50141 的规定。

9.1.6 施工使用的材料、半成品、部件应符合国家现行标准和设计要求,并取得供货商的合格证书,严禁使用不合格产品。设备安装应符合 GB 50231 的规定。

9.1.7 工程竣工验收后,建设单位应将有关设计、施工和验收的文件存档。

9.2 施工

9.2.1 土建施工

9.2.1.1 完全混合式厌氧反应池宜采用钢砼结构,土建施工应重点控制池体的抗浮处理、地基处理、池体抗渗处理,满足设备安装对土建施工的要求。

9.2.1.2 在进行结构设计时应充分考虑池体的抗浮,施工过程中应计算池体的抗浮稳定性及各施工阶段的池体自重与水的浮力之比,检查池体能否满足抗浮要求。

9.2.1.3 需要在软弱地基上施工、且构筑物荷载不大时,应采取适当的措施对地基进行处理,必要时可采用桩基。

9.2.1.4 施工过程中应加强建筑材料和施工工艺的控制,杜绝出现裂缝和渗漏。出现渗漏处,应会同设计单位等有关方面确定处理方案,彻底解决问题。

9.2.1.5 在进行土建施工前应认真阅读设计图纸和设备安装对土建的要求,了解预留预埋件的准确位置和做法,对有高程要求的设备基础要严格控制在设备要求的误差范围内。

9.2.1.6 模板、钢筋、砼分项工程应严格执行 GB 50204 规定,并符合以下要求:

a) 模板架设应有足够强度、刚度和稳定性,表面平整无缝隙,尺寸正确;

b) 钢筋规格、数量准确,绑扎牢固应满足搭接长度要求,无锈蚀;

c）砼配合比、施工缝预留、伸缩缝设置、设备基础预留孔及预埋螺栓位置均应符合规范和设计要求，冬季施工应注意防冻。

9.2.1.7 现浇钢筋混凝土水池施工允许偏差应符合 SHT 3535 中的有关规定。

9.2.1.8 处理构筑物应根据当地气温和环境条件，采取防冻措施。

9.2.2 设备安装

9.2.2.1 设备基础应按照设计要求和图纸规定浇筑，砼标号、基面位置高程应符合说明书和技术文件规定。

9.2.2.2 混凝土基础应平整坚实，并有隔振的措施。

9.2.2.3 预埋件水平度及平整度应符合 GB 50231 规定。

9.2.2.4 地脚螺栓应按照原机出厂说明书的要求预埋，位置应准确，安装应稳固。

9.2.2.5 安装好的机械应严格符合外形尺寸的公称允许偏差，不允许超差。

9.2.2.6 各种机电设备安装后试车应满足下列要求：

a）启动时应按照标注箭头方向旋转，启动运转应平稳，运转中无振动和异常声响；
b）运转啮合与差动机构运转应按产品说明书的规定同步运行，没有阻塞、碰撞现象；
c）运转中各部件应保持动态所应有的间隙，无抖动晃摆现象；
d）试运转用手动或自动操作，设备全程完整动作 5 次以上，整体设备应运行灵活，并保持紧张状态；
e）各限位开关运转中动作及时，安全可靠；
f）电机运转中温升在正常值内；
g）各部轴承注加规定润滑油，应不漏、不发热，温升小于 60 ℃。

9.3 工程验收

9.3.1 工程验收应按《建设项目（工程）竣工验收办法》、相应专业现行验收规范和本标准的有关规定执行。

9.3.2 完全混合式厌氧反应池废水处理工程中构筑物的工程验收按照 GB 500141 执行。

9.3.3 完全混合式厌氧反应池土建施工完成后应按照 GB 500141 的规定进行满水试验，地面以下渗水量应符合设计规定，最大不得超过 2 L/（m²·d）。

9.3.4 泵站和风机房等都应按设计的最多开启台数作 48 h 运转试验，水泵和污泥泵的流量和机组功率应作测定，有条件的应测定其特性曲线。

9.3.5 闸门、闸阀不得有漏水现象。

9.3.6 排水管道应做闭水试验，上游充水管保持在管顶以上 2 m，外观检查应 24 h 无漏水现象。

9.3.7 空气管道应做气密性试验，24 h 压力降不超过允许值为合格。

9.3.8 变电站高压配电系统应由供电局组织电检、验收。

9.4 环境保护验收

9.4.1 完全混合式厌氧反应池工艺的污水处理厂（站）竣工环境保护验收应按《建设项目竣工环境保护验收管理办法》的规定执行。

9.4.2 污水处理厂（站）验收前应结合试运行进行性能试验，性能试验报告可作为竣工环境保护验收的技术支持文件。性能试验内容包括：

a）耗电量统计，分别统计各主要设备单体运行和设施系统运行的电能消耗；

b）满负荷运行测试，处理系统应满负荷进水，考查各工艺单元、构筑物和设备的运行工况；

c）厌氧污泥测试，观察污泥性状、活性及浓度；

d）水质检测，在工艺要求的各个重要部位，按照规定频次、指标和测试方法进行水质检测，分析污染物去除效果；

e）计算全厂技术经济指标：COD_{Cr}去除量、COD_{Cr}去除电耗（kW·h/kg）、沼气产量（m^3/d）、处理成本（元/$kgCOD_{Cr}$）等。

10 运行与维护

10.1 一般规定

10.1.1 完全混合式厌氧反应池废水处理设施的运行、维护及安全管理参照CJJ 60执行。

10.1.2 污水处理厂（站）的运行管理应配备专业人员和设备。

10.1.3 污水处理厂（站）在运行前应制定设备台账、运行记录、定期巡视、交接班、安全检查等管理制度，以及各岗位的工艺系统图、操作和维护规程等技术文件。

10.1.4 操作人员应熟悉本厂（站）处理工艺技术指标和设施、设备的运行要求；经过技术培训和生产实践，并考试合格后方可上岗。

10.1.5 各岗位的工艺系统图、操作和维护规程等应示于明显部位，运行人员应按规程进行系统操作，并定期检查构筑物、设备、电器和仪表的运行情况。

10.1.6 工艺设施和主要设备应编入台账，定期对各类设备、电气、自控仪表及建（构）筑物进行检修维护，确保设施稳定可靠运行。

10.1.7 运行人员应遵守岗位职责，坚持做好交接班和巡视。

10.1.8 应定期检测进出水水质，并定期对检测仪器、仪表进行校验。

10.1.9 运行中应严格执行经常性的和定期的安全检查，及时消除事故隐患，防止事故发生。

10.1.10 各岗位人员在运行、巡视、交接班、检修等生产活动中，应做好相关记录并妥善保存。

10.2 水质检验

10.2.1 污水处理厂（站）应设水质化验室，配备检测人员和仪器。

10.2.2 水质化验室内部建立健全水质分析质量保证体系。

10.2.3 检测人员应经培训后持证上岗，并应定期进行考核和抽检。

10.2.4 检测方法应符合CJ/T 51的规定。

10.2.5 完全混合式厌氧反应池工艺的废水处理设施正常运行的检测项目及检测周期参照CJJ 60的规定执行。

10.3 运行调节

10.3.1 系统预调试应做好以下准备工作：

a）调试人员包括技术员、操作工、化验分析员、维修工等，所有的调试人员应熟知自己的专业技术，均应进行必要的岗前培训；

b）系统调试前应准备好所需仪器和设备；

c）预先确定取样点和分析手段，系统启动后按预定频次对水样进行分析；

d）根据工艺特点选取适宜的厌氧种泥，确定种泥的前期预处理、运输、保藏以及更换方法等；

e）做好包括人身安全、设备安全、工艺运行调试的安全在内的安全支持准备；

f）完善应急准备预案，包括调试方案的应急准备、工艺运行的应急准备、设备的应急准备、季节性调试的应急准备等等；

g）应当制定详尽的、全面的、系统性的研究报告和计划书，作为调试的理论依据。

10.3.2 系统调试包括以下内容：

a）检查并清水试车（需要连续运行1天），审核装置、泵体、管线、自控系统等完好且运转正常；

b）通过菌种的接种和驯化、负荷的提高以及最后达到设计要求的稳定运行等不同时段的控制，掌握影响反应器运行启动的控制因素和运行问题的控制对策；

c）应通过实验或调试过程确定适合的参数（如温度、pH 值、有机负荷等），实现厌氧设备的稳定运行。

10.3.3 运行中应定期检测各池的温度、pH 值和氧化还原电位。

10.3.4 应经常观察活性污泥生物相、上清液透明度、污泥颜色、状态、气味等，定时检测和计算反映污泥特性的有关参数。

10.3.5 应根据观察到的现象和检测数据，及时调整进水量、污泥回流量、混合液回流量、剩余污泥排放量等，使出水稳定达标。

10.3.6 完全混合式厌氧池末端 ORP 应低于 –300 mV，当大于该值时应通过提高进水中 COD_{Cr}/TP 或延长厌氧段停留时间调节。

10.4 维护保养

10.4.1 应将厌氧反应池的维护保养作为全厂（站）维护的重点。

10.4.2 定期检查搅拌设备的运行状况，当搅拌设备振动较大时应提出水面进行检查维修。

10.4.3 应定期对消化池中的 ORP 计、温度计、污泥浓度计、污泥界面仪等仪表进行校正和维修保养。

10.4.4 操作人员应严格执行设备操作规程，定期巡视设备运转是否正常，包括升温、响声、振动、电压、电流等，发现问题应尽快检查排除。

10.4.5 应保持设备各运转部位良好的润滑状态，及时添加润滑油、除锈；发现漏油、渗油情况，应及时解决。

10.4.6 运行中应防止由于潜水搅拌机叶轮损坏或堵塞、表面空气吸入形成涡流、不均匀水流等引起的振动。

10.4.7 应做好设备维修保养记录。

中华人民共和国国家环境保护标准

医院污水处理工程技术规范

Technical specifications for hospital sewage treatment

HJ 2029—2013

前言

为贯彻《中华人民共和国环境保护法》、《中华人民共和国水污染防治法》和《中华人民共和国传染病防治法》，规范医院污水处理工程的设计、建设和运行管理，防止医院污水污染环境，预防疾病传播和保障人体健康，制定本标准。

本标准规定了医院污水处理工程的总体要求、工艺流程及技术参数、设备及材料、检测与过程控制、辅助设施设计、劳动安全与职业卫生、施工与验收、运行与维护等技术要求。

本标准为指导性文件。

本标准为首次发布。

本标准由环境保护部科技标准司组织制订。

本标准起草单位：北京市环境保护科学研究院。

本标准由环境保护部 2013 年 3 月 29 日批准。

本标准自 2013 年 7 月 1 日起实施。

本标准由环境保护部解释。

1 适用范围

本标准规定了医院污水处理工程的总体要求、工艺流程及技术参数、设备及材料、检测与过程控制、辅助设施设计、劳动安全与职业卫生、施工与验收、运行与维护等技术要求。

本标准适用于医院污水处理工程，可作为医院污水处理工程可研、设计、施工、验收、运行管理及医院环境影响评价的技术依据。疗养院、康复医院等其他医疗机构和兽医院的污水处理工程可参照执行。

2 规范性引用文件

本标准引用了下列文件或其中的条款。凡是未注明日期的引用文件，其最新版本适用于本标准。

GB 3096　声环境质量标准

GB 3838　地表水环境质量标准

GB 12348　工业企业厂界环境噪声排放标准

GB 18466　医疗机构水污染物排放标准

GB 16297　大气污染物综合排放标准
GB 14554　恶臭污染物排放标准
GB 50014　室外排水设计规范
GB 50015　建筑给水排水设计规范
GB 50016　建筑设计防火规范
GB 50052　供配电系统设计规范
GB 50054　低压配电设计规范
GB 50194　建设工程施工现场供用电安全规范
GB 50303　建筑电气工程质量验收规范
GB 11984　氯气安全规程
GBJ 22　厂矿道路设计规范
GBJ 87　工业企业噪声控制设计规范
JGJ 49—88　综合医院建筑设计规范
CECS 07：2004　医院污水处理设计规范
CECS 97：97　鼓风曝气系统设计规程
CJ/T 109—2007　潜水搅拌机
HJ/T 91　地表水和污水监测技术规范
HJ/T 96　pH水质自动分析仪技术要求
HJ/T 101　氨氮水质自动分析仪技术要求
HJ/T 177—2005　医疗废物集中焚烧处置工程建设技术规范
HJ/T 212　污染源在线自动监控（监测）系统数据传输标准
HJ/T 245　环境保护产品技术要求　悬挂式填料
HJ/T 246　环境保护产品技术要求　悬浮填料
HJ/T 250　环境保护产品技术要求　旋转式细格栅
HJ/T 251　环境保护产品技术要求　罗茨鼓风机
HJ/T 252　环境保护产品技术要求　中、微孔曝气器
HJ/T 262　环境保护产品技术要求　格栅除污机
HJ/T 263　环境保护产品技术要求　射流曝气器
HJ/T 276—2006　医疗废物高温蒸汽集中处理工程技术规范（试行）
HJ/T 281　环境保护产品技术要求　散流式曝气器
HJ/T 335　环境保护产品技术要求　污泥浓缩带式脱水一体机
HJ/T 336　环境保护产品技术要求　潜水排污泵
HJ/T 337　环境保护产品技术要求　生物接触氧化成套装置
HJ/T 353　水污染源在线监测系统安装技术规范（试行）
HJ/T 354　水污染源在线监测系统验收技术规范
HJ/T 355　水污染源在线监测系统运行与考核技术规范
HJ/T 367　环境保护产品技术要求　电磁管道流量计
HJ/T 369　环境保护产品技术要求　水处理用加药装置
HJ/T 377　环境保护产品技术要求　化学需氧量（COD_{Cr}）水质在线自动监测仪

HJ 579—2010 膜生物法污水处理工程技术规范
HJ 2006—2010 污水混凝与絮凝处理工程技术规范
《建设项目环境保护管理条例》（国务院令 第253号）
《医疗废物管理条例》（国务院令 第380号）
医疗废物集中处置技术规范（环发[2003]206号）

3 术语和定义

下列术语和定义适用于本标准。

3.1 医院污水 hospital sewage

指医院门诊、病房、手术室、各类检验室、病理解剖室、放射室、洗衣房、太平间等处排出的诊疗、生活及粪便污水。当办公、食堂、宿舍等排水与上述污水混合排出时亦视为医院污水。

3.2 传染病医院污水 infectious hospital sewage

指传染性疾病专科医院及综合医院传染病房排放的诊疗、生活及粪便污水。

3.3 非传染病医院污水 non infectious hospital sewage

指各类非传染病专科医院以及综合医院除传染病房外排放的诊疗、生活及粪便污水。

3.4 特殊性质医院污水 special hospital sewage

指医院检验、分析、治疗过程产生的少量特殊性质污水，主要包括酸性污水、含氰污水、含重金属污水、洗印污水、放射性污水等。

4 污染物与污染负荷

4.1 医院污水的收集

4.1.1 医院污水分为传染病医院污水、非传染病医院污水及特殊性质污水。

4.1.2 新（改、扩）建医院，在设计医院污水处理系统时应考虑将医院病区、非病区、传染病房、非传染病房污水分别收集。

4.1.3 特殊性质污水应单独收集，经预处理后与医院污水合并处理，不得将特殊性质污水随意排入下水道。

4.2 污染负荷

4.2.1 医院污水处理工程设计应采取实际检测的方法确定医院污水的污染负荷。医院污水排放量和水质取样检测应符合HJ/T 91的技术要求。

4.2.2 无实测数据时，医院污水处理工程设计水量和设计水质可类比现有同等规模和性质医院的排放数据，也可根据经验方法或数据进行计算获得。

（1）按用水量确定污水处理设计水量

新建医院污水处理工程设计水量可按照医院用水总量的85%~95%确定。医院用水总量可根据GB 50015医院分项生活用水定额和小时变化系数确定。医院污水处理工程设计水量计算公式如下：

$$Q = (0.85 \sim 0.95) \frac{q_1 N_1 K_{z1} + q_2 N_2 K_{z2}}{86\,400} + \frac{q_3}{1\,000} \tag{1}$$

式中：Q——医院最高日污水量，m^3/s；

q_1——住院部最高日用水定额，L/（人·d）；

q_2——门诊部最高日用水定额，L/（人·d）；

q_3——未预见水量，L/s；

N_1、N_2——住院部、门诊部设计人数；

K_{z1}、K_{z2}——小时变化系数。

（2）按日均污水量和变化系数确定污水处理设计水量

新建医院污水处理系统设计水量亦可按日均污水量和日变化系数经验数据计算，计算公式如下：

$$Q = \frac{qN}{86\,400} K_d \qquad (2)$$

式中：q——医院日均单位病床污水排放量，L/（床·d）；

N——医院编制床位数；

K_d——污水日变化系数。

K_d 取值根据医院床位数确定：

a）$N \geqslant 500$ 床的设备齐全的大型医院，q=400～600 L/（床·d），K_d=2.0～2.2；

b）100 床＜$N \leqslant$499 床的一般设备的中型医院，q=300～400 L/（床·d），K_d=2.2～2.5；

c）N＜100 床的小型医院，q=250～300 L/（床·d），K_d=2.5。

（3）设计水质可参考表1的经验数据。

表1　医院污水水质指标参考数据　　　　　　　　　　　　　　　　单位：mg/L

指标	COD_{Cr}	BOD_5	SS	NH_3-N	粪大肠杆菌/（个/L）
污染物浓度范围	150～300	80～150	40～120	10～50	1.0×10^6～3.0×10^8
平均值	250	100	80	30	1.6×10^8

4.2.3　有特殊用水需求的医院，污水排放量可根据特殊用水需求情况适当增大。

4.2.4　医院污水处理工程设计水量应在实测或测算的基础上留有设计裕量，设计裕量宜取实测值或测算值的10%～20%。

5　总体要求

5.1　一般规定

5.1.1　医院污水处理工程设计应遵循以下原则：

（1）全过程控制，减量化原则；

（2）分类收集、分质处理，就地达标原则；

（3）风险控制，无害化原则。

5.1.2　医院污水处理工程的建设规模，应考虑医院发展统筹规划，近、远期结合，以近期为主。

5.1.3　医院污水处理工程应采用成熟可靠的技术、工艺和设备。

5.1.4　医院污水处理构筑物应按两组并联设计。

5.1.5　医院污水处理工程排水宜采用重力流排放，必要时可设排水泵站。

5.1.6　医院污水处理构筑物应采取防腐蚀、防渗漏、防冻等技术措施，各种构筑物宜加盖密闭，并设通气装置。

5.1.7 处理构筑物应考虑排空设施。

5.1.8 医院污水处理工程污染物排放应满足 GB 18466 和地方污染物排放标准的有关要求。

5.1.9 医院污水处理过程产生的污泥、废渣的堆放应符合《医疗废物集中处置技术规范》、HJ/T 177—2005 及 HJ/T 276—2006 的有关规定。渗出液、沥下液应收集并返回调节池。

5.1.10 医院污水处理工程以采用低噪声设备和采取隔音为主的控制措施，辅以消声、隔振、吸音等综合噪声治理措施。医院污水处理工程场界噪声应符合 GB 3096 和 GB 12348 的规定，建筑物内部设施噪声源控制应符合 GBJ 87 中的有关规定。

5.1.11 应保持医院污水处理工程场界内环境整洁，无污泥杂物遗洒、污水横流等脏乱现象，采取灭蝇、灭蚊、灭鼠措施，做到清洁整齐，文明卫生。

5.2 工程构成

5.2.1 医院污水处理工程一般由主体工程、配套及辅助工程组成。

5.2.2 主体工程主要包括医院污水处理系统、污泥处理系统、废气处理系统等。医院污水处理系统主要包括预处理、一级处理、二级处理、深度处理和消毒处理等单元。

5.2.3 配套及辅助工程主要包括电气与自控、给排水、消防、采暖通风、道路与绿化等。

5.3 选址及总平面布置

5.3.1 医院污水处理工程的选址及总平面布置应根据医院总体规划、污水排放口位置、环境卫生要求、风向、工程地质及维护管理和运输等因素来确定。

5.3.2 医院污水处理构筑物的位置宜设在医院主体建筑物当地夏季主导风向的下风向。

5.3.3 在医院污水处理工程的设计中，应根据总体规划适当预留余地，以利扩建、施工、运行和维护。

5.3.4 医院污水处理工程应有便利的交通、运输和水电条件，便于污水排放和污泥贮运。

5.3.5 传染病医院污水处理工程，其生产管理建筑物和生活设施宜集中布置，位置和朝向应力求合理，且应与污水处理构、建筑物严格隔离。

5.3.6 医院污水处理工程与病房、居民区等建筑物之间应设绿化防护带或隔离带，以减少臭气和噪声对病人或居民的干扰。

6 工艺设计

6.1 一般规定

6.1.1 特殊性质污水应经预处理后进入医院污水处理系统。

6.1.2 传染病医院污水应在预消毒后采用二级处理+消毒工艺或二级处理+深度处理+消毒工艺。

6.1.3 非传染病医院污水，若处理出水直接或间接排入地表水体或海域时，应采用二级处理+消毒工艺或二级处理+深度处理+消毒工艺；若处理出水排入终端已建有正常运行的二级污水处理厂的城市污水管网时，可采用一级强化处理+消毒工艺。

6.2 工艺流程

6.2.1 应根据医院性质、规模和污水排放去向，兼顾各地情况，合理确定医院污水处理技术路线。

6.2.2 处理工艺流程：

（1）出水排入城市污水管网（终端已建有正常运行的二级污水处理厂）的非传染病医院污水，可采用一级强化处理工艺，工艺流程见图 1。

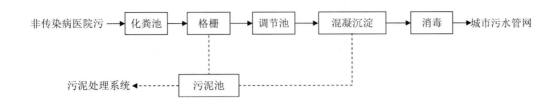

图 1 非传染病医院污水一级强化处理工艺流程

（2）出水直接或间接排入地表水体、海域，或出水回用的非传染病医院污水，一般采用二级处理+（深化处理）+消毒工艺。流程见图2。

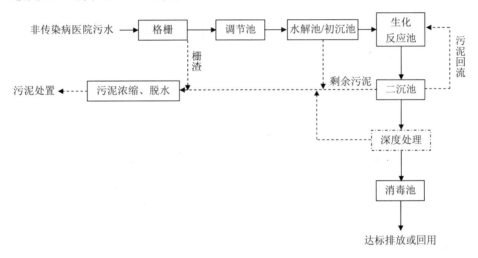

图 2 非传染病医院污水处理工艺流程

（3）传染病医院污水，一般采用预消毒+二级处理+（深度处理）+消毒工艺。工艺流程见图3。

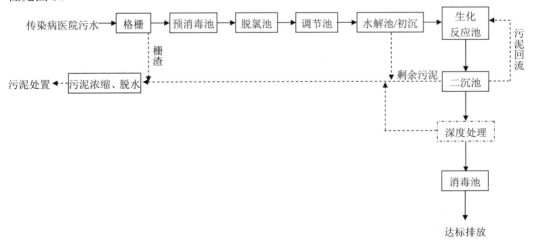

图 3 传染病医院污水处理工艺流程

6.3 医院污水处理单元工艺设计技术要求

6.3.1 预处理工艺

医院污水预处理系统分为特殊性质污水预处理和常规预处理。常规预处理通常由格栅、预消毒池、调节池、脱氯池、初沉池等根据水质及处理要求组合而成。

6.3.1.1 特殊性质污水预处理

特殊性质污水应分类收集，足量后单独预处理，再排入医院污水处理系统。预处理方法分别为：

（1）酸性污水来源于医院检验或制作化学清洗剂时使用硝酸、硫酸、过氯酸、一氯乙酸等酸性物质而产生的污水。

酸性废水宜采取中和法。中和剂可选用氢氧化钠、石灰等，中和至pH值7~8后排入医院污水处理系统。

（2）含氰污水来源于医院在血液、血清、细菌和化学检查分析时使用氰化钾、氰化钠、铁氰化钾、亚铁氰化钾等含氰化合物而产生的污水。

含氰废水宜采用碱式氯化法。含氰废水处理槽有效容积应能容纳不小于半年的污水量。

（3）含汞污水来源于医院各种口腔门诊治疗、含汞监测仪器破损、分析检查和诊断中使用氯化高汞、硝酸高汞以及硫氰酸高汞等剧毒物质而产生的少量污水。

含汞废水宜采用硫化钠沉淀+活性炭吸附法。在经活性炭吸附后，出水汞浓度符合相关排放标准后方可进入医院污水处理系统。含汞浓度低于0.02 mg/L。

（4）含铬污水来源于医院在病理、血液检查及化验等工作中使用重铬酸钾、三氧化铬、铬酸钾等化学品形成的污水。含铬废水宜采用化学还原沉淀法。处理后出水中六价铬浓度符合相关排放标准后方可进入医院污水处理系统。铬含量小于0.5 mg/L。

（5）洗印污水来源于医院放射科照片胶片洗印加工产生的洗印污水和废液。

显影污水宜采用过氧化氢氧化法。处理后出水中六价铬浓度符合相关排放标准后方可进入医院污水处理系统。洗印显影废液收集后应交由专业处理危险固体废物的单位处理。

（6）放射性废水处理：

a）放射性废水来源于同位素治疗和诊断产生放射性污水。放射性废水浓度范围为 $3.7 \times 10^2 \sim 3.7 \times 10^5$ Bq/L。

b）放射性废水处理设施出口监测值应满足总α<1 Bq/L，总β<10 Bq/L。

c）同位素治疗排放的放射性废水应单独收集，可直接排入衰变池。

d）收集放射性废水的管道应采用耐腐蚀的特种管道，一般为不锈钢管或塑料管。衰变池应防渗防腐。

e）衰变池按运行方式可分为间歇式和连续式，衰变池按使用的同位素种类和强度设计。衰变池的容积按最长半衰期同位素的10个半衰期计算，或按同位素的衰变公式计算。

f）放射性废水处理后直接排放，不进入医院污水综合处理系统。

6.3.1.2 常规预处理工艺

医院污水预处理系统通常由格栅、预消毒池、调节池、水解池、混凝沉淀池等根据水质及处理要求组合而成。

(1) 格栅

a) 在污水处理系统或提升水泵前应设置格栅,格栅井可与调节池合建,格栅应按最大时污水量设计。

b) 栅渣与污水处理产生污泥等一同集中消毒、处理、处置。

(2) 预消毒池

传染病医院污水预消毒宜采用臭氧消毒。消毒时间应不小于 30 min。非传染病医院污水处理可不设预消毒池。

(3) 调节池

a) 医院污水处理系统应设调节池。连续运行时,其有效容积按日处理水量的 6~8 h 计算。间歇运行时,其有效容积按工艺运行周期计算。

b) 调节池宜采用推流式潜水搅拌机,搅拌机选型应按照 CJ/T 109—2000 进行设备选型,搅拌功率应结合池体大小进行确定,一般可按 5~10 W/m^3 计算。

c) 调节池应设置排空集水坑,池底流向集水坑的坡度应不小于 3‰~5‰。

(4) 水解池

a) 水解池为常温水解酸化池,温度宜为 15~40℃,DO 宜保持在 0.2~0.5 mg/L。

b) 水解酸化池一般采用上向流方式,最大上升流速宜为 1.0~1.5 m/h,水力停留时间一般为 2.5~3 h。

(5) 混凝沉淀处理

a) 医院污水的一级强化处理宜采用混凝沉淀工艺。混凝剂一般采用聚丙烯酰胺(PAM)、聚合氯化铝(PAC)、聚合硫酸铁(PFS)等。

b) 混凝池宜采用机械搅拌,絮凝和混凝池设计遵循 HJ 2006—2010 有关规定,絮凝时间及混凝搅拌强度应根据实验或有关资料确定。

c) 当沉淀池体采用钢结构设备时,应采取切实有效的防腐措施;斜板沉淀池应设置斜板冲洗设施;其他形式沉淀池应采取便于清理、维修的措施。

6.3.2 生化处理

医院污水的生化处理宜采用活性污泥法、生物膜法处理工艺。

6.3.2.1 活性污泥曝气池

a) 曝气池污泥负荷宜为 0.1~0.4 kgBOD$_5$/(kgVSS·d),曝气池内污泥浓度宜保持 2~4 g/L,水力停留时间应在 4~12 h。

b) 曝气池设计遵循 GB 50014 有关规定。

6.3.2.2 生物接触氧化池

a) 生物接触氧化池的填料应采用符合 HJ/T 245 和 HJ/T 246 要求的轻质、高强、防腐蚀、易于挂膜、比表面积大和空隙率高的组合体。

b) 生物接触氧化池污泥负荷可采用 0.8~1.5 kgBOD$_5$/(m^3 填料·d),水力停留时间 2~5 h,气水比 15~20。

c) 其他工艺参数见 GB 50014 等相关的规定。

6.3.2.3 二沉池

工艺参数见 GB 50014 等相关的规定。

6.3.3 深度处理
6.3.3.1 膜生物反应器
a) 膜生物反应器适用于医院污水处理场地面积小、出水水质要求高、后续采用紫外消毒等情况。

b) 膜通量等参数设计参照 HJ 579—2010 有关规定。中空纤维膜组件（HF）的膜通量可设计为 8~15 L/(m^2·h)。

c) 曝气池内污泥浓度应保持 6~10 g/L，污泥负荷为 0.1~0.2 kgBOD_5/(kgMLVSS·d)；水力停留时间 3~5 h，气水比 20~30。

d) 设计中应考虑膜污染的控制、膜清洗技术方法及维修措施。

6.3.3.2 曝气生物滤池
a) 曝气生物滤池适用于医院污水处理场地面积小和出水水质要求高等情况。

b) 曝气生物滤池水力负荷一般为 2~3 m^3/(m^2·h)，容积负荷为 1~2 kgBOD_5/(m^3·d)，滤床高 3~4 m，气水比 4~6。

c) 反冲洗时，宜采用气水联合反冲洗。气冲洗：气速 40~70 m/h，历时 3~5 min；气水联合反冲洗：气速 40~70 m/h，冲洗水流速 30~50 m/h，历时 4~8 min；水冲洗：冲洗水流速 30~50 m/h，历时 3~5 min；冲洗周期宜为 24 h。

6.3.3.3 活性炭吸附罐
a) 活性炭吸附罐通常采用固定床式颗粒状活性炭吸附罐。活性炭的粒径宜在 0.8~3.0 mm 之间，长度在 3~8 mm 之间，强度大于 85%。

b) 在选用活性炭吸附罐时，应做吸附等温线，以确定炭种和滤速、吸附效率和炭的再生周期等。

c) 进水浊度应不大于 20 mg/L，pH 值宜在 5.5~8.5 之间，空塔滤速 5~10 m/h，炭层高度应满足吸附工艺的要求。

d) 当设备进出水压力差大于 0.05 MPa 时，应进行反冲洗，反冲洗强度为 5~10 L/(s·m)。反冲洗时，应有防止活性炭被冲入管道内的保护措施。

6.3.4 消毒
医院污水消毒可采用的消毒方法有液氯消毒、二氧化氯消毒、次氯酸钠消毒、臭氧消毒和紫外线消毒。各种常用方法的适用性及特点比较见附录 A。

6.3.4.1 含氯消毒剂消毒
a) 含氯消毒剂消毒系统应参照 GB 50014 的有关规定进行设计。应根据设计处理工艺流程，按最不利情况进行组合，校核实际接触时间，以满足设计要求。

b) 接触消毒池的容积应满足接触时间和污泥沉积的要求。传染病医院污水接触消毒时间不宜小于 1.5 h，非传染病医院污水接触消毒时间不宜小于 1.0 h。

c) 医院污水消毒可采用连续式消毒或间歇式消毒方式。连续式接触消毒池有效容积为污水容积和污泥容积之和。间歇式接触消毒池的总有效容积应根据工作班次、消毒周期确定，一般宜为调节池容积的 1/2。

d) 接触消毒池一般分为两格，每格容积为总容积的一半。池内应设导流墙（板），避免短流。导流墙（板）的净距应根据水量和维修空间要求确定，一般为 600~700 mm。接触池的长宽比不宜小于 20∶1。接触池出口处应设取样口。

e) 一级强化处理工艺出水的参考加氯量（以有效氯计）一般为 30～50 mg/L。二级处理及深度处理工艺出水的参考加氯量一般为 15～25 mg/L。运行中应根据余氯量和实际水质、水量实验确定氯投加量。

f) 加药设备至少为 2 套，1 用 1 备。

g) 液氯消毒适用于处理出水排入市政污水管网的医院污水处理系统。当医院污水处理出水排至地表水体时应采取脱氯措施或慎用氯消毒。

h) 液氯消毒不宜用于人口稠密区医院及小规模医院的污水消毒，可用于远离人口聚居区的规模较大（＞1 000 床）、管理水平较高的医院污水消毒处理。

i) 电解法、化学法二氧化氯消毒及电解法次氯酸钠消毒适用于各种规模医院污水的消毒处理，但要求管理水平较高。

j) 漂粉精、漂白粉适用于规模＜300 床的经济欠发达地区医院污水处理消毒系统。

6.3.4.2 臭氧消毒

a) 传染病医院污水应优先采用臭氧消毒，处理出水再生回用或排入地表水体时应首选臭氧消毒。

b) 在选择臭氧发生器时，应按污水水质及处理工艺确定臭氧投加量，根据臭氧投加量和单位时间处理水量计算臭氧使用量，按每小时使用臭氧量选择臭氧发生器台数及型号。

c) 采用臭氧消毒，一级强化处理出水投加量为 30～50 mg/L，接触时间不小于 30 min；二级处理出水投加量为 10～20 mg/L，接触时间 5～15 min；同时大肠菌群去除率不得低于 99.99%。

d) 应选择气水混合效果好的臭氧进气装置。臭氧与污水接触方式宜采用鼓泡法。

e) 臭氧消毒系统应设置空压机房、臭氧发生器设备间和操作间。臭氧发生器设备间应留有设备检修空间。臭氧接触塔在寒冷地区应设在室内，尾气处理后由排气管排出室外。

f) 臭氧消毒系统设备、管道应做防腐处理与密封。

g) 臭氧发生器设备间应设置通风设备，通风机应安装在靠近地面处。

h) 在消毒工艺末端应设置尾气处理或尾气回收装置，反应后排出的臭氧尾气必须经过分解破坏或回收利用，处理后的尾气中臭氧含量应小于 0.1 mg/L。

6.3.4.3 紫外线消毒

a) 当二级处理出水 254 nm 紫外线透射率不小于 60%、悬浮物浓度小于 20 mg/L 时可采用紫外消毒方式；在有特殊要求的情况下（如排入有特殊要求的水域）也可采用紫外消毒方式。

b) 当水中悬浮物浓度＜20 mg/L，推荐的照射剂量为 60 mJ/cm^2，照射接触时间应大于 10 s 或由试验确定。

c) 医院污水宜采用封闭型紫外线消毒系统。

d) 医院污水紫外线消毒系统应设置自动清洗装置。

6.3.5 污泥处理处置

6.3.5.1 污泥消毒

a) 污泥在贮泥池中进行消毒，贮泥池有效容积应不小于处理系统 24 h 产泥量，且不宜小于 1 m³。贮泥池内需采取搅拌措施，以利于污泥加药消毒。

b）污泥消毒一般采用化学消毒方式。常用的消毒药剂为石灰和漂白粉。采用石灰消毒，石灰投量约为 15 g/L 污泥，使 pH 值为 11～12，搅拌均匀接触 30～60 min，并存放 7 d 以上。采用漂白粉消毒，漂白粉投加量为泥量的 10%～15%。条件允许，可采用紫外线辐照消毒。

6.3.5.2　污泥脱水

a）污泥脱水宜采用离心式脱水机。离心分离前的污泥调质一般采用有机或无机药剂进行化学调质，脱水污泥含水率应小于 80%。

b）脱水过程必须考虑密封和气体处理，脱水后的污泥应密闭封装、运输。

6.3.5.3　医院污泥应按危险废物处理处置要求，由具有危险废物处理处置资质的单位进行集中处置。

6.3.5.4　特殊污水处理产生的沉淀物应按照有关标准或规定妥善处理。

6.3.6　废气处理

6.3.6.1　医院污水处理工程废气应进行适当的处理（如臭氧活性炭吸附等方法）后排放，不宜直接排放。

6.3.6.2　通风机宜选用离心式，排气高度应不小于 15 m。

7　主要工艺设备和材料

7.1　选型要求

7.1.1　医院污水处理工程的关键设备和材料主要包括：格栅除污机、污水泵、污泥泵、鼓风机、曝气机械、自动加药装置、污泥浓缩脱水机械、消毒装置等。

7.1.2　传染病医院污水处理工程应选用自动机械格栅除污机。非传染病医院污水处理系统宜选用自动机械格栅，小规模污水处理可根据实际情况采用手动格栅。

7.1.3　污水泵、污泥泵应选用节能型产品，泵效率应大于 80%。污水泵应根据工艺要求选用潜水泵或干式泵。

7.1.4　鼓风机应选用低噪声、高效低耗产品，出口风压应稳定，宜选用罗茨鼓风机。

7.1.5　表面曝气机的理论动力效率应大于 3.5 kg O_2/（kW·h），鼓风曝气器的理论动力效率应大于 4.5 kg O_2/（kW·h）。在满足工艺要求的前提下应优先选用竖轴式表面曝气机和鼓风式射流曝气器。

7.1.6　加药装置应实现自动化运行控制。自动加药装置的计量精度应不小于 1‰。

7.1.7　消毒装置应选用高效低耗、操作简单、安全性和运行稳定性良好的产品。

7.2　性能要求

7.2.1　曝气设备应符合 HJ/T 252、HJ/T 263、HJ/T 281 等的规定；鼓风机应选用符合国家或行业标准规定的产品，并应符合 HJ/T 251 的规定；格栅除污机应符合 HJ/T 262 的规定；加药设备应符合 HJ/T 369 的规定；潜水泵应符合 HJ/T 336 的规定；填料应符合 HJ/T 245、HJ/T 246 的规定，其他机械、设备、材料应符合国家或行业标准的规定。

7.2.2　污水泵、污泥泵、鼓风机、表面曝气机等首次无故障时间应不小于 10 000 h，使用寿命应不小于 10 年；格栅除污机、污泥脱水机等首次无故障时间应不小于 4 000 h，使用寿命应不小于 15 年；曝气装置、生物膜填料、自动加药装置、水质在线监测仪的首次无故障时间应不小于 6 000 h，使用寿命应不小于 5 年。

8 检测与过程控制

8.1 医院污水处理工程宜根据污水处理工艺控制的要求设置 pH 计、流量计、液位控制器、溶氧仪等计量装置。

8.2 医院污水处理工程宜按国家和地方环保部门有关规定安装污水连续监测系统，监测系统及其安装应符合 HJ/T 353 的规定，污水连续监测系统的数据传输应符合 HJ/T 212 的规定。监测仪器应符合 HJ/T 96、HJ/T 101、HJ/T 103、HJ/T 367、HJ/T 377 等的规定。

8.3 医院污水处理工程运行监测参数至少应包括水量、pH 值、化学需氧量、生化需氧量（BOD_5）、悬浮物、氨氮、动植物油、粪大肠菌群数等。

9 辅助设施设计

9.1 电气与自控

9.1.1 医院污水处理工程供电宜按二级负荷设计，供电等级应与医院建筑相同。

9.1.2 低压配电设计应符合 GB 50054 设计规范的规定。

9.1.3 供配电系统应符合 GB 50052 设计规范的规定。

9.1.4 工艺装置中央控制室的仪表电源应配备在线式不间断供电电源设备（UPS）。

9.1.5 建设施工现场供用电安全应符合 GB 50194 规范的规定。

9.1.6 在线仪表的配置及自动控制水平应根据工艺流程、工程规模、管理水平及资金限制等因素综合考虑。

9.1.7 格栅除污机和曝气设备应自动控制；可根据工艺运行要求，采用定时方式自动启/停。

9.1.8 采用液氯消毒时，应设置液位控制仪对消毒接触池液位和氯溶液贮池液位指示、报警和控制；同时应设置氯气泄漏报警装置。

9.1.9 医院污水处理工程应在接触池出口处配置在线余氯测定仪和流量计。流量计宜选用超声波流量计或电磁流量计。消毒剂投加量应根据在线余氯测定仪的测定结果自动调整。

9.1.10 根据医院规模，400 床以下的医院污水处理工程在调节池可只设置液位控制仪表，液位控制仪表可采用浮球式、超声波式或电容式液位信号开关；液位控制仪表应与调节池污水提升泵进行液位连锁控制；400 床以上的医院污水处理工程除液位控制仪表外，宜加设液位测量仪，液位测量仪可选用超声波式或电容式液位测量仪。

9.1.11 条件允许情况下，采用二级处理、深度处理工艺的医院污水处理工程可设置溶解氧、pH 等测定仪器仪表。

9.1.12 传染病医院污水处理工程的控制室应与处理装置现场分离；规模大、工艺复杂的医院污水处理工程宜设独立的集中控制室，或采用与总电控柜房间（配电室）共用。独立的控制室面积一般控制在 12～20 m^2。若为计算机监控的控制室，面积应在 15～20 m^2，设防静电地板，室内做适当装修。

9.2 空调与暖通

9.2.1 地埋式或位于建筑物室内的医院污水处理工程应有通风设施。

9.2.2 在北方寒冷地区，处理构筑物应有防冻措施。当采暖时，处理构筑物内温度可按 5℃

设计；加药间、检验室和值班室等的室内温度可按 15℃ 设计。

9.3 给排水与消防

9.3.1 医院污水处理工程的给排水与消防应同医院主体建筑等一并规划、设计、配置设施，污水处理工程区内应实行雨污分流。

9.3.2 医院污水处理工程消防设计应符合 GB 50016 的有关规定，易燃易爆的车间或场所应按消防部门要求设置消防器材。

10 劳动安全与职业卫生

10.1 医院污水处理工程在设计、施工和运行过程中，必须高度重视安全卫生问题，严格执行国家及地方的有关规定，采取有效的应对措施和预防手段。

10.2 医院污水处理工程运行时应建立明确的岗位责任制，各工种、岗位应按工艺特征和要求制定相应的安全操作规程、注意事项等。所有操作和维修人员必须经过技术培训和生产实践，并持证上岗。

10.3 医院污水处理工程应有必要的安全、报警等装置，应制定火警、爆炸等意外事件的应急预案；明显位置应配有禁烟、防火、限速和用电警告等标志。

10.4 医院污水处理工程应具备设备日常维护、保养与检修、突发性故障时的应急处理能力。

10.5 各种机械设备裸露的传动部分或运动部分应设置防护罩或设置防护栏杆，周围应保持一定的操作活动空间，以免发生机械伤害事故。

10.6 各处理构筑物应设便于行走的操作平台、走道板、安全护栏和扶手，栏杆高度和强度应符合国家有关劳动安全卫生规定。

10.7 设备安装和检修时应有相应的警示及保护设施，必须多人同时作业。

10.8 产生有害气体、易燃气体、异味和环境潮湿的场所，应有良好的通风设施。

10.9 高架处理构筑物应设置实用的栏杆、防滑梯和避雷针等安全设施，构筑物的避雷、防暴装置的维修应符合气象和消防部门的规定。

10.10 所有正常不带电的电气设备，其金属外壳均应采取接地或接零保护；钢结构、排气管、排风管和铁栏杆等金属物应采用等电位联接后作保护接地。

10.11 医院污水处理工程应创建一个有效的职业卫生程序，包括必要的免疫防治、预防过度暴露于有害环境中的措施以及医疗监督。

10.12 位于室内的传染病医院（含带传染病房综合医院）污水处理工程必须设有强制通风设备，并为工作人员配备工作服、手套、面罩、护目镜、防毒面具以及急救用品。

11 施工与验收

11.1 工程设计、施工

11.1.1 医院污水处理工程的设计、施工单位应具备国家相应工程设计资质、施工资质。

11.1.2 医院污水处理工程必须按照国家《建设项目环境保护管理条例》规定，与主体工程同时设计、同时施工、同时投入使用。

11.1.3 医院污水处理工程建设、运行过程中产生的噪声及其他污染物排放应严格执行国家环境保护法规和标准的有关规定。

11.1.4 医院污水处理工程施工中所使用的设备、材料、器件等应符合相关的国家标准，并具备产品质量合格证。

11.1.5 按照环境管理要求需要安装在线监测系统的医院污水处理工程，应执行 HJ/T 353、HJ/T 354、HJ/T 355。

11.1.6 医院污水处理工程施工单位除应遵守相关的技术规范外，还应遵守国家有关部门颁布的劳动安全及卫生、消防等国家强制性标准。

11.2 工程调试及竣工验收

11.2.1 医院污水处理工程验收应按《建设项目（工程）竣工验收办法》、相应专业验收规范和本标准的有关规定组织工程竣工验收；工程竣工验收前，不得投入生产性使用。

11.2.2 建筑电气工程施工质量验收应符合 GB 50303 规范的规定。

11.2.3 医院污水处理工程各类设备及处理构筑物、建筑物按国家或行业的有关标准（规范）验收后，方可进行清水联通启动、整体调试和验收。

11.2.4 医院污水处理工程应在系统通过整体调试、各环节运转正常、技术指标达到设计和合同要求后进入生产试运行。一级强化处理工艺需经一个月的试运行，二级处理工艺需经 3 个月以上的试运行。在正式投入运行之前，必须向环境保护行政主管部门提出竣工验收申请。

11.2.5 试运行期间应进行水质检测，检测指标应至少包括：

（1）各处理单元中 pH 值、温度、水量；

（2）各单元进、出水主要污染物浓度，如：悬浮物、化学需氧量（COD_{Cr}）、生化需氧量（BOD_5）、氨氮、动植物油、粪大肠菌群数、余氯。

11.3 环境保护验收

11.3.1 医院污水处理工程环境保护验收除应满足《建设项目竣工环境保护验收管理办法》的规定外，在生产试运行期还应对污水处理工程进行调试和性能试验，试验报告应作为环境保护验收的重要内容。

11.3.2 医院污水处理工程环境保护验收应按照《建设项目竣工环境保护验收管理办法》的规定和工程环境影响评价报告的批复执行。

11.3.3 医院污水处理工程环境保护验收时应完成以下性能试验，并提供相关性能测试报告：

——医院污水处理工程调试试验；

——污水处理工程出水指标性能测试；

——污水处理工程设备性能测试；

——废气处理工程设备及排放指标性能测试；

——污泥处理系统设备性能测试；

——试运行期日常检测数据（一般不少于 1 个月）。

12 运行与维护

12.1 一般规定

12.1.1 医院污水处理工程不得随意停止运行。

12.1.2 应建立健全规章制度、岗位操作规程和质量管理等文件。建立健全运行台账制度，如实填写运行记录,并妥善保存。

12.2 人员与运行管理

12.2.1 实施质量控制,保证医院污水处理工程的正常运行及运行质量。

12.2.2 运行人员应定期进行岗位培训、持证上岗。运行管理人员上岗前均应进行相关法律法规和专业技术、安全防护、紧急处理等理论知识和操作技能的培训。

12.2.3 各岗位人员应严格按照操作规程作业,如实填写运行记录,并妥善保存。

12.2.4 严禁擅自启、闭设备,管理人员不得违章指挥。

12.2.5 医院污水处理设备的日常维护应纳入医院正常的设备维护管理。应根据工艺要求,定期对构筑物、设备、电气及自控仪表进行检查维护,确保处理设施稳定运行。

12.2.6 电气设备的运行与操作须执行供电管理部门的安全操作规程;易燃易爆的场所应按消防部门要求设置消防器材。

12.3 水质管理

12.3.1 按规定对水质理化指标、生物性污染指标和生物学指标进行监测、记录、保存和上报。

——水质理化指标主要有:温度、pH 值、悬浮物、氨氮、溶解氧、生化需氧量、化学需氧量、动植物油、余氯、总α、总β等。

——生物性污染指标主要包括细菌、病毒和寄生虫污染,常以有代表性的指示生物作为生物性污染指标。

——生物学指标主要指大肠菌群,也有其他生物体的指示生物,如大肠杆菌、粪便链球菌等。

12.3.2 水质取样应在污水处理工艺末端排放口或根据处理工艺控制点取样。

12.3.3 日常检测频率

生物学指标:粪大肠菌群数检测每月不得少于 1 次。

理化指标:取样频率为至少每 2 h 一次,取 24 h 混合样,以日均值计;pH、总余氯每日至少 2 次;总α、总β在衰变池出口取样检测,每月检测不少于 2 次。

12.3.4 各种指标的检测方法采用环境保护主管部门认可的标准或等效方法。

12.4 应急措施

12.4.1 医院污水处理工程应设应急事故池,以贮存处理系统事故或其它突发事件时医院污水。传染病医院污水处理工程应急事故池容积不小于日排放量的 100%,非传染病医院污水处理工程应急事故池容积不小于日排放量的 30%。

12.4.2 当发生传染病疫情时应对医院污水处理采取下列紧急措施:

(1)门诊病房病人的排泄物、分泌物应就地消毒处理后排入医院污水处理工程;

(2)医院污水处理可根据疫情发展增加消毒剂的投加点或投加量。

12.4.3 医院应编制事故应急预案(包括环保应急预案)。应急预案包括:应急预警、应急响应、应急指挥、应急处理等方面的内容,制定相应的应急处理措施,并配套相应的人力、设备、通讯等应急处理的必备条件。

附录 A（资料性附录）

常用消毒方法比较

消毒剂	优点	缺点	消毒效果	适用条件
氯 Cl_2	具有持续消毒作用；工艺简单，技术成熟；操作简单，投量准确	产生具致癌、致畸作用的有机氯化物（THMs）；处理水有氯或氯酚味；氯气腐蚀性强；运行管理有一定的危险性	能有效杀菌，但杀灭病毒效果较差	远离人口聚居区的规模较大（>1 000床）且管理水平较高的医院污水处理系统
次氯酸钠 NaOCl	无毒，运行、管理无危险性	产生具致癌、致畸作用的有机氯化物（THMs）；使水的pH值升高		规模<300床的经济欠发达地区医院污水处理消毒系统
二氧化氯 ClO_2	具有强烈的氧化作用，不产生有机氯化物（THMs）；投放简单方便；不受pH影响	ClO_2运行、管理有一定的危险性；只能就地生产，就地使用；制取设备复杂；操作管理要求高		适用于各种规模医院污水的消毒处理，但要求管理水平较高
臭氧 O_3	有强氧化能力，接触时间短；不产生有机氯化物；不受pH影响；能增加水中溶解氧	臭氧运行、管理有一定的危险性；操作复杂；制取臭氧的产率低；电能消耗大；基建投资较大；运行成本高	杀菌和杀灭病毒的效果均很好	传染病医院污水应优先采用臭氧消毒；处理出水再生回用或排入水体对水体和环境造成不良影响时应首选臭氧消毒
紫外线	无有害的残余物质；无臭味；操作简单，易实现自动化；运行管理和维修费用低	电耗大；紫外灯管与石英套管需定期更换；对处理水的水质要求较高；无后续杀菌作用	效果好，但对悬浮物浓度有要求	当二级处理出水254 nm紫外线透射率不小于60%、悬浮物浓度<20 mg/L时，或特殊要求情况（如排入有特殊要求的水域）可采用紫外消毒方式

中华人民共和国国家环境保护标准

味精工业废水治理工程技术规范

Technical specifications for monosodium glutamate industry wastewater treatment

HJ 2030—2013

前 言

为贯彻执行《中华人民共和国水污染防治法》，规范味精工业废水治理工程的建设与运行管理，防治环境污染，保护环境和人体健康，制定本标准。

本标准规定了味精工业废水治理工程设计、施工、验收、运行与维护的技术要求。

本标准为指导性文件。

本标准为首次发布。

本标准由环境保护部科技标准司组织制订。

本标准主要起草单位：中国环境科学学会、北京工商大学、山东十方环保能源股份有限公司、河南莲花味精股份有限公司。

本标准环境保护部 2013 年 3 月 29 日批准。

本标准自 2013 年 7 月 1 日起实施。

本标准由环境保护部解释。

1 适用范围

本标准规定了味精工业废水治理工程设计、施工、验收和运行的技术要求。

本标准适用于味精工业废水治理工程，可作为味精工业建设项目环境影响评价、环境保护设施设计与施工、建设项目竣工环境保护验收及建成后运行与管理的技术依据。

2 规范性引用文件

本标准引用了下列文件或其中的条款。凡是未注明日期的引用文件，其最新版本适用于本标准。

  GB 3096 声环境质量标准

  GB 4284 农用污泥中污染物控制标准

  GB 12348 工业企业厂界环境噪声排放标准

  GB 12801 生产过程安全卫生要求总则

  GB 14554 恶臭污染物排放标准

  GB 18599 一般工业固体废物贮存、处置场污染控制标准

GB 19431　味精工业污染物排放标准
GB 50009　建筑结构荷载规范
GB 50014　室外排水设计规范
GB 50015　建筑给水排水设计规范
GB 50016　建筑设计防火规范
GB 50019　采暖通风及空气调节设计规范
GB 50033　建筑采光设计标准
GB 50046　工业建筑防腐蚀设计规范
GB 50052　供配电系统设计规范
GB 50054　低压配电设计规范
GB 50069　给水排水工程构筑物结构设计规范
GB 50093　自动化仪表工程施工及验收规范
GB 50108　地下工程防水技术规范
GB 50168　电气装置安装工程电缆线路施工及验收规范
GB 50169　电气装置安装工程接地装置施工及验收规范
GB 50187　工业企业总平面设计规范
GB 50191　构筑物抗震设计规范
GB 50194　建设工程施工现场供用电安全规范
GB 50204　混凝土结构工程施工质量验收规范
GB 50208　地下防水工程质量验收规范
GB 50231　机械设备安装工程施工及验收通用规范
GB 50236　现场设备、工业管道焊接工程施工及验收规范
GB 50243　通风与空调工程质量验收规范
GB 50254　电气装置安装工程低压电气施工及验收规范
GB 50257　电气装置安装工程爆炸和火灾危险环境电气装置施工及验收规范
GB 50268　给水排水管道工程施工及验收规范
GB 50275　压缩机、风机、泵安装工程施工及验收规范
GB 50303　建筑电气工程施工质量验收规范
GB 50334　城市污水处理厂工程质量验收规范
GBJ 87　工业企业噪声控制设计规范
GBJ 141　给水排水构筑物施工及验收规范
GB/T 15562.1　环境保护图形标志　排放口（源）
GB/T 18920　城市污水再生利用　城市杂用水水质
GB/T 19923　城市污水再生利用　工业用水水质
GB/T 50335　污水再生利用工程设计规范
CECS 97　鼓风曝气系统设计规程
CECS 111　寒冷地区污水活性污泥法处理设计规程
CECS 162　给水排水仪表自动化控制工程施工及验收规程
CJJ 60　城市污水处理厂运行、维护及其安全技术规程

HJ/T 15　环境保护产品技术要求　超声波明渠污水流量计
HJ/T 91　地表水和污水监测技术规范
HJ/T 92　水污染排放总量监测技术规范
HJ/T 96　pH水质自动分析仪技术要求
HJ/T 101　氨氮水质自动分析仪技术要求
HJ/T 212　污染源在线自动监控（监测）系统数据传输标准
HJ/T 242　环境保护产品技术要求　污泥脱水用带式压榨过滤机
HJ/T 251　环境保护产品技术要求　罗茨鼓风机
HJ/T 252　环境保护产品技术要求　中、微孔曝气器
HJ/T 262　环境保护产品技术要求　格栅除污机
HJ/T 265　环境保护产品技术要求　刮泥机
HJ/T 266　环境保护产品技术要求　吸泥机
HJ/T 278　环境保护产品技术要求　单级高速曝气离心鼓风机
HJ/T 279　环境保护产品技术要求　潜水推流搅拌机
HJ/T 283　环境保护产品技术要求　厢式压滤机和板框压滤机
HJ/T 335　环境保护产品技术要求　污泥浓缩带式脱水一体机
HJ/T 336　环境保护产品技术要求　潜水排污泵
HJ/T 354　环境保护产品技术要求　水污染源在线监测系统验收技术规范（试行）
HJ/T 355　环境保护产品技术要求　水污染源在线监测系统运行与考核技术规范（试行）
HJ/T 369　环境保护产品技术要求　水处理用加药装置
HJ/T 377　环境保护产品技术要求　化学需氧量（COD_{Cr}）水质在线自动监测仪
HJ 444　清洁生产标准　味精工业
HJ 576　厌氧-缺氧-好氧活性污泥法污水处理工程技术规范
HJ 577　序批式活性污泥法污水处理工程技术规范
HJ 578　氧化沟活性污泥法污水处理工程技术规范
HJ 579　膜分离法污水处理工程技术规范
HJ 2006　污水混凝与絮凝处理工程技术规范
HJ 2008　污水过滤处理工程技术规范
HJ 2009　生物接触氧化法污水处理工程技术规范
HJ 2013　升流式厌氧污泥床反应器污水处理工程技术规范
NY/T 1220.2　沼气工程技术规范　第二部分：供气设计
NY/T 1222　规模化畜禽养殖场沼气工程设计规范
《建设项目（工程）竣工验收办法》（计建设[1990]1215号）
《建设项目竣工环境保护验收管理办法》（国家环境保护总局令　第13号）
《污染源自动监控管理办法》（国家环境保护总局令　第28号）
《危险化学品安全管理条例》（国务院令　第591号）
《排污口规范化整治技术要求》（试行）（环监[1996]470号）

3 术语和定义

GB 19431 和 HJ 444 界定的术语和定义及下列术语和定义适用于本标准。

3.1 味精 monosodium glutamate

味精又名谷氨酸钠，化学名称：L-谷氨酸单钠一水化合物（或L-α-氨基戊二酸单钠一水化物），分子式：$C_5H_8NO_4Na \cdot H_2O$。

3.2 味精工业 monosodium glutamate industry

指以淀粉质、糖质等为原料，经微生物发酵、提取、结晶等工艺生产味精的工业。该类工业企业包括从淀粉质、糖质等原料经发酵制备谷氨酸（俗称麸酸），再由谷氨酸精制生产味精全过程的企业；也包括只从淀粉质、糖质等原料经发酵生产谷氨酸的企业；还包括仅从谷氨酸精制生产味精的企业。

3.3 浓缩等电工艺和分离尾液 condense technique at isoelectric point and waste isolated fermentation liquor

浓缩等电工艺是指发酵母液经浓缩至谷氨酸一定浓度后，再进行连续等电分离提取谷氨酸的过程。发酵母液浓缩分离谷氨酸后的废液称为分离尾液。

3.4 等电离交工艺和离交尾液 ion exchange technique at isoelectric point and waste fermentation liquor from ion exchange process

等电离交工艺是指发酵母液经等电点法提取谷氨酸后，再经过离子交换二次分离谷氨酸的过程。离子交换分离谷氨酸后的流出液称为离交尾液。

3.5 淀粉废水 wastewater from starch production

指味精生产企业利用玉米、小麦加工制备淀粉过程中产生的各种废水。

3.6 谷氨酸废水 wastewater from glutamate production

指淀粉经制糖、发酵、分离提取制备谷氨酸过程中产生的废水，包括糖化罐、发酵罐、提取罐、分离机、滤布的洗涤水以及采用等电离交工艺时，离子交换柱需要冲洗处理再生产生的树脂洗涤水。

3.7 制糖废水 wastewater from sugar production

指淀粉经液化、糖化、浓缩、过滤制备葡萄糖过程中产生的废水，包括糖化罐及滤布的洗涤水。

3.8 精制废水 wastewater from monosodium glutamate production

指谷氨酸经中和、脱色、结晶等味精精制过程产生的废水，主要为脱色时粒状炭柱的冲洗废水。

3.9 污冷凝水 condensation wastewater

指发酵母液、分离尾液与离交尾液等浓缩过程中产生的进入污水处理系统的二次蒸汽冷凝水。

3.10 综合废水 integrated wastewater

指味精生产企业排入废水处理工程的各种废水混合后的废水，主要有谷氨酸废水、精制废水、污冷凝水、淀粉废水预处理（厌氧工艺）出水和厂区生活污水等。

3.11 预处理 classification treatment

指为减轻综合废水处理负荷，对有机污染物含量高的淀粉废水进行厌氧处理并将资源回收的过程。

3.12 一级处理 primary treatment

指综合废水处理工程中以均质调节等措施为主体的初级处理过程。

3.13 二级处理 secondary treatment

指综合废水处理工程中经一级处理后以二级生化处理为主体的净化过程。

3.14 三级处理 tertiary treatment

指综合废水处理工程中采用混凝沉淀、过滤等措施进一步去除二级处理不能完全去除的污染物的净化过程。

4 污染物与污染负荷

4.1 废水来源及污染物

4.1.1 味精企业的生产废水主要包括谷氨酸废水、精制废水和污冷凝水，含有淀粉生产的味精企业还包括淀粉废水。

4.1.2 味精企业生产废水的主要污染物是化学需氧量（COD_{Cr}）、生化需氧量（BOD_5）、氨氮（NH_3-N）和总氮（TN）。

4.2 废水水量

4.2.1 废水水量宜在工厂废水排放总口对综合废水排放总量进行实际测量确定，各生产工序排放的各种工艺废水宜逐一进行废水排放量测量，废水排放量测量应符合 HJ/T 91 的要求。

4.2.2 废水水量可类比现有同等生产规模、相同原料及产品、相同生产工艺味精企业的排放数据确定。

4.2.3 以全厂取水量估算时，废水水量宜取全厂取水量的 90%~95%。

4.2.4 没有实测及类比数据时，废水水量可参考表 1 按下式计算：

$$Q = Q_i + Q_j \tag{1}$$

$$Q_i = \sum q_i m_i \tag{2}$$

式中：Q——综合废水量，m^3/d；

Q_i——生产废水量，m^3/d；

Q_j——其他废水量，m^3/d，包括地面冲洗水和生活污水等，应参照 GB 50015 等标准确定；

q_i——单位产品生产废水量，m^3/t，可参照表 1 确定；

m_i——味精产品生产量，t/d，应根据企业生产规模和产品方案确定。

表 1 典型味精企业单位产品生产废水量

产品	原料	单位产品废水产生量/（m^3/t）
谷氨酸	玉米、小麦、大米	20~50
	淀粉、糖蜜	20~35
味精	玉米、小麦、大米	20~50
	淀粉、糖蜜	20~35
	谷氨酸	6~10

注1：1 t 谷氨酸可生产 1.23~1.26 t 味精；
注2：采用等电离交工艺取高值，浓缩等电工艺取中低值。

4.2.5 设计水量应考虑一定的裕量，设计裕量宜小于等于废水水量的 20%。

4.3 废水水质

4.3.1 废水水质宜在工厂废水排放总口对综合废水进行取样化验，各生产工序排放的各种工艺废水水质宜逐一进行取样化验，水质取样化验应符合 HJ/T 91 的要求。

4.3.2 废水水质可类比现有同等生产规模、相同原料及产品、相同生产工艺味精企业的排放数据确定。

4.3.3 没有实测及类比数据时，味精工业生产过程废水水质可参考表 2，不同产品及不同原料的混合废水水质按不同废水类型混合比例确定。

表 2 典型味精生产废水水质 单位：mg/L

废水种类	pH	COD_{Cr}	BOD_5	NH_3-N	TN	SS	TP
淀粉废水	3.5～6	9 000～15 000	5 000～8 000	60～230	300～500	800～1 500	—
谷氨酸废水②	3～7.5	5 000～9 000	3 000～6 000	400～1 700	500～2 000	800～1 500	—
精制废水	8～11	700～1 200	300～700	80～150	100～200	200～600	—
污冷凝水	4.5～7.0	1 200～1 600	600～800	70～250	70～250	①	—
综合废水②	4.3～7.5	750～2 000	400～1 200	150～400	150～500	200～800	10～50

说明：①数值较低，一般不作为监测指标。
②采用等电离交工艺的谷氨酸废水和综合废水，pH 值取中低值，其他水质指标取中高值；采用浓缩等电工艺的谷氨酸废水和综合废水，pH 值取中高值，其他水质指标取中低值。

5 总体要求

5.1 一般规定

5.1.1 味精生产企业应按照 HJ 444 的要求采用清洁生产技术，提高资源、能源利用率，降低废水污染负荷。

5.1.2 味精工业废水治理工程建设应符合环境影响评价批复文件的要求，遵循"三同时"制度，并以企业生产情况及总体规划为依据，统筹废水分类处理和集中处理、现有工程和新（扩、改）建工程的关系。

5.1.3 厂区排水系统应采用雨污分流制，位于水体保护要求高或环境敏感地区的企业，宜对地面污染较大区域的初期雨水进行截流、调蓄和处理。

5.1.4 发酵与提取过程产生的分离尾液和离交尾液应进行综合利用，不得直接排入废水处理系统。

5.1.5 味精工业废水治理工程处理后的废水应进行综合利用。用于其他工业用水和环境保洁的水质应根据再生利用环节参照 GB/T 19923 和 GB/T 18920 执行。

5.1.6 味精工业废水治理工程的排放水质、水量应符合 GB 19431 和所在地地方标准的要求。

5.1.7 味精工业废水治理工程建设、运行过程中应采取防治二次污染的措施。恶臭和固体废物的处理处置应分别符合 GB 14554 和 GB 18599 的规定。

5.1.8 味精工业废水治理工程的噪声应符合 GB 3096 和 GB 12348 的规定，对建筑物内部设施噪声源控制应符合 GBJ 87 中的有关规定。

5.1.9 应按照《排污口规范化整治技术要求（试行）》建设废水排放口。废水排放口标志的设置应符合 GB/T 15562.1 的要求，并按照《污染源自动监控管理办法》安装污染物排放连续监测设备。

5.1.10 水污染源在线监测系统应采用符合 HJ/T 15、HJ/T 96、HJ/T 101、HJ/T 377 等标准规定的监测仪器，运行和数据传输应执行 HJ/T 355 和 HJ/T 212 的规定。

5.2 建设规模

5.2.1 建设规模应根据废水水量、水质和预期变化情况综合确定，现有企业的废水治理工程应以实测数据为依据，新（扩、改）建企业的废水治理工程应根据原料种类、产品类别、生产工艺的治理程度和使用量，采用类比或物料衡算的方法确定。

5.2.2 味精工业废水治理工程建设规模的确定应符合下列要求：

a）格栅渠、集水井等调节池前的废水治理构筑物按最大日最大时流量计算；

b）调节池及其后的生化池、二沉池等废水治理构筑物按最大日平均时流量计算；

c）污泥处理与处置工程应按最大日平均时污泥量计算。

5.3 工程构成

5.3.1 味精工业废水治理工程由主体工程、辅助工程和生产管理设施构成。

5.3.2 主体工程主要包括废水预处理工程、综合废水处理工程、污泥处理与处置工程、沼气利用工程和恶臭处理工程：

a）废水预处理工程包括淀粉废水预处理（厌氧工艺）工程等；

b）综合废水治理工程包括废水一级、二级和三级处理系统；

c）污泥处理与处置工程包括污泥减量处理和最终处置系统；

d）沼气利用工程包括沼气净化、贮存和利用系统；

e）恶臭处理工程包括臭气收集和处理系统。

5.3.3 辅助工程包括电气、供排水和消防、采暖通风与空调等。

5.3.4 生产管理设施包括办公用房、值班室等。

5.4 厂址选择

味精废水治理工程厂址选择应纳入味精工业生产企业建设规划，并满足环境影响评价批复文件的要求。

5.5 总平面布置

5.5.1 总平面布置应符合 GB 50014、GB 50187 等标准的相关规定，并满足环境影响评价批复文件的要求。

5.5.2 废水治理工程总体布置应根据各构筑物的功能和处理流程要求，结合地形、气候和地质条件，经技术经济比较后确定。

5.5.3 总平面布置应合理、紧凑，满足施工、维护和管理要求，并留有发展及设备更换的余地。

5.5.4 竖向布置应充分利用原有地形和高差，尽可能做到土方平衡、重力排放、降低能耗。

5.5.5 加药间、污泥处理间等运输量较大的建筑物应靠近道路，并远离人员经常出入的区域。

5.5.6 沼气利用工程等需要防火防爆的设施应放置在相对独立的区域，并考虑足够的防护距离。

5.5.7 应合理布置超越管线和维修放空设施，并确保不合格的放空水或污泥得到妥善处理和处置。

5.5.8 当废水治理工程分期建设时，废水治理工程占地面积应按总体处理规模预留场地，并进行总体布置，管网和地下构筑物宜一次建成。

6 工艺设计

6.1 一般规定

6.1.1 在工艺设计前，应对废水水质、水量及变化规律进行全面调查，并进行必要的分析和试验。

6.1.2 应选用技术成熟、处理效率高、节约能源、投资省的处理工艺，确保废水治理工程稳定、可靠、安全运行。

6.1.3 宜将生化处理单元设计成平行的两个系列。

6.2 废水减量化技术要求

6.2.1 味精生产系统应采用冷却水和冲洗水循环利用等措施降低废水和污染物排放量。

6.2.2 分离尾液和离交尾液应采用絮凝气浮和蒸发浓缩等技术生产饲料和肥料，以降低废水中污染物的排放量。

6.2.3 等电离交工艺产生的初期较高浓度树脂洗涤水宜进行综合利用。

6.3 工艺路线选择

6.3.1 味精工业废水处理工艺流程如图1所示：

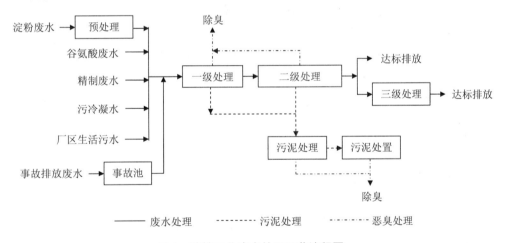

图1 味精工业废水处理工艺流程图

6.3.2 有淀粉生产的味精企业产生的淀粉废水宜优先考虑综合利用，排出的淀粉废水应与制糖废水混合，并采用以厌氧为主体的工艺预处理后，其出水再与其他废水一起混合进入综合废水处理系统。

6.3.3 二级处理工艺应采用具有脱氮功能的生物处理工艺，并考虑其生物除磷功能。

6.3.4 应根据现行的国家和地方污染物排放标准、污染物的来源、性质及排水去向确定综合废水处理工程的处理深度，选择相应的处理工艺，并进行技术经济比较后确定。

6.3.5 废水处理效率应通过试验或类比数据获取，当无资料时可参照表3。

表3 典型废水治理工艺单元处理效率

处理级别	处理方法	主要工艺	处理效率/%			
			COD_{Cr}	BOD_5	NH_3-N	SS
预处理	厌氧生化	IC，UASB	80～90	90～95	—	30～50
一级	水质水量调节	格栅，调节池，pH调整	—	—	—	—
二级	生化脱氮	A/O工艺，ASND工艺	75～90	85～95	>90	80～90
三级	混凝沉淀	混凝沉淀	40～50	—	—	70～90
	过滤	混凝沉淀、过滤	40～50	—	—	80～90

6.4 工艺设计要求

6.4.1 淀粉废水预处理

6.4.1.1 淀粉废水预处理的工艺设计要求可参照以玉米、小麦为原料生产淀粉的淀粉工业废水治理工程技术规范中厌氧处理单元的相关要求。

6.4.1.2 淀粉废水预处理应采用厌氧为主体的处理工艺，主要工艺流程包括格栅、提升泵房、调节池（pH和水温调节）和厌氧处理单元。

6.4.1.3 格栅、提升泵房的工艺设计要求见6.4.2.2和6.4.2.3。

6.4.1.4 用于玉米、小麦淀粉废水预处理的调节池停留时间不应小于8 h，工艺设计要求见6.4.2.4。

6.4.1.5 淀粉生产废水应设置pH调节设施，工艺设计要求见6.4.2.5。

6.4.1.6 淀粉生产废水应设置温度调节设施，并满足以下要求：

 a）废水加热可采用池外加热或池内加热，池外加热可采用热交换器和热水循环加热方式，池内加热宜采用热水循环加热方式；

 b）热交换器选型应根据废水特性、介质温度和热交换后温度确定。热交换器换热面积应根据热平衡计算，并留有10%～20%的余量。

6.4.1.7 厌氧处理单元可采用内循环厌氧反应器（IC）、升流式厌氧污泥床（UASB）等工艺，其技术要求如下：

 a）当选用IC时，容积负荷宜为10～25 kg COD/（m^3·d），污泥质量浓度宜为20～40 g/L，水力停留时间宜为6～12 h；当选用UASB时，容积负荷宜为5～10 kg COD/（m^3·d），污泥质量浓度宜为10～20 g/L，水力停留时间宜为12～20 h。

 b）IC反应器高度不宜超过25 m，单座体积不宜超过1 500 m^3，UASB的有效高度一般为5～7 m，不宜超过10 m，单座体积不宜超过2 000 m^3。

 c）厌氧进水的pH值宜为6.5～7.5，COD_{Cr}/SO_4^{2-}的比值宜不小于10，悬浮物的含量宜小于1 500 mg/L。

 d）厌氧处理宜采用中温厌氧技术，温度宜为32～35℃。

 e）厌氧出水应满足后续二级生化脱氮处理要求，BOD_5/TN比值宜大于4。

 f）UASB工艺设计要求可参照HJ 2013。

6.4.2 综合废水一级处理

6.4.2.1 一级处理主要包括格栅、提升泵房、调节池、pH调节设施等。

6.4.2.2 应设置细格栅，是否需在细格栅前增设粗格栅可根据排水系统情况确定，格栅渠的设计应符合GB 50014的规定，并满足以下要求：

 a）粗格栅宜采用机械清污格栅，格栅间隙应为5～10 mm，设置在水泵前应满足水泵要求；

b）细格栅宜选用具有自清能力的机械格栅，格栅间隙为 1～4 mm；

c）格栅渠上部应设置工作平台，其高度应高出格栅前最高设计水位 0.5 m，工作平台上应有安全和冲洗设施。

6.4.2.3 当来水高程无法满足自流进入后续处理构筑物时，应设置废水提升泵站，泵站包括水泵间、集水池和出水设施，其工艺设计应符合 GB 50014 的规定，并满足以下要求：

a）集水池的容积应根据设计流量、水泵能力和水泵工作情况等因素确定，水力停留时间宜采用 10～30 min；

b）集水池池底应设集水坑，倾向坑的坡度不宜小于 0.01，池壁应设置爬梯；

c）集水池宜设置事故溢出口，将事故排水排入事故池；

d）集水池应设冲洗装置，宜设清泥装置；

e）集水池应设置液位控制和报警装置；

f）自然通风条件差的水泵间应设机械送排风系统。

6.4.2.4 调节池容积应根据废水的变化曲线采用图解法计算确定，并满足以下要求：

a）调节池的有效容积宜按平均小时流量的 16～30 h 水量设计，亦可按最大日流量计算；

b）调节池应设置机械、空气搅拌或水力混合装置，水下设备应具有防腐性能；

c）当调节池采用机械搅拌器时，设计边界水流速度宜为 0.15～0.35 m/s；当采用空气搅拌时，每 100 立方米有效池容的气量按 1.0～1.5 m^3/min 设计；当调节池兼有预生化或（催化）氧化等功能时，其曝气量还应满足工艺需氧量的要求；当采用射流搅拌时，功率应不小于 10 W/m^3；

d）调节池宜设计为封闭式，应有通排风和除臭设施，应定期清除沉渣；

e）调节池应设集水坑及排空设施，池底应有不小于 0.01 的坡度（坡向集水坑）；

f）调节池宜采取调温措施，北方寒冷地区冬季要保温，夏季可在调节池出水设置热交换器等降温措施以满足后续二级生化处理的水温要求；

g）调节池应设置液位溢流设施。

6.4.2.5 尽可能利用酸性废水与碱性废水之间的酸碱度先进行废水的自然中和，混合后形成的综合废水 pH 值若达不到二级处理的进水要求，仍应设置 pH 值调节设施，并满足以下要求：

a）pH 值调节所用药剂可选用 NaOH 和 HCl，pH 值调节药剂应有一定的存储量，并应设置存储、配制和投加设施；

b）pH 值调节宜分为粗调和微调，粗调通常在调节池中进行调节，微调宜采用溶药搅拌设备充分溶解后，采用计量泵自动定量投加；

c）pH 值调节可采用水力搅拌、机械搅拌或空气搅拌。

6.4.3 综合废水二级处理

6.4.3.1 二级处理生化单元宜选用抗冲击负荷能力强、具有脱氮功能的推流式或序批式（SBR）活性污泥法处理工艺，如缺氧/好氧（A/O）脱氮工艺、新型同步硝化反硝化脱氮工艺（ASND），仅进行谷氨酸精制生产味精的企业生产废水可采用生物接触氧化法污水处理工艺。技术要求分别如下：

a) 采用活性污泥法计算曝气池有效池容时,需考虑硝化、反硝化反应时间,BOD_5 负荷宜按 0.05~0.20 kg BOD_5/(kg MLSS·d) 设计,并按 NH_3-N 负荷 0.01~0.025 kg NH_3-N/(kg MLSS·d) 校核;采用生物接触氧化法计算曝气池有效池容时,容积负荷宜按 0.3~0.6 kg BOD_5/(m³ 填料·d) 设计;A/O 反应池缺氧区和好氧区的容积宜采用 GB 50014 中的硝化、反硝化动力学公式计算校核。

b) 二级生化反应池温度应控制在 15~30℃ 之间,并充分考虑冬季低温和夏季高温对污染物去除的影响,必要时可采取降低负荷、保温、降温等措施。

c) 二级生化反应池 pH 值宜为 7~8,硝化剩余碱度宜大于 70 mg/L(以 $CaCO_3$ 计),当碱度不能满足上述要求时,应采取增加碱度的措施。

d) 需氧量应根据好氧单元进水 BOD_5 计算,并考虑 NH_3-N 硝化需氧量,计算方法参照 GB 50014 的规定,并按照气水比 15:1~30:1 校核。

e) 曝气设备应能根据废水水质、水量调节供氧量。

f) 采用推流式工艺时,应保持池内泥、水的充分混合,控制池内平均流速大于 0.3 m/s,采用机械混合方式时,混合功率密度 4~8 W/m³,同时应满足需氧量的要求。

g) 采用 SBR 工艺时,反应池个数宜为 2 个以上,其运行周期宜为 6~12 h,充水比宜为 0.15~0.3。

h) 污泥回流比一般为 60%~100%,生化反应池中污泥浓度宜为 3 000~5 000 mg/L。

i) A/O 法内循环回流比应大于 400%。

j) 采用 ASND 工艺时,推流式曝气池无须分缺氧/好氧区,无须内循环回流,当进水 TN 浓度大于 250 mg/L 时,可采用多点进水的灵活进水方式,以补充后段碳源不足。

k) 曝气池应设置泡沫阻隔和消除措施,可采用加大曝气池高度、添加消泡剂、喷水消泡和机械消泡等措施。

l) 二级生化处理后总磷不能达标时,可进行化学除磷处理。

6.4.3.2 好氧生化反应池(SBR 反应池除外)后应设置二沉池,二沉池的形式应根据处理规模、工艺特点和地质条件等因素确定,可选用平流式、辐流式和竖流式等池型,工艺设计要求可参照 GB 50014。

6.4.3.3 鼓风曝气系统设计应符合 CECS 97 的相关规定。

6.4.3.4 北方寒冷地区污水活性污泥法处理设计还应符合 CECS 111 的相关规定。

6.4.3.5 厌氧-缺氧-好氧活性污泥法污水处理工程设计还应符合 HJ 576 的相关规定。

6.4.3.6 序批式活性污泥法污水处理工程设计还应符合 HJ 577 的相关规定。

6.4.3.7 氧化沟活性污泥法污水处理工程设计还应符合 HJ 578 的相关规定。

6.4.3.8 生物接触氧化法污水处理工程设计还应符合 HJ 2009 的相关规定。

6.4.4 综合废水三级处理

6.4.4.1 三级处理宜采用混凝沉淀处理技术,其工艺设计应符合 GB/T 50335 和 HJ 2006 的相关规定。

6.4.4.2 当悬浮物指标要求较严时,混凝沉淀后的废水宜进行过滤处理,其工艺设计应符合 GB/T 50335 和 HJ 2008 的相关规定。

6.4.4.3 当有更高的水质要求时,可增加吸附技术、膜分离技术和强氧化等技术中的一种或几种组合。

6.4.4.4 当采用膜分离技术时，其工艺设计可参照 HJ 579。

6.4.5 废水回用

6.4.5.1 处理后的综合废水可用于其他工业用水和环境保洁，其水质标准应根据回用环节参照 GB/T 19923 和 GB/T 18920 等国家标准执行。

6.4.5.2 回用水贮存、输配和监测系统应符合 GB/T 50335 的规定。

6.5 污泥处理与处置工艺设计要求

6.5.1 产泥量可根据实际工程情况测定或参照同类企业确定，也可根据去除单位污染物量估算污泥量：

 a) 采用活性污泥法时，产泥量可按 0.3～0.4 kg DS/kg COD_{Cr} 设计，并按湿泥量（污泥含水率 99.3%～99.4%计）为废水处理量的 1.5%～2.0%校核；

 b) 采用生物接触氧化法时，产泥量可按 0.3～0.4 kg DS/kg COD_{Cr} 设计，并按湿泥量（污泥含水率 99.3%～99.4%计）为废水处理量的 1.0%～2.0%校核；

 c) 采用 IC 和 UASB 产生的厌氧剩余污泥产量可按 0.05～0.2 kg DS/kg COD_{Cr} 设计，污泥含水率约 98%；

 d) 三级处理的物化污泥产量可按 1～1.5 kg DS/kg COD_{Cr} 设计，污泥含水率为 98%～99%。

6.5.2 淀粉废水预处理厌氧单元产生的剩余污泥应输送至综合废水处理工程污泥系统处理。

6.5.3 污泥处理工艺应综合考虑污泥的最终处置方式确定，其处理工艺包括污泥浓缩、污泥均质、污泥脱水和污泥堆场，并应符合以下要求：

 a) 剩余污泥应进行浓缩。当采用重力浓缩时，污泥固体负荷宜采用 20～40 kg/(m^2·d)，浓缩时间不宜小于 16 h；也可采用机械浓缩和气浮浓缩工艺；

 b) 污泥均质池容积应根据各类污泥产量及排泥方案确定，可按 2～4 h 的污泥排放量估算，均质池内应设置潜水推进器、搅拌器等设备；

 c) 污泥脱水前应进行加药调理，药剂种类和投加量应通过污泥性质和干污泥的处理方式试验确定；

 d) 污泥脱水机械的类型应按污泥的性质、产生量和脱水要求，经技术经济比较后确定，宜选用离心脱水机或带式压滤机，当污泥量较少时，可选用厢式、板框压滤机；

 e) 污泥脱水前的含水率宜小于 98%，污泥脱水后的含水率宜小于 80%。

6.5.4 应设置脱水污泥堆场，堆场面积根据污泥清运条件确定，并设置防渗、防漏、防雨水设施，且满足 GB 18599 的相关规定。

6.5.5 污泥的最终处置可采用综合利用、焚烧和填埋等方式，并优先考虑综合利用；农用时应符合 GB 4284 等标准的规定，填埋时应符合 GB 18599 等标准的规定，干化焚烧时应符合国家相关标准的规定。

6.5.6 污泥浓缩脱水过程产生的污水应进入调节池处理。

6.6 沼气利用

6.6.1 应根据厌氧反应器进水水质和沼气产率确定沼气利用系统的建设规模。

6.6.2 根据沼气利用途径，对沼气进行脱硫和脱水的净化处理和贮存，其净化、贮存和利用技术应符合 NY/T 1220.2 和 NY/T 1222 中的相关规定。

6.6.3 应结合味精废水治理工程的实际情况进行沼气利用，可将沼气作为锅炉燃料。

6.7 二次污染防治

6.7.1 恶臭治理

6.7.1.1 格栅间、调节池、生化反应池、污泥浓缩池及污泥脱水处理车间等位置应设置臭气收集装置，并进行除臭处理。

6.7.1.2 味精废水治理工程的上述构筑物宜采取恶臭密闭收集措施。

6.7.1.3 采用物理、生物、化学除臭等工艺处理集中收集的臭气，常用的除臭工艺包括吸附、离子氧化、生物过滤等。

6.7.1.4 废水处理设施的恶臭气体排放浓度应符合 GB 16554 的规定。

6.7.2 噪声和振动防治

6.7.2.1 应采取隔声、消声、绿化等降低噪音的措施，厂界噪声应达到 GB 12348 的规定。

6.7.2.2 设备间、鼓风机房的噪声和振动控制的设计应符合 GBJ 87 的规定。

6.8 事故与应急处理

6.8.1 味精废水处理工程应设置事故池，因废水治理设施操作失误、非正常工况、停电等事故造成废水排放量和浓度异常时，应排入事故池。

6.8.2 事故池有效容积应能接纳最大一次事故排放的废水总量。

6.8.3 事故池内应设置提升泵，在生产恢复正常或废水处理设施排除故障后，应将事故排放废水均匀排入综合废水处理工程的调节池中。

6.8.4 事故池宜设置混合装置和排泥设施。

6.8.5 事故池宜设置液位控制和报警装置。

7 主要工艺设备和材料

7.1 一般规定

7.1.1 味精工业废水治理工程常用的设备包括泵、曝气设备、格栅、刮吸泥机、滗水器、脱水机、加药设备、沼气贮气装置等。

7.1.2 关键设备和材料均应从工程设计、招标采购、施工安装、运行维护、调试验收等环节进行严格控制，选择满足工艺要求、符合相应标准的产品。

7.1.3 厌氧处理单元、pH 值调节设备、钢制部件等易腐蚀的设备、管渠及材料应采取相应的防腐蚀措施，并达到国家现行有关标准的规定。

7.2 配置要求

7.2.1 格栅除污机、潜水推进器、滗水器等宜按双系列或多系列生产线配置。

7.2.2 加药设备应按加入药液的性质和处理系列分别配置，并考虑防腐蚀措施。

7.2.3 厌氧单元应采用防爆型电机设备。

7.2.4 提升泵、鼓风机等大功率设备应配备变频装置。

7.2.5 水泵、污泥泵、鼓风机等连续工作的设备应配置备用设备。

7.2.6 曝气装置、加药装置等宜储备核心部件和易损部件。

7.3 性能要求

7.3.1 格栅除污机应符合 HJ/T 262 的规定。

7.3.2 潜水排污泵应符合 HJ/T 336 的规定，潜水推流搅拌机应符合 HJ/T 279 的规定。

7.3.3 罗茨风机应符合 HJ/T 251 的规定，单级高速曝气离心鼓风机应符合 HJ/T 278 的规定。

7.3.4 鼓风式中、微孔曝气器应符合 HJ/T 252 的规定。

7.3.5 刮泥机应符合 HJ/T 265 的规定，吸泥机应符合 HJ/T 266 的规定。

7.3.6 带式压滤机应符合 HJ/T 242 的规定，厢式压滤机和板框压滤机应符合 HJ/T 283 的规定，污泥浓缩带式脱水一体机应符合 HJ/T 335 的规定。

7.3.7 加药设备应符合 HJ/T 369 的规定。

8 检测与过程控制

8.1 检测

8.1.1 味精工业废水治理工程应设置化验室，按照检测项目配置相应的检测仪器和设备。

8.1.2 厌氧单元、pH 值调节等设施宜设置在线检测装置，其检测点分别设在受控单元内或进、出口处，采样频次和监测项目应根据工艺控制要求确定。

8.1.3 应根据水处理单元工艺需要，检测相关的工艺参数：

a) 应检测废水治理工程进、出口处的流量、pH、COD_{Cr}、NH_3-N、TN、TP、SS 和色度等指标；

b) 厌氧处理单元宜检测反应池内 pH、水温、挥发性脂肪酸（VFA）、碱度和污泥性状、污泥浓度等指标；

c) 好氧生化处理单元宜检测反应池内 pH、水温、溶解氧（DO）和污泥浓度等指标；

d) 深度处理单元宜根据采用的处理工艺检测反应池内的 pH、水头损失等指标；

e) 应检测格栅渠、集水池、调节池、再生水池、储药池、污泥均质池等的液位指标，检测加药管、污泥管等处的流量指标，宜检测好氧反应池的曝气流量指标。

8.1.4 现场检测仪表宜具备防腐、防爆、抗渗漏、防结垢、自清洗等功能。

8.1.5 仪表设计的其他要求可参照 CECS 162 等标准的规定。

8.2 过程控制

8.2.1 控制系统应在满足工艺要求的前提下，运行可靠、经济、节能、安全，便于日常维护和管理。

8.2.2 过程控制参数、技术要求和自动化控制水平应根据废水处理规模、水质处理要求、企业经济条件等因素合理确定，并符合以下要求：

a) 废水处理站的厌氧处理等主要生产工艺单元可采用自动控制，规模较大企业的综合废水处理站宜采用集中管理和监视、分散控制的计算机控制系统；

b) 现场设备应装设现场操作箱，操作箱应设置运行与故障状态显示、手动/自动转换开关；

c) 采用成套设备且设备配套控制系统时，设备配套的控制系统应预留必要的通讯接口，以实现与全厂控制系统的通讯和数据交换。

8.2.3 味精工业废水治理工程的过程控制应参照 GB 50014 中 8.3 控制和 8.4 计算机控制管理系统条款的相关规定。

9 主要辅助工程

9.1 电气

9.1.1 废水治理工程供电按二级负荷设计，其电源可独立设置，也可由企业变配电室接入。

9.1.2 供配电及工艺设备应可靠接地，根据现场分布情况与企业原接地网相连。

9.1.3 配电系统应根据运行功率因数设置无功补偿装置。

9.1.4 电气系统设计的其他要求应符合 GB 50052、GB 50054、GB 50194 等国家标准的规定。

9.2 供排水与消防

9.2.1 供排水和消防系统应与生产过程统筹考虑，生活用水、生产用水及消防设施应符合 GB 50015 和 GB 50016 等国家标准的规定。

9.2.2 废水治理工程含有厌氧处理单元时，厌氧单元的火灾危险性为甲类，防火等级应按一级耐火等级设计，并安装沼气泄漏报警装置。

9.3 采暖通风与空调

9.3.1 废水治理工程建筑物内应有采暖通风与空气调节系统，并应符合 GB 50019、GB 50243 等国家标准的规定。

9.3.2 废水治理工程采暖系统设计应与生产系统统一规划，热源宜由厂区供热系统提供。

9.3.3 各类建筑物、构筑物的通风设计应符合下列原则：

　　a) 加盖构筑物应设通风设施；

　　b) 有可能释放有毒和有害气体的建筑物（如加药间、污泥脱水间和化验室等），应根据满足室内最高允许浓度所需换气次数确定通风量，室内空气不得再循环，有条件的宜设有毒有害气体的净化装置；

　　c) 有防爆要求的车间（如沼气控制间等）应设事故通风，事故风机应为防爆型；

　　d) 当机械通风不能满足工艺对室内温度、湿度要求时应设空调装置。

9.4 建筑与结构

9.4.1 构筑物设计、施工及验收应符合 GB 50069、GB 50108、GBJ 141 和 GB 50208 等国家标准的规定。

9.4.2 厂房建筑的防腐、采光和结构应符合 GB 50046、GB 50033、GB 50009 和 GB 50191 的有关规定，调节池等处理构筑物应采取防腐蚀、防渗漏措施，确保处理效果，安全耐用，操作方便，有利于操作人员的劳动保护。

9.4.3 废水处理构筑物应设排空设施，排出的水应流入调节池重新处理。

10 劳动安全与职业卫生

10.1 劳动安全

10.1.1 劳动安全管理应符合 GB 12801 的规定。

10.1.2 应按照《危险化学品安全管理条例》的要求管理和使用工艺过程中的化学药剂。

10.1.3 应建立并严格执行安全检查制度，及时消除事故隐患，防止事故发生。

10.1.4 应有必要的安全防护措施和报警装置：

　　a) 应在沼气利用区域设置禁烟、防火标志；

　　b) 水处理构筑物周边应设置防护栏杆、走道板防滑梯等安全措施，栏杆高度和强度

应符合国家有关劳动安全卫生规定,高架处理构筑物还应设置避雷设施;
- c)各种机械设备裸露的传动部分或运动部分应设置防护罩或防护栏杆,并保持周围有一定的操作活动空间;
- d)宜在加药间的相应区域设置紧急淋浴冲洗装置;
- e)人员进入密闭的水处理构筑物检修时,应先进行强制通风,经过仪器检测,确定符合安全条件时,人员方可进入。

10.1.5 应制定易燃、爆炸、自然灾害等意外事件的应急预警预案。

10.2 职业卫生

10.2.1 应保持操作室空气清新,适合操作人员长期在岗工作。

10.2.2 应加强作业场所的职业卫生防护,做好隔声、减震和防暑、防毒等预防工作。

10.2.3 应向操作人员提供必要的劳动保护用品,以及浴室、更衣室等卫生设施。

10.2.4 职工在加药间、污泥脱水间、风机房等高粉尘、有异味、高噪声的环境下应佩戴必要的劳动保护用具。

11 工程施工与验收

11.1 工程施工

11.1.1 工程施工应符合国家和行业施工程序及管理文件的要求。

11.1.2 工程设计、施工单位应具有与该工程相应的资质等级。

11.1.3 工程施工应符合施工设计文件、设备技术文件的要求,工程变更应取得设计变更文件后再进行。

11.1.4 工程施工中所使用的设备、材料、器件等应符合相关的国家和行业标准,并取得产品合格证后方可以使用,关键设备还应具有产品出厂检验报告等技术文件。

11.1.5 施工单位应遵守相关工程施工技术规范等国家标准的要求。

11.1.6 应按照产品说明书进行设备安装,安装后应进行单机调试。

11.2 工程验收

11.2.1 废水治理工程应按《建设项目(工程)竣工验收办法》和《建设项目竣工环境保护验收管理办法》进行组织验收。

11.2.2 配套建设的废水在线监测系统应与废水治理工程同时进行建设项目竣工环境保护验收,验收程序和内容应符合 HJ/T 354 的规定。

11.2.3 废水治理工程相关专业验收的程序和内容应符合 GB 50093、GB 50168、GB 50169、GB 50204、GB 50231、GB 50236、GB 50254、GB 50257、GB 50268、GB 50275、GB 50303、GB 50334 和 GBJ 141 等国家标准的相关规定。

11.2.4 废水治理工程验收应依据主管部门的批准(核准)文件、经批准的设计文件和设计变更文件、工程合同、设备供货合同和合同附件、项目环境影响评价及其审批文件、废水治理工程的性能评估报告、试运行期连续检测数据、完整的启动试运行操作记录、设施运行管理制度和岗位操作规程等技术文件。

11.2.5 通过系统调试运行和性能试验,对味精废水污染治理工程进行性能评估。性能试验至少应包括:
- a)耗电量测试,分别测量各主要设备单体运行和设施系统运行的电能消耗;

b) 充氧效果试验，测试氧转移系数、氧利用率、充氧量等参数，分析供氧效果；
c) 风机运行试验，测试单台风机运行和全部风机连动运行的供气量、风压、噪声等参数，包括启动和运行时的参数；
d) 满负荷运行测试，向处理系统通入最大流量的废水，考察各工艺单元、构筑物和设备的运行工况；
e) 活性污泥测试，引种、培育并驯化活性污泥，调整各反应器的运行工况和运行参数，检测各项参数，观察反应池污泥性状，直至污泥运行正常；
f) 剩余污泥量测试，测定剩余污泥产生量和污泥脱水效率等工艺参数；
g) 水质检测，在工艺要求的各个重要部位，按照规定频次、指标和测试方法进行水质检测，分析污染物去除效果；
h) 物化处理性能测试，工艺流程有物化处理单元的应按有关规定测试其运行参数。

12 运行与维护

12.1 一般规定

12.1.1 运行与维护应符合国家现行有关法律、法规，并宜参照 CJJ 60 等相关标准的规定。

12.1.2 应配备环境保护专职技术人员和水质监测仪器。

12.1.3 应确保工程设备完好，运行稳定达标。

12.2 人员管理

12.2.1 岗位工作人员应通过培训考核后上岗，并应定期进行岗位培训。

12.2.2 应制定水处理设施的操作规程、工作制度、定期巡检制度和维护管理制度等。

12.2.3 运行人员应按制度履行职责，确保系统经济稳定运行。

12.3 监测

12.3.1 按 GB 19431 和 HJ/T 92 等标准的规定进行监测。

12.3.2 对 COD_{Cr}、BOD_5、SS、NH_3-N、TN、TP 等主要水质指标定期监测，对 COD_{Cr}、NH_3-N 等重点控制指标实现在线监测，并与监控中心联网；已安装在线监测系统的，应定期取样进行人工监测比对。

12.3.3 调试、停车后重新启动和发生突发事故时应增加监测项目的分析化验频率。

12.3.4 在废水处理设施排放口和根据处理工艺选取的控制点进行水质取样。

12.4 工艺操作

12.4.1 废水治理工程预处理厌氧生化单元的工艺操作应符合以下要求：
a) 通过温度调节设施将反应器内的温度控制在 35℃±2℃；
b) 采取调整系统负荷、投加酸碱等措施控制好反应器内的 VFA、碱度，宜将反应器内混合液 pH 值控制在 6.5～7.5 之间；
c) 提高布水效果，在有效控制反应器出水 SS 浓度（宜小于 200 mg/L）的前提下，尽量提高反应器内的污泥浓度。

12.4.2 废水治理工程二级生化单元的工艺操作应参照 HJ 576、HJ 577、HJ 578 和 HJ 2009 等相关标准的规定，并符合以下要求：
a) 应根据进水水质变化及时调整曝气量，A/O 法宜控制缺氧区液面下 0.5 m 处 DO 小于 0.3 mg/L，液面下 1.0 m 处 DO 小于 0.2 mg/L；好氧区出水端 DO 大于等于

2.0 mg/L;

b）应加强对活性污泥的镜检和观察，控制污泥指数在设计范围内，防止污泥膨胀，当污泥出现不正常现象应及时采取调整措施；

c）应根据混合液浓度调整剩余污泥排放量；

d）应根据 TN 去除效果，适当调整 C/N 比，A/O 法还需调整内循环回流比。

12.4.3 废水治理工程三级处理系统的混凝工艺操作应参照 HJ 2006 等相关标准的规定，过滤工艺操作应参照 HJ 2008 等相关标准的规定，并符合以下要求：

a）通过小试及时调整药剂投加量，优化混凝效果，宜将反应 pH 值控制在 6.0～7.5 范围内；

b）及时排出沉淀池内的泥渣，确保泥水分离效果。

12.5 维护保养

12.5.1 废水治理工程应在满足设计工况的条件下运行，并根据工艺要求，定期对各类工艺、电气、自控设备仪表及建、构筑物进行检查和维护。

12.5.2 废水治理工程的维护保养应纳入全厂的维护保养计划中，使各治理装置的计划检修时间与相关工艺设施同步。

12.6 记录

12.6.1 应建立废水治理系统运行状况、设施维护和生产活动等的记录制度，主要记录内容包括：

a）系统启动、停止时间；

b）系统运行工艺控制参数；

c）废水监测数据、废水排放、污泥处理和处置情况；

d）药剂进厂质量分析数据、进厂数量、进厂时间；

e）污泥、栅渣的出厂数量、时间、处置地点情况；

f）主要设备的运行和维修情况；

g）生产事故及处置情况；

h）定期检测、评价及评估情况等。

12.6.2 应制定统一的记录表格，并按格式填写，确保填写内容准确、及时、完整，不得随意涂改。

12.6.3 所有记录应制定清单，以备查询，对需长期保存的记录应交档案室存档保管。

12.7 应急措施

12.7.1 应根据废水治理工程生产及周围环境实际情况，考虑各种可能的突发性事故，做好应急预案，配备人力、设备、通讯等资源，预留应急处理的条件。

12.7.2 废水治理工程发生异常情况或重大事故时，应及时分析，启动应急预案，并按规定向有关部门报告。

12.7.3 应设置危险气体（甲烷、硫化氢）和危险化学品的应急控制与防护设施。

中华人民共和国国家环境保护标准

染料工业废水治理工程技术规范

Technical specifications for dyeing industry wastewater treatment

HJ 2036—2013

前 言

为贯彻《中华人民共和国环境保护法》和《中华人民共和国水污染防治法》，规范染料工业废水治理工程的建设与运行管理，防治环境污染，保护环境和人体健康，制定本标准。

本标准规定了染料工业废水治理原则和措施，以及染料工业废水治理工程的设计、施工、验收和运行的技术要求。

本标准为指导性文件。

本标准为首次发布。

本标准由环境保护部科技标准司组织制订。

本标准主要起草单位：中国环境科学学会、沈阳化工研究院有限公司、江苏省环境科学研究院、上海万得化工有限公司、江苏亚邦染料股份有限公司。

本标准环境保护部 2013 年 9 月 26 日批准。

本标准自 2013 年 12 月 1 日起实施。

本标准由环境保护部解释。

1 适用范围

本标准规定了染料工业废水治理工程设计、施工、验收和运行管理全过程的技术要求。

本标准适用于染料工业废水治理工程，可作为染料工业建设项目环境影响评价、环境保护设施设计与施工、建设项目竣工环境保护验收及建成后运行与管理的技术依据。

2 规范性引用文件

本标准引用了下列文件或其中的条款。凡是不注日期的引用文件，其最新版本适用于本标准。

GB 150.1　压力容器　第 1 部分：通用要求

GB 150.2　压力容器　第 2 部分：材料

GB 150.3　压力容器　第 3 部分：设计

GB 150.4　压力容器　第 4 部分：制造、检验和验收

GB 3096　声环境质量标准

GB 7251.1	型式试验和部分型式试验成套设备
GB 7251.2	对母线干线系统（母线槽）的特殊要求
GB 7251.3	对非专业人员可进入场地的低压成套开关设备和控制设备配电板的特殊要求
GB 7251.4	对建筑工地用成套设备的特殊要求
GB 7251.5	对户外公共场所的成套设备-动力配电网用电缆分线箱的特殊要求
GB 12348	工业企业厂界噪声标准
GB/T 12801	生产过程安全卫生要求总则
GB 14554	恶臭污染物排放标准
GB 18484	危险废物焚烧控制标准
GB 18597	危险废物贮存污染控制标准
GB 18599	一般工业固体废物贮存、处置场污染控制标准
GB 50014	室外排水设计规范
GB 50736	民用建筑供暖通风与空气调节设计规范
GB 50033	建筑采光设计标准
GB 50037	建筑地面设计规范
GB 50046	工业建筑防腐蚀设计规范
GB 50052	供配电系统设计规范
GB 50053	10 kV 及以下变电所设计规范
GB 50054	低压配电设计规范
GB 50055	通用用电设备配电设计规范
GB 50057	建筑物防雷设计规范
GB 50069	给水排水工程构筑物结构设计规范
GB 50093	自动化仪表工程施工及质量验收规范
GB 50108	地下工程防水技术规范
GB 50116	火灾自动报警系统设计规范
GB 50141	给水排水构筑物工程施工及验收规范
GB 50168	电气装置安装工程电缆线路施工及验收规范
GB 50169	电气装置安装工程接地装置施工及验收规范
GB 50187	工业企业总平面设计规范
GB 50204	混凝土结构工程施工质量验收规范
GB 50208	地下防水工程质量验收规范
GB 50231	机械设备安装工程施工及验收通用规范
GB 50236	现场设备、工业管道焊接工程施工规范
GB 50243	通风与空调工程施工质量验收规范
GB 50254	电气装置安装工程低压电器施工及验收规范
GB 50255	电气装置安装工程电力变流设备施工及验收规范
GB 50256	电气装置安装工程起重机电气装置施工及验收规范
GB 50257	电气装置安装工程爆炸和火灾危险环境电气装置施工及验收规范

GB 50575　电气装置安装工程 1 kV 及以下配线工程施工及验收规范
GB 50617　电气装置安装工程电气照明装置施工及验收规范
GB 50268　给水排水管道工程施工及验收规范
GB 50275　压缩机、风机、泵安装工程施工及验收规范
GB 50334　城市污水处理厂工程质量验收规范
GB 50335　污水再生利用工程设计规范
GBJ 87　工业企业噪声控制设计规范
GBZ 1　工业企业设计卫生标准
GBZ 2.1　工作场所有害因素职业接触限值　化学因素
GBZ 2.2　工作场所有害因素职业接触限值　物理因素
HJ 576　厌氧-缺氧-好氧活性污泥法污水处理工程技术规范
HJ 577　序批式活性污泥法污水处理工程技术规范
HJ 578　氧化沟活性污泥法污水处理工程技术规范
HJ/T 91　地表水和污水监测技术规范
HJ/T 92　水污染物排放总量监测技术规范
HJ/T 245　环境保护产品技术要求　悬挂式填料
HJ/T 247　环境保护产品技术要求　竖轴式机械表面曝气装置
HJ/T 251　环境保护产品技术要求　罗茨鼓风机
HJ/T 252　环境保护产品技术要求　中、微孔曝气器
HJ/T 259　环境保护产品技术要求　转刷曝气装置
HJ/T 260　环境保护产品技术要求　鼓风式潜水曝气机
HJ/T 263　环境保护产品技术要求　射流曝气器
HJ/T 278　环境保护产品技术要求　单级高速曝气离心鼓风机
HJ/T 280　环境保护产品技术要求　转盘曝气装置
HJ/T 281　环境保护产品技术要求　散流式曝气器
HJ/T 336　环境保护产品技术要求　潜水排污泵
HJ/T 354　水污染源在线监测系统验收技术规范（试行）
HJ/T 369　环境保护产品技术要求　水处理用加药装置
《建设项目（工程）竣工验收办法》　计建设[1990]1215 号
《建设项目环境保护竣工验收管理办法》　国家环境保护总局令　第 13 号
《国家危险废物名录》　环境保护部、国家发展和改革委员会令　第 1 号

3　术语和定义

下列术语和定义适用于本标准。

3.1　染料工业　dyeing industry
指生产染料及染料中间体的化学工业。

3.2　染料工业废水　dyeing industrial waste water
指染料及其中间体生产过程中的非生产工艺废水和尚未混合的生产工艺废水。

3.3　生产工艺废水　production process wastewater

指染料及其中间体生产过程中的各工段反应用水与生成水、产品的缩合母液、洗水等。

3.4　非生产工艺废水　non-production process wastewater

指真空系统废水、设备与地面冲洗水、冷却水、厂区锅炉与电站排水、厂区生活污水以及初期雨水等。

3.5　综合废水　synthetical waste water

指经预处理后的工艺废水与非生产工艺废水的混合废水。

3.6　预处理　pretreatment

指为减轻综合废水处理负荷，提高可生化性，回收有用物质，对染料及其中间体生产过程中产生的污染物浓度较高的废水在进入生化处理工艺前采取相应设备、措施进行处理的过程。

3.7　一级处理　Primary treatment

指综合废水处理工程中以混凝、沉淀等固液分离措施为主体的初级净化过程。

3.8　二级处理　Secondary treatment

指综合废水处理工程中经一级处理后以生化处理为主体的净化过程。

3.9　三级处理　Tertiary treatment

指综合废水处理工程中采用混凝沉淀、氧化等措施进一步去除二级处理不能完全去除的污染物的净化过程。

3.10　特征污染物　characteristic pollutant

指染料废水中含有的染料、异构体及中间体。

3.11　废水产生量　wastewater discharge

指生产设施或企业排出的污水量。包括与生产有直接或间接关系的各种外排污水（车间排放口排水、厂区生活污水、冷却水、厂区锅炉和电站排水等）。

3.12　直接排放　direct discharge

指排污单位直接向环境中排放水污染物。

3.13　间接排放　indirect discharge

指排污单位向公共污水处理系统排放水污染物。

4　污染物与污染物负荷

4.1　染料工业生产工艺废水的水量、水质应以实测数据为准，没有实测数据的应参照同类企业资料确定。没有可参考数据的，可参照表1和表2。

表1　主要染料生产工艺废水水量水质表

序号	染料种类	主要污染物	水量（废水/染料中间体）/（t/t）	COD_{Cr}/（mg/L）	色度
1	分散染料	亚硝酸钠、硫酸钠、硝基苯胺有机物、蒽醌有机物等	20～40	2 000～6 000	10 000～100 000
2	活性染料	三聚氯氰、H酸、J酸、对位酯、钠盐及衍生物等	10～20	5 000～20 000	10 000～100 000
3	酸性染料	有机酸、有机胺、氯化钠、副产品、染料及未反应完全的原料等	5～15	1 000～50 000	10 000～100 000
4	硫化染料	硫代硫酸钠、氯化钠、副产品、染料及未反应完全的原料等	5～25	3 000～10 000	5 000～100 000

序号	染料种类	主要污染物	水量（废水/染料中间体）/（t/t）	COD_{Cr}/（mg/L）	色度
5	还原染料	硫酸钠、亚硝酸钠、副产品、染料、未反应完全的原料及重金属等	50~100	2 000~15 000	5 000~100 000
6	荧光增白剂	DSD酸、苯胺、吗啉等	8~15	8 000~12 000	—
7	其他染料	硫酸钠、有机磺酸、氨基类有机物及重金属等	5~35	2 000~20 000	—

表2 主要染料中间体生产工艺废水水质表

序号	染料中间体种类	主要污染物	水量（废水/染料中间体）/（t/t）	COD_{Cr}/（mg/L）
1	H酸（铁粉还原）	硫酸铵、硫酸钠、硫酸、T酸、H酸	14~16	30 000~50 000
2	H酸（加氢还原）	酚类有机杂质、多硝基物、硫酸、H酸、变色酸、硫酸、亚硝酸钠	10~15	6 000~60 000
3	T酸	T酸、硫酸铵、硫酸、萘磺酸	8~12	50 000~70 000
4	氨基J酸	氨基J酸、硫酸铵、硫酸	8~10	40 000~50 000
5	三聚氯氰	氰化钠、氯化铵、甲酸钠	36~40	1 500~4 000
6	6-硝基-1,2,4-酸氧体	1,2,4-酸、1,2,4-酸氧体、二氧化硫、亚硝酸钠、硫酸	12~16	17 000~20 000
7	1,5-萘二酚	二氧化硫、1,5-萘二磺酸、1,5-萘二酚	16~20	20 000~30 000
8	1-萘酚	1-萘磺酸、2-萘磺酸、1-萘酚、硫酸钠	2~6	80 000~110 000
9	N,N-二乙基乙酰胺基本胺	间乙酰氨基苯胺、氯化钠、醋酸钠	5~20	2 000~9 000
10	N,N-二烯丙基-2-甲氧基-5-乙酰胺基苯胺	氯乙烯、2-氨基-4-乙酰氨基苯甲醚	20~40	1 500~8 000
11	2,4-二硝基苯胺	2,4-二硝基氯苯	5~10	6 000~9 000
12	2,4-二硝基-6-氯苯胺	2,4-二硝基苯胺、盐酸	5~15	2 500~5 000
13	2,4-二硝基-6-溴苯胺	2,4-二硝基苯胺、盐酸	5~15	2 500~5 000
14	2,6-二氯对硝基苯胺	对硝基苯胺、盐酸	5~15	2 500~5 000
15	邻氯对硝基苯胺	对硝基苯胺、盐酸	10~15	2 500~5 000
16	酯化类中间体	羟乙基苯胺衍生物、醋酸	5~10	2 500~8 000

4.2 染料及其中间体非生产工艺废水的水量以生产每吨染料及其中间体对应的生产工艺废水水量的8%~10%计，水质可参见表3。

表3 染料及其染料中间体非生产工艺废水水质表

废水种类	主要污染物	COD/（mg/L）	BOD_5/COD	pH
真空系统废水	低沸点化合物	800~1 000	0.4	5~6
设备、地面冲洗水	少量染料及中间体	400~500	0.2	5~7
生活污水、初期雨水	常规污染物	300~500	0.5	5~7
其他	—	300~400	—	—
平均水质	—	500~800	0.4	6

5 总体要求

5.1 一般规定

5.1.1 染料工业废水处理应符合国家产业政策、行业污染防治技术政策以及其他有关规定。企业应对废水的产生、处理和排放进行全过程控制，优先采用清洁生产技术，提高资源、能源利用率，减少污染物的产生和排放。

5.1.2 染料工业废水治理工程建设应符合环境影响评价批复文件的要求，遵循"三同时"制度，并以企业生产情况及总体规划为依据，统筹废水分类处理和集中处理、现有工程和新（扩、改）建工程的关系。

5.1.3 染料生产企业应对初期雨水进行截流、调蓄和处理。

5.1.4 染料生产企业宜采用清污分流、污污分流、雨污分流的排水系统，采用分类处理和集中处理相结合的方式，宜将含特征污染物废水进行预处理后再与其他废水混合处理。

5.1.5 染料工业废水治理工程应设置事故池。工程设计中，还应考虑发生操作失误、非正常工况、停电等情况时的应急防治措施。

5.1.6 染料工业废水治理工程建设、运行过程中应采取防治二次污染的措施。恶臭和固体废物的处理处置应分别符合 GB 14554 和 GB 18599 的规定，危险废物的处理处置应符合 GB 18597 的规定。

5.1.7 染料工业废水治理工程周边的声环境应符合 GB 3096 和 GB 12348 的规定，对建筑物内部设施噪声源控制应符合 GBJ 87 中的有关规定。

5.2 建设规模

5.2.1 染料工业废水治理工程的建设规模应根据废水治理工程服务范围的水量、水质和预期变化情况综合确定。

5.2.2 综合废水处理站各处理单元的建设规模应符合下列要求：

a）废水调节池的容积按最大日流量计算，工艺废水在调节池内贮存时间不宜少于 2 d；

b）调节池后的废水处理构筑物容积按最大日流量计算；

c）污泥处理与处置单元按平均日流量计算。

5.3 工程构成

5.3.1 染料工业废水治理工程由主体工程、配套工程、生产管理设施构成。

5.3.2 主体工程包括预处理工程、综合废水处理工程、污泥处理与处置工程：

a）预处理工程包括重金属废水处理、废水脱色和中间体废水处理系统；

b）综合废水处理工程包括废水一级、二级、三级处理系统；

c）污泥处理处置工程包括污泥减量处理和最终处置系统。

5.3.3 配套工程包括辅助工程包括电气、供排水和消防、采暖通风与空调等。

5.3.4 生产管理设施包括办公用房、值班室等。

5.4 厂址选择和总平面布置

5.4.1 厂址选择和总平面布置应纳入染料生产企业总体规划，符合 GB 50014、GB 50187 和现行行业标准的相关规定，并满足环境影响评价批复文件的要求。

5.4.2 总平面布置应根据厂区内各建筑物和处理单元的功能和流程要求，结合地形、地质条件等因素，经技术经济比较后确定，同时还应符合下列要求：

a）总平面布置应紧凑、合理，满足施工与设备安装、各类管线连接简洁、维修管理方便等要求，并留有发展及设备更换的余地；

b）竖向设计应充分利用原有地形和高差，尽可能做到土方平衡、重力排放、降低能耗；

c）应合理布置超越管线和维修放空设施；

d）材料、药剂、污泥、废渣等不宜露天堆放，应根据需要设置存放场所。存放场所应进行防渗处理，并应根据物质性质不同分别满足 GB 18597 和 GB 18599 中的相关要求。

5.4.3 当染料工业废水治理工程分期建设时，其占地面积应按总体处理规模预留场地，并进行总体布置。管网和地下构筑物宜一次建成。

6 工艺设计

6.1 一般规定

6.1.1 在工艺设计前，应对废水水质、水量及变化规律进行全面调查，并进行必要的分析试验。

6.1.2 染料工业废水处理应采用生物处理为主、物化处理为辅的综合处理工艺。

6.1.3 应根据现行的国家和地方污染物排放标准、废水的水质特征及处理后的排水去向确定废水处理工艺路线，并经技术经济比较后确定。

6.1.4 应根据当地的自然条件选择废水处理工艺。环境温度低的北方地区，不宜采用生物滤池或生物转盘等生物膜技术；地下水位高、地质条件差的场所，不宜选用构筑物深度较大、施工难度较高的工艺。

6.1.5 应强化预处理工艺，优先回收有用物质。

6.1.6 鼓励回用部分生产用水，加强重复利用。

6.2 工艺选择

6.2.1 染料工业废水治理工程可选用如下处理工艺。

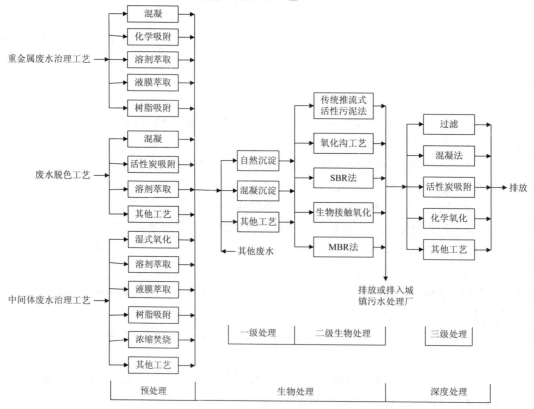

图 1 染料工业废水治理工程工艺流程图

6.2.2 染料工业废水的处理效率应通过分析试验或同类企业相关资料比较确定。当无相关参考资料时，废水脱色处理单元的处理效率、废水重金属处理单元的处理效率、中间体治理单元的处理效率和综合废水处理效率可分别参照表4、表5、表6和表7。

表4 废水脱色处理单元的处理效率

废水种类	处理工艺	主要工艺环节	色度去除率/%	COD_{Cr}去除率/%
染料生产工艺废水	混凝	调节pH值、投加药剂、凝聚、固液分离	50~60	55~70
	活性炭吸附	调节pH值、吸附、吸附物的处理	70~80	55~75
	萃取	调节pH值、萃取、分离、萃取剂再生	80~90	80~95

表5 废水重金属处理单元的处理效率

废水种类	处理工艺	主要工艺环节	重金属去除率/%	COD_{Cr}去除率/%
染料生产工艺废水	混凝	调节pH值、投加药剂、凝聚、固液分离	85~95	55~70
	化学吸附	调节pH值、吸附、吸附物的处理	80~95	55~75
	溶剂萃取	调节pH值、萃取、萃取剂再生	80~90	80~95
	液膜萃取	调节pH值、萃取、分离、萃取剂再生	80~95	50~85
	树脂吸附	调节pH值、吸附、再生	85~95	50~85

表6 中间体废水治理单元处理效率

废水种类	处理工艺	主要工艺环节	COD_{Cr}去除率/%	B/C
染料中间体生产工艺废水	湿式氧化	调节pH值、投加药剂、固液分离	80~90	0.5
	溶剂萃取	调节pH值、萃取、萃取剂再生	85~95	0.3
	液膜萃取	调节pH值、萃取、分离、萃取剂再生	80~90	0.4
	树脂吸附	调节pH值、吸附、再生	70~90	0.4
	浓缩、焚烧	调节pH值、多效蒸发、蒸馏出水生化处理、釜残焚烧	90~95	0.5

表7 综合废水处理单元处理效率

处理程度	处理方法	主要构筑物	处理效率/%			
			悬浮物（SS）	化学需氧量（COD_{Cr}）	五日生化需氧量（BOD_5）	氨氮
一级处理	自然沉淀	格栅、沉砂池、废水调节池、初沉池、综合调节池	45~65	40~50	30~45	—
	混凝沉淀	格栅、废水调节池、混凝沉淀池、综合调节池	60~90	50~75	45~65	—
二级处理	传统推流式活性污泥法	生化反应池、二沉池	70~90	70~-90	85~95	50~95
	序批式活性污泥（SBR）法	SBR生化塔	80~90	70~90	85~95	50~95
	生物接触氧化法	生物膜反应池、二沉池	80~90	75~90	85~95	50~95
	膜生物反应器（MBR）法	MBR池	80~99	80~99	85~99	60~95
三级处理	过滤	过滤	50~60	10~20	10~15	—
	混凝法	混凝沉淀池、过滤池	50~70	15~30	15~25	—
	活性炭吸附法	过滤+活性炭吸附	>80	>40	>40	—
	化学氧化法	氧化装置	>80	>40	>40	—

6.3 染料工业废水处理工艺及技术要求

6.3.1 染料废水重金属处理工艺

6.3.1.1 染料废水重金属处理可采用混凝、化学吸附、溶剂萃取、液膜萃取或树脂吸附等单元处理工艺中的一种,也可采用组合工艺。

6.3.1.2 混凝工艺技术要求

a）混凝法包括絮凝和沉淀 2 个单元,其工艺设计应参照 HJ/T 2006；

b）混凝时间宜为 10～15 min；

c）沉淀时间宜为 3～5 h,表面负荷宜为 0.8～1.5 m^3/（m^2·h）。

6.3.1.3 溶剂萃取工艺技术要求

a）络合萃取反应过程设备的搅拌速率需满足液-液传质的要求,反应时间宜大于 1 h,废水水量小于 100 m^3/d 时可采取间歇操作,静置分层时间不小于 3 h；

b）当废水水量大于 100 m^3/d 时,可采用连续萃取工艺；

c）反萃液应尽可能进行回用,不能回用时,应进行焚烧处理并符合 GB 18484 的规定。

6.3.1.4 液膜萃取工艺技术要求

a）采用油包水型表面活性剂、煤油作为膜溶剂,酸或碱溶液为内水相。

b）反应过程中废水 pH 值宜维持在 4 以下或 10 以上,反应时间宜大于 1 h,静置分层时间不小于 3 h。

c）当废水水量大于 100 m^3/d 可采用连续萃取工艺。同时,为避免返混,萃取设备宜采用连续萃取装置,且搅拌速率需满足液-液传质要求。当废水水量小于 100 m^3/d 时,可采取间歇萃取操作。

d）宜采用静电破乳技术,破乳后油相 pH 值控制在 6～7,油水分离时间不小于 3 h。

e）反萃液尽可能进行回用,不能回用时,应进行焚烧处理并符合 GB 18484 的规定。

6.3.1.5 树脂吸附工艺技术要求

a）宜采用超高交联树脂、复合功能树脂等孔径密集的吸附材料作为吸附剂,树脂比表面积应大于 500 m^2/g；

b）不同的废水树脂吸附工艺参数应依据实际废水水质和试验结果确定；吸附反应器一般采用固定床形式,材质宜按照脱附条件进行选用；

c）进水 SS 一般宜低于 20 mg/L,在较为寒冷的北方地区,应设置树脂吸附装置保温措施；

d）脱附液占废水的比例宜低于 1/10,脱附剂应尽量选择环境友好型物质；

e）宜对脱附液中的溶剂等有用物质进行回收,不能回收时,应按照国家相关法律法规进行处置；

f）树脂的设计使用年限一般不超过 4～6 年,废弃的树脂应按照危险废物进行处理处置。

6.3.1.6 其他处理工艺要求

过滤和吸附工艺参照 GB 50335 的相关规定。

6.3.2 染料工业废水脱色处理工艺

6.3.2.1 染料工业废水脱色可采用混凝、吸附或溶剂萃取等工艺,也可采用组合工艺。

6.3.2.2 混凝工艺技术要求

同 6.3.1.2。

6.3.2.3 溶剂萃取工艺技术要求

a) 除有机溶剂外，也可采用有机胺类为萃取剂，溶剂油或醇类作为稀释剂；

b) 络合萃取反应过程设备的搅拌速率需满足液-液传质的要求，废水 pH 值应维持在 5 以下，反应时间宜大于 1 h，废水水量小于 100 m³/d 时可采取间歇操作，静置分层时间不小于 3 h；

c) 萃取剂投加量宜为 4 kg 萃取剂/kg COD_{Cr}；

d) 当废水水量大于 100 m³/d 时，可采用连续萃取工艺；

e) 在反萃取过程中，应采用碱性溶液作为反萃剂，反应时间宜大于 1 h，油相 pH 值宜为 6~7，间歇操作时，油水静置分离时间不宜小于 3 h；

f) 反萃液应尽可能进行回用，不能回用时，应进行焚烧处理并符合 GB 18484 的规定。

6.3.2.4 其他处理工艺要求

澄清、气浮、过滤和活性炭吸附参照 GB 50335 的相关规定。

6.3.3 染料中间体废水处理工艺

6.3.3.1 染料中间体废水处理可采用湿式氧化法、溶剂萃取法、液膜萃取法、大孔树脂吸附法、浓缩焚烧法等工艺。

6.3.3.2 湿式氧化工艺技术要求

a) 反应过程中，废水 pH 值维持在 7 以上，反应温度为 170~300℃，反应压强为 0.8~8.5 MPa，反应时间不小于 2 h；

b) 反应器宜采用钛材制造。

6.3.3.3 溶剂萃取工艺技术要求

同 6.3.1.3。

6.3.3.4 液膜萃取工艺技术要求

a) 采用油包水型表面活性剂、煤油作为膜溶剂，酸或碱溶液为内水相；

b) 反应过程中废水 pH 值宜维持在 4 以下或 10 以上，反应时间宜大于 1 h，静置分层时间不少于 3 h；

c) 乳化液投加量为 0.3~0.5 kg/kg COD_{Cr}；

d) 当废水水量大于 100 m³/d 可采用连续萃取工艺。同时，为避免返混，萃取设备宜采用连续萃取装置，且搅拌速率需满足液-液传质要求。当废水水量小于 100 m³/d 时，宜采取间歇萃取操作；

e) 宜采用静电破乳技术，破乳后油相 pH 值控制在 6~7，油水分离时间不小于 3 h；

f) 反萃液尽可能进行综合利用，不能回用时，应进行焚烧处理，焚烧应符合 GB 18484。

6.3.3.5 树脂吸附工艺技术要求

同 6.3.2.5。

6.3.3.6 浓缩焚烧工艺技术要求

a) 宜采用蒸汽加热的两效或三效浓缩装置，浓缩装置应保证盐的及时排出；

b) 宜采用两段炉焚烧方式，一段炉温度 550~650℃，二段炉温度不低于 1 100℃；

c) 焚烧过程中，二段炉停留时间不小于 3 s；

d) 为保证焚烧效果，有机废液应在分散状态下进入焚烧炉；

e）焚烧系统应保持微负压状态；
　　f）焚烧后产生的残余物应按工业垃圾进行安全处置。

6.3.4 综合废水一级处理

6.3.4.1 一级处理系统主要包括格栅渠、提升泵房、沉砂池/初沉池/混凝沉淀池和调节池等。

6.3.4.2 应设置格栅渠，格栅渠的设计应符合 GB 50014 的规定，并满足以下要求：
　　a）中格栅宜采用机械清污格栅，格栅间隙应为 10～20 mm，过栅流速宜为 0.6～1.0 m/s；
　　b）细格栅宜选用具有自清能力的机械格栅，格栅间隙应为 3～5 mm；
　　c）格栅渠上部应设置工作平台，其高度应高出格栅前最高设计水位 0.5 m，工作平台上应有安全和冲洗设施。

6.3.4.3 当来水高程无法满足自流进入后续处理构筑物时，应设置废水提升泵站，泵站包括水泵间、集水池和出水设施，其工艺设计应符合 GB 50014 的规定，并满足以下要求：
　　a）集水池的容积应根据设计流量、水泵能力和水泵工作情况等因素确定，水力停留时间宜采用 10～30 min；
　　b）集水池池底应设集水坑，倾向坑的坡度不宜小于 0.01，池壁因设置爬梯；
　　c）集水池宜设置事故溢出口，将事故排水排入事故池；
　　d）集水池应设冲洗装置，宜设清泥装置；
　　e）集水池应设置液位控制和报警装置；
　　f）自然通风条件差的水泵间应设机械送排风系统。

6.3.4.4 宜设置沉沙池/初沉池，也可根据进水水质情况设置混凝沉淀池，其工艺技术要求如下：
　　a）沉沙池宜选用平流式沉沙池，池面应设置浮渣或浮油的刮除设备；
　　b）初沉池的水力停留时间宜为 40～120 min，有效水深宜为 2.0～3.0 m，池面应设置浮渣或浮油的刮除设备；
　　c）沉沙池及初沉池宜采用机械排除泥沙方式，池底应设置防淤设施，排砂管和排泥管应设置防堵措施。

6.3.4.5 调节池的工艺技术要求如下：
　　a）调节池容积应根据实际生产水量调查结果确定，一般不应小于一个生产周期排出的总水量。染料加工企业的工艺废水调节池水力停留时间宜大于 48 h，非工艺废水调节池水力停留时间宜大于 12 h，工业园调节池的水力停留时间宜大于 24 h。当染料废水的二级处理采用 SBR 法时，可根据工程规模和工艺流程适当减小调节池容积。
　　b）当初期雨水需要处理时，调节池应考虑存储初期雨水所需的容量，雨水量的确定应符合 GB 50014 的规定。初期雨水的存储时间应根据雨水收集系统的设置状况、路面材料、污染物性质和降雨等情况确定，当缺乏相关资料时，存储时间可取 10～15 min；
　　c）调节池底部应设置排空集水坑和排水管，池底坡向集水坑，坡度不小于 0.01；
　　d）调节池宜设置液位显示和控制系统。

6.3.5 综合废水二级处理

6.3.5.1 二级处理宜选用有机负荷低、抗冲击负荷能力强、具有脱氮功能的工艺，如推流式活性污泥法、氧化沟工艺、SBR 法、MBR 法和生物接触氧化法等。技术要求分别如下：
　　a）好氧生物处理工艺设计可参照 HJ 576、HJ 577 和 HJ 578 的相关规定。

b）生物处理单元设计应考虑生物脱氮功能，还应充分考虑冬季水温较低对有机物去除和生物脱氮的影响。必要时可采取降低负荷或保温措施。

c）好氧区（池）pH 值宜维持在 7~8，如进水碱度不能满足要求，可采取增加碱度的措施。

d）采用前置反硝化工艺时，可通过增加缺氧池（区）容积，提高碱度回收量，也可通过投加碱提高废水的剩余碱度。投加碱量（以 $CaCO_3$ 计）可按下式计算：

$$W = 7.14 \times \Delta N_1 - 3 \times \Delta N_2 - 0.15 \times \Delta C - W_1 + W_2 \tag{1}$$

式中：W——投加碱量，kg/d；

ΔN_1——硝化氮量，kg/d；

ΔN_2——反硝化脱氮量，kg/d；

ΔC——COD_{Cr} 去除量，kg/d；

W_1——进水碱度，kg/d；

W_2——出水碱度，kg/d。

e）好氧区（池）内废水需氧量应根据含碳有机物的去除、氨氮硝化及反硝化程度等因素确定。

f）好氧系统需氧量可采用 0.7~1.4 kg O_2/kg COD_{Cr} 进行估算。

g）曝气装置应可根据废水水质、水量调节供氧量。

h）好氧生物处理单元的主要设计参数参照表 8。

表 8 好氧生物处理单元主要设计参数

好氧单元类型	污泥浓度/(g/L)	污泥负荷[kgCOD_{Cr}/(kgMLSS·d)]	容积负荷[kgCOD_{Cr}/(m³·d)]	水力停留时间/h	污泥回流比/%	运行周期/h	充水比/%
传统推流式活性污泥法	3.0~5.0	0.12~0.20	0.4~1.0	24~48	—	—	—
氧化沟工艺	3.0~5.0	0.12~0.20	0.4~1.0	30~48	60~100	—	—
SBR 法	3.0~5.0	0.16~0.32	0.5~1.0	30~60	—	8~12	15-30
生物接触氧化法	—	—	0.8~1.0	15~30	—	—	—
MBR 法	6.0~12.0	0.12~0.45	0.5~2.0	12~72	—	—	—

6.3.5.2 生物处理装置中应设置二沉池。二沉池可采用平流式沉淀池、辐流式沉淀池和竖流式沉淀池等。池型的选择应根据废水处理厂的规模、工艺特点及地质条件等因素确定，具体工艺技术要求如下：

a）沉淀池主要设计参数参照表 9。

表 9 沉淀池主要设计参数

沉淀池类型		沉淀时间/h	表面负荷/[m³/(m²·h)]	污泥含水率/%	固体负荷/[kg/(m²·d)]
自然沉淀池	位于生物处理装置前	1.5~3.0	1.0~2.0	97~98.5	—
混凝沉淀池	位于生物处理装置前	2.0~3.0	1.0~1.6	96~98	—
二次沉淀池	二级生物处理采用生物接触氧化法	2.0~4.5	0.2~0.5	96~98	<150
	二级生物处理采用推流式活性污泥法、氧化沟工艺、SBR 法	3.0~5.0	0.5~1.0	99.0~99.4	<150

b）沉淀池宜采用机械式排泥，并设浮渣刮除设备；

c）斜板（管）沉淀池的设计表面负荷可按照普通沉淀池设计表面负荷的 1~2 倍考虑。

6.3.6　综合废水三级处理

三级处理可采用混凝沉淀、混凝气浮、过滤（或微滤）、活性炭吸附、化学氧化及其他处理技术，其技术要求分别如下：

a）采用混凝沉淀工艺时，混合段混合时间宜为 30~120 s，絮凝段絮凝时间宜为 5~20 min，沉淀池相关参数可参照 6.3.4.4；

b）采用过滤工艺时，系统进水悬浮物质量浓度宜小于 50 mg/L，过滤池工艺设计参照 GB/T 50335 的相关规定，过滤器的选用和设计应根据设备供应商提供的技术参数，选择高效节能设备，有关参数也可根据同类企业运行数据确定；

c）采用微孔过滤工艺时，生物处理出水在进入微滤装置前应投加抑菌剂，微滤膜孔径宜为 0.1~0.2 μm，宜采用自动控制系统在线监测过膜压力、控制反冲洗过程及清洗周期；

d）采用化学氧化工艺时，可选用臭氧、次氯酸钠、双氧水和二氧化氯等作为氧化剂，氧化装置停留时间宜为 0.5~2 h；

e）采用活性炭吸附工艺时，参照 GB 50335 的相关规定；

f）当出水水质要求较高时，可采用深度处理工艺中的一种或几种组合工艺进行处理。

6.3.7　污泥处理与处置单元技术要求

6.3.7.1　污泥产生量可根据有机物浓度、污泥产率系数等工艺条件进行计算，也可参照同类企业参数确定。物化污泥量可根据废水浓度、悬浮物浓度、药品投加量等进行计算。

6.3.7.2　当缺乏资料时，可按以下数据进行污泥量估算：

a）采用活性污泥法时，产泥量可按 0.5~0.7 kg DS/kg BOD_5 设计，并按产泥量为废水处理量的 1.5%~2.0%校核。污泥含水率 99.3%~99.4%。

b）采用生物接触氧化法时，产泥量可按 0.4~0.5 kg DS/kg BOD_5 设计，并按产泥量为废水处理量的 1.5%~2.0%校核。污泥含水率 99.3%~99.4%。

c）混凝沉淀处理在生物处理之后时，产泥量可按废水处理量的 3%~5%设计；混凝沉淀处理在生物处理之前时，产泥量可按废水处理量的 4%~6%设计。污泥含水率为 99.6%~99.7%。

6.3.7.3　污泥脱水机类型应根据污泥性质、污泥产量和脱水要求等进行选择，并经技术经济比较后确定。脱水污泥含水率宜小于 80%。

6.3.7.4　污泥脱水前应进行污泥加药调理。药剂种类应根据污泥性质和干污泥的处理方式选用，投加量通过试验或参照同类型污泥脱水的数据确定。

6.3.7.5　应设置脱水污泥堆场。污泥堆场的大小按污泥产量、运输条件等确定。污泥堆场地面和四周应有防渗、防漏、防雨水等措施。

6.3.7.6　列入《国家危险废物名录》的污泥应按照危险废物有关规定进行处置，其他污泥应按照 GB 18599 的规定，因地制宜妥善处置。

6.4　事故池

6.4.1　事故池容积应按照一次事故的最大排水量设防。当无法获得一次事故的最大排水量时，可按照大于一个生产周期的废水量或大于 4 h 的废水量。

6.4.2　因操作失误、非正常工况、停电等事故造成废水排放数量和浓度异常时，应将废水排入事故池。

6.5 臭气控制

6.5.1 染料工业废水治理工程的臭气排放应符合 GB 14554 的规定。

6.5.2 染料工业废水治理工程内产生臭气的装置应密闭，如有必要可采用物理吸附、化学洗涤、燃烧法、生物法等方法对臭气进行处理。

7 主要工艺设备和材料

7.1 配置要求

7.1.1 染料工业废水治理工程常用的设备包括曝气设备、刮吸泥机、滗水器、脱水机、加药设备、泵和鼓风机等。

7.1.2 加药设备应符合 HJ/T 369 的规定。

7.1.3 潜水排污泵应符合 HJ/T 336 的规定。

7.1.4 悬挂式填料应符合 HJ/T 245 的规定，悬浮填料应符合 HJ/T 246 的规定。

7.2 设备选型

7.2.1 风机

7.2.1.1 风机的供风量和风压应考虑如下因素确定：

a）废水水质影响 α 系数一般取 0.3~0.5（当表面活性剂较多或废水中影响充氧的物质较多时，α 系数取低值），β 系数一般取 0.8~0.9；

b）当废水水温较高时应进行温度系数修正；

c）空气密度和含氧量应根据当地大气压进行修正；

d）当废水中还原性物质较多且曝气时间较长时，应考虑附加需氧量；

e）采用罗茨风机时，应根据气态方程式计算风量影响系数，一般可按罗茨风机进口风量的 80% 考虑；

f）采用空气扩散曝气时，应考虑产品性能中氧利用系数，一般取取均值或低值；

g）风压应根据风机特性、风管损失、空气扩散装置的阻力、曝气水深（指扩散装置至液面距离）等计算确定；

h）当采用离心风机时，应考虑室外气温与标准工作温度引起离心风机风压损失（一般每升高 1℃，风压损失 200 Pa），离心风机工作点不得接近风机的湍振区，宜设风量调节装置；由于风机风量分级的限制，选用风机额定风量不得小于经修正后供氧量的 95%。

7.2.1.2 选用风机时，应符合国家或行业标准规定的产品，具体要求如下：

a）单级高速曝气离心鼓风机应符合 HJ/T 278 的规定；

b）罗茨鼓风机应符合 HJ/T 251 的规定。

7.2.1.3 应至少设置 1 台备用风机。

7.2.2 曝气设备

7.2.2.1 应选用氧利用系数高、混合效果好、质量可靠、阻力损失小、容易安装维修的产品。

7.2.2.2 应选用符合国家或行业标准规定的产品，具体要求如下：

a）机械表面曝气机应符合 HJ/T 247 的规定。

b）中、微孔曝气器应符合 HJ/T 252 的规定。

c）转刷曝气装置应符合 HJ/T 259 的规定。

d）鼓风式潜水曝气机应符合 HJ/T 260 的规定。
e）射流曝气器应符合 HJ/T 263 的规定。
f）转盘曝气装置应符合 HJ/T 280 的规定。
g）散流式曝气器应符合 HJ/T 281 的规定。

7.3 防腐措施

对易腐蚀的设备、管渠及材料应采用相应的防腐蚀措施。根据腐蚀性质，因地制宜地选用经济合理、技术可靠的防腐方法，并应达到国家现行有关标准的规定。

8 检测与控制

8.1 检测

8.1.1 应根据处理工艺要求配备流量计、液位计、水质在线监测仪、水样检测仪器和药品计量仪器等。

8.1.2 在线检测装置的检测点分别设在受控单元内或进、出口处，采样频次和监测项目应根据工艺控制要求确定。

8.1.3 化验室或化验台应按照检测项目配备相应的检测仪器。

8.1.4 厌氧处理单元宜检测废水进、出口的 pH 值、氨氮、COD_{Cr} 和 BOD_5 以及反应器内的碱度和污泥性状、污泥浓度等指标。

8.1.5 好氧处理单元宜检测废水进口的 pH 值、COD_{Cr}、BOD_5、总磷、DO、氨氮、总氮以及反应池内的污泥性状、污泥浓度等指标。

8.2 控制

8.2.1 染料工业废水治理工程应根据工程实际情况，选用适合的控制方式。

8.2.2 应根据工程规模、工艺流程和运行管理要求确定控制要求和控制参数。

8.2.3 现场检测仪表应具有防腐、抗渗漏、防结垢及自清洗等功能。

8.2.4 小型综合废水处理站的主要生产单元可采用自动控制，对于处理规模为 5 000 m^3/d 以上的综合废水处理站，宜采用集中管理和监视、分散控制的计算机控制系统，按要求配备完善的治污设施运行中控系统和在线自动监测设施。

8.2.5 染料工业废水治理工程的过程控制应参照 GB 50014 的相关规定。

9 主要辅助工程

9.1 电气

9.1.1 染料工业废水治理工程供电宜按二级负荷设计，供电等级应与生产车间相同。

9.1.2 电气系统设计应符合 GB 150、GB 50052、GB 50053、GB 50054、GB 50055、GB 7251.1～GB 7251.5 和 GB 50057 等的相关规定；照明设计应符合 GB 50033 的规定；消防应符合 GB 50116 的规定。

9.1.3 如染料工业废水治理工程内含有厌氧处理单元或其他产生有机挥发气体的单元，应按照 GB 50058 中的有关规定划分防爆区域，区域内电气设备按防爆要求设置。

9.2 给排水与消防

9.2.1 染料工业废水治理工程排水一般宜采用重力流排水；当潮汐、暴雨可能使排水口标高低于地表水水位时，应设防潮闸盒排水泵站。

9.2.2 染料废水治理工程给排水设计应符合 GB 50015 和 GB 50222 等的相关规定。

9.2.3 染料废水治理工程消防设计应符合 GB 50016 的有关规定，易燃易爆车间或场所应按消防部门要求设置消防器材。

9.3 空调与暖通

9.3.1 染料工业废水治理工程建筑物内应设采暖通风与空调系统，并符合 GB 50736 和 GB 50243 等规定。

9.3.2 染料工业废水治理工程的采暖系统应与生产系统统一规划，供热源宜由位于厂区或园区内的采暖系统提供。当建筑物的机械通风不能满足工艺对温度、湿度的要求时，应设置空调系统。

9.3.3 建筑物的通风设计应符合下列原则：

a）对余热量和余湿量较大的建筑物，其通风量应按排除余热和余湿两者中所需空气量较大者确定。

b）对排放有害气体的装置或设备，其通风量应根据满足室内最高允许浓度所需的换气次数确定。室内空气严禁再循环，有毒、有害气体的排放应符合现行国家标准的相关要求。

c）当废水治理工程周围空气环境较差或工艺设备有防尘要求时，宜采用正压通风，进风应采取过滤措施。

d）对有防爆要求的装置或设备应设防爆型的事故通风机。

e）通风系统的进风口宜设在清洁干燥处，并设过滤装置。

f）在风沙较大地区，通风系统应考虑防风沙措施。在寒冷地区，通风系统的进、排风口宜考虑防寒措施。

9.4 建筑物和构筑物

9.4.1 染料工业废水治理工程的建筑物应简洁、新颖，建筑风格宜与废水处理系统协调、统一。建筑物和构筑物的平面布置和空间布局应满足工艺流程要求，同时应考虑未来生产发展和技术改造的可能性。

9.4.2 染料工业废水治理工程的厂房建设、防腐、采光和结构应符合 GB 50033、GB 50037 和 GB 50046 等的相关规定。

9.4.3 染料工业废水治理工程的建筑物和构筑物应根据不同地区的气候条件采用不同的结构形式。严寒地区的建筑物和构筑物均应采取防冻措施。

9.4.4 废水处理构筑物应符合 GB 50069、GB 50108、GB 50208 和 GB 50141 等的相关规定。

10 劳动安全与职业卫生

10.1 劳动安全

10.1.1 染料工业废水治理工程劳动安全管理应符合 GB/T 12801 的规定。

10.1.2 染料工业废水治理工程应为职工配备必要的劳动安全卫生设施和劳动防护用品，各种设施及防护用品应由专人维护保养，保证其完好、有效。

10.1.3 染料工业废水治理工程应建立且严格执行安全检查制度，及时消除事故隐患，防止事故发生。

10.1.4 染料工业废水治理工程内应设置必要的安全、报警等装置。

10.2 职业卫生

10.2.1 染料工业废水治理工程职业卫生应符合 GBZ 1 和 GBZ 2.1 的规定。

10.2.2 职业病防护设备、防护用品应处于正常工作状态，不得擅自拆除或停止使用。

11 工程施工与验收

11.1 工程施工

11.1.1 染料工业废水治理工程施工前应通过环境影响评价并获得主管部门批复。

11.1.2 染料工业废水治理工程施工应符合国家和行业施工程序及管理文件的要求。

11.1.3 染料工业废水治理工程设计、施工单位应具有国家相应的工程设计、施工资质。

11.1.4 染料工业废水治理工程应按设计进行建设，对工程变更应取得设计单位的设计变更文件后再进行施工。

11.1.5 染料工业废水治理工程施工中所使用的设备、材料、器件等应符合相关的国家标准，并取得供货商的产品合格证后方可使用。

11.1.6 染料工业废水治理工程施工单位除应遵守相关的技术规范外，还应遵守国家有关部门颁布的劳动安全及卫生、消防等国家强制性标准。

11.2 工程竣工验收

11.2.1 染料工业废水治理工程应与主体工程同步验收，升级改造的废水处理设施应单独进行验收。

11.2.2 染料工业废水治理工程验收应分两个阶段进行，第一阶段为工程竣工验收，第二阶段为工程环境保护验收。

11.2.3 染料工业废水治理工程验收应按《建设项目（工程）竣工验收办法》、《建设项目环境保护竣工验收管理办法》和相应专项验收规范的有关规定进行组织。

11.2.4 水污染源在线监测系统的验收应符合 HJ/T 354 的规定。

11.2.5 染料工业废水治理工程验收应依据：主管部门的批准文件、经批准的设计文件和设计变更文件、工程合同、设备供货合同和合同附件、设备技术文件和技术说明书，专项设备施工验收及其他文件。

11.2.6 染料工业废水治理工程环境保护验收应依据：项目环境影响评价批复文件、批准的设计文件和设计变更文件、废水处理工程性能试验报告、具有资质的环境监测部门出具的废水处理验收监测报告、试运行期连续监测报告（一般不少于 1 个月）、完整的启动试运行和生产试运行记录等、废水处理设施运行管理制度和岗位操作规程等。

11.2.7 染料工业废水治理工程验收程序和内容应符合 GB 50093、GB 50168、GB 50169、GB 50204、GB 50231、GB 50236、GB 50254～GB 50259、GB 50268、GB 50275、GB 50334 和 GBJ 141 等相关规定。

12 运行与维护

12.1 一般规定

12.1.1 染料工业废水治理工程应按规定配备运行维护专业人员和设备。

12.1.2 染料工业废水治理工程由第三方运营时，运营方应具有运营资质。

12.1.3 染料工业废水治理工程应建立健全规章制度、岗位操作规程和质量管理等文件。

12.2 人员与运行管理

12.2.1 应制定废水处理设施的操作规程、工作制度、定期巡检制度和维护管理制度等。废水处理的运行和管理可参照 CJJ 60。运行人员应按制度履行职责，确保系统稳定运行。

12.2.2 运行人员应定期进行岗位培训，持证上岗。

12.2.3 各岗位人员应严格按照操作规程作业，如实填写运行记录，并妥善保存。

12.2.4 电气设备的运行与操作须执行相关供电管理部门的安全操作规程。

12.2.5 风机和水泵操作时，操作人员不得贴近联轴器等旋转部件。

12.2.6 管理人员不得违章指挥。

12.2.7 染料工业废水治理工程设备的日常维护、保养应纳入正常的设备维护管理工作，根据工艺要求，定期对构筑物、设备、电气及自控仪表进行检查维护，确保处理设施稳定运行。

12.2.8 调节池内的沉积物应每隔 1~2 年清理一次。

12.3 水质管理

12.3.1 染料工业废水治理工程应按 HJ/T 91 和 HJ/T 92 等规定对染料废水水量、水质进行定期监测。废水处理厂（站）运行过程应定期采样分析，常规指标包括：pH 值、COD_{Cr}、DO、SS、氨氮、BOD_5、色度等。同时定期进行镜检及重金属的监测分析。

12.3.2 在线监测系统的采样点、采样频次和监测项目应符合国家相关标准的规定，并与监控中心联网。

12.3.3 已安装在线监测系统的，也应定期进行人工监测，比对监测数据。

12.3.4 染料工业废水治理设施正常运行时，pH 值、COD_{Cr}、DO、SS、色度的取样和分析化验每班不应少于一次；污泥浓度、氨氮、镜检取样和分析化验每天不应少于一次；BOD_5 等项目的分析化验每周不应少于一次。

12.4 维护保养

12.4.1 废水处理设施应在满足设计工况的条件下运行，并根据工艺要求，定期对构筑物、设备、电气及自控仪表进行检查维护，确保处理设施稳定运行。

12.4.2 废水处理设备的日常维护、保养应纳入正常的设备维护管理工作。废水处理设备的计划检修应与相关工艺同步进行。

12.5 记录

12.5.1 染料工业废水治理工程应建立废水处理系统运行、设施维护和生产活动等记录制度，记录内容主要包括：

  a）系统运行启动、停止时间；
  b）系统运行控制参数；
  c）废水水质监测数据、排放量及污泥处理等；
  d）药剂的进厂时间、进厂数量及进厂时的质量分析数据等；
  e）污泥监测、处理与处置等情况；
  f）主要设备的运行、检查和维修等情况；
  g）生产事故、突发事件及处置情况；
  h）定期检测及评估情况等。

12.5.2 染料工业废水治理工程应制订统一的记录格式,按格式要求、及时、准确、完整的记录,不得随意涂改。

12.5.3 所有记录应编制记录清单,以便查询,需长期保存的记录应交档案室存档保管。

12.6 应急措施

12.6.1 根据染料工业废水治理工程生产及周围环境实际情况,考虑各种可能的突发性事故,做好应急预案,配备人力、设备、通讯等资源,具备应急处置的条件。

12.6.2 染料工业废水治理工程发生异常情况或重大事故时,应及时分析解决,并按规定向有关部门报告。

中华人民共和国国家环境保护标准

城镇污水处理厂运行监督管理技术规范

Technical specification for management of municipal wastewater treatment plant operation

HJ 2038—2014

前 言

为贯彻《中华人民共和国水污染防治法》，防治水环境污染，加强城镇污水处理厂的运行管理，确保城镇污水处理厂稳定、达标排放，制定本标准。

本标准规定了城镇污水处理厂运行管理的技术要求。

本标准为指导性标准。

本标准为首次发布。

本标准由环境保护部科技标准司组织制订。

本标准主要起草单位：天津市环境保护科学研究院（中国环境保护产业协会水污染治理委员会）、天津创业环保集团股份有限公司、广州市大坦沙污水处理厂。

本标准由环境保护部 2014 年 6 月 10 日批准。

本标准自 2014 年 9 月 1 日起实施。

本标准由环境保护部解释。

1 适用范围

本标准规定了城镇污水处理厂运行管理的技术要求和运行效果的性能评估。

本标准适用于城镇污水处理厂的运行管理和监督检查。

2 规范性引用文件

本标准引用了下列文件或其中的条款。凡是未注明日期的引用文件，其最新版本适用于本标准。

    GB 12348   工业企业厂界环境噪声排放标准

    GB 15562.1   环境保护图形标志 排放口（源）

    GB 18918   城镇污水处理厂污染物排放标准

    CJJ 60   城市污水处理厂运行、维护及其安全技术规程

    HJ/T 212   污染源在线自动监控（监测）系统数据传输标准

    HJ/T 355   水污染源在线监测系统运行与考核技术规范（试行）

HJ/T 372　水质自动采样器技术要求及检测方法
HJ 576　厌氧-缺氧-好氧活性污泥法污水处理工程技术规范
HJ 577　序批式活性污泥法污水处理工程技术规范
HJ 578　氧化沟活性污泥法污水处理工程技术规范
HJ 579　膜分离法污水处理工程技术规范
HJ 2006　污水混凝与絮凝处理工程技术规范
HJ 2008　污水过滤处理工程技术规范
HJ 2009　生物接触氧化法污水处理工程技术规范
HJ 2010　膜生物法污水处理工程技术规范
HJ 2014　生物滤池法污水处理工程技术规范

《关于加强城镇污水处理厂污泥污染防治工作的通知》（环办[2010]157号）

3　术语和定义

下列术语和定义适用于本标准。

3.1　城镇污水处理厂　municipal wastewater treatment plant
指对进入城镇污水收集系统的污水进行净化处理的城镇环保基础设施。

3.2　运行管理　operation and management
指从事城镇污水处理厂污水处理及其设施操作与维护的生产活动。

3.3　污泥含水率　the moisture content of sludge
污泥中所含水分的质量占污泥总质量的百分比。

3.4　污泥处理率　sludge treatment rate
指经过浓缩、脱水等处理的污泥质量占污泥产生总质量的百分比。

3.5　污泥转移联单制度　regulations on sludge transportation record
指为防止二次污染，对污水厂的污泥转移行为及其相关责任者所实行的特别管控制度，要求污泥转移、运输和接收时按统一规定的格式、条件和要求，填报《污泥转移联单》并按程序和期限留存和备查。

3.6　设施　installations
指城镇污水处理厂为实现污水、污泥和恶臭等污染治理所配备的机械、设备、装置和建筑物与构筑物等的总称。

4　总体要求

4.1　一般规定

城镇污水处理厂（简称污水厂）的运行或运营，除了应符合本标准各项规定要求以外，还应符合《城市污水处理厂运行、维护及其安全技术规程》（CJJ 60）的相关规定，切实保障污水厂持续运行和稳定达标。

4.2　运行管理要求

4.2.1　所有运行管理人员应具备合格的运行管理技能，且运行管理人员数量应满足污水厂运行管理需要。

4.2.2　污水厂应设置专用化验室，具备污染物检测和全过程监控能力，按相关规定实施全过程检测；应制定化验分析质量控制标准，提高监测数据的可靠性，定期检定和校验化验计量设备。

4.2.3 污水厂应具有完备的防火、防爆、防突发事件的设施、设备和技术措施，制定突发事故环境应急预案，严格执行环境保护法律法规。

4.2.4 污水厂应结合实际健全运行管理体系，编制《污水处理运行管理手册》，建立岗位责任、操作规程、运行巡检、安全生产、设备维护、人员考核培训、信息记录和档案管理等规章制度。

4.3 标识要求

4.3.1 污水厂应对其设施设置明显标识。包括：进水口、出水口（排放口）、水污染物检测取样点、污水处理、污泥处理和废气恶臭处理的构筑物、全部运转设备、各类管道和电缆，以及主要工艺节点处等。

4.3.2 在潜在的落空、落水、窒息、中毒、触电、起火、绞伤、传染处应设置警示标识。

5 污水处理的运行要求

5.1 进水泵房的运行要求

5.1.1 水泵的运行与进水水量的计量

a）污水厂应按照设计要求或实际进水量运行污水提升泵，不得擅自停运或减少运行台数，以收集并处理全部污水，实现满负荷运行；

b）污水厂应配备计量污水进水水量的计量装置，实现实时计量，统计日、月、年的计量数值，并符合 CJJ 60 标准的规定；

c）污水厂应对水量计量装置做好维护与保养，保持正常、稳定的运行，并定期由具有资质的质量检验部门进行校验。

5.1.2 进水水质检测

a）污水厂应按照 HJ/T 372 和 HJ/T 355 的规定，在进水口安装进水连续采样装置和水质在线连续监测装置；

b）污水厂应按 GB 18918 规定的污染指标和采样化验频率检测进水水质。

5.1.3 进水水量水质运行异常的控制要求

当进水水量或水质发生异常情况并影响稳定达标排放时，运行单位或运营企业应采取有效控制措施，及时调整污水处理运行参数，防止发生运行事故。

5.2 生物反应池的运行要求

5.2.1 一般要求

a）按照生物反应池系列池组的设置情况及运行方式，调节各池进水水量，均匀配水，并保持均匀的曝气、推流和搅拌；

b）根据生物反应池的出水水质要求、不同工艺流程的运行工况变化，调整并控制反应区的进水量、气水比、溶解氧（DO）和氧化还原电位（ORP）等工艺参数；

c）应确保潜水搅拌器、潜水推进器、鼓风机及曝气器或曝气机、回流污泥泵、剩余污泥泵、刮吸泥机、膜分离装置及高压泵等污水处理关键设备按工艺设计要求保持正常运转；

d）各池面应保持无浮渣，池壁应无附着物，走台上应无泡沫和浮渣溢出。

5.2.2 活性污泥反应池的运行要求

a）应根据不同活性污泥法污水处理工艺的运行要求，对生物反应池的溶解氧进行有效控制；

b）活性污泥反应池应按工艺设计要求控制污泥负荷、污泥沉降比、混合液悬浮固体浓度（MLSS）和混合液挥发性悬浮固体浓度（MLVSS）、污泥回流比等运行参数，并根据水质水量、运行工况变化及环境影响等因素调整运行参数；

c）不同活性污泥法的生物反应池的运行参数控制应符合 HJ 576、HJ 577、HJ 578 等相应工程技术规范的规定。

5.2.3 生物膜反应池的运行要求

a）生物膜反应池应重点控制进水水量和水质，使水力负荷与有机负荷相配合，维持生物膜活性和生物膜厚度；

b）生物膜反应池应按工艺设计要求控制池内的溶解氧浓度，使其分别达到厌氧、缺氧、好氧等运行工况；

c）生物膜反应池应按工艺设计要求控制水力停留时间、有机负荷、水力负荷和转盘转速（生物转盘工艺）、滤床（BAF 工艺）反冲洗周期和反冲洗水量等运行参数；

d）生物膜反应池的运行参数控制应符合 HJ 2009、HJ 2010、HJ 2014 等相应工程技术规范的规定。

5.3 深度处理过程的运行要求

5.3.1 混凝反应池应按工艺设计要求和运行工况，控制流速、水位和水力停留时间，且运行参数控制应符合 HJ 2006 的相关规定。

5.3.2 过滤池应根据水头损失或过滤时间对滤床进行反冲洗，运行参数控制应符合 HJ 2008 的相关规定。

5.3.3 膜分离装置应按工艺设计要求定期自动进行化学清洗或物理清洗，使其保持稳定运行，运行参数控制应符合 HJ 579 的相关规定。

5.3.4 清水池运行时应设定运行水位的上、下限，并安装水位运行自动控制装置，清水池应设置杀菌消毒设备和水质化验取水口。

5.3.5 清水池应防止储存的清水被污染，池顶部应密闭，杀菌消毒后应保持规定的余氯浓度，每天应进行水质检测化验。

5.4 排放口的运行控制要求

5.4.1 基本要求

a）污水厂排放口应规范化，排放口环境保护图形标志牌应符合 GB 15562.1 的相关规定；

b）排放口应安装污水厂出水在线连续监测装置，并符合 HJ/T 355 的相关要求，运行记录应归档和保存；

c）运行单位应建立排放口维护管理制度，配备专业技术人员进行维护管理，保证设施正常运转，运行记录齐全、真实；

d）污水厂应将在线连续监测装置产生的废液进行收集和处理，防止产生环境污染。

5.4.2 水质检测化验的要求

a）排放口安装和运行的水质自动采样器应符合 HJ/T 372 的相关规定；

b）污水厂应按照 GB 18918 的规定进行污水厂出水的采样和水质检测。

5.5 运行记录和数据统计

5.5.1 污水厂应按照运行管理规定记录实时运行情况，记录的内容应包括：

　　a）进水和出水的水量计量数据、污水提升泵的运行参数、污水超越管的阀门开启状态等；

　　b）反应池、污泥回流泵的运行情况及进水水量、回流污泥量、供气量、污泥排放量、水温、溶解氧、混合液沉降比、混合液悬浮固体浓度（MLSS）和混合液挥发性悬浮固体浓度（MLVSS）等数据。

5.5.2 污水厂应统计全厂耗电量（月、年的统计平均数值），分析耗电量与污水处理量（月、年的统计数值）的符合度。

5.5.3 污水厂应按规定检测并记录进水和出水的水质指标，包括：化学需氧量（COD）、五日生化需氧量（BOD_5）、悬浮物（SS）、pH、氨氮（以 N 计）、总氮（以 N 计）、总磷（以 P 计）和粪大肠菌群等。

6 污泥处理处置的运行要求

6.1 基本要求

6.1.1 污泥处理处置设施应与污水处理设施同时规划、同步建设、同期运行。

6.1.2 污水厂应收集污水处理产生的全部污泥，并实行稳定、减容、减量的有效处理。

6.1.3 污水厂应加强污泥处理各个环节（收集、储存、浓缩、调节、脱水及外运等）的运行管理，处理过程中应防止二次污染，对产生的清液、滤液和冲洗水等进行处理。

6.1.4 污水厂应保持污泥处理设施连续稳定运行，产生的污泥应及时处理和清运，应记录污泥输出体积或质量，统计污泥出厂总量，严格执行污泥转移联单制度。

6.1.5 外运污泥的含水率、转运要求和去向应符合《关于加强城镇污水处理厂污泥污染防治工作的通知》（环办[2010]157 号）的要求。

6.1.6 从事污泥运输的单位应取得政府有关部门的许可，应采用合格的专用密闭容器，以防止污泥外溢和撒落。

6.2 污泥量的控制

6.2.1 鼓励采用污水处理先进工艺，减少污泥产生量，实现源头和过程减排。

6.2.2 污水厂产生的各类污泥（含栅渣、沉砂、初沉污泥和二沉池剩余污泥）应全部进行减容减量的处理。

6.2.3 以季度为时间单位计算的污泥产生总量应和污泥处理总量基本一致。

6.2.4 污水厂污泥的理论产生量可参照附录 A 的经验公式进行估算。

6.3 污泥处理设施的运行要求

6.3.1 污泥处理的稳定、浓缩、调理、脱水等装置应保持正常运行工况，确保处理效果和运行稳定，不得无故停机或超负荷运行。

6.3.2 污泥处理过程中应控制药剂消耗量并保持加药装置运行精准。

6.4 外运污泥的检测

6.4.1 污水厂应检测每一批次（车）外运脱水污泥的各项污染控制指标，并符合 GB 18918 的相关要求。

6.4.2 严格控制脱水污泥的含水率和含水率检测操作的可靠性，使之符合出厂外运标准。

6.5 污泥的处置途径

污水厂污泥的最终处置应符合 GB 18918 的相关要求。

7 恶臭气体处理的运行要求

7.1 基本要求

7.1.1 恶臭污染治理设施应符合建厂环境影响评价批复提出的厂界环境保护要求，应与污水、污泥处理设施同步建设、同期运行。

7.1.2 污水厂应确保除臭装置排放的气体稳定、达标排放。

7.1.3 厂界环境的臭气浓度应符合 GB 18918 规定的厂界（防护带边缘）废气污染物最高允许浓度，或地方标准的规定。

7.2 恶臭气体处理过程的运行要求

7.2.1 臭气收集输送系统的运行要求

  a）风机和集气罩、集气与输送管道等设备均应按规定进行巡检和维护；
  b）气体输送管道应保持密闭状态，记录管线压降；
  c）集气管道和输气管道内的冷凝水应每班排放 1 次，管道的过流风量应达到设计要求。

7.2.2 生物滴滤（生物滤池）除臭工艺的运行要求

  a）生物滤床应按时检测恶臭气体的流量和污染物浓度，以及处理装置的温度、湿度、压力、pH 值等运行参数；
  b）生物滤床应保持适宜的湿度，当出现生物膜脱膜、膨胀，生物滤床板结，土壤床出现孔洞短流等故障，应及时查明原因，采取有效措施进行排除，并记录备检。

7.2.3 化学氧化法除臭工艺的运行要求

  a）应根据臭气污染负荷及时调整加药量；
  b）应根据填料塔的压降，及时对填料进行清洗或更换；
  c）系统运行时应控制 pH 值、臭气浓度、流量、温度、压力等运行参数。

7.2.4 活性炭吸附法除臭工艺的运行要求

  a）运行中应控制硫化氢、臭气流量、浓度、温度、湿度、压力、pH 值等运行参数；
  b）当系统的气体流量和压力等指标超出额定范围并确定为吸附饱和时，应及时更换活性炭（吸附剂）；
  c）应对饱和的吸附材料进行解吸再生，吸附材料废弃时应进行无害化处置。

7.2.5 污水厂全过程除臭工艺的运行要求

  a）应定期对生物填料的运行情况及除臭效果进行观测；
  b）应定期对活性污泥投加泵及污泥输送管道进行检查与维护；
  c）应定期对微生物培养箱的供气系统进行巡检，保证气体供应；
  d）应根据进水水质和水量，以及臭气强度等因素调节活性污泥的投加量。

8 厂界环境噪声的控制要求

8.1 污水厂的噪声振动污染控制设施、设备应与污水、污泥处理设施同步建设、同期运行。

8.2 污水厂应采取措施控制主要设备发出的噪声振动，并控制厂界环境噪声不形成污染。

8.3 污水厂的减振降噪措施、设施和设备的减振降噪效果、环境噪声控制效果应符合建厂环境影响评价批复文件提出的要求。

8.4 污水厂应定期检测并记录厂界环境噪声,并符合 GB 12348 的相关要求。

9 设备的运行管理要求

9.1 污水厂应建立完备的设备台账和档案,设备台账应自设备移交时同步建立,并包括移交时的资料数据和使用后的动态增减变化。

9.2 污水厂应执行污水处理设备维护保养规程,对运转设备及安全方面的设施定期检查、保养及维护,发现问题及时抢修,并做好记录。

9.3 污水厂应建立设备运行记录,用日志、周报或月报的形式及时、真实、完整地记录和保存设备运行和使用情况。

9.4 污水厂所有设备应有足够的零配件、耗损材料的备件。

10 中央控制系统的运行要求

10.1 一般要求

10.1.1 污水厂应设置功能完善的设施运行中央控制平台和大屏幕显示器,以全面记录并实时反映污水处理厂的运行状况。

10.1.2 污水厂的中央控制系统应具有数据显示、数据处理、数据记录和数据分析及自动生成动态变化曲线图等功能,并符合附录 B 的规定。

10.1.3 中央控制系统的监控规模应与设计一致,现场数据记录应与上位机数据记录保持一致。

10.1.4 中央控制系统的记录不得修改,既定关键数据的监控不得撤销,系统不得具有系统数据修改和系统监控目标选择性撤销等功能。

10.1.5 中央控制系统的数据记录应齐全,并及时按要求存档备检,所记录的数据至少要保存一年。

10.1.6 中央控制系统的数据传输应符合 HJ/T 212 的相关规定。

10.2 系统运行要求

10.2.1 运行控制与显示

a)控制室上位机界面应准确、全面、清晰、实时地反映全厂工艺运行和设备运转情况,显示越限报警(或紧急状态)、预报警、变量正常等不同状态;

b)计算机、模拟盘及可编过程控制器(PLC)的数据显示应与现场一致,不得有超出工艺控制要求的延时;

c)控制设备开启时,继电器动作应与设定一致,不得有超出工艺控制要求的延时;

d)执行机构应正确执行控制室发出的指令,且无超出工艺控制要求的延时;

e)上位机显示应规范,红色灯光表示越限报警或紧急状态;黄色灯光表示预报警;绿色灯光表示设备或过程变量正常。

10.2.2 水量水质监控的数据记录和显示

a)中控系统应实时记录污水厂的进、出水流量(含累计流量)和进、出水水质(COD、氨氮等关键指标)等运行数据,并依据记录数据自动生成动态变化曲线;

b）将进水和出水的总氮（以 N 计）、总磷（以 P 计）、SS 等作为选择性指标时，中控系统可作相关记录并依据数据生成动态变化曲线；

c）污水厂应安装再生水流量计并记录和传送流量数据，应具有表征再生水水质的色度、浊度等特征性指标的监测和数据记录，有明确用途的再生水应同时监测和记录其他选择性水质指标。

10.2.3 关键设备运行监控的数据记录和显示

a）中央控制系统应记录污水处理关键设备的运行数据，并依据数据自动生成动态变化曲线；

b）中央控制系统应记录污水提升泵的运行数据，包括吸水池液位和提升泵的运行电流、运行频率和运行时间等；

c）中央控制系统应记录曝气设备的运行数据，包括：如为鼓风曝气，应记录鼓风机风量、（总）电流；如为机械曝气，应记录设备运行（总）电流；曝气设备的运行时间、转速或开启度等；

d）中央控制系统应记录污泥脱水设备的运行时间、运行电流和加药量等运行数据，并宜作为选择性指标。

10.2.4 关键运行参数的数据记录和显示

a）中央控制系统应实时记录和显示各生化池的溶解氧（DO）数据，并依据数据自动生成动态变化曲线；

b）活性污泥法相关工艺应实时记录和显示各生化池的氧化还原电极电位（ORP）、活性污泥浓度等数据，并依据数据自动生成动态变化曲线；

c）序批式活性污泥法（SBR）工艺应实时记录和显示各生化池的运行液位数据，并依据数据自动生成动态变化曲线；

d）曝气生物滤池（BAF）工艺应实时记录、显示反冲洗风机和反冲洗水泵等设备的运行时间、反冲洗气量、反冲洗水量、堵塞率等数据，以及实时记录和显示生物滤池水头损失等数据，并依据数据自动生成动态变化曲线。

11 信息记录与管理

11.1 污水厂的信息管理

11.1.1 污水厂应根据环境监督管理的要求，按照 CJJ 60 的各项规定，建立分类信息台账。

11.1.2 污水厂应收集、整理、保存污水处理设施建设及其运行的相关信息。

11.2 设施建设信息台账记录的信息

包括但不限于：

a）设施建设期的项目设计批复或核准文件、环境影响评价批复文件、工程竣工环保验收报告等；

b）设施建设的设计文件，包括处理能力、处理工艺、建成投运时间和污水处理服务区范围、汇水面积、服务人口及入驻的工业企业等情况；

c）管网建设情况、污水收集量的变化情况、污染减排量核算情况及环境统计情况等。

11.3 设施运行台账记录的信息

包括但不限于：

a）按日记录的进、出水水量、水质和污泥的产生量、转移量及其去向情况；

b）曝气机等主要设备的运行状况和维护保养与修理情况等；

c）按月记录设备的用电量、用药量、干污泥处置量等。

11.4 污染减排台账记录的内容

包括但不限于：

a）污水处理设施基本情况和污染物削减总量等情况；

b）设施运行产生的电耗、药耗、污泥减量化处理和无害化处置等情况；

c）新增污染减排能力及运行减排效果的动态变化情况等。

11.5 设施改造台账记录的内容

包括但不限于：

a）完善管网增加减排量的建设项目，包括但不限于：污水处理设施配套管网规划及年度建设计划、进展情况，并说明管网完善后新增加的服务范围、面积、人口、工业企业和水量及浓度变化等情况；

b）对改、扩建增加污水处理能力和提高治理效果的建设项目，包括但不限于：改、扩建项目批准文件和相关证明材料，实际提高的处理水量、增加的污染减排总量和改善水质的绩效证明材料；

c）污水回用增加减排量的建设项目，包括但不限于：污水回用工程的回用规模、回用途径、处理工艺和设备及出售回用水的价格等批准资料。

11.6 污水厂的信息记录

包括设施运行记录、运行凭证和运行报告等。

11.6.1 设施运行记录，包括但不限于：

a）单体设备的运行情况，累计运行时间，及现场各类仪表的运行数据的统计表；

b）运行情况记录表：按月统计的月处理水量，进、出水水质，出厂污泥量，耗电量等；

c）中控系统主要数据统计表，设备故障时间统计表，各处理单元工艺的运行状态报表；

d）中控系统主要情况变化趋势曲线图：月流量（进、出水水量、鼓风量和污泥量）、约束性指标COD、氨氮（以N计），以及关键工艺参数DO、MLSS等；

e）污水回用量、回用设施运行情况和回用水出售业绩等资料。

11.6.2 设施运行凭证，包括但不限于：

a）环境保护行政主管部门监督性监测报告、现场核查报告和限期整改及处罚通知等；

b）电费缴纳凭证、药剂采购凭证、污泥处置转运凭证。

11.6.3 设施运行报告，包括但不限于：

a）运行单位应定期总结污水处理设施运行和污染物减排情况，根据设施运行台账和污染减排台账编制年度设施运行报告，并利用信息系统实现数据互联、无线上传等手段及时发送设施运行报告；

b）设施运行报告的内容包括但不限于：进水水量水质情况、污水处理量及排水达标情况、污泥产生量及处理处置情况；主要污染物减排情况；设施及其运行存在的问题及整改方案等；

c）污水厂运行中发生突发性事故、设施运行故障、进水水量过大导致超负荷运行、进水水质严重恶化等直接影响达标排放的重大情况时,污水厂应根据有关规定及时向环境保

护主管部门报告,并采取措施防止造成严重的环境污染;

　　d)污水处理量不足、进水浓度低、污泥产量较高或较低、耗电量偏低、主要处理设施和设备维修、事故停运等影响污染减排的情况说明。

12　污水厂设施性能评估

12.1　污水厂的设施性能评估制度

12.1.1　污水厂实施性能评估的目的

　　a)实施设施性能评估的目的在于掌握污水厂的污水处理能力和污染物去除效果;

　　b)污水厂应建立"性能评估"制度,并分阶段对处理设施进行性能评估;

　　c)新建污水厂建成投产后应依据设施建设和运行情况,评估处理设施所具有的实际性能,验证对工程设计要求的符合程度;

　　d)已建污水厂应通过设施性能评估发现或排除设施存在的现实问题和潜在问题;对存在的问题及时加以整改,避免运行事故发生;或及早规划并实施污水厂的技术改造。

12.1.2　污水厂的设施性能评估内容

　　性能评估的内容包括但不限于:

　　a)污水处理设施(主要构筑物和关键设备)的处理能力;

　　b)污水处理设施的运行效果(出水水质达标及主要污染物削减的效果);

　　c)污水处理设施去除特征污染物的工艺技术性能(包括水污染物、污泥和恶臭);

　　d)污水处理设施现有能耗、物耗水平和与降低处理成本相关的经济性能。

12.1.3　年度评估的要求

　　a)污水处理设施运营单位应对设施运行状况和运行效果进行年度评估;

　　b)年度评估的目标应包括主要污染物减排效果和设施运行中存在的问题及其整改方案。

12.2　设施性能评估的指标和方法

12.2.1　污水处理工艺运行效果评估

　　a)对照本规范和工程设计的相关指标和要求,根据GB 18918的相关规定和全年运行检测记录,贯彻目标管理并对污水处理工艺运行效果进行评估;

　　b)说明系统运行及达标情况,对照目标找出差距,及时发现潜在问题和隐患,提出存在的问题和改进措施,分别作出是否符合目标规定要求的评估结论。

12.2.2　污泥处理工艺运行效果评估

　　a)对照本规范和工程设计的相关指标和要求,根据GB 18918和运行检测记录,贯彻目标管理并对污泥处理工艺运行情况进行评估;

　　b)说明系统运行及达标情况,提出存在的问题和改进措施,作出是否符合目标规定要求的结论。

12.2.3　恶臭、噪声控制效果评估

　　对照本规范的要求,根据运行检测记录、评估检测数据和GB 18918和GB 12348的规定,对设施工艺运行情况进行评估,说明系统运行及达标情况,提出存在的问题和改进措施,分别作出是否符合目标规定要求的评估结论。

12.2.4　设备维护与设备节能性能评估

对照本规范的要求，根据设备运行、维护、检修记录对主要工艺设备完好情况进行评估，说明主要设备运行情况，提出存在的问题和改进措施，分别作出是否完好的评估结论。

12.2.5　中央控制系统和排放口运行管理评估

对照本规范的相关要求，对中央控制系统和排放口运行进行评估，根据系统运行、维护、检修记录，说明系统运行和设备完好情况，并提出存在的问题和改进措施，分别作出系统运行性能是否符合目标规定要求的评估结论。

12.2.6　污水厂运行检测执行评估

对照污水厂运行检测制度和相应检测技术规范的要求，根据本规范各章、节运行检测的要求，以及质量管理体系（ISO 9000）要求，说明检测执行情况，提出存在的问题和改进措施，分别作出是否符合目标规定的评估结论。

12.2.7　污水厂运行管理体系评估

a）污水厂应对照本规范的相关要求，说明各项制度的建设与执行情况，根据精细化管理要求，提出存在的问题和改进措施，分别作出是否符合目标规定的评估结论；

b）按照本规范的规定和其他技术法规要求，对污水厂的运行效果和节能减排性能提升进行技术评估。

12.3　污水厂环境管理评估

12.3.1　污水厂应就贯彻环境质量管理体系（ISO 14000）的要求进行效果评估。

12.3.2　年度环境管理评估内容包括：考评污水厂运营单位在自觉遵守环境保护法规、承担国家节能减排任务、承担社会环境保护科学普及任务、支持社会公众参与环境监督、热衷组织环保公益活动、为全社会发展低碳经济与循环经济做出贡献等方面的执行效果。

12.3.3　对设施存在的环境管理问题进行落实和整改，并作为年度环境保护考核的管理依据。

12.3.4　污水厂应贯彻安全管理体系（ISO 18000）的要求，开展安全生产评估。

附录 A（资料性附录）

城镇污水处理厂水量与污泥量参考核算方法

A.1 水量核定的计算方法

a）进水口计量装置记录的日平均进水量 V_1、污水提升泵日均提升量 V_2 和排放口在线监测系统日均出水量 V_3，单位 m^3/d；

b）水量 V_1、V_2 和 V_3 的计算方法：

$$V_1 = \frac{1}{n}\sum_{i=1}^{n} v_i \qquad (A.1)$$

式中：n——每月的天数；
v_i——第 i 天的进水量。

$$V_2 = 3\,600\sum_{i=1}^{n} S_i \cdot v_i \cdot t_i \qquad (A.2)$$

式中：n——污水提升泵台数；
S_i——第 i 台污水提升泵出水管的截面积，m^2；
v_i——第 i 台污水提升泵的流速，现场用仪表测量，m/s；
t_i——第 i 台污水提升泵每天的运行时间，h。

注：应采用提升泵累计运行时间和高效率段平均流量的计算值。

$$V_3 = \frac{1}{n}\sum_{i=1}^{n} v_i \qquad (A.3)$$

式中：n——每月的天数；
v_i——第 i 天的出水量。

c）以 V_2 做标准值，计算 V_1 与 V_2 之间的相对误差 η_1，$\eta_1 \leqslant \pm 10\%$ 表示计量装置工作正常。计算公式见（A.4）：

$$\eta_1 = \frac{V_2 - V_1}{V_2} \times 100\% \leqslant \pm 10\% \qquad (A.4)$$

d）V_3 与 V_1 之间应该满足如下关系：

$$V_3 = V_1 - V_{损} - V_{溢} \qquad (A.5)$$

式中：$V_{损}$——处理过程中的蒸发损耗，可忽略不计；
$V_{溢}$——超越管溢流的水量。

e）若水量之间满足以上关系，则可大致判断污水厂的实际处理水量为 V_3。

A.2 污泥量核定的计算方法

污水厂污泥理论产生量 W 的计算公式分有、无初沉池两种情况：

a) 设有初沉池时,初沉污泥的产生量根据原污水悬浮物质量浓度及沉淀效率计算:

$$W_{初} = \frac{1\,000 \cdot \rho_1 \cdot \eta \cdot Q_{平}}{\rho_2 \cdot (1-P_1)} \tag{A.6}$$

式中: $W_{初}$——初沉污泥量,m³/d;
  η——初沉池沉淀效率;
  ρ_1——进入初沉池污水中悬浮物质量浓度,mg/L;
  $Q_{平}$——污水厂平均日流量,m³/d;
  ρ_2——初沉池污泥密度,以 1 000 kg/m³ 计;
  P_1——污泥含水率。

b) 剩余污泥的产生量可按照以下经验公式计算:

$$W_{剩} = aQ_{平}L_r - bVX_v + cS_rQ_{平} \tag{A.7}$$

式中: $W_{剩}$——剩余污泥产生量,m³/d;
  a——污泥产率系数,0.5~0.7 kg/kgBOD₅;
  $Q_{平}$——污水厂平均日流量,m³/d;
  L_r——BOD₅ 单位去除量,kg/m³;
  b——污泥自身氧化速率,0.05 d⁻¹;
  V——池容,m³;
  X_v——MLVSS,kg/m³;
  S_r——SS 单位去除量,kg/m³;
  c——惰性固体百分比,0.5。

*不同水质下 a、b、c 值有浮动。

c) 设有初沉池时:

$$W = W_{初} + W_{剩} \tag{A.8}$$

d) 不设初沉池时:

$$W = W_{剩} \tag{A.9}$$

附录 B（资料性附录）

城镇污水处理厂中控系统显示指标的要求

表 B.1 城镇污水处理厂中控系统显示指标的要求

工艺	曝气方式	水量水质指标	关键设备				关键工艺参数	
			提升泵	曝气设备	污泥脱水设备	滗水器	好氧生化池	反冲洗设备
活性污泥法（A²/O，A/O 等）	鼓风曝气	1. 进、出水水量（含累计流量）；2. 进水水质：COD、氨氮（以 N 计）、SS；选择性指标：BOD$_5$。3. 出水水质：COD、氨氮（以 N 计）、SS；选择性指标：BOD$_5$、总氮（以 N 计）、总磷（以 P 计）；4.中水回用水量（含累计流量）	1. 泵的运行时间（含累计时间）；2. 泵的电流和运行频率；3. 集水池液位	1. 鼓风机风量；2. 转速或开启度（选择性指标）；3. 运行时间；4. 电流	1.污泥流量（含累计流量）；2.脱水设备运行时间、电流、加药量（选择性指标）	无	1. DO；2. MLSS	无
氧化沟	机械曝气（转刷、转碟）			1. 设备运行时间；2. 运行转速（选择性指标）；3. 电流				
	鼓风曝气							
序批式活性污泥法（SBR 或 CASS、CAST）	鼓风曝气			1. 鼓风机风量；2. 转速或开启度（选择性指标）；3. 运行时间；4. 电流		运行时间	1. DO；2. MLSS；3. 各反应池液位	
曝气生物滤池	鼓风曝气				无		1. DO；2. MLSS 下方 DO	1. 反冲洗风机运行时间、电流；2. 反冲洗水泵运行时间、电流；3. 反冲洗气量；4. 反冲洗水量

中华人民共和国国家环境保护标准

采油废水治理工程技术规范

Technical specification for oilfield industry wastewater treatment

HJ 2041—2014

前 言

为贯彻《中华人民共和国环境保护法》和《中华人民共和国水污染防治法》，规范采油废水治理工程的建设与运行管理，防治环境污染，保护环境和人体健康，制定本标准。

本标准规定了采油废水治理工程设计、施工、验收和运行管理等的技术要求。

本标准为指导性文件。

本标准为首次发布。

本标准由环境保护部科技标准司组织制订。

本标准主要起草单位：中国环境保护产业协会、中国石化集团公司胜利油田分公司采油工艺研究院、中国石油大学（华东）。

本标准环境保护部 2014 年 6 月 10 日批准。

本标准自 2014 年 9 月 1 日起实施。

本标准由环境保护部解释。

1 适用范围

本标准规定了采油废水治理工程设计、施工、验收和运行管理等的技术要求。

本标准适用于油田采油废水治理工程建设与运行的全过程，可作为采油废水治理工程环境影响评价、环境保护设施设计与施工、建设项目竣工环境保护验收及建成后运行与管理的技术依据。

2 规范性引用文件

本标准引用了下列文件或其中的条款。凡是未注明日期的引用文件，其最新版本适用于本标准。

GB 12348　工业企业厂界环境噪声排放标准

GB/T 12801　生产过程安全卫生要求总则

GB 50009　建筑结构荷载规范

GB 50014　室外排水设计规范

GB 50016　建筑设计防火规范

GB 50019　采暖通风与空气调节设计规范
GB 50052　供配电系统设计规范
GB 50058　爆炸和火灾危险环境电力装置设计规范
GB 50093　自动化仪表工程施工及验收规范
GB 50183　石油天然气工程设计防火规范
GB 50191　构筑物抗震设计规范
GB 50204　混凝土结构工程施工质量验收规范
GB 50231　机械设备安装工程施工及验收通用规范
GB 50236　现场设备、工业管道焊接工程施工及验收规范
GB 50268　给水排水管道工程施工及验收规范
GB 50275　风机、压缩机、泵安装工程施工及验收规范
GB 50303　建筑电气工程施工质量验收规范
GB 50428　油田采出水处理设计规范
GB/T 50087　工业企业噪声控制设计规范
HJ/T 91　地表水和污水监测技术规范
HJ/T 92　水污染物排放总量监测技术规范
HJ/T 242　环境保护产品技术要求　污泥脱水用带式压榨过滤机
HJ/T 245　环境保护产品技术要求　悬挂式填料
HJ/T 246　环境保护产品技术要求　悬浮填料
HJ/T 252　环境保护产品技术要求　中、微孔曝气器
HJ/T 260　环境保护产品技术要求　鼓风式潜水曝气机
HJ/T 263　环境保护产品技术要求　射流曝气器
HJ/T 283　环境保护产品技术要求　厢式压滤机和板框压滤机
HJ/T 335　环境保护产品技术要求　污泥浓缩带式脱水一体机
HJ/T 336　环境保护产品技术要求　潜水排污泵
HJ/T 337　环境保护产品技术要求　生物接触氧化成套装置
HJ/T 369　环境保护产品技术要求　水处理用加药装置
HJ/T 493　水质　样品的保存和管理技术规定
HJ 576　厌氧-缺氧-好氧活性污泥法污水处理工程技术规范
HJ 577　序批式活性污泥法污水处理工程技术规范
HJ 2006　污水混凝与絮凝处理工程技术规范
HJ 2007　污水气浮处理工程技术规范
HJ 2008　污水过滤处理工程技术规范
HJ 2009　生物接触氧化法污水处理工程技术规范
HJ 2010　膜生物法污水处理工程技术规范
SY/J 4039　石油工程建设基本术语
SY/T 0048　石油天然气工程总图设计规范
SY/T 0049　油田地面建设规划规范设计
SY/T 5329　碎屑岩油藏注水水质推荐指标及分析方法

SY/T 6276 石油天然气工业健康、安全与环境管理体系
CECS 111 寒冷地区污水活性污泥法处理设计规程
《建设项目（工程）竣工验收办法》（国家计委 计建设[1990]1215 号）
《建设项目竣工环境保护验收管理办法》（国家环境保护总局令 2001 年 第 13 号）
《污染源自动监控管理办法》（国家环境保护总局令 2005 年 第 28 号）

3 术语和定义

GB 50428 和 SY/J 4039 确立的以及下列术语和定义适用于本标准。

3.1 油田采出水 oilfield produced water

油田开采过程中产生的含有原油的水，经净化处理后可重新注回油层作驱油剂使用，是注水水源之一。

3.2 采出水处理系统 produced water treatment system

通过一系列水处理设施对油田采出水（包括少量洗井、井下作业废水及采出水处理设备反冲洗排水等）进行净化处理，使其达到生产用回注水、工艺回掺水或其他用途水质要求。

3.3 采油废水 oilfield discharged wastewater

油田采油过程中，除作为回注、工艺回掺或其他用途等生产用水以外，需外排的废水。

3.4 生化后处理 after biochemical treatment

设在生化处理后，进一步去除污染物的处理过程。

4 污染物和污染负荷

4.1 采油废水来源

采油废水来源如图 1 所示。

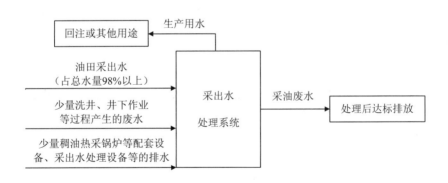

图 1 采油废水来源

4.2 废水水量

4.2.1 采油废水水量与油田开发程度、工艺、规模、边底水活跃程度、注采比等有关。
4.2.2 废水水量应以实测数据为准；没有实测数据的，可类比现有同等开发程度、生产规模和同种采油工艺的油田的排放水量来确定废水排放量。
4.2.3 无类比数据时，废水水量可按下式计算：

$$Q = Q_i - Q_1 - Q_2$$

式中：Q——采油废水水量，m^3/h；
　　　Q_i——经采出水处理系统处理后的水量，m^3/h；
　　　Q_1——用于生产的回注水量，m^3/h；
　　　Q_2——用于工艺掺水等其他用途的生产水量，m^3/h。

4.3 废水水质

4.3.1 采油废水水质与油田地质条件、开发工艺、油层改造措施、注水水质及采出水处理系统处理工艺及处理效率等有关。

4.3.2 采油废水水质应结合油田水质生产数据、变化情况以及未来生产、开发规划等因素，并根据现场取样检测的统计数据综合确定。取样点宜设置在采出水处理系统外输口。

4.3.3 采油废水的取样检测应符合 HJ/T 91 和 HJ/T 92 的要求。各水质指标的分析按照 HJ/T 91、SY/T 5329 等相关要求执行。

4.3.4 当无实测数据时，采油废水的水质指标可参考表1。

表1 采油废水水质指标

污染物指标	pH	石油类/(mg/L)	化学需氧量（COD_{Cr}）/(mg/L)	五日生化需氧量（BOD_5）/(mg/L)	聚合物/(mg/L)	氨氮/(mg/L)	悬浮物（SS）/(mg/L)
浓度范围	6.5～8.5	20～200	100～800	50～150	0～200	6～80	10～150

4.4 设计水量和设计水质

设计水量和设计水质应根据油田整体生产、开发规划和实际生产情况，结合实际测量数据确定，水量和水质的设计取值应在污染负荷原数值上增加15%～30%的设计余量。

5 总体要求

5.1 一般规定

5.1.1 采油废水处理工程的设计和建设除应遵守本标准和环境影响评价审批文件的规定外，还应符合国家基本建设程序以及有关标准、规范和规划的规定。

5.1.2 油田企业应积极采用节能减排及清洁生产技术，从源头控制污染物产生，削减污染负荷。

5.1.3 洗井、井下作业等生产、作业过程产生的废液及稠油注汽锅炉等配套设备产生的废水应收集到具有防渗措施的设施内，经初步处理后运至采出水处理系统进行集中处理。

5.1.4 应加强采油井、油气集输与处理设施的检测与维护，防止油水泄漏。应建立应对生产突发事件的废水收集系统，事故性泄漏污水应收集后运至采出水处理系统进行集中处理。

5.1.5 采油废水处理工程设计应优先选用处理效率高、能耗低、投资省的处理工艺，并应保证采油废水处理设施稳定、可靠运行，且易于操作和维护。

5.1.6 采油废水处理工程在建设和运行中，应采取防止二次污染的措施，恶臭和固体废物的处理处置应符合国家相关标准的规定。

5.1.7 采油废水处理厂（站）的噪声应符合 GB 12348 的规定，建筑物内部噪声源的控制应符合 GBJ 8 中的有关规定。

5.1.8 采油废水处理厂（站）应按照国家和地方的有关规定设置规范化排污口。废水总排放口应按照《污染源自动监控管理办法》的规定安装在线监测系统。

5.2 建设规模

5.2.1 采油废水处理工程的建设规模，应根据废水处理厂（站）服务范围内油田开发过程中实际外排水量、污染物浓度和预期变化情况等综合确定。

5.2.2 采油废水处理工程各构筑物的建设规模按正常状态下的最大日流量计算，污泥处理与处置系统的建设规模按平均日流量计算。

5.3 工程构成

5.3.1 采油废水处理工程主要包括：废水处理主体工程、辅助工程和配套设施等。

5.3.2 采油废水处理主体工程包括：预处理单元、厌氧生物处理单元、好氧生物处理单元、生化后处理单元、污泥处理处置单元和事故应急处理等。

5.3.3 辅助工程包括：厂（站）区道路、供排水和消防、监测化验和计量、采暖通风与空调、电气自动化等设施。

5.3.4 配套设施包括：办公室、休息室、食堂、卫生间等。

5.4 工程选址和总平面布置

5.4.1 采油废水处理工程选址应符合下列规定：

a）应符合规划要求并具有良好的工程地质条件；

b）宜靠近油田作业区，便于废水收集；

c）站址的面积应满足总平面布置的需要，根据总体规划要求，可适当预留扩建用地；

d）站址宜具备可靠的供水、排水、供电及通信等条件，便于施工、维护和管理；

e）站址的选择还应符合 SY/T 0048 的有关规定。

5.4.2 采油废水处理厂（站）的平面布置应满足各处理单元的功能和工艺流程的要求；建（构）筑物设施的间距应紧凑、合理，并满足施工、安装的要求；各类管线连接应简洁，设置宜方便维修管理。

5.4.3 采油废水处理厂（站）应合理布置超越管线和维修放空设施。

5.4.4 采油废水处理厂（站）的建（构）筑物及设施的竖向设计应充分利用地形、地质条件，以便实现废水的良好排放、土方平衡和降低能耗。

5.4.5 采油废水处理厂（站）应根据需要，设置堆放材料、药剂、污泥等的固定场所，不得露天堆放。污泥临时堆放场所及各处理单元构筑物均应采取相应的防腐、防渗等处理措施。

5.4.6 采油废水处理厂（站）可根据场地条件进行适当的绿化或设置隔离带。

5.4.7 沼气利用等需要防火、防爆的设施应设置在相对独立的区域，并考虑一定的防护距离。

5.4.8 采油废水处理厂（站）的围墙设置视具体情况确定，围墙高度不宜低于 2 m。

5.4.9 采油废水处理厂（站）大门尺寸应满足最大设备进出需要，并设废渣、污泥、化学品运输门。

6 工艺设计

6.1 工艺选择原则

6.1.1 采油废水处理工艺路线和单元技术的选择应以连续稳定达标排放为目标，并应对废水水质、水量及其变化规律进行全面调查和必要的分析试验，综合考虑环境影响评价批复要求、排放标准要求以及处理工艺的合理性、适用性、经济性及控制水平等因素，通过现场中试后确定。

6.1.2 采油废水处理工程应选用生物处理与物理、化学处理相结合的综合处理工艺。

6.1.3 工程设计时应考虑采油废水含盐量、聚合物含量及采油用化学药剂等对工程运行稳定性和各单元处理效率的影响。

6.2 工艺流程

6.2.1 采油废水宜采用图 2 所示的基本工艺流程：

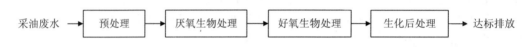

图 2 采油废水处理工艺流程图

6.2.2 采油废水预处理包括冷却、隔油、调节、混凝/（气浮）沉淀等处理单元，处理单元的取舍与组合应根据采油废水的水质特性和设施建设要求确定。

6.2.3 采油废水厌氧生物处理宜选用水解酸化法，也可选用厌氧生化池；好氧生物处理宜选用生物接触氧化法、传统活性污泥法或膜生物反应器（MBR）等。

6.2.4 采油废水生化后处理宜选用微絮凝-过滤、化学氧化等处理工艺。

6.2.5 采油废水处理效率应通过试验确定，各处理单元污染物去除效率可参考表 2。

表 2 采油废水处理厂（站）处理单元污染物去除效率

处理单元	处理方法	主要工艺环节	污染物去除效率/%			
			COD_{Cr}	SS	氨氮	石油类
预处理	自然沉淀	隔油、沉淀	10～20	20～40	—	10～35
	混凝沉淀	隔油、调节、混凝沉淀	25～60	40～70	—	30～60
	混凝气浮	隔油、调节、混凝气浮	25～60	40～80	—	30～60
厌氧生物处理	厌氧生化	厌氧生化池	15～40	20～45	—	30～60
	水解酸化	水解酸化	15～40	20～45	—	30～60
好氧生物处理	活性污泥	活性污泥生物反应池、沉淀池	65～90	60～90	50～86	80～96
	生物膜	生物接触氧化	65～90	60～90	50～86	80～96
	膜生物反应器	膜生物反应器	65～90	60～92	70～95	80～96
生化后处理	过滤	微絮凝、过滤	10～20	50～60	—	>30
	混凝	混凝、沉淀、过滤	15～30	50～70	—	>30
	吸附	活性炭吸附	>40	>80	—	>70

6.3 主体处理单元

6.3.1 预处理

6.3.1.1 冷却处理

a）水温较高的采油废水应设置冷却处理装置，并设置实时监控；

b）冷却处理装置宜采用换热降温和冷却塔降温等方式。

6.3.1.2 隔油处理

隔油池（罐）的设计应满足以下技术条件和要求：

a）隔油池（罐）的有效容积应根据水质、水量变化情况确定，有效停留时间宜取 2～8 h；

b）隔油池（罐）应设计为封闭式，应设有通排风设施及对高温采油废水逸散气体的处理设施；

c）隔油池（罐）应设置原油回收和底部排泥装置。

6.3.1.3 废水调节处理

采油废水水质、水量变化较大，生化处理单元抗冲击负荷能力较弱时，应设置调节池。废水调节池的设计应满足以下技术条件和要求：

a）采油废水调节池应具备均质、均量、调节 pH、防止沉淀、补加营养盐等功能；

b）调节池的水力停留时间宜取 10～24 h；

c）废水调节池应设置去除浮渣和污泥的装置；

d）调节池内应设置水力混合或机械搅拌装置。采用空气搅拌时，宜按曝气强度计，取 3～4.5 m^3/（m^2·h）；采用机械搅拌时，功率宜采用 4～8 W/m^3。

6.3.1.4 混凝-沉淀/气浮处理

采油废水中含聚合物或为油水密度差较小的稠油废水时，宜采用"混凝-沉淀/气浮"处理工艺，设计应满足以下技术条件和要求：

a）使用水处理药剂时，一般须设置混凝反应区。水处理药剂与废水的混合及反应宜采用机械搅拌或水力搅拌方式，反应时间与废水性质、药剂种类、投加量和反应形式等因素有关，一般为 15～30 min；

b）采用混凝沉淀工艺时，混合区 G 值 300～600 s^{-1}，混合时间 30～120 s，反应区 G 值 30～60 s^{-1}，反应时间 5～20 min，沉淀池表面负荷 0.6～1.2 m^3/（m^2·h）；

c）采用混凝气浮工艺时，气浮处理宜采用溶气气浮、涡凹气浮或射流气浮。气浮进水含油量宜小于 100 mg/L。气浮处理产生的浮渣宜采用机械式清渣。刮渣机的行车速度宜控制在 1～5 m/min；

d）其他工艺设计应符合 HJ 2007 的相关技术要求。

6.3.2 厌氧生物处理

6.3.2.1 厌氧生物处理宜控制水温为：冬季 30～40℃，夏季 25～40℃。

6.3.2.2 厌氧生物处理系统进水 pH 值宜为 6.5～7.5，石油类宜小于 20 mg/L，硫酸盐浓度应小于 1 000 mg/L。

6.3.2.3 厌氧生物处理后可设置沉淀池，停留时间宜为 1.5～3.0 h。

6.3.2.4 厌氧生物处理宜选用水解酸化法，也可选用厌氧生化池，相关参数应通过试验确定。

6.3.2.5 厌氧生物处理应避免产甲烷，可通过调节氧化还原电位高于–300 mV 等措施来抑制产甲烷。

6.3.2.6 采用水解酸化法时，应符合以下技术要求：

a）水解酸化池进水 COD_{Cr} 宜小于 1 000 mg/L。

b）水解酸化池容积负荷（COD）宜为 0.7～2.0 kg/（m³·d）。停留时间可设计为 6～12 h；

c）水解酸化池底部应设置潜水搅拌器，以防止污泥沉淀。潜水搅拌机的搅拌功率宜采用 2～4 W/m³；

d）布水系统应从底部进水，且应保证均匀布水，废水的上升流速宜小于 2.5 m/h；

e）水解酸化池的有效水深宜为 4.0～6.0 m；

f）水解酸化池池宽与有效水深之比宜采用 1∶1～2∶1；

g）水解酸化后沉淀池表面负荷宜为 0.5～1.5 m³/（m²·h）。

6.3.3 好氧生物处理

6.3.3.1 好氧生物处理系统的进水 COD_{Cr} 应不大于 500 mg/L。

6.3.3.2 采用传统活性污泥法时，污泥负荷（BOD_5/MLSS）宜按 0.05～0.20 kg/（kg·d）设计，污泥质量浓度宜为 2～4 g/L。采用 A^2O、SBR 或 MBR 时，其工艺设计应分别符合 HJ 576、HJ 577、HJ 2010 的规定。当污水处理设施位于寒冷地区时，还应符合 CECS 111 的规定。

6.3.3.3 采用生物接触氧化法时，其技术要求如下：

a）应选用性能优良的高效生物膜填料，固定生物膜填料的支架应满足防腐要求；

b）容积负荷（COD）应根据试验或相似废水处理的实际运行数据确定，当无数据时，宜采用 0.3～1.5 kg/（m³·d），并按水力停留时间进行校核；

c）好氧池应保持足够的充氧曝气，溶解氧宜取 2.0～4.0 mg/L；

d）其他工艺设计应符合 HJ/T 337 及 HJ 2009 的技术要求。

6.3.3.4 曝气池应考虑设置消泡设施，宜采用加大曝气池超高、添加消泡剂、喷淋消泡和机械消泡等措施。

6.3.4 生化后处理

6.3.4.1 采油废水生化后处理工艺可采用微絮凝—过滤、混凝—沉淀/气浮—过滤等工艺，工艺的选用及单元工艺参数，应根据水质、水量情况，并进行处理工艺试验，进行技术经济比较后确定。

6.3.4.2 相关工艺设计可参照 HJ 2006、HJ 2007 和 HJ 2008 等相关标准。

6.3.4.3 有更严格排放要求时，经试验验证和技术经济分析，也可选用其他生化后处理单元技术中的一种或几种组合，其他单元技术有化学氧化处理、吸附、活性炭生物滤池、超滤、纳滤、反渗透等。

6.4 污泥处理单元

6.4.1 污泥产生量宜根据工艺条件计算。生化污泥产生量应根据生物处理工艺、有机物浓度、产泥系数等进行计算，当缺乏资料时，常规情况下可按好氧产泥系数（DS/BOD_5）0.3～0.7 kg/kg 计算；物化污泥量应根据处理工艺、水量、悬浮物浓度、药剂投加量等进行计算。

6.4.2 污泥脱水前应对污泥进行加药调理。投加药剂的种类和投药量应根据试验或参照同类型污泥脱水的数据确定，不宜过量投加。

6.4.3 污泥脱水机类型应根据污泥性质、污泥产量、脱水要求进行选择，脱水污泥含水率宜≤80%。

6.4.4 脱水污泥应按照国家固体废物处置的相关规定进行无害化集中处置。

6.5 恶臭控制

6.5.1 应有效控制恶臭污染源，并符合下列技术要求：
　　a）应优化工艺单元设计，以减少废水收集及处理系统臭气的产生和扩散；
　　b）应定期清理工艺过程中产生的浮渣和污泥等污染物。
6.5.2 宜对臭气进行收集和处理，并符合下列技术要求：
　　a）采取密闭、局部隔离及负压抽吸等措施，集中收集工艺过程（调节池、水解池、污泥脱水机等）中产生的臭气；
　　b）污水泵房、加药间等应设置通风或臭气收集设施，并确保排放废气符合相关标准的要求。
6.5.3 宜采用物理、生物、化学除臭等工艺处理收集的臭气，采油废水治理工程宜选用生物过滤法除臭、吸附除臭等工艺。

7 主要工艺设备和材料

7.1 曝气设备

7.1.1 应选用氧利用率高、混合效果好、运行稳定可靠、阻力损失小、容易安装维护的产品。

7.1.2 应考虑采油废水腐蚀、结垢等对曝气设备效率及运行稳定性的影响。

7.1.3 选用曝气设备的具体要求如下：
　　a）中、微孔曝气器应符合 HJ/T 252 的规定；
　　b）射流曝气器应符合 HJ/T 263 的规定；
　　c）鼓风式潜水曝气机应符合 HJ/T 260 的规定。

7.2 污泥处理设备

7.2.1 污泥脱水用厢式压滤机和板框压滤机应符合 HJ/T 283 的规定。

7.2.2 污泥脱水用带式压榨过滤机应符合 HJ/T 242 的规定。

7.2.3 污泥浓缩带式脱水一体机应符合 HJ/T 335 的规定。

7.3 加药设备

加药设备应符合 HJ/T 369 的规定。

7.4 泵

潜水排污泵应符合 HJ/T 336 的规定。

7.5 填料

7.5.1 生物膜填料应优先选用技术性能高、使用寿命长的产品。

7.5.2 悬挂式填料应符合 HJ/T 245 的规定，悬浮填料应符合 HJ/T 246 的规定。

7.6 其他设备、材料

其他机械、设备、材料应符合国家或行业标准的规定。

8 检测与过程控制

8.1 检测

8.1.1 应根据采油废水处理厂（站）工艺控制的要求设置水量计量、水质监测、水位观察、取样检测化验、药品计量的仪器、仪表。

8.1.2 用于为采油废水治理工程实现闭环控制和性能考核提供数据的在线检测装置，其检测点分别设在受控单元内或进、出口处，采样频次和监测项目应根据工艺控制要求确定。

8.1.3 预处理系统宜检测进、出口流量、pH 值、SS、COD_{Cr}、BOD_5、氨氮、总氮、总磷等指标。

8.1.4 厌氧处理单元宜检测进、出口的 pH 值、COD_{Cr}、BOD_5、石油类和反应器内的温度、碱度、污泥性状、污泥浓度等指标。

8.1.5 好氧处理单元宜检测进、出口的 pH 值、SS、COD_{Cr}、BOD_5、石油类、氨氮、总氮、总磷，以及反应池内的溶解氧、污泥性状、污泥浓度等指标。

8.1.6 生化后处理单元宜检测出口 pH 值、SS、COD_{Cr}、BOD_5、石油类、挥发酚、硫化物、氨氮、总氮、总磷、总汞、总镉、总铬、六价铬、总砷、总铅、总镍、总铍、总银、总α放射性、总β放射性等指标。

8.1.7 相关指标的测定应执行 HJ/T 91、HJ/T 493 及 SY/T 5329 等相关标准。

8.2 过程控制

8.2.1 采油废水处理厂（站）应根据工程规模、工艺流程和运行管理要求选用适合的控制方式，确定必要的控制参数和技术要求。

8.2.2 采油废水处理厂（站）应采用集中管理、分散控制的自动控制系统。

8.2.3 现场检测仪表应具备防腐、防爆、抗渗漏、防结垢、自清洗等功能。

8.2.4 关键设备附近应设置独立的控制箱，同时保有"手动/自动"的运行控制切换功能。

8.2.5 采油废水处理厂（站）的过程控制应参照 GB 50014 的相关规定。

9 主要辅助工程

9.1 电气

9.1.1 采油废水处理厂（站）的供电等级宜与油田采出水处理站相同。独立的废水处理厂（站）供电宜按二级负荷设计。

9.1.2 供配电系统设计应符合 GB 50052 及 SY/T 0049 的规定。

9.2 给排水和消防

9.2.1 采油废水处理厂（站）排水一般宜采用重力流排放；当潮汛、暴雨可能使排水口标高低于地表水水位时，应设防潮闸和排水泵站。

9.2.2 给水管与处理装置衔接时应采取防止污染给水系统的措施。

9.2.3 采油废水处理厂（站）的消防设计应符合 GB 50016 及 GB 50183 的有关规定，易燃易爆的车间或场所应符合 GB 50058 对防爆的要求和区域划分，并按要求设置消防器材和采用具有防爆性能的电气设备。

9.3 采暖、通风与空调

9.3.1 采油废水处理厂（站）建筑物内应有采暖通风与空气调节系统，并应符合 GB 50019 等标准的规定。

9.3.2 采油废水处理厂（站）采暖系统设计应与生产系统统一规划，热源宜由厂区采暖系统提供；当建筑物机械通风不能满足工艺对室内温度、湿度要求时应设空调装置。

9.3.3 各类建筑的通风设计应符合下列原则：

  a) 加盖构筑物、地下构筑物应设通风设施；

  b) 对有可能放散有毒和有害气体的建筑物，应根据满足室内最高允许浓度所需换气次数确定通风量，室内空气严禁再循环，有条件应设有毒有害气体的监测和报警装置，有毒有害气体的排放应符合现行国家标准和要求；

  c) 对有防爆要求的车间应设事故通风，事故风机应为防爆型。

9.3.4 寒冷地区的处理构筑物应设有防冻措施。

9.4 建筑与结构

9.4.1 建（构）筑物平面布置和空间布局应满足工艺流程要求，同时应考虑今后生产发展和技术改造的可能性。

9.4.2 处理构筑物应符合 GB 50009、GB 50014 和 GB 50191 的有关规定，并采取防腐蚀、防渗漏措施。

9.4.3 采油废水处理构筑物应设排空设施，出现事故或出水不达标时，排出水应重新处理。

10 劳动安全与职业卫生

10.1 采油废水处理厂（站）劳动安全管理应符合 GB 12801 和 SY/T 6276 中的有关规定。

10.2 各构筑物应设有便于行走的操作平台、过道、安全护栏和扶手等措施，栏杆高度和强度应符合国家有关劳动安全规定。

10.3 高架处理构筑物应设置适用的栏杆、防滑梯和避雷针等安全设施。

10.4 地下构筑物应有清理、维修工作时的安全防护措施。

10.5 所有电气设备的金属外壳均应采取接地或接零保护措施，钢结构、排气管、排风管和铁栏杆等金属物应采用等电位联接。

10.6 对地下构筑物、厌氧反应器及其他密闭式建（构）筑物进行清理、维修时，应强制通风 24 h，并经过仪器检测确定符合安全条件后人员方可进入。

10.7 设备安装和检修时应有相应的警示和保护设施，必须多人同时作业。

10.8 各种机械设备裸露的传动部分应设置防护罩，不能设置防护罩的应设置防护栏杆，周围应保持一定的操作活动空间。

10.9 应配备必要的劳动安全设施和卫生防护用品，各种设施及防护用品应由专人维护保养，保证其完好、有效；各操作人员上岗时必须穿戴相应的劳保用品。

10.10 应加强作业场所的职业卫生防护，做好隔声减振和防暑、防中毒等工作。

11 施工与验收

11.1 施工

11.1.1 工程施工应符合国家和行业施工程序及管理文件的要求。

11.1.2 工程施工应按设计文件进行，工程变更应取得设计单位的设计变更文件后再进行施工。

11.1.3 工程施工中所使用的设备、材料、器件等应符合相关的国家、行业标准要求，并取得供应商的产品合格证后方可使用，关键设备还应向供应商索取产品出厂检验报告、型式检验报告和环保产品认证证书等技术文件。

11.1.4 设备安装应按照产品说明书进行，关键设备安装后应进行性能测试与单机调试。

11.1.5 工程施工单位除应遵守相关的技术标准外，还应遵守国家有关部门颁布的劳动安全及卫生、消防等强制性标准。

11.2 竣工验收

11.2.1 采油废水处理工程应按《建设项目（工程）竣工验收办法》、相应专业验收规范和本标准的有关规定组织进行验收，验收合格前不得投入生产性使用。

11.2.2 验收前的调试包括：

  a）单项工程中的设备安装工程应在验收前进行单体调试和试运行；

  b）池体等构筑物工程的验收应事先进行注水试验；

  c）管道安装工程应先进行压力试验。

11.2.3 采油废水治理工程相关专业验收的程序和内容应符合 GB 50231、GB 50236、GB 50268、GB 50275、GB 50093、GB 50204 和 GB 50303 等的相关规定。

11.2.4 各设备、建（构）筑物单体应按国家或行业的有关标准（规范）验收后，进行清水联通启动试车和整体调试。联通试车应持续 48 h 以上，各系统应运转正常，自动化控制系统符合运行实际控制要求，各项技术指标达到设计要求。

11.2.5 试运行应在系统通过整体调试、各单元运转指标达到设计和合同要求后启动。

11.3 环境保护验收

11.3.1 采油废水处理工程环境保护验收应按《建设项目竣工环境保护验收管理办法》的规定执行。

11.3.2 工程在生产试运行期应对处理工艺进行性能试验，性能试验报告可作为环境保护验收的技术支持文件。性能试验内容包括：

  a）各构筑物的渗水试验；

  b）电能消耗试验，分别测量各主要设备单体运行和设施系统运行的电能消耗；

  c）充氧效果试验，测试氧转移系数、氧利用率、充氧量等参数，分析供氧效果；

  d）风机运行试验，测试单台风机运行和全部风机连动运行的供气量、风压、噪声等参数，包括启动运行和稳定运行的参数；

  e）满负荷运行测试，处理系统满负荷进水，考察各工艺单元、构筑物和设备的运行工况；

  f）水质检测，按照规定频次、指标和测试方法进行水质检测，分析各工艺单元污染物去除效果；

  g）采油废水处理厂（站）排放口各污染因子达标情况。

12 运行与维护

12.1 一般规定

12.1.1 采油废水处理厂（站）在正常运行条件下，各项污染物排放应符合环评批复文件的规定。

12.1.2 未经当地环境保护行政主管部门批准，废水处理设施不得停止运行。由于紧急事故造成设施停止运行时，应立即向当地环境保护行政主管部门报告。

12.1.3 采油废水处理厂（站）运行管理人员应具有相应的职业教育背景，并经过技术培训合格后方可上岗操作。

12.1.4 采油废水处理厂（站）由第三方运营时，运营方必须具有相应等级的环境污染治理设施运营能力。

12.1.5 采油废水处理厂（站）应建立健全规章制度、岗位操作规程和质量管理文件等。

12.1.6 对活性污泥或生物膜应加强观察，微生物营养配比不符合运行要求时，应有针对性补加营养物质。

12.1.7 厌氧生物处理如果产生沼气，应加强对其收集和利用系统的运行管理、检查与维护，防止沼气泄漏、爆炸等事故。

12.2 人员与运行管理

12.2.1 运行管理应实施质量控制，保证废水处理工程的正常运行及运行质量。

12.2.2 操作人员应定期进行岗位培训，持证上岗。操作管理人员上岗前均应进行相关法律法规、专业技能、安全防护、应急处理等方面的理论知识和操作技能的培训。

12.2.3 化验人员应掌握 HJ/T 91、HJ/T 493 等规定的取样、样品处理与保存要求，并定期接受技术培训。

12.2.4 操作人员应严格按照操作规程作业，如实填写运行记录，并妥善保存。

12.2.5 电气设备的运行与操作应执行供电管理部门的安全操作规程。

12.2.6 采油废水处理厂（站）设备的维护和保养应纳入日常的设备维护管理工作，根据工艺要求，定期对构筑物、设备和自控仪表等进行检查维护，确保处理设施稳定运行。

12.2.7 应建立采油废水处理厂（站）运行工况、设施维护和生产活动等的记录制度。

12.3 水质管理

12.3.1 安装在线监测系统的，应定期进行人工比对。

12.3.2 生产周期内每日采样次数不少于 3 次，采样间隔不低于 6 h，COD_{Cr}、溶解氧、悬浮物、石油类、pH 值、生物镜检等指标每天至少分析 1 次，氨氮、总磷、总氮、BOD_5 等指标至少每周分析 1 次。

12.3.3 应在采油废水处理设施排放口和根据处理工艺选取的控制点进行水质取样。

12.3.4 调试、停车后重新启动或发生突发事故时应增加检测项目的检测频率。

12.4 应急措施

12.4.1 根据采油废水处理厂（站）生产及周围环境实际情况，考虑各种可能的突发性事件，编制应急预案（包括环保应急预案）。应急预案应包括：预警、响应、指挥、处理等方面的内容，并配备相应的人力和设备等资源，预留应急处置的条件。

12.4.2 采油废水处理厂（站）内应设置事故池，当采出水处理系统内有可用的事故池时，也可不另设事故池。

12.4.3 发生事故时，应将废水排至事故池。生产恢复正常或废水处理设施排除故障后，可将事故池存放的废水输送到处理系统进行处理。

12.4.4 采油废水处理厂（站）发生异常情况或重大事故时，应及时分析解决，并按规定向有关主管部门报告。

中华人民共和国国家环境保护标准

石油炼制工业废水治理工程技术规范

Technical specifications for petroleum refining industry wastewater treatment

HJ 2045—2014

前 言

为贯彻《中华人民共和国环境保护法》和《中华人民共和国水污染防治法》，规范石油炼制工业废水治理工程的设计、建设与运行管理，防治环境污染，保护环境和人体健康，制定本标准。

本标准规定了石油炼制工业废水治理工程的设计、施工、验收与运行管理的技术要求。

本标准为指导性标准。

本标准为首次发布。

本标准由环境保护部科技标准司组织制订。

本标准主要起草单位：中国石油天然气股份有限公司石油化工研究院、中国石油工程建设公司大连设计分公司、中华环保联合会环保技术标准研究专业委员会、宇星科技发展（深圳）有限公司。

本标准环境保护部 2014 年 12 月 19 日批准。

本标准自 2015 年 3 月 1 日起实施。

本标准由环境保护部解释。

1 适用范围

本标准规定了石油炼制工业废水治理工程的设计、施工、验收及运行管理等的技术要求。

本标准适用于石油炼制企业的废水治理工程，可作为环境影响评价、可行性研究、设计、施工、安装、调试、验收、运行和监督管理的技术依据。

2 规范性引用文件

本标准引用了下列文件或其中的条款。凡是未注明日期的引用文件，其最新版本适用于本标准。

GB 150　　压力容器

GB 12348　　工业企业厂界环境噪声排放标准

GB 14554　　恶臭污染物排放标准

GB 18484	危险废物焚烧污染控制标准
GB 18597	危险废物贮存污染控制标准
GB 18598	危险废物填埋污染控制标准
GB 50003	砌体结构设计规范
GB 50007	建筑地基基础设计规范
GB 50009	建筑结构荷载规范
GB 50010	混凝土结构设计规范
GB 50011	建筑抗震设计规范
GB 50014	室外排水设计规范
GB 50016	建筑设计防火规范
GB 50017	钢结构设计规范
GB 50033	建筑采光设计标准
GB 50037	建筑地面设计规范
GB 50046	工业建筑防腐蚀设计规范
GB 50058	爆炸危险环境电力装置设计规范
GB 50068	建筑结构可靠度设计统一标准
GB 50069	给水排水工程构筑物结构设计规范
GB 50108	地下工程防水技术规范
GB 50141	给水排水构筑物工程施工及验收规范
GB 50160	石油化工企业设计防火规范
GB 50191	构筑物抗震设计规范
GB 50202	建筑地基基础工程施工质量验收规范
GB 50203	砌体结构工程施工质量验收规范
GB 50204	混凝土结构工程施工质量验收规范
GB 50205	钢结构工程施工质量验收规范
GB 50206	木结构工程施工质量验收规范
GB 50231	机械设备安装工程施工及验收通用规范
GB 50235	工业金属管道工程施工规范
GB 50254	电气装置安装工程 低压电器施工及验收规范
GB 50255	电气装置安装工程 电力变流设备施工及验收规范
GB 50256	电气装置安装工程 起重机电气装置施工及验收规范
GB 50257	电气装置安装工程 爆炸和火灾危险环境电气装置施工及验收规范
GB 50268	给水排水管道工程施工及验收规范
GB 50275	风机、压缩机、泵安装工程施工及验收规范
GB 50300	建筑工程施工质量验收统一标准
GB 50334	城市污水处理厂工程质量验收规范
GB 50345	屋面工程技术规范
GB/T 50087	工业企业噪声控制设计规范
GB/T 50934	石油化工工程防渗技术规范

GBZ 2.1　工作场所有害因素职业接触限值　第1部分：化学有害因素
GBZ 2.2　工作场所有害因素职业接触限值　第2部分：物理因素
CECS 117　给水排水工程混凝土构筑物变形缝设计规程
CECS 138　给水排水工程钢筋混凝土水池结构设计规程
CJJ 60　城镇污水处理厂运行、维护及安全技术规程
HJ 2010　膜生物法污水处理工程技术规范
HJ 2025　危险废物收集　贮存　运输技术规范
SH/T 3017　石油化工生产建筑设计规范
SH 3043　石油化工设备管道钢结构表面色和标志
SH 3501　石油化工有毒、可燃介质钢制管道工程施工及验收规范
SH/T 3022　石油化工设备和管道涂料防腐蚀设计规范
SH/T 3053　石油化工企业厂区总平面布置设计规范
JB/T 8471　袋式除尘器　安装技术要求与验收规范
JB/T 8536　电除尘器　机械安装技术条件
《建设项目环境保护设施竣工验收监测技术要求》（环发[2000]38号）
《建设项目竣工环境保护验收管理办法》（国家环境保护总局令　第13号）

3　术语和定义

下列术语和定义适用于本标准。
3.1　石油炼制工业　petroleum refining industry
　　指以原油、重油等为原料生产汽油馏分、柴油馏分、燃料油、石油蜡、石油沥青、润滑油和石油化工原料等的工业企业或生产设施。
3.2　石油炼制工业废水　petroleum refining industry wastewater
　　指在石油炼制工业生产过程中产生的废水，包括生产废水、污染雨水（与生产废水混合处理）、生活污水、循环冷却水排污水、化学水制水排污水、蒸汽发生器排污水、余热锅炉排污水等。不包括炼油企业自备电站、锅炉排污水及为其服务的化学水制水排污水。
3.3　生产废水　process wastewater
　　指在石油炼制工业生产过程中与生产物料直接接触后从各生产设备排出的废水。生产废水分为含油废水、含硫废水、含盐废水等。
3.4　污染雨水　polluted rainwater
　　指受物料污染而不符合排放标准的雨水。
3.5　催化裂化装置再生烟气脱硫废水　flue gas desulfurization effluent of FCC regenerator
　　指催化裂化装置再生烟气脱硫系统排放的废水。
3.6　隔油　oil separation
　　指利用油与水的密度差异，分离去除废水中悬浮状态油类的过程。
3.7　混凝　coagulation
　　指投加混凝剂，在一定水力条件下完成水解、缩聚反应，使胶体分散体系脱稳和凝聚的过程。
3.8　絮凝　flocculation

指完成凝聚的胶体在一定水力条件下相互碰撞、聚集或投加少量絮凝剂助凝，以形成较大絮状颗粒的过程。

3.9 气浮 air floatation

指通过某种方法产生大量微气泡，黏附水中悬浮和脱稳胶体颗粒，在水中上浮完成固液分离的一种过程。

3.10 水解酸化 hydrolytic acidification

指在厌氧条件下，使结构复杂的不溶性或溶解性高分子有机物经过水解和产酸，转化为简单低分子有机物的过程。

3.11 缺氧区 anoxic zone

指非充氧池（区），溶解氧浓度一般为 0.2～0.5mg/L，主要功能是进行反硝化脱氮。

3.12 好氧区 aerobic zone

指充氧池（区），溶解氧浓度一般不小于 2mg/L，主要功能是降解有机物和硝化氨氮。

3.13 深度处理 advanced treatment

指进一步处理生物处理出水中污染物的净化过程。

4 设计水质及水量

4.1 生产废水来源及分类

石油炼制工业主要排放生产废水有：含油废水、含硫废水、含盐废水等。废水主要来源与分类见表 1。

表 1 主要生产废水来源及分类

生产装置	装置排水	分类
常减压	电脱盐罐	含盐废水
	塔顶油水分离器	含油含硫废水
催化裂化	粗汽油罐排水	含硫废水
	凝缩油罐排水	含硫废水
	再生烟气脱硫废水	含盐废水
	余热锅炉汽包排水	含油废水
延迟焦化	焦化塔冷焦水	含油废水
	焦化塔切焦水	含油废水
	接触冷却塔油水分离器切水	含油废水
	分馏塔顶分离罐分离排水	含硫废水
催化重整	油气分离器排水	含硫废水
	抽真空冷凝水	含硫废水
	重整催化剂再生气洗涤水	含盐废水
加氢裂化	分馏塔	含硫废水
	工艺管线导凝排液、原料罐切水、采样口排放水等	含油废水
	催化剂再生气洗涤水	含盐废水
加氢精制	汽提塔	含硫废水
	工艺管线导凝排液、原料罐切水、采样口滴液等	含油废水
	催化剂再生器	含盐废水
氧化沥青	污油罐排水	含油废水
	沥青成型冷却水	含硫废水
酮苯脱蜡	酮回收塔排水	含油废水

生产装置	装置排水	分类
白土精制	过滤机排渣和油水分离罐切出水	含油废水
润滑油糠醛精制	脱水塔排水	含油废水
硫黄回收装置	酸性气凝结水	含硫废水
含硫污水汽提	脱硫净化水	含油废水
原油罐区	罐区切水	含油废水

4.2 设计水量

4.2.1 废水处理场设计水量应包括：生产废水量、生活污水量、污染雨水量和未预见废水量。

4.2.2 废水处理场设计规模应按下列各项之和确定：

a）生产废水量宜按各工艺装置或废水提升站的连续废水量与间断废水量综合确定，并可按下式计算：

$$Q = a\sum Q_i + \frac{\sum(Q_j t_j)}{t} \tag{1}$$

式中：Q——生产废水量，m³/h；

Q_i——各工艺装置连续排放的废水量，m³/h；

Q_j——调节时间内间断排放的废水量，m³/h；

T——间断水量的处理时间，h，可取调节时间的 2～3 倍；

t_j——调节时间内出现的间断废水量的连续排水时间，h；

a——不可预计系数，取 1.1～1.2。

b）生活污水量应按 GB 50014 的有关规定确定。

c）污染雨水量宜按一次降雨污染雨水总量和调蓄设施的容积和排空时间确定，采用下式计算：

$$Q_S = \frac{F_S H_S}{1000 t_S} \tag{2}$$

式中：Q_S——污染雨水流量，m³/h；

F_S——污染区面积，m²；

H_S——降雨深度，mm，宜取 15～30 mm；

t_S——污染雨水调蓄池排空时间，h，宜为 48～96 h。

d）未预见废水量宜按各工艺装置时均废水量的 10%～15%选取。

4.2.3 当上述水量数据无法取得时，炼油废水处理场设计规模可按原油加工量的 0.6～0.7 倍确定。

4.2.4 石油炼制企业的最高允许排水量，应符合国家和行业相关标准的规定，并应符合项目环境影响评价等的要求。

4.3 设计水质

4.3.1 废水处理场设计进水水质宜根据各装置排水量、排水水质数据加权平均计算确定。无相关资料时，可按表 2 选取。

4.3.2 主要及全部加工劣质重油的企业，其废水处理场设计进水水质可参考表2。

表2 废水处理场设计进水水质指标

序号	参数	单位	控制指标
1	pH		6~9
2	温度	℃	≤40
3	石油类	mg/L	≤300
4	硫化物	mg/L	≤20
5	化学需氧量（COD_{Cr}）	mg/L	≤800
6	挥发酚	mg/L	≤30
7	氨氮	mg/L	≤50
8	SS	mg/L	≤300
9	BOD_5/COD_{Cr}		≥0.3

4.3.3 废水处理场进水废水温度应在15~40℃。

4.3.4 水质波动频繁、易对废水处理场运行造成冲击的装置废水应单独收集、输送，并设置相应的在线分析仪表及将废水切入废水处理场事故水罐（池）的设施。

5 总体要求

5.1 一般规定

5.1.1 石油炼制工业废水治理工程的建设，除应符合本标准的规定外，还应遵守国家基本建设程序以及国家、地方有关法规与标准的规定。

5.1.2 石油炼制工业废水治理工程应以企业生产情况及发展规划为依据，贯彻国家产业政策和行业污染防治技术政策，与场址所在地区的环境保护规划、城市发展规划相结合，统筹废水预处理与集中处理、现有与规划改、扩建的关系。

5.1.3 石油炼制企业应积极采用清洁生产技术，改进生产工艺，提高水循环利用率，降低废水的产生量和排放量。

5.1.4 石油炼制工业废水治理宜遵循清污分流、污污分治的原则。

5.1.5 废水处理场内污染物均宜通过密闭设施输送。

5.1.6 经处理后排放的废水应符合环境影响评价批复文件和相关排放标准的要求。

5.1.7 石油炼制工业废水治理工程应配套建设二次污染的预防设施，保证噪声、恶臭、危险废物等满足 GB 12348、GB 14554 和 HJ 2025 等相关环保标准的要求。

5.1.8 废水处理场应根据 GB/T 50934 等相关环保标准要求做防渗处理，以免污染地下水资源。

5.1.9 污染治理工程应按照有关规定安装水质在线监测系统。

5.2 场址选择

5.2.1 废水处理场的场址选择，应符合 GB 50014、GB 50160 和 SH/T 3053 的要求。

5.2.2 废水处理场宜布置在工厂的低处和全年最小频率风向的上风侧，并宜远离环境敏感区。

5.2.3 废水处理场应不受洪涝影响，且防洪标准应与厂区相同。

5.3 总体布置

5.3.1 废水处理场平面布置应符合 GB 50014 和 GB 50160 的有关规定。

5.3.2 废水处理场平面布置应满足工艺流程的要求，并宜结合风向、总排口位置、地形、危险程度、防火安全距离等因素，按功能相对集中、清污相对分离布置。

5.3.3 废水处理场内各处理构筑物间宜采用重力流布置，尽量减少提升次数。

5.3.4 各处理构筑物间水头损失计算时应考虑管路沿程损失、局部损失和构筑物的水头损失，并应留有一定的安全系数，安全系数可按总水头损失的10%～20%选取。

5.4 工程构成

5.4.1 石油炼制工业废水治理工程由生产废水预处理工程和综合废水处理工程组成。

5.4.2 生产废水预处理工程包括电脱盐废水预处理工程、含硫废水预处理工程、碱渣废水预处理工程、气化制氢废水预处理工程等。

5.4.3 综合废水处理工程包括主体工程、辅助工程和生产管理设施。

  a）主体工程主要包括废水处理、污泥处理与处置和废气处理系统。

    1）废水处理包括物化、生化和深度处理系统。

    2）污泥处理与处置包括污泥减量处理和最终处置系统。

    3）废气处理包括废气收集、输送和处理系统。

  b）辅助工程主要包括电气、电信、建筑与结构、消防、场区道路等系统。

  c）生产管理设施包括控制室、分析化验室、办公用房、值班室等。

6 工艺设计

6.1 一般规定

6.1.1 废水处理系统应根据废水水质、处理后的水质要求等因素划分。

6.1.2 含油含盐废水混合处理、分质处理方案的选择宜充分考虑项目废水总排放量指标、废水含盐量、废水去向及水质要求、废水处理难度、排放标准等因素，经技术经济比较后确定。

6.1.3 废水处理场核心设施，如气浮、水解酸化池、生化池等，应按不少于两系列设计，且各系列之间应设置必要的连通管道。

6.1.4 催化裂化再生烟气脱硫废水应单独处理至满足废水排放标准的要求。

6.2 生产装置废水预处理

6.2.1 常减压装置的电脱盐废水宜就近进行破乳、除油、降温处理。

6.2.2 含硫废水应采用汽提法处理，处理后应用作电脱盐注水、催化富气洗涤用水或其他工艺用水，且回用率应不小于65%，剩余部分排至废水处理场进行集中处理。

6.2.3 气化制氢装置的废水宜进行汽提、沉降处理。

6.2.4 延迟焦化装置冷焦水应密闭循环使用，切焦水应循环使用。

6.2.5 沥青成型机及石蜡成型机冷却水应循环使用。

6.2.6 碱渣废水宜采用生物法、湿式氧化法等进行预处理。

6.2.7 酸、碱废水宜经物化处理后，排入废水处理场进行集中处理。

6.2.8 罐区的油罐切水应设自动切水，油罐切水、清洗排水、槽车清洗水等宜进行除油预处理。

6.3 工艺路线选择

6.3.1 石油炼制工业废水治理工艺流程如图1所示。

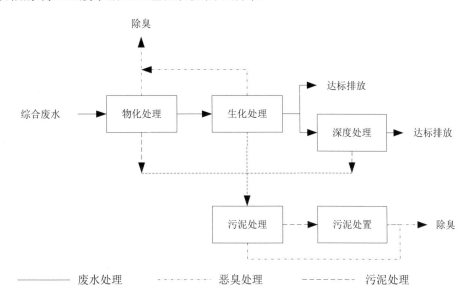

图 1 石油炼制工业废水治理工艺流程图

6.3.2 工艺单元推荐工艺如表3所示,但不仅限于表3推荐工艺。

表 3 废水处理工艺单元的推荐工艺

工艺单元	推荐工艺	
物化处理	调节罐(池)→隔油池→中和池→均质池→混凝气浮池	
生化处理	工艺一:生化池→二沉池	
	工艺二:水解酸化池→生化池→二沉池	
	工艺三:水解酸化池→CAST工艺→水解酸化池→A/O生化池→二沉池	
	工艺四:A/O或A/O/O生化池(池中投加粉末活性炭)→二沉池	
	工艺五:氧化沟→二沉池	
深度处理	工艺一:三级除浊→监控池	
	工艺二:生化处理段二沉池取消,采用MBR法后监控外排	
	工艺三:三级除浊→过滤罐(池)→臭氧高级氧化池→曝气生物滤池等→监控池	

注1:对于加工掺炼劣质重油比例较低的炼厂,推荐生化处理工艺一;对于加工掺炼劣质重油比例较高的炼厂,当含油含盐废水混合生化处理时,推荐生化处理工艺二、工艺三、工艺四;当含油含盐废水分质处理时,含油废水处理系统中推荐生化处理工艺二,含盐废水处理系统中推荐生化处理工艺三、工艺四、工艺五。
注2:生化处理工艺一和工艺二中,生化池可采用A/O、A/O/O或序批式活性污泥法及在此基础上衍生的泥膜混合法。
注3:深度处理的工艺路线应根据废水排放标准的具体指标进行选择。

6.4 格栅井

6.4.1 废水处理场应设置收集场内自流废水的格栅井,格栅宜采用机械格栅。
6.4.2 格栅的栅条间隙应根据提升泵及后续处理设施的要求确定,宜为5~20 mm。
6.4.3 格栅的主体材质应耐油、耐腐蚀、耐老化。
6.4.4 格栅井应密闭并设置管道将废气引入废气处理设施。

6.4.5 格栅的设计还应该符合 GB 50014 的规定。

6.5 调节罐（池）

6.5.1 废水处理场应设置调节罐（池）及独立的事故水储存设施。

6.5.2 调节罐（池）容积宜根据废水水质、水量变化规律，采用图解法计算；当无废水水质、水量变化资料时，可按 16～24 h 的设计水量计算确定，其数量应不少于 2 座。

6.5.3 事故水罐（池）的容积根据来水系统管网的设置情况考虑，当无法取得上述资料时，可按 8～12 h 的设计水量确定。

6.5.4 废水处理场事故水罐（池）应设置至全厂应急池（罐）的自流或泵送管道。

6.5.5 含油废水的调节罐（池）应设置收油、排泥设施、消防设施。

6.5.6 调节罐（池）内废水通过重力流进入下一级处理设施时，其实际调蓄能力应核减调节罐（池）最低运行液位以下占用的容积。

6.6 隔油池

6.6.1 油水分离设施可采用平流式隔油池、斜板式隔油池或竖流式隔油池等。

6.6.2 在寒冷地区或被分离出的油品凝固点高于环境气温时，隔油池集油管所在的油层、污油收集池内应设置加热设施。

6.6.3 隔油池排水管与干管交汇处，应设置水封井，水封深度应不小于 250 mm；距离池壁 5.0 m 以内的水封井、检查井的井盖与盖座接缝处应密封，且井盖不得有孔洞。

6.6.4 隔油池应设难燃烧材料的盖板，且应设置管道将废气引入废气处理设施。

6.6.5 平流式隔油池的设计宜符合下列要求：

 a）水力停留时间宜为 1.5～2 h。

 b）水平流速宜采用 2～5 mm/s。

 c）单格池宽应不大于 6.0 m，长宽比应不小于 4。

 d）有效水深应不大于 2.0 m，超高应不小于 0.4 m。

 e）池内宜设链板式刮油刮泥机，刮板移动速度应不大于 1 m/min。

 f）排泥管应耐腐蚀，公称直径应不小于 DN200，管端应设置清通设施。

 g）集油管公称直径宜为 DN200～DN300，其串联总长度应不超过 20 m，串联管数应不超过 4 根。

6.6.6 斜板式隔油池的设计宜符合下列要求：

 a）斜板板体应选用耐腐蚀、难燃型、表面光洁、亲水疏油、耐高温水和低压蒸汽清洗的材料。

 b）隔油池内应设置收油及清洗斜板等设施。

 c）表面水力负荷宜为 0.6～0.8 $m^3/(m^2·h)$。

6.7 中和池

6.7.1 废水处理场宜设置中和池，通过投加酸或碱将废水的 pH 值调整到合适值，为后续的处理单元提供适宜的 pH 值环境。

6.7.2 中和池的容积宜按废水停留时间 10～30 min 确定。

6.7.3 中和池内宜设置机械搅拌设施。

6.7.4 中和池应采用防腐措施，酸碱投加位置的选择应避免腐蚀搅拌设备。

6.8 均质罐（池）

6.8.1 废水处理场宜设置均质罐（池），且均质罐（池）与调节罐（池）宜分开设置。

6.8.2 均质罐（池）的容积宜根据进水水量、水质变化资料或参照同类企业资料确定。当无法取得上述资料时，容积可按 8～12 h 的设计水量计算确定。

6.8.3 均质罐（池）内应设置空气或动力搅拌设施，保证水质得到充分的均衡。

6.8.4 均质罐（池）若采用空气搅拌设施，每 100 m^3 有效容积（标态）的气量宜按 1.0～1.5 m^3/min 设计。

6.8.5 均质罐（池）应密闭，并设置管道将废气引入废气处理设施。

6.9 混凝絮凝池

6.9.1 混凝剂、絮凝剂的选择应综合考虑当地药剂供应、技术经济情况，并通过参照类似水质炼厂的处理经验或现场试验确定。

6.9.2 混凝剂、絮凝剂的混合可采用管道混合、机械搅拌混合等。

6.9.3 混凝剂、絮凝剂的投加采用机械搅拌混合时应符合下列要求：

a）混凝的反应时间应小于 2 min；絮凝的反应时间根据水质相似条件下的运行经验数据或实验数据确定；当无数据时，反应时间可采用 10～20 min。

b）机械絮凝可采用单级梯形或多级矩形框式搅拌机，搅拌机应采取防腐措施。

c）混凝进水处桨板边缘线速度宜为 0.5 m/s；絮凝进水处桨板边缘线速度宜为 0.2 m/s，并应采用可调速的搅拌器。

d）池内应设防止水流短路的设施。

6.10 气浮池

6.10.1 一般规定

a）废水处理场生化处理前宜根据水质情况设置一级或两级气浮，且应不超过两级。

b）气浮池前应设置药剂混合和絮凝设施。

c）每级气浮池不宜少于 2 间，且每间应能单独运行和检修。

d）气浮池应设置难燃材料制成的盖板，并应设置管道将废气引入废气处理设施。

e）气浮池出水应设置调节水位的设施。

f）气浮池底部应设排泥设施。

6.10.2 溶气气浮

a）溶气气浮处理宜采用部分回流加压溶气方式，其回流比宜采用 30%～50%。每间气浮池宜配置 1 台溶气罐。

b）溶气罐的设计应符合下列要求：

    1）进入溶气罐的废水温度应不大于 40℃。

    2）溶气罐的运行压力宜为 0.3～0.7 MPa（表压）；当气浮为一级时，溶气罐的运行压力不宜小于 0.6 MPa（表压）。

    3）空气量可按废水回流量的 15%～20%（以体积计）计算。

    4）废水在溶气罐内的停留时间宜采用 1～3 min。

    5）溶气罐内应设气水充分混合的设施和水位控制设施。

    6）溶气罐应设置安全阀、放空阀、压力表。

c）气浮池内宜设溶气释放器，且不易堵塞。

d）气浮池可采用矩形或圆形。矩形气浮池设计应符合下列要求：

1）絮凝段出口流速宜控制在 0.2 m/s。
2）单格池宽不宜大于 6.0 m，分离区长度不宜超过 12.0 m。
3）气浮分离时间宜为 30～45 min。
4）废水在气浮分离池的水平流速不宜大于 10 mm/s。
5）池内应设刮渣机，刮板的移动速度宜为 1～2 m/min。

6.10.3 散气气浮

a）散气气浮宜采用叶轮散气气浮。
b）叶轮散气气浮产生的气泡直径应小于 500 μm。
c）叶轮散气气浮池有效水深不宜大于 2.0 m，长宽比不宜小于 4。

6.11 水解酸化罐（池）

6.11.1 水解酸化罐（池）的有效容积宜根据废水在池内的水力停留时间确定，一般为 4.0～8.0 h。

6.11.2 水解酸化罐（池）的池截面面积根据废水在池内的上升流速确定。上升流速应保证污泥不沉积，同时又不能使活性污泥流失；一般控制在 0.5～1.8 m/h。

6.11.3 水解酸化罐（池）的有效水深宜不小于 4.0 m，温度宜控制在 20～40℃。

6.11.4 水解酸化罐（池）内应设布水和泥水混合设施，防止污泥沉淀。

6.11.5 水解酸化罐（池）内应设置排泥设施。

6.12 生化池

6.12.1 一般规定

a）生化池进水中石油类含量应不大于 20 mg/L，硫化物含量应不大于 20 mg/L。
b）生化池宜根据废水性质设置水力或化学消泡设施。

6.12.2 A/O 生化池

a）A/O 生化池的设计参数应通过试验或类似废水的运行数据确定，当无类似数据时，可按以下数据选取：

1）BOD_5 污泥（MLSS）负荷 0.05～0.15 kg/（kg·d）。
2）总氮污泥（MLSS）负荷不大于 0.05 kg/（kg·d）。
3）混合液悬浮固体（MLSS）平均质量浓度 2.5～4.5 g/L。
4）污泥龄宜为 11～23 d。
5）污泥回流比应根据计算确定，且宜为 40%～200%。
6）污泥产率（VSS/BOD_5）取 0.3～0.6 kg/kg。
7）生化池应设置混合液回流设施，并根据进水总氮浓度计算确定回流比。

b）采用污泥负荷法计算时，反应池有效容积取值应同时满足按 BOD_5 负荷和总氮负荷分别计算的结果。

c）好氧区混合液的剩余碱度不宜小于 80 mg/L（以 $CaCO_3$ 计），当碱度不足时宜采用碳酸钠补充碱度。

d）生化池应设置补充磷盐的设施。

e）缺氧区应设置液下搅拌或推流设施，混合功率宜为 3～8 W/m³。

6.12.3 序批式活性污泥法

a）序批式活性污泥法工艺生物反应池的间数不应少于 2 间。

b）序批式活性污泥法工艺生物反应池主要设计参数，应根据试验或相似废水的实际运行数据确定，当无数据时设计参数宜在下列范围内取值：

1）BOD_5污泥（MLSS）负荷 0.08～0.15 kg/(kg·d)；容积负荷 0.20～0.60 kg/(m^3·d)。

2）总氮污泥（MLSS）负荷不大于 0.05 kg/(kg·d)。

3）混合液悬浮固体（MLSS）平均质量浓度 2.5～5.0 g/L。

c）序批式活性污泥法工艺的运行周期及每个周期内各阶段的组合安排，应根据废水水质、处理水量和出水水质及操作要求等综合确定。

d）反应池宜采用矩形，水深宜为 4.0～6.0 m。间歇进水时反应池长度与宽度之比宜为 1∶1～2∶1，连续进水时宜为 2.5∶1～4∶1。

e）反应池排水设备宜采用滗水器，滗水器的排水能力应满足排水时间的要求。

f）反应池应设置固定式事故排放设施，并可设在排水结束时的水位处。

g）反应池宜设置防止浮渣流出设施。

h）序批式活性污泥法工艺系统运行宜采用自动控制。

6.12.4 氧化沟

a）氧化沟曝气设备可采用曝气转碟、曝气转刷等。

b）当采用曝气转碟、转刷时，氧化沟的超高宜为 0.5～1.0 m。

c）氧化沟采用转刷曝气器时，其有效水深宜为 3.0～4.0 m，采用转碟曝气器时，其有效水深不宜大于 4.0 m。

d）氧化沟沟内水平流速不宜小于 0.3 m/s。

e）氧化沟出水应设置可调节水位的出水堰板。

6.13 二沉池

6.13.1 二沉池的主要设计参数，应根据试验或实际运行参数确定；当无数据时，二沉池宜取下列数据进行设计：

a）表面水力负荷宜取 0.5～0.6 m^3/(m^2·h)。

b）二沉池污泥含水率为 99.2%～99.6%。

c）有效水深宜采用 2.5～4.0 m，超高应不小于 0.3 m。

6.13.2 二沉池宜设置表面撇渣设施。

6.13.3 直径超过 30.0 m 的二沉池，应设置刮吸泥机。

6.13.4 沉淀池不宜少于 2 座。当圆形沉淀池的径深比小于 6 且刮泥机检修有应急措施时，沉淀池可按 1 座设计。

6.14 深度处理

6.14.1 除浊

为满足二沉池出水全面稳定达标要求或为减少臭氧高级氧化中臭氧的损耗量，宜进一步除浊，去除悬浮物和胶体等污染物。

a）除浊宜采用气浮、絮凝沉淀、过滤等方法。

b）除浊采用气浮工艺时，宜采用溶气气浮，且溶气气浮宜按照 6.10.2 中的内容选取。

c）除浊采用絮凝沉淀工艺时，絮凝沉淀的设计参数宜根据试验资料或参照类似运行经验选取。

d）除浊采用过滤工艺时，过滤罐（池）设计应满足：

1) 过滤罐（池）形式应根据进出水水质、运行管理要求、技术经济比较确定；数量不宜少于 2 台（间）。
2) 滤料应具有足够的强度和抗腐蚀性，宜选择石英砂、无烟煤等。
3) 过滤罐（池）滤速根据不同的滤池形式和进出水水质确定，正常滤速不宜超过 10 m/h，强制滤速不宜超过 16 m/h。
4) 过滤罐（池）应设置必要的监测设施及自动化仪表，实现反冲洗自动化操作。
5) 过滤罐（池）反冲洗废水应回收并提升至废水处理场适合的工艺段进行处理。
6) 过滤罐（池）反冲洗废水池有效容积应满足一套滤池反洗一次的用水量要求。

6.14.2 臭氧高级氧化池

a) 臭氧高级氧化的设计参数宜根据实验资料确定，也可参照类似项目运行经验确定。
b) 高级氧化池的接触时间宜选取 15～30 min。
c) 臭氧高级氧化池应密闭，并应设置处理尾气中残余臭氧的设施。
d) 出水应采取措施满足后续工艺对臭氧残余量的要求。

6.14.3 曝气生物滤池

a) 曝气生物滤池的设计参数宜根据实验资料确定，也可参照类似项目运行经验确定；数量不宜少于 2 间。
b) 曝气生物滤池进水悬浮物不宜大于 60 mg/L。
c) 曝气生物滤池应设置布水、排水、曝气设施；且曝气设施宜设置反冲洗设施。

6.14.4 膜生物反应器

膜生物反应器设计应符合 HJ 2010 的规定。

6.15 监测与外排

6.15.1 废水排放前应设置监控池。

6.15.2 监控池的容积宜按照 1～2 h 的废水量计算。

6.15.3 监控池内应设置必要的在线监测仪表，对 pH 值、COD、氨氮、石油类等指标进行监测。

6.15.4 外排水管道上应设置隔断阀、流量计，并应将不达标水送至场内的事故水罐（池）。

6.15.5 当外排指标对大肠菌落指标有要求时，应设置消毒设施。

6.16 污油回收

6.16.1 废水处理场宜设置污油罐对场内产生的污油进行回收，并送回炼厂回炼，且污油罐数量应不少于 2 个。

6.16.2 污油罐应设置加热设施，罐体应保温，且加热温度宜为 70～80℃。

6.16.3 污油罐的轮换周期宜为 5～7 d。

6.16.4 污油输送管道宜伴热保温。

6.17 加药

6.17.1 一般规定

a) 加药宜采用自动加药系统。
b) 加药间宜与药剂库合建。
c) 加药间内液体药剂宜设置独立的储存罐及围堰。
d) 袋装药剂的堆放高度宜为 1.5～2.0 m；储存量较大的散装药剂可采用隔墙分隔。

e）药剂储备量视当地供应、运输等条件确定，一般按最大用药量的 7～15 d 用量计算；次氯酸钠等易分解的药剂根据其性质确定。

f）加药间应设置通风设施，并应防止药剂受潮。

g）加药间围堰内、管沟、排水沟等应有相应的防腐措施。

h）加药间冬季温度不宜低于 5℃。

i）加药泵或围堰周围应设置防护帘防止药液喷溅伤人。

j）化学药剂不宜通过管道长距离输送，宜就近设置药剂储罐。

6.17.2 加药系统配置

a）加药系统基本配置宜包括：安全阀、背压阀、过滤器、脉冲阻尼器、计量泵校验柱、隔膜压力表、冲洗接口等。

b）加药系统应设置备用的加药泵。

6.17.3 加药管道宜埋沟或架空敷设；架空敷设时应设置管道托盒，并应在托盒上设置观察窗或观察口。

6.18 污泥处理

6.18.1 污泥量的确定

a）污泥量应包括：油泥量、剩余活性污泥量、浮渣量等废水处理场产生的全部污泥。

b）油泥量取值宜按照废水输送系统情况且参照同类炼厂运行数据选取，当无参照资料时可按废水排放污泥量为 0.000 2～0.000 5 m³/m³ 确定。

c）剩余活性污泥量可按下列公式计算：

1）按污泥泥龄计算：

$$\Delta X = \frac{VX}{\theta_c} \tag{3}$$

2）按污泥产率系数、衰减系数及不可生物降解和惰性悬浮物计算：

$$\Delta X = YQ(S_0 - S_E) - K_d V X_V + fQ(SS_0 - SS_E) \tag{4}$$

式中：ΔX——剩余活性污泥（SS）量，kg/d；

V——生物反应池的容积，m³；

X——生物反应池内混合液悬浮固体（MLSS）平均质量浓度，g/L；

θ_c——污泥泥龄，d；

Y——污泥产率系数（VSS/BOD$_5$），kg/kg，20℃时为 0.4～0.8；

Q——设计平均日废水量，m³/d；

S_0——生物反应池进水五日生化需氧量，kg/m³；

S_E——生物反应池出水五日生化需氧量，kg/m³；

K_d——衰减系数，d^{-1}；

X_V——生物反应池内混合液挥发性悬浮固体（MLVSS）平均质量浓度，g/L；

f——悬浮物的污泥（MLSS）转换率宜根据实验资料确定，无实验资料时可取 0.5～0.7，g/L；

SS_0——生物反应池进水悬浮物质量浓度，kg/m³；

SS_E——生物反应池出水悬浮物质量浓度，kg/m³。

3) 悬浮物浮渣量可按下列公式计算：

$$F = Q(SS_0 - SS_E)$$ （5）

式中：F——悬浮物产生的污泥量，kg/m^3；

Q——设计平均日废水量，m^3/d；

SS_0——进水悬浮物质量浓度，kg/m^3；

SS_E——出水悬浮物质量浓度，kg/m^3。

6.18.2 污泥输送

a）脱水后污泥一般采用螺旋输送机、皮带输送机或管道输送。

b）输送污泥的压力流管道应避免出现高低折点，弯头的半径应不小于5倍管径。

c）输送污泥管道应设置蒸汽吹扫接口。

d）输送污泥管道宜设置高点排气和低点排空的阀门，并宜在适当位置设置清扫口。

e）污泥外运时，应采用专用的污泥输送车，避免沿途抛撒、散发恶臭气体。

6.18.3 污泥脱水与处置

a）污泥采用离心脱水机进行脱水时，其设计应符合下列规定：

1）污泥进入脱水机前应设置污泥浓缩设施，使含水率不大于98%。

2）机械脱水间应考虑泥饼运输设施及通道。

3）脱水后的污泥应设置污泥堆料场或储存料仓，其容量应根据运输条件和污泥的出路确定。

4）污泥脱水间应设置通风除臭设施。每小时换气次数应不小于6次。

5）污泥脱水前应进行加药调理。

b）污泥经脱水后可填埋、干化或焚烧处理。油泥、浮渣等危险废弃物贮存和最终处置应符合 GB 18598、GB 18597、GB 18484 的要求。

6.19 废气处理设施

6.19.1 废水处理场调节罐（池）、隔油池、均质池（罐）、气浮池、水解酸化罐（池）及污油回收、污泥处理设施，应设置废气收集及集中处理设施；生化处理设施可根据环境影响评价的要求设置废气处理设施。

6.19.2 废气处理工艺宜采用催化氧化燃烧法、化学催化氧化法、生物法等。

6.19.3 废气处理设施处理后的尾气应通过排气筒进行有组织排放。

6.19.4 废气输送管道低点应设计排凝设施。

7 主要工艺设备和材料

7.1 机泵

7.1.1 废水在进入隔油池前需提升时，宜采用容积式泵或低转速离心泵。

7.1.2 浓缩后污泥宜采用螺杆泵、旋转叶型泵输送。

7.1.3 PAM 等高黏度药剂宜采用螺杆泵进行输送；其余液体药剂宜采用隔膜泵输送。

7.1.4 加药泵应采用变速或调节冲程的方式调节其流量。

7.2 风机

7.2.1 滤池等使用的反冲洗风机应选用罗茨风机。

7.2.2 生化池、均质池使用的风机选型应根据使用的风压、单机风量、控制方式、噪声和维修管理等条件确定。一般情况下，小风量宜选用罗茨风机，大风量宜选用离心风机。

7.2.3　鼓风机设置的台数应根据气温、风量、风压、废水量与污染物负荷变化等对供气的需要量确定。

7.3　材料

7.3.1　废水、污泥、污油管道材料的选择应进行技术经济比较后确定。废水工艺管道可采用碳钢管；污油、污泥管道应采用碳钢管。

7.3.2　腐蚀性药剂输送管道应根据药剂特性选择合适的管道材质。使用三氯化铁时应选用塑料管材，过流部件应使用塑料材质。

8　检测与过程控制

8.1　仪表选型

仪表的选型应根据废水性质、腐蚀性物质的特性和管道敷设条件等因素综合确定。

8.2　仪表设置要求

8.2.1　一般规定

a）废水处理场应设置必要的仪表进行检测与控制，并应根据项目规模、工艺流程、运行管理的要求确定检测和控制的内容。

b）自动化仪表和控制系统应保证废水处理场运行的安全和可靠。

8.2.2　检测要求

a）存在液位变化的罐、池等应设置液位测量及高低液位报警仪表。

b）泵、鼓风机、空压机的出口管道上应设置压力仪表。

c）进出废水处理场界区的物料管道上应设置流量、压力等检测仪表，废水总进口还应设置温度检测仪表。

d）中和池应设置pH值分析仪表。

e）缺氧区宜设置氧化还原电位等分析仪表；好氧区宜设置pH值、溶解氧等分析仪表。

f）有液位变化且使用潜水泵、潜水搅拌器的设施内应设置液位监测及自动停机保护措施。

g）在可能产生或聚集可燃气体或有毒有害气体的低点应设置相关气体检测仪表及报警装置。

h）废水处理场总出口应根据国家现行排放标准和环境保护部门的要求，设置水质在线分析仪表。

8.2.3　自动化控制

a）废水处理场应设置分散式控制系统（DCS）或可编程逻辑控制器（PLC）。

b）废水处理场关键设备宜采取自动开停方式运行。

9　主要辅助工程

9.1　电气系统

9.1.1　废水处理场宜设置独立的变配电所。

9.1.2　废水处理场内用电负荷等级应不低于二级。

9.1.3　废水处理场隔油池的防爆区域应按照GB 50058中有关"单元分离器、预分离器和分离器"的规定进行划分。

9.2 电信系统

9.2.1 废水处理场的地下泵房、化学药剂储罐区、大型设备间（如离心脱水机）可设置视频监视系统。

9.2.2 废水处理场行政电话、调度电话等宜根据全厂统一要求进行配置。

9.3 建筑与结构

9.3.1 建筑设计应符合 GB 50011、GB 50016、GB 50033、GB 50037、GB 50046、GB 50345、SH/T 3017 等有关国家和行业标准规定的要求。

9.3.2 结构设计应符合 GB 50003、GB 50007、GB 50009、GB 50010、GB 50017、GB 50068、GB 50069、GB 50108、GB 50191、CECS 117、CECS 138 等有关国家和行业标准规定的要求。

9.4 消防

9.4.1 石油炼制工业废水治理工程建构筑物间距及现场消防设施应符合 GB 50160 的要求。

9.4.2 污油罐应根据 GB 50160 的要求设置泡沫灭火系统。

9.4.3 污油罐区四周道路边应设置手动火灾报警按钮。

9.5 场区道路

场区道路的设置应符合 GB 50160 的要求。

10 劳动安全与职业卫生

10.1 劳动安全

10.1.1 对于石油炼制工业废水治理工程中使用的药剂应严格管理，危险化学品的储存、运输、使用方法及作业场所等应符合《危险化学品安全管理条例》的规定。

10.1.2 有人员出入的现场，对于人体有危害的气体（比如硫化氢，挥发性有机物，酸碱蒸气等）浓度必须低于安全限值，应符合 GBZ 2.1 和 GBZ 2.2 的规定。

10.1.3 药剂储罐周围应设置安全围堰，其容积应为单座最大药剂罐的储量，且围堰内应设置集液坑。

10.1.4 加药间内应设置洗眼器，并应配备必要的急救药品。

10.1.5 药剂罐应遵循同性状或两种药剂相遇后不发生强烈反应相邻布置的原则。

10.1.6 浓硫酸储存间宜单独设置并加强管理。

10.1.7 各反应池和储池周边应设置防护栏并备有必要的救生圈。

10.2 职业卫生

10.2.1 工人进入废水处理场作业应携带便携式硫化氢检测报警仪。

10.2.2 废水处理场选用设备的噪声水平应满足 GB/T 50087 的要求。

11 施工与验收

11.1 一般规定

11.1.1 工程设计、施工单位应具有与该工程要求相应的资质等级。

11.1.2 工程施工前应由设计单位进行设计交底，当施工单位发现施工图有错误时，应及时向设计单位和建设单位提出变更设计的要求，变更设计应经过设计单位同意。

11.1.3 工程应按工程设计图纸、技术文件、设备图纸等组织施工，施工和设备安装应符合相应的国家或行业规范。

11.1.4 施工单位应根据设计图纸要求制定完善的施工组织方案。施工组织方案的主要内容应包括工程概况、施工部署、施工方法、施工技术组织措施、施工计划、环境保护措施及施工总平面布置图。明确施工质量负责人和施工安全负责人，经批准后方可实施。

11.1.5 施工单位在冬季、雨季进行施工时，应制定冬季、雨季施工技术和安全措施，保证施工质量和安全。

11.1.6 工程施工中受地下水影响时，应采取降水措施，并符合 GB 50141 的规定。

11.1.7 施工使用的材料、半成品、设备应符合国家现行标准和设计要求，并取得供货商的合格证书，严禁使用不合格产品。

11.1.8 水污染治理工程建设单位应专门成立项目管理机构，组织建设项目的设计、施工、设备招投标，并参与设计会审、设备监制、施工质量检查，制定运行和维护规章制度，培训运行、维护操作人员，组织、参与工程各阶段验收、调试和试运行，建立设备安装及运行档案。

11.2 土建工程施工

11.2.1 土建施工应重点控制池体的结构强度、抗浮处理、地基处理、池体抗渗处理，满足设备安装对土建施工的要求。池体构筑物的底板应连续浇筑。

11.2.2 在进行结构设计时应充分考虑池体的抗浮，施工过程中应计算池体的抗浮稳定性及各施工阶段的池体自重与水的浮力之比，检查池体能否满足抗浮要求。

11.2.3 需要在软弱地基上施工且构筑物荷载不大时，应采取适当的措施对地基进行处理，必要时可采用桩基。

11.2.4 土建施工前应认真阅读设计图纸和设备安装对土建的要求，了解预留孔、预埋件的准确位置和做法，对有高程和平面位置要求的设备基础要严格控制在设备要求的误差范围内。

11.2.5 模板、钢筋、钢筋混凝土分项工程应严格执行 GB 50204 规定。

11.2.6 池体土建施工应考虑后续设备、管道的安装。池体应按照设计要求和厂家的设备安装说明书埋设预埋件、留设孔洞。预埋件、预留孔洞位置的标高、尺寸、数量应准确。

11.2.7 废水治理工程中构筑物、建筑物、管道及设备的地基及基础工程的施工应符合 GB 50202、GB 50334、GB 50141 的规定。

11.2.8 混凝土、砂浆、防水材料、胶黏剂等现场配制的材料，应严格按照配比和施工程序进行。

11.2.9 构筑物和建筑物施工时，宜按先地下后地上、先深后浅的顺序施工，并应防止各构筑物和建筑物交叉施工时相互干扰。

11.2.10 废水处理场配套工程的施工要求：

a）道路工程的沥青路面和水泥混凝土施工应严格执行施工程序。

b）照明工程设备器材的运输、保管应符合国家有关物资运输、保管的规定；当产品有特殊要求时，还应符合特殊产品的规定。

c）凡所使用的电气设备及器材，均应符合现行技术标准，并具有合格证件和铭牌。

d）电缆通过地面或楼板、墙壁及易受机械损伤处，均应设置保护套管。

e）绿化工程应按照批准的绿化工程设计及有关文件施工。厂（站）综合工程中的绿化种植，应在主要建筑物、地下管线、道路工程等主体工程完成后进行。

11.3 安装工程施工

11.3.1 设备安装前应按设计或设备安装说明书对预埋件、预留洞的尺寸、位置和数量进行复检，如设计或设备安装说明书无规定，宜按 GB 50231 的允许偏差对设备基础位置和几何尺寸进行复检。

11.3.2 设备安装中，应进行自检、互检和专业检查，并应对每道工序进行检验和记录。

11.3.3 设备的单机运行调试应按照设备说明书和设计要求进行，无要求时宜参照 GB 50231 执行。

11.4 管道施工

11.4.1 管道工程施工应掌握管道沿线的情况和资料，宜参照 GB 50268 执行。

11.4.2 加药管线施工宜按照 SH 3501 的规定执行，其余金属管道施工宜参照 GB 50235 执行。

11.4.3 管道及配件装卸时应轻装轻放，运输时应垫稳、绑牢，不得相互撞击；接口及管道的内外防腐层应采取保护措施。

11.4.4 管道安装时，应随时清扫管道中的杂物，管道暂时停止安装时，两端应临时封堵。

11.4.5 地下管道施工后，对覆地要求分层夯实，确保道路质量。

11.4.6 防腐材料、施工技术要求等应按 SH/T 3022 的要求执行。

11.4.7 面漆颜色宜按 SH 3043 的要求执行；不锈钢管线不防腐，不刷漆。

11.5 系统联合调试

11.5.1 设备及其附属装置、管路等均应全部施工完毕，施工记录及资料应齐全。设备的水平和几何精度经检验合格。设备及其润滑、液压、气（汽）动、冷却、加热和电气及控制等附属装置，均应单独调试检查并符合试运转的要求。

11.5.2 需要的能源、介质、材料、工机具、检测仪器、安全防护设施及用具等，均应符合试运转的要求。

11.5.3 参加试运转的人员，应熟悉设备的构造、性能、设备技术文件，并应掌握操作规程及试运转操作。

11.5.4 联合调试应由部件开始至组件、至单机、直至整机（整个系统），按说明书和生产操作程序进行。

11.5.5 应在对废水治理工程单池、单机进行调试的基础上，进行整体性联动调试。

11.6 工程验收

11.6.1 与工业生产工程同步建设的石油炼制工业废水治理工程应与生产工程同时验收；现有生产设备配套或改造的水污染治理设施应进行单独验收。

11.6.2 单项工程验收应具备下列文件：

a）经批准的初步设计、调整概算及其他有关设计文件。

b）施工图纸及其审查资料、设备技术资料。

c）国家颁发的环保安全、压力容器等规定。

d）有关部门颁发的专业工程技术验收规范、规程及建筑安装工程质量检验评定标准。

e）引进项目的合同及国外提供的设计文件等。

11.6.3 单项工程验收标准如下：

a）土建工程验收应符合 GB 50202、GB 50203、GB 50204、GB 50205、GB 50206、GB 50300 及相关验收规范的规定。

b）管道工程验收应按设计内容、设计要求、施工规格、验收规范分全部或分段验收。

c）加药线验收宜按照 SH 3501 的规定执行，其余金属管道验收宜按照 GB 50235 执行。

d）设备验收应符合规定要求达到合格；管道内部垃圾应清除，自来水管道应经过清洗和消毒，输气管道要经过通气换气。

e）在施工前，对管道防腐层（内壁及外壁）应根据相应标准进行验收，钢管应注意焊接质量，并加以评定和验收；对设计中选定的闸阀产品质量应慎重检验。

f）安装工程验收应符合 GB 150、GB 50231、GB 50235、GB 50254、GB 50255、GB 50256、GB 50257、GB 50275、JB/T 8471、JB/T 8536 和安装文件的规定。

11.6.4 工程竣工后，建设单位应根据法律、相应专业现行验收规范和有关规定，依据验收监测或调查结果，并通过现场检查等手段，考核建设项目是否达到竣工要求。

11.6.5 施工单位在全面完成所承包的工程、经总监理工程师同意后，应向建设单位提出申请，建设单位核实符合交工验收条件后，组织建设、设计、施工、监理、养护管理、质量监督等单位代表组成验收组，对工程质量进行验收。

11.6.6 对已经交付竣工验收的单位工程或单项工程（中间交工）并已办理了移交手续的，不再重复办理验收手续，但应将单位工程或单项工程竣工验收报告作为全部工程竣工验收的附件加以说明。

11.6.7 竣工验收过程中的监测内容及相关要求应符合《建设项目环境保护设施竣工验收监测技术要求》（环发[2000]38 号）的规定。

11.7 环境保护验收

11.7.1 废水治理工程经环境保护验收合格后，方可正式投入使用。

11.7.2 废水治理工程环境保护验收除应执行《建设项目竣工环境保护验收管理办法》（国家环境保护总局令 第 13 号）和行业环境保护验收规范外，在生产试运行期间还应对水污染处理装置进行性能试验，性能试验报告可作为环境保护验收的重要参考。

11.7.3 废水治理工程环境保护验收监测应符合《建设项目环境保护设施竣工验收监测技术要求》（环发[2000]38 号）的规定。

12 运行与维护

12.1 一般规定

12.1.1 石油炼制工业废水治理工程的运行过程应制定详细的运行管理、维护保养制度和操作规程，各类设施设备应按照设计的工艺要求使用。

12.1.2 石油炼制工业废水治理工程的运行维护管理可参照 CJJ 60 的规定。

12.1.3 石油炼制工业废水治理工程的运行、维护及其安全，除应符合本标准外，并应符合国家现行有关标准的规定。

12.1.4 操作规程中应对机泵、机械等基础设备制定基本操作规程，并应对巡检、盘车等进行规定。

12.2 运行管理

12.2.1 运行管理人员及操作人员应经过严格培训，了解含石油炼制废水治理工艺，设备操作章程及各项设计指标。

12.2.2 各岗位应有工艺系统网络图，安全操作规程等，并应示于明显部位。

12.2.3 各岗位的操作人员应按时做好运行记录，数据应准确无误；当发现运行不正常时，应及时处理或上报主管部门。

12.2.4 应根据不同设备要求，定期进行检查，保证设备的正常运行。

12.2.5 废水处理场应加强源头管理，加强对上游装置来水的监测，并通过管理手段控制上游来水水质满足废水处理场的进水要求。

12.2.6 A/O生化池应保持混合液回流泵正常运行，保证生化池脱氮效果。

12.2.7 生化池上产生大量泡沫时，应采用生产水进行消泡处理，并查找原因进行解决。

12.2.8 二沉池发生漂泥现象时，应检查混合液混流泵是否开启或正常运行；若回流泵已开启，应增加混合液回流比例。

12.2.9 生化池发生污泥膨胀现象时，应根据生物镜检情况进行判断分析并加以解决。

12.3 安全操作

12.3.1 各岗位操作人员和维修人员应经过技术培训并考试合格后方可上岗。

12.3.2 电源电压大于或小于额定电压5%时，不宜启动电机。

12.3.3 储油罐和集油池附近，应按消防部门的有关规定设置消防器材。

12.3.4 进行卸药操作时，应严格按照规定穿戴眼罩、防护服及手套。

12.3.5 生化池内潜水搅拌器、潜水泵检修时，应在断电后进行作业；电缆线应设置收线网兜。

12.3.6 工人进入密闭设备或井时，除按操作规程进行通风、气体检测外，应保证工作人员为2名或2名以上。

12.4 水质管理

12.4.1 废水处理场废水、污泥处理正常运行监测的项目与周期可参照CJJ 60的规定。

12.4.2 已安装在线监测系统的废水处理场，也应定期进行取样及人工检测，对比监测数据。

12.4.3 水质取样点应设在废水处理排放口及工艺控制点。

12.4.4 废水处理场各工艺段的分析化验频率应根据分析数据对后续处理单元的重要性、单次分析化验需要时间等综合确定。

12.4.5 废水处理场应根据各工艺单元的分析化验数据及时调整运行参数，保证处理效果满足要求。

12.5 应急预案

12.5.1 废水处理场应编制事故应急预案（包括环境风险突发事故应急预案）。

12.5.2 事故发生时，应按照应急预案的要求坚守岗位，服从统一指挥，采取措施、果断处理，避免事故损失，减少事故影响；并立即向车间、调度及其他相关部门汇报。

12.5.3 事故应急预案宜包括事故处理原则、紧急停工方法、事故处理预案等内容。

12.5.4 废水处理场应根据应急预案的要求定期进行应急演练。

附件 1755

中华人民共和国国家环境保护标准

水解酸化反应器污水处理工程技术规范

Technical specifications for hydrolysis and acidification reactor in wastewater treatment

HJ 2047—2014

前言

为贯彻《中华人民共和国环境保护法》和《中华人民共和国水污染防治法》,规范水解酸化反应器的建设与运行管理,防治环境污染,保护环境和人体健康,制定本标准。

本标准规定了水解酸化反应器污水处理工程的工艺设计、主要工艺设备和材料、检测和过程控制、施工与验收、运行与维护的技术要求。

本标准为指导性标准。

本标准为首次发布。

本标准由环境保护部科技标准司组织制订。

本标准主要起草单位:中国环境保护产业协会、清华大学、北京市环境保护科学研究院。

本标准环境保护部 2015 年 11 月 20 日批准。

本标准自 2016 年 1 月 1 日起实施。

本标准由环境保护部解释。

1 适用范围

本标准规定了水解酸化反应器的工艺设计、检测和过程控制、施工与验收、运行与维护等技术要求。

本标准适用于采用水解酸化反应器的污水处理工程,可作为环境影响评价、环境工程建设、环境保护验收及建成后运行与管理的技术依据。

2 规范性引用文件

本标准引用了下列文件中的条款。凡是未注明日期的引用文件,其最新版本适用于本标准。

GB 3836　爆炸性气体环境用电气设备
GB 12801　生产过程安全卫生要求总则
GB 18597　危险废物贮存污染控制标准
GB 18599　一般工业固体废物贮存、处置场污染控制标准

GB 50011　建筑抗震设计规范
GB 50014　室外排水设计规范
GB 50015　建筑给水排水设计规范
GB 50016　建筑设计防火规范
GB 50019　工业建筑供暖通风与空气调节设计规范
GB 50037　建筑地面设计规范
GB 50046　工业建筑防腐蚀设计规范
GB 50052　供配电系统设计规范
GB 50057　建筑物防雷设计规范
GB 50069　给水排水工程构筑物结构设计规范
GB 50108　地下工程防水技术规范
GB 50141　给水排水构筑物施工及验收规范
GB 50204　混凝土结构工程施工及验收规范
GB 50205　钢结构工程施工质量验收规范
GB 50212　建筑防腐蚀工程施工规范
GB 50222　建筑内部装修设计防火规范
GB 50231　机械设备安装工程施工及验收通用规范
GB 50268　给水排水管道工程施工及验收规范
GB 50275　压缩机、风机、泵安装工程施工及验收规范
GBZ 1　工业企业设计卫生标准
GBZ 2.1　工作场所有害因素职业接触限值　第一部分：化学有害因素
GBZ 2.2　工作场所有害因素职业接触限值　第二部分：物理因素
CJ/T 51　城市污水水质检验方法标准
CJJ 60　城市污水处理厂运行、维护及其安全技术规程
HJ 493　水质　样品的保存和管理技术规定
HJ 2014　生物滤池法污水处理工程技术规范
HJ/T 91　地表水和污水监测技术规范
HJ/T 242　环境保护产品技术要求　污泥脱水用带式压榨过滤机
HJ/T 245　环境保护产品技术要求　悬挂式填料
HJ/T 250　环境保护产品技术要求　旋转式细格栅
HJ/T 262　环境保护产品技术要求　格栅除污机
HJ/T 283　环境保护产品技术要求　厢式压滤机和板框压滤机
HJ/T 335　环境保护产品技术要求　污泥浓缩带式脱水一体机
HJ/T 336　环境保护产品技术要求　潜水排污泵
HJ/T 369　环境保护产品技术要求　水处理用加药装置
《建设项目（工程）竣工验收办法》　（计建设[1990]1215号）
《建设项目竣工环境保护验收管理办法》　（国家环境保护总局令　第13号）

3 术语和定义

下列术语和定义适用于本标准。

3.1 水解酸化反应器 hydrolysis and acidification reactor

指将厌氧生物反应控制在水解和酸化阶段,利用厌氧或兼性菌在水解和酸化阶段的作用,将污水中悬浮性有机固体和难生物降解的大分子物质(包括碳水化合物、脂肪和脂类等)水解成溶解性有机物和易生物降解的小分子物质,小分子有机物再在酸化菌作用下转化成挥发性脂肪酸的污水处理装置。

3.2 升流式水解酸化反应器 up-flow hydrolysis acidification sludge blanket reactor

在单一反应器中,污水自反应器底部的布水装置均匀地自下而上通过污泥层(平均污泥浓度为 15~25 g/L)上升至反应器顶部的过程中实现水解酸化、去除悬浮物等功能的水解酸化反应器。

3.3 复合式水解酸化反应器 hybrid hydrolysis acidification sludge blanket reactor

在升流式水解酸化反应器的污泥床内增设填料层的水解酸化反应器。

3.4 完全混合式水解酸化反应器 completely mixed hydrolysis acidification sludge blanket reactor

在反应器内设置搅拌装置使污水与污泥完全混合实现水解酸化的反应器,一般后接沉淀池分离污水、污泥并回流污泥至水解酸化反应器。

4 设计水量和设计水质

4.1 设计水量

4.1.1 设计水量应根据实际测定的污水流量确定。测试方法应符合 HJ/T 91 的规定。

4.1.2 城镇污水无法取得实测数据时,设计水量可根据当地用水定额,结合当地排水设施水平和排水收集率,按当地相关用水定额的 80%~90%确定。

4.1.3 工业废水无法取得实测数据时,设计水量可参照现行工业用水量的有关规定折算确定,或根据同行业同规模同工艺现有排水数据类比确定。

4.1.4 工业园区集中式污水处理工程设计流量可参照城镇污水设计流量的确定方法执行。

4.1.5 工业废水与生活污水混合处理时,工厂内或工业园区内的生活污水量、沐浴污水量的确定,应符合 GB 50015 的有关规定。

4.1.6 分流制排水体制中,水解酸化反应器设计流量应按最高日平均时污水量确定;合流制排水体制中,水解酸化反应器宜按旱流污水流量设计,并用合流污水设计流量校核,校核沉淀时间不宜小于 30 min。工艺中设置调节池且停留时间大于 8 h,水解酸化反应器设计流量可按平均日平均时确定。

4.1.7 水解酸化反应器前、后的水泵、管道等输水设施设计按分流制、合流制不同,分别按最高日平均时和最高日最高时污水量确定。

4.1.8 在地下水位较高的地区,应考虑渗入地下水量,渗入地下水量宜根据实测资料确定。

4.2 设计水质

4.2.1 设计水质应根据工程实测排放污水水质确定,或参考同行业同规模同工艺的排放资料类比确定。

4.2.2 水解酸化反应器进水水质应符合下列条件：
　　1）pH 值宜为 5.0～9.0；
　　2）COD∶N∶P 宜为（100～500）∶5∶1；
　　3）若污水可生化性较好，COD 质量浓度宜低于 1 500 mg/L；若污水可生化性较差，COD 质量浓度可适当放宽。

4.3 水解酸化反应器污染物去除率

水解酸化反应器的污染物去除率可参见表 1。

表 1　水解酸化反应器污染物去除率

污（废）水类型	进水水质要求	污染物去除率		
		SS[a]	COD_{Cr}	BOD_5
城镇污水	可生化性较好或一般	50%～80%	30%～50%	20%～40%
啤酒废水、屠宰废水、食品废水、制糖废水等	可生化性较好，非溶解性 COD 比例＞60%	50%～80%	30%～50%	20%～40%
造纸废水、焦化废水、煤化工废水、石化废水、制革废水、含油废水、纺织染整废水等，包括工业园区废水	可生化性一般，非溶解性 COD 比例 30%～60%	30%～50%	10%～30%	10%～20%
其他难降解有机废水	可生化性较差，非溶解性 COD 比例＜30%	30%～50%	10%以下	10%以下

a. 此值为升流式水解酸化反应器参考值。

5　总体要求

5.1 水解酸化反应器一般适用于在常温条件下的城镇污水、工业废水等中低浓度污水预处理，可去除悬浮物、降解有机物、提高污水可生化性。

5.2 水解酸化反应器污水处理工程应遵守以下规定：
　　1）建设、运行过程中产生的废（臭）气、污水、废渣、噪声等污染物的治理与排放，应符合环境影响评价批复文件的要求，防止二次污染。
　　2）堆放污泥、药品的贮存场应符合 GB 18599 和 GB 18597 的规定。

5.3 水解酸化反应器的竖向设计应充分利用原有地形，符合土方平衡和降低能耗的要求。

5.4 水解酸化反应器污水处理工程分期建设时，工程占地面积应按总体处理规模预留场地，并进行总体布置。管网和地下构筑物宜一次建成。

5.5 水解酸化反应器污水处理工程的各种管线应统筹安排，避免相互干扰，便于清通和维护，并合理布置超越和放空管线，放空管线排水应回流处理。

5.6 水解酸化反应器污水处理工程的设计与建设，除应遵守本标准外，还应符合国家相关法律法规和强制性标准的规定。

6　工艺设计

6.1　一般规定

6.1.1 水解酸化反应器类型主要包括升流式水解酸化反应器、复合式水解酸化反应器及完全混合式水解酸化反应器。

6.1.2 处理城镇污水宜采用升流式水解酸化反应器。

6.1.3 处理工业废水时，可根据废水水质、水量等情况选用适宜的水解酸化反应器，若反应器中污泥增长缓慢可采用复合式水解酸化反应器。

6.2 水解酸化反应器污水处理工艺流程

6.2.1 水解酸化反应器污水处理工艺流程见图1：

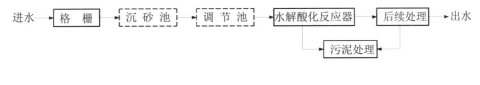

图例：推荐工艺单元 可选工艺单元

图1 水解酸化反应器污水处理工艺流程

6.2.2 水解酸化反应器前的预处理工艺宜包括固液分离、沉砂、水质水量调节等。

6.2.3 水解酸化反应器应根据实际情况设粗、细格栅或设细格筛。

6.2.4 用于城镇污水处理时，水解酸化反应器前应设置沉砂池，沉砂池的设计应符合 GB 50014 的规定。

6.2.5 用于工业废水处理时，水解酸化反应器进水 pH 值若不能满足 4.2.2 要求，应设置 pH 值调节装置。

6.2.6 用于工业废水处理时，水解酸化反应器前段宜设置调节池。

6.3 升流式水解酸化反应器

6.3.1 反应器结构

升流式水解酸化反应器主要由池体、布水装置、出水收集装置、排泥装置组成。反应器结构示意见图2。

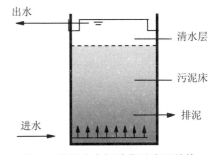

图2 升流式水解酸化反应器结构

6.3.2 池容及池体

6.3.2.1 升流式水解酸化反应器有效容积宜采用水力负荷或水力停留时间法，按下式计算：

$$V = Q \times \text{HRT} \tag{1}$$

式中：V——水解酸化反应器有效容积，m^3；

Q——设计流量，m^3/h；

HRT——水力停留时间，h。

6.3.2.2 升流式水解酸化反应器的水力停留时间应通过试验或参照类似工程确定，在缺少相关资料时可参考表2取值。

6.3.2.3 升流式水解酸化反应器型式宜为圆形或矩形，矩形反应器的长宽比宜为1:1～5:1。

6.3.2.4 升流式水解酸化反应器的建筑材料可采用钢筋混凝土结构或不锈钢、碳钢加防腐涂层等材料。

表 2　升流式水解酸化反应器的水力停留时间参考取值表

污（废）水类型	进水水质要求	水力停留时间/h
城镇污水	可生化性较好或一般	2～4
啤酒废水、屠宰废水、食品废水、制糖废水等	可生化性较好，非溶解性COD比例>60%	2～6
造纸废水、焦化废水、煤化工废水、石化废水、制革废水、含油废水、纺织染整废水等，包括工业园区废水	可生化性一般，非溶解性COD比例30%～60%	4～12
其他难降解有机废水	可生化性较差，非溶解性COD比例<30%	>10

6.3.2.5　升流式水解酸化反应器的有效水深宜为 4～8 m，超高 0.5～1.0 m。

6.3.2.6　升流式水解酸化反应器污水上升流速宜为 0.5～2.0 m/h，对于难降解污水可适当降低上升流速或增加出水回流。

6.3.3　布水装置

6.3.3.1　布水装置宜采用多点式布水装置，每个点布水面积不宜大于 2 m^2，根据需要可选择一管一孔式布水、一管多孔式布水、枝状布水以及脉冲式布水等。

6.3.3.2　布水装置进水点距反应器池底宜保持 150～250 mm 的距离。

6.3.3.3　一管多孔式布水孔口流速应大于 2 m/s，配水干支管流速应大于 1 m/s，穿孔管布水需要设置反冲洗管。

6.3.3.4　一管一孔式布水宜用布水器布水；从布水器到布水口宜采用直管；管道顶部垂直段流速应控制在 0.2～0.4 m/s；管道垂直段上部管径应大于下部管径。

6.3.3.5　枝状布水支管出水孔向下距池底宜为 200 mm；出水管孔径应为 15～25 mm；出水孔处宜设 45°斜向下布导流板，出水孔应正对池底。

6.3.3.6　脉冲式布水器尺寸应根据设计流量和脉冲布水周期确定，池深应在 6.5 m 以上，防止脉冲过程中污泥流失过多。

6.3.4　出水收集装置

6.3.4.1　出水宜采用堰式出水，出水堰口负荷不应大于 2.9L/（s·m）。

6.3.4.2　出水应在汇水槽上加设三角堰；堰上水头大于 25 mm，水位于三角堰齿 1/2 处。出水收集系统应设在水解酸化反应器顶部。

6.3.4.3　采用矩形反应器时出水宜采用平行出水堰的多槽出水方式。

6.3.4.4　采用圆形反应器时出水宜采用放射状的多槽或多边形槽出水方式。

6.3.5　排泥装置

6.3.5.1　水解酸化反应器污泥产生量可按下式计算：

$$\Delta X = Q \times \rho(SS) \times f \times (1 - f_a)/1000 \tag{2}$$

式中：ΔX——污泥产生量，kg/d；

　　　Q——设计流量，m^3/d；

　　　$\rho(SS)$——固体悬浮物质量浓度，kg/m^3；

　　　f——悬浮固体的去除率，参见表 1；

　　　f_a——污泥水解率，应通过试验或参照类似工程确定，城镇污水一般取 30%。

6.3.5.2　采用反应器内重力排泥方式时，排泥点应设在反应器中下部，污泥层与水面之间高度应保持在 1.0～1.5 m。同时应预留底部排泥口。

6.3.5.3 矩形池排泥应沿池纵向多点排泥。
6.3.5.4 对一管多孔式布水管，可考虑进水管兼做排泥或放空管。
6.3.5.5 排泥管干管管径应大于 150 mm。

6.4 复合式水解酸化反应器

6.4.1 复合式水解酸化反应器的池容、池体、布水及出水收集装置、排泥装置的设计可参照 6.3 执行。

6.4.2 复合式水解酸化反应器装填的填料应具有对微生物无毒害、易挂膜、质轻、高强度、抗老化、比表面积大和孔隙率高等特征。

6.4.3 填料的装填方式可采用悬挂式和固定式等。

6.4.4 不同类型的填料可组合应用。

6.5 完全混合式水解酸化反应器

6.5.1 完全混合式水解酸化反应器容积可参照 6.3.2.1 确定。

6.5.2 水力停留时间应通过试验或参照类似工程确定，在缺少相关资料时，水力停留时间宜按下式确定：

$$\mathrm{HRT} = \frac{C}{X} \tag{3}$$

式中：X——水解酸化反应器中平均污泥浓度，一般取 4～8 g/L；
C——常数，h·g/L，取值可参考表 3。

表3 完全混合式水解酸化反应器常数 C 取值参考表

污（废）水类型	进水水质要求	常数 C/（h·g/L）
啤酒废水、屠宰废水、食品废水、制糖废水等	可生化性较好，非溶解性 COD 比例>60%	30～80
造纸废水、焦化废水、煤化工废水、石化废水、制革废水、含油废水、纺织染整废水等，包括工业园区废水	可生化性一般，非溶解性 COD 比例 30%～60%	60～150
其他难降解有机废水	可生化性较差，非溶解性 COD 比例<30%	120 以上

6.5.3 完全混合式水解酸化反应器宜设置机械搅拌器，搅拌功率不低于 6 W/m³，不应采用曝气方式搅拌。

6.5.4 完全混合式水解酸化反应器应在反应器后设置沉淀池回流污泥，沉淀池的设计按 HJ 2014、GB 50014 的规定执行。

6.5.5 沉淀池污泥回流比不宜小于 100%，污泥回流设备宜有调节流量的措施。

6.5.6 完全混合式水解酸化反应器内污泥浓度不宜低于 4 g/L。

6.6 后续处理及污泥处理

6.6.1 水解酸化反应器后续处理一般为好氧处理工艺，如传统活性污泥法、氧化沟、SBR等，好氧剩余污泥可排入水解酸化反应器进行消化减量。

6.6.2 后续处理应考虑水解酸化反应器对 SS、有机物的去除以及 BOD_5/COD_{Cr} 比值等变化。

6.6.3 水解酸化反应器污泥应与剩余污泥混合或单独浓缩脱水处理。

6.6.4 污泥处理时应考虑污泥最终处置要求。

6.7 废（臭）气收集与处理

6.7.1 水解酸化反应器应采取设置顶盖等密闭措施,减少废(臭)气对周围环境的污染。
6.7.2 水解酸化反应器产生的废(臭)气可采用负压管道收集,收集的废(臭)气可集中采用化学或生物除臭等处理方法,处理达到环境影响评价批复文件要求后排放。

7 主要工艺设备和材料

7.1 泵

7.1.1 应根据所提升污水的流量、性质和扬程来选择污水泵的型号和台数。
7.1.2 应尽量选择相同类型(最多不超过两种型号)和口径的水泵,以便维修,但还需满足低流量时的需求。
7.1.3 潜水排污泵应符合 HJ/T 336 的规定。
7.1.4 应按 GB 50014 的规定设置备用泵。

7.2 格栅

7.2.1 旋转式细格栅应符合 HJ/T 250 的规定。
7.2.2 格栅除污机应符合 HJ/T 262 的规定。

7.3 加药设备

加药设备应符合 HJ/T 369 的规定。

7.4 出水槽及三角堰

7.4.1 出水槽材质宜采用碳钢、不锈钢或玻璃钢,三角堰材质宜采用 304 不锈钢。碳钢、不锈钢等钢板厚度宜为 3～6 mm。
7.4.2 出水槽出水时,槽顶面标高误差应控制在±2 mm 以内。

7.5 布水器

一管一孔式布水器由布水槽、布水管和布水头组成,布水槽及布水头材质宜采用 304 不锈钢,布水管宜采用聚乙烯塑料(PE)管。

7.6 填料

悬挂式填料应符合 HJ/T 245 的规定。

7.7 污泥处理设备

7.7.1 污泥脱水用厢式压滤机和板框压滤机应符合 HJ/T 283 的规定。
7.7.2 污泥脱水用带式压榨过滤机应符合 HJ/T 242 的规定。
7.7.3 污泥浓缩带式脱水一体机应符合 HJ/T 335 的规定。

8 检测和过程控制

8.1 检测

8.1.1 水解酸化反应器的预处理工艺单元宜设液位计、液位差计、液位开关及流量计。大型污水处理厂(站)宜在水解酸化反应器出口处增设 COD_{Cr} 检测仪。
8.1.2 水解酸化反应器前后端宜设 pH 值自动检测装置。
8.1.3 水解酸化反应器内可设氧化还原电位仪。
8.1.4 水解酸化反应器宜设置污泥界面仪。
8.1.5 水解酸化反应器污泥排放应设计量装置。

8.2 过程控制

8.2.1 应结合工程规模、运行管理的要求、工程投资情况、所选用的设备、仪器的先进程度及维护和管理水平，因地制宜确定监控指标和自动化程度。
8.2.2 水解酸化反应器宜并入污水处理厂（站）的其他污水处理设施控制系统。
8.2.3 电动阀门、进出水及排泥泵等关键设备附近宜设置独立的控制箱，同时具有"手动/自动"的运行控制切换功能。
8.2.4 现场检测仪表宜具备防腐、抗渗漏、防结垢和自清洗等功能。

9 主要辅助工程

9.1 电气工程设计应符合 GB 50052 的规定。
9.2 防腐工程设计应符合 GB 50046 的规定。
9.3 防爆工程设计应符合 GB 50222 和 GB 3836 的规定。
9.4 抗震等设计应符合 GB 50011 的规定。
9.5 构筑物结构设计应符合 GB 50069 的规定。
9.6 建筑物设计应符合 GB 50037 的规定。
9.7 防火与消防工程设计应符合 GB 50016 的规定。
9.8 防雷设计应符合 GB 50057 的规定。
9.9 供水工程设计应符合 GB 50015 的规定。
9.10 排水工程设计应符合 GB 50014 的规定。
9.11 采暖通风工程设计应符合 GB 50019 的规定。

10 劳动安全与职业卫生

10.1 水解酸化反应器污水处理工程设计、建设、运行过程中应重视职业卫生和劳动安全，严格执行 GBZ 1、GBZ 2.1、GBZ 2.2 和 GB 12801 的规定。
10.2 水解酸化反应器应按照有关规定设置防护栏杆、防滑梯等安全措施。
10.3 电气设备的金属外壳均应采取接地或接零保护，钢结构、排气管、排风管和铁栏等金属物应采用等电位连接。
10.4 水解酸化反应器及污水污泥管道等维修时，应打开人孔与顶盖，强制通风，并对有毒有害气体进行检测达到安全要求方可进入，参与操作的人员应佩戴防护装置，水解酸化反应器外必须有人进行安全监护。

11 施工与验收

11.1 一般规定

11.1.1 工程施工前应进行施工组织设计或编制施工方案，明确施工质量负责人和施工安全负责人，经批准后方可实施。
11.1.2 工程施工应符合设计文件、设备技术文件的要求，工程变更应取得设计单位的设计变更文件后再实施。
11.1.3 施工过程中，应做好设备、材料、隐蔽工程和分项工程等中间环节的质量验收。
11.1.4 管道工程的施工和验收应符合 GB 50268 的规定；混凝土结构工程的施工和验收应符合 GB 50204 的规定；构筑物的施工和验收应符合 GB 50141 的规定。

11.1.5 施工使用的设备、材料、半成品、部件应符合现行标准和设计要求，并取得供货商的合格证书。设备安装应符合 GB 50231 的规定。

11.1.6 工程竣工验收后，建设单位应将有关设计、施工和验收的文件存档。

11.2 施工

11.2.1 土建施工

11.2.1.1 混凝土防腐防渗的施工应符合 GB 50212 和 GB 50108 的规定。

11.2.1.2 钢构制作、安装应符合 GB 50205 的规定。

11.2.1.3 处理构筑物应根据当地气温和环境条件，采取防冻措施。

11.2.2 设备安装

11.2.2.1 泵类安装应符合 GB 50275 的有关规定。

11.2.2.2 设备基础应按照设计要求和图纸规定浇筑。

11.2.2.3 预埋件水平度及平整度应符合 GB 50231 的规定。

11.2.2.4 地脚螺栓应按照设备出厂说明书的要求预埋，位置应准确，安装应稳固。

11.3 工程验收

11.3.1 工程验收应按《建设项目（工程）竣工验收办法》、有关验收规范和本标准的规定执行。

11.3.2 布水器、出水堰应按设计要求进行各项性能试验，保证布水、出水均匀。

11.3.3 泵房等应按设计最多开启台数进行 48 h 运转试验。

11.3.4 排水管道应做闭水试验，上游充水管保持在管顶以上 2 m，外观检查应 24 h 无漏水现象。

11.3.5 验收时应对水解酸化反应器进行满水试验、气密性试验、管道强度及严密性试验等。

11.4 环境保护验收

11.4.1 环境保护验收应按照《建设项目竣工环境保护验收管理办法》的规定和工程环境影响评价报告的批复进行。

11.4.2 环境保护验收前应结合试运行进行性能试验，性能试验报告可作为竣工环境保护验收的技术支持文件。性能试验内容包括：

　　a）耗电量统计，统计主要设备单体运行和设施系统运行的电能消耗；

　　b）满负荷运行测试，处理系统应满负荷进水，考察构筑物和设备的运行工况；

　　c）水质检测，按照规定频次、指标和测试方法进行水质检测，分析污染物去除效果。

12 运行与维护

12.1 一般规定

12.1.1 水解酸化反应器污水处理工程的运行、维护及安全管理应参照 CJJ 60 执行。

12.1.2 水解酸化反应器污水处理工程的运行管理应配备专业人员和设备，并应建立设备台账、运行记录、定期巡视、交接班、安全检查等管理制度，以及各岗位的工艺系统图、操作和维护规程等技术文件。

12.1.3 各岗位的工艺系统图、操作和维护规程等应示于明显位置，运行人员应按规程进行操作，并定期检查构筑物、设备、电器和仪表的运行情况。

12.1.4 定期对各类设备、电气、自控仪表及建（构）筑物进行检修维护，确保设施稳定可靠运行。

12.1.5 定期检测进出水水质,并对检测仪器、仪表进行校验。

12.1.6 运行中应严格进行经常性和定期性安全检查,及时消除事故隐患,防止事故发生。

12.2 水质检验

12.2.1 水解酸化反应器污水处理工程应配备检验人员和仪器。

12.2.2 水质检验应建立健全水质分析质量保证体系。

12.2.3 检验人员应经培训后持证上岗,并应定期进行考核和抽检。

12.2.4 检验方法应符合 CJ/T 51 的规定。

12.2.5 样品采集应符合 HJ/T 91 的规定。

12.2.6 样品不能立即进行试验需要保存时应符合 HJ 493 的规定。

12.2.7 宜每日检测反应器进口和出口的化学需氧量（COD_{Cr}）和悬浮物（SS），生化需氧量（BOD_5）、污泥浓度、pH 值、挥发性脂肪酸等性状指标宜每周检测一次,定期观察污泥活性,监测污泥中挥发性悬浮固体（VSS）浓度。

12.3 反应器启动

12.3.1 水解酸化反应器启动可采用自然培养或二沉池脱水活性污泥接种,宜选用处理同类型工业废水处理工程的接种污泥,接种污泥量应使整个反应器内污泥浓度达到 3～5 g/L。

12.3.2 水解酸化反应器启动时应先控制进水流量以保证污泥不流失,直至达到设计水力负荷。

12.4 运行控制

12.4.1 水解酸化反应器进水应按具体反应器设计要求进行,严禁进水水力负荷、有机负荷过高或过低等情况发生。

12.4.2 城镇污水处理中,升流式水解酸化反应器污泥层应维持在出水堰下 1.0～1.5 m,可通过污泥界面计控制排泥,完全混合式水解酸化反应器后续沉淀池应连续排泥。

12.4.3 工业废水处理中的水解酸化反应器应及时排泥,避免厌氧产甲烷。

12.4.4 水解酸化反应器内氧化还原电位值不应高于 0 mV,避免进水溶解氧过高等影响。

12.5 停运控制

12.5.1 水解酸化反应器长期停运时,应将反应器放空,并采取相应的防冻措施。

12.5.2 水解酸化反应器再启动时,应按 11.3 执行。

12.6 维护保养

12.6.1 水解酸化反应器污水处理设施、设备的维护保养应纳入全厂的维护保养计划中。

12.6.2 企业应根据设计单位和设备供应商提供的设备资料制定详细的设备维护保养规定。

12.6.3 维修人员应根据维护保养规定定期检查、更换或维修必要的部件,并做好维护保养记录。

12.6.4 应定期对水解酸化反应器中的液位计、污泥界面仪等仪表进行校正和维修保养。

12.6.5 水解酸化反应器本体、各种管道及阀门应每年进行一次检查和维修。

12.6.6 水解酸化反应器的布水装置应经常除垢、清通,可采用人工疏通或压缩空气疏通。

中华人民共和国国家环境保护标准

饮料制造废水治理工程技术规范

Technical specifications for soft drink production wastewater treatment

HJ 2048—2014

前 言

为贯彻《中华人民共和国环境保护法》和《中华人民共和国水污染防治法》，规范饮料制造废水治理工程的建设与运行管理，防治环境污染，保护环境和人体健康，制定本标准。

本标准规定了饮料制造废水治理工程设计、施工、验收与维护的技术要求。

本标准为指导性标准。

本标准为首次发布。

本标准由环境保护部科技标准司组织制订。

本标准主要起草单位：济南市环境保护规划设计研究院、山东省环境保护科学研究设计院。

本标准环境保护部 2015 年 11 月 20 日批准。

本标准自 2016 年 1 月 1 日起实施。

本标准由环境保护部解释。

1 适用范围

本标准规定了饮料制造废水治理工程设计、施工、验收、运行与维护的技术要求。

本标准适用于饮料制造废水治理工程，作为环境影响评价、可行性研究、设计、施工、安装、调试、验收、运行和维护管理的技术依据。

2 规范性引用文件

本标准引用了下列文件或其中的条款。凡是未注明日期的引用文件，其最新版本适用于本标准。

GB 3096　声环境质量标准
GB 4284　农用污泥中污染物控制标准
GB 7251　低压成套开关设备和控制设备
GB 8978　污水综合排放标准
GB 10789　饮料通则
GB 12348　工业企业厂界环境噪声排放标准

GB 12523	建筑施工场界环境噪声排放标准
GB/T 12801	生产过程安全卫生要求总则
GB 14554	恶臭污染物排放标准
GB 15562.1	环境保护图形标志——排放口（源）
GB 18484	危险废物焚烧污染控制标准
GB 18597	危险废物贮存污染控制标准
GB 18598	危险废物填埋污染控制标准
GB 18599	一般工业固体废物贮存、处置场污染控制标准
GB/T 18920	城市污水再生利用　城市杂用水水质
GB/T 19837	城市给排水紫外线消毒设备
GB 50009	建筑结构荷载规范
GB 50014	室外排水设计规范
GB 50015	建筑给水排水设计规范
GB 50016	建筑设计防火规范
GB 50019	采暖通风与空气调节设计规范
GB/T 50033	建筑采光设计标准
GB 50034	建筑照明设计标准
GB 50037	建筑地面设计规范
GB 50046	工业建筑防腐蚀设计规范
GB 50052	供配电系统设计规范
GB 50053	20 kV 及以下变电所设计规范
GB 50054	低压配电设计规范
GB 50055	通用用电设备配电设计规范
GB 50057	建筑物防雷设计规范
GB 50069	给水排水工程构筑物结构设计规范
GB/T 50087	工业企业噪声控制设计规范
GB 50093	自动化仪表工程施工及质量验收规范
GB 50108	地下工程防水技术规范
GB 50141	给水排水构筑物工程施工及验收规范
GB 50168	电气装置安装工程电缆线路施工及验收规范
GB 50169	电气装置安装工程接地装置施工及验收规范
GB 50187	工业企业总平面设计规范
GB 50204	混凝土结构工程施工质量验收规范
GB 50208	地下防水工程质量验收规范
GB 50222	建筑内部装修设计防火规范
GB 50231	机械设备安装工程施工及验收通用规范
GB 50236	现场设备、工业管道焊接工程施工规范
GB 50243	通风与空调工程施工质量验收规范
GB 50254	电气装置安装工程　低压电器施工及验收规范

GB 50257　电气装置安装工程　爆炸和火灾危险环境电气装置施工及验收规范
GB 50268　给水排水管道工程施工及验收规范
GB 50275　风机、压缩机、泵安装工程施工及验收规范
GB 50334　城市污水处理厂工程质量验收规范
GB 50335　污水再生利用工程设计规范
GBJ 22　厂矿道路设计规范
GBZ 1　工业企业设计卫生标准
GBZ 2.1　工作场所有害因素职业接触限值　第一部分：化学有害因素
GBZ 2.2　工作场所有害因素职业接触限值　第二部分：物理因素
CECS 97　鼓风曝气系统设计规程
CECS 162　给水排水仪表自动化控制工程施工及验收规程
CJJ 60　城镇污水处理厂运行、维护及安全技术规程
CJ/T 388　给水排水用滗水器通用技术条件
HJ/T 15　环境保护产品技术要求　超声波明渠污水流量计
HJ/T 91　地表水和污水监测技术规范
HJ/T 92　水污染物排放总量监测技术规范
HJ/T 96　pH 水质自动分析仪技术要求
HJ/T 101　氨氮水质自动分析仪技术要求
HJ/T 242　环境保护产品技术要求　污泥脱水用带式压榨过滤机
HJ/T 245　环境保护产品技术要求　悬挂式填料
HJ/T 246　环境保护产品技术要求　悬浮填料
HJ/T 247　环境保护产品技术要求　竖轴式机械表面曝气装置
HJ/T 250　环境保护产品技术要求　旋转式细格栅
HJ/T 251　环境保护产品技术要求　罗茨鼓风机
HJ/T 252　环境保护产品技术要求　中、微孔曝气器
HJ/T 261　环境保护产品技术要求　压力溶气气浮装置
HJ/T 262　环境保护产品技术要求　格栅除污机
HJ/T 263　环境保护产品技术要求　射流曝气器
HJ/T 265　环境保护产品技术要求　刮泥机
HJ/T 266　环境保护产品技术要求　吸泥机
HJ/T 272　环境保护产品技术要求　化学法二氧化氯消毒剂发生器
HJ/T 277　环境保护产品技术要求　旋转式滗水器
HJ/T 278　环境保护产品技术要求　单级高速曝气离心鼓风机
HJ/T 279　环境保护产品技术要求　推流式潜水搅拌机
HJ/T 281　环境保护产品技术要求　散流式曝气器
HJ/T 282　环境保护产品技术要求　浅池气浮装置
HJ/T 283　环境保护产品技术要求　厢式压滤机和板框压滤机
HJ/T 335　环境保护产品技术要求　污泥浓缩带式脱水一体机
HJ/T 336　环境保护产品技术要求　潜水排污泵

HJ/T 337　环境保护产品技术要求　生物接触氧化成套装置
HJ/T 354　水污染源在线监测系统验收技术规范（试行）
HJ/T 369　环境保护产品技术要求　水处理用加药装置
HJ/T 377　环境保护产品技术要求　化学需氧量（COD_{Cr}）水质在线自动监测仪
HJ 2007　污水气浮处理工程技术规范
HJ 2009　生物接触氧化法污水处理工程技术规范
HJ 2013　升流式厌氧污泥床反应器污水处理工程技术规范
HJ 2015　水污染治理工程技术导则
NY/T 1220.1　沼气工程技术规范　第1部分：工艺设计
NY/T 1220.2　沼气工程技术规范　第2部分：供气设计
《危险化学品安全管理条例》（中华人民共和国国务院令　第591号）
《建设项目（工程）竣工验收办法》（计建设[1990]1215号）
《排污口规范化整治技术要求（试行）》（国家环保局　环监[1996]470号）
《建设项目竣工环境保护验收管理办法》（国家环境保护总局令　第13号）
《污染源自动监控管理办法》（国家环境保护总局令　第28号）

3　术语和定义

《饮料通则》（GB 10789）中的术语以及下列术语和定义适用于本标准。

3.1　饮料　beverage

经过定量包装的，供直接饮用或用水冲调饮用的，乙醇含量不超过质量分数为0.5%的制品，不包括饮用药品。

3.2　综合废水　integrated wastewater

指饮料制造过程中排放的工艺废水、清洗废水及企业产生的生活污水。

3.3　工艺废水　process wastewater

指饮料制造过程中各工艺单元产生的废水。

3.4　清洗废水　washing wastewater

指清洗饮料包装容器、生产设备及管路、生产车间产生的废水。

3.5　生活污水　domestic wastewater

指企业的食堂、卫生间、浴室等产生的污水。

3.6　预处理　pretreatment

指进入一级处理之前，为达到综合废水处理工艺进水负荷或最低水质要求而单独进行的处理。

3.7　一级处理　primary treatment

指以沉淀、气浮等固液分离措施为主体的初级净化过程，以减轻后续处理工艺负荷。

3.8　二级处理　secondary treatment

指继一级处理以后的废水处理过程，主要利用构筑物内或特定环境中的生物（主要是微生物）去除水中溶解的或悬浮的有机物。

3.9　深度处理　advanced treatment

指废水经一级、二级处理后，为达到相应的标准要求而进一步采取的废水净化过程。

4 废水水量与水质

4.1 废水水量

4.1.1 综合废水量可按下式计算

$$Q_Y = \sum N_i \alpha_i = \beta Q \tag{1}$$

式中：Q_Y——综合废水量，m^3/d；

Q——企业用水量，m^3/d，可根据企业生产、生活用水定额确定；

N_i——各类产品日产量，t/d；

α_i——各类产品单位废水产生量，m^3/t，可按表1取值；

β——按企业用水量计算综合废水量的折减系数，应根据企业生产工艺及给排水设施水平等因素确定，一般取80%～90%。

4.1.2 最大日最大时废水量等于最大日平均时废水量（综合废水量）与变化系数的乘积，变化系数应根据企业生产和废水排放情况确定。

$$Q_{\max} = kQ_Y/24 \tag{2}$$

式中：$Q_{\max}$——最大日最大时废水量，m^3/h；

Q_Y——综合废水量，m^3/d；

k——变化系数。

4.2 废水水质

4.2.1 应采取现场取样检测的方法确定废水水质，包括：

a）综合废水水质可根据各生产工序排放废水的水质取样检测结果，通过加权计算确定；也可根据企业废水排放总口的水质检测结果确定。

b）水质取样检测应符合HJ/T 91的要求。

c）新建企业的废水治理工程，可类比现有同等生产规模和同种生产工艺企业水质情况来确定废水水质。

d）无检测和类比数据时，废水水质可参照表1的数据取值。

表1 饮料制造综合废水水质

序号	饮料种类	主要废水产生环节	废水中各类污染物的质量浓度/(mg/L)			单位产品废水产生量/(m^3/t)
			COD_{Cr}	BOD_5	NH_3-N	
1	碳酸饮料（汽水）	灌装区的洗瓶水、冲洗水、碎瓶饮料和糖浆缸冲洗水以及设备和地面的冲洗水	650～3 000	320～1 800	4～30	1.0～2.5
2	果汁和蔬菜汁	原料的预处理、打浆、榨汁和浸提、浓缩、杀菌；各类生产容器、设备及地面的冲洗水；一些中间产品的排泄以及灌装车间泄漏的部分产品；厂区的生活污水	1 700～3 700	1 200～2 900	5～25	5～26

序号	饮料种类		主要废水产生环节	废水中各类污染物的质量浓度/(mg/L)			单位产品废水产生量/(m³/t)
				COD_{Cr}	BOD_5	NH_3-N	
3	蛋白饮料	乳制品	容器、管道、设备加工面清洗废水，生产车间、场地清洗和工人卫生用水产生的废水，生产中流失的乳制品	900~2 000	200~1 300	10~80	2~5
		植物蛋白	容器、管道、设备加工面清洗废水，生产车间、场地清洗和工人卫生用水产生的废水，生产中流失的植物蛋白				
4	包装饮用水		车间、设备、工器具操作台清洗和消毒产生废水，工人卫生用水产生的废水	<30	—	—	6~15
5	茶饮料		设备、管道内部清洗和原水过滤产生的废水	600~2 500	300~1 400	5~35	0.5~5
6	咖啡饮料			600~2 500	300~1 400	6~38	0.5~6
7	植物饮料		设备、管道内部清洗、原水过滤产生的废水和原料预处理废水	800~2 200	—	5~30	2~5
8	风味饮料		设备、管道内部清洗和原水过滤产生的废水	800~1 700	—	5~35	2~11
9	特殊用途饮料		设备、管道内部清洗和原水过滤产生的废水	700~2 000	—	6~35	1~10
10	固体饮料		设备内部清洗、浓缩过程排水和循环冷却水排水	800~4 000	400~1780	10~40	2~10.5

5 总体要求

5.1 一般规定

5.1.1 饮料生产企业应从废水的产生、处理和排放全过程进行控制，采用清洁生产技术，提高资源、能源利用率，降低污染物的产生量和排放量，做好构（建）筑物的防渗措施，预防污染环境。

5.1.2 工程设计除应参考本标准外，还应符合国家现行的有关标准和技术规范的规定。

5.1.3 工程建设应以企业生产情况及发展规划为依据，贯彻国家产业政策和行业污染防治技术政策，统筹集中与分散、现有与新（扩、改）建的关系。

5.1.4 应设计合理的使用年限，应与主体建筑设计标准相符合。

5.1.5 排放水质应符合环境影响评价批复文件和相关排放标准的要求。

5.1.6 污水处理厂（站）运行过程中的恶臭气体排放应符合GB 14554等相关环保标准的要求。

5.1.7 污水处理厂（站）建设及运行过程中的噪声排放应符合GB 12523、GB 3096和GB 12348的规定，对建筑物内部设施噪声源控制应符合GB/T 50087中的有关规定。

5.1.8 废水排放口建设应按《排污口规范化整治技术要求（试行）》规定执行；排放口标志应按GB 15562.1要求执行；污染物排放连续监测设备安装应按《污染源自动监控管理办法》执行。

5.2 工程构成
5.2.1 治理工程包括主体工程、辅助工程以及运行管理设施等。
5.2.2 主体工程包括：废水预处理系统、一级处理系统、二级处理系统、深度处理系统、污泥处理系统。
5.2.3 辅助工程包括：电气自动化、供排水、消防、采暖通风、空调、检测和过程控制、绿化等。
5.2.4 运行管理设施包括：办公用房、分析化验室、维修车间等。

5.3 建设规模
5.3.1 建设规模的确定应以企业的水量、水质和预期变化情况为依据；现有企业废水治理工程应以实测数据为依据，新（扩、改）建企业可采用类比或物料衡算的方法。
5.3.2 预处理工程建设规模应与其相关生产单元的生产规模相匹配，按最大生产负荷设计。
5.3.3 综合废水处理工程的建设规模应符合下列要求：
    a）调节池前废水处理构筑物按最大日最大时流量设计；
    b）调节池及其后的废水处理构筑物按最大日平均时流量设计；
    c）污泥处理系统按最大日平均时污泥量设计。

5.4 厂（站）选址和总平面布置
5.4.1 处理厂（站）选址和总平面布置应符合企业的总体规划，并满足环境影响评价批复文件等审批文件的要求。
5.4.2 厂（站）选址、平面和竖向设计、总图运输、管线综合及绿化布置应根据项目组成情况确定，并符合GB 50187、GB 50014和行业标准的规定。
5.4.3 处理厂（站）总平面布置应根据各构筑物的功能和处理流程要求，结合地形、气候和地质条件等因素，经技术经济比较后确定。
5.4.4 各处理单元平面布置应紧凑、合理，满足构筑物施工、设备安装、管道敷设、运行调试、维修管理等的要求，并应留有设备更换及升级改造的余地，同时考虑最大设备的进出要求。
5.4.5 按远期总处理规模预留场地并注意近远期之间的衔接。
5.4.6 工艺流程、处理单元的竖向设计应充分利用场地地形，符合排水通畅、降低能耗、平衡土方等方面要求。
5.4.7 废水处理站与办公生活区之间应设置绿化隔离带。
5.4.8 应根据需要设置材料、药剂、污泥、废渣等的存放场所，不得露天堆放，存放场所基础严格按照GB 18597、GB 18599标准要求采取防渗措施。加药间、药剂储存间、消毒剂制备间应与其他房间隔开，并有直接通向室外的外开门。

6 工艺设计

6.1 一般规定
6.1.1 在工艺设计前，应对废水的水质、水量及变化规律进行全面的调查，并进行必要的分析和试验。
6.1.2 高浓度废水及特殊废水宜根据水质特点，在车间生产现场或废水治理工程内设置一级或多级预处理措施,确保其水质满足生化处理系统要求。

6.1.3 应根据废水的水质特征、处理后水的去向、排放标准开展小试或中试研究,并进行可靠度和经济性比选后确定合适的工艺路线。

6.1.4 工艺选择时应结合当地的自然条件,考虑不同地区、不同季节下环境温度对微生物的影响,并有针对性地采取保温或冷却等措施。

6.1.5 工程设计应考虑生产事故排放等非正常工况的污染防治应急措施。

6.1.6 工程运行产生的污泥、恶臭气体,均应妥善处置和利用。

6.2 饮料制造废水治理工艺流程组合

饮料制造废水治理工艺流程如图1所示。

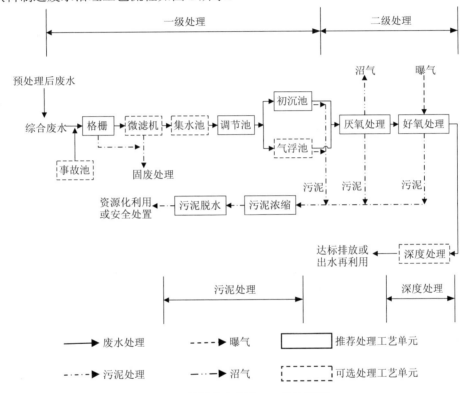

图1 饮料制造废水治理工艺流程图

6.3 工艺技术要求

6.3.1 预处理

对不符合综合废水处理系统要求的工艺废水,如高温废水、酸碱废水以及含有氰化物的废水等,应进行预处理。

6.3.1.1 高温废水应先进行降温预处理,温度降至30℃以下时,方可进入综合处理系统。

6.3.1.2 酸碱废水应先进行酸碱中和预处理,pH值调整到6~9时,方可进入综合处理系统。

6.3.1.3 含氰化物废水应先在生产设施排口进行单独处理,达到国家或地方的标准要求后,方可进入综合处理系统。

6.3.2 一级处理

6.3.2.1 格栅

a）粗格栅和细格栅应至少各一道；
b）格栅应设置在调节池前，也可与调节池合并设计；
c）粗格栅采用机械格栅时，格栅间隙宜为10～20 mm；采用人工格栅时，格栅间隙宜为15～25 mm；
d）细格栅宜选用具有自清能力的旋转机械格栅，格栅间隙宜为2～5 mm；
e）格栅设置在格栅井内，其倾角不小于60°，宽度不宜小于0.7 m，格栅前设计最高水位0.5 m；
f）机械格栅宜设置便于维修的起吊设施、出渣平台和栏杆。

6.3.2.2　微滤机
a）为去除果汁原液生产过程中产生的废水中的碎果屑和果胶，宜在格栅后增设微滤机；
b）微滤机宜采用不锈钢滤网，滤网间隙60～100目，带有自动冲洗功能。

6.3.2.3　集水池
a）当车间排水口管道埋深较大时，为减少调节池的埋深，便于施工，应设置集水池；
b）集水池有效容积应不小于该池最大工作水泵5 min的出水量，每小时启动次数不超过6次；
c）集水池的其他技术要求按GB 50014的有关规定执行。

6.3.2.4　调节池
a）调节池有效容积宜按照生产排水规律确定，没有相关资料时有效容积宜按水力停留时间10～24 h设计；
b）调节池内应设置搅拌装置，一般可采用液下（潜水）搅拌或空气搅拌。采用液下（潜水）搅拌时，搅拌功率应结合池体大小确定，一般可按5～10 W/m³；采用空气搅拌时，所需空气量（标准状态）为0.6～0.9 m³/（h·m³）；
c）调节池宜加盖，应设置通风、排风及除臭设施，应设溢流管、检修孔和扶梯；
d）调节池宜设置排空集水坑，池底设计流向集水坑的坡度，坡度设计应不小于1%；
e）调节池应设置液位控制及报警装置。

6.3.2.5　初沉池/气浮池
（1）初沉池
a）调节池后可设置初沉池；
b）初沉池的水力停留时间应在0.5～2 h之间；
c）其他参数参见GB 50014的有关规定。
（2）气浮池
a）含有油脂的饮料生产废水，宜采用气浮工艺；
b）气浮一般需设混凝（破乳）反应区（器）；反应时间与原水性质、混凝剂种类、投加量、反应形式等因素有关，一般为15～30 min；废水经挡板底部进入气浮接触区时的流速应小于0.1 m/s；
c）气浮池的其他设计参数可参见HJ 2007。

6.3.3　二级处理
6.3.3.1　水解酸化/厌氧处理

好氧处理前宜设置水解酸化或厌氧处理,厌氧处理通常可采用升流式厌氧污泥床(UASB)或内循环厌氧反应器(IC)等,相关技术要求如下:

(1) 水解酸化

a) 当进水COD_{Cr}质量浓度大于1 200 mg/L且小于2 000 mg/L时或BOD_5/COD_{Cr}较小可生化性差时,宜采用水解酸化工艺;

b) 水解酸化池容积通常按水力停留时间设计,按有效容积负荷校核,水力停留时间一般为4~10 h,容积负荷(COD_{Cr})为1.0~3.5kg/(m^3·d);

c) 水解酸化池有效水深宜在4~6 m之间,控制温度宜为20~30℃,内设布水和泥水混合设备,防止污泥沉降;

d) 水解酸化池一般采用升流式,最大上升流速应小于2.0 m/h;

e) 水解酸化池可根据实际需要悬挂一定生物填料,填料高度一般宜为水解酸化池的有效池深的1/2~2/3,生物填料的选取可参照HJ/T 245、HJ/T 246。

(2) UASB/IC

a) UASB反应器的进水悬浮物质量浓度宜控制在500 mg/L以下;IC反应器的进水悬浮物质量浓度宜控制在1 500 mg/L以下;当进水悬浮物较高或可生化性差时,宜设置酸化池;

b) UASB和IC反应器应设置均匀布水装置和三相分离器,反应器分离区出水采用溢流堰出水方式,堰前应设置浮渣挡板;

c) 可采用外循环方式提高UASB和IC反应器内的上升流速,循环量宜根据设定的反应器表面负荷及沼气产量自动调整;

d) 应根据设计进水流量,设置2个或2个以上的IC反应器,最大单体宜小于2 000 m^3;

e) UASB和IC反应器应设沼气系统,沼气的净化、贮存技术应参照NY/T 1220.1和NY/T 1220.2的规定;

f) UASB其他设计参数可参见HJ 2013。

6.3.3.2 好氧处理

好氧处理通常可采用接触氧化、普通活性污泥或序批式活性污泥(SBR)等工艺,相关技术要求如下:

a) 接触氧化工艺进水pH值应控制在6~9之间,水温宜控制在12~30℃之间,容积负荷(BOD_5)为1~2kg/(m^3·d),其他设计参数可参见HJ 2009、HJ/T 337及相关设计手册;

b) 普通活性污泥工艺污泥负荷(BOD_5/MLVSS)为0.15~0.3kg/kg,容积负荷(BOD_5)为0.2~0.6kg/(m^3·d),污泥回流比为0.5~1.0;

c) SBR工艺污泥负荷(BOD_5/MLVSS)为0.05~0.7kg/kg,容积负荷(BOD_5)为0.1~0.2kg/(m^3·d);排水装置宜采用滗水器,运行过程中宜采用自动控制技术;

d) 曝气系统宜采用鼓风曝气,混合液溶解氧(DO)在2 mg/L左右;

e) 控制好系统的碳/氮/磷(C/N/P)为100:5:1,必要时考虑投加营养盐;

f) 好氧处理(SBR除外)后应设置二沉池,宜采用静水压力排泥,静水头不应小于1 500 mm,排泥管直径不宜小于100 mm;沉淀池集水应设出水堰,以保证沉淀池中的水流稳定。其他设计参数见表2。

g) 当废水有脱氮要求时,可采用具有脱氮功能的缺氧/好氧法(A/O)等工艺。

h) 其他参数参见GB 50014等相关标准及设计手册。

表2 二沉池设计参数

二沉池位置	沉淀时间/h	表面水力负荷/[m³/(m²·h)]	污泥含水率/%	固体负荷/[kg/(m²·d)]	堰口负荷/[L/(s·m)]
接触氧化法之后	1.5~4.0	1.0~1.5	96~98	≤150	≤1.7
普通活性污泥法之后	2.0~5.0	0.6~1.0	99.2~99.6	≤150	≤1.7

6.3.4 深度处理

a) 当需要进一步提高处理后出水水质时，应进行深度处理；

b) 深度处理宜采用生物处理和物化处理相结合的工艺，如膜处理、曝气生物滤池（BAF）、混凝沉淀、过滤、消毒等；

c) 具体工艺应根据水质、水量进行技术经济比选后选择单元技术组合，其技术参数应通过试验确定，试验宜选择两种以上工况，试验规模一般为常规处理水量的5%左右，应至少稳定运行3个月以上；

d) 深度处理后的出水需要再利用时设计应参照GB 50335，出水应达到GB/T 18920的要求。

6.3.5 污泥处理与处置

a) 污泥包括物化沉淀污泥和生化剩余污泥，以生化剩余污泥为主；

b) 物化沉淀污泥量根据悬浮物质量浓度、加药量等进行计算；生化剩余污泥量根据有机物质量浓度、污泥产率系数进行计算。不同处理工艺产生的剩余污泥量不同，污泥产泥率（DS/BOD$_5$）一般可按0.3~0.7kg/kg设计，污泥含水率99.3%~99.4%；

c) 宜设置污泥浓缩池，一般采用重力式污泥浓缩池，污泥浓缩时间宜按16~24 h设计，浓缩后污泥含水率应不大于98%；

d) 污泥脱水前应进行加药调理，药剂种类应根据污泥性质和干污泥的处理方式选用，投加量通过试验或参照同类型污泥脱水的数据确定；

e) 污泥脱水机类型应根据污泥性质、污泥产量、脱水要求等进行选择，经技术经济比较后确定；

f) 脱水污泥应设置堆放场，污泥堆放场的大小按污泥产量、运输条件等确定。污泥堆场地面和四周应有防渗、防漏、防雨水等措施；

g) 污泥综合利用应因地制宜，农用时应慎重，按GB 4284等相关标准执行，土地利用应严格控制污泥中的有毒物质含量；

h) 污泥处置还应符合GB 18597、GB 18598、GB 18599、GB 50014和GB 18484等标准的规定。

6.3.6 恶臭处理

6.3.6.1 应有效控制恶臭污染源，并符合下列技术要求：

a) 优化工艺单元设计，减少废水收集及治理系统恶臭气体的产生和散发；

b) 定期清理格栅、调节池、初沉池、水解酸化池、污泥池等工艺单元中的栅渣、浮渣、污泥等污染物；

c) 实时投加或喷洒化学除臭剂。

6.3.6.2 宜对恶臭气体进行收集、处理和排放，并符合下列技术要求：

a) 采取密闭、局部隔离及负压抽吸等措施，集中收集工艺过程（格栅渠、调节池、污泥池、污泥脱水机等）中产生的臭气；

　　b）污水泵房、污泥脱水间、加药间等应设置通风或臭气收集设施，并确保排放废气符合现行国家标准的要求。

6.3.6.3 宜采用物理、生物、化学除臭等工艺处理集中收集的臭气，常用的除臭工艺包括吸附、离子氧化、生物过滤等。

6.3.7 事故池

　　a）事故池有效容积应能接纳最大一次事故排放的废水总量；

　　b）事故池内应设置提升泵，宜将事故排放废水均匀排入综合废水处理系统中；

　　c）事故池底部应设有集水坑，倾向坑的坡度不宜小于0.01，池壁宜设置爬梯；

　　d）事故池宜设置混合装置；

　　e）事故池宜设置液位控制和报警装置；

　　f）当调节池兼作综合废水事故池时，其容积计算应考虑事故排放的容量，至少保证1~2 d的废水容量。

7 主要工艺设备和材料

7.1 一般规定

7.1.1 饮料制造废水治理工程常用的设备包括格栅除污机、泵、曝气设备、刮/吸泥机、滗水器、加药设备、消毒设备、脱水设备等。

7.1.2 关键设备和材料均应从工程设计、招标采购、施工安装、运行维护、调试验收等环节进行严格控制，选择满足工艺要求、符合相应标准的产品。

7.1.3 应对易腐蚀的设备、管渠及材料采取相应的防腐蚀措施，根据腐蚀的性质，结合当地情况，因地制宜地选用经济合理、技术可靠的防腐蚀材料和方法，并达到国家现行有关标准的规定。

7.2 工程配置要求

7.2.1 格栅除污机、潜水推进器、表面曝气机、滗水器等宜按双系列或多系列分别配置。

7.2.2 加药设备应按加入药液的种类和处理系列分别配置。

7.2.3 污水泵、污泥泵、加药泵、鼓风机等应设置备用设备。

7.2.4 泵类、曝气设备、加药设备等宜储备核心部件和易损部件。

7.2.5 设备的选用应确保其功能、效果和质量要求。

7.3 主要设备选型

7.3.1 格栅除污机

　　格栅除污机应符合HJ/T 262的规定。

7.3.2 泵

　　潜水排污泵应符合HJ/T 336的规定。其他类型的泵应符合国家节能等方面的要求。

7.3.3 曝气设备

7.3.3.1 应选用氧利用效率高、混合效果好、质量可靠、阻力损失小、容易安装维修及不易产生堵塞的产品。

7.3.3.2 应选用符合国家或行业标准规定的产品，具体要求如下：

　　a）罗茨鼓风机应符合HJ/T 251的规定，单级高速曝气离心鼓风机应符合HJ/T 278的规定；

b）中、微孔曝气器应符合HJ/T 252的规定；
c）射流曝气器应符合HJ/T 263的规定；
d）散流式曝气器应符合HJ/T 281的规定；
e）竖轴式机械表面曝气机应符合HJ/T 247的规定；
f）其他新型曝气器宜以实验数据或产品认证材料为准。

7.3.3.3 鼓风曝气系统设计细节可参照CECS 97相应规定执行。

7.3.4 刮/吸泥机

刮泥机应符合HJ/T 265的规定，吸泥机应符合HJ/T 266的规定。

7.3.5 滗水器

滗水器应符合CJ/T 388的规定，如采用旋转式滗水器还应符合HJ/T 277的规定。

7.3.6 加药设备

加药设备应符合HJ/T 369的规定。

7.3.7 消毒设备

二氧化氯消毒剂发生器应符合HJ/T 272的规定，紫外线消毒设备应符合GB/T 19837的规定。

7.3.8 脱水设备

7.3.8.1 厢式压滤机和板框压滤机应符合HJ/T 283的规定。

7.3.8.2 带式压榨过滤机应符合HJ/T 242的规定。

7.3.8.3 浓缩带式脱水一体机应符合HJ/T 335的规定。

7.3.9 搅拌机

潜水推流搅拌机应符合HJ/T 279的规定，其他类型的搅拌机应符合国家节能等方面的要求。

7.3.10 气浮装置

气浮装置应符合HJ/T 261和HJ/T 282的规定。

7.3.11 填料

悬挂式填料应符合HJ/T 245的规定，悬浮填料应符合HJ/T 246的规定。

7.4 其他设备、材料

其他设备、材料应符合国家或行业标准的规定。

7.5 防腐

应对易腐蚀的构筑物、设备、管道及材料采取相应的防腐蚀措施，根据腐蚀的性质，结合当地情况，因地制宜地选用经济合理、技术可靠的防腐蚀措施，并应达到国家现行有关标准的规定，有条件的企业宜采用耐腐蚀材料。

7.6 其他要求

其他具体要求应符合HJ 2015的规定。

8 检测与过程控制

8.1 检测

8.1.1 工程应设置化验室，按照检测项目配置相应的检测仪器和设备。

8.1.2 应设置在线检测装置为实现过程控制和性能考核提供数据，其检测点分别设在受控单元内或进、出口处，采样频次和检测项目应根据工艺控制要求确定。

8.1.3 应根据水处理单元工艺需要,检测相关的水质参数:

a) 应检测废水治理工程进、出口处的流量、pH、COD_{Cr}、氨氮、总氮、SS 和色度等指标;

b) 厌氧处理单元宜检测反应池内的pH、水温、挥发性脂肪酸(VFA)、碱度、恶臭因子,以及沼气产量、成分等指标;

c) 好氧生化单元宜检测反应池内pH、水温、溶解氧(DO)和污泥质量浓度等指标;

d) 深度处理单元宜检测反应池内pH、COD_{Cr}、氨氮、总氮、SS等指标;

e) 应检测格栅渠、集水池、调节池、污泥池等的液位指标,检测加药管、污泥管等处的流量指标。

8.1.4 大功率机电设备应检测电流、电压、功率、温度等工作状态指标。

8.1.5 现场检测仪表宜具备防腐、防爆、抗渗漏、防结垢、自清洗等功能。

8.1.6 仪表设计的其他要求可参考CECS 162等标准的规定。

8.1.7 监测的仪器设备宜采用符合HJ/T 96、HJ/T 101、HJ/T 377等规定的监测仪器。

8.2 过程控制

8.2.1 控制系统设计应符合国际标准化组织和国家颁布的相关标准。

8.2.2 控制系统应在满足工艺要求的前提下,运行可靠、经济、节能、安全,便于日常维护和管理。

8.2.3 过程控制参数、技术要求和自动化控制水平应根据废水处理规模、水质处理要求、企业经济条件等因素合理确定,并符合以下要求:

a) 废水处理设施宜采用集中管理、分散控制的自动化控制模式,设PLC控制器,必要时可设现场I/O模块;

b) 现场设备应装设现场操作箱,操作箱应设置运行与故障状态指示、手动/自动转换开关;

c) 采用成套设备且设备配套控制系统时,设备配套的控制系统应预留必要的通讯接口,以实现与全厂控制系统的通讯和数据交换。

8.3 其他要求

其他具体要求应符合HJ 2015的规定。

9 主要辅助工程

9.1 电气自动化

9.1.1 独立处理厂(站)供电宜按二级负荷设计,厂内处理厂(站)供电等级,应与生产车间相同。工作电源的引接和操作室设置应与生产过程统筹考虑,高、低电压等级和用电中性接地方式应与生产设备一致。

9.1.2 配电系统应根据运行功率因数设置无功补偿装置。

9.1.3 电气系统设计应符合GB 50052、GB 50053、GB 50054、GB 50055、GB 7251 和 GB 50057等现行国家和行业标准的规定,照明设计应符合GB 50034的规定。

9.1.4 工艺装置的中央控制室的仪表电源应配备在线式不间断供电电源设备(UPS)。

9.1.5 控制系统要求运行可靠,便于维护和管理,自动化控制水平应根据废水处理规模、水质处理要求、企业经济条件等因素合理确定。

9.1.6 自动化控制系统设计应符合国际标准化组织或国家颁布的相关标准及要求。

9.2 供排水和消防

9.2.1 供排水和消防系统应与生产系统统筹考虑,生活用水、生产用水及消防设施应符合GB 50015、GB 50016和GB 50222等国家现行标准的规定。

9.2.2 供排水与消防应同生产企业车间等一并规划、设计、配置设施,废水治理工程区内供水管网宜采用生产、生活和消防联合供水系统。

9.2.3 排水宜采用重力流排放。当遇到潮汛、暴雨,排水口标高低于地表水水位时,应设闸门和排水泵站。

9.2.4 消防设计应符合GB 50016的有关规定,易燃易爆的车间或场所应按消防部门要求设置消防器材。

9.2.5 废水治理工程(厌氧处理单元除外)的火灾危险类别属于丁(戊)类,耐火等级的判定应根据相关处理单元的特点分别考虑,变/配电间、控制室、化验室应按不低于二级耐火等级设计,其他建(构)筑物的耐火等级应不低于三级;当含有厌氧处理单元时,厌氧处理单元的火灾危险性为甲类,防火等级应按一级耐火等级设计。

9.3 采暖通风与空调

9.3.1 建筑物内应有采暖通风与空气调节系统,并应符合GB 50019和GB 50243等国家现行标准的规定。

9.3.2 废水治理工程采暖系统设计应与生产车间统一规划,热源优先由厂区或集中加工区采暖系统提供;当建筑物机械通风不能满足工艺对室内温度、湿度要求时应设空调装置。

9.3.3 在北方寒冷地区,处理构筑物应有防冻措施。处理构筑物内温度应高于5℃;加药间、检验室和值班室等的室内温度应高于15℃。

9.3.4 各类建、构筑物的通风设计应符合下列原则:

9.3.4.1 地下或加盖构筑物应设通风设施。

9.3.4.2 有可能放散有毒、有害气体的建筑物,应根据室内最高允许质量浓度所需换气次数确定通风量。室内空气严禁再循环,有条件宜设有毒、有害气体的检测和报警装置。

9.3.4.3 有防爆要求的车间应设事故通风,事故风机应为防爆型,事故风机可兼作夏季通风用。

9.4 建筑结构

9.4.1 建筑的造型应简洁,建筑风格宜与整个废水治理工程相协调。建、构筑物平面布置和空间布局应满足工艺流程要求,同时考虑今后生产发展和技术改造的可能性。

9.4.2 厂房建筑的防腐、采光和结构应符合GB 50046、GB 50037、GB/T 50033和GB 50009等现行国家标准的规定。

9.4.3 构筑物应符合GB 50069、GB 50108、GB 50141和GB 50208等现行国家标准的规定。

9.4.4 应根据不同地区气候条件的差异采用不同的结构形式,严寒地区的建筑结构应采取防冻措施。

9.5 道路与绿化

厂区道路与绿化等工程设计应符合GBJ 22的规定。

9.6 其他要求

其他具体要求应符合HJ 2015的规定。

10 劳动安全与职业卫生

10.1 劳动安全

10.1.1 劳动安全管理应符合GB/T 12801的规定。

10.1.2 应按照《危险化学品安全管理条例》的要求管理和使用工艺过程中的化学药剂。

10.1.3 应建立并严格执行安全检查制度，及时消除事故隐患，防止事故发生。

10.1.4 应有必要的安全防护措施和报警装置：

　　a）应在沼气产生和储存区域设置禁烟、防火标志；

　　b）应在水处理构筑物设置安全护栏、防滑梯和救生圈；

　　c）应在各种机械设备裸露的传动部分设置防护罩或防护栏杆；

　　d）宜在加药间的相应区域设置紧急淋浴冲洗装置；

　　e）人员进入密闭的水处理构筑物检修时，应先进行强制通风，经过仪器检测，确定符合安全条件时，人员方可进入。

10.1.5 应制定易燃、爆炸、自然灾害等意外事件的应急预警预案。

10.2 职业卫生

10.2.1 职业卫生应符合GBZ 1、GBZ 2.1、GBZ 2.2的规定。

10.2.2 应保持操作室空气清新，适合操作人员长期在岗工作。

10.2.3 应加强作业场所的职业卫生防护，做好隔声、减震和防暑、防毒等预防工作。

10.2.4 应向操作人员提供必要的劳动保护用品，以及浴室、更衣室等卫生设施。

10.2.5 职工在加药间、污泥脱水间、风机房等高粉尘、有异味、高噪声的环境下应佩戴必要的劳动保护用具。

10.3 其他要求

其他具体要求应符合HJ 2015的规定。

11 施工与验收

11.1 工程施工

11.1.1 工程施工应符合国家和行业施工程序及管理文件的要求。

11.1.2 工程设计、施工单位应具有与该工程相应的资质等级。

11.1.3 工程施工应符合施工设计文件、设备技术文件的要求，工程变更应取得设计变更文件后再进行。

11.1.4 工程施工中使用的设备、材料、器件等应符合相关的国家标准，并应取得产品合格证后方可使用，关键设备还应具有产品出厂检验报告等技术文件。

11.1.5 施工单位应遵守相关工程施工技术规范等国家标准的要求。

11.2 工程验收

11.2.1 与生产工程同步建设的废水治理设施应与生产工程同时验收，升级改造的废水治理设施应单独进行验收。

11.2.2 废水治理工程应按《建设项目（工程）竣工验收办法》和《建设项目竣工环境保护验收管理办法》进行组织验收。

11.2.3 配套建设的废水在线监测系统应与废水治理工程同时进行建设项目竣工环境保护

验收，验收的程序和内容应符合HJ/T 354的规定。

11.2.4 废水治理工程相关专业验收的程序和内容应符合GB 50093、GB 50168、GB 50169、GB 50204、GB 50231、GB 50236、GB 50254、GB 50257、GB 50268、GB 50275、GB 50334和GB 50141等标准的相关规定。

11.2.5 废水治理工程验收应依据主管部门的批准（核准）文件、设计和设计变更文件、工程合同、设备供货合同及合同附件、项目环境影响评价及其审批文件、废水治理工程的性能评估报告、试运行期连续检测数据（一般不少于1个月）、完整的启动试运行操作记录、设施运行管理制度和岗位操作规程等技术文件。

11.2.6 废水治理工程性能评估试验至少应包括：

  a）耗电量测试：各主要设备单体及设施系统的电能消耗；

  b）气量、风压测试：测试风机供气量、风压等参数，综合分析供氧效果；

  c）活性污泥测试：调试期间调整生化处理设施的运行工况和运行参数，观察检测生化污泥性状，直到生化处理设施正常运行；

  d）满负荷运行测试：向处理系统通入最大设计流量和质量浓度废水，考察包括预处理工艺在内的各工艺环节设施的运行工况；

  e）剩余污泥量测试：测定各工艺环节污泥产生量及配套污泥处理设施的处置能力；

  f）水质检测：在工艺要求的各个重要部位，按照规定频次、指标和测试方法进行水质检测，分析污染物去除效果。

12 运行和维护

12.1 一般规定

12.1.1 运行与维护应符合国家现行有关法律、法规，并宜参照CJJ 60等相关标准的规定。

12.1.2 未经当地环境保护行政主管部门批准，废水处理设施不得停止运行。发现异常或由于特殊原因造成设施停止运行时，应立即报告当地环境保护主管部门。

12.1.3 应配备环境保护专职技术人员和水质监测仪器。

12.1.4 工程应健全运行规章制度、岗位操作规程和质量管理等文件。

12.1.5 应确保工程设备完好，运行稳定达标。

12.2 人员与运行管理

12.2.1 岗位工作人员应通过培训考核，使其熟悉设备运行和维护的具体要求，具有熟练的操作技能后方可上岗。

12.2.2 岗位工作人员应定期进行培训，对其掌握废水治理工艺、设备的操作、维护和管理技能进行评估，采取有效措施持续提高其专业技能。

12.2.3 应制定水处理设施的操作规程、工作制度、定期巡检制度和维护管理制度等。

12.2.4 运行人员应按制度履行职责，确保系统经济稳定运行。

12.2.5 运行人员应严格按照操作规程作业，如实填写运行记录，并妥善保存。

12.2.6 工程的运行管理宜参照CJJ 60的规定执行。

12.3 监测

12.3.1 应按照国家有关水质检验法、HJ/T 91和HJ/T 92等国家有关水污染源监测技术规范进行定期监测。

12.3.2 用于环保部门监测污染排放指标的在线监测装置采样点位置、采样频次和监测项目应符合国家相关标准的规定，并与环保部门监控中心联网。

12.3.3 已安装在线监测设备的，也应定期取样，进行人工监测，与在线监测数据比对。

12.3.4 水质取样应在废水处理进水口、排放口或根据处理工艺控制点取样。

12.3.5 宜采用符合 HJ/T 15、HJ/T 96、HJ/T 101 和 HJ/T 377 等规定的监测仪器。

12.4 维护保养

12.4.1 废水治理设施应在满足设计工况的条件下运行，并根据工艺要求，定期对各类工艺、电气、自控设备仪表及建（构）筑物进行检查和维护。

12.4.2 废水治理设施的维护保养应纳入全厂的维护保养计划中，使废水治理装置的计划检修时间与相关工艺设施同步。

12.4.3 维修人员应做好维护保养记录。

12.5 记录

12.5.1 应建立废水治理系统运行状况、设施维护和生产活动状况等的记录制度，主要记录内容包括：

a）系统启动、停止时间；

b）系统运行工艺控制参数记录；

c）废水在线监测数据、废水排放、污泥处理情况的记录；

d）药剂进厂质量分析数据，进厂数量，进厂时间；

e）污泥、栅渣的出厂数量、时间、处置地点、情况；

f）主要设备的运行和维修情况的记录；

g）生产事故及处置情况的记录；

h）定期检测、评价及评估情况的记录等。

12.5.2 应制订统一的记录格式，并按格式填写，确保填写内容准确、及时、完整，不得随意涂改。

12.5.3 所有记录应制定清单，以备查询，对于需长期保存的记录应交档案室存档保管。

12.6 应急措施

12.6.1 根据废水处理厂（站）生产及周围的环境情况，考虑各种可能的突发性事故，编制事故应急预案，配备相应的人力、设备、通讯等资源，使治理工程具备应急处置的条件。

12.6.2 废水治理工程发生异常情况或重大事故，应及时分析，启动应急预案。

12.6.3 应设置危险气体（甲烷、硫化氢）和危险化学品的应急控制与防护设施。

12.7 其他要求

其他具体要求应符合 HJ 2015 的规定。

中华人民共和国国家环境保护标准

烧碱、聚氯乙烯工业废水处理工程技术规范

Technical specification for wastewater treatment project of caustic alkali and polyvinyl chloride industry

HJ 2051—2014

前 言

为了贯彻执行《中华人民共和国环境保护法》和《中华人民共和国水污染防治法》，规范烧碱、聚氯乙烯工业废水处理工程的建设与运行管理，防治环境污染，保护环境和人体健康，制定本标准。

本标准规定了烧碱、聚氯乙烯工业废水处理工程设计、施工、验收、运行与维护的技术要求。

本标准为指导性标准。

本标准为首次发布。

本标准由环境保护部科技标准司组织制订。

本标准主要起草单位：中国环境保护产业协会、浩蓝环保股份有限公司、中国氯碱工业协会。

本标准环境保护部 2016 年 2 月 1 日批准。

本标准自 2016 年 3 月 1 日起实施。

本标准由环境保护部解释。

1 适用范围

本标准规定了烧碱、聚氯乙烯工业废水处理工程设计、施工、验收、运行与维护的技术要求。

本标准适用于以烧碱、聚氯乙烯为主要产品企业的烧碱、聚氯乙烯工业废水处理工程，可作为烧碱、聚氯乙烯工业建设项目环境影响评价、环境保护设施设计与施工、建设项目竣工、环境保护验收及运行与管理的技术依据。

2 规范性引用文件

本标准引用了下列文件或其中的条款。凡是未注明日期的引用文件，其最新版本适用于本标准。

GB 12348　工业企业厂界环境噪声排放标准

GB 14554	恶臭污染物排放标准
GB 15562.2	环境保护图形标志　固体废物贮存（处置）场
GB 15581	烧碱、聚氯乙烯工业水污染物排放标准
GB 18071.1	基础化学原料制造业卫生防护距离　第1部分：烧碱制造业
GB 18484	危险废物焚烧污染控制标准
GB 18597	危险废物贮存污染控制标准
GB 18599	一般工业固体废物贮存、处置场污染控制标准
GB 50014	室外排水设计规范
GB 50015	建筑给水排水设计规范
GB 50016	建筑设计防火规范
GB 50019	工业建筑供暖通风与空气调节设计规范
GB 50046	工业建筑防腐蚀设计规范
GB 50055	通用用电设备配电设计规范
GB 50093	自动化仪表工程施工及质量验收规范
GB 50187	工业企业总平面设计规范
GB 50194	建设工程施工现场供用电安全规范
GB 50231	机械设备安装工程施工及验收通用规范
GB 50236	现场设备、工业管道焊接工程施工规范
GB 50254	电气装置安装工程　低压电器施工及验收规范
GB 50255	电气装置安装工程　电力变流设备施工及验收规范
GB 50256	电气装置安装工程　起重机电气装置施工及验收规范
GB 50268	给水排水管道工程施工及验收规范
GB 50275	风机、压缩机、泵安装工程施工及验收规范
GB 50483	化工建设项目环境保护设计规范
GB/T 16483	化学品安全技术说明书　内容和项目顺序
GB/T 50335	污水再生利用工程设计规范
GB/T 50934	石油化工工程防渗技术规范
GB 50141	给水排水构筑物工程施工及验收规范
CECS 97	鼓风曝气系统设计规程
CECS 111	寒冷地区污水活性污泥法处理设计规程
CECS 128	生物接触氧化法设计规程
CJJ 60	城市污水处理厂运行、维护及安全技术规程
HG/T 20504	化工危险废物填埋场设计规定
HJ/T 242	环境保护产品技术要求　污泥脱水用带式压榨过滤机
HJ/T 251	环境保护产品技术要求　罗茨鼓风机
HJ/T 252	环境保护产品技术要求　中、微孔曝气器
HJ/T 261	环境保护产品技术要求　压力溶气气浮装置
HJ/T 262	环境保护产品技术要求　格栅除污机
HJ/T 265	环境保护产品技术要求　刮泥机

HJ/T 277 环境保护产品技术要求 旋转式滗水器
HJ/T 279 环境保护产品技术要求 推流式潜水搅拌机
HJ/T 283 环境保护产品技术要求 厢式压滤机和板框压滤机
HJ/T 336 环境保护产品技术要求 潜水排污泵
HJ/T 369 环境保护产品技术要求 水处理用加药装置
HJ 576 厌氧－缺氧－好氧活性污泥法污水处理工程技术规范
HJ 577 序批式活性污泥法污水处理工程技术规范
《次氯酸钠类消毒剂卫生质量技术规范》（卫监督发[2007]265 号）
《建设项目（工程）竣工验收办法》（计建设[1990]1215 号）
《建设项目竣工环境保护验收管理办法》（国家环境保护总局令　第 13 号）

3　术语和定义

下列术语和定义适用于本标准。

3.1　离子膜电解法 ion exchange membrane cell electrolysis process

指以食盐水为原料采用离子膜电解槽生产烧碱、氯气和氢气的生产工艺。

3.2　乙烯氧氯化法 ethylene oxychlorination process

指以乙烯为原料采用乙烯氧氯化法生产聚氯乙烯的生产工艺。

3.3　电石乙炔法 carbide-acetylene process

指以电石、氯气和氢气为原料生产聚氯乙烯的生产工艺。

3.4　活性氯废水 reactive chlorine waste water

指生产烧碱工艺中，氯气净化工序中氯气洗涤塔产生的废水。

3.5　氯乙烯废水 vinyl chloride waste water

指生产聚氯乙烯工艺中，聚合反应釜和浆料汽提塔工段产生的废水，包括冲釜水、涂壁水、汽提塔冷凝液等。

3.6　含汞废水 mercury-containing waste water

指以乙炔为原料生产聚氯乙烯工艺中，采用氯化汞触媒催化合成氯乙烯工序产生的碱性废水、酸性废水、抽汞触媒废水和车间地面冲洗水等。

3.7　含镍废水 nickel containing waste water

指生产烧碱工艺中，盐二次精制的螯合树脂再生塔中产生的再生废水。

3.8　盐泥洗涤水、压滤水 salt mud washing and filter pressing water

指生产烧碱时盐泥洗涤和压滤过程中产生的废水。

3.9　电石渣废水 carbide-slag waste water

指采用电石法生产乙炔工艺中，乙炔发生工序电石渣浆经过分离后的上清液。

3.10　次氯酸钠废水 sodium hypochlorite waste water

指生产聚氯乙烯工艺中，采用次氯酸钠溶液净化乙炔气时产生的废水。

3.11　聚氯乙烯离心母液 centrifugal mother liquid of polyvinyl chloride

指悬浮聚合工艺中聚氯乙烯聚合反应结束后，浆料进入离心单元进行固液分离后排出的废水。

3.12　聚氯乙烯离心母液外排水 efflux of centrifugal mother liquid of polyvinyl chloride

指悬浮聚合工艺中聚氯乙烯离心母液经回收装置处理回收利用后,回收装置排放的废水等。

3.13 内部循环工艺 internal circulation process

指生产单元产生的废水在车间内部进行处理,达到生产工艺回用水标准后返回车间进行循环使用。

4 废水水量和水质

4.1 废水来源与分类

a）无机废水

采用离子膜电解法生产烧碱及采用电石乙炔法生产聚氯乙烯等产品的过程中产生的无机废水,主要包括电解工段的洗槽水、产碱工段的蒸发冷凝水和碱洗水、产酸工段的酸性水、机封冷却水、循环水装置排污水等,主要污染物为酸、碱、盐等无机物。

b）有机废水

1）采用乙烯氧氯化法生产聚氯乙烯等产品的过程中产生的有机废水,主要包括氧氯化反应单元产生的酸碱废水、洗涤废气后的废水、二氯乙烷脱水塔产生的废水、地面污水、清焦水及事故洗涤塔废水、离心工段未经内部回收利用的离心母液和离心母液外排水等,其废水的 BOD_5/COD 一般小于 0.3。

2）采用电石乙炔法生产聚氯乙烯等产品的过程中产生的有机废水,主要包括离心工段未经内部回收利用的离心母液和离心母液外排水等,其废水的 BOD_5/COD 一般小于 0.3。

c）活性氯废水

离子膜电解法生产烧碱中,氯气净化工序中氯气洗涤塔产生的废水,主要污染物为有效氯等。

d）氯乙烯废水

生产聚氯乙烯过程中,聚合反应釜产生的冲釜水、涂壁水和浆料汽提塔冷凝液等,主要污染物为氯乙烯、有机物等。

e）含汞废水

采用电石乙炔法生产聚氯乙烯等产品的过程中产生的含汞废水,主要来自汞触媒合成氯乙烯水碱洗过程和含汞酸性废水解析后产生的酸性废水等,主要污染物为汞、盐等,汞含量为 0.05～1 mg/L。

f）含镍废水

离子膜电解法生产烧碱中,盐二次精制的螯合树脂再生塔中产生的再生废水,主要污染物为镍、盐等。

g）盐泥洗涤水、压滤水

离子膜电解法生产烧碱中,盐泥洗涤和压滤过程产生的废水,主要污染物为酸、碱、盐、溶解性固体及悬浮物等。

h）电石渣废水

采用电石乙炔法生产聚氯乙烯产品的过程中,电石渣浆经过分离后的上清液,包括生产乙炔工艺中,水解电石时产生的废水,主要污染物为强碱、悬浮物、硫化物、磷化物等。

i）次氯酸钠废水

采用电石乙炔法生产聚氯乙烯产品的过程中，在乙炔净化工段采用次氯酸钠溶液净化乙炔气时产生的废水，主要污染物为乙炔、硫化物和磷化物等。

j）聚氯乙烯离心母液

采用悬浮聚合工艺生产聚氯乙烯等产品的过程中产生的聚氯乙烯离心母液，主要包括悬浮聚合工艺中聚氯乙烯聚合反应结束后，浆料进入离心单元进行固液分离后排出的母液废水，离心母液装置冲洗水等，主要污染物为少量聚氯乙烯粒子、聚合过程加入的助剂和残余反应物等。

4.2 废水水量

4.2.1 新建项目废水排放量可由式（1）和式（2）或式（1）和式（3）计算获得，还需满足有关标准的规定。

$$Q_Y = Q_i + Q_j \tag{1}$$

$$Q_i = \sum q_i (1-\alpha) \tag{2}$$

$$Q_i = \beta Q \tag{3}$$

式中：Q_Y——综合废水量，m^3/t；

Q_i——生产废水量，m^3/t；

Q_j——其他废水量，m^3/t，包括地面冲洗水、厂内初期雨水等，应参照 GB 50015 等标准确定；

q_i——各生产工序废水量，m^3/t，应根据水平衡图确定；

Q——生产用水量，m^3/t，可根据生产用水定额确定；

α——废水回用率，%，即回用废水量与废水产生量的比值，应根据废水实际回用情况或水平衡图确定；

β——按给水量计算排水量的折减系数，应根据企业生产工艺及给排水设施水平等因素确定，一般取 30%～50%。

4.2.2 现有项目废水排放量应根据实测数据确定。如不具备现场测量条件，可类比采用同原料、同规模生产线的实际废水排放量数据；无类比数据时，可按生产车间（线）总用水量的 30%～50%估算废水的排放量。

4.3 废水水质

4.3.1 对于新建或扩建项目，废水水质可参考同类企业的实际运行数据确定。

4.3.2 废水水质可采取实测数据的加权平均值来确定，采样位置应设在车间排水口。实测数据应按生产周期和生产特点确定监测频次，且每个生产周期不得少于 3 次。没有实测条件的，可参考表 1 的数据。

4.3.3 废水处理后的排放或回用水质应符合国家及地方有关标准。

5 总体要求

5.1 一般规定

5.1.1 应对废水的产生、处理和排放进行全过程控制，采用清洁生产和循环利用技术，提高资源、能源利用率，降低废水污染负荷。

表 1 废水水质

废水种类	CODCr/(mg/L)	BOD5/(mg/L)	SS/(mg/L)	总磷/(mg/L)	氯化物/(mg/L)	硫化物/(mg/L)	活性氯/(mg/L)	氯乙烯/(mg/L)	总汞/(mg/L)	总镍/(mg/L)	pH
无机废水	20~100	—	60~250	—	1 000~2 000	—	—	—	—	—	5~10
有机废水	150~250	20~60	35~150	—	≤350	—	—	—	—	—	6~8
活性氯废水	—	—	—	—	—	—	≤6 000	—	—	—	—
氯乙烯废水	≤1 500	—	—	—	—	—	—	≤700	—	—	—
含汞废水	80~100	30~40	60~80	—	600~1 200	—	1~5	—	0.5~1	—	5~9
含镍废水	—	—	—	—	—	—	—	—	—	≤0.5	—
盐泥洗涤水、压滤水	50~100	—	50~100	—	≤2 000	—	—	—	—	—	—
电石渣废水	1 200~1 800	150~200	30~80	—	≤3 000	300~500	—	—	—	—	10~14
次氯酸钠废水	600~800	—	10~30	≤1000	≤3 000	—	20~100	—	—	—	3~5
聚氯乙烯离心母液	100~450	40~100	90~350	—	20~40	≤10	—	0.001~0.5	—	—	6~9

5.1.2 废水处理宜采用清污分流、雨污分流、污污分治、分质回用的原则。

5.1.3 废水处理工程应符合环境影响评价批复文件的要求，遵循"三同时"制度，并以企业生产情况及发展规划为依据，统筹废水分类处理和集中处理、现有工程与新（扩、改）建工程的关系。

5.1.4 废水处理工程在建设和运行中，应采取防噪、抗震等措施，处理设施在防爆区域内的应采取防爆措施。

5.1.5 废水处理工程应设置规范化排污口，排污口设置和污染物排放应符合环境影响评价及其审批文件和相关排放标准的要求。

5.1.6 材料、药剂、污泥、废渣等不应露天堆放，存放场所应采取相应的防腐、防渗等措施，防治二次污染，处理设施产生的恶臭、噪声等污染物排放应满足 GB 14554、GB 12348 和 GB 50483 等相关标准的要求。

5.1.7 废水处理工程设计，除应遵循本标准和环境影响评价及其审批文件要求外，还应符合国家基本建设程序和有关标准、规范的要求。

5.2 源头控制与清洁生产

5.2.1 采用先进生产工艺技术与设备、严格管理、综合利用，从源头削减污染，提高资源利用效率，减少或者避免生产过程中污染物的产生和排放。

5.2.2 采用水量平衡分析，优化用水方案，强化节水措施，减少废水的产生。

5.2.3 废水处理后回用需根据用水环节要求，宜采用下列方式：

a）盐泥洗涤水、压滤水、电石渣废水、次氯酸钠废水、聚氯乙烯离心母液经过处理后可回用于生产，回用处理工艺路线及方式见附录 A；

　　b）无机废水、有机废水、活性氯废水、氯乙烯废水、含汞废水和含镍废水经过处理后优先考虑回用，外排时必须达标排放。

5.3　建设规模

5.3.1　建设规模应根据废水处理工程服务范围内的现有水量、水质和预期变化情况综合确定；现有企业应以实测数据为依据，没有实测数据的，可参考同类型企业的情况，新（扩、改）建企业应采用类比或物料衡算的方法确定。

5.3.2　废水处理工程建设规模的确定宜符合下列要求：

　　a）格栅等调节池前废水处理构筑物按最大日最大时流量计；

　　b）调节池及其后废水处理构筑物按最大日平均时流量计；

　　c）回用水处理系统根据回用水的水质、水量和回用环节，经水量平衡和技术经济分析后确定；

　　d）污泥处理与处置系统按最大日产泥量计。

5.4　项目构成

5.4.1　废水处理工程由主体工程、辅助工程和配套设施等构成。

5.4.2　主体工程包括废水收集、事故池、一级处理、一级强化处理、二级处理、深度（回用）处理、废气处理、污泥处理与处置单元。

5.4.3　辅助工程包括电气、自控、给排水和消防、采暖通风等。

5.4.4　配套设施包括厂区道路、办公用房、绿化等。

5.5　场址选择和总体布置

5.5.1　废水处理工程场址选择和总体布置应纳入企业总体规划，满足项目环境影响评价及其审批文件的要求。

5.5.2　场址选择、平面和竖向设计、管线及绿化布置等应根据项目组成情况确定，符合 GB 50014、GB 50187 及相关标准的规定。

5.5.3　场址选择宜靠近生产车间，废水宜采用重力流进入废水处理工程。

5.5.4　总体布置应根据处理装置区内各建（构）筑物的功能和处理流程要求，结合场址地形、地质、气候条件、防火、防爆、卫生防护距离等因素，经技术经济综合比较后确定，并符合下列要求：

　　a）建（构）筑物设施的间距应紧凑、合理，并满足施工、安装的要求；管线输送应短捷，方便操作、维修和管理；

　　b）建（构）筑物及设施的竖向设计应充分利用地形、地质条件设置；

　　c）工程区域地面标高应考虑设置防洪设施，处理后的废水有良好的排放条件；

　　d）合理布置超越管线和维修放空设施。

6　工艺设计

6.1　一般规定

6.1.1　应优先采用处理效率高、节能的处理工艺，确保废水处理工程设施稳定、可靠、安全运行。

6.1.2　含有要求在车间或生产装置排放口监控的污染物的废水，应单独收集、单独处理。

6.1.3 宜将生化处理单元设计成平行的两个系列，废水处理工艺设计应符合相关标准的规定。

6.2 废水收集

6.2.1 废水收集宜根据废水特点，按照无机废水、有机废水、活性氯废水、氯乙烯废水、含汞废水和含镍废水分别设置。

6.2.2 生产烧碱车间废水宜按下列要求收集：
 a）生产烧碱车间的产碱工段及液氯工段、产酸工段产生的废水及车间地面冲洗水宜通过各自管道排入无机废水收集池；
 b）氯气处理工段氯气洗涤塔产生的废水宜通过专用管道排入活性氯废水收集池；
 c）盐二次精制螯合树脂再生产生的再生废水宜通过专用管道排入含镍废水收集池。

6.2.3 采用乙烯氧氯化法生产聚氯乙烯等产品的车间废水宜按下列要求收集：
 a）乙烯氧氯化法生产工艺的氯乙烯工段产生的废水宜通过管道排入有机废水收集池；
 b）聚合工段的涂壁水和冲洗釜水以及浆料汽提塔冷凝液宜通过专用管道排入氯乙烯废水收集池；
 c）聚氯乙烯离心母液外排水宜通过管道排入有机废水收集池；
 d）离心工段未经内部回收利用的离心母液宜通过管道排入有机废水收集池。

6.2.4 采用电石乙炔法生产聚氯乙烯等产品的车间废水宜按下列要求收集：
 a）聚合工段的涂壁水和冲洗釜水以及浆料汽提塔冷凝液宜通过专用管道排入氯乙烯废水收集池；
 b）聚氯乙烯离心母液外排水宜通过管道排入有机废水收集池；
 c）离心工段未经内部回收利用的离心母液宜通过管道排入有机废水收集池；
 d）电石乙炔法生产聚氯乙烯的氯乙烯工段产生的含汞废水应通过专用管道排入含汞废水收集池。

6.2.5 其他车间废水及雨水宜按下列要求收集：
 a）配套锅炉、电石车间烟气产生的洗涤循环废水宜通过管道，排入有机废水收集池；
 b）循环水回用处理中的反冲洗水宜通过管道排入无机废水收集池；
 c）纯水制备车间的废水宜通过管道排入无机废水收集池；
 d）电石渣场范围内的初期雨水宜收集到单独的雨水集水池，通过管道排入电石渣废水处理装置处理；
 e）次氯酸钠废水宜单独收集后通过管道排入次氯酸钠废水处理装置处理；
 f）厂区内初期雨水收集系统应由生产企业统一规划、设计和建设，分批定量排入无机废水处理系统。

6.2.6 应根据废水收集池的位置及高程条件，将各类废水采用压力流或重力流排入相应废水处理工程。

6.2.7 事故池应按下列要求设置：
 a）废水处理工程应设事故池，当废水分类处理时事故池宜按无机废水、有机废水、活性氯废水、氯乙烯废水、含汞废水和含镍废水分别设置；
 b）无机废水事故池容积宜按 8～12 h 平均时流量计；
 c）有机废水、活性氯废水事故池容积均宜按 12～24 h 平均时流量计；

d）氯乙烯废水、含镍废水、含汞废水事故池容积宜根据一次最大排放量计。

6.3 工艺路线选择

6.3.1 烧碱、聚氯乙烯废水中无机废水、有机废水、含汞废水的处理工艺路线见图 1；活性氯废水、氯乙烯废水和含镍废水处理工艺应根据企业废水水质情况进行试验确定，当不具备试验条件时，可参照工艺路线图 2。

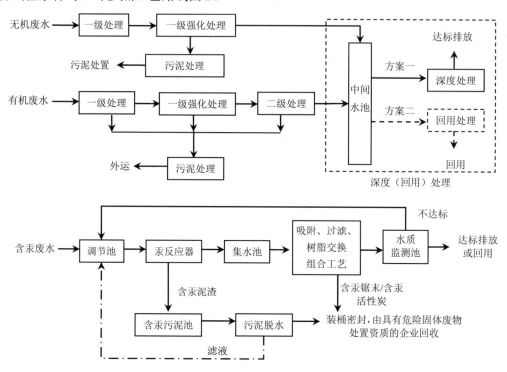

图 1 无机废水、有机废水和含汞废水处理工艺路线图

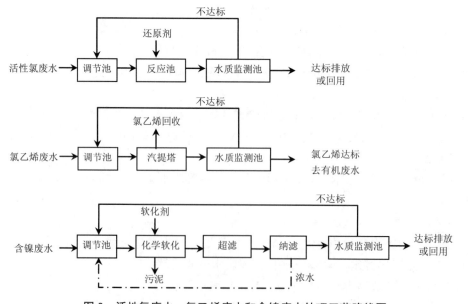

图 2 活性氯废水、氯乙烯废水和含镍废水处理工艺路线图

6.3.2 无机废水、有机废水处理工艺中一级处理、一级强化处理、二级处理、深度处理和回用处理单元所采用的工艺见表2。

表2 废水处理工艺

处理级别	处理工艺
一级处理	格栅、预沉淀、调节
一级强化处理	混凝沉淀、混凝气浮
二级处理	水解酸化—接触氧化、A/O—接触氧化、SBR—接触氧化、接触氧化—MBR
深度处理	混凝沉淀、混凝气浮
	砂滤、机械过滤
回用处理	超滤、反渗透
	离子交换

6.3.3 应根据现行的国家和地方排放标准、污染物总量控制要求、处理废水的水量和水质、处理要求、处理去向确定废水的处理深度，选择相应的处理工艺，并优先选择有成功运行经验的处理工艺。

6.3.4 各单元处理效率应通过试验或类比同类企业运行经验确定。当无资料时，各单元处理效率可参照表3。

表3 废水处理工艺单元处理效率

车间或生产装置排放口		
处理对象	处理工艺	处理效率/%
活性氯废水	还原法	100
氯乙烯废水	汽提	100
含汞废水	汞反应器—吸附、过滤、离子交换	99.7
含镍废水	反渗透	95

企业废水总排放口				
处理级别	处理技术	处理效率/%		
		COD_{Cr}	BOD_5	SS
一级处理	格栅、预沉淀、调节	3~5	1~3	—
一级强化处理	混凝沉淀	10~15	10~20	70~90
	混凝气浮	20~30	10~25	70~90
二级处理	水解酸化—接触氧化	65~85	75~85	—
	传统活性污泥—接触氧化	60~80	80~90	—
深度处理	混凝沉淀	15~25	10~20	50~75
	混凝气浮	15~30	15~30	50~75
	过滤	10~15	5~10	80~90
回用处理	膜分离	脱盐率为95~97		

6.4 工艺设计要求

6.4.1 无机废水处理

6.4.1.1 无机废水一级处理工艺主要包括粗（细）格栅、调节池、沉砂（预沉）池等。

6.4.1.2 粗格栅和细格栅应符合下列要求：

a）采用机械清除时，粗格栅间隙宜为10~20 mm，采用人工清除时宜为15~25 mm，格栅设置在水泵前应满足水泵不堵塞要求；

b）细格栅宜选用具有自清洗能力的旋转机械格栅，格栅间隙宜为 2～5 mm；

c）格栅上部应设置工作平台，其高度应高出格栅前最高设计水位 0.5 m，工作平台上应有安全和冲洗设施；

d）当废水呈酸（碱）性时，格栅应采用耐腐蚀材料；

e）栅渣宜通过机械输送，脱水后外运。

6.4.1.3 调节池应符合下列要求：

a）调节池的有效容积可按 12～24 h 平均时流量计，有效水深宜为 4～6 m。调节池内应设置混合设施，宜采用空气搅拌或机械搅拌，当采用机械搅拌时，可采用桨式、推进式或涡流式，混合功率宜为 4～8 W/m³（废水）；当采用曝气设备（穿孔管曝气）时，曝气量宜为 2.7～4.5 m³/（m²·h），曝气设备应考虑防堵塞措施。

b）调节池底部宜设有集水坑，池底应有不小于 0.01 的坡度，坡向集水坑，池壁宜设置溢水管，不宜设置爬梯，可设集泥坑，利用污泥泵将污泥排出。

c）宜在调节池内设置 pH 调节设施，池体应采取相应的防腐措施。

d）调节池宜设置液位控制和报警装置。

6.4.1.4 沉砂（预沉）池应符合下列要求：

a）宜选用平流沉砂池，设计参数可参照 GB 50014 的规定；

b）预沉池停留时间宜为 40～100 min，有效水深宜为 2～3 m，池面应设有浮渣等刮除设施；

c）沉砂池或预沉池宜采用机械排除泥沙方式，池底应考虑防淤措施，采用重力排除泥沙时，排砂管和排泥管应考虑防堵或清通措施。

6.4.1.5 无机废水一级强化处理可选择混凝沉淀、混凝气浮等工艺，工艺设计要求如下：

a）混凝剂可选用铁盐、铝盐等，也可采用复配混凝剂或与有机高分子混凝剂联用，使用前应根据废水水质特性，通过试验确定适宜的配方；

b）混凝时间宜为 10～15 min；

c）沉淀时间宜为 3～5 h，表面负荷宜为 0.8～1.5 m³/（m²·h）；

d）采用气浮工艺时，其设计参数宜通过试验确定，当无相关资料时，气浮池气水接触时间宜取不小于 60 s，分离区表面负荷（包括溶气水量）宜为 4～6 m³/（m²·h），水力停留时间宜取 20～40 min。

6.4.1.6 经混凝沉淀（气浮）工艺处理后的出水 SS 指标不达标时，宜采用过滤处理，其工艺要求如下：

a）过滤系统进水 SS 浓度宜小于 50 mg/L；

b）过滤系统可采用砂滤、碳滤等过滤池或机械过滤器，反冲洗可同时采用水和压缩空气，反冲洗水需排往调节池进行再处理；

c）过滤介质可采用无烟煤、石英砂、陶粒滤料、聚苯烯泡沫滤珠、金刚砂、纤维球、纤维束等滤料；

d）过滤池设计可参照 GB/T 50335 的规定，过滤器的选用宜根据同类企业运行经验确定。

6.4.2 有机废水处理

6.4.2.1 有机废水一级处理工艺主要包括粗（细）格栅、调节池、沉沙（预沉）池等，其工艺设计可参照本标准 6.4.1.2～6.4.1.4 的规定。

6.4.2.2 有机废水一级强化处理可选择混凝沉淀、混凝气浮等工艺,工艺设计可参照 6.4.1.5 的规定。

6.4.2.3 有机废水二级处理工艺可根据废水水质情况,可采用厌氧生化处理与好氧生化处理组合工艺,或采用两种好氧生化处理组合工艺。

6.4.2.4 有机废水二级处理工艺中厌氧生化处理单元废水的 $BOD_5：N：P$ 宜为 200：5：1～350：5：1,进入好氧生化处理单元废水的 $BOD_5：N：P$ 宜为 100：5：1,当不满足要求时应投加营养物质。

6.4.2.5 厌氧生化处理单元宜采用水解酸化工艺,工艺要求如下:

a）水解酸化池的设计参数应根据类比资料或试验确定,当无相关资料时,水解酸化时间宜取 6～12 h;

b）水解酸化池宜采用升流式,其有效深度宜为 4～6 m,上升流速宜为 0.7～1.5 m/h;

c）水解酸化池可根据实际需要悬挂一定生物填料,填料高度一般宜为水解酸化池有效池深的 1/2～2/3。

6.4.2.6 好氧生化处理单元宜采用生物接触氧化工艺,也可采用 A/O 或 SBR 等活性污泥法工艺,工艺设计应符合 CECS 111、CECS 128、HJ 576、HJ 577 等标准的规定,好氧生化处理单元的主要设计参数见表 4,并满足以下要求:

a）采用生物接触氧化法计算有效池容积时,需氧量宜按实际需求计算;

b）曝气设备应能根据废水水质、水量调节供氧量,设计应符合 CECS 97 的规定;

c）曝气池宜设置泡沫消除设施,可采用添加消泡剂、喷水消泡等措施。

表 4 好氧生化处理单元主要设计参数

好氧单元类型	污泥浓度/(g/L)	污泥负荷/[$kgCOD_{Cr}$/(kgMLSS·d)]	容积负荷/[$kgCOD_{Cr}$/(m^3·d)]	污泥流回比/%	运行周期/h	充水比/%
接触氧化	—	—	0.80～1.80	—	—	—
A/O	2.5～4.0	0.15～0.20	0.38～0.80	50～100	—	—
SBR	2.5～4.0	0.16～0.32	0.40～1.28	—	6～10	15～30

6.4.2.7 有机废水处理工艺中的沉淀池,可分为初次沉淀池、混凝沉淀池和二次沉淀池,沉淀池的池形应根据处理规模、工艺特点和场地地质条件等因素确定,可选用平流式、辐流式和竖流式等。初次沉淀池宜采用机械排泥,并宜设浮渣刮除设施。沉淀池主要设计参数见表 5。

表 5 沉淀池主要设计参数

类别	沉淀池位置	沉淀时间/h	表面负荷/[m^3/(m^2·h)]	污泥含水率/%	固体负荷/[kg/(m^2·d)]	备注
初次沉淀池	一级强化处理	1～2	1.5～3.0	95.0～97.0	—	
二次沉淀池	二级处理	1.5～4	0.7～1.5	99.0～99.4	≤150	生物膜后
	二级处理	1.5～4	0.5～1.2	99.2～99.6	≤150	活性污泥后
混凝沉淀池	深度处理	1.5～4	0.7～1.5	99.0～99.5	—	

6.4.3 活性氯废水处理

6.4.3.1 活性氯废水宜采用亚硫酸盐还原法处理。

6.4.3.2 亚硫酸盐还原法处理活性氯废水，工艺设计要求如下：

a）宜采用间歇式或连续式处理。当采用间歇式处理时，调节池容积宜按平均每小时废水流量的 8～12 h 计；采用连续式处理时，可适当减小调节池容量，并设置自动检测与投药装置；

b）亚硫酸盐可选用亚硫酸氢钠、亚硫酸钠、焦亚硫酸钠等；

c）进水 pH 值宜控制在 8～9，反应时间宜控制在 20～30 min；

d）亚硫酸盐的投加量宜为 1∶1.8～1∶2.4（有效氯∶亚硫酸钠）；

e）采用其他药剂时投加量应通过试验确定；

f）亚硫酸盐还原反应池应满足处理一次的周期时间。反应池内应采用机械搅拌，不应采用空气搅拌。

6.4.4 氯乙烯废水处理

6.4.4.1 氯乙烯废水宜采用汽提处理。

6.4.4.2 采用汽提法处理氯乙烯废水，工艺设计要求如下：

a）宜采用间歇式处理，调节池容积宜按平均每小时废水流量的 8～12 h 计；

b）汽提塔塔底温度宜为 110～115℃，塔顶温度宜为 95～110℃；

c）汽提塔反应时间宜为 10～15 min。

6.4.5 含汞废水处理

6.4.5.1 含汞废水处理工艺可采用化学絮凝法、离子交换法、活性炭吸附法等不同组合工艺。含汞废水处理方式宜为间歇式。

6.4.5.2 含汞废水调节池有效容积应根据一次最大排放量设置。

6.4.5.3 含汞废水汞反应器中宜投加沉淀剂及混凝助剂，沉淀剂可选硫化钠或硫氢化钠等，使得废水中 Hg^{2+} 转变为 HgS 颗粒物沉淀，工艺要求如下：

a）汞反应器中 pH 值宜控制在 7～9；

b）混凝助剂可采用聚合硫酸铁（PFS），使用前应根据废水水质特性，通过试验确定适宜的投加比例；

c）汞反应器陈化时间宜取 1 h，静止沉淀宜取 1～1.5 h，颗粒沉淀物应排入含汞废水污泥池后，单独进行处理。

6.4.5.4 集水池的有效容积应根据一次最大排放量设置。

6.4.5.5 分离器可采用吸附、过滤和树脂交换组合工艺，工艺要求如下：

a）采用组合工艺时，可根据废水中汞的含量灵活搭配，可采用吸附和过滤组合，吸附、过滤和树脂交换组合，过滤和树脂交换组合；

b）吸附剂可选用锯末或活性炭，当吸附汞浓度较高时，可在活性炭内加硫化钠固化；

c）吸附汞后的锯末、活性炭和加硫化钠固化的沉淀物应装入贴有标签的密封桶中入库储存，交由具有危险废物处置资质的单位回收处置。

6.4.5.6 水质监测池的有效容积应根据一次最大排放量设置。

6.4.5.7 含汞废水处理装置内设备、构筑物、地坪、基础等应采取相应的防腐、防渗等措施，并符合 GB/T 50934 的规定。

6.4.6 含镍废水处理

6.4.6.1 宜采用间歇式处理，含镍废水调节池有效容积宜按 8～12 h 平均时流量计。

6.4.6.2 含镍废水宜采用化学反应与反渗透组合工艺，工艺要求如下：

a）化学反应宜采用氢氧化钠和碳酸钠作为软化剂，投药量应通过试验确定；

b）进水浊度应小于 1NTU，当浊度超过 1NTU 时，应设置过滤设施；

c）进水 SDI 应小于 3；

d）进水中余氯含量宜小于 0.1 mg/L。当余氯超过 0.1 mg/L 时，宜采用投加还原剂（如亚硫酸氢钠），并通过 ORP 进行监控。

6.4.7 深度（回用）处理

6.4.7.1 中间水池的有效容积宜按 0.5～1 h 平均时流量计，有效水深宜为 4～6 m。

6.4.7.2 废水深度处理可采用混凝、沉淀（或澄清、气浮）、过滤等工艺，其工艺设计应符合 GB/T 50335 等标准的规定，并满足以下要求：

a）采用混凝、沉淀（或澄清、气浮）工艺时，混合时间宜取 30～120 s，反应时间宜取 5～20 min，澄清池上升流速宜取 0.4～0.6 mm/s，停留时间宜取 1.5～2 h；气浮池气水接触时间不宜小于 60 s，分离区表面负荷（包括溶气水量）宜为 4～6 m^3/（m^2·h），水力停留时间宜取 20～40 min，沉淀池及化学混凝相关设计参见本标准 6.4.1.5 和 6.4.2.7。

b）采用过滤工艺时，进水 SS 浓度宜小于 50 mg/L，过滤池工艺设计应符合 GB/T 50335 的规定，过滤器的选用和相关设计参见本标准 6.4.1.6。

6.4.7.3 废水回用处理工艺应根据企业对回用水质要求，应优先采用有成熟经验的先进工艺，也可采用以下处理工艺：

a）对水质要求不高时，可采用消毒处理工艺后直接回用。宜采用生产烧碱的副产品次氯酸钠作为消毒药剂，原液有效氯含量宜为 4%～7%，消毒接触时间应大于 30 min；

b）对水质有脱盐要求时，消毒处理前可采用离子交换、超滤、反渗透等中的一种或几种工艺组合。

6.4.7.4 含汞废水处理达不到生产工艺回用要求时严禁回用于乙炔发生环节。

6.4.8 污泥处理与处置

6.4.8.1 废水处理污泥产量见表 6。

表 6 废水处理污泥产量

废水类型	污泥产量
无机废水	按进水 SS 计算
有机废水	0.1～0.3 kg DS/kgCOD

6.4.8.2 污泥处理工艺应根据最终处置方式确定，并符合以下要求：

a）当物化污泥与剩余污泥混合处理时宜设置污泥均质池，其容积应根据各类污泥产量及排泥方案确定。

b）有机污泥宜设置污泥浓缩设施，可采用重力浓缩、机械浓缩和气浮浓缩工艺，当采用重力浓缩时，污泥固体负荷宜采用 40～60kg/（m^2·d），浓缩时间不宜小于 16 h，当采用机械浓缩时，应根据同类企业运行经验确定。

c) 污泥脱水机械可采用厢式压滤机、带式脱水机或离心脱水机,带式脱水机的处理负荷宜采用 100~200 kgDS/(m·h),离心式脱水分离因素宜小于 3 000。

d) 污泥在脱水前,宜加药调理,污泥加药后,应立即混合反应,进入脱水机,药剂种类和投加量宜通过试验确定。

e) 污泥脱水前的含水率宜小于 98%,污泥脱水后的含水率应小于 80%。

f) 含汞(镍)污泥为危险废弃物,应与其他污泥分开处理,单独设置含汞(镍)污泥池和脱水设备。含汞(镍)污泥脱水后应装入贴有标签的密封桶中入库储存,交由具有危险废物处置资质的单位回收处置;压滤液应排入含汞(镍)废水调节池,不得与其他废水混合处理。

6.4.8.3 污泥脱水设备的配置应符合以下要求:

a) 压滤机宜单列布置;
b) 压滤机的设计工作时间每班不宜大于 6 h;
c) 有滤饼贮斗或滤饼堆放场地,其容积或面积根据滤饼外运条件确定;
d) 应考虑滤饼外运的设施和通道。

6.4.8.4 脱水后的污泥,采用塑料袋进行包装后,应存放在具有防雨淋、防渗、防扬散、防流失的场所,并应按照 GB 15562.2 的规定,设置明显标识,按 GB 18597 要求进行管理。

6.4.8.5 污泥的最终处置途径主要包括综合利用、焚烧和填埋等,应符合以下要求:

a) 含汞(镍)污泥属于危险废物,应单独处置,脱水后应按照国家有关危险废物转移联单管理办法的规定办理相应的手续,交由具有危险废物处置资质的单位回收处置;
b) 电石废渣呈碱性,含有硫化物、磷化物等有毒有害物质。属于一般工业固体废物的,如填埋处置,应符合 GB 18599、HG/T 20504 等标准的规定;
c) 生化及物化污泥的综合利用应因地制宜,污泥填埋应符合 GB 18599 等标准的规定;污泥干化焚烧应符合 GB 18484、GB 50014 等标准的规定。

6.4.9 废气处理

6.4.9.1 废气来源主要包括:

a) 废水收集池、调节池、厌氧段、污泥贮池、污泥脱水间、加药间等产生的臭气;
b) 氯乙烯经汽提处理产生的废气。

6.4.9.2 废气收集应符合下列技术要求:

a) 臭气和氯乙烯废气分别收集;
b) 采取密闭、局部隔离及负压抽吸等措施,集中收集工艺过程中产生的废气。

6.4.9.3 臭气处理可采用物理、生物、化学除臭等工艺,应符合下列技术要求:

a) 采用等离子除臭工艺前应对臭气进行过滤净化,宜控制进气湿度小于 85%,温度宜小于 65℃,等离子装置的放电电压宜小于 3 kV,离子产生量宜大于 1.0×10^6 个/cm^3,臭氧浓度宜小于 0.2 mg/m^3,臭气停留时间宜为 1.0~2.0 s;
b) 采用生物滤池工艺除臭时,填料有机质含量宜为 25%~55%,填料厚度宜为 1.0~1.5 m,反应温度宜为 15~35℃,湿度宜为 50%~65%,液体投配率宜为 0.7~1.4 m^3/(m^3·d),臭气停留时间宜为 30~90 s;
c) 采用化学洗涤工艺除臭时,填料高度宜为 1.8~3.0 m,液气比宜为 1.5~2.5,臭气停留时间宜为 1.5~3 s,可采用次氯酸钠、高锰酸钾、双氧水、氢氧化钠等。

6.4.9.4 氯乙烯废气可返回至生产车间循环利用。

7 主要工艺设备和材料

7.1 配置要求

7.1.1 格栅除污机、潜水推进器、滗水器等宜按双系列或多系列分别配置。

7.1.2 加药设备应按加入药液的种类和处理系列分别配置。

7.1.3 水泵、污泥泵、加药泵、鼓风机等应配置备用设备。

7.1.4 泵类、曝气装置等宜储备核心部件和易损部件的备件。

7.2 设备选型与防腐

7.2.1 设备和材料应在满足工艺要求的前提下，选用符合下列要求的产品：

a）格栅除污机应符合 HJ/T 262 的规定；

b）潜水排污泵应符合 HJ/T 336 的规定；

c）罗茨风机应符合 HJ/T 251 的规定；

d）微孔曝气器应符合 HJ/T 252 的规定；

e）潜水推流搅拌机应符合 HJ/T 279 的规定；

f）旋转式滗水器应符合 HJ/T 277 的规定；

g）刮泥机应符合 HJ/T 265 的规定；

h）气浮装置应符合 HJ/T 261 的规定；

i）污泥脱水用厢式压滤机和板框压滤机应符合 HJ/T 283 的规定，带式压滤机应符 HJ/T 242 的规定；

j）加药设备应符合 HJ/T 369 的规定；

k）次氯酸钠消毒应符合《次氯酸钠类消毒剂卫生质量技术规范》的规定。

7.2.2 对易腐蚀的设备、管渠及材料应采取相应的防腐蚀措施，根据腐蚀性质，因地制宜地选用经济合理、技术可靠的措施，并应达到国家有关标准的规定。

8 检测与过程控制

8.1 检测

在线检测装置监测点应分别设在车间或生产装置排放口及废水总排放口，采样频次和监测项目应根据排放标准要求确定，并符合 GB 15581 等标准的规定。监测项目宜符合以下要求：

a）活性氯废水监测活性氯；氯乙烯废水监测氯乙烯；含汞废水监测总汞；含镍废水监测总镍等指标；

b）总排放口宜监测流量、pH、COD_{Cr}、TP、SS 等指标。

8.2 过程控制

8.2.1 根据工程规模、工艺流程和运行管理要求，在保证出水水质、经济和安全的前提下，选择适合的控制方式，确定参数控制要求。

8.2.2 大、中型废水处理工程宜采用集中管理、分散控制的控制系统，并宜设化验室，配置常规的检测分析仪器；小型废水处理工程可采用自动控制，化验室宜与工厂中央化验室合并或对外委托检测。

8.2.3 在线检测装置检测点应分别设在废水处理工程的受控单元内，监测项目应根据工艺控制要求确定。

9 主要辅助工程

9.1 电气

9.1.1 废水处理工程电气专业的技术要求应与生产过程中相应专业的技术要求一致，工作电源的引接和操作室设置应与生产过程统筹考虑，高、低电压等级和用电中性接地方式应与生产设备一致。

9.1.2 电气系统设计应符合 GB 50055 等标准的规定。

9.1.3 建设工程施工现场供用电安全应符合 GB 50194 的规定。

9.2 给排水和消防

9.2.1 废水处理工程给排水和消防系统应与生产系统统筹考虑，生活用水、生产用水及消防设施应符合 GB 50015、GB 50016 等标准的规定。

9.2.2 废水处理工程区域内消防用水应由厂区消防管网供水。

9.2.3 回用水输配系统应独立设置，其供水管道宜采用塑料给水管、塑料和金属复合管或其他给水管材，并应根据使用要求安装计量装置。

9.2.4 废水处理工程火灾危险类别、耐火等级及消防系统的设置应符合 GB 50016 等标准的规定。

9.3 采暖通风与空调

9.3.1 废水处理工程建（构）筑物内的采暖通风与空调设计应符合 GB 50019 等标准的规定。

9.3.2 废水处理工程采暖系统设计应与生产系统统一规划，热源宜由厂区或集中加工区采暖系统提供；当建（构）筑物机械通风不能满足工艺对室内温度、湿度的要求时应设空调装置。

9.3.3 各类建（构）筑物的通风设计应符合下列原则：

a) 加盖构筑物应设通风设施；

b) 有可能放散有毒和有害气体的建（构）筑物，应根据满足室内最高允许浓度所需的换气次数，确定通风量，室内空气严禁再循环，宜设有毒有害气体的检测和报警装置；

c) 有防爆要求的车间应设事故通风，事故风机应为防爆型，并可兼作夏季通风用。

9.4 建筑与结构

9.4.1 建筑物的造型应简洁、美观，并与周围环境相协调。

9.4.2 建筑、防腐和结构应符合 GB 50046 等标准的规定。

9.4.3 寒冷地区的建筑结构应采取保温防冻措施。

9.4.4 构筑物应符合 GB 50141 等标准的规定。

10 劳动安全与职业卫生

10.1 劳动安全

10.1.1 劳动安全管理应符合 GB 18071.1 的规定。

10.1.2 应对工作人员进行必要的培训，并应配备必要的劳动安全卫生设施和劳动防护用品，由专人维护保养。

10.1.3 应建立并严格执行定期安全检查制度，及时消除事故隐患，防止事故发生。

10.1.4 应按照 GB/T 16483 等标准的要求管理和使用工艺过程中应用的化学药剂。

10.1.5 应有必要的安全防护和报警装置，并在工程区域各明显位置设置禁烟、防火和限速等标志。

10.1.6 应制定火警、自然灾害等意外事件的应急预案。

10.2 职业卫生

10.2.1 应加强作业场所的职业卫生防护，做好隔声减震和防暑、防中毒等工作。

10.2.2 职业病防护设备、防护用品应确保处于正常工作状态，不得擅自拆除或停止使用。

11 施工与验收

11.1 工程施工

11.1.1 工程施工应符合有关工程施工程序及管理文件的要求，符合国家相关标准和规范的规定。

11.1.2 工程设计、施工单位应具有与该工程相匹配的资质等级。

11.1.3 建筑、安装工程应符合施工设计文件、设备技术文件的要求，对工程的变更应取得设计单位的设计变更文件后再进行施工。

11.1.4 工程施工中使用的设备、材料、器件等应符合相关的国家标准，并应取得产品合格证后方可使用。

11.2 工程验收

11.2.1 废水处理工程应按《建设项目（工程）竣工验收办法》、《建设项目竣工环境保护验收管理办法》及相关专业验收规范组织验收，工程竣工验收前，严禁相关排水企业投入正式生产。

11.2.2 废水处理工程相关专业验收的程序和内容应符合 GB 50141、GB 50093、GB 50231、GB 50236、GB 50254、GB 50255、GB 50256、GB 50268 和 GB 50275 等标准的规定。

11.2.3 工程在生产试运行期应对处理工艺进行性能试验，性能试验报告可作为环境保护验收的技术支持文件。性能试验内容包括：

  a）各构筑物的渗水试验；

  b）风机运行试验，测试单台风机运行和全部风机联动运行的供气量、风压、噪声等参数，包括启动运行和稳定运行的参数；

  c）满负荷运行测试，处理系统满负荷进水，考察各工艺单元、构筑物和设备的运行工况；

  d）水质检测，按照规定频次、指标和测试方法进行水质检测，分析各工艺单元污染物去除效果。

12 运行与维护

12.1 一般规定

12.1.1 废水处理设施的运行与维护应符合 CJJ 60 等相关标准的规定。

12.1.2 应配备环境保护专职技术人员和水质监测仪器。

12.1.3 应确保工程设备完好,运行稳定达标。

12.2 人员管理

12.2.1 岗位工作人员应具有相应的职业教育背景,通过培训考核后上岗,并定期进行岗位培训。

12.2.2 应制定废水处理设施的操作规程、工作制度、定期巡检制度和维护管理制度等。

12.2.3 运行人员应按制度履行职责,确保系统稳定运行。

12.3 水质管理

12.3.1 废水处理设施运行过程应定期采样分析,常规指标包括 pH、COD_{Cr}、BOD_5、SS、磷化物、氯化物、硫化物、活性氯、氯乙烯、总汞、总镍、色度等。

12.3.2 已安装在线监测系统的,应定期取样进行人工监测比对。

12.3.3 生产周期内每间隔 6 h 采样一次,每日采样次数不少于三次,可分别分析或混合分析,其中 pH、COD_{Cr}、SS、氯化物、活性氯、氯乙烯、总汞、总镍、色度等指标每天至少分析一次,BOD_5 每周至少分析一次。

12.3.4 调试、停车后重新启动或突发事故时应增加检测频率。

12.4 维护保养

12.4.1 废水处理工程设施应在满足设计工况的条件下运行,并根据工艺要求,定期对各类电气、自控设备仪表及建(构)筑物进行检查和维护。

12.4.2 定期清理格栅、沉砂池、预沉池、调节池、水解池、污泥池等工艺单元中的浮渣,及时处置工艺过程中产生的栅渣、污泥等污染物。

12.4.3 废水处理设施的维护保养应纳入全厂的维护保养计划中,使废水处理设施的计划检修时间与相关生产设施同步。

12.5 记录

12.5.1 应建立废水处理工程设施运行状况、设施维护和生产活动等的记录制度,主要记录内容包括:

 a) 系统启动、停止时间;
 b) 系统运行工艺控制参数;
 c) 废水在线监测数据,废水排放、污泥处理情况;
 d) 药剂进场质量分析数据、数量和时间;
 e) 污泥、栅渣的外运数量、时间,处置地点,处置情况;
 f) 主要设备的运行和维修情况;
 g) 生产事故及处置情况;
 h) 定期检测及评估情况等。

12.5.2 应制订统一的记录格式,确保填写内容准确、及时、完整,不得随意涂改。

12.5.3 所有记录应制定清单,以备查询,对于需长期保存的记录应交档案室存档保管。

12.6 应急措施

12.6.1 应根据生产及周围环境实际情况,制订各种可能的突发性事件应急预案(包括环保应急预案),配备相应的人力、设备和通信等资源,预留应急处置的条件。

12.6.2 废水处理工程发生异常情况或重大事故时,应及时分析,启动应急预案,并按规定向有关部门报告。

附录A（资料性附录）

内部循环工艺

A.1 盐泥洗涤水、压滤水处理工艺，其处理工艺流程见图A.1。

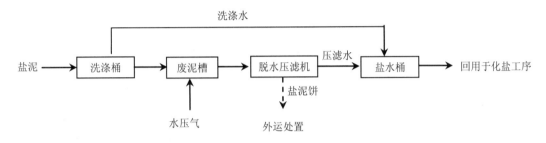

图A.1 盐泥洗涤水、压滤水处理工艺流程图

A.2 电石渣废水一部分在电石渣库蒸发，其余处理后回用于乙炔工段，其处理工艺流程见图A.2。

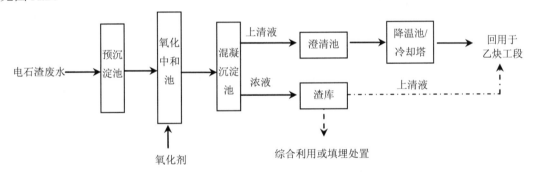

图A.2 电石渣废水处理工艺流程图

A.2.1 电石渣废水处理工艺宜在混凝沉淀池前设置氧化中和池，调节pH 7～9，采用空气或化学氧化剂将废水中的硫化物和磷化物氧化为单质硫和正磷酸盐。采用空气氧化时，曝气设备（曝气管或曝气器）兼有曝气搅拌功能，能使电石渣废水中残留的乙炔等气体排出，曝气量宜按实际需求计算，可参考选用 5～9 m³/(m²·h)，曝气设备应考虑防堵塞措施。采用化学氧化剂氧化时，曝气量宜按实际需求计算，可参考选用 3～6 m³/(m²·h)。

A.2.2 电石渣废水处理工程应设置混凝沉淀池，混凝剂宜采用硫酸亚铁，混凝沉淀池相关参数见本标准6.4.1.5条和6.4.2.7条中的规定。

A.2.3 电石渣废水经混凝沉淀处理后需进行降温处理，再回用到乙炔工段，降温幅度需根据乙炔反应器所需温度确定。

A.3 次氯酸钠废水处理工艺，其处理工艺流程见图A.3。

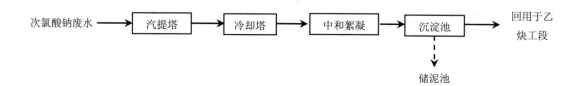

图 A.3 次氯酸钠废水处理工艺流程图

A.4 聚氯乙烯离心母液回用处理工艺经过前处理后，后续处理可选用以下两种方案中的一种，处理出水回用于生产，处理工艺流程见图 A.4。

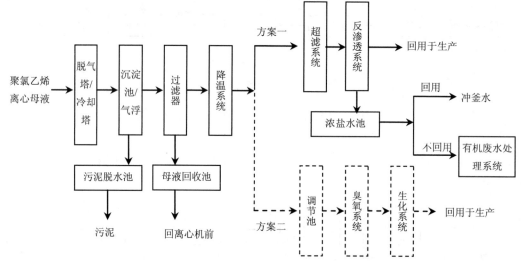

图 A.4 聚氯乙烯离心母液回用处理工艺流程图

附录 B（资料性附录）

烧碱、聚氯乙烯主要生产产污节点图

B.1 烧碱主要生产产污分析

烧碱主要生产产污见图 B.1。

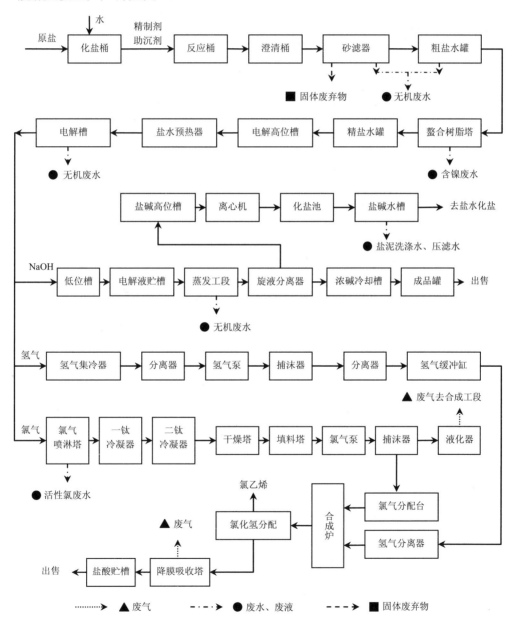

图 B.1 烧碱主要生产产污节点图

B.2 乙烯氧氯化法聚氯乙烯主要生产产污分析

乙烯氧氯化法聚氯乙烯主要生产产污见图 B.2。

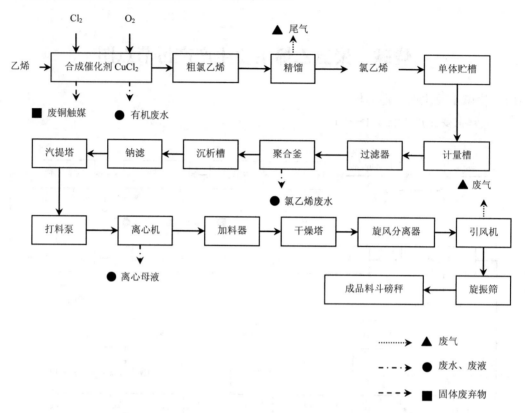

图 B.2 乙烯氧氯化法聚氯乙烯主要生产产污节点图

B.3 电石乙炔法聚氯乙烯主要生产产污分析

电石乙炔法聚氯乙烯主要生产产污见图 B.3。

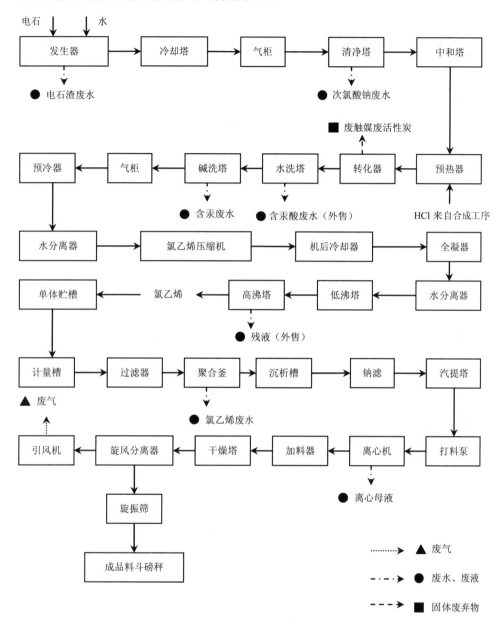

图 B.3 电石乙炔法聚氯乙烯主要生产产污节点图

中华人民共和国行业标准

城镇污水处理厂运行、维护及安全技术规程

Technical specification for oroperation, maintenance and safety of municipal wastewater treatment plant

CJJ 60—2011
备案号 J1182—2011

前 言

根据原建设部《关于印发〈2004年度工程建设城建、建工行业标准制订、修订计划〉的通知》(建标〔2004〕66号)的要求,规程编制组经广泛调查研究,认真总结实践经验,参考有关国际标准和国外先进标准,并在广泛征求意见的基础上,修订了本规程。

本规程的主要技术内容是:1 总则;2 一般规定;3 污水处理;4 深度处理;5 污泥处理与处置;6 臭气处理;7 化验监测;8 电气及自动控制;9 生产运行记录及报表;10 应急预案。

本规程修订的主要技术内容是:

1. 章节设置做了较大的调整。目前我国具有各种新工艺特点的污水处理厂越来越多,新规程需要覆盖大量的新技术和新工艺的运行管理要求,特别是要兼顾各种不同组合工艺特点的污水处理厂。因此本次规程修订按照污水处理厂生产流程,兼顾各环节不同工艺特点提出相应的技术要求,使规程尽量简练,同时又避免漏项,但在表述技术要求方面基本还是按照运行管理、安全操作、维护保养、技术指标的顺序作出规定;

2. 对近十几年来出现的新技术、新工艺经过总结和提炼,纳入了本规程。同时修改了不相适应的内容。增加了目前普遍采用的新的污水处理工艺、新型构筑物和新设备方面的内容;

3. 进一步完善了污泥处理与处置方面的内容;

4. 增加了污水深度处理方面的内容;

5. 增加了臭气处理方面的内容;

6. 结合十几年来出现的事故教训,增加了应急预案方面的内容。本规程中以黑体字标志的条文为强制性条文,必须严格执行。

1 总则

1.0.1 为进一步提高城市污水处理厂的技术和管理水平,确保污水处理厂安全、稳定、高效运行、达标排放,实现净化水质、处理和处置污泥、保护环境,使资源得到充分利用的

目的，制定本规程。
1.0.2 本规程适用于城市污水处理厂。企业废水处理厂、站可参照执行。
1.0.3 城市污水处理厂的运行、维护及其安全除应符合本规程外，尚应符合国家现行有关标准的规定。

2 基本规定

2.1 运行管理

2.1.1 城镇污水处理厂应依据本规程制定相应的管理制度、岗位操作规程、设施、设备维护保养手册及事故应急预案，并定期修订。

2.1.2 城镇污水处理厂必须建立、健全污水处理设施运行与维护管理制度，各岗位运行操作和维护人员应经培训后持证上岗，并应定期考核。

2.1.3 城镇污水处理厂应有工艺流程图、官网现状图、自控系统及供电系统图等。

2.1.4 城镇污水处理厂各岗位应有健全的技术操作规程、安全操作规程及岗位责任等制度。

2.1.5 运行管理、操作和维护人员必须掌握处理工艺和设施、设备的运行、维护要求及技术指标。

2.1.6 厂内供水、排水、供电、供热和燃气等设施的运行、维护及管理工作必须符合国家现行有关标准的规定。

2.1.7 污水处理及污泥处理处置工艺运行过程中应配置相应的在线仪表。城镇污水处理厂的进、出水口应安装流量计和化学需氧量等在线监测仪表。

2.1.8 能源和材料的消耗应准确计量，并应做好各项生产指标的统计，进行成本核算。

2.2 安全操作

2.2.1 起重设备、锅炉、压力容器等特种设备的安装、使用、检修、检测及鉴定，必须符合国家现行有关标准的规定。

2.2.2 对易燃易爆、有毒有害等气体检测仪应定期进行检查和效验，并应按国家有关规定进行强制检定。

2.2.3 对厂内各种工艺管线、闸阀及设备应着色并标识，并应符合现行行业标准《城市污水处理厂管道和设备色标》CJ/T 158 的规定。

2.2.4 在设备转动部位应设置防护罩；设备启动和运行时，操作人员不得靠近、接触转动部位。

2.2.5 非本岗位人员严禁启闭本岗位的机电设备。

2.2.6 各种闸阀开启与关闭应有明显标识，并应定期做启闭试验，应经常为丝杠等部位加注润滑油脂。

2.2.7 备急停开关必须保持完好状态；当设备运行中遇有紧急情况时，可采取紧急停机措施。

2.2.8 对电动闸阀的限位开关、手动与电动的连锁装置，应每月检查 1 次。

2.2.9 各种闸阀井应保持无积水，寒冷季节应对外露管道、闸阀等设备采取防冻措施。

2.2.10 操作人员在现场开、停设备时，应按操作规程进行，设备工况稳定后，方可离开。

2.2.11 新投入使用或长期停运后重新启用的设施、设备，必须对构筑物、管道闸阀、机械、电气、自控等系统进行全面检查，确认正常后方可投入使用。

2.2.12 停用的设备应每月至少进行 1 次运转。环境温度低于 0℃时，必须采取防冻措施。

各种类型的刮泥机、刮砂机、刮渣机等设备，长时间停机后再开启时，应先点动，后启动。冬季有结冰时，应除冰后再启动。

2.2.13 各种设备维修前必须断电，并应在开关处悬挂维修和禁止合闸的标识牌，经检查确认无安全隐患后方可操作。

2.2.14 清理机电设备及周围环境卫生时，严禁擦拭设备运转部位，冲洗水不得溅到电机带电部位、润滑部位及电缆头等。

2.2.15 设备需要维修时，应在机体温度降至常温后，方可维修。

2.2.16 各类水池检修放空或长期停用时，应根据需要采取抗浮措施；并应对池内配套设备进行妥善处理。。

2.2.17 凡设有钢丝绳结构的装置，应按要求做好日常检查和定期维护保养；当出现绳端断丝、绳股断裂、扭结、压扁等情况时，必须更换。

2.2.18 起重设备应设专人负责操作，吊物下方危险区域内严禁有人。

2.2.19 设备电机外壳接地必须保证良好，确保安全。

2.2.20 构筑物、建筑物的护栏及扶梯应牢固可靠，设施护栏不得低于 1.2m，在构筑物上应悬挂警示牌,配备救生圈、安全绳等救生用品，并应定期检查和更换。

2.2.21 各岗位操作人员在岗期间应佩戴齐全劳动防护用品，做好安全防护工作。

2.2.22 城镇污水处理厂必须健全进出污泥消化处理区域的管理制度，值班室的警报器、电话应完好畅通。

2.2.23 污泥消化处理区域内工作人员应配备防静电工作服和工作鞋。

2.2.24 污泥消化处理区域及除臭设施防护范围内，严禁明火作业。

2.2.25 对可能含有有毒有害气体或可燃性气体的深井、管道、构筑物等设施、设备进行维护、维修操作前，必须在现场对有毒有害气体进行检测，不得在超标的环境下操作，所有参与操作的人员应佩戴防护装置，直接操作者应在可靠的监护下进行，并应符合国家现行标准《排水管道维护安全技术规程》CJJ 6 的规定

2.2.26 在易燃易爆、有毒有害气体、异味、粉尘和环境潮湿的场所，应进行强制通风，确保安全。

2.2.27 消防器材的设置应符合消防部门有关法规和标准的规定，并应按相关规定的要求定期检查、更新，保持完好有效。

2.2.28 雨天或冰雪天气，应及时清除走道上的积水或冰雪，操作人员在构筑物上巡视或操作时，应注意防滑。

2.2.29 雷雨天气，操作人员在室外巡视或操作时应注意防雷电。

2.2.30 对栅渣、浮渣、污泥等废弃物的输送系统应定期做维护保养，在室内设置的除渣、除泥等系统，应保持室内良好的通风条件。

2.3 维护保养

2.3.1 运行管理、操作和维护人员应按要求巡视检查设施、设备的运行状况并做好记录。

2.3.2 对厂内各种管线应定期进行检查和维护，并做好记录。

2.3.3 设施、设备的使用与维护保养应按照设施、设备的操作规程和维修保养规定执行。

2.3.4 设施、设备应保持清洁，及时处理跑、冒、滴、漏、堵等问题。

2.3.5 水处理构筑物堰口、排渣口、池壁应保持清洁完好。

2.3.6 根据不同机电设备要求，应定期添加或更换润滑剂，更换出的润滑剂应按规定妥善处置。

2.3.7 对构（建）筑物的结构及各种闸阀、护拦、爬梯、管道、井盖、盖板、支架、走道桥、照明设备和防雷电设施等应定期进行检查、维修及防腐处理，应保持其完好。

2.3.8 对各种设备连接件应经常检查和紧固，并应定期更换易损件。

2.3.9 对各类机械设备进行检修时，必须保证其同轴度、静平衡或动平衡等技术要求。

2.3.10 对高（低）压电气设备、电缆及其设施，应定期检查和检测，并应保证其性能完好。

2.3.11 电缆桥架、控制柜（箱）应定期检查并清洁，发现安全隐患，应及时处理；应做好电缆沟雨水及地下渗水的排除工作。

2.3.12 对各类仪器、仪表进行检查和校验应定期进行。

2.3.13 各种设施、设备的日常维护保养，并进行大、中、小修，应按要求进行。

2.3.14 设施、设备维修前，应做好必要的检查，并制定维修方案及安全保障措施；设施、设备修复后，应及时组织验收，合格后方可交付使用。

2.3.15 构（建）筑物及自控系统等避雷、防爆装置的测试、维修方法及其周期应符合国家现行有关规定。

2.3.16 操作人员发现运行异常时，应做好相应处理并及时上报，同时做好记录。

2.4 技术指标

2.4.1 城镇污水处理厂的进、出水水质应符合设计文件的规定。

2.4.2 城镇污水处理厂年处理水量应达到计划指标的95%以上。

2.4.3 设施、设备、仪器、仪表的完好率均应达95%以上。

2.4.4 各类设备在运转中噪声均应小于85dB。厂界噪声应符合现行国家标准《工业企业厂界环境噪声排放标准》GB 12348 的有关规定。

2.4.5 各种化学药剂、危险化学品及有毒有害药品的使用单位，必须备有安全技术说明书及完善的规章制度。

3 污水处理

3.1 格栅

3.1.1 格栅开机前，应检查系统是否具备开机条件，经确认后方可正常启动。

3.1.2 粉碎型格栅应连续运行

3.1.3 拦截型格栅，应及时清除栅条（鼓、耙）、格栅出渣口及机架上悬挂的杂物，应定期对栅条校正；当汛期及进水量增加时，应加强巡视，增加清污次数。

3.1.4 对栅渣应及时处理或处置。

3.1.5 格栅运行中应定时巡检，发现设备异常，应立即停机检修。

3.1.6 对传动机构应定期检查，并应保证设备处于良好的运行状态。

3.1.7 对粉碎型格栅刀片组的磨损和松紧度应定期检查，并及时调整或更换。

3.1.8 长期停止运行的粉碎型格栅，应吊离污水池，不得长期浸泡在污水池中，并做好设备的清洁保养工作。

3.1.9 检修格栅或人工清捞栅渣时，应切断电源，并在有效监护下进行；当需要下井作业的，应符合本规程第2.2.25条的规定外，还应进行临时性强制性通风。

3.1.10 格栅间的除臭设置，应符合本规程第 6 章的有关规定。

3.1.11 应按工艺要求开启格栅机的台数，污水的过栅流速宜为（0.6~1.0）m/s。

3.1.12 污水通过格栅的前后水位差宜小于 0.3m。

3.2 进水泵房

3.2.1 水泵开启台数应根据进水量的变化和工艺运行情况调节。

3.2.2 多台水泵由同一台变压器供电时，不得同时起动，应由大到小逐台间隔起动。

3.2.3 当泵房突然断电或设备发生重大事故时，在岗员工应立刻报警，并启动应急预案；

3.2.4 水泵在运行中，必须执行巡回检查制度，并应符合下列规定：

  1 应观察各种仪表显示是否正常、稳定；

  2 轴承温升不得超过环境温度 35℃或设定的温度；

  3 应检查水泵填料压盖处是否发热，滴水是否正常，否则应及时更换填料；

  4 水泵机组不得有异常的噪声或振动。

3.2.5 水泵运行中发现下列情况时，必须立即停机：

  1．水泵发生断轴故障。

  2．电机发生严重故障。

  3．突然发生异常声响或振动。

  4．轴承温升过高。

  5．电压表、电流表、流量计的显示值过低或过高。

  6．机房管线进（出）水管道、闸阀发生大量漏水。

3.2.6 潜水泵运行时，应符合下列规定：

  1．应观察和记录反映潜水泵运行状态的信息，并应及时处理发现的问题；

  2．应定期检查和更换潜水泵油室的油料和机械密封件，操作时严禁损伤密封件端面和轴；

  3．起吊和吊放潜水泵时，严禁直接牵提泵的电缆。

3.2.7 对油冷却螺旋离心泵的冷却油液位应定期检查。

3.2.8 对泵房的集水池应每年至少清洗一次，应检修集水池水位标尺或液位计及其转换装置，并按照检测周期效验泵房内的硫化氢检测仪表及报警装置。

3.2.9 对叶轮、闸阀、管道的堵塞物应及时清除，人工作业时应符合本规程第 2.2.26 条的规定。

3.2.10 集水池的水位变化应定时观察，集水池的水位宜设定在最高和最低水位范围内。

3.2.11 泵房除臭应符合本规程第 6 章的规定。

3.3 沉砂池

3.3.1 各类沉砂池均应根据池组的设置与水量变化情况，调节进水闸阀的开启度。

3.3.2 沉砂池的排砂时间和排砂频率应根据沉砂池类别、污水中含砂量及含砂量的变化情况设定。

3.3.3 曝气沉砂池的空气量应根据水量的变化进行调节。

3.3.4 沉砂量应有记录统计，并定期对沉砂颗粒进行有机物含量分析

3.3.5 当采用机械除砂时，应符合下列规定：

  1．除砂机械应每日至少运行一次；操作人员应现场监视，发现故障，及时处理；

2．应每日检查吸砂机的液压站油位,并应每月检查除砂机的限位装置;

3．吸砂机在运行时,同时在桥架上的人数,不得超过允许的重量荷载。

3.3.6 对沉砂池排出的砂粒和清捞出的浮渣应及时处理或处置。

3.3.7 对沉砂池应定期进行清池处理并检修除砂设备。

3.3.8 对沉砂池上的电气设备应做好防潮湿,抗腐蚀处理。

3.3.9 旋流沉砂池的搅拌器应保持连续运转,并合理设置搅拌器叶片的转速。当搅拌器发生故障时,应立即停止向该池进水。

3.3.10 采用气提式排砂的沉砂池,应定期检查储气罐安全阀、鼓风机过滤芯及气提管,严禁出现失灵、饱和及堵塞的问题。

3.3.11 沉砂池除臭应符合本规程第 6 章的规定。

3.3.12 各类沉砂池运行参数应符合设计要求,可按照表3.3.12 中的规定确定。

表3.3.12 各类沉砂池运行参数

池型	停留时间（s）	流速（m/s）	曝气强度（m^3气/m^3水）	表面水力符合（$m^3/m^2 \cdot h$）
平流式沉砂池	30～60	0.15～0.3	—	
竖流式沉砂池	30～60	0.02～0.1	—	
曝气式沉砂池	120-240	0.06～0.12（水平流速） 0.25～0.3（旋流速度）	0.1～0.2	150～200
比式沉砂池	>30	0.6～0.9	—	150～200
钟式沉砂池	>30	0.15～1.2		

3.3.13 沉砂颗粒中的有机物含量宜小于30%。

3.4 初沉池

3.4.1 操作人员应根据池组设置、进水量变化,调节各池进水量,使各池配水均匀。

3.4.2 对沉淀池的沉淀效果,应定期观察,根据污泥沉降性能、污泥界面高度、污泥量等确定排泥的频率和时间。

3.4.3 沉砂池堰口应保持出水均匀,并不得有污泥溢出。

3.4.4 对浮渣斗和排渣管道的排渣情况,应经常检查,排出的浮渣应及时处理或处置。

3.4.5 共用配水井（槽、渠）和集泥井（槽、渠）的初沉池,且采用静压排泥的,应平均分配水量,并应按相应的排泥时间和频率排泥。

3.4.6 刮泥机运行时,不得多人同时在刮泥机走道上滞留。

3.4.7 根据运行情况应定期对斜板（管）和池体进行冲刷,并应经常检查刮泥机电机的电刷、行走装置、浮渣刮板、刮泥板等易磨损件,发现损坏应及时更换。

3.4.8 对斜板（管）及附属设备应定期进行检修。

3.4.9 初沉池宜每年排空 1 次,清理配水渠、管道和池体底部积泥并检修刮泥机及水下部件等。

3.4.10 辐流式初沉池刮泥机长时间待修或停用时,应将池内污泥放空。

3.4.11 初沉池除臭应符合本规程第 6 章的规定。

3.4.12 初沉池运行参数应符合设计要求,可按照表3.4.12 中的规定确定。

3.4.13 当进水浓度符合设计进水指标时,出水 BOD_5、COD_{Cr}、SS 的去除率应分别大于25%、30%和40%。

表 3.4.12 初沉池运行参数表

池型	表面负荷（m³/m²·h）	停留时间/h	含水率/%
平流式沉淀池	0.8~2.0	1.0~2.5	95~97
辐流式沉淀池	1.5~3.0	1.0~2.0	95~97

3.5 初沉污泥泵房

3.5.1 初沉污泥泵房的运行管理应符合本规程第 2 章、第 3.2 节和第 3.8 节的有关规定。

3.5.2 污泥泵的运行台数和排泥时间应根据运行工况确定。

3.5.3 在半地下式或地下式污泥泵房检查维修时，应保证工作间内良好的通风换气，并应符合本规程第 2.2.26 条的有关规定。

3.6 生物反应池

3.6.1 调节各池进水量，应根据设计能力及进水水量，按池组设置数量及运行方式确定，使各池配水均匀；对于多点进水的曝气池，应合理分配进水量。

3.6.2 污泥负荷、泥龄或污泥浓度可通过剩余污泥排放量进行调整。

3.6.3 根据不同工艺的要求，应对溶解氧进行控制。好氧池溶解氧浓度宜为 2~4 mg/L；缺氧池溶解氧浓度宜小于 0.5 mg/L；厌氧池溶解氧浓度宜小于 0.2 mg/L。

3.6.4 生物反应池内的营养物质应保持平衡。

3.6.5 运行管理人员应每天掌握生物反应池的 pH、DO、MLSS、MLVSS、SV、SVI、水温等工艺控制指标，并通过微生物镜检检测生物池活性污泥的生物相，观察活性污泥颜色、状态、气味及上清液透明度等，及时调整运行工况。

3.6.6 当发现污泥膨胀、污泥上浮等不正常的状况时，应分析原因，针对具体情况调整系统运行工况，应采取有效措施恢复正常。

3.6.7 当生物反应池水温较低时，应采取适当延长曝气时间、提高污泥浓度、增加泥龄或其他方法，保证污水的处理效果。

3.6.8 根据出水水质的要求及不同运行工况的变化，应对不同工艺流程生物反应池的回流比进行调整与控制。

3.6.9 当生物池中出现泡沫、浮泥等异常现象时，应根据感观指标和理化指标进行分析，并应采取相应的调控措施。

3.6.10 操作人员应经常排放曝气系统空气管路中的存水，并应及时关闭放水阀。

3.6.11 应经常观察生物反应池曝气装置和水下推动（搅拌）器的运行和固定情况，发现问题，应及时修复。

3.6.12 采用 SBR 工艺时，应合理调整和控制运行周期，并应按照设备要求定期对滗水器进行检查、清洁和维护，对虹吸式滗水器还应进行漏气检查。

3.6.13 对曝气生物滤池，应按设计要求进行周期反冲洗并控制气、水反冲洗强度。

3.6.14 应定期对金属材质的空气管、挡墙、法兰接口或丝网进行检查，发现腐蚀或磨损，应及时处理。

3.6.15 较长时间不用的橡胶材质曝气器，应采取相应措施避免太阳曝晒。

3.6.16 对生物反应池上的浮渣、附着物以及溢到走道上的泡沫和浮渣，应及时清除，并应采取防滑措施。

3.6.17 采用除磷脱氮工艺时,应根据水质要求及工况变化及时调整溶解氧浓度、碳氮比及污泥回流比等。

3.6.18 采用化学除磷工艺进行除磷时,应符合本规程第3.11节中的有关规定。

3.6.19 生物反应池运行参数应符合设计要求,可按表3.6.19的规定确定。

表3.6.19 生物反应池正常运行参数

生物处理类型		污泥负荷/(kgBOD$_5$/kgMLSS·d)	泥龄/d	外回流比/%	内回流比/%	MLSS/(mg/L)	水力停留时间/h
传统活性污泥法		0.2~0.4	4~15	25~75	—	1 500~2 500	4~8
吸附再生法		0.2~0.4	4~15	50~100	—	2 500~6 000	吸附段1~3
阶段曝气法		0.2~0.4	4~15	25~75	—	1 500~3 000	3~8
合建式完全混合曝气法		0.25~0.5	4~15	100~400	—	2 000~4 000	3~50
A/O法（厌氧/好氧法）		0.1~0.4	3.5~7	40~100	—	1 800~4 500	3~8（厌氧段1~2）
A/A/O法（厌氧/缺氧/好氧法）		0.1~0.3	10~20	20~100	200-400	2 500~4 000	7~14（厌氧段1~2,缺氧段0.5~3.0）
倒置A/A/O法		0.1~0.3	10~20	20~100	200-400	2 500~4 000	
AB法	A段	3~4	0.4~0.7	<70	—	2 000~3 000	0.5
	B段	0.15~0.3	15~20	50~100	—	2 000~4 000	0.5
传统SBR法		0.05~0.15	20~30	—	—	4 000~6 000	4~12
DAT-IAT法		0.045	25	—	400	4 500~5 500	8~12
CAST法		0.070~0.18	12~25	20~35	—	3 000~5 500	16~12
LUCAS/UNITANK法		0.05~0.10	15~20	—	—	2 000~5 000	8~12
MSBR法		0.05~0.13	8~15	30~50	130~150	2 200~4 000	12~18
ICEAS法		0.05~0.15	12~25	—	—	3 000~6 000	14~20
卡鲁塞尔式氧化沟		0.05~0.15	12~25	75~150	—	3 000~5 500	≥16
奥贝尔式氧化沟		0.05~0.15	12~18	60~100	—	3 000~5 000	≥16
双沟式（DE型氧化沟）		0.05~0.10	10~30	60~200	—	2 500~4 500	≥16
三沟式氧化沟		0.05~0.10	20~30	—	—	3 000~6 000	≥16
水解酸化法		—	15~20	—	—	7 000~15 000	5~14
延时曝气法		0.05~0.15	20~30	50~150	—	3 000~6 000	18~36

3.6.20 生物膜法运行参数应符合设计要求,可按表3.6.20中的规定确定。

表3.6.20 生物膜法工艺正常运行参数

工艺	水力负荷/(m^3/m^2·d)	转盘速度/(r/min)	BOD负荷/(kg/m^3·d)	反冲洗周期/h	反冲洗水量/%
曝气生物滤池(BIOFOR)	—	—	—	14~40	5~12
低负荷生物滤池	1~3	—	0.15~-0.30	—	—
高负荷生物滤池	10~30	—	0.8~1.2	—	—
生物转盘	0.08~0.2	0.8~3.0	0.005~0.02	—	—

3.7 二沉池

3.7.1 调节各池进水量,应根据池组设置、进水量变化,保证各池配水均匀。

3.7.2 二沉池污泥排放量可根据生物反应池的水温、污泥沉降比、混合液污泥浓度、污泥回流比、泥龄及二沉池污泥界面高度确定。

3.7.3 对出水堰口,应经常观察,保持出水均匀;应保持堰板与池壁之间密合,不漏水。

3.7.4 操作人员应经常检查刮吸泥机以及排泥闸阀,应保证吸泥管、排泥管路畅通,并保证各池均衡运行。

3.7.5 对设有积泥槽的刮吸泥机,应定期清除槽内污物。

3.7.6 池内污水宜每年将排空 1 次,并进行池底清理以及刮吸泥机水下部件的检查、维护。

3.7.7 当二沉池出水出现浮泥等异常情况时,应查明原因并及时处理。

3.7.8 二沉池长期停运 10d 以上时,应将池内积泥排空,并对刮吸泥机采取防变形措施。

3.7.9 刮吸泥机在运行时,同时在桥架上的人数,不得超过允许的重量荷载。

3.7.10 二沉池运行参数应符合设计要求,可按表 3.7.10 中的规定确定。

表 3.7.10 二沉池正常运行参数

池型		表面负荷/($m^3/m^2 \cdot h$)	固体负荷/($kg/m^2 \cdot d$)	停留时间/h	污泥含水率/%
平流式沉淀池	活性污泥法后	0.6~1.5	≤150	1.5~4.0	99.2~99.6
	生物膜法后	1.0~2.0	≤150	1.5~4.0	96.0~98.0
中心进周边出辐流式沉淀池		0.6-1.5	≤150	1.5~4.0	99.2~99.6
周进周出辐流式沉淀池		1.0-2.5	≤240	1.5~4.0	98.8~99.0

3.8 回流污泥泵房

3.8.1 回流比应根据生物反应池的污泥浓度及污泥沉降性能,调节回流比,确定回流污泥泵开启数量。

3.8.2 对泵房集泥池内杂物应及时清捞。

3.8.3 对回流泵的泵体、叶轮、叶片应定期检查。

3.8.4 对带有耐磨内衬螺旋离心泵的叶轮与内衬的间隙,应定期检查,并应及时调整。

3.8.5 长期停用的螺旋泵应每周旋转 180°,并应每月至少试机一次。

3.8.6 寒冷季节,启动螺旋泵时,应检查其泥池内是否结冰。

3.8.7 各类回流污泥泵的运行保养应符合本规程第 2 章及第 3.2 节的有关规定。

3.9 剩余污泥泵房

3.9.1 系统中的剩余污泥应及时排除。

3.9.2 运行管理应符合本规程第 2 章、第 3.2 节、3.5 节、3.8 节的有关规定。

3.10 供气系统

3.10.1 调节鼓风机的供气量,应根据生物反应池的需氧量确定。

3.10.2 当鼓风机及水(油)冷却系统因突然断电或发生故障时,应采取措施。

3.10.3 鼓风机叶轮严禁倒转。

3.10.4 鼓风机房应保证良好的通风。正常运行时,出风管压力不应超过设计压力值。停止运行后,应关闭进、出气闸阀或调节阀。长期停用的水冷却鼓风机,应将水冷却系统的存水放空。

3.10.5 鼓风机在运行中，应定时巡查风机及电机的油温、油压、风量、风压、外界温度、电流、电压等参数，并填写记录报表。当遇到异常情况不能排除时，应立即按操作程序停机。

3.10.6 对鼓风机的进风廊道、空气过滤及油过滤装置，应根据压差变化情况适时清洁；并应按设备运行要求进行检修或更换已损坏的部件。

3.10.7 对备用的鼓风机转子与电机的联轴器，应定期手动旋转一次，并更换原停置角度。

3.10.8 对鼓风系统消声器消声材料及导叶的调节装置，应定期检查，当有腐蚀、老化、脱落现象时，应及时维修或更换。

3.10.9 使用微孔曝气装置时，应进行空气过滤，并应对微孔曝气器、单孔膜曝气器进行定期清洗。

3.10.10 对横轴表曝机两侧的轴承应定期补充润滑剂，并应检查减速机的油位和减速机通气帽是否畅通。

3.10.11 长期停止运行的横轴曝气机，必须切断电源，减速机加满润滑油，应定期调整水平轴的静置方位并固定。

3.10.12 调整表面曝气设备的浸没深度和转速，应根据运行工况确定，并应保证最佳充氧能力和推流效果。

3.10.13 正常运行的罗茨鼓风机，严禁完全关闭排气阀，不得超负荷运行。

3.10.14 对以沼气为动力的鼓风机，应严格按照开停机程序进行，每班加强巡查，并应检查气压、沼气管道和闸阀，发现漏气应及时处理。

3.10.15 鼓风机运行中严禁触摸空气管路。维修空气管路时，应在散热降温后进行。

3.10.16 调节出风管闸阀时，应避免发生喘振。

3.10.17 按照运行维护周期，在卸压的情况下应对安全阀进行各项功能的检查。

3.10.18 在机器间巡视或工作时，应与联轴器等运转部件保持安全距离。

3.10.19 进入鼓风机房时，应佩戴安全防护耳罩等。

3.11 化学除磷

3.11.1 选择合适的除磷化学药剂、投加量和药剂投加点，应根据工艺要求，可采用一点或多点投加方式。

3.11.2 化学药剂的贮存与使用，应符合国家现行有关规定。

3.11.3 化学药剂投加后，应保证与污水充分混合，并应保持一定的反应时间。

3.11.4 对生物反应池中混合液的pH值和碱度，应每班检测一次并及时调整。

3.11.5 对干式投料仓及附属投料设备，应每班检查一次，保证药剂不在料仓内板结。

3.11.6 湿式投料罐及附属投料设备的密闭情况应每班检查一次。

3.11.7 药剂投加管道应保持通畅。

3.11.8 对药剂储罐的液位计，应每2h检查1次。

3.11.9 采用水稀释的药液系统，应定期检查供水的压力和流量。

3.12 消毒

3.12.1 采用二氧化氯消毒时，必须符合下列规定：
1. 盐酸的采购和存放应符合国家现行有关标准的规定；
2. 固体氯酸纳应单独存放，且与设备间的距离不得小于5 m；库房应通风阴凉；

3. 在搬运和配制氯酸纳过程中，严禁用金属器件锤击或摔击，严禁明火；
4. 操作人员应戴防护手套和眼镜。

3.12.2 采用二氧化氯消毒时，除应符合本规程第 3.12.1 条外，还应符合下列规定：
1. 应根据水量及对水质的要求确定加药量；
2. 应定期清洗二氧化氯原料灌口闸阀中的过滤网；
3. 开机前应检查防爆口是否堵塞，并应确保防爆口处于开启状态；
4. 开机前应检查水浴补水阀是否开启，并应确认水浴箱中自来水是否充足；
5. 停机时加药泵停止工作后，设备应再运行 30min 以后，方可关闭进水；
6. 停机时，应关闭加热器电源。

3.12.3 采用次氯酸钠消毒时，应符合下列规定：
1. 应根据水量及对水质的要求确定加药量；
2. 应每月清洗 1 次次氯酸钠发生器电极；
3. 应将药剂贮存在阴暗干燥处和通风良好的清洁室内；
4. 运输时应有防晒、防雨淋等措施；并应避免倒置装卸。

3.12.4 **采用液氯消毒时，应符合下列规定：**
1. **应每周检查 1 次报警器及漏氯吸收装置与漏氯检测仪表的有效联动功能，并应每周启动 1 次手动装置，确保其处于正常状态；**
2. **氯库应设置漏氯检测报警装置及防护用具。**
3. 12.5 采用液氯消毒时，除应符合本规程第 3.12.4 条外，还应符合下列规定：
1. 加氯量应根据水质、水量、水温和 pH 值等具体情况确定；
2. 应每月检查并维护漏氯检测仪 1 次，每周对防毒面具检查 1 次；
3. 漏氯吸收装置宜每 6 个月清洗 1 次；
4. 加氯时应按加氯设备的操作规程进行，停泵前应关闭出氯总闸阀；
5. 加氯间的排风系统，在加氯机工作前应通风 5~10 min；
6. 应制定液氯泄漏紧急处理预案和程序；
7. 加氯设施较长时间停置，应将氯瓶妥善处置。重新启用时，应按加氯间投产运行的检查和验收方案重新做好准备工作；
8. 开、关氯瓶闸阀时，应使用专用扳手，用力均匀，严禁锤击，同时应进行检漏；
9. 氯瓶的管理应符合现行的国家标准《氯气安全规程》GB11984 的规定；
10. 采用液氯消毒时，运行参数应符合设计要求，可按表 3.12.5 中的规定确定。

表 3.12.5 液氯消毒正常运行参数

项目	接触时间/min	加氯间内氯气的最高容许浓度/（mg/m³）	出水余氯量/（mg/L）
污水	≥30	1	—
再生水	≥30	1	≥0.2（城市杂用水）
			≥0.05（工业用水）
			≥1.00~1.50（农田灌溉）
			≥0.05（景观环境水）

注：1 对于景观环境用水采用非加氯方式消毒时，无此项要求；
2 表中城市杂用水和工业用水的余氯值均指官网末端。

3.12.6 采用紫外线消毒时，消毒水渠无水或水量达不到设备运行水位时，严禁开启设备。

3.12.7 采用紫外线消毒时，除应符合本规程第 3.12.6 以外，还应符合下列规定：

1．无论是否具备自动清洗机构，都必须根据污水水质和现场污水实际处理情况定期对玻璃套管进行人工清洗；

2．应定期更换紫外灯、玻璃套管、玻璃套管清洗圈及光强传感器；

3．应定期清除溢流堰前的渠内淤泥；

4．应满足溢流堰前有效水位，确保紫外灯管的淹没深度；

5．在紫外线消毒工艺系统上工作或参观的人员必须做好防护；非工作人员严禁在消毒工作区内停留；

6．设备灯源模块和控制柜必须严格接地，避免发生触电事故；

7．人工清洗玻璃套管时，应戴橡胶手套和防护眼镜；

8．采用紫外线消毒的污水，其透射率应大于 30%。

3.12.8 采用臭氧消毒时，应定期校准臭氧发生间内的臭氧浓度探测报警装置；当发生臭氧泄漏事故时，应立即打开门窗并启动排风扇。

3.12.9 采用臭氧消毒时，除应符合本规程第 3.12.8 条以外，还应符合下列规定：

1．臭氧发生器的开启和关闭应滞后于臭氧系统的其他设备，操作人员必须严格按照系统的启动和停机顺序进行操作；

2．应根据温度、湿度高低，增减空压缩机的排污次数；

3．空气压缩机必须设有安全阀，应保证其在规定的压力范围内工作，当系统中的压力超过设定压力时，应检查超压原因并排除故障；

4．水冷式空气压缩机应根据季节温度调节冷却水量。循环冷却水进水温度宜控制在 20～32℃，出水温度不应超过 38℃；

5．干燥机的运行在满足用气质量要求的前提下，应尽量减少再生气消耗量；

6．冬季或臭氧发生器长时间不工作，应把系统内设备的水排净；

7．采用尾气破坏器进行尾气处理时，应定期检查催化剂使用效果，及时更换催化剂。

8．应每月对空气压缩机、干燥机、预冷机、臭氧发生器等进行维护保养；

9．每年应至少对臭氧接触及尾气吸收设施进行清刷 1 次，油漆铁件 1 次；

10．不同种类的臭氧发生器,其臭氧产量与电耗的关系应符合设计要求，可按表 3.12.9 中的规定确定。

表 3.12.9 不同种类臭氧发生器生产每千克臭氧的电耗参数

发生器种类	臭氧产量/(g/h)	电耗/(kWh/kg)
大型	>1000	≤18
中型	100～1000	≤20
小型	1.0～100	≤22
微型	<1.0	实测

注：表中电耗指标限制不包括净化气源的电耗

4 深度处理

4.1 传统工艺

4.1.1 混合反应池的运行管理、安全操作、维护保养等应符合下列规定:
   1. 应按设计要求和运行工况,控制流速、水位、停留时间等。
   2. 采用机械搅拌的混合反应池,应根据实际运行状况设置搅拌梯度。
   3. 药液与水的接触混合应快速、均匀。
   4. 应定期排除混合反应池、配水池内的积泥。
   5. 混合反应池设施、设备应每年检修一次,并做好防腐处理,应及时维修更换损坏部位。

4.1.2 滤池的运行管理、安全操作、维护保养等应符合下列规定。
   1. 应根据滤池水头损失或过滤时间进行反冲洗。
   2. 冲洗前应检查排水槽、排水管道是否畅通。
   3. 进行气水冲洗时,气压必须恒定,严禁超压。
   4. 水力冲洗强度应为 $8\sim17 L/m^2 \cdot s$,冲洗时滤料膨胀率应在 45%左右;
   5. 进水浊度宜控制在 10NTU 以下,滤后水浊度不得大于 5NTU;
   6. 应定期对滤层做抽样检查,含泥量大于 3%时应进行滤料清洗或更换;
   7. 对于新装滤料或刚刚更换滤料的滤池,应进行清洗处理后方可使用;
   8. 长期停用的滤池,应使池中水位保持在排水槽之上。

4.1.3 清水池的运行管理、安全操作、维护保养等应符合下列规定。
   1. 应设定运行水位的上限和下限,严禁超上限或下限水位运行;
   2. 池顶严禁堆放有可能污染水质的物品或杂物;当池顶种植植物时,严禁施放各种肥料、药物;
   3. 应至少每 2 年排空清刷 1 次池体;
   4. 应采取有效的防止雨、污水倒流和渗透到池内的措施;
   5. 应设置清水池水质检测点,每日监测化验不得少于 1 次;当发现水质超标时,应立即采取措施;
   6. 应每年检查仪表孔、通气孔、人孔等处的防护措施是否良好,并应对清水池内外的金属构件做防腐处理。

4.1.4 送水泵房的运行管理、安全操作、维护保养等应符合下列规定。
   1. 应根据管网调度指令合理开启送水泵台数,确保管网水量、水压满足用户使用。
   2. 当出现瞬间供水流量或压力的增大或降低时,工作人员应及时与管网调度人员联系,不得擅自进行开关泵、升降压等影响供水安全性的操作。
   3. 水泵的日常保养和安全应符合本规程第 2 章和第 3.2 节的有关规定。
   4. 用户端水质、水压、水量应满足国家相关规范及供水合同要求。

4.2 膜处理工艺

4.2.1 粗过滤系统的运行管理、安全操作、维护保养等应符合下列规定。
   1. 连续微滤系统启动前,应先检查粗过滤器是否处于自动状态;
   2. 系统开机前,应同时打开进水阀和出水阀,然后关闭旁通阀转为过滤器供水,并应打开过滤器上的排气阀,排除罐内空气后,关闭排气阀;
   3. 当需要切换启动备用水泵时,应使过滤器处于手动自清洗运行状态;
   4. 应每日检查进出口压力表,检查自清洗是否彻底。否则,应加长自清洗时间或手动自清洗时间；

5．应经常观察浊水腔和清水腔压力表，发现异常，及时处理。

6．应每月定期排污一次；

7．应每半年拆卸一次清洗过滤柱；

8．压差控制器的差压设定范围应为（$0.2\times10^5 \sim 1.6\times10^5$）Pa，切换差设定范围应为（$0.35\times10^5 \sim 1.50\times10^5$）Pa。

4.2.2 微过滤膜系统的运行管理、安全操作、维护保养等应符合下列规定。

1．微过滤膜系统启动前，应做好如下准备工作。

1）粗过滤器应处于自动状态；

2）应确认空气压缩系统处于正常状态；

3）系统进水泵应处于自动状态；

4）应确认水源供应正常。

2．应定时巡查过滤单元，发现异常情况，及时处理；

3．应定时排放压缩空气储罐内的冷凝水；

4．当单元的过滤阻力值超出规定值时，应及时进行化学清洗；

5．系统需要停机时，应在正常滤水状态下进行；

6．停机时间超过5天，应将微过滤膜浸泡在专用药剂中保存；

7．外压式微滤膜系统每季度必须进行一次声纳测试，膜元件出现问题，应及时隔离和修补；

8．微滤膜系统在化学清洗时不得将单元内水排空；设备维修时必须将单元内水排空。

9．微滤膜系统运行参数应符合设计要求，可按表4.2.2-1和表4.2.2-2中的规定确定。

表4.2.2-1 外压式微滤膜系统正常运行参数

工艺控制压力/kPa	反冲频率/(min/次)	反冲洗时间/min	碱洗频率/(d/次)	酸洗频率/(d/次)	反冲洗压力/kPa
120~600	30	2.5	10	40	600

表4.2.2-2 浸没式微滤膜系统正常运行参数

工艺控制压力/kPa	反冲频率/(min/次)	反冲洗时间/min	化学反洗频率/(d/次)	化学清洗频率/(d/次)	反冲洗压力/kPa
120~600	30	2.25	10	30	25

4.2.3 反渗透系统的运行管理、安全操作、维护保养等应符合下列规定。

1．应根据进水水质定期校核阻垢剂的添加浓度。

2．设备停机超过24 h，应将膜厂商指定的专用药液注入膜压力容器内将膜浸润。

3．应巡查反渗透系统管道及膜压力容器，发现漏水，及时处理。

4．根据系统的污染情况，应定期进行化学清洗（酸洗、碱洗），清洗周期应根据单元的操作环境和污染程度确定，并应符合下列规定：

1）化学清洗前，必须严格遵守安全规定；再操作和处理化学药品时必须佩戴劳动防护用品；

2）进行化学清洗时，应保证设备处于停止状态；

3）清洗后，应重新安装拆卸的管道，并应确认其牢固性；

4）系统启动前，应用反渗透进水罐的储水将系统中的空气排出；

5）化学清洗应保持清洗水温在（30～35）℃；

6）酸洗的药液 pH 值应小于 2.8，但不得低于 1.0；碱洗的药液 pH 值不得大于 12，电导率应在（50～80）μs/cm。

5．化学清洗前后应记录系统运行时的参数，包括滤液流量、进水流量、反渗透进水压力、各段浓水压力、进水电导率、滤液电导率等；

6．膜处理工艺出水水质指标应符合设计要求，可按表 4.2.3 中的规定确定。

表 4.2.3　膜处理工艺出水水质指标

SS/ (mg/L)	pH	浊度 (NTU)	电导率/ (μs/cm)	总溶解性固体/ (mg/L)	总磷/ (mg/L)	NH$_3$-N/ (mg/L)	NO$_3$-N/ (mg/L)	粪大肠菌群
≤5	6.5～7.5	≤1	≤400	≤320	不得检出	≤0.5	≤1.0	每 100ml 不得检出

4.2.4 化学清洗间的运行管理、安全操作、维护保养等应符合下列规定。

1．冬季运行时，车间内温度应保持 5℃以上，避免碱液结晶堵塞管道。

2．化学药品的储存和放置应按其特性及使用要求定位摆放整齐，并有明显标识。

3．用于化学清洗的酸、碱泵，应按设备使用要求，定期检查和添加养护用油。

4．化学药品储罐应定期进行彻底清洗。

5．操作人员在化学清洗间操作时，应穿戴必需的劳动保护用品。

6．必须保证化学清洗间的通风良好。

7．化学清洗配药罐清洗液位应控制在 30%～70%。

5 污泥处理与处置

5.1 稳定均质池

5.1.1 应定期巡视稳定均质池，观察池内混合液液位及搅拌器、污泥泵等设备运行状况。

5.1.2 对稳定均质池的污泥含固率应每日监测 1 次，其含固率宜为 2%～3%。

5.1.3 对稳定均质池内的杂物应及时清除。

5.1.4 当稳定均匀池停运一周时，应将污泥排空。

5.1.5 对稳定均匀池内搅拌器等配套设备应定期检修。

5.1.6 当稳定均质池需要养护或检修时，应按本规程第 2.2.26 条执行。

5.2 浓缩池

5.2.1 重力浓缩池运行管理、维护保养、安全操作等应符合下列规定：

1．刮泥机宜连续运行；

2．可采用间歇排泥方式，并应控制浓缩池排泥周期和时间；

3．浓缩池除臭应符合本规程第 6 章的有关规定；

4．刮泥机不得长时间停机和超负荷运行；

5．应及时清除浮渣、刮泥机上的杂物及集水槽中的淤泥；当长期停用时，应将污泥排空；

6．当上清液需进行化学除磷时，应符合本规程第3.11节的有关规定；

7．机械、电气设备的维护保养应符合本规程第2章的有关规定。

5.2.2 气浮浓缩池运行管理、维护保养、安全操作等应符合下列规定：

1．气浮浓缩池及溶气水系统应24h连续运行；

2．气浮浓缩池宜采用连续排泥；当采用间歇排泥时，其间歇时间可为（2～4）h；

3．应保持压缩空气的压力稳定，宜通过恒压阀控制溶气水饱和罐进气压力，压力设定宜为（0.3～0.5）MPa；

4．刮泥机不得长时间停机和超负荷运行；

5．应及时清捞出水堰的浮渣，并清除刮吸泥机走道上的杂物；

6．应保证气浮池池面污泥密实；

7．应保证上清液清澈；

8．气浮浓缩池应无底泥沉积；

9．气浮浓缩池宜用于剩余活性污泥的浓缩，不应投加混凝剂；

10．当刮泥机在长时间停机后再开启时，应先点动、后启动。当冬季有结冰时，应先破坏冰层、再启动；

11．排泥时，应观察贮泥池液位，不得漫溢；

12．加压溶气罐的压力表应每6个月检查、校验一次；

13．机械、电气设备的维护保养应符合本规程第2章的有关规定；

14．应经常清理池体堰口、刮泥机搅拌栅及溶气水饱和罐内的杂物；

15．应经常检查压缩空气系统畅通情况，并及时排放压缩空气系统内的冷凝水。

5.2.3 浓缩池运行的参数应符合设计要求，可按表5.2.3中的规定确定。

表5.2.3 浓缩池运行参数

污泥类型	污泥固体负荷/（kg/m^2·d）	浓缩后污泥含水率/%	停留时间/h
初沉污泥	80～120	95～97	6～8
剩余活性污泥	20～30	97～98	6～8
初沉污泥与剩余活性污泥的混合污泥	50～75	95～98	10～12

5.3 污泥厌氧消化

5.3.1 污泥厌氧消化池运行管理、维护保养、安全操作等应符合下列规定：

1．应按一定投配率依次均匀投加新鲜污泥，并应定时排放消化污泥；

2．新鲜污泥投加到消化池，应充分搅拌、保证池内污泥浓度混合均匀，并应保持消化温度稳定；

3．对池外加温且为循环搅拌的消化池，投泥和循环搅拌宜同时进行；

4．对采用沼气搅拌的消化池，在产气量不足或在消化池启动期间，应采取辅助措施进行搅拌；

5．对采用机械搅拌的消化池，在运行期间，应监控搅拌器电机的电流变化；

6．应定期检测池内污泥的pH值、脂肪酸、总碱度，进行沼气成份的测定，并应根据监测数据调整消化池运行工况；

7．应保持消化池单池的进、排泥的泥量平衡；

8. 应定期检查静压排泥管的通畅情况；

9. 宜定期排放二级消化池的上清液；

10. 应定期检查二级消化池上清液管的通畅情况；

11. 应每日巡视并记录池内的温度、压力和液位；

12. 应定期检查沼气管线冷凝水排放情况；

13. 应定期检查消化池及其附属沼气管线的气体密闭情况，并应及时处理发现的问题；

14. 应定期检查消化池污泥的安全溢流装置；

15. 应定期校核消化池内监测温度、压力和液位等的各种仪表；

16. 应定期检查和校验沼气系统中的压力安全阀；

17. 当消化池热交换器长期停止使用时，应关闭通往消化池的相关闸阀，并应将热交换器中的污泥放空、清洗。螺旋板式热交换器宜每 6 个月清洗一次，套管式热交换器宜每年清洗 1 次；

18. 连续运行的消化池，宜（3～5）年彻底清池、检修 1 次；

19. 投泥泵房、阀室应设置可燃气体报警仪，并应定期维修和校验；

20. 池顶部应设置避雷针，并应定期检查遥测；

21. 空池投泥前，气相空间应进行氮气置换；

22. 各类消化池的运行参数应符合设计要求，可按表 5.3.1 中的规定确定。

表 5.3.1 污泥厌氧消化池的运行参数

序号	项目		厌氧中温消化池	高温消化池
1	温度/℃		33～35	52～55
2	日温度变化范围小于/℃		≤±1	
3	投配率/%		5～8	5～12
4	消化池（一级）污泥含水率/%	进泥	96～97	
		出泥	97～98	
	消化池（二级）污泥含水率/%	出泥	95～96	
5	pH 值		6.4～7.8	
6	沼气中主要气体成份/%		$\rho_{CH_4}>50$	
			$\rho_{CO_2}<40$	
			$\rho_{CO}<10$	
			$\rho_{H_2S}<1$	
			$\rho_{O_2}<2$	
7	产气率/（m³气/m³泥）		>5	
8	有机物分解率/%		>40	

5.3.2 沼气脱硫装置运行管理、维护保养、安全操作等应符合下列规定：

1. 应定期校验脱硫装置的温度、压力和 pH 计；

2. 当采用保温加热的脱硫装置时，应定期检查保温系统；

3. 应定期对脱硫装置进行防腐处理；

4. 应定期清理和更换反应塔内喷淋系统的部件；

5. 投加泵的维护和保养可按本规程第 3.2 节的有关规定执行；

6. 应每日检测脱硫效果，并应根据其效果再生或更换脱硫装置的填料，操作时还应采取必要的安全措施；

7. 干式脱硫装置的运行管理、安全操作、维护保养等应符合下列规定：
1）应定期检查并记录脱硫装置的温度和压力；
2）应定时排放脱硫装置内的冷凝水；
3）当填料再生或更换后，恢复通入沼气前，宜采用氮气置换。
8. 湿式脱硫装置的运行管理、安全操作、维护保养等应符合下列规定：
1）应每日测试脱硫装置碱液的pH值，并保证碱液溢流通畅；
2）应每日检查碱液投加泵、碱液循环泵的运行状况；
3）应定期检查脱硫装置的气密性；
4）应定期补充碱液，冲洗并清理碱液管线、不得堵塞；
5）当操作间内出现碱液泄漏时，应使用清水及时冲洗。
9. 生物脱硫装置的运行管理、安全操作、维护保养等应符合下列规定：
1）应通过观察硫泡沫的颜色，及时调节曝气量和回流量；
2）应经常监控反应塔内吸收液的pH值，并应及时补充吸收液；
3）应根据进气硫化氢的负荷，调控反应塔的运行组数；
4）应每日检测脱硫前后硫化氢的浓度；
5）采用外加生物催化剂或菌种的脱硫工艺，应定期补充催化剂或菌种；
6）应避免人身接触硫污泥、硫气泡、碱液，并应配备防护用品；
7）应定期检查脱硫系统的布气管道，并进行防腐处理。
10. 脱硫后沼气中硫化氢的含量应小于0.01%。

5.3.3 当维修沼气柜时，必须采取安全措施并制定维修方案。

5.3.4 沼气柜的运行管理、安全操作、维护保养等应符合下列规定：
1. 低压浮盖式气柜的水封应保持水封高度，寒冷地区应有防冻措施；
2. 沼气应充分利用，剩余沼气不得直接排放，必须经燃烧器燃烧；
3. 应按时对沼气柜内的贮气量和压力进行检查并做记录；
4. 应定期排放蒸汽管道、沼气管道内的冷凝水；
5. 应定期对干式气柜柔膜及柜体金属结构进行检查；
6. 当沼气柜出现异常时，应及时采取相应措施；
7. 湿式气柜水封槽内水的pH值应定期测定，当pH值小于6时，应换水并保持压力平衡，严禁出现负压；
8. 应定期对湿式气柜的导轨和导轮进行检查，以防气柜出现偏轨现象；
9. 沼气柜的顶部和外侧应涂饰反射性色彩的涂料；
10. 在寒冷地区，湿式气柜水封的加热与保温设施应在冬季前进行检修；
11. 维修沼气柜必须采取安全措施，并制定维修方案；
12. 沼气柜内沼气处于低位状态时严禁排水；
13. 检修气柜顶部时，严禁直接在柜顶板上操作；
14. 任何人员不得随意打开沼气柜的检查孔；
15. 空柜通入沼气前，气相空间应进行氮气置换；
16. 气柜应安装避雷器，并应定期检测；
17. 干式气柜柔膜压力应为 2 500～10 000 Pa；

18. 湿式气柜的压力应为 2 500~4 000 Pa。

5.3.5 沼气发电机的运行管理、安全操作、维护保养等应符合下列规定：
1. 应按时巡视、检查机组运行情况，并做好巡视检查记录，发现问题及时解决；
2. 应定期清洗沼气、空气过滤装置；
3. 必须经常检查沼气发电机进气管路，不得因漏气及冷凝水过多而影响供气；
4. 应定期清洗、检修发电机组余热利用系统的管道、闸阀、换热器等；
5. 应定期检测沼气稳压罐；
6. 在发电、供电等各项操作中，必须执行有关电器设备操作票制度；
7. 为防止发电、并网等产生误操作影响用电网，必须执行操作票值度。
8. 当发电机组备用或待修时，应将循环水的进、出闸阀关闭，并放空主机及附属设备内的存水；
9. 发电机系统的冷却用水必须使用软化水或在循环水中加入阻垢剂；必要时，应更换循环水；
10. 当在寒冷地区冬季运行时，机组启动前应检查润滑系统，停止运转后应及时排放水箱中的冷却水；
11. 进入发电机的沼气必须进行脱硫处理；
12. 进气压力应满足发电机组的设定值，每立方米沼气的发电量宜大于 1.5kW·h。

5.3.6 沼气锅炉的运行管理、安全操作、维护保养等应符合下列规定：
1. 锅炉的用水水质，应符合现行国家标准《低压锅炉水质》GB 1576 的规定；
2. 进入锅炉的沼气必须进行脱硫处理；
3. 点火前，必须对沼气锅炉进行相关内容的检查；
4. 沼气锅炉运行中，当出现经简单处理不可解决的问题时，应立即停炉；
5. 对备用或停用的锅炉，必须采取防腐措施；
6. 应严格执行排污制度，定期排污应在低负荷下进行，并应严格监视水位；
7. 锅炉沼气燃烧器的安装、调试、操作及保养等各项工作，应按设备说明书及相关的安全规定与准则执行，严禁误操作；
8. 应确保沼气供应的稳定与充足；
9. 应经常检查输气管道及阀门等组件的气密性；
10. 当在保养及检验工作中密封件被打开，重新安装时必须清洁密封面并注意保持密闭性能；
11. 应每年对锅炉全套设备进行 1 次维护与保养,对相关部件的气密性进行复查，并应测量每次保养及故障处理后的燃烧烟气值；
12. 应合理降低热损失，使锅炉的热效率达到设计值；
13. 燃气锅炉污染物的排放必须符合现行国家标准《锅炉大气污染物排放标准》GB 13271 中的有关规定。

5.3.7 沼气燃烧器（火炬）的运行管理、安全操作、维护保养等应符合下列规定：
1. 手动式沼气燃烧器应根据沼气柜贮气量适时点燃；
2. 应定期检查自动式沼气燃烧器的自动点燃程序及母火管路的压力；
3. 应定期清理沼气燃烧器火焰喷嘴的污物；

4. 应定期校核沼气燃烧器上的压力表；
5. 应定期保养和维修沼气燃烧器管路上的电动闸阀；
6. 采用电子点火装置的，应定期检查接地母线；
7. 采用人工点火装置的，操作人员应站在上风向，并必须与燃烧器保持一定距离；
8. 沼气燃烧器在运行期间，应定时监控火焰燃烧情况。

5.4 污泥浓缩脱水

5.4.1 应根据污泥的理化性质，通过试验，选择合适的絮凝剂，并应确定最佳投加量。带式脱水机还应选择合适的滤布。

5.4.2 应及时调整带式浓缩机、带式脱水机絮凝剂投加量、进泥量、带速、滤布张力和污泥分布板，使滤布上的污泥分布均匀，控制污泥含水率，滤液含固率应小于10%。

5.4.3 应巡视检查带式脱水机反冲洗水系统、滤布纠偏系统和投药系统，当发现异常时，应及时维修。

5.4.4 应及时调整离心浓缩机、离心脱水机絮凝剂投加量、进泥量、扭矩和差速，控制污泥含水率，滤液含固率应小于5%。

5.4.5 停机前应先关闭进泥泵、加药泵；停机后应间隔30min方可再次启动。

5.4.6 应定期清理破碎机清淘系统，经常检查破碎机刀片磨损程度并应及时更换。

5.4.7 各种污泥浓缩、脱水设备脱水工作完成后，都应立即将设备冲洗干净，带式脱水机应将滤布冲洗干净。

5.4.8 污泥脱水机械带负荷运行前，应空载运转数分钟。

5.4.9 应经常清洗溶药系统，防止药液堵塞；在溶药池边工作时，应注意防滑，同时应将撒落在池边、地面的药剂清理干净。

5.4.10 应保持机房内通风良好。

5.4.11 浓缩机投药量（干药/干泥）应控制在2～4 kg/t；脱水机投药量（干药/干泥）应控制在3～5 kg/t。脱水后污泥含水率应小于80%。

5.5 污泥料仓

5.5.1 当采用多仓式污泥料仓贮存脱水后污泥时，应使各仓污泥量相对均匀。

5.5.2 在寒冷季节使用料仓，应采取有效的防冻措施

5.5.3 应通过机械振动、搅拌等方式，使污泥在料仓内均匀贮存，不应发生堵挂现象。

5.5.4 污泥在料仓内存放的时间不宜超过5d。

5.5.5 应做好料仓仓体和钢结构架的内外防腐，并应定期检查和维修，发现问题应及时处理。

5.5.6 污泥输送设备在带负荷运行前，应先空载运行，并检查进料仓和出料仓闸阀的开启状态，同时应进行合理调控。

5.5.7 应对料仓采取防雷、通风和防爆等安全措施。

5.5.8 料仓的贮存量不得大于总容量的90%。

5.5.9 料仓停用应将仓内沉积的污泥彻底清理干净。

5.5.10 维修或维护料仓时，应监测仓内有毒、有害气体含量，并应按本规程第2.2.26条的有关规定执行。

5.6 污泥干化

5.6.1 当流化床式污泥干化机运行时，应连续监测气体回路中的氧含量浓度，严禁在高氧

量下连续运行。

5.6.2 流化床式污泥干化机的运行管理、安全操作、维护保养等应符合下列规定：

1．污泥泵启动运行必须在自动模式下进行，运行管理、维护保养等应按本规程第 2 章及第 3.2、3.5 和 3.8 节中的有关规定执行。

2．分配器的启动必须在自动模式下进行。

3．湿污泥的破碎尺度应以易被干燥机分配流化而定；

4．可根据干化系统污泥的需要量调节分配器；

5．分配器在运行中，应注意观察油杯的自动加油状况；

6．分配器转速应保持平稳，发现振动或电压、电流异常波动且不能排除时，应立即停机；

7．干化系统的运行必须按自动程序完成；运行中应监视干化机的流化状态和床体的温度等各类参数值的变化；

8．干化系统的设备及各部件间的连接口、检查孔应保持良好的密封性；

9．应控制循环气体回路的流量在一定范围内，并应保持良好的流化状态；

10．应连续监测气体回路中的氧含量浓度，严禁在高氧量下连续运行；

11．干化机每运行 3 个月应对热交换器、风帽、气水分离器、高水位报警点、风室挡板等进行全面检查、清理，并应对所有的密封磨损情况进行详细地检查和记录；

12．检修或调换分配器的滚轮时，应使其嘴片盒的间隙满足要求；

13．应定期检查旋风分离器内壁的磨损、变形、积灰、漏点及浸没管的浸没深度等情况；

14．应调节冷凝换热器的进水量，保证气体回路冷凝后的气体温度满足工艺要求；

15．气水分离器底部的冲洗不得间断，并缓慢调节其进水量，必须保证排水管道通畅；

16．鼓风机、引风机的运行管理应按本规程第 3.10 节的有关规定执行；

17．干燥机出口压力应控制在允许的范围内；

18．当需要进入容器内检修时，必须做好安全防护；

19．循环回路气体温度应控制在规定范围内；

20．干化系统运行中或暂停时，不得停止排气风机的运转。

5.6.3 带式污泥干化机的运行管理、安全操作、维护保养等应符合下列规定：

1．应防止干化机污泥进泥系统的污泥搭桥和堵塞；

2．干化机系统应设定为全自动运行模式；

3．应定期检查污泥在干化带上的布料效果，出现异常工况，应停机及时调整；

4．应每年对干化机的干化带、风道系统等进行一次清理；

5．应定期检查干化带的接头是否牢固并调整干化带的张力；

6．干化机的风道系统严禁短路漏风，装置内部应处在微负压工况运行；

7．每运行 3 个月应对热交换器的密封、压力表、排水帽等进行全面检查、清理，并对所有的密封磨损情况进行详细地记录和跟踪；

8．在正常操作条件下，累计运行 15 000 h 后应更换润滑油，但最长不得超过 3 年；

9．斗式干泥输送机应设接地装置；

10．应定期检查干化机系统配套的电气、仪表和控制柜，当出现不稳定和不安全因素时，应及时维修或更换；

11. 应根据实际运转时间和磨损件损坏程度修理与更换轴承、干化带、切割刀等磨损件。

5.6.4 转鼓式污泥干化机的运行管理、安全操作、维护保养等应符合下列规定：
1. 干化机的启动、运行、卸载等应采用自动操作模式；
2. 在自动运行模式下，系统必须连续供应物料；
3. 系统运行中，应巡检设备的密封、热油系统、传动装置、气闸箱等；
4. 运行时应经常检查所有闸阀的开启位置；
5. 当系统在自动运行模式下冷起动时，应确定所有系统的选择开关都处于关闭状态；
6. 正常运行需停运干化机时，必须经过冷却程序，严禁手动关闭干化系统；
7. 当干化机需维修或长时间停机时，应执行冷却的自动模式；
8. 严禁干化机长时间待机运行。
9. 过滤器应保持清洁，必要时应进行更换；
10. 干化机设备防火、防爆的管理必须严格执行国家有关规定和标准。

5.6.5 应根据污泥最终处置的方案，确定干化后污泥含水率。

5.7 污泥焚烧

5.7.1 应在炉内流化床上下压力差最小的状态下实施焚烧炉的点火程序，且应缓慢升温，保持焚烧炉炉膛出口处压力为 $-100 \sim -50$ Pa 之间。

5.7.2 焚烧炉温升至 550℃以上时，可投煤或干污泥升温，焚烧温度应控制在 850～900℃。

5.7.3 煤和泥的切换应依据焚烧状态调整，且调整的速率应相对平稳。

5.7.4 应随时观察炉内物料流化燃烧状况。

5.7.5 风机工况点必须避开产生喘振位置，且应保证风机安全、平稳运行。

5.7.6 焚烧烟气排放温度必须大于烟气排放酸露点温度。

5.7.7 焚烧炉在运行中应保持料层的流化完好，并应根据料层的压力差及时排渣。

5.7.8 焚烧炉启动前应对下列部位进行检查，且应及时处理发现的问题：
1. 流化空气风室、风帽、流化风机、管道和流化床砂层；
2. 耐火砖、辅助油喷枪、流化床温度传感器及保护管、底部出灰斜槽；
3. 燃烧器耐火材料、喷嘴、燃烧器空气风门和记录器；
4. 加热面、烟道气管道和引风机；
5. 燃料投入机及其转子和壳体；
6. 防爆门和开孔的耐火材料。

5.7.9 风机应在无负载下启动，并应在流化风机运行平稳后逐步开大流化风门。

5.7.10 仪表空气压力应保持在 5×10^5 Pa 以上。

5.7.11 后部烟道烟气含氧量宜保持在 4%～10%，燃烧器油压应保持在能保证油枪雾化良好的范围内。

5.7.12 焚烧炉停炉前，必须以一定速度减少焚烧炉的处理能力，保证残留在流化床的废燃料燃烧尽。

5.7.13 焚烧炉物料流化高度应控制在 0.4～0.8 m。

5.7.14 风室内压力应为 $0.85 \sim 1.3 \times 10^4$ Pa。

5.7.15 密相区和稀相区温度应为 850～900 ℃。

5.8 污泥堆肥

5.8.1 污泥堆肥前期混合调整段的运行管理、安全操作和维护保养应符合下列规定：
  1. 当用锯沫、桔杆、稻壳等有机物做蓬松剂时，污泥、蓬松剂和返混干污泥等物料经混合后，其含水率应小于 65%；
  2. 当无蓬松剂时，污泥与返混干污泥等物料经混合后，其含水率应小于 55%；
  3. 蓬松剂颗粒应保持均匀；
  4. 混合机在运行中严禁人工搅拌；
  5. 清理混合机残留物料时，应断开混合机电源。

5.8.2 快速堆肥阶段的运行管理、安全操作和维护保养等应符合下列规定：
  1. 在快速堆肥阶段中，垛体温度在 55℃ 以上的天数不得少于 3d；
  2. 强制供气时，宜采用均匀间断供气方式；
  3. 垛体高度不宜超过设计高度；
  4. 应定期检查供气管路并保证管路畅通；
  5. 在翻垛过程中，应及时排除仓内水蒸汽，当遇低温时，仓内应留有排气口；
  6. 翻垛周期宜为每周 3～4 次；
  7. 翻垛机在运行中，应随时巡查，发现问题应及时处理；
  8. 应定期对翻垛机保养和防腐；
  9. 翻垛机工作时，非操作人员不得进入；
  10. 在堆肥发酵车间工作时，工作人员应戴防尘保护用品。

5.8.3 污泥堆肥稳定熟化段的运行管理、安全操作和维护保养等应符合下列规定：
  1. 污泥稳定熟化期宜为 30～60 d；
  2. 稳定熟化期间可采用自然通气或强制供气；
  3. 翻堆周期宜控制在 7～14d；
  4. 污泥稳定熟化后，有机物分解率应在 25%～40%；含水率不宜高于 35%。

5.8.4 污泥堆肥的化验监测应符合下列规定：
  1. 应每天监测 1～2 次垛体温度；
  2. 应定期测定污泥、返混干污泥、蓬松剂、混合物及垛体的有机物和含水率；

6 臭气处理

6.1 收集与输送

6.1.1 对集气罩、集气管道与输气管道的密闭状况应按时巡视、检查。

6.1.2 对集气罩与其他设备、设施相连接处的滑环磨损程度应定期检查、维护。

6.1.3 对集气罩骨架上的钢丝绳和遮盖物应定期检查并紧固。

6.1.4 当进入臭气收集系统的封闭环境内进行检修维护时，必须具备自然通风或强制通风条件，并必须佩戴防毒面具。

6.1.5 对气体输送管线的压降应每班检查和记录。

6.1.6 雨、雪、大风天气，应加强输气管线和集气罩的检查、巡视。应及时清除集气罩与轨道间的积雪。

6.1.7 应定期排放集气输送管道内的冷凝水。

6.1.8 当打开集气罩上的观察窗时，操作人员应站在上风向。

6.1.9 应定期检查、维护风机和输气管道。

6.2 除臭

6.2.1 当采用化学除臭工艺时应符合下列规定：
1. 系统开机前应检查供水、供电、供药情况，并应确保各类阀门处于正常状态；
2. 系统运行时应监测 pH、臭气浓度、流量、温度、压力等参数；
3. 应根据臭气负荷，及时调整加药量；
4. 应根据填料塔中的填料压降，及时对填料进行清洗或更换；
5. 应定期清洁化学洗涤器底部、除雾器、喷嘴和给排水管路的污垢；
6. 室外运行的除臭系统，应采取防冻、防晒措施；
7. 除臭系统长时间停用，应清洗设备及系统管路，同时应对 pH、ORP 探头采取保护措施；
8. 应定期对化学吸收系统的压力、振动、噪声、密封等情况进行检查；
9. 化学药品储罐、备用罐等不应在高温下灼晒，并注意开盖安全；
10. 化学药品的使用及储藏应符合国家现行有关规定；
11. 化学洗涤塔必须停机后进行检修,并应排除污染气体、确保塔内正常通风,检修人员应配备安全防护用品。

6.2.2 采用生物除臭工艺时应符合下列规定：
1. 系统运行时，应监测臭气流量、浓度、温度、湿度、压力、pH 值等参数
2. 当生物滴滤系统出现大量脱膜、生物膜过度膨胀、生物过滤床板结、土壤床出现孔洞短流等情况时，应及时查明原因，并采取有效措施处理；
3. 应保证滤床适宜的湿度；
4. 除臭系统宜连续运行，当长时间停机时，应敞开封闭构筑池或水井，并保障系统通风；
5. 应定期检查加湿器、生物洗涤塔及滴滤塔的填料，当出现挂碱过厚、下沉、粉化等情况时，应及时处理、补充或更换；
6. 应根据生物滤床压降情况，对滤料做疏松维护或更换；被更换的滤料应封闭后集中处理；
7. 应定期检查系统的压力、振动、噪声、密封等情况，宜定期对洗涤系统、滴滤系统进行维护

6.2.3 采用离子除臭工艺时应符合下列规定：
1. 除臭系统可间歇运行；当处理臭气时，必须提前启动离子发生装置；
2. 除臭系统应注意保持管路系统和设备的清洁和密封；
3 应定期检查离子发生装置是否破损、泄漏，并应及时维护和更换；
4. 除臭系统维修时必须断电，同时应关闭废气收集系统的进风阀并保证设备内通风良好；
5. 空气过滤装置应保持清洁，必要时应进行更换；
6. 应定期巡视和检查、记录离子除臭系统风机运行状况；
7. 应定期监控除臭系统进、出气中挥发性气体分子浓度、硫化氢气体浓度以及离子浓度的变化。

6.2.4 采用活性炭吸附除臭工艺时应符合下列规定:
1. **更换活性碳时,应停机断电,并关闭进气闸阀;**
2. **必须配戴防毒面具方可打开卸料口;**
3. **室内操作必须强制通风。**

6.2.5 采用活性炭吸附除臭工艺时,除应符合本规程第 6.2.4 条外,还应符合下列规定:
1. 应监视系统的压力值,并应及时更换碳料,防止舱内碳的粉化堆积产生堵塞;
2. 活性炭仓出现粉化堆积时,炭粒中的毛细孔被堵塞,影响臭气中的气体的吸附。
3. 应对室外系统做好夏季防晒处理,不宜在高温环境下运行;
4. 使用清水再生且在室外运行的系统,冬季应采取防冻、保温措施;
5. 使用热蒸汽再生的系统,应监视蒸汽的流量和压力,并保证再生处理过程的有效和正常;
6. 使用碱液再生的系统,应保证碱液的投加量;
7. 应每 2h 对系统压力、振动、噪声、密封等情况进行检查;
8. 应定期清除或清洗过滤器上集结的污物,可根据使用情况予以更换;
9. 可结合出口的臭气浓度确定碳料的再生次数和更换周期;
10. 活性碳的存放,应采取防火措施,并按危险品的有关管理规定执行;
11. 清理活性碳污染物时,应佩戴防护面具;
12. 废弃的活性碳应装入专用的容器内,予以封闭,并应送交专业部门进行集中处理。

6.2.6 采用植物除臭工艺时应符合下列规定:
1. 天然植物液应在有效期内使用;
2. 应经常检查供液系统的运行情况,并应及时处理发现的问题;
3. 用于挥发和喷嘴雾化系统的植物液,应用纯净水稀释,稀释比例应根据除臭现场的动态效果确定;
4. 应经常检查雾化系统的自动间断式喷洒和液面控制器的有效性、除臭设备的清洁干燥度、输送液管道各个接口的严密性及接地线的可靠性;
5. 应经常检查挥发系统的风机、风机控制器、供液电机是否正常运转,应及时更换出现滴漏的供液系统输液管道,应及时清洗或更换渗透网;
6. 应保持植物液储存罐内清洁;
7. 当设备出现故障时,应切断电源,并应采取相应措施,防止植物液流失。

7 化验监测

7.1 取样

7.1.1 应选择工艺流程各阶段具有代表性的位置做为取样点,并应符合下列规定:
1. 应在总进水口处取进水水样,并应避开厂内排放污水的影响,宜为粗格栅前水下 1m 处;
2. 应在总出水口处取出水水样。宜为消毒后排放口水下 1m 处或排放管道中心处;
3. 应依据不同污水、污泥处理工艺确定中间控制参数的取样点;
4. 应在污泥处理前、后处取泥样;
5. 应在脱硫塔前、后取沼气样。

7.1.2 城镇污水处理厂污水、污泥及厂界废气应符合现行国家标准《城镇污水处理厂污染物排放标准》GB 18918 中对取样与监测的有关规定。

7.1.3 噪声控制的测量方法及测点位置应符合现行国家标准《工业企业厂界环境噪声排放标准》GB 12348 的规定。

7.2 化验项目及检测周期

7.2.1 城镇污水处理厂日常化验检测项目、周期和方法应符合现行国家标准《城镇污水处理厂污染物排放标准》GB 18918 的规定,并应满足工艺运行管理需要,可按表 7.2.1-1、表 7.2.1-2 中的规定确定。

表 7.2.1-1 污水分析化验项目及检测周期

检测周期	序号	分析项目
每日	1	pH
	2	BOD_5
	3	COD
	4	SS
	5	氨氮
	6	亚硝酸盐氮
	7	硝酸盐氮
	8	凯氏氮
	9	总氮
	10	总磷
	11	粪大肠菌群数
	12	SV/%
	13	SVI
	14	MLSS
	15	DO
	16	镜检
每周	1	氯化物
	2	MLVSS
	3	总固体
	4	溶解性固体
每月	1	阴离子表面活性剂
	2	硫化物
	3	色度
	4	动植物油
	5	石油类
	6	氟化物
	7	挥发酚
每半年	1	总汞
	2	烷基汞
	3	总镉
	4	总铬
	5	六价铬
	6	总砷
	7	总铅
	8	总镍
	9	总铜
	10	总锌
	11	总锰

注:1 亚硝酸盐氮、硝酸盐氮、凯氏氮的分析周期未列入表中,宜为每日分析项目,应根据工艺需要酌情增减;
  2 其他项目可按现行国家标准《城镇污水处理厂污染物排放标准》GB18918 的有关规定选择控制项目执行。

表 7.2.1-2 污泥分析化验项目及检测周期

分析周期	序号		分析项目
每日	1		含水率
每周	1		pH
	2		有机份
	3		脂肪酸
	4		总碱度
	5		沼气成份
	6	上清液	总磷
	7		总氮
	8		悬浮物
	9	回流污泥	SV/%
	10		SVI
	11		MLSS
	12		MLVSS
每月	1		粪大肠菌群
	2		蠕虫卵死亡率
	3		矿物油
	4		挥发酚
每半年	1		总镉
	2		总汞
	3		总铅
	4		总铬
	5		总砷
	6		总镍
	7		总锌
	8		总铜

注：1 沼气成分分析包括甲烷、二氧化碳、硫化氢、氮等；
2 采用好氧堆肥处理方法，每月检测一次粪大肠菌群和蠕虫卵死亡率。

7.2.2 再生水出水水质化验项目及检测周期应根据再生水用途分别符合相应的现行国家标准《城市污水再生利用城市杂用水水质》GB/T 18920、《城市污水再生利用景观环境水水质》GB/T 18921、《城市污水再生利用地下水回灌水质》GB/T 19772 和《城市污水再生利用工业用水水质》GB/T 19923 的规定和检测。

7.2.3 对城镇污水处理厂厂界废气、工作场所的有毒有害气体、噪声等项目应定期进行监测。

7.2.4 除臭系统的氨、硫化氢、臭气及甲烷等项目的浓度应定期检测。

7.3 化验室

7.3.1 城镇污水处理厂水、泥、气等监测项目、检测方法应符合国家现行标准《城镇污水处理厂污染物排放标准》GB 18918、《污水综合排放标准》GB 8978、《城市污水水质检验方法标准》CJ/T 51 和《城市污水处理厂污泥检验方法》CJ/T 221 的规定。

7.3.2 化验室应建立、健全质量管理体系、环境管理体系和职业健康安全管理体系。

7.3.3 每一个监测项目都应有完整的原始记录。当日的样品应在当日内完成检测（粪大肠菌群数和 BOD_5 除外）。对检测的原始数据，应进行复审。

7.3.4 化验监测的各种仪器、设备、标准药品及检测样品应按产品的特性及使用要求固定摆放整齐，并应有明显的标识。

7.3.5 化验监测所用的量具应按规定由国家法定计量部门进行校正，必须使用带"CMC"

标识的计量器具。

7.3.6 化验室必须建立危险化学品、剧毒物的申购、储存、领取、使用、销毁等管理制度

7.3.7 化验样品的水样保存、容器类别均应符合现行国家标准《水质采样样品的保存和管理技术规定》GB 12999 的规定。

7.3.8 化验室宜配置紧急喷淋设施。

7.3.9 化验室应配备防火、防盗等安全保护设施。工作完毕后,应对仪器开关、水、电、气源等进行关闭检查。

7.3.10 易燃易爆物、强酸强碱、剧毒物及贵重器具必须由专门部门负责保管,并应建立监督机制,领用时应有严格手续。

7.3.11 化验室应设专人对检测的水样和泥样进行编号、登记和验收;化验室检测的精度范围和重现性应符合国家现行的有

8 电气及自动控制

8.1 电气

8.1.1 变、配电装置的工作电压、工作负荷和温度应控制在额定值的允许变化范围内。

8.1.2 对变配电室内的主要电气设备巡视检查,并应按要求做好运行日志。

8.1.3 当变、配电室设备在运行中发生跳闸时,在未查明原因之前严禁合闸。

8.1.4 电气设备的运行参数应按时记录,并记录有关的命令指示、调度安排,严禁漏记、编造和涂改。应遵守当地电力部门变电站管理制度的规定。

8.1.5 应严格遵守变压器运行规程。

8.1.6 高、低压变、配电装置的清扫、检修工作必须符合《电业安全工作规程》的规定。

8.1.7 当在电气设备上进行倒闸操作时,必须符合《电业安全工作规程》及"倒闸操作票"制度的规定。

8.1.8 当变、配电装置在运行中发生异常情况不能排除时,应立即停止运行。

8.1.9 电容器在重新合闸前,必须使断路器断开,并将电容器放电。

8.1.10 隔离开关接触部分过热,应断开断路器、切断电源;当不允许断电时,则应降低负荷并加强监视。

8.1.11 所有的高压电气设备,应根据具体情况和要求选用含义相符的标示牌。

8.1.12 应根据腐蚀情况对电缆接头、接线端子等直接接触腐蚀气体的部位进行防腐处理。

8.1.13 电器综合保护装置的保养、检修,应按规定的周期进行,并应保留检定值的记录。

8.1.14 对变电站运行数据、各种记录应进行备份,并应保留检定值的记录。

8.2 自动控制

8.2.1 自控系统应设置用户使用权限。

8.2.2 当自控系统需要与外界网络相连时,应只设置一条途径与外界相连,同时应采取必要的措施保护硬件和软件,并应及时升级。

8.2.3 自控系统应采取有效措施避免病毒和非法软件的侵入。

8.2.4 应根据工艺需求、现场实际情况布设备类测量仪表,监测点设定的参数不得随意改动。

8.2.5 应定期对仪表进行维护和校验,属国家强检范围的仪表应按周期由技术监督部门进行标定。

8.2.6 仪表维护、检修时，应先查看保护接地情况，带电部位应设明显标志，防止触电。

8.2.7 仪表的测量范围、精度、灵敏度应符合工艺要求。

8.2.8 应将自控系统的软件、程序存档，并应定期备份运行数据。

8.2.9 中央控制系统的显示参数应与现场设备、仪表的运行状况相符，并应定期维护和校核。

8.2.10 正常情况下，PLC应长期保持带电状态，并应及时更换CPU电池。

8.2.11 PLC机站、计算机房应保持适宜设备正常工作的温度和湿度。

8.2.12 应定期对各种在线分析仪表进行校准，并应确保测量准确。室外仪表箱（柜）应有防腐蚀功能，并应定期维护保持清洁。

9 生产运行记录及报表

9.1 生产运行记录

9.1.1 生产运行记录应如实反映全厂设备、设施、工艺及生产运行情况，并应包括下列内容：
　　1 化验结果报告和原始记录；
　　2 各类设备、仪器、仪表运行记录；
　　3 运行工艺控制参数记录；
　　4 生产运行计量及材料消耗记录；
　　5 库存材料、设备、备件等库存记录。

9.1.2 每班应有真实、准确，字迹清晰且用碳素墨水笔填写的值班记录，并应由责任人签字。

9.1.3 记录应由相关人员审核无误并签名确认后方可按月归档。

9.2 计划、统计报表

9.2.1 城镇污水处理厂应执行计划、统计报表和报告制度。

9.2.2 计划报表应根据城镇污水处理厂正常运行的需要，全面反映进出水水量、进出水水质、污泥处理、沼气产量、再生水利用量、能源材料消耗量、维护维修项目和资金预算等运营指标。

9.2.3 统计报表应依据生产运行及维护、维修记录，全面反映城镇污水处理厂运行情况。

9.2.4 中控室应结合生产运行工程中的进出水量和水质、用电量、污泥产量、各类材料消耗量及在线工艺运行参数等，生成报表、绘制参数曲线保留一年。

9.2.5 计划、统计报表内容应主要包括生产指标报表、运行成本报表、能源及药剂消耗报表、工艺控制报表以及运行分析等。计划、统计报表应按月、年填报。

9.2.6 报告制度：应包括：生产运营计划执行情况、安全生产、设施和设备大修及更新、信息上报和财务年度预、决算等。分析报告应按月、年完成。

9.2.7 报表应经审批、签字、盖章后方可报出。

9.3 维护、维修记录

9.3.1 运行管理中应建立健全电气、仪表、机械设备的台帐

9.3.2 维护、维修记录应包括下列内容：
　　1．电气、仪表、机械设备累计运行台时记录。
　　2．电气、仪表、机械设备维修及保养记录。
　　3．设施维护、维修记录。

9.4 交接班记录

9.4.1 交班人员应做好巡视维护、工艺及机组运行、责任区卫生及随班各种工具使用情况等记录。

9.4.2 接班人员应对交班情况做接班意见记录。

9.4.3 交、接双方必须对规定内容逐项交接，双方均确认无误后方可签字。

9.4.4 当遇有事故处理或正在工艺、电器、设备操作过程中，暂不进行交接班，接班人员应协助交班人员处理后方可交接；并应由交班人员整理工作记录，接班人员确认。

9.4.5 遇到异常情况，应在交接班记录中详细记录。

10 应急预案

10.0.1 城镇污水处理厂应建立健全事故应急体系，并应制定相应的安全生产、职业卫生、环境保护、自然灾害等应急预案。

10.0.2 制定应急预案应符合下列规定：

1. 应明确说明编制预案的目的、原则、编制依据和适用范围等。
2. 应建立应急组织机构并明确其职责、权利和义务。
3. 应根据城镇污水处理厂实际特点制定各种应急技术措施，并应包括：触电、中毒、防汛、关键性生产设备紧急抢修、重大水质污染、严重超负荷运行、压力容器故障、氯气泄漏、沼气泄漏、硫化氢等有毒有害气体泄漏、防火防爆、防自然灾害、防溺水、防高空坠落、化验室事故应急措施等；
4. 应有应急装备物资保障、技术保障、安全防护保障、通讯信息保障等。

10.0.3 城市污水处理厂的员工应定期接受应急救援方面的宣传、培训、演练和考核。

10.0.4 各种应急预案应每年进行1次补充、修改和完善，并做好其档案的管理与评审工作。

10.0.5 每年应至少进行1次应急预案的演练。演练形式可以采取下列形式：

1. 桌面演练；
2. 功能演练
3. 全面演练。本规程用词说明

1 为便于在执行本规程条文时区别对待，对要求严格程度不同的用词说明如下：

1）表示很严格，非这样做不可的用词：正面词采用"必须"，反面词"严禁"；2）表示严格，在正常情况下均应这样做的用词：正面词采用"应"，反面词采用"不应"或"不得"；3）表示允许稍有选择，在条件许可时首先应这样做的用词：正面词采用"宜"，反面词采用"不宜"；4）表示有选择，在一定条件下可以这样做的用词，采用"可"。

2 条文中指定应按其他有关标准、规范执行时，写法为："应符合……的规定"或"应按……执行"。

引用标准名录

1.《工业锅炉水质》GB/T 1576
2.《污水综合排放标准》GB 8978
3.《工业企业厂界环境噪声排放标准》GB 12348
4.《水质采样样品的保存和管理技术规定》HJ 493
5.《锅炉大气污染物排放标准》GB 13271

6. 《城镇污水处理厂污染物排放标准》GB 18918
7. 《城市污水再生利用城市杂用水水质》GB/T 18920
8. 《城市污水再生利用景观环境水水质》GB/T 18921
9. 《城市污水再生利用地下水回灌水质》GB/T 19772
10. 《城市污水再生利用工业用水水质》GB/T 19923
11. 《氯气安全规程》GB 11984
12. 《城镇排水管道维护安全技术规程》CJJ 6
13. 《城市污水水质检验方法标准》CJ/T 51
14. 《城市污水处理厂管道和设备色标》CJ/T 158
15. 《城市污水处理厂污泥检验方法》CJ/T 221
16. 《电业安全工作规程》DL 409

中华人民共和国行业标准

城镇污水处理厂污泥处理技术规程

Technical specification for sludge treatment of municipal wastwater treatment plant

CJJ 131—2009

前言

根据原建设部《关于印发〈二〇〇四年度工程建设城建、建工行业标准制订、修订计划〉的通知》（建标[2004]66号）的要求，规程编制组经广泛调查研究，认真总结实践经验，参考有关国际标准和国外先进标准，并在广泛征求意见的基础上，制定本规程。

本规程的主要技术内容是：1. 总则；2. 术语；3. 方案设计；4. 堆肥；5. 石灰稳定；6. 热干化；7. 焚烧；8. 施工与验收；9. 运行管理；10. 安全措施和监测控制。

本规程中以黑体字标志的条文为强制性条文，必须严格执行。

本规程由住房和城乡建设部负责管理和对强制性条文的解释，由北京城市排水集团有限责任公司负责技术内容的解释。执行过程中如有意见或建议，请寄送北京城市排水集团有限责任公司（地址：北京市朝阳区高碑店甲1号，邮编：100022）。

本规程主编单位：北京城市排水集团有限责任公司
本规程参编单位：中国城镇供水排水协会排水专业委员会
　　　　　　　　北京市市政工程设计研究总院
　　　　　　　　国家城市给水排水工程技术研究中心
　　　　　　　　环境保护部华南环境科学研究所
　　　　　　　　中国科学院地理科学与资源研究所环境修复中心
本规程主要起草人：王洪臣　甘一萍　周　军　王佳伟　陈同斌
本规程主要审查人：杭世珺　张　辰　李金国　贾立敏　李　军　汪慧贞　王秀朵
　　　　　　　　　崔希龙　黄占斌

1 总则

1.0.1 为科学合理地处理城镇污水处理厂所产生的污泥，减少污泥对环境的不良影响，控制污泥所造成的污染，促进社会的可持续发展，制定本规程。

1.0.2 本规程适用于城镇污水处理厂产生的初沉污泥、剩余污泥及其混合污泥处理的方案设计、施工验收、运行管理、安全措施和监测控制。

本规程不适用于城镇污水预处理中产生的砂砾和栅渣处理，以及城镇污水处理厂污泥的处置或利用。

1.0.3 城镇污水处理厂污泥处理除应符合本规程外，尚应符合国家现行有关标准的规定。

2 术 语

2.0.1 污泥处理 sludge treatment

对污泥进行稳定化、减量化和无害化处理的过程，一般包括浓缩（调理）、脱水、厌氧消化、好氧消化、石灰稳定、堆肥、干化和焚烧等。

2.0.2 污泥堆肥 sludge composting

污泥经机械脱水后，在微生物活动产生的较高温度条件下，使有机物进行生物降解，最终生成性质稳定的熟化污泥的过程。

2.0.3 污泥热干化 sludge heat drying

利用热能，将脱水污泥加温干化，使之成为干化产品。

2.0.4 污泥石灰稳定 sludge lime stabilization

污泥经机械脱水后，往泥饼中投加干燥的生石灰（CaO），进一步降低泥饼含水率，同时使其 pH 值和温度升高，以抑制病原菌和其他微生物生长的过程。

2.0.5 污泥焚烧 sludge incineration

利用焚烧炉将污泥加温，并高温氧化污泥中的有机物，使之成为少量灰烬。

2.0.6 条垛堆肥 windrow composting

将污泥和调理剂的混合料堆成长堆，通过空气的自然对流或鼓风机强制通风，并控制条垛温度和降低污泥含水率的堆肥过程。

2.0.7 仓内堆肥 in-vessel composting

指在反应器内进行的堆肥过程。

2.0.8 快速堆肥 high-rate composting

在定期翻堆和/或强制通风条件下，污泥中有机物经过高温发酵，基本达到稳定，形成腐殖质的堆肥过程。

2.0.9 熟化 curing

快速堆肥后，微生物以较低的速度分解较难降解有机物和中间产物的堆肥过程。

3 方案设计

3.1 一般规定

3.1.1 城镇污水处理厂污泥处理应以城镇总体规划为主要依据，从全局出发，因地制宜，以"稳定化、减量化、无害化"为目的，并宜利用污泥中的物质和能量，实现其"资源化"。

3.1.2 污泥处理工程建设之前，应进行污泥中有机质、营养物、重金属、病原菌、污泥热值、有毒有机物的分析测试；应进行处置途径的调查工作，明确处置方对泥质和泥量的要求，选择合适的处理工艺。

3.1.3 在污泥运输过程中，应保证安全，严禁造成二次污染。

3.1.4 污泥处理工艺方案应包括下列内容：

（1）确定污泥性质、工程规模、选址、处理要求和处置途径；

（2）确定污泥处理系统的布局、处理工艺方案和污泥输送方案；

（3）提出污泥最终处置的配套设施；

（4）进行相应的工程投资估算、日常运行费用计算、效益分析、风险评价和环境影响评价等。

3.2 方案选择

3.2.1 污泥处理方式应根据当地实际情况确定。

3.2.2 对已建成但无污泥处理系统的城镇污水处理厂，应根据现有污水处理厂的泥质和预计可能发生的变化情况综合确定污泥处理工艺方案；对新建的城镇污水处理厂，应在分析研究污水处理厂进水水质的基础上，参考同类污水处理厂泥质，并综合考虑可能发生的变化情况确定污泥处理工艺方案。

3.2.3 城镇污水处理厂的污泥可在污水处理厂内就地处理，也可在污水处理厂外新建的专用污泥处理厂单独处理。确定方案时，应综合考虑环境影响、运输、管理、人员安排和经济比较等因素。

3.2.4 污泥处理厂的规模、布局、选址、数量和处理程度等，应根据最终处置的泥质、泥量要求和具体位置分布情况确定。

3.2.5 污泥处理厂可服务于一个或多个污水处理厂，并宜靠近污水处理厂或污泥产品处置方集中地区。

3.2.6 污泥处理备选技术方案不应少于两套，并应在对各种方案进行技术经济比选后，确定最佳方案。技术经济比选应符合因地制宜、稳定可靠、经济合理、技术先进的原则，综合评价社会效益、环境效益和经济效益。

3.2.7 污泥处理方案应根据最终处置的要求，按照技术先进、经济合理的原则，进行技术单元优化组合。

3.3 设计要求

3.3.1 城镇污水处理厂的污泥处理系统应由浓缩、稳定、脱水、堆肥、干化或焚烧等子系统组成，污泥处理工程设计应按系统工程综合考虑。

3.3.2 污泥处理厂应设置污泥储存设备，并应采取防渗漏措施。

3.3.3 污泥处理厂产生的污水，可由本厂自行处理，也可就近排入污水处理厂集中处理。

3.3.4 城镇污水处理厂污泥处理宜选用下列基本组合工艺：

（1）浓缩—脱水—处置；

（2）浓缩—消化—脱水—处置；

（3）浓缩—脱水—堆肥/干化/石灰稳定—处置；

（4）浓缩—消化—脱水—堆肥/干化/石灰稳定—处置；

（5）浓缩—脱水—堆肥/干化/石灰稳定—焚烧—处置。

3.3.5 污泥浓缩、消化、脱水工艺的设计应符合现行国家标准《室外排水设计规范》GB 50014 的相关规定。

3.3.6 污泥处理厂必须按相关标准的规定设置消防、防爆、抗震等设施。

3.3.7 污泥处理厂的噪声和卫生指标应符合相关环境标准的规定。

3.3.8 污泥厌氧处理过程中产生的污泥气应优先作为能源综合利用。

4 堆 肥

4.1 一般规定

4.1.1 堆肥可采用条垛堆肥和仓内堆肥,并应符合下列规定:
（1）条垛堆肥可采用静堆式或翻堆式；
（2）根据污泥流态,仓内堆肥可采用垂直流动式、水平流动式或单箱静堆式。

4.1.2 堆肥宜分成快速堆肥和熟化两个阶段。仓内堆肥和条垛堆肥宜作为快速堆肥阶段,条垛堆肥宜作为仓内堆肥的后续工艺用于污泥熟化。

4.1.3 堆肥湿度宜符合下列规定:
（1）混合污泥初始含水率宜为 55%～65%,可通过添加蓬松剂和返混干污泥调节含水率；
（2）快速堆肥阶段,含水率应保持在 50%～65%。

4.1.4 堆肥过程中,堆内温度应为（55～65）℃,持续时间应在 3d 以上。

4.1.5 堆肥初始碳氮比应为 20:1～40:1,可通过添加调理剂调节营养平衡,调理剂宜采用锯木屑、稻草、麦秆、玉米秆、泥炭、稻壳、棉籽饼、厩肥、园林修剪物等。

4.1.6 堆肥宜添加蓬松剂增加料堆的孔隙率。蓬松剂宜采用长（2～5）cm 的木屑、专用蓬松材料、花生壳、树枝等。

4.1.7 返混干污泥和蓬松剂添加量应按下列公式确定:

$$X_R=(1-f_2)\times f_1 \times X_C \tag{4.1.7-1}$$

$$X_B=f_1 \times X_C - X_R \tag{4.1.7-2}$$

式中：X_R——每天返混干污泥的湿重（kg/d）；

X_B——每天添加蓬松剂的湿重（kg/d）；

f_1——蓬松剂和返混干污泥的湿重与进泥泥饼的湿重比例,取值范围：0.75～1.25；

f_2——蓬松剂添加量占蓬松剂和返混干污泥总添加量的比例,取值范围：0.20～0.40；

X_C——每天进泥泥饼的湿重（kg/d）。

4.1.8 堆肥过程中,堆体中空气含氧量宜控制在 5%～15%（按体积计）。

4.1.9 堆肥必须设置臭味控制设施,宜采用生物滤床等方式。滤料可采用筛分后的熟化污泥等材料。

4.1.10 堆肥后的污泥可作为土壤调理剂、覆盖土、有机基质等使用。

4.1.11 污泥接收区、快速反应区、熟化区、储存区的地面周边及车行道必须进行防渗处理。

4.1.12 堆肥厂必须设置渗滤液的收集、排出和处理设施。

4.1.13 堆肥产品储存区不宜设置供暖设施。

4.2 静堆式条垛堆肥

4.2.1 静堆式条垛堆肥的断面形状宜为梯形,并应根据污泥性质和鼓风方式经过试验确定具体尺寸。

4.2.2 静堆式条垛堆肥的时间要求应符合下列规定:
（1）快速堆肥时间必须大于 10d,宜为（14～21）d；在土地条件允许的情况下,可适当延长；

(2) 当快速堆肥后的污泥含固率小于50%时,应重新分堆进一步干化,持续时间宜大于7d;

(3) 熟化前应筛分回收添加材料,熟化处理持续时间宜为(30~60)d。

4.2.3 静堆式条垛堆肥通过污泥堆的气体阻力损失可按下式计算:

$$D = k \times (V^n) \times (H^j) \times 3.28^{n+j} \quad (4.2.3)$$

式中:D——堆肥中气体阻力损失(m);

k——堆肥中气体阻力系数,取值范围为1.2~8.0;

V——堆肥中气体的速度(m/s);

n——堆肥中气体速度阻力系数,取值范围为1.0~2.0;

H——堆肥高度(m);

j——堆肥高度阻力系数,取值范围为1.0~2.0。

4.2.4 静堆式条垛堆肥的通风量应按下列三种方法计算,取其中最大值的3~5倍作为设计依据。

(1) 有机物氧化需气量应按下式计算:

$$Q_1 = \frac{a \times q_1 + b \times q_2}{F} \quad (4.2.4-1)$$

式中:Q_1——标准状态下堆肥过程中有机物氧化需气量(m³/d);

a——城镇污泥中生物可降解有机物的需氧量,取值范围:(1.0~4.0)kgO₂/kg 干污泥,典型值为2.0kgO₂/kg 干污泥;

b——调理剂中生物可降解有机物的需氧量,取值范围:(0.5~3.0)kgO₂/kg 干污泥,典型值为1.2kg O₂/kg 干污泥;

q_1——每日处理城镇污泥中的生物可降解量(kg 干污泥/d);

q_2——每日添加调理剂中的生物可降解量(kg 干污泥/d);

F——常数,取0.28,标准状态(0.1MPa,200℃)下的每立方米空气含氧量(kgO₂/m³)。

(2) 除湿需气量应按下式计算:

$$Q_2 = \frac{\dfrac{1-s_s}{s_s} - \dfrac{1-v_s}{1-v_p} \times \dfrac{1-s_p}{s_p}}{\rho \times (w_o - w_i)} \times q_1 + \frac{\dfrac{1-s_T}{s_s} - \dfrac{1-v_T}{1-v_p} \times \dfrac{1-s_p}{s_p}}{\rho \times (w_o - w_i)} \times q_2 \quad (4.2.4-2)$$

式中:Q_2——标准状态下堆肥过程中除湿需气量(m³/d);

w_o——出口空气饱和湿度(kgH₂O)/kg 干空气;

w_i——进口空气湿度(kgH₂O)/kg 干空气;

s_s——生污泥固体含量,取值范围:(0.15~0.30)kg 干污泥/kg 生污泥;

s_T——调理剂固体含量,取值范围:(0.30~0.50)kg 干污泥/kg 调理剂;

v_s——生污泥中挥发性固体含量,取值范围:(0.6~0.8)g 挥发性固体/g 干污泥;

s_p——堆肥产品中固体含量,取值范围:(0.55~0.75)kg 干污泥/kg 堆肥污泥;

v_T——调理剂中挥发性固体含量,取值范围:(0.6~0.8)g 挥发性固体/g 调理剂干物质;

v_p——堆肥产品中挥发性固体含量,取值范围:(0.3~0.5)g 挥发性固体/g 干污泥;

ρ ——常数,取 1.18,标准状态下(0.1MPa,20℃)空气密度(kg/m³)。

(3)除热需气量应按下式计算:

$$Q_3 = \frac{(a \times q_1 + b \times q_2) \times C}{(w_o - w_i) \times c_H + w_o \times c_v \times (T_o - T_i) + c_g \times (T_o - T_i)} / \rho \quad (4.2.4\text{-}3)$$

式中:Q_3——标准状态下去除堆肥过程中产生热量的需气量(m³/d);

C——常数,取 13.63,单位耗氧产热量(kJ/kgO₂);

c_H——常数,温度 T_i 时,水的汽化热(kJ/kg);

c_v——常数,取 1.84,101.33kPa、水蒸气的定压比热(kJ/kg·℃);

c_g——常数,取 1.01,101.33kPa、干空气的定压比热(kJ/kg·℃);

T_o——出口的温度(℃);

T_i——进口的温度(℃)。

4.2.5 通风设施应符合下列规定:

(1)宜选用布气板或穿孔管进行环形布气,上部铺(15~30)cm 厚的蓬松剂;当采用穿孔管布气时,支管间距宜为(0.8~2.5)m;

(2)应根据堆内温度和含氧量调整风量;

(3)风机的运行方式可采用向堆内鼓风和从堆内吸风两种形式。当从堆内吸风时,应在风机前设置渗滤液和浓缩液的收集设施并进行处理。

4.2.6 条垛表层应覆盖(0.1~0.2)m 的熟化污泥。

4.2.7 当从堆内吸风时,宜将臭气引入筛分后的熟化污泥堆进行除臭。每(4~6)t 堆肥污泥(按干物质计)可采用 1 m³ 筛分熟化污泥进行除臭,用于除臭的熟化污泥含水率应小于 50%,并应定期进行更换。

4.3 翻堆式条垛堆肥

4.3.1 翻堆式条垛的断面形状宜为梯形,高度宜为(1~2)m,底部宽宜为(3~5)m,上部宽宜为(0.5~1.5)m,条垛间距宜大于 0.5m。

4.3.2 翻堆式条垛堆肥的温度、时间、翻垛要求应符合下列规定:

(1)快速堆肥时间宜为(21~28)d,每周应翻垛(3~4)次,垛内温度宜控制在(45~65)℃;

(2)当(2~3)条的小垛形成一条大垛时,熟化阶段时间应大于 21d,每周应翻垛(1~3)次。

4.3.3 当翻堆式条垛堆肥设置鼓风或吸风设施时,可按本规程第 4.2.4、4.2.5 条的规定进行设计。

4.4 仓内堆肥

4.4.1 仓内堆肥应符合下列规定:

(1)仓内堆肥可采用机械水平翻垛的矩形槽、机械圆周翻垛的圆形槽、"达诺"(Dano)转筒等形式;

(2)仓内堆肥的停留时间应根据堆肥仓的形式进行调整,宜为(8~15)d;

(3)仓内堆肥完成后,熟化时间应为(1~3)月。

4.4.2 当仓内堆肥设置吸风或鼓风设施时,可按本规程第 4.2.4、4.2.5 条的规定进行设计。

4.4.3 仓内堆肥宜采用自动监控设施。

5 石灰稳定

5.1 一般规定

5.1.1 石灰稳定工艺中宜采用生石灰。

5.1.2 石灰稳定设施的车间、除尘设备、混料设备、石灰储存库等均应密闭。

5.1.3 机械设备应采取隔声措施。

5.1.4 石灰储料筒仓的顶端应设有粉尘收集过滤装置。

5.1.5 石灰储存容积应按照大于 7d 以上的运行供给量确定。

5.1.6 石灰进料装置应位于储料筒仓的锥斗部分，并宜采用定容螺旋式进料装置。

5.1.7 石灰混合装置应设在收集泥饼的传送装置末端。

5.1.8 石灰投加设施应采用自动控制。

5.1.9 石灰稳定设施必须设置废气处理设备，可采用湿式除尘设备。

5.1.10 石灰稳定污泥应主要用于酸性土壤的改良剂、路基基材，以及填埋场的覆盖土等。当采用后续水泥窑注入法生产水泥时，可替代水泥烧制的原材料。

5.2 工艺参数

5.2.1 石灰稳定过程中的 pH 值及其持续时间应符合下列规定：

（1）反应时间持续 2h 后，pH 值应升高到 12 以上；

（2）在不过量投加石灰的情况下，混合物的 pH 值应维持在 11.5 以上，持续时间应大于 24h。

5.2.2 石灰投加量应符合下列规定：

（1）投加石灰干重宜占污泥干重的 15%～30%；

（2）石灰污泥体积增加量宜控制在 5%～12%。

6 热干化

6.1 一般规定

6.1.1 热干化可采用直接加热、间接加热、直接和间接联合加热三种方式。

6.1.2 热干化的热源应充分利用污泥自身的热量和其他设施的余热，不宜采用优质一次能源作为主要干化热源。

6.1.3 应设置不小于干化系统 3d 生产能力的湿污泥储存场地。

6.1.4 干化系统的规模应符合下列规定：

（1）当按湿物料被干燥成为干物料后，从湿物料中去除的水分量确定时，应按下式计算：

$$E=D \times (1/d_i - 1/d_o) \times 100 \tag{6.1.4-1}$$

式中：E——蒸发量，单位时间内蒸发的水的质量（kgH_2O/h）；

D——污泥干重（kg/h）；

d_i——进入干化系统的污泥含固率（%TS）；

d_o——排出干化系统的污泥含固率（%TS）。

(2) 可按每天处理的湿污泥量确定。
(3) 间接干化系统应按下式计算：

$$SER = E/S \qquad (6.1.4\text{-}2)$$

式中：SER——比蒸发速率，即单位时间单位传热面积上蒸发的水量 [$kgH_2O/(m^2 \cdot h)$]；
　　　E——系统的总蒸发量，即单位时间干化系统蒸发的水量（kg/h）；
　　　S——间接干化系统的热表面积（m^2）。

6.1.5 干化系统单位耗热量可按下式计算：

$$STR = Q_T/E \qquad (6.1.5)$$

式中：STR——系统单位耗热量（kJ/kgH_2O），即蒸发单位水量所需的热能，平均值宜小于 3 300 kJ/kgH_2O；
　　　Q_T——干化系统所需的总热能（kJ/h）；
　　　E——干化系统的蒸发量（kg/h）。

6.1.6 热干化系统产泥的含固率宜在60%以上。
6.1.7 污泥干化气体温度应在75℃以上。
6.1.8 当干化系统内的氧含量要求小于3%时，必须采用纯度较高的惰性气体。
6.1.9 热干化污泥在利用前应保持干燥。
6.1.10 热干化系统必须设置烟气净化处理设施，并应达标排放。

6.2 直接加热干化

6.2.1 直接加热干化设备宜采用转鼓式。
6.2.2 直接加热干化工艺可采用空气湿度图进行计算，并结合试验数据及经验数据进行设计。
6.2.3 直接干化所产生烟尘中的臭味和杂质必须处理。
6.2.4 直接加热转鼓干化的设计，应符合下列规定：
（1）宜采用干化污泥返混方式，混合污泥的含固率应达到50%~60%；
（2）污泥投加量宜占整个圆筒体积的10%~20%；
（3）圆筒转速宜为（5~25）r/min；
（4）正常运行条件下氧含量应小于6%；
（5）污泥与温度为700℃的热气流在转鼓内接触混合时间宜为（10~25）min；
（6）直接加热转鼓干化宜采用冷凝器充分回收利用分离出来的水汽所携带的热量。

6.3 间接加热干化

6.3.1 间接加热干化宜采用转鼓式、多段圆盘式。
6.3.2 间接加热干化的热交换介质宜为蒸汽或热油，对于介质温度要求在200℃以上的干化系统，其加热介质宜为热油。
6.3.3 当热交换介质为热油时，热油的闪点温度必须大于运行温度。
6.3.4 比蒸发速率（SER）宜为（7~20）$kgH_2O/(m^2 \cdot h)$
6.3.5 转鼓式间接加热干化的设计，应符合下列规定：
（1）宜采用湿泥直接进料；

（2）热油温度应大于 300℃；
（3）转鼓转速不得大于 1.5r/min。
（4）干化过程的氧含量应小于 2%；
（5）转鼓经吸风，其内部应为负压。

6.3.6 多段圆盘式间接加热干化的设计，应符合下列规定：
（1）进泥含固率应为 25%～30%；
（2）所需的能量应由热油传递，温度应为（230～260）℃；
（3）干化和造粒过程的氧含量应小于 2%；
（4）间接多盘干化系统应设置涂层机。

6.4 直接和间接联合加热干化

6.4.1 直接和间接联合加热干化宜采用流化床式。

6.4.2 流化床污泥干化的设计，应符合下列规定：
（1）宜采用湿泥直接进料；
（2）氧含量应小于 6%；
（3）床内干化气体温度应为（85±3）℃；
（4）干化出泥温度不应大于 50℃；
（5）热交换介质温度应为（180～250）℃。

7 焚 烧

7.1 一般规定

7.1.1 焚烧炉宜采用多膛炉、流化床等形式。

7.1.2 焚烧前宜将污泥粉碎。

7.1.3 焚烧炉内温度宜大于 700℃

7.1.4 焚烧时间宜为（0.5～1.5）h。

7.1.5 焚烧时过剩空气系数宜为 50%～150%。

7.1.6 污泥焚烧必须设置烟气净化处理设施，且烟气处理后的排放值应符合现行国家标准《生活垃圾焚烧污染控制标准》GB 18485 的相关规定。

7.1.7 污泥焚烧的炉渣与除尘设备收集的飞灰应分别收集、储存和运输。

7.1.8 污泥焚烧产生烟气所含热能必须回收利用。

7.2 多膛焚烧炉

7.2.1 进泥含固率必须大于 15%。

7.2.2 当进泥含固率在 15%～30%时，宜补充燃料。

7.2.3 当进泥含固率超过 50%时，应采取降温措施。

7.2.4 湿泥负荷宜为（25～75）kg/[m^2（有效炉床面积）·h]。

7.2.5 应设置二次燃烧设备，减少燃烧排放的烟气污染。

7.3 流化床焚烧炉

7.3.1 砂床静止时的厚度宜为（0.8～1.0）m。

7.3.2 流化床焚烧的空气喷入压强宜为（20～35）kPa。

7.3.3 流化风速宜取流化初始速度的（2～8）倍，空塔风速应为（0.5～1.5）m/s。

7.3.4 炉排燃烧率宜为（400~600）kg[m^2（流化床单位截面积）·h]。

7.3.5 砂床在注入污泥前宜预加热至700℃左右。

7.3.6 炉内的温度宜控制为（760~820）℃；当温度高于870℃时，应采取降温措施。

7.3.7 流化床的导热油循环系统必须有可靠的冷却系统。

7.3.8 当污泥不能自燃时，应补充燃料。

7.3.9 燃烧室热负荷宜为（3.3×10^5~6.3×10^5）kJ/（m^3·h）。

8 施工与验收

8.1 一般规定

8.1.1 污泥处理工程必须按设计施工，变更设计必须经过设计单位同意。施工与验收必须遵守国家和地方有关安全、劳动保护、环境保护等方面的规定，并应符合国家现行有关标准的规定。

8.1.2 施工前，应进行施工组织设计或编制施工方案，明确施工单位负责人和施工安全负责人，经批准后方可实施。

8.1.3 污泥处理工程的施工项目经理、技术负责人和特殊工种操作人员，以及监理人员应取得相应资格，并持证上岗。

8.1.4 施工单位应文明施工，采取有效措施控制施工现场的各种粉尘、废气、废水、废弃物以及噪声、振动等对环境造成的污染和危害。

8.2 施工

8.2.1 污泥处理工程采用的各种材料与设备，其品种、规格、质量、性能均应符合设计文件要求，并应符合国家现行相关标准的规定。

8.2.2 材料和设备进场时，应具备订购合同、产品质量合格证书、说明书、性能检测报告、进口产品的商检报告及证件等，否则不得使用。

8.2.3 进场的材料和设备应按规定进行复验，复验材料和设备的各项指标应符合设计文件要求及国家现行相关标准的规定。

8.2.4 承担材料和设备检测的单位，应具备相应的资质。

8.2.5 所用材料、半成品、构件、配件、设备等，在运输、保管和施工过程中，必须采取有效措施防止损坏、锈蚀或变质。

8.2.6 现场配制的混凝土、砂浆、防水涂料、胶粘剂等材料，应经检测或鉴定合格后方可使用。

8.2.7 施工过程中使用的原材料、成品或半成品等应列入工程质量过程控制内容。

8.2.8 施工过程中应做好材料设备、隐蔽工程和分项工程等中间环节的质量验收，隐蔽工程经过中间验收合格后方可进行下一道工序施工。

8.2.9 施工单位在冬期、雨季进行施工时，应制定冬期、雨季施工技术和安全措施，保证施工质量和安全施工。

8.2.10 水、电、气的计量仪表，能耗控制装置、各种监测及自动化控制系统应严格按其说明书安装，并应符合设计文件要求。

8.3 验收

8.3.1 污泥处理工程验收程序应按下列规定划分：

（1）单位工程的主要部位工程质量验收；
（2）单位工程质量验收；
（3）设备安装工程单机及联动试运转验收；
（4）污泥处理工程交工验收；
（5）试运行；
（6）污泥处理工程竣工验收。

8.3.2 污泥处理厂工程的单位、分部、分项工程划分应按现行国家标准《城市污水处理厂工程质量验收规范》GB 50334 中的相关规定执行，验收记录和报告亦应按其相关要求填写。

8.3.3 污泥处理工程的混凝土强度检验评定应符合现行国家标准《混凝土强度检验评定标准》GBJ 107 的有关规定。

8.3.4 污泥处理工程交工验收时，在办理交工手续后，建设单位应及时组织试运行。施工单位应在试运行期内对工程质量承担保修责任。试运行期后，建设单位应组织竣工验收。

8.3.5 工程竣工验收后，建设单位应将有关设计、施工和验收的文件立卷存档。

8.3.6 堆肥工程的车间地面、周边及车行道应做水泥砂浆或混凝土防渗水层。水泥砂浆或混凝土层必须坚固、密实、平整；坡度和强度应符合设计要求，不应有起砂、起壳、裂缝、蜂窝麻面等现象。平整度应采用 2m 直尺检查，允许空隙不应大于 5mm。

8.3.7 污泥输送管道内不应有可限制物料流动的螺钉、焊接隆起、连接键等，污泥管线应按现行国家标准《给水排水管道工程施工及验收规范》GB 50268 的相关规定进行施工与验收。

8.3.8 石灰投加和混合设施、干化和焚烧设施必须进行气密性试验。气密性试验压力宜为工作压力的 1.5 倍；24h 的气压降不应超过试验压力的 20%。气密性试验方法应符合现行国家标准《给水排水构筑物施工及验收规范》GB 50141 的相关规定。

9 运行管理

9.1 一般规定

9.1.1 污泥处理过程的运行管理应保证污泥处理设施设备的正常安全运行，并逐步实现最优化工艺和低成本运行。

9.1.2 各岗位应建立工艺系统网络图、安全操作规程等，并应标示于明显部位。

9.1.3 运行管理人员必须熟悉本厂污泥处理工艺和设施设备的运行要求和技术指标。

9.1.4 操作和维修人员必须经过培训合格后方可上岗；应严格按照对应岗位的安全操作规程从事操作和维修；发现异常情况应及时上报，并采取相应措施。

9.1.5 应定期进行巡视，检测关键部位的温度、氧含量、风压等，认真填写报表和交接班记录。

9.1.6 应定期对设施设备进行养护和维修，保持设施设备及周围清洁。

9.1.7 操作和维修时必须正确佩戴劳动保护用品。

9.1.8 在有毒、有害、易燃、易爆区域操作必须禁止烟火并进行通风，环境检测合格后方可操作。

9.1.9 厂区应定点配备消防器材、紧急救护等安全物资。

9.1.10 厂内不得拉接临时电线，厂内供配电系统应定期进行遥测。

9.1.11 设备检查、维护和维修时必须断电，并在配电柜上明确警示。拆卸零件时必须已经失压、接地和短接，并隔离相邻的带电零件。

9.1.12 在干污泥区域严禁使用压缩空气吹扫设备。

9.1.13 泥车装载干泥前，必须用地线电缆将干污泥料仓与运干泥的车辆进行等电位联结。

9.1.14 干污泥料仓温度持续升高时，应彻底清空。

9.1.15 除臭设施抽吸气失效时，应进行人员疏散以保证安全。

9.1.16 技术经济指标考核宜包括：日处理泥量，进出厂的泥质指标及达标率，包括含水率、有机物分解率、大肠杆菌、有机质含量、pH 值等；设备完好率和使用率；电耗、药耗、油耗、气耗；正常维护和污水处理成本等。

9.1.17 日均处理泥量应达到设计规模的 60%以上。

9.1.18 堆肥和石灰稳定系统年运转天数应达到 90%以上，干化和焚烧系统年运转时间应达到 7 500h 以上。

9.1.19 运行过程中，污泥处理设施设备完好率应达到 90%以上。

9.2 堆肥

9.2.1 堆肥过程的时间和温度控制应符合下列规定：

（1）应通过选择高热容、高比表面积的调理剂，尽量减少热量的损失，使温度尽快提高，并应控制温度和维持时间在设计范围之内；

（2）当温度超过 60℃时，应对堆体搅拌或通气。

9.2.2 堆肥过程的调理剂和蓬松剂管理应符合下列规定：

（1）调理剂和蓬松剂应尽量干燥，并保存在专门的储存间；

（2）宜选择可生物降解性能好的材料。

9.2.3 堆肥过程的水分控制应符合下列规定：

（1）堆肥过程中含固率不应超过 55%；

（2）应使蒸发的水分及时排出；

（3）熟化和储存地点应避免地表水流入。

9.2.4 堆肥过程的营养物控制应符合下列规定：

（1）应定时分析测定进料各组分的碳氮比，混合后物料的碳氮比应控制在设计范围之内；

（2）当堆肥过程中氨味较明显时，应调整碳氮比。

9.2.5 堆肥过程的通风控制应符合下列规定：

（1）当污泥所含的挥发性成分高时，应增加通风量；

（2）通风和翻堆宜结合进行，减小局部过热区域的产生；

（3）采用自动控制的堆肥设施可用温度和溶解氧传感器控制鼓风量和通风频率；

（4）较大的堆肥系统宜使用鼓风机强制通风；

（5）应定期监测堆肥产品堆场的温度。

9.2.6 生物滤池的空气相对湿度应控制为 80%～95%。

9.3 石灰稳定

9.3.1 石灰稳定过程持续时间和 pH 值控制应符合下列规定：

（1）当污泥含固率大于 30%时，应增加停留时间来完成反应和提高温度；
（2）宜选用 CaO 活性和百分比含量高的生石灰。

9.3.2 石灰投加量控制应符合下列规定：
（1）应监测 pH 值变化，防止石灰投加量不足引起 pH 值降低；
（2）当需加速石灰稳定过程时，可采用补充加热或投加过量生石灰的方法；
（3）当只需要控制异味时，可减少石灰投加量。

9.3.3 生石灰和稳定后的污泥输送和储存管理应符合下列规定：
（1）生石灰在输送和储存过程中应注意防潮，储存时间不宜超过 2 个月；
（2）污泥储存 3d 以上不应产生腐败和恶臭；
（3）应保持石灰稳定场所的清洁，防止产生粉尘。

9.4 热干化

9.4.1 热干化系统启动应符合下列规定：
（1）应在程序控制下启动，不宜手动操作启动；
（2）在启动时应补充惰性热气；
（3）为防止启动时发生堵塞，对于流化床污泥干化可投加干料充填筛板和布风板之间的导热管间隙，干料可采用干化后的污泥；
（4）应根据污泥干化机内的工况确定启动时的运行参数。

9.4.2 热干化过程操作应符合下列规定：
（1）在输送过程中应防止反应器堵塞，应使污泥保持一定的湿度；
（2）应严格控制流化床内温度均匀；
（3）流化床内氧含量应维持在 5%以下；
（4）当流化床上下层的温差小于 3℃时，可通过调节风机风量，疏通流化床；
（5）流化床加热蒸汽温度宜控制在（180~220）℃；
（6）流化床的入口和出口的流体温度应低于 100℃；
（7）干化污泥应冷却至 50℃以下。

9.4.3 热干化系统停运应符合下列规定：
（1）干化系统停运时应补充惰性热气；
（2）系统停运时应防止堵塞；
（3）维护维修停运时，必须采取措施防止其启动。

9.5 焚烧

9.5.1 焚烧炉启动应符合下列规定：
（1）应在程序控制下启动，不宜手动操作启动；
（2）应根据焚烧炉内的工况确定启动时的参数；
（3）启动时应防止堵塞。

9.5.2 焚烧过程操作应符合下列规定：
（1）应保持进料的均匀和稳定；
（2）应根据所用燃料确定相应风量；
（3）导热油循环系统必须有可靠的冷却保护系统；
（4）可采用石灰和污泥混合的方法在炉内脱硫。

9.5.3 焚烧炉停运时应防止堵塞。

10　安全措施和监测控制

10.0.1 污泥资源化利用时，污泥中的有害物质含量应符合国家现行有关标准的规定。

10.0.2 污泥热干化工程应采取降噪、防噪、降尘、除臭措施。

10.0.3 热干化工艺必须防止粉尘爆炸及火灾的发生，并应有相应的预防及控制措施。

10.0.4 污泥处理厂（场）与最终处置场所之间的信息传输应保持畅通。

10.0.5 污泥处理厂（场）的主要设施应设故障报警装置。

10.0.6 污泥处理厂（场）应设置泥质和周围环境监测设施，监测项目和监测频率应符合国家现行有关标准的规定。

10.0.7 污泥处理厂（场）主要处理构筑物和最终处置设施应设置取样装置。污泥处理过程和厂区环境宜采用仪表监测或设置自动控制系统。

四、法律法规

中华人民共和国主席令

第八十七号

（1984年5月11日第六届全国人民代表大会常务委员会第五次会议通过。根据1996年5月15日第八届全国人民代表大会常务委员会第十九次会议《关于修改〈中华人民共和国水污染防治法〉的决定》修正。2008年2月28日第十届全国人民代表大会常务委员会第三十二次会议修订）

中华人民共和国水污染防治法

目 录

第一章　总　则
第二章　水污染防治的标准和规划
第三章　水污染防治的监督管理
第四章　水污染防治措施
　　第一节　一般规定
　　第二节　工业水污染防治
　　第三节　城镇水污染防治
　　第四节　农业和农村水污染防治
　　第五节　船舶水污染防治
第五章　饮用水水源和其他特殊水体保护
第六章　水污染事故处置
第七章　法律责任
第八章　附　则

第一章　总　则

第一条　为了防治水污染，保护和改善环境，保障饮用水安全，促进经济社会全面协调可持续发展，制定本法。

第二条　本法适用于中华人民共和国领域内的江河、湖泊、运河、渠道、水库等地表水体以及地下水体的污染防治。

海洋污染防治适用《中华人民共和国海洋环境保护法》。

第三条　水污染防治应当坚持预防为主、防治结合、综合治理的原则，优先保护饮用水水源，严格控制工业污染、城镇生活污染，防治农业面源污染，积极推进生态治理工程建设，预防、控制和减少水环境污染和生态破坏。

第四条 县级以上人民政府应当将水环境保护工作纳入国民经济和社会发展规划。

县级以上地方人民政府应当采取防治水污染的对策和措施,对本行政区域的水环境质量负责。

第五条 国家实行水环境保护目标责任制和考核评价制度,将水环境保护目标完成情况作为对地方人民政府及其负责人考核评价的内容。

第六条 国家鼓励、支持水污染防治的科学技术研究和先进适用技术的推广应用,加强水环境保护的宣传教育。

第七条 国家通过财政转移支付等方式,建立健全对位于饮用水水源保护区区域和江河、湖泊、水库上游地区的水环境生态保护补偿机制。

第八条 县级以上人民政府环境保护主管部门对水污染防治实施统一监督管理。

交通主管部门的海事管理机构对船舶污染水域的防治实施监督管理。

县级以上人民政府水行政、国土资源、卫生、建设、农业、渔业等部门以及重要江河、湖泊的流域水资源保护机构,在各自的职责范围内,对有关水污染防治实施监督管理。

第九条 排放水污染物,不得超过国家或者地方规定的水污染物排放标准和重点水污染物排放总量控制指标。

第十条 任何单位和个人都有义务保护水环境,并有权对污染损害水环境的行为进行检举。

县级以上人民政府及其有关主管部门对在水污染防治工作中做出显著成绩的单位和个人给予表彰和奖励。

第二章 水污染防治的标准和规划

第十一条 国务院环境保护主管部门制定国家水环境质量标准。

省、自治区、直辖市人民政府可以对国家水环境质量标准中未作规定的项目,制定地方标准,并报国务院环境保护主管部门备案。

第十二条 国务院环境保护主管部门会同国务院水行政主管部门和有关省、自治区、直辖市人民政府,可以根据国家确定的重要江河、湖泊流域水体的使用功能以及有关地区的经济、技术条件,确定该重要江河、湖泊流域的省界水体适用的水环境质量标准,报国务院批准后施行。

第十三条 国务院环境保护主管部门根据国家水环境质量标准和国家经济、技术条件,制定国家水污染物排放标准。

省、自治区、直辖市人民政府对国家水污染物排放标准中未作规定的项目,可以制定地方水污染物排放标准;对国家水污染物排放标准中已作规定的项目,可以制定严于国家水污染物排放标准的地方水污染物排放标准。地方水污染物排放标准须报国务院环境保护主管部门备案。

向已有地方水污染物排放标准的水体排放污染物的,应当执行地方水污染物排放标准。

第十四条 国务院环境保护主管部门和省、自治区、直辖市人民政府,应当根据水污染防治的要求和国家或者地方的经济、技术条件,适时修订水环境质量标准和水污染物排放标准。

第十五条 防治水污染应当按流域或者按区域进行统一规划。国家确定的重要江河、湖泊的流域水污染防治规划，由国务院环境保护主管部门会同国务院经济综合宏观调控、水行政等部门和有关省、自治区、直辖市人民政府编制，报国务院批准。

前款规定外的其他跨省、自治区、直辖市江河、湖泊的流域水污染防治规划，根据国家确定的重要江河、湖泊的流域水污染防治规划和本地实际情况，由有关省、自治区、直辖市人民政府环境保护主管部门会同同级水行政等部门和有关市、县人民政府编制，经有关省、自治区、直辖市人民政府审核，报国务院批准。

省、自治区、直辖市内跨县江河、湖泊的流域水污染防治规划，根据国家确定的重要江河、湖泊的流域水污染防治规划和本地实际情况，由省、自治区、直辖市人民政府环境保护主管部门会同同级水行政等部门编制，报省、自治区、直辖市人民政府批准，并报国务院备案。

经批准的水污染防治规划是防治水污染的基本依据，规划的修订须经原批准机关批准。

县级以上地方人民政府应当根据依法批准的江河、湖泊的流域水污染防治规划，组织制定本行政区域的水污染防治规划。

第十六条 国务院有关部门和县级以上地方人民政府开发、利用和调节、调度水资源时，应当统筹兼顾，维持江河的合理流量和湖泊、水库以及地下水体的合理水位，维护水体的生态功能。

第三章 水污染防治的监督管理

第十七条 新建、改建、扩建直接或者间接向水体排放污染物的建设项目和其他水上设施，应当依法进行环境影响评价。

建设单位在江河、湖泊新建、改建、扩建排污口的，应当取得水行政主管部门或者流域管理机构同意；涉及通航、渔业水域的，环境保护主管部门在审批环境影响评价文件时，应当征求交通、渔业主管部门的意见。

建设项目的水污染防治设施，应当与主体工程同时设计、同时施工、同时投入使用。水污染防治设施应当经过环境保护主管部门验收，验收不合格的，该建设项目不得投入生产或者使用。

第十八条 国家对重点水污染物排放实施总量控制制度。

省、自治区、直辖市人民政府应当按照国务院的规定削减和控制本行政区域的重点水污染物排放总量，并将重点水污染物排放总量控制指标分解落实到市、县人民政府。市、县人民政府根据本行政区域重点水污染物排放总量控制指标的要求，将重点水污染物排放总量控制指标分解落实到排污单位。具体办法和实施步骤由国务院规定。

省、自治区、直辖市人民政府可以根据本行政区域水环境质量状况和水污染防治工作的需要，确定本行政区域实施总量削减和控制的重点水污染物。

对超过重点水污染物排放总量控制指标的地区，有关人民政府环境保护主管部门应当暂停审批新增重点水污染物排放总量的建设项目的环境影响评价文件。

第十九条 国务院环境保护主管部门对未按照要求完成重点水污染物排放总量控制指标的省、自治区、直辖市予以公布。省、自治区、直辖市人民政府环境保护主管部门对未按照要求完成重点水污染物排放总量控制指标的市、县予以公布。

县级以上人民政府环境保护主管部门对违反本法规定、严重污染水环境的企业予以公布。

第二十条 国家实行排污许可制度。

直接或者间接向水体排放工业废水和医疗污水以及其他按照规定应当取得排污许可证方可排放的废水、污水的企业事业单位，应当取得排污许可证；城镇污水集中处理设施的运营单位，也应当取得排污许可证。排污许可的具体办法和实施步骤由国务院规定。

禁止企业事业单位无排污许可证或者违反排污许可证的规定向水体排放前款规定的废水、污水。

第二十一条 直接或者间接向水体排放污染物的企业事业单位和个体工商户，应当按照国务院环境保护主管部门的规定，向县级以上地方人民政府环境保护主管部门申报登记拥有的水污染物排放设施、处理设施和在正常作业条件下排放水污染物的种类、数量和浓度，并提供防治水污染方面的有关技术资料。

企业事业单位和个体工商户排放水污染物的种类、数量和浓度有重大改变的，应当及时申报登记；其水污染物处理设施应当保持正常使用；拆除或者闲置水污染物处理设施的，应当事先报县级以上地方人民政府环境保护主管部门批准。

第二十二条 向水体排放污染物的企业事业单位和个体工商户，应当按照法律、行政法规和国务院环境保护主管部门的规定设置排污口；在江河、湖泊设置排污口的，还应当遵守国务院水行政主管部门的规定。

禁止私设暗管或者采取其他规避监管的方式排放水污染物。

第二十三条 重点排污单位应当安装水污染物排放自动监测设备，与环境保护主管部门的监控设备联网，并保证监测设备正常运行。排放工业废水的企业，应当对其所排放的工业废水进行监测，并保存原始监测记录。具体办法由国务院环境保护主管部门规定。

应当安装水污染物排放自动监测设备的重点排污单位名录，由设区的市级以上地方人民政府环境保护主管部门根据本行政区域的环境容量、重点水污染物排放总量控制指标的要求以及排污单位排放水污染物的种类、数量和浓度等因素，商同级有关部门确定。

第二十四条 直接向水体排放污染物的企业事业单位和个体工商户，应当按照排放水污染物的种类、数量和排污费征收标准缴纳排污费。

排污费应当用于污染的防治，不得挪作他用。

第二十五条 国家建立水环境质量监测和水污染物排放监测制度。国务院环境保护主管部门负责制定水环境监测规范，统一发布国家水环境状况信息，会同国务院水行政等部门组织监测网络。

第二十六条 国家确定的重要江河、湖泊流域的水资源保护工作机构负责监测其所在流域的省界水体的水环境质量状况，并将监测结果及时报国务院环境保护主管部门和国务院水行政主管部门；有经国务院批准成立的流域水资源保护领导机构的，应当将监测结果及时报告流域水资源保护领导机构。

第二十七条 环境保护主管部门和其他依照本法规定行使监督管理权的部门，有权对管辖范围内的排污单位进行现场检查，被检查的单位应当如实反映情况，提供必要的资料。检查机关有义务为被检查的单位保守在检查中获取的商业秘密。

第二十八条 跨行政区域的水污染纠纷,由有关地方人民政府协商解决,或者由其共同的上级人民政府协调解决。

第四章 水污染防治措施

第一节 一般规定

第二十九条 禁止向水体排放油类、酸液、碱液或者剧毒废液。

禁止在水体清洗装贮过油类或者有毒污染物的车辆和容器。

第三十条 禁止向水体排放、倾倒放射性固体废物或者含有高放射性和中放射性物质的废水。

向水体排放含低放射性物质的废水,应当符合国家有关放射性污染防治的规定和标准。

第三十一条 向水体排放含热废水,应当采取措施,保证水体的水温符合水环境质量标准。

第三十二条 含病原体的污水应当经过消毒处理;符合国家有关标准后,方可排放。

第三十三条 禁止向水体排放、倾倒工业废渣、城镇垃圾和其他废弃物。

禁止将含有汞、镉、砷、铬、铅、氰化物、黄磷等的可溶性剧毒废渣向水体排放、倾倒或者直接埋入地下。

存放可溶性剧毒废渣的场所,应当采取防水、防渗漏、防流失的措施。

第三十四条 禁止在江河、湖泊、运河、渠道、水库最高水位线以下的滩地和岸坡堆放、存贮固体废弃物和其他污染物。

第三十五条 禁止利用渗井、渗坑、裂隙和溶洞排放、倾倒含有毒污染物的废水、含病原体的污水和其他废弃物。

第三十六条 禁止利用无防渗漏措施的沟渠、坑塘等输送或者存贮含有毒污染物的废水、含病原体的污水和其他废弃物。

第三十七条 多层地下水的含水层水质差异大的,应当分层开采;对已受污染的潜水和承压水,不得混合开采。

第三十八条 兴建地下工程设施或者进行地下勘探、采矿等活动,应当采取防护性措施,防止地下水污染。

第三十九条 人工回灌补给地下水,不得恶化地下水质。

第二节 工业水污染防治

第四十条 国务院有关部门和县级以上地方人民政府应当合理规划工业布局,要求造成水污染的企业进行技术改造,采取综合防治措施,提高水的重复利用率,减少废水和污染物排放量。

第四十一条 国家对严重污染水环境的落后工艺和设备实行淘汰制度。

国务院经济综合宏观调控部门会同国务院有关部门,公布限期禁止采用的严重污染水环境的工艺名录和限期禁止生产、销售、进口、使用的严重污染水环境的设备名录。

生产者、销售者、进口者或者使用者应当在规定的期限内停止生产、销售、进口或者使用列入前款规定的设备名录中的设备。工艺的采用者应当在规定的期限内停止采用列入前款规定的工艺名录中的工艺。

依照本条第二款、第三款规定被淘汰的设备，不得转让给他人使用。

第四十二条 国家禁止新建不符合国家产业政策的小型造纸、制革、印染、染料、炼焦、炼硫、炼砷、炼汞、炼油、电镀、农药、石棉、水泥、玻璃、钢铁、火电以及其他严重污染水环境的生产项目。

第四十三条 企业应当采用原材料利用效率高、污染物排放量少的清洁工艺，并加强管理，减少水污染物的产生。

第三节 城镇水污染防治

第四十四条 城镇污水应当集中处理。

县级以上地方人民政府应当通过财政预算和其他渠道筹集资金，统筹安排建设城镇污水集中处理设施及配套管网，提高本行政区域城镇污水的收集率和处理率。

国务院建设主管部门应当会同国务院经济综合宏观调控、环境保护主管部门，根据城乡规划和水污染防治规划，组织编制全国城镇污水处理设施建设规划。县级以上地方人民政府组织建设、经济综合宏观调控、环境保护、水行政等部门编制本行政区域的城镇污水处理设施建设规划。县级以上地方人民政府建设主管部门应当按照城镇污水处理设施建设规划，组织建设城镇污水集中处理设施及配套管网，并加强对城镇污水集中处理设施运营的监督管理。

城镇污水集中处理设施的运营单位按照国家规定向排污者提供污水处理的有偿服务，收取污水处理费用，保证污水集中处理设施的正常运行。向城镇污水集中处理设施排放污水、缴纳污水处理费用的，不再缴纳排污费。收取的污水处理费用应当用于城镇污水集中处理设施的建设和运行，不得挪作他用。

城镇污水集中处理设施的污水处理收费、管理以及使用的具体办法，由国务院规定。

第四十五条 向城镇污水集中处理设施排放水污染物，应当符合国家或者地方规定的水污染物排放标准。

城镇污水集中处理设施的出水水质达到国家或者地方规定的水污染物排放标准的，可以按照国家有关规定免缴排污费。

城镇污水集中处理设施的运营单位，应当对城镇污水集中处理设施的出水水质负责。

环境保护主管部门应当对城镇污水集中处理设施的出水水质和水量进行监督检查。

第四十六条 建设生活垃圾填埋场，应当采取防渗漏等措施，防止造成水污染。

第四节 农业和农村水污染防治

第四十七条 使用农药，应当符合国家有关农药安全使用的规定和标准。

运输、存贮农药和处置过期失效农药，应当加强管理，防止造成水污染。

第四十八条 县级以上地方人民政府农业主管部门和其他有关部门，应当采取措施，指导农业生产者科学、合理地施用化肥和农药，控制化肥和农药的过量使用，防止造成水污染。

第四十九条 国家支持畜禽养殖场、养殖小区建设畜禽粪便、废水的综合利用或者无害化处理设施。

畜禽养殖场、养殖小区应当保证其畜禽粪便、废水的综合利用或者无害化处理设施正常运转，保证污水达标排放，防止污染水环境。

第五十条　从事水产养殖应当保护水域生态环境，科学确定养殖密度，合理投饵和使用药物，防止污染水环境。

第五十一条　向农田灌溉渠道排放工业废水和城镇污水，应当保证其下游最近的灌溉取水点的水质符合农田灌溉水质标准。

利用工业废水和城镇污水进行灌溉，应当防止污染土壤、地下水和农产品。

第五节　船舶水污染防治

第五十二条　船舶排放含油污水、生活污水，应当符合船舶污染物排放标准。从事海洋航运的船舶进入内河和港口的，应当遵守内河的船舶污染物排放标准。

船舶的残油、废油应当回收，禁止排入水体。

禁止向水体倾倒船舶垃圾。

船舶装载运输油类或者有毒货物，应当采取防止溢流和渗漏的措施，防止货物落水造成水污染。

第五十三条　船舶应当按照国家有关规定配置相应的防污设备和器材，并持有合法有效的防止水域环境污染的证书与文书。

船舶进行涉及污染物排放的作业，应当严格遵守操作规程，并在相应的记录簿上如实记载。

第五十四条　港口、码头、装卸站和船舶修造厂应当备有足够的船舶污染物、废弃物的接收设施。从事船舶污染物、废弃物接收作业，或者从事装载油类、污染危害性货物船舱清洗作业的单位，应当具备与其运营规模相适应的接收处理能力。

第五十五条　船舶进行下列活动，应当编制作业方案，采取有效的安全和防污染措施，并报作业地海事管理机构批准：

（一）进行残油、含油污水、污染危害性货物残留物的接收作业，或者进行装载油类、污染危害性货物船舱的清洗作业；

（二）进行散装液体污染危害性货物的过驳作业；

（三）进行船舶水上拆解、打捞或者其他水上、水下船舶施工作业。

在渔港水域进行渔业船舶水上拆解活动，应当报作业地渔业主管部门批准。

第五章　饮用水水源和其他特殊水体保护

第五十六条　国家建立饮用水水源保护区制度。饮用水水源保护区分为一级保护区和二级保护区；必要时，可以在饮用水水源保护区外围划定一定的区域作为准保护区。

饮用水水源保护区的划定，由有关市、县人民政府提出划定方案，报省、自治区、直辖市人民政府批准；跨市、县饮用水水源保护区的划定，由有关市、县人民政府协商提出划定方案，报省、自治区、直辖市人民政府批准；协商不成的，由省、自治区、直辖市人民政府环境保护主管部门会同同级水行政、国土资源、卫生、建设等部门提出划定方案，征求同级有关部门的意见后，报省、自治区、直辖市人民政府批准。

跨省、自治区、直辖市的饮用水水源保护区，由有关省、自治区、直辖市人民政府商有关流域管理机构划定；协商不成的，由国务院环境保护主管部门会同同级水行政、国土资源、卫生、建设等部门提出划定方案，征求国务院有关部门的意见后，报国务院批准。

国务院和省、自治区、直辖市人民政府可以根据保护饮用水水源的实际需要，调整饮用水水源保护区的范围，确保饮用水安全。有关地方人民政府应当在饮用水水源保护区的边界设立明确的地理界标和明显的警示标志。

第五十七条　在饮用水水源保护区内，禁止设置排污口。

第五十八条　禁止在饮用水水源一级保护区内新建、改建、扩建与供水设施和保护水源无关的建设项目；已建成的与供水设施和保护水源无关的建设项目，由县级以上人民政府责令拆除或者关闭。

禁止在饮用水水源一级保护区内从事网箱养殖、旅游、游泳、垂钓或者其他可能污染饮用水水体的活动。

第五十九条　禁止在饮用水水源二级保护区内新建、改建、扩建排放污染物的建设项目；已建成的排放污染物的建设项目，由县级以上人民政府责令拆除或者关闭。

在饮用水水源二级保护区内从事网箱养殖、旅游等活动的，应当按照规定采取措施，防止污染饮用水水体。

第六十条　禁止在饮用水水源准保护区内新建、扩建对水体污染严重的建设项目；改建建设项目，不得增加排污量。

第六十一条　县级以上地方人民政府应当根据保护饮用水水源的实际需要，在准保护区内采取工程措施或者建造湿地、水源涵养林等生态保护措施，防止水污染物直接排入饮用水水体，确保饮用水安全。

第六十二条　饮用水水源受到污染可能威胁供水安全的，环境保护主管部门应当责令有关企业事业单位采取停止或者减少排放水污染物等措施。

第六十三条　国务院和省、自治区、直辖市人民政府根据水环境保护的需要，可以规定在饮用水水源保护区内，采取禁止或者限制使用含磷洗涤剂、化肥、农药以及限制种植养殖等措施。

第六十四条　县级以上人民政府可以对风景名胜区水体、重要渔业水体和其他具有特殊经济文化价值的水体划定保护区，并采取措施，保证保护区的水质符合规定用途的水环境质量标准。

第六十五条　在风景名胜区水体、重要渔业水体和其他具有特殊经济文化价值的水体的保护区内，不得新建排污口。在保护区附近新建排污口，应当保证保护区水体不受污染。

第六章　水污染事故处置

第六十六条　各级人民政府及其有关部门，可能发生水污染事故的企业事业单位，应当依照《中华人民共和国突发事件应对法》的规定，做好突发水污染事故的应急准备、应急处置和事后恢复等工作。

第六十七条　可能发生水污染事故的企业事业单位，应当制定有关水污染事故的应急方案，做好应急准备，并定期进行演练。

生产、储存危险化学品的企业事业单位，应当采取措施，防止在处理安全生产事故过程中产生的可能严重污染水体的消防废水、废液直接排入水体。

第六十八条 企业事业单位发生事故或者其他突发性事件，造成或者可能造成水污染事故的，应当立即启动本单位的应急方案，采取应急措施，并向事故发生地的县级以上地方人民政府或者环境保护主管部门报告。环境保护主管部门接到报告后，应当及时向本级人民政府报告，并抄送有关部门。

造成渔业污染事故或者渔业船舶造成水污染事故的，应当向事故发生地的渔业主管部门报告，接受调查处理。其他船舶造成水污染事故的，应当向事故发生地的海事管理机构报告，接受调查处理；给渔业造成损害的，海事管理机构应当通知渔业主管部门参与调查处理。

第七章 法律责任

第六十九条 环境保护主管部门或者其他依照本法规定行使监督管理权的部门，不依法作出行政许可或者办理批准文件的，发现违法行为或者接到对违法行为的举报后不予查处的，或者有其他未依照本法规定履行职责的行为的，对直接负责的主管人员和其他直接责任人员依法给予处分。

第七十条 拒绝环境保护主管部门或者其他依照本法规定行使监督管理权的部门的监督检查，或者在接受监督检查时弄虚作假的，由县级以上人民政府环境保护主管部门或者其他依照本法规定行使监督管理权的部门责令改正，处一万元以上十万元以下的罚款。

第七十一条 违反本法规定，建设项目的水污染防治设施未建成、未经验收或者验收不合格，主体工程即投入生产或者使用的，由县级以上人民政府环境保护主管部门责令停止生产或者使用，直至验收合格，处五万元以上五十万元以下的罚款。

第七十二条 违反本法规定，有下列行为之一的，由县级以上人民政府环境保护主管部门责令限期改正；逾期不改正的，处一万元以上十万元以下的罚款：

（一）拒报或者谎报国务院环境保护主管部门规定的有关水污染物排放申报登记事项的；

（二）未按照规定安装水污染物排放自动监测设备或者未按照规定与环境保护主管部门的监控设备联网，并保证监测设备正常运行的；

（三）未按照规定对所排放的工业废水进行监测并保存原始监测记录的。

第七十三条 违反本法规定，不正常使用水污染物处理设施，或者未经环境保护主管部门批准拆除、闲置水污染物处理设施的，由县级以上人民政府环境保护主管部门责令限期改正，处应缴纳排污费数额一倍以上三倍以下的罚款。

第七十四条 违反本法规定，排放水污染物超过国家或者地方规定的水污染物排放标准，或者超过重点水污染物排放总量控制指标的，由县级以上人民政府环境保护主管部门按照权限责令限期治理，处应缴纳排污费数额二倍以上五倍以下的罚款。

限期治理期间，由环境保护主管部门责令限制生产、限制排放或者停产整治。限期治理的期限最长不超过一年；逾期未完成治理任务的，报经有批准权的人民政府批准，责令关闭。

第七十五条 在饮用水水源保护区内设置排污口的，由县级以上地方人民政府责令限期拆除，处十万元以上五十万元以下的罚款；逾期不拆除的，强制拆除，所需费用由违法者承担，处五十万元以上一百万元以下的罚款，并可以责令停产整顿。

除前款规定外，违反法律、行政法规和国务院环境保护主管部门的规定设置排污口或者私设暗管的,由县级以上地方人民政府环境保护主管部门责令限期拆除,处二万元以上十万元以下的罚款;逾期不拆除的,强制拆除,所需费用由违法者承担,处十万元以上五十万元以下的罚款;私设暗管或者有其他严重情节的,县级以上地方人民政府环境保护主管部门可以提请县级以上地方人民政府责令停产整顿。

未经水行政主管部门或者流域管理机构同意,在江河、湖泊新建、改建、扩建排污口的,由县级以上人民政府水行政主管部门或者流域管理机构依据职权,依照前款规定采取措施、给予处罚。

第七十六条 有下列行为之一的,由县级以上地方人民政府环境保护主管部门责令停止违法行为,限期采取治理措施,消除污染,处以罚款;逾期不采取治理措施的,环境保护主管部门可以指定有治理能力的单位代为治理,所需费用由违法者承担:

(一)向水体排放油类、酸液、碱液的;

(二)向水体排放剧毒废液,或者将含有汞、镉、砷、铬、铅、氰化物、黄磷等的可溶性剧毒废渣向水体排放、倾倒或者直接埋入地下的;

(三)在水体清洗装贮过油类、有毒污染物的车辆或者容器的;

(四)向水体排放、倾倒工业废渣、城镇垃圾或者其他废弃物,或者在江河、湖泊、运河、渠道、水库最高水位线以下的滩地、岸坡堆放、存贮固体废弃物或者其他污染物的;

(五)向水体排放、倾倒放射性固体废物或者含有高放射性、中放射性物质的废水的;

(六)违反国家有关规定或者标准,向水体排放含低放射性物质的废水、热废水或者含病原体的污水的;

(七)利用渗井、渗坑、裂隙或者溶洞排放、倾倒含有毒污染物的废水、含病原体的污水或者其他废弃物的;

(八)利用无防渗漏措施的沟渠、坑塘等输送或者存贮含有毒污染物的废水、含病原体的污水或者其他废弃物的。

有前款第三项、第六项行为之一的,处一万元以上十万元以下的罚款;有前款第一项、第四项、第八项行为之一的,处二万元以上二十万元以下的罚款;有前款第二项、第五项、第七项行为之一的,处五万元以上五十万元以下的罚款。

第七十七条 违反本法规定,生产、销售、进口或者使用列入禁止生产、销售、进口、使用的严重污染水环境的设备名录中的设备,或者采用列入禁止采用的严重污染水环境的工艺名录中的工艺的,由县级以上人民政府经济综合宏观调控部门责令改正,处五万元以上二十万元以下的罚款;情节严重的,由县级以上人民政府经济综合宏观调控部门提出意见,报请本级人民政府责令停业、关闭。

第七十八条 违反本法规定,建设不符合国家产业政策的小型造纸、制革、印染、染料、炼焦、炼硫、炼砷、炼汞、炼油、电镀、农药、石棉、水泥、玻璃、钢铁、火电以及其他严重污染水环境的生产项目的,由所在地的市、县人民政府责令关闭。

第七十九条 船舶未配置相应的防污染设备和器材,或者未持有合法有效的防止水域环境污染的证书与文书的,由海事管理机构、渔业主管部门按照职责分工责令限期改正,处二千元以上二万元以下的罚款;逾期不改正的,责令船舶临时停航。

船舶进行涉及污染物排放的作业,未遵守操作规程或者未在相应的记录簿上如实记载的,由海事管理机构、渔业主管部门按照职责分工责令改正,处二千元以上二万元以下的罚款。

第八十条　违反本法规定，有下列行为之一的，由海事管理机构、渔业主管部门按照职责分工责令停止违法行为，处以罚款；造成水污染的，责令限期采取治理措施，消除污染；逾期不采取治理措施的，海事管理机构、渔业主管部门按照职责分工可以指定有治理能力的单位代为治理，所需费用由船舶承担：

（一）向水体倾倒船舶垃圾或者排放船舶的残油、废油的；

（二）未经作业地海事管理机构批准，船舶进行残油、含油污水、污染危害性货物残留物的接收作业，或者进行装载油类、污染危害性货物船舱的清洗作业，或者进行散装液体污染危害性货物的过驳作业的；

（三）未经作业地海事管理机构批准，进行船舶水上拆解、打捞或者其他水上、水下船舶施工作业的；

（四）未经作业地渔业主管部门批准，在渔港水域进行渔业船舶水上拆解的。

有前款第一项、第二项、第四项行为之一的，处五千元以上五万元以下的罚款；有前款第三项行为的，处一万元以上十万元以下的罚款。

第八十一条　有下列行为之一的，由县级以上地方人民政府环境保护主管部门责令停止违法行为，处十万元以上五十万元以下的罚款；并报经有批准权的人民政府批准，责令拆除或者关闭：

（一）在饮用水水源一级保护区内新建、改建、扩建与供水设施和保护水源无关的建设项目的；

（二）在饮用水水源二级保护区内新建、改建、扩建排放污染物的建设项目的；

（三）在饮用水水源准保护区内新建、扩建对水体污染严重的建设项目，或者改建建设项目增加排污量的。

在饮用水水源一级保护区内从事网箱养殖或者组织进行旅游、垂钓或者其他可能污染饮用水水体的活动的，由县级以上地方人民政府环境保护主管部门责令停止违法行为，处二万元以上十万元以下的罚款。个人在饮用水水源一级保护区内游泳、垂钓或者从事其他可能污染饮用水水体的活动的，由县级以上地方人民政府环境保护主管部门责令停止违法行为，可以处五百元以下的罚款。

第八十二条　企业事业单位有下列行为之一的，由县级以上人民政府环境保护主管部门责令改正；情节严重的，处二万元以上十万元以下的罚款：

（一）不按照规定制定水污染事故的应急方案的；

（二）水污染事故发生后，未及时启动水污染事故的应急方案，采取有关应急措施的。

第八十三条　企业事业单位违反本法规定，造成水污染事故的，由县级以上人民政府环境保护主管部门依照本条第二款的规定处以罚款，责令限期采取治理措施，消除污染；不按要求采取治理措施或者不具备治理能力的，由环境保护主管部门指定有治理能力的单位代为治理，所需费用由违法者承担；对造成重大或者特大水污染事故的，可以报经有批准权的人民政府批准，责令关闭；对直接负责的主管人员和其他直接责任人员可以处上一年度从本单位取得的收入百分之五十以下的罚款。

对造成一般或者较大水污染事故的，按照水污染事故造成的直接损失的百分之二十计算罚款；对造成重大或者特大水污染事故的，按照水污染事故造成的直接损失的百分之三十计算罚款。

造成渔业污染事故或者渔业船舶造成水污染事故的,由渔业主管部门进行处罚;其他船舶造成水污染事故的,由海事管理机构进行处罚。

第八十四条 当事人对行政处罚决定不服的,可以申请行政复议,也可以在收到通知之日起十五日内向人民法院起诉;期满不申请行政复议或者起诉,又不履行行政处罚决定的,由作出行政处罚决定的机关申请人民法院强制执行。

第八十五条 因水污染受到损害的当事人,有权要求排污方排除危害和赔偿损失。

由于不可抗力造成水污染损害的,排污方不承担赔偿责任;法律另有规定的除外。

水污染损害是由受害人故意造成的,排污方不承担赔偿责任。水污染损害是由受害人重大过失造成的,可以减轻排污方的赔偿责任。

水污染损害是由第三人造成的,排污方承担赔偿责任后,有权向第三人追偿。

第八十六条 因水污染引起的损害赔偿责任和赔偿金额的纠纷,可以根据当事人的请求,由环境保护主管部门或者海事管理机构、渔业主管部门按照职责分工调解处理;调解不成的,当事人可以向人民法院提起诉讼。当事人也可以直接向人民法院提起诉讼。

第八十七条 因水污染引起的损害赔偿诉讼,由排污方就法律规定的免责事由及其行为与损害结果之间不存在因果关系承担举证责任。

第八十八条 因水污染受到损害的当事人人数众多的,可以依法由当事人推选代表人进行共同诉讼。

环境保护主管部门和有关社会团体可以依法支持因水污染受到损害的当事人向人民法院提起诉讼。

国家鼓励法律服务机构和律师为水污染损害诉讼中的受害人提供法律援助。

第八十九条 因水污染引起的损害赔偿责任和赔偿金额的纠纷,当事人可以委托环境监测机构提供监测数据。环境监测机构应当接受委托,如实提供有关监测数据。

第九十条 违反本法规定,构成违反治安管理行为的,依法给予治安管理处罚;构成犯罪的,依法追究刑事责任。

第八章 附 则

第九十一条 本法中下列用语的含义:

(一)水污染,是指水体因某种物质的介入,而导致其化学、物理、生物或者放射性等方面特性的改变,从而影响水的有效利用,危害人体健康或者破坏生态环境,造成水质恶化的现象。

(二)水污染物,是指直接或者间接向水体排放的,能导致水体污染的物质。

(三)有毒污染物,是指那些直接或者间接被生物摄入体内后,可能导致该生物或者其后代发病、行为反常、遗传异变、生理功能失常、机体变形或者死亡的污染物。

(四)渔业水体,是指划定的鱼虾类的产卵场、索饵场、越冬场、洄游通道和鱼虾贝藻类的养殖场的水体。

第九十二条 本法自 2008 年 6 月 1 日起施行。

五、技术政策

草浆造纸工业废水污染防治技术政策

环发[1999]273 号

一、总则

1．制浆造纸工业是当前严重污染水环境的行业之一。为严格控制造纸行业的水污染，引导造纸行业水污染防治，逐步实现清洁生产和可持续发展，根据《中华人民共和国水污染防治法》，特制定此技术政策。

2．本技术政策适用于以芦苇、蔗渣、麦草等非木材纤维为原料的制浆造纸企业。

3．各级政府有关部门需加强对造纸行业的宏观管理，依靠政策措施，调整和优化企业、原料和产品的结构，鼓励采用清洁生产技术。逐步淘汰规模小、技术落后、污染严重的企业，做到合理布局和规模经营，实现协调发展。

4．大力发展造纸用材林的生产，逐步提高木浆比例；扩大使用二次纤维比重；科学合理利用草浆资源原料。

二、控制目标

5．所有造纸企业到 2000 年年底要实现达标排放，造纸行业环境污染发展趋势得到基本控制，并逐步走上良性发展轨道。

6．根据发展和环保相统一的原则，结合非木纤维制浆废水治理特点，非木纤维制浆造纸企业污染治理应具备一定规模，新建麦草制浆造纸企业 3.4 万 t 浆/a 以上，其他非木浆厂 5 万 t 浆/a 以上；1.7 万 t/a 碱法化学草浆厂是建碱回收的最小规模。

7．坚决取缔 5000t/a 以下的化学制浆厂（车间）；对现有 1.7 万 t/a 以下的小型化学浆企业，2000 年年底前采取治、关、停、并、转等方式完成环境治理任务。

三、技术措施

8．造纸企业在技术改造及污染治理过程中，应采用能耗小污染负荷排放量小的清洁生产工艺；提高技术起点，如采用硅量较低、纤维含量较高的草浆原料。

9．造纸企业在技术改造及污染治理过程中，应采用能耗小污染负荷排放量少的清洁生产工艺。采用含硅量较低、纤维含量较高的草浆原料及自动打包技术和少氯、无氯漂白工艺。

10．加强原料高度净化，采用两级干法备料或干、湿法组合备料等技术，去除原料中的泥沙和杂质。

11．碱法化学浆黑液推荐采用常规燃烧法碱回收技术为核心的废水治理成套技术。

（1）高效黑液提取技术。黑液提取率 85%以上。

（2）新型全板式降膜蒸发器或管—板结合草浆黑液蒸发技术。

（3）高效草浆黑液燃烧技术。

（4）连续苛化工艺技术。

（5）保持游离碱技术：采用加碱保护或高碱蒸煮，以保持进入蒸发工段黑液的游离碱浓度，达到降粘的目的。

12．半化学浆、石灰浆、化机浆废水处理推荐采用厌氧—好氧处理技术做到达标排放。亚硫酸盐法制浆不宜扩大发展，现有企业制浆废水应采用综合利用技术做到达标排放。

13．洗、选、漂中段废水采用二级生化处理技术。

14．造纸机白水采用分离纤维封闭循环利用技术。

15．生产用水循环利用技术：

（1）漂后洗浆水用于洗涤未漂浆。

（2）纸机剩余水、冷凝水用于洗浆或漂白。

16．鼓励开展的废水治理技术研究领域：

（1）蒸煮同步除硅技术，以改善黑液物化性能。

（2）开发草浆黑液高效提取设备，使黑液提取率达90%以上。

（3）深度脱木素技术，最大限度地降低污染物排放量。

17．目前不宜推广的技术：

（1）单独利用絮凝剂处理制浆黑液。

（2）未经生产运行检验的污染治理技术（其他类型的碱回收技术和一些综合利用技术）。

城市污水处理及污染防治技术政策

城建[2000]124号

1. 总则

1.1 为控制城市水污染，促进城市污水处理设施建设及相关产业的发展，根据《中华人民共和国水污染防治法》《中华人民共和国城市规划法》和《国务院关于环境保护若干问题的决定》，制定本技术政策。

1.2 本技术政策所称"城市污水"，系指纳入和尚未纳入城市污水收集系统的生活污水和工业废水之混合污水。

1.3 本技术政策适用于城市污水处理设施工程建设，指导污水处理工艺及相关技术的选择和发展，并作为水环境管理的技术依据。

1.4 城市污水处理设施建设，应依据城市总体规划和水环境规划、水资源综合利用规划以及城市排水专业规划的要求，做到规划先行，合理确定污水处理设施的布局和设计规模，并优先安排城市污水收集系统的建设。

1.5 城市污水处理，应根据地区差别实行分类指导。根据本地区的经济发展水平和自然环境条件及地理位置等因素，合理选择处理方式。

1.6 城市污水处理应考虑与污水资源化目标相结合。积极发展污水再生利用和污泥综合利用技术。

1.7 鼓励城市污水处理的科学技术进步，积极开发应用新工艺、新材料和新设备。

2. 目标与原则

2.1 2010年全国设市城市和建制镇的污水平均处理率不低于50%，设市城市的污水处理率不低于60%，重点城市的污水处理率不低于70%。

2.2 全国设市城市和建制镇均应规划建设城市污水集中处理设施。达标排放的工业废水应纳入城市污水收集系统并与生活污水合并处理。

对排入城市污水收集系统的工业废水应严格控制重金属、有毒有害物质，并在厂内进行预处理，使其达到国家和行业规定的排放标准。

对不能纳入城市污水收集系统的居民区、旅游风景点、度假村、疗养院、机场、铁路车站、经济开发小区等分散的人群聚居地排放的污水和独立工矿区的工业废水，应进行就地处理达标排放。

2.3 设市城市和重点流域及水资源保护区的建制镇，必须建设二级污水处理设施，可分期分批实施。受纳水体为封闭或半封闭水体时，为防治富营养化，城市污水应进行二级强化处理，增强除磷脱氮的效果。非重点流域和非水源保护区的建制镇，根据当地经济条件和水污染控制要求，可先行一级强化处理，分期实现二级处理。

2.4 城市污水处理设施建设，应采用成熟可靠的技术。根据污水处理设施的建设规模和对污染物排放控制的特殊要求，可积极稳妥地选用污水处理新技术。城市污水处理设施出水应达到国家或地方规定的水污染物排放控制的要求。对城市污水处理设施出水水质有特殊要求的，必须进行深度处理。

2.5 城市污水处理设施建设，应按照远期规划确定最终规模，以现状水量为主要依据确定近期规模。

3. 城市污水的收集系统

3.1 在城市排水专业规划中应明确排水体制和退水出路。

3.2 对于新城区，应优先考虑采用完全分流制；对于改造难度很大的旧城区合流制排水系统，可维持合流制排水系统，合理确定截留倍数。在降雨量很少的城市，可根据实际情况采用合流制。

3.3 在经济发达的城市或受纳水体环境要求较高时，可考虑将初期雨水纳入城市污水收集系统。

3.4 实行城市排水许可制度，严格按照有关标准监督检测排入城市污水收集系统的污水水质和水量，确保城市污水处理设施安全有效运行。

4. 污水处理

4.1 工艺选择准则

4.1.1 城市污水处理工艺应根据处理规模、水质特性、受纳水体的环境功能及当地的实际情况和要求，经全面技术经济比较后优选确定。

4.1.2 工艺选择的主要技术经济指标包括：处理单位水量投资、削减单位污染物投资、处理单位水量电耗和成本、削减单位污染物电耗和成本、占地面积、运行性能可靠性、管理维护难易程度、总体环境效益等。

4.1.3 应切合实际地确定污水进水水质，优化工艺设计参数。必须对污水的现状水质特性、污染物构成进行详细调查或测定，作出合理的分析预测。在水质构成复杂或特殊时，应进行污水处理工艺的动态试验，必要时应开展中试研究。

4.1.4 积极审慎地采用高效经济的新工艺。对在国内首次应用的新工艺，必须经过中试和生产性试验，提供可靠设计参数后再进行应用。

4.2 处理工艺

4.2.1 一级强化处理工艺

一级强化处理，应根据城市污水处理设施建设的规划要求和建设规模，选用物化强化处理法、AB法前段工艺、水解好氧法前段工艺、高负荷活性污泥法等技术。

4.2.2 二级处理工艺

日处理能力在20万 m^3 以上（不包括20万 m^3/d）的污水处理设施，一般采用常规活性污泥法。也可采用其他成熟技术。

日处理能力在10万~20万 m^3 的污水处理设施，可选用常规活性污泥法、氧化沟法、SBR法和AB法等成熟工艺。

日处理能力在10万 m^3 以下的污水处理设施，可选用氧化沟法、SBR法、水解好氧法、AB法和生物滤池法等技术，也可选用常规活性污泥法。

4.2.3 二级强化处理

二级强化处理工艺是指除有效去除碳源污染物外，且具备较强的除磷脱氮功能的处理工艺。在对氮、磷污染物有控制要求的地区，日处理能力在 10 万 m^3 以上的污水处理设施，一般选用 A/O 法、A/A/O 法等技术。也可审慎选用其他的同效技术。

日处理能力在 10 万 m^3 以下的污水处理设施，除采用 A/O 法、A/A/O 法外，也可选用具有除磷脱氮效果的氧化沟法、SBR 法、水解好氧法和生物滤池法等。

必要时也可选用物化方法强化除磷效果。

4.3 自然净化处理工艺

4.3.1 在严格进行环境影响评价、满足国家有关标准要求和水体自净能力要求的条件下，可审慎采用城市污水排入大江或深海的处置方法。

4.3.2 在有条件的地区，可利用荒地、闲地等可利用的条件，采用各种类型的土地处理和稳定塘等自然净化技术。

4.3.3 城市污水二级处理出水不能满足水环境要求时，在条件许可的情况下，可采用土地处理系统和稳定塘等自然净化技术进一步处理。

4.3.4 采用土地处理技术，应严格防止地下水污染。

5. 污泥处理

5.1 城市污水处理产生的污泥，应采用厌氧、好氧和堆肥等方法进行稳定化处理。也可采用卫生填埋方法予以妥善处置。

5.2 日处理能力在 10 万 m^3 以上的污水二级处理设施产生的污泥，宜采取厌氧消化工艺进行处理，产生的沼气应综合利用。

日处理能力在 10 万 m^3 以下的污水处理设施产生的污泥，可进行堆肥处理和综合利用。

采用延时曝气的氧化沟法、SBR 法等技术的污水处理设施，污泥需达到稳定化。采用物化一级强化处理的污水处理设施，产生的污泥须进行妥善的处理和处置。

5.3 经过处理后的污泥，达到稳定化和无害化要求的，可农田利用；不能农田利用的污泥，应按有关标准和要求进行卫生填埋处置。

6. 污水再生利用

6.1 污水再生利用，可选用混凝、过滤、消毒或自然净化等深度处理技术。

6.2 提倡各类规模的污水处理设施按照经济合理和卫生安全的原则，实行污水再生利用。发展再生水在农业灌溉、绿地浇灌、城市杂用、生态恢复和工业冷却等方面的利用。

6.3 城市污水再生利用，应根据用户需求和用途，合理确定用水的水量和水质。

7. 二次污染防治

7.1 城市污水处理设施建设，必须充分重视防治二次污染，妥善采用各种有效防治措施。在污水处理设施的前期建设阶段的环境影响评价工作中，应进行充分论证。

7.2 为保证公共卫生安全，防治传染性疾病传播，城市污水处理设施应设置消毒设施。

7.3 在环境卫生条件有特殊要求的地区，应防治恶臭污染。

7.4 城市污水处理设施的机械设备应采用有效的噪声防治措施,并符合有关噪声控制要求。
7.5 城市污水处理厂经过稳定化处理后的污泥,用于农田时不得含有超标的重金属和其他有毒有害物质。卫生填埋处置时严格防治污染地下水。

印染行业废水污染防治技术政策

环发[2001]118号

1. 总则

1.1 为防治印染废水对环境的污染,引导和规范印染行业水污染防治,根据《中华人民共和国水污染防治法》《国务院关于环境保护若干问题的决定》、纺织行业总体规划及产业发展政策,按照分类指导的原则,制定本技术政策。

1.2 本技术政策适用于以天然纤维(如棉、毛、丝、麻等)、化学纤维(如涤纶、锦纶、腈纶、黏胶等)以及天然纤维和化学纤维按不同比例混纺为原料的各类纺织品生产过程中产生的印染废水。

1.3 印染工艺指在生产过程中对各类纺织材料(纤维、纱线、织物)进行物理和化学处理的总称,包括对纺织材料的前处理、染色、印花和后整理过程,统称为印染工艺。

1.4 鼓励印染企业采用清洁生产工艺和技术,严格控制其生产过程中的用水量、排水量和产污量。积极推行ISO 14000(环境管理)系列标准,采用现代管理方法,提高环境管理水平。

1.5 鼓励印染废水治理的技术进步,印染企业应积极采用先进工艺和成熟的废水治理技术,实现稳定达标排放。

2. 清洁生产工艺

2.1 节约用水工艺

2.1.1 转移印花(适宜涤纶织物的无水印花工艺);

2.1.2 涂料印花(适宜棉、化纤及其混纺织物的印花与染色);

2.1.3 棉布前处理冷轧堆工艺(适宜棉及其混纺织物的少污染工艺);

2.2 减少污染物排放工艺

2.2.1 纤维素酶法水洗牛仔织物(适宜棉织物的少污染工艺);

2.2.2 高效活性染料代替普通活性染料(适宜棉织物的少污染工艺);

2.2.3 淀粉酶法退浆(适宜棉织物的少污染工艺);

2.3 回收、回用工艺

2.3.1 超滤法回收染料(适宜棉织物染色使用的还原性染料等);

2.3.2 丝光淡碱回收(适宜棉织物的资源回收及少污染工艺);

2.3.3 洗毛废水中提取羊毛脂(适宜毛织物的资源回收及少污染工艺);

2.3.4 涤纶仿真丝绸印染工艺碱减量工段废碱液回用(适宜涤纶织物的生产资源回收及少污染工艺);

2.4 禁用染化料的替代技术

2.4.1 逐步淘汰和禁用织物染色后在还原剂作用下，产生 22 类对人体有害芳香胺的 118 种偶氮型染料。

2.4.2 严格限制内衣类织物上甲醛和五氯酚的含量，保障人体健康。

2.4.3 提倡采用易降解的浆料，限制或不用聚乙烯醇等难降解浆料。

3. 废水治理及污染防治

3.1 印染废水应根据棉纺、毛纺、丝绸、麻纺等印染产品的生产工艺和水质特点，采用不同的治理技术路线，实现达标排放。

3.2 取缔和淘汰技术设备落后、污染严重及无法实现稳定达标排放的小型印染企业。

3.3 印染废水治理工程的经济规模为废水处理量 $Q \geqslant 1\,000$ t/d。

鼓励印染企业集中地区实行专业化集中治理。在有正常运行的城镇污水处理厂的地区，印染企业废水可经适度预处理，符合城镇污水处理入厂水质要求后，排入城镇污水处理厂统一处理，实现达标排放。

印染企业集中地区宜采用水、电、汽集中供应形式。

3.4 印染废水治理宜采用生物处理技术和物理化学处理技术相结合的综合治理路线，不宜采用单一的物理化学处理单元作为稳定达标排放治理流程。

3.5 棉机织、毛粗纺、化纤仿真丝绸等印染产品加工过程中产生的废水，宜采用厌氧水解酸化、常规活性污泥法或生物接触氧化法等生物处理方法和化学投药（混凝沉淀、混凝气浮）、光化学氧化法或生物炭法等物化处理方法相结合的治理技术路线。

3.6 棉纺针织、毛精纺、绒线、真丝绸等印染产品加工过程中产生的废水，宜采用常规活性污泥法或生物接触氧化法等生物处理方法和化学投药（混凝沉淀、混凝气浮）、光化学氧化法或生物炭法等物化处理方法相结合的治理技术路线。也可根据实际情况选择 3.5 所列的治理技术路线。

3.7 洗毛回收羊毛脂后废水，宜采用予处理、厌氧生物处理法、好氧生物处理法和化学投药法相结合的治理技术路线。或在厌氧生物处理后，与其他浓度较低的废水混合后再进行好氧生物处理和化学投药处理相结合的治理技术路线。

3.8 麻纺脱胶宜采用生物酶脱胶方法，麻纺脱胶废水宜采用厌氧生物处理法、好氧生物处理法和物理化学方法相结合的治理技术路线。

3.9 生物处理或化学处理过程中产生的剩余活性污泥或化学污泥，需经浓缩、脱水（如机械脱水、自然干化等），并进行最终处置。最终处置宜采用焚烧或填埋。

3.10 印染产品生产和废水治理的机械设备，应采取有效的噪声防治措施，并符合有关噪声控制要求。在环境卫生条件有特殊要求地区，还应采取防治恶臭污染的措施。

3.11 印染废水治理流程的选择应稳定达到国家或地方污染物排放标准要求。

4. 鼓励的生产工艺和技术

4.1 鼓励印染企业开发应用生物酶处理技术；激光喷蜡、喷墨制网、无制版印花技术；数码印花技术；高效前处理机、智能化小浴比和封闭式染色等低污染生产工艺和设备。

4.2 鼓励中西部地区和少数民族地区发展具有民族特色的纺织品生产，但须满足相应的环境保护要求。

4.3 鼓励生产过程中采用低水位逆流水洗技术和设备。
4.4 水资源短缺地区,可在生产工艺过程或部分生产单元,选用吸附、过滤或化学治理等深度处理技术,提高废水再利用率,实现废水资源化。

湖库富营养化防治技术政策

环发[2004]59号

一、总则和控制目标

（一）为保护湖库及其流域的水质和生态环境，遏制湖库富营养化发展，指导湖库富营养化防治并提供技术支持，为湖库环境管理提供技术依据，根据《中华人民共和国水污染防治法》《中华人民共和国水法》、国务院批准的太湖、巢湖、滇池水污染防治计划，以及国家关于湖库环境保护的法规、政策和标准，制定本技术政策。

（二）本技术政策适用于我国境内所有的湖泊、水库及其流域地区。

（三）湖库富营养化防治的指导目标是：通过30年左右的努力，遏制湖库富营养化发展，使湖库水质良好，生态处于良性循环，湖区经济可持续发展。具体指导目标如下：

1. 到2010年，工业污染源全部达标排放，基本控制住点源排放污染物的入湖总量，湖周城镇污水处理率达到70%以上，面源治理初见成效，对湖库流域重点地区加大产业结构调整力度，进行生态恢复和建设示范。

2. 到2020年，湖库流域范围内产业结构比较合理，湖周城镇污水处理率达到80%以上，面源治理有明显成效，湖库及流域生态建设有明显进展，基本完成湖库岸边和湖滨带（指湖库水陆交错带，湖库水生生态系统与湖库流域陆地生态系统间的过渡带）生态建设，湖库富营养状态得到改善。

3. 到2030年，湖周城镇污水处理率达到90%以上，湖库流域重点区域全部做到科学、合理使用化肥，控制住面源污染；完成湖库流域地区生态建设，基本恢复湖库水体正常营养状态，满足湖库水体的使用功能。

（四）各湖库所在地县级以上人民政府应根据国家法律、法规要求及本技术政策指导意见，制定适合本地区湖库富营养化防治管理办法，明确防治的具体目标、政策和措施。

（五）本技术政策总的指导思想是：按照可持续发展的原则，坚持人与湖库环境相协调，以生态学理论和环境系统工程理论为指导，遵循湖泊演变自然规律，综合协调湖库富营养化防治和湖库流域地区经济发展的关系。

（六）本技术政策总的技术原则是：坚持预防为主、防治结合，对目前水质及生态良好的湖库应加大保护力度，防止水体富营养化；对已经发生富营养化的湖库，应坚持污染源点源和面源治理与生态恢复相结合、内源治理和外源治理并重、工程措施和管理措施并举，利用多种生态恢复的方法逐步恢复湖库及流域地区的生态环境，保持湖库生态系统的良性循环。

（七）本技术政策总的技术措施是：大力提高湖库周边城镇地区的排水管网普及率和城镇污水处理率，加强工业污染源综合治理，控制入湖库污染物总量；对湖库流域重点地区进行工业和农业产业结构调整，控制湖库流域地区面源污染；开展湖库及其流域地区生态保护和建设，确保湖库生态系统安全与湖库水体的使用功能。

二、湖库富营养化防治方案制定

（一）湖库富营养化防治方案应包括外源治理与湖库生态恢复两部分内容。方案的制定应遵循如下原则：

1．控制污染源与湖库生态恢复相结合；

2．根据湖库的纳污能力及水环境容量和水资源合理开发利用量进行产业结构调整和人口控制；并与流域内各城市规划及社会经济发展计划相协调，与相关行业部门的规划相协调；

3．以治理重点污染区、重点污染源为主，优先考虑对饮用水源地的保护；

4．结合功能区划，在最大限度地削减外源污染负荷基础上，实行污染物入湖库总量控制和污染源削减排污量目标控制，强化水污染物排放管理，明确各类污染源的排污负荷定额；

5．根据湖库流域实际条件，对污染源实行集中与分散治理相结合，点源与面源治理相结合；

6．以预防污染和生态保护为主，水资源利用与保护相结合。

（二）制定湖库富营养化防治方案应首先进行环境问题诊断。要组织进行充分的多学科调查，确定湖库的主要环境问题，包括污染类型等，明确造成湖库富营养化的基本原因。

（三）湖库富营养化控制目标应满足湖库功能区的要求，并符合流域可持续发展的需要。

（四）湖库富营养化防治方案的内容应包括环境管理方案、入湖库污染源治理（控制）方案、生态恢复（保护）方案、水资源合理开发利用与保护方案、产业结构调整方案。对已受污染的湖库应提出综合治理对策，包括环境工程对策、生态工程对策、水资源合理开发利用对策及管理对策等。

（五）在大型湖库的污染控制方案中，应根据湖库水域特征、污染源分布特点，结合湖库流域的自然条件差异，选择重点区域进行重点整治。重点污染控制区的划分应注意：

1．集中式饮用水源地和下游水源的源头应列为重点保护水域，严防发生生活饮用水源地污染事故；

2．污染源相对集中、污染特别严重的区域和水域；

3．具有特殊生态保护意义的水域和水陆交错带（湖滨带）。

（六）运用生态学原理和系统分析方法，确定湖库水生态系统各要素之间的关系，选择国内外已有工程应用实例的、经济实用的污染防治方法或治理技术。

三、点源排放污染防治

（一）点污染源主要包括集中排入湖库的城镇生活污水排污口、排放工业废水的企业及湖库流域内其他固定污染源。

（二）城镇污水处理要根据污染源排放的途径和特点，因地制宜地采取集中处理和分散处理相结合的方式。以湖库为受纳水体的新建城镇污水处理设施，必须采取脱氮、除磷工艺，现有的城镇污水处理设施应逐步完善脱氮、除磷工艺，提高氮和磷等营养物质的去除率，稳定达到国家或地方规定的城镇污水处理厂水污染物排放标准。

（三）从严控制临湖宾馆、饭店的污水排放，将其纳入城镇污水处理厂或建设配套的污水处理设施，实现达标排放。鼓励有条件的临湖宾馆、饭店和沿湖居民小区，以及湖库上游流域地区的城镇和居民小区建立中水回用系统，努力做到生活污水不入湖库，减少进入湖库的污染负荷。

（四）所有工业污染源须稳定达到国家或地方规定的污染物排放标准。排入正常运行的城镇污水处理厂收集范围内市政下水道的工业废水，其所含污染物的种类和浓度应满足进入污水处理厂的要求。工业污染源还应达到污染物排放总量控制的要求，鼓励工业企业建立 ISO 14000 环境管理体系，推动其实施清洁生产。

（五）对湖库流域地区排放氮、磷等营养物质的工业污染源（如化肥、磷化工、医药、发酵、食品等行业），应采用先进生产工艺和技术，提高水的循环利用率，减少生产过程产生的污水量和污染物负荷，污水处理厂采取脱氮除磷的处理工艺。

（六）合理布设点污染源的排放口，新建或改建排放口的应严格遵守有关法律法规的规定，避免点污染源废水直接排入地表水Ⅲ类或优于Ⅲ类使用功能的湖库。

（七）湖库流域内，应严格控制规模化畜禽养殖场的建设，已建成的畜禽养殖场废水及禽畜粪便必须进行有效的治理和无害化利用。饮用水水源地保护区应合理划定范围，并与国家交通基础设施规划相协调，饮用水水源地保护区内禁止新建、扩建与供水设施和保护水源无关的项目。

（八）对所有点污染源应实行基于水域纳污能力和污染物排放总量控制的水污染物排放许可证制度。

四、面源排放污染防治

（一）点污染源以外的外部污染源统称为面源（非点污染源）。面源没有固定的集中发生源，污染物的迁移转化在时间和空间上有不确定性和不连续性。面源污染物的性质和污染负荷受气候、地形、地貌、土壤、植被以及人为活动等因素的综合影响。

（二）面源污染是引起湖库富营养化的重要因素，它主要来自农牧地区地表径流（包括农村村落污染）、城镇地表径流、林区地表径流以及大气降尘、降水等。

（三）农牧地区地表径流主要包括村镇废水、固体废弃物渗滤液以及农田地表径流。

1．农村地区基本没有排水（包括下水）管网系统，村镇废水不能得到有效控制。应根据实际情况对污水进行收集，综合考虑投资、占地、运行维护和水质要求，采用与当地经济水平相适应的处理工艺对污水进行处理。对湖库区域土地利用和土地功能进行合理规划；加速农村城镇化，以利于污水的集中处理。

2．农田地表径流主要污染物是氮、磷、泥沙和农药，可因地制宜地采取农田基本建设及坡耕地改造、等高种植等水土保持技术，或利用田间渠道、坑、塘等改造成土地处理系统，进行农田污染控制。

3．加强湖库流域的农田管理，包括合理规划农业用地；推广根据土壤肥力检测结果合理使用化肥的技术，适当增加有机肥使用比例，提倡施用缓释或控释肥料，提高肥料利用率；严格按照《农药管理使用准则》科学用药；优化水肥结构，施行节水灌溉，以减少面源营养的流失。

4．大力发展生态农业，推广平衡施肥、秸秆还田、病虫害综合防治、无公害生产等技术，鼓励发展有机肥产业及有机食品、绿色食品和无公害农业产品。

5．农村固体废弃物可根据实际情况采用堆肥、厌氧发酵、卫生填埋等方法进行资源化、无害化处理和处置，禁止直接向湖库倾倒或抛弃。

（四）建立有效的城镇地表径流收集（雨水管网）、处理系统，设置初期雨水收集处理设施，提高城镇排水管网截流能力，加大对初期雨水的收集处理能力。

（五）鼓励推广使用无磷洗涤用品，湖库流域应严格实施"禁磷"措施。

（六）生态系统脆弱和水土流失严重是强侵蚀区的显著特性。强侵蚀区的污染控制必须坚持以防为主、防治结合、治理与管理相结合的原则。既控制水土流失，又要恢复区域生态系统的良性循环。生物治理与工程治理相结合，利用土石工程、绿化等措施，加快治理水土流失。

（七）入湖库河流是输送面源污染物的重要途径。入湖库河流污染控制，一方面要确保防洪防涝，另一方面可采取适当的工程措施，增加水入湖库前的滞留时间，净化径流污染物。

（八）鼓励有条件的地方采用前置库、碎石床等工程技术，利用天然或人工库（塘）拦截暴雨径流，通过物理、化学以及生物过程使径流中污染物得到有效削减。

（九）湖库周围区域由于农业生产活动频繁、人口密集、污染物迁移过程短等原因，对湖库水质污染威胁大。应结合各地自然环境、生产技术和社会需要，鼓励根据生态学原理建立小流域生态农业系统，既促进湖库周边地区农业的发展，又有效控制污染物的产生和扩散。

五、内源排放污染防治

（一）内源产生的污染物不经过输送转移等中间过程直接进入湖库水体。湖库内污染源（内源）主要包括湖内船舶、湖内养殖、污染底泥等。此外，内源还包括因水体富营养化而造成的蓝藻爆发、水生生物疯长形成的间接污染。

（二）湖库内船舶污染主要是由于旅游、航运所用船舶产生的，其污染物主要有生活污水、生活垃圾及油污染物。

（三）加强对湖库内船舶的管理。对由此带来的污染，应强化宣传，提高游客和运输船主的环境意识，建立全面严格的管理、监督机制，需要采取的措施应纳入湖库环境规划和旅游、船运设施建造计划。

（四）湖库内旅游、航运产生的生活废水、废物应按规定妥善收集、贮存或处理，严禁向湖库中直接排放或抛弃。船舶靠岸后，留在船上的废水和废物应排入岸上接收设施并按环保要求和标准处理。

（五）应按照有关法规、规范要求建立相应的船舶防污染应急机制，船舶应配备防污染设备，旅游、港口部门应建设足够的船舶废弃物接受设施。饮用水水源地保护区内，以汽油、柴油为燃料的船舶应限期改用电力、天然气或液化气等清洁能源。

（六）在湖库养殖中鼓励科学的自然放养方式。应根据湖库功能分类控制网箱养殖规模，以生活饮用水源为主要功能的湖库严禁发展网箱养殖，已有的网箱养殖应予以取缔；以工农业用水或旅游为主要使用功能的湖库，发展网箱养殖需要进行科学论证并经有关部门审批。在允许发展网箱养殖的湖库水域中，应科学确定网箱养殖的密度，严格禁止高密度养殖。网箱养殖活动向水中排放的污染物不得超过相邻水体自净能力。

（七）根据湖库水环境现状和水质要求，按照"谁污染谁治理"的原则，养殖单位或个人应及时清除残饵，必要时疏浚网箱底泥。

（八）我国城市湖库底泥中的氮、磷等营养物质含量较高，是湖库富营养化主要影响因素之一。湖库污染底泥堆积较厚的局部浅水区域，宜采用环保底泥疏浚工程进行治理；深水区域含污染物量大的底泥可在试验研究的基础上，因地制宜地采用合适的方式进行治理。

（九）在底泥生态疏浚工程的设计和施工过程中，须同时考虑湖库水生生物的恢复，对施工过程应严格监控，采取有效方式处理堆场余水，避免造成二次污染。合理处理疏浚底泥，努力实现底泥的综合利用。

（十）对蓝藻水华爆发或单一种水生植物疯长造成水体景观和水生态系统破坏的情况，应采取有效措施应急处理，但要注意防止造成水体新的污染。

六、湖库及流域生态恢复

（一）生态恢复是湖库富营养化控制的必要措施，水体生态系统恢复良性循环是湖库富营养化得到控制的主要标志。湖库及流域生态恢复应包括湖库水生生态系统恢复、湖滨带生态恢复及湖库流域生态恢复三个环节。生态恢复包括自然恢复与人工协助恢复两种方式。

（二）湖库水生生态系统恢复的重要前提是污染已得到有效的控制或消除。

1．湖库水生植物系统一般由沉水植物群落、浮叶植物群落、漂浮植物群落、挺水植物群落及湿生植物群落共同组成。应根据适应性、本土性、强净化能力及可操作性等原则确定其先锋物种，进行水平空间配置及垂直空间配置。应注重浅水区、消落区的植物群落和湿地的保护和恢复。

2．对已丧失自动恢复水生植被能力或自动恢复起来的水生植被不符合湖库水质保护需要的情况，可考虑通过生态工程措施重建水生植被。

3．对于仍然保留适合于大型水生植物生长的基本条件、有一定残留水生植物面积或局部湖区出现自然恢复趋势的湖库，可以通过提高水体透明度、控制有机污染及氮、磷污染等人工措施改善水生植物生长的环境条件，协助恢复水生植被。

4．湖库水生生态系统恢复的最终目标是恢复水生生态系统和生物多样性，恢复水生植被的同时应考虑尽可能为所有湖库本地的水生生物生存创造适宜的环境。

5．鼓励合理利用大型水生植物资源。

6．鼓励生态水产养殖，利用鱼鳖和贝类等生物的滤食性特点，科学选择和合理搭配水产养殖种类，进行人工放流，调整湖库水生生物不合理的结构。

（三）湖滨带生态恢复的基本目标为：建立过渡带结构、实现地表基底的稳定性、恢复湖滨带生态环境及动植物群落、保持湖滨带功能的多样性、增加视觉和美学享受。

1．湖滨带生态恢复中，应尽可能维持较大的过渡带规模，发挥湖滨带的截污、过滤和净化功能；为土著动植物物种及因特殊需求而引进的外来物种提供适宜的生存环境，对湖滨带群落的生物生产过程进行控制，防止外来物种可能带来的危害。

2．湖滨带生态恢复应综合考虑物理基底（地质、地形、地貌）设计、生物种类选择、生物群落结构设计、节律（自然环境因子的时间节律与生物的机能节律）匹配设计和景观结构设计等重要内容。

3. 湖滨带严禁不合理的人为占用，已占用的应限期拆迁，退田还湖；湖滨带保护区应限制农村村落及工业、农牧业的发展；严禁破坏水下湖滨带的水生植被，收割水草要有计划。

（四）湖库流域陆生生态系统包括湖库上游山地侵蚀区、矿山、农作区及水源涵养林等。

1. 山地侵蚀区生态系统恢复可按实际情况采用自然恢复或人工恢复。在具有较强更新能力的树林、灌丛、采伐迹地及荒山、荒坡等，可阻断人类干扰、破坏，依据植被的自然更新能力，通过一定的科学管理和人工补植，促进植被自然恢复和生长。在降雨量多、降雨强度大的水利侵蚀地区，须重视坡面的径流整治（拦、引、蓄、排等各项工程），通过工程措施为植被的生长创造条件，再通过植被人工恢复重建山地生态系统。强侵蚀地区的生态恢复要根据规划、因地制宜地采取恢复措施。

2. 采矿活动是短期土地利用形式，在矿山开采前必须明确矿山恢复目标，做出矿山生态恢复计划，预留生态恢复资金。在矿山生态恢复中应考虑地表景观，做好表土管理，控制水土流失，最终进行植被恢复，恢复后还应进行跟踪监测。

3. 农作区的生态保护技术以蓄水保土、减少水肥流失、提高农作物产量、保护生态环境、使农业生产持续发展为目的。主要技术措施包括：等高带状耕作、间作套作以延长植物地表覆盖时间、改良土壤结构以增强土壤自身抗蚀能力等。

4. 水源涵养林是湖库环境的重要保护屏障，应加大水源涵养林保护力度，严禁乱砍滥伐。

5. 水源涵养林生态恢复中应注重群落优化配置技术，通过植被恢复，建立乔、灌、草合理配置的水源涵养林生态复合系统，利用植物根系固结土壤、增强地表水入渗能力、提高土壤持水量，防止山地水土流失，恢复和保持土地肥力。

七、对水质现状较好的湖库的保护措施

（一）我国西南部地区的一些湖库以及其他地区部分深水湖库的水质目前较好，应加大保护力度，防止向富营养化发展。

（二）在水质较好的湖库流域内新建、扩建和改建各类工程项目，其环境影响评价中应包括对水体富营养化的影响评价，并提出相应的预防措施。

八、湖库环境管理措施

（一）湖库富营养化污染防治除采取必要的工程技术措施外，还应根据湖库情况制订切实可行、有效的管理措施，加强湖库富营养化防治的立法和宣传。

（二）应加快完善湖库保护的政策法规和标准体系，建立湖库地区可持续利用的自然资源和生态环境系统，提高社会的可持续发展能力。

（三）通过制定配套的行政规章和村规民约，规范湖库流域可能造成湖库生态破坏的人为活动。

（四）推进湖库周边农民退耕还林、退田还湖，或建立生态农业系统，提高村镇居民

环保意识,鼓励参加环保活动。

(五)进一步完善湖库水质监测系统,及时对湖库水质进行监测,科学划分功能区,全面了解湖库污染负荷的输入和水质变化规律。

(六)湖库水量调控应符合水资源综合规划、防汛抗旱和生态环境保护的要求。按近期和长远兼顾、因地制宜的原则,通过入湖、出湖及湖库水资源的合理调控,减轻污染。湖库水量调控可作为改善湖库水环境的辅助性手段。

(七)应建立湖库环境管理信息系统。为水环境评价、富营养化趋势预测、流域社会和经济可持续发展评价等,提供信息支持。

(八)应加强湖库的环境监督管理,重要湖库所在地方政府应制定专门的管理办法。跨行政区的湖库应由流域机构和有关地方政府统筹规划,制订相应的管理办法,实现流域性管理。

九、鼓励发展的技术、装备和相关的科学研究

(一)在面源污染防治方面:鼓励经济适用的湖库面源治理技术研究与应用、农村与农业面源污染控制技术研究与示范、适合农村经济发展水平的农村村落污水处理技术研究及运用、禽畜养殖场的清洁生产与技术示范;鼓励进行垃圾收集、贮存、运输系统的研究和应用。

(二)在内源污染防治方面:鼓励底泥环保疏浚技术的研究和疏浚关键设备的研制,鼓励湖泊底泥资源开发利用研究。

(三)在水生生态恢复方面:鼓励水生生物资源恢复与利用技术的研究与应用,应开发针对不同地区、类型、功能湖库的水生生物资源技术及相关装置。

(四)鼓励水华爆发应急处理技术及装置的研究、生物除藻技术的研究与应用。

(五)鼓励湖库富营养化机理、污染治理效果评价、湖库信息管理系统的研究。

(六)鼓励针对退耕还湖(林、草)、休耕(养、捕)等开展农业生态保护补偿政策研究。

城市污水再生利用技术政策

建科[2006]第 100 号

1 总则

1.1 为明确城市污水再生利用技术发展方向和技术原则,指导技术研究开发、推广应用和工程实践,促进城市水资源可持续利用与保护,依据《中华人民共和国水法》《中华人民共和国水污染防治法》《中华人民共和国城市规划法》和《城市节约用水管理规定》,制定本技术政策。

1.2 本技术政策所称的城市污水再生利用是指,城市污水经过净化处理,达到再生水水质标准和水量要求,并用于景观环境、城市杂用、工业和农业等用水的全过程。

1.3 本技术政策适用于城市污水再生利用(包括建筑中水)的规划、设计、建设、运营和管理。

1.4 城市污水再生利用应与水源保护、城市节约用水、水环境改善、景观与生态环境建设等结合,综合考虑地理位置、环境条件、经济社会发展水平、现有污水处理设施和水质特性等因素。

1.5 国家鼓励城市污水再生利用技术创新和科技进步,推动城市污水再生利用的基础研究、技术开发、应用研究、技术设备集成和工程示范。

2 目标与原则

2.1 城市污水再生利用的总体目标是充分利用城市污水资源、削减水污染负荷、节约用水、促进水的循环利用、提高水的利用效率。

2.2 2010 年北方缺水城市的再生水直接利用率达到城市污水排放量的 10%~15%,南方沿海缺水城市达到 5%~10%;2015 年北方地区缺水城市达到 20%~25%,南方沿海缺水城市达到 10%~15%,其他地区城市也应开展此项工作,并逐年提高利用率。

2.3 资源型缺水城市应积极实施以增加水源为主要目标的城市污水再生利用工程,水质型缺水城市应积极实施以削减水污染负荷、提高城市水体水质功能为主要目标的城市污水再生利用工程。

2.4 城市景观环境用水要优先利用再生水;工业用水和城市杂用水要积极利用再生水;再生水集中供水范围之外的具有一定规模的新建住宅小区或公共建筑,提倡综合规划小区再生水系统及合理采用建筑中水;农业用水要充分利用城市污水处理厂的二级出水。

2.5 国务院有关部门和地方政府应积极制定管理法规和鼓励性政策,切实有效地推动城市污水再生利用工程设施的建设与运营,并建立有效的监控监管体系。

3 再生水利用规划

3.1 国家和地方在制定全国性、流域性、区域性水污染防治规划与城市污水处理工程建设规划时，应包含城市污水再生利用工程建设规划。

3.2 城市总体规划在确定供水、排水、生态环境保护与建设发展目标及市政基础设施总体布局时，应包含城市污水再生利用的发展目标及布局；市政工程管线规划设计和管线综合中，应包含再生水管线。

3.3 城市供水和排水专项规划中应包含城市污水再生利用规划，根据再生水水源、潜在用户地理分布、水质水量要求和输配水方式，经综合技术经济比较，合理确定污水再生利用设施的规模、用水途径、布局及建设方式；缺水城市应积极组织编制城市污水再生利用的专项规划。

3.4 城市污水再生利用设施的规划建设应遵循统一规划、分期实施，集中利用为主、分散利用为辅，优水优用、分质供水，注重实效、就近利用的指导原则，积极稳妥地发展再生水用户、扩大再生水应用范围。

3.5 确定再生水利用途径时，宜优先选择用水量大、水质要求相对不高、技术可行、综合成本低、经济和社会效益显著的用水途径。

3.6 城市污水再生利用系统，包括集中型系统、就地（小区）型系统和建筑中水系统，应因地制宜，灵活应用。

3.6.1 集中型系统通常以城市污水处理厂出水或符合排入城市下水道水质标准的污水为水源，集中处理，再生水通过输配管网输送到不同的用水场所或用户管网。

3.6.2 就地（小区）型系统是在相对独立或较为分散的居住小区、开发区、度假区或其他公共设施组团中，以符合排入城市下水道水质标准的污水为水源，就地建立再生水处理设施，再生水就近就地利用。

3.6.3 建筑中水系统是在具有一定规模和用水量的大型建筑或建筑群中，通过收集洗衣、洗浴排放的优质杂排水，就地进行再生处理和利用。

3.7 鼓励不同类型再生水系统的综合应用，优化和保障再生水的生产、输配和供给。

3.7.1 城市污水处理厂的邻近区域，用水量大或水质要求相近的用水，可以采用集中型再生水系统，如景观环境用水、工业用水及城市杂用。

3.7.2 远离城市污水处理厂的区域，或者用户分散、用水量小、水质要求存在明显差异的用水，可选用就地（小区）型再生水系统。

3.7.3 城市公共建筑、住宅小区、自备供水区、旅游景点、度假村、车站等相对独立的区域，可选用就地（小区）型再生水系统或建筑中水系统。

3.8 再生水管网应与污水再生处理设施同步规划，优化管网配置，缩短供水距离。

4 再生水设施建设

4.1 再生水水质

4.1.1 再生水水质应符合国家及地方水质标准，满足再生水用户提出的技术可行、经济合理的特定水质要求。

4.1.2 再生水的水质要求由基本控制项目和选择控制项目组成。

基本控制项目表达再生水的卫生安全等级与综合性水质要求，包括粪大肠菌群、浊度、SS、BOD_5、COD、pH 值、感官性状指标等。

选择控制项目表达某一用水途径的特定水质要求，包括影响用水功能与用水环境质量的各种化学指标和物理指标。

4.2　城市污水再生利用工程一般由再生水水源工程、再生水处理工程、再生水输配管网和用水设施（场所）组成。

4.3　再生水水源工程

4.3.1　再生水水源工程为收集、输送再生水水源水的管道系统及其辅助设施，再生水水源工程的设计应保证水源的水质水量满足再生水生产与供给的可靠性、稳定性和安全性要求。

4.3.2　排入城市污水收集与再生处理系统的工业废水应严格按照国家及行业规定的排放标准，制定和实施相应的预处理、水质控制和保障计划。重金属、有毒有害物质超标的污水不允许排入或作为再生水水源。

4.4　再生水处理工程

4.4.1　再生水处理工程包括污水二级（或二级强化）处理设施、深度处理设施、消毒处理设施的不同组合与技术设备的集成。

4.4.2　污水二级或二级强化处理是再生水生产的基础，工艺单元的选取要同时考虑处理出水的达标排放和再生水生产对水质净化程度的要求，并与后续深度处理工艺衔接配套。

4.4.3　污水二级或二级强化处理应确保有机物（COD、BOD_5）和悬浮固体的去除程度，并降低处理水的氮、磷营养物浓度。

4.4.4　深度处理是再生水处理工程的主体单元，可采用滤料过滤或膜过滤工艺，一般需要设置混凝、沉淀前处理单元。对再生水水质有特殊要求的，可以选择反渗透、离子交换、活性炭吸附、高级氧化等单元作为辅助手段，由再生水用户自行建设再生水处理单元。

4.4.5　消毒是再生水处理的必备单元，可采用氯化消毒、紫外消毒、臭氧消毒等方法。

4.5　城市污水再生利用工程建设应按再生水利用规划分步实施，编制和实施《城市再生水厂施工及验收规范》及《城市再生水管道施工及验收规范》。各地要严格执行国家和地方关于再生水工程建设的有关规定。

5　再生水设施运营与监管

5.1　城市政府应明确监管部门，对再生水设施的综合运营状况进行监管，以保证再生水设施的稳定运营和服务质量。

5.2　监管部门应委托有资质的监测机构对再生水水质进行监测，确保再生水水质合格，监测费用列入监管部门监管成本，由本级财政列支。有条件的地区应考虑使用在线水质监测方法进行辅助监督。

5.3　再生水供水单位应以合同或协议的形式与再生水用户，就再生水供给的水质、水量、水压及其稳定性、供水事故的应急处理和损失赔偿责任、再生水的计量、收费等具体事项，做出明确的约定。

5.4　再生水设施的运营管理单位应配备专门的管理人员及经过培训的操作人员，并建立健全岗位责任制、操作规程、成本核算、内部质量控制等制度。

5.5　城市污水再生处理过程中产生的污泥和其他排放物应得到妥善处理与处置，具备条件的可与城市污水处理过程产生的污泥合并处理。

5.6　季节性用水变化等原因造成再生水设施部分闲置时，应对设施及设备进行妥善管理及维护，以保证使用功能。

5.7 再生水设施的运营管理单位应加强安全生产管理，改善卫生环境，确保职工安全。

6 再生水利用安全保障

6.1 再生水生产设施应设置多个系列或备用单元，确保整体工艺流程的连续生产不受维护、维修或意外故障的影响。

6.2 再生水生产设施的设备布置、单元构筑物和工艺管线设计应考虑操作维护的简便和运行调整的灵活性，以保障再生水的水质和水量。

6.3 再生水生产工艺流程的各个单元工艺均应设置报警装置。

6.4 再生水生产设施及输配管道上应有明显的标识，使用再生水的区域及用水点都应设置醒目的警示牌。

6.5 再生水和饮用水管道之间不允许出现交叉连接。

6.6 再生水生产和使用过程应确保公众和操作人员的卫生健康，消除病原体污染和传播的可能性。

7 再生水利用的技术创新

7.1 加快城市污水再生利用的综合研究，鼓励原始创新、集成创新和引进消化吸收再创新，发展具有自主知识产权的再生水利用技术和产品，进一步完善工程建设标准和技术规范，为促进再生水利用提供全面支撑。

7.2 国家和地方应加大对城市污水再生利用的科技投入，支持新技术、新工艺、新材料和新设备的研究开发、工程示范和产业化。

7.3 重点发展以膜技术和其他高效分离技术为核心单元的城市污水再生处理技术和成套化设备，推广应用先进适用、高效低耗、集成度高的工艺技术，淘汰落后的技术和设备。

7.4 鼓励发展适合居住小区或工业区污水就近再生利用的集成技术和组合技术，重点发展技术密集度高、可靠性好、环境影响小的集成技术及成套设备。

7.5 研究和开发再生水各种用水途径的水质监测技术、用水技术和安全性评价技术。

7.6 国家、部门和地方加强再生水利用的技术创新能力建设，建立再生水利用的重点实验室和工程技术研究中心，并通过各类科技计划，对污水再生利用的技术研究和应用示范给予重点支持。

8 再生水利用保障措施

8.1 加强城市污水再生利用法制建设和行政管理。地方应依据国家有关法律，研究制定促进城市污水再生利用工程建设与运营的相关法规，引入竞争机制，建立多元化投资体制，推进市场化运营，提高效率，降低成本，促进再生水利用的发展。

8.2 国家及地方应积极组织再生水水质标准的制订和修订，既要保障再生水的安全，也要体现标准实施的技术可行和经济合理。

8.3 各地要逐步建立合理的水价体系和用水结构，引导用水单位积极利用再生水，同时强制部分行业使用再生水。再生水定价以成本补偿及微利为基本原则，工业和非公益用水允许适度盈利。

8.4 各有关部门要积极引导社会投资再生水利用项目,特别是引导金融机构对重点再生水利用项目给予贷款支持。对一些重大项目,国家和地方政府应给予资金补助支持或贴息、免息、减息等优惠政策。

8.5 国家鼓励发展城市污水再生利用产业。再生水生产和利用企业享受国家有关优惠政策。对开发、研制、生产和使用列入国家鼓励发展的再生水利用技术、设备目录的单位,按国家有关规定给予税费减免等政策性优惠支持,再生水生产和运营企业在初期运营亏损时可给予适当的运营资金补偿。

8.6 加强城市污水再生利用技术推广服务体系建设。组织开展污水再生利用技术咨询、技术交流与推广,加强水质监测与信息发布等工作,确保再生水使用安全。

8.7 开展再生水利用宣传教育活动。采用多种形式,开展城市污水再生利用的科普宣传和示范工程建设,加快推进再生水利用技术推广应用。

附录

术语解释

城市污水:已经排入或计划接入城市排水设施的污水,其中包含生活污水、符合排入城市下水道水质标准的工业废水、入流雨水和入渗地下水。

城市污水再生处理:城市污水按照一定的水质标准或水质要求、采取相应的技术方法进行净化处理并使其恢复特定使用功能及安全性的过程,主要包含水质的再生、水量的回收和病原体的有效控制。城市污水再生处理技术方法包括但不限于二级处理、二级强化处理、三级处理(深度处理)和消毒处理。

再生水:经过城市污水再生处理系统充分可靠的净化处理、满足特定用水途径的水质标准或水质要求的净化处理水。

再生水直接利用:本技术政策中指城市景观用水、城市杂用水和工业用水等用水途径,不包括生态环境用水等用水途径。

二级处理:在一级处理的基础上,采用活性污泥法、生物膜法或其他等效处理方法,高效去除城市污水中悬浮性和溶解性有机物为主要目的污水处理过程。

二级强化处理:为了从城市污水中去除能导致水体富营养化的磷、氮营养物,通过生物法、物化法,在二级处理功能基础上显著强化磷、氮去除能力的污水处理过程。

深度处理:在二级处理或二级强化处理基础上,采用化学混凝、沉淀、过滤等物理化学处理方法进一步强化悬浮固体、胶体、病原体和某些无机物去除的净化处理过程。包括但不限于混凝、沉淀、过滤工艺构成的传统三级处理流程、采用膜技术(微滤、反渗透)的改进流程,以及其他高效分离处理流程。

城市污水再生利用系统:集中型、就地(小区)型和建筑中水系统简示(略)

城镇污水处理厂污泥处理处置及污染防治技术政策（试行）

建城[2009]23号

1．总则

1.1 为提高城镇污水处理厂污泥处理处置水平，保护和改善生态环境，促进经济社会和环境可持续发展，根据《中华人民共和国环境保护法》《中华人民共和国水污染防治法》《中华人民共和国固体废物污染环境防治法》《中华人民共和国城乡规划法》等相关法律法规，制定本技术政策。

1.2 本技术政策所称城镇污水处理厂污泥（以下简称污泥），是指在污水处理过程中产生的半固态或固态物质，不包括栅渣、浮渣和沉砂。

1.3 本技术政策适用于污泥的产生、储存、处理、运输及最终处置全过程的管理和技术选择，指导污泥处理处置设施的规划、设计、环评、建设、验收、运营和管理。

1.4 污泥处理处置是城镇污水处理系统的重要组成部分。污泥处理处置应遵循源头削减和全过程控制原则，加强对有毒有害物质的源头控制，根据污泥最终安全处置要求和污泥特性，选择适宜的污水和污泥处理工艺，实施污泥处理处置全过程管理。

1.5 污泥处理处置的目标是实现污泥的减量化、稳定化和无害化；鼓励回收和利用污泥中的能源和资源。坚持在安全、环保和经济的前提下实现污泥的处理处置和综合利用，达到节能减排和发展循环经济的目的。

1.6 地方人民政府是污泥处理处置设施规划和建设的责任主体；污泥处理处置设施运营单位负责污泥的安全处理处置。地方人民政府应优先采购符合国家相关标准的污泥衍生产品。

1.7 国家鼓励采用节能减排的污泥处理处置技术；鼓励充分利用社会资源处理处置污泥；鼓励污泥处理处置技术创新和科技进步；鼓励研发适合我国国情和地区特点的污泥处理处置新技术、新工艺和新设备。

2．污泥处理处置规划和建设

2.1 污泥处理处置规划应纳入国家和地方城镇污水处理设施建设规划。污泥处理处置规划应符合城乡规划，并结合当地实际与环境卫生、园林绿化、土地利用等相关专业规划相协调。

2.2 污泥处理处置应统一规划，合理布局。污泥处理处置设施宜相对集中设置，鼓励将若干城镇污水处理厂的污泥集中处理处置。

2.3 应根据城镇污水处理厂的规划污泥产生量，合理确定污泥处理处置设施的规模；近期建设规模，应根据近期污水量和进水水质确定，充分发挥设施的投资和运行效益。

2.4 城镇污水处理厂新建、改建和扩建时，污泥处理处置设施应与污水处理设施同时规划、同时建设、同时投入运行。污泥处理必须满足污泥处置的要求，达不到规定要求的项目不能通过验收；目前污泥处理设施尚未满足处置要求的，应加快整改、建设，确保污泥安全处置。

2.5 城镇污水处理厂建设应统筹兼顾污泥处理处置，减少污泥产生量，节约污泥处理处置费用。对于污泥未妥善处理处置的，可按照有关规定核减城镇污水处理厂对主要污染物的削减量。

2.6 严格控制污泥中的重金属和有毒有害物质。工业废水必须按规定在企业内进行预处理，去除重金属和其他有毒有害物质，达到国家、地方或者行业规定的排放标准。

3．污泥处置技术路线

3.1 应综合考虑污泥泥质特征、地理位置、环境条件和经济社会发展水平等因素，因地制宜地确定污泥处置方式。污泥处置是指处理后污泥的消纳过程，处置方式有土地利用、填埋、建筑材料综合利用等。

3.2 鼓励符合标准的污泥进行土地利用。污泥土地利用应符合国家及地方的标准和规定。污泥土地利用主要包括土地改良和园林绿化等。鼓励符合标准的污泥用于土地改良和园林绿化，并列入政府采购名录。允许符合标准的污泥限制性农用。

3.2.1 污泥用于园林绿化时，泥质应满足《城镇污水处理厂污泥处置-园林绿化用泥质》（CJ 248）的规定和有关标准要求。污泥必须首先进行稳定化和无害化处理，并根据不同地域的土质和植物习性等，确定合理的施用范围、施用量、施用方法和施用时间。

3.2.2 污泥用于盐碱地、沙化地和废弃矿场等土地改良时，泥质应符合《城镇污水处理厂污泥处置-土地改良泥质》（CJ/T 291）的规定；并应根据当地实际，进行环境影响评价，经有关主管部门批准后实施。

3.2.3 污泥农用时，污泥必须进行稳定化和无害化处理，并达到《农用污泥中污染物控制标准》（GB 4284）等国家和地方现行的有关农用标准和规定。污泥衍生产品应通过场地适用性环境影响评价和环境风险评估，并经有关部门审批后方可实施。污泥农用应严格控制施用量和施用期限。

3.3 污泥建筑材料综合利用。有条件的地区，应积极推广污泥建筑材料综合利用。污泥建筑材料综合利用是指污泥的无机化处理，用于制作水泥添加料、制砖、制轻质骨料和路基材料等。污泥建筑材料利用应符合国家和地方的相关标准和规范要求，并严格防范在生产和使用中造成二次污染。

3.4 污泥填埋。不具备土地利用和建筑材料综合利用条件的污泥，可采用填埋处置。国家将逐步限制未经无机化处理的污泥在垃圾填埋场填埋。污泥填埋应满足《城镇污水处理厂污泥处置-混合填埋泥质》（CJ/T 249）的规定；填埋前的污泥需进行稳定化处理；横向剪切强度应大于 $25kN/m^2$；填埋场应有沼气利用系统，渗滤液能达标排放。

4．污泥处理技术路线

4.1 在污泥浓缩、调理和脱水等实现污泥减量化的常规处理工艺基础上，根据污泥处置要求和相应的泥质标准，选择适宜的污泥处理技术路线。

4.2 污泥以园林绿化、农业利用为处置方式时，鼓励采用厌氧消化或高温好氧发酵（堆肥）等方式处理污泥。

4.2.1 厌氧消化处理污泥。鼓励城镇污水处理厂采用污泥厌氧消化工艺，产生的沼气应综合利用；厌氧消化后污泥在园林绿化、农业利用前，还应按要求进行无害化处理。

4.2.2 高温好氧发酵处理污泥。鼓励利用剪枝、落叶等园林废弃物和砻糠、谷壳、秸杆等农业废弃物作为高温好氧发酵添加的辅助填充料，污泥处理过程中要防止臭气污染。

4.3 污泥以填埋为处置方式时，可采用高温好氧发酵、石灰稳定等方式处理污泥，也可添加粉煤灰和陈化垃圾对污泥进行改性。

4.3.1 高温好氧发酵后的污泥含水率应低于40%。

4.3.2 鼓励采用石灰等无机药剂对污泥进行调理，降低含水率，提高污泥横向剪切力。

4.4 污泥以建筑材料综合利用为处置方式时，可采用污泥热干化、污泥焚烧等处理方式。

4.4.1 污泥热干化。采用污泥热干化工艺应与利用余热相结合，鼓励利用污泥厌氧消化过程中产生的沼气热能、垃圾和污泥焚烧余热、发电厂余热或其他余热作为污泥干化处理的热源；不宜采用优质一次能源作为主要干化热源；要严格防范热干化可能产生的安全事故。

4.4.2 污泥焚烧。经济较为发达的大中城市，可采用污泥焚烧工艺。鼓励采用干化焚烧的联用方式，提高污泥的热能利用效率；鼓励污泥焚烧厂与垃圾焚烧厂合建；在有条件的地区，鼓励污泥作为低热质燃料在火力发电厂焚烧炉、水泥窑或砖窑中混合焚烧。

4.4.3 污泥焚烧的烟气应进行处理，并满足《生活垃圾焚烧污染控制标准》（GB 18485）等有关规定。污泥焚烧的炉渣和除尘设备收集的飞灰应分别收集、储存、运输。鼓励对符合要求的炉渣进行综合利用；飞灰需经鉴别后妥善处置。

5．污泥运输和储存

5.1 污泥运输。鼓励采用管道、密闭车辆和密闭驳船等方式；运输过程中应进行全过程监控和管理，防止因暴露、洒落或滴漏造成的环境二次污染；严禁随意倾倒、偷排污泥。

5.2 污泥中转和储存。需要设置污泥中转站和储存设施的，可参照《城市环境卫生设施设置标准》（CJJ 27）等规定，并经相关主管部门批准后方可建设和使用。

6．污泥处理处置安全运行与监管

6.1 国家和地方相关主管部门应加强对污泥处理处置设施规划、建设和运行的监管；污泥处理处置设施运营单位（以下简称运营单位）应保障污泥处理处置设施的安全稳定运行。

6.2 运营单位应严格执行国家有关安全生产法律法规和管理规定，落实安全生产责任制；执行国家相关职业卫生标准和规范，保证从业人员的卫生健康；应制定相关的应急处置预案，防止危及公共安全的事故发生。

6.3 城镇污水处理厂、污泥运输单位和各污泥接收单位应建立污泥转运联单制度，并定期将记录的联单结果上报地方相关主管部门。

6.4 运营单位应建立完备的检测、记录、存档和报告制度，并对处理处置后的污泥及其副产物的去向、用途、用量等进行跟踪、记录和报告，相关资料至少保存5年。

6.5 地方相关主管部门应按照各自的职责分工，对污泥土地利用全过程进行监督和管理。污泥土地利用单位应委托具有相关资质的第三方机构，定期对污泥衍生产品土地利用后的环境质量状况变化进行评价。污泥处理处置场所应禁止放养家畜、家禽。

6.6 地方相关主管部门应加强对填埋场的监督和管理。填埋场运营单位应按照国家相关标准和规范，定期对污泥泥质、填埋场场地的水、气、土壤等本底值及作业影响进行监测。

6.7 污泥焚烧运营单位应按照国家相关标准和规范，定期对污泥性质、污泥量、排放废水、烟气、炉渣、飞灰等进行监测。污泥综合利用单位还需对污泥衍生产品的性质和数量进行监测和记录。

7．污泥处理处置保障措施

7.1 国务院有关部门和地方主管部门应加强污泥处理处置标准规范的制定和修订，规范污泥处理处置设施的规划、建设和运营。

7.2 地方人民政府应进一步提高污水处理费的征收力度和管理水平，污水处理费应包括污泥处理处置运营成本；通过污水处理费、财政补贴等途径落实污泥处理处置费用，确保污泥处理处置设施正常稳定运营。

7.3 各级政府应加大对污泥处理处置设施建设的资金投入，对于列入国家鼓励发展的污泥处理处置技术和设备，按规定给予财政和税收优惠；建立多元化投资和运营机制，鼓励通过特许经营等多种方式，引导社会资金参与污泥处理处置设施建设和运营。